电磁场与电磁波：理论与仿真

主　编　傅　林
副主编　高红艳　尤小泉

北京理工大学出版社
BEIJING INSTITUTE OF TECHNOLOGY PRESS

内 容 简 介

《电磁场与电磁波:理论与仿真》介绍了电磁场与微波技术的基本概念、基本分析与计算方法以及基本原理。本书特别注重实际工程应用,注重实验和仿真,以实验、实训和仿真代替传统习题,尽可能将相关概念、知识、理论和技术与工程实际结合在一起,强调仿真以及相关软件平台的应用,强调方法。本书文字通俗易懂,便于理解和自学。

本书共分11章,主要内容包括绪论、电磁场数值方法与软件简介、矢量分析与场论基础、电磁场中的基本物理量和基本实验定律、静态场及其边值问题求解方法、时变电磁场、平面电磁波、电磁波辐射与天线基础、微波技术基础、生物医学电磁学基础、电磁兼容初步,由浅入深,循序渐进,由知识、方法到仿真及工程实例。

本书可作为信息类学科本科生的"电磁场与电磁波"课程的教材,也可作为从事电磁领域相关工作的工程技术人员的参考书。

图书在版编目(CIP)数据

电磁场与电磁波:理论与仿真/ 傅林主编. —北京:北京理工大学出版社, 2018. 1
ISBN 978 -7 -5682 -5241 -6

Ⅰ. ①电…　Ⅱ. ①傅…　Ⅲ. ①电磁场②电磁波　Ⅳ. ①O441. 4

中国版本图书馆 CIP 数据核字(2018)第015150号

出版发行 / 北京理工大学出版社有限责任公司
社　　址 / 北京市海淀区中关村南大街5号
邮　　编 / 100081
电　　话 / (010)68914775(总编室)
(010)82562903(教材售后服务热线)
(010)68948351(其他图书服务热线)
网　　址 / http://www. bitpress. com. cn
经　　销 / 全国各地新华书店
印　　刷 / 三河市华骏印务包装有限公司
开　　本 / 787毫米×1092毫米　1/16
印　　张 / 24
字　　数 / 564千字
版　　次 / 2018年1月第1版　2018年1月第1次印刷
定　　价 / 87.00元

责任编辑 / 陈莉华
文案编辑 / 陈莉华
责任校对 / 周瑞红
责任印制 / 李志强

前　言

一、本书宗旨、特点

本书力图改“学科逻辑体系”为“技术逻辑体系”，突破原有学科定式，打造模块化课程体系。

本书力求改变旧有的以教师为中心、以教材为中心、以教室为中心的教育和教学模式，改变重理论知识、轻工程实际应用的传统教学理念，注重现实针对性和工程实用性。因此，在内容上注重工程实践性、生产过程结合性，尽可能剔除那些烦琐、复杂的数学推导，以及解析解法、抽象的物理概念讲解，在注重基本理论知识和技术外，主要结合工程实际介绍相关理论知识、工程应用及其方法，如讲述生物医学电磁学、电磁兼容、电磁逆问题等。减少解析求解例题，而采用有实际工程意义的习题、实验和实训题目，围绕实验和仿真进行相关理论知识和工程技术方法的介绍。因此，除了本书外，作者还要进行相关实验和实训指导书、习题（解答）集、相关程序和仿真实例的配套编写。

本书最大的特点是开展仿真实验教学。电磁仿真本身是重要的教学内容，更是相关专业学生必须会、必须熟练掌握的工具和技能。仿真是现代工程设计的一个重要手段，它能够提高设计的可行性、合理性、可控性和可靠性，缩短开发周期，节省开发费用。在电磁仿真过程中，可以做到有图有真相，可以在一开始就引起学生对电磁场与电磁波相关基本概念、理论、技术、方法和手段的浓厚兴趣。主要目的在于结合电磁场与电磁波理论技术现状、趋势和前沿，密切结合实际应用，拓展学生视野，注重培养学生的工程思维方式和工匠精神、创新意识和创新精神，使教材成为理论技术与工作实践的接口，达到学而有用、学而能用、学而会用、学而够用的目的。所以本书开宗明义提倡电磁仿真软件和数值方法的应用，在第2章就简要介绍了相关理论知识、方法和软件，力图结合科研、生产实际以及电子等各类竞赛中关于电磁场与微波技术的题目，提倡和鼓励、引导学生熟练应用一到两种电磁EDA软件（如COMSOL、HFSS、CST、FEKO、XFDTD/ADS、EMC STUDI、ADS等），以及射频微波小软件，如史密斯圆图SMITH3.1、POLAR阻抗计算软件等，将仿真实验、设计结合电磁场与电磁波工程实例，进行相应的理论技术讲解；特别是第一次在教材中介绍首款电磁场数值仿真软件EastWave及其工程案例。教学过程中，在主体教学模式下，注重启发式教学、情景教学；关注学生特点，因人而异，因材施教，做到差异化教学，不搞一刀切。合理利用微课、慕课和翻转课堂等，营造学习氛围和工程、生产实际情景，结合CDIO（Conceive，Design，Implement and Operate，即构思、设计、实现、运行）教学法，鼓励学生自己选择课题和项目，自己讲解和讨论。

二、本书结构和编写情况

本书一共十一章，大体分为三大部分：电磁场和电磁波基础理论、方法论（仿真等）、工程应用。

本书第 1 章主要介绍电磁场与电磁波历史、课程特点、学习方法等；第 2 章主要介绍电磁仿真和数值计算基础，以及相关工程技术方法的应用；第 3 章主要介绍矢量分析基础；第 4 章主要介绍电磁场基本定律；第 5 章主要介绍静态场相关知识和方法；第 6 章主要介绍时变电磁场基础；第 7 章主要介绍平面电磁波知识；第 8 章主要介绍电磁波辐射的基本概念和理论；第 9 章主要介绍微波理论基础；第 10 章主要介绍生物医学电磁学；第 11 章主要介绍电磁兼容工程方法。

全书由傅林统稿，高红艳负责全书的校对工作，尤小泉编写了第 9 章的部分内容。本科生胡元川、李浩、宋介刚和史天成进行了部分图片绘制、公式输入，在此一并表示由衷感谢。

三、本书的应用范围

本书不仅适用于普通高等院校电子信息工程专业、通信和信息工程专业等，也适用于生物医学专业等交叉学科。本书除了作为普通高等院校师生员工的教材、参考教程、辅助读本之外，也可以供广大工程技术人员以及其他人员参考。

本书力求为普通本科培养三个层次的人才服务：一是应用型工程技术人才，包括开发、测试、调试等；二是服务型工程技术人才，包括销售、技术服务等；三是向学术型、硕士及博士培养高校输送的深造人才。不管是哪一个层次的人才，都应该具有成于弘毅、工在德行的品格，勤奋、务实、求真，不虚妄；树人立德，服务社会，报效祖国。在能力上，所培养的人才应该具有四大能力：工程应用实践能力（开发、测试、调试、维修、技术服务、销售等)、学习能力、思维能力、创新创造和创业能力。

四、本书交互渠道

本书作者一贯反感、反对那些只是套用“由于作者水平有限，书中难免存在错漏之处，敬请批评指正”之类的假话套话，而不留下任何批评指正机会、信息的做法，本书提供以下交互渠道，诚恳地期待与广大学者、专家、师生和工程技术人员以及其他读者进行交流和讨论。

编者傅林联系方式：

（1）电话：18980999338；13982138601。

（2）Email：flin2@ cdtu. edu. cn。

（3）QQ：705289580。

（4）地址：成都郫县中信大道二段 1 号，成都工业学院网络与通信工程学院，611730。

目　　录

第 1 章

绪　　论

一、课程性质和地位

“电磁场与电磁波”是一门重要的基础学科，它在“大学物理（电磁学）”讲授电磁场基本性质和基本概念的基础上，用场的观念和思维方式，更深入地讨论电磁场的本质。它是研究宏观电磁现象和电磁过程的基本规律、分析计算方法及其工程实际应用的学科，其基本目标是通过学习，掌握电磁场的基本规律，深刻理解麦克斯韦方程组和电磁场、电磁波的性质；熟悉一些重要、典型电磁场问题数学模型的建立过程以及分析方法；培养学生正确的思维方法和分析问题的能力，使学生对场与路这两种既密切相关又相去甚远的理论体系和方法有深刻的认识，并学会用场的观点去观察、分析和计算一些简单、典型场问题；为从事微波、天线、通信和电磁兼容等领域的研究及解决工程实际问题打下必要的基础。

“电磁场与电磁波”是电子信息科学与技术、通信专业诸多后续课程的重要基础，这些课程包括“无线通信原理与应用”“现代通信技术”“电磁兼容 EMC”“通信原理”和“微波技术”；也是研究生有关课程如“高等电磁理论”“电磁场数值方法”“电磁场高频方法”和“电磁波传播理论”的先修课程。其承前启后的桥梁地位十分显著，作用极其重要。

二、为什么要开设这门课程

1. 应用范围广：已渗透人类社会生活

“电磁场与电磁波”作为理论物理学的一个重要研究分支，主要致力于统一场理论和电动力学的研究。在电磁场方面，它主要在场的观念下，研究各种电磁场的基本性质和规律，以及麦克斯韦方程组的形式、求解方法和应用；这些电磁场包括：静电场、静磁场，恒定电场/磁场，时变电磁场；在电磁波方面，它主要研究电磁波的性质和规律，是电磁场理论的主要和重要工程应用之一。

在当今人类社会生活中，电磁现象无处不在，电磁波的应用越来越广泛和深入，不断涌现新的现象，提出新的需求，表露新的趋势，其中包括下述四大类应用问题，都需要电磁场与电磁波的理论和技术去解决。

第一，电磁场（或电磁波）作为能量的一种形式，是当今世界最重要的能源，涉及电磁能量的产生、储存、变换、传输和综合高效利用等应用问题。特别是方兴未艾的无线输电技术，包括微波输电、外层空间太阳能发电及传输，等等。

第二，当今社会的一大标志就是已经进入信息时代，电磁场与电磁波作为信息传输的载体，成为当今人类社会传递信息的主要手段和不可或缺的方式，必须研究解决信息的产生、获取、交换、传输、储存、处理、再现和高效利用等问题。

第三，电磁波是探测自然未知世界的一种重要手段。比如各种物质对电磁波（微波）的吸收不同，可用来研究物质的内部结构；利用大气对电磁波（微波）的吸收和反射特性，来观察气象的变化；在射电天文学中，利用电磁波（微波）作为一种观测手段，可发现星体。因此研究电磁波与被测目标的相互作用特性、目标特征的获取与重建、新的探测技术和方法等是很有必要的。

此外，在电子测量领域，电磁波的地位也愈发重要和突出，其应用也日益侵入和渗透，呈指数级增长趋势，包括对人类社会知识的物化成果以及电磁场与电磁波理论和技术自身科学实验、试验过程，设备、参数、指标等的测量、测试、验证、检测和监测等；尤其是非接触、无损测量，包括微弱功率应用的电信号和非电量测量等。

典型的仪器有网络分析仪、频谱分析仪、微波信号源、场强仪，以及各种利用电磁波的无损/有损、有接触/无接触检测或者成像仪，等等。

第四，在军事对抗领域，把电磁场与电磁波的地位和作用提到什么高度都不为过。当今的战争，是一体化多维信息战，无不使用电磁场与电磁波。除了通信对抗，还有诸多种类的电磁武器，如电磁干扰机、电磁炮、电磁导弹、微波炸弹、电磁脉冲武器、激光武器、纳米武器（包括微型智能机器人武器，如机器蚊子等）、气象武器、隐形武器、粒子束武器、芯片武器等，诸多新概念和新装备，纷至沓来，构成信息武器集合，这些武器的研发、生产、应用和攻防，无不涉及电磁场与电磁波理论技术。其中尤以美军的研究和应用为甚。美军的 C^4ISR（指挥、控制、通信、计算机、情报、监视、侦察）系统就是起融合作用的武器系统，它能将所有信息数据库和数据汇集起来，达到信息共享、共用、共调，从而确保各军兵种与指挥部之间交换信息和数据，大大提高指挥的时效性和准确性；并且在此基础上，提出了国防部信息基础框架结构（DODAF）概念和系统框架及其具体技术路线，对一体化多维信息战场态势进行控制，把握制信息权、制电磁权，涵盖电子战、信息战、网络中心战等多种形式，保证通信对抗、雷达对抗、信息对抗、平台对抗和体系对抗等多种对抗战的压倒性优势。如何高效利用电磁场与电磁波理论技术和工程方法，研究相应的装备、系统，完善对策体系，保证我国军事在战略、战术上与世界先进发达国家相抗衡，是摆在我国每一个公民，尤其是相关专业的学子们面前的历史责任和义务。

2. 培养基本能力

电磁场与电磁波理论严谨，体系完整；逻辑推理和数学分析以及它所研究的电磁场的运动规律都具有相当的典型性、概括性和一般性，对培养人们正确的思维，形成严谨的学风和科学研究与工作作风，以及建立科学研究方法体系等都起着十分重要的作用。所以，电磁场与电磁波理论应该是相关专业学生与科技工作者知识结构中不可缺少的重要组成部分。随着科学技术的迅速发展，电磁场与电磁波理论的重要性将日趋明显。

3. 提高和完善素质

近代科学的发展表明，电磁场与电磁波基本理论又是一些交叉学科的生长点和新兴边缘学科发展的基础，对学生进一步完善自身素质，增强适应能力和创造能力，将发挥积极的作用，具有深远的影响。

三、电磁场与电磁波理论发展简介

1. 古代

电、磁现象是大自然最重要的现象之一，也是最早被关心和研究的物理现象。公元前 600 年希腊人发现了摩擦后的琥珀能够吸引微小物体；公元前 300 年我国发现了磁石吸铁、磁石指南等现象。

2. 近代

1600 年英国医生吉尔伯特发表了《论磁、磁体和地球作为一个巨大的磁体》的论文，使磁学开始从经验转变为科学。书中他也记载了电学方面的研究。

1780 年，伽伐尼发现动物电。

1785 年库仑公布了用扭秤实验得到电力的平方反比定律，使电学和磁学进入了定量研究的阶段。

19 世纪以前，电、磁现象作为两个独立的物理现象，没有发现电与磁的联系。1799—1800 年伏特发明电堆，使稳恒电流的产生有了可能，电学由静电走向动电。18 世纪末期，德国哲学家谢林认为，世界上各种运动形式之间具有统一性，光、电、磁、化学、力等都是相互联系的，是同一事物的不同侧面。奥斯特由此于 1820 年发现电流的磁效应，初步揭开了电与磁的内在联系，电学与磁学彼此隔绝的情况有了突破，为电磁学的迅速发展揭开了新的一页。电流磁效应的发现，也使电流的测量成为可能。

19 世纪二三十年代成了电磁学大发展的时期。首先对电磁作用力进行研究的是法国科学家安培，他在奥斯特的发现之后，重复了奥斯特的实验，提出了右手定则，并用电流绕地球内部流动解释地磁的起因。他又研究了载流导线之间的相互作用，建立了电流元之间的相互作用规律——安培定律。与此同时，毕奥－萨阀尔定律也被发现。1826 年欧姆确定了电路的基本规律——欧姆定律。英国物理学家法拉第对电磁学的贡献尤为突出：他于 1831 年发现电磁感应现象，进一步证实了电现象与磁现象的统一性。法拉第坚信电磁的近距作用，认为物质之间的电力和磁力都需要由媒介传递，电场和磁场就是一种媒介。电磁感应的发现，是科学史上最伟大的发现之一，它揭示了自然界中的机械运动、磁运动、电运动并不是独立的，而是普遍地联系着的，并且可以相互转化。

英国数学家、物理学家麦克斯韦总结了 1785 年以来的电磁学实验和相关规律，他在法拉第提出的场观念基础上，于 1862 年提出位移电流新概念，并且在 1864 年，把电磁学规律统一起来，总结为麦克斯韦方程组：原始形式含 20 个变量，20 个方程，其中包括已经不再作为电磁场基本方程的公式如库仑定律、欧姆定律、安培定律、毕奥－萨阀尔定律等。麦克斯韦在理论上预言了电磁波的存在。因此，麦克斯韦是继法拉第之后，又一位集电磁学大成于一身的伟大科学家。他全面地总结了电磁学研究的全部成果，建立了完整、统一的电磁场理论体系。

1888 年德国科学家赫兹证实了麦克斯韦关于电磁波存在的预言，证明了麦克斯韦理论的正确性，这一重要的实验导致了后来无线电报的发明。从此开始了电磁场理论应用与发展的时代，并且发展成为当代最引人注目的学科之一。赫兹于 1890 年把麦克斯韦方程组的原来形式，改造成为现在的通用形式。至此，纷繁复杂的电磁现象和电磁运动的基本规律可以用四个偏微分方程组（或积分方程组）加以概括，其核心思想是：变化的电场产生磁场，变化的磁场产生电场。

1895 年，意大利马可尼成功地进行了 2.5 千米距离的无线电报传送实验，开始了利用电磁波的新篇章。

3. 现代

第一，近距作用学说得到肯定并且成为宏观电磁场理论的基石，出现了量子纠缠理论。

接触作用或近距作用是指相互接触物体之间的作用，如推、拉、压迫、支撑、冲击、摩擦等；它们的共同特点在于作用力是通过弹性媒质逐步传递的。近距作用需要中间媒质的传递，从而也需要相应的传递时间。

非接触物体之间也存在着作用力，例如日月星辰之间的引力、磁石对铁的吸引力、带电体之间的相互作用力等，这就给超距作用学说提供了滋生的土壤。超距作用是指分别处于空间中不毗连区域的两个物体彼此之间的非局域相互作用；相互作用的物体并不接触，而是相隔一定的距离。在麦克斯韦以前，解释电磁相互作用的两种相互对立的观点，即超距作用学说和近距作用学说，前者占统治地位；库仑、韦伯、安培等人都是用超距作用学说来解释电磁相互作用的；这种学说当时拥有数学基础，Laplace、Poisson 等人从引力定律发展出来的数学上简捷优美的势论，有力地支持了超距作用观点。法拉第通过实验揭露了空间媒质的重要作用，认为在空间媒质中充满了电力线，即通过场来传递，但媒递作用学说还没有数学基础，不易被人接受，也使其发展受到了阻碍。麦克斯韦的功绩就在于建立了电磁场理论并促进了它的发展，发扬了力线和场的概念，并且提供数学方法的基础和论证，建立了近距作用的电磁场理论并得到实验证实，近距作用由此开始占据统治地位。爱因斯坦的狭义相对论最终宣告一切超距作用的失败，也宣告长期游荡在物理学大厦中的幽灵——被称为以太的神秘中间媒质，退出了历史舞台。

但是，1982 年，法国物理学家 Alain Aspect 和他的小组成功地完成了一项实验，证实了微观粒子之间存在着一种叫作量子纠缠（Quantum Entanglement）的关系：在量子力学中，有共同来源的两个微观粒子之间存在着某种纠缠关系，即不管它们被分开多远，若对一个粒子扰动，另一个粒子立即就会感知到。量子纠缠已经被世界上许多实验室证实，许多科学家认为量子纠缠的实验证实是近几十年来科学最重要的发现之一，虽然人们目前对其确切的含义和价值还不太清楚，但它对科学界乃至哲学界和宗教界已经产生了深远的影响，对西方科学的主流世界观产生了很大的冲击。

第二，麦克斯韦电路理论的提出。

在当今，随着大规模、超大规模集成电路的出现，高频、宽带频谱资源被开发利用，导线的几何形状和耦合效应已经不容忽视。建立在低频条件下由克希霍夫定律推导出的传输线方程逐渐不能适应工程需要。虽然很多科技工作者想出许多方法来改进传输线方程，使其适用于高频、高速、宽带电路，但是其求解过程十分烦琐，而且没有彻底突破方法的瓶颈效应。

不同于对传统传输线方程的改进，麦克斯韦电路理论是一种革命性的跃迁，它从“场”的观点出发，推导出传输线方程的完备形式，称为广义传输线方程；不仅适用于“路”的问题，还适用于“场”的问题，包括任何线结构的电路和电磁场问题，如线天线问题等。

麦克斯韦方程组中的微分形式对应的等效电路含有相关源，不是传统的克希霍夫电路类型，这样的电路称为麦克斯韦电路。麦克斯韦电路理论通过求解等效微分方程来获得问题的解。麦克斯韦方程组为电路理论奠定了坚实的物理基础，以其两组独立方程作为电路理论的基本定律；从此定律出发，运用纯逻辑推理和数学推导，得出电路基本理论中的欧姆定律、焦耳定律、克希霍夫定律，证明它们均是麦克斯韦电磁理论的一种特殊形式。从而揭示了克希霍夫定律等基本电路理论和麦克斯韦方程的天然联系，统一了电磁场理论和电路理论。麦克斯韦电路理论有两个非常鲜明的特点，一是它的精确性；二是它的快速性。它能以求解电路的速度得到电磁场问题的精确解。而其求解精度可与数值计算方法中的矩量法、有限元法等全波方法比拟。麦克斯韦电路理论提出的广义传输线方程不仅可以计算低频电路，还可以计算高频电路和天线的辐射场问题。

麦克斯韦电路理论还有待于进一步发展。截至目前，关于麦克斯韦电路理论的研究基本停留于线结构类问题，包括天线、线散射体和传输线等；而麦克斯韦电路理论的应用范围绝不仅限于此。可以预见，随着研究工作的不断深入，麦克斯韦电路理论必将逐步成熟，最终将成为适合研究各种结构“场”和“路”问题的方法；不仅能够解决低频、低速、窄带电路的问题，还可以解决高速、高频、宽带电路问题。

第三，由电磁场与电磁波衍生的新兴边缘学科层出不穷。

电磁场与电磁波是一门衍生新兴边缘学科、新工科学科的苗圃性基础技术学科，它与诸多领域的研究和应用结合，形成多个不同的学科。比如微波化学、生物医学电子学/电磁学、射频微波通信电路、计算电磁学、电磁兼容理论和技术、信号完整性（含电源完整性和地完整性）、电磁脉冲防护、无线输电理论与技术、高能微波、微波波谱学、微波天文学、微波气象学、遥测遥感和全息技术等，不胜枚举。

第四，方法论以数值方法为主。

关于电磁场与电磁波实际问题求解方法，大体有两大种类：解析法（经典法）和数值法（现代法）。经典的数学分析方法是一百多年来电磁学学科发展中一个极为重要的手段，围绕电磁分布边值问题的求解，国内外专家学者做了大量的工作。在数值计算方法得到成功应用之前，电磁分布边值问题的研究方法主要是解析法，但其推导过程相当烦琐和困难，缺乏通用性，可求解的问题非常有限，一般只能够求解简单、集合形状较规则的电磁场和电磁波问题，而且要做诸多假定，尽可能简化计算模型，使求解精度大大降低，远远不能够满足工程实际的需求。传统的电磁产品的设计方式由于客观条件与手段的限制，把场的实际分布参数当作集中参数处理，不可避免地带来相当大的误差。在迫不得已的情况下，只能用模拟、实验等方法处理，损耗大、成本高、周期长，可借鉴的经验不多，而实验模拟也不一定具备条件；且人类社会对电磁装置提出越来越多的新需求，因此高效的设计方法必然应运而生，而且备受重视。20 世纪 60 年代以来，伴随着电子计算机技术的飞速发展，多种成熟的电磁场数值计算方法不断涌现，并广泛地应用于工程实际问题中，相应的商业化通用软件包不断出现。相对于解析法而言，数值计算方法受边界形状的约束大为减少，可以解决各种类型的复杂问题。虽然各种数值计算方法都有一定的局限性和特定适用性，一个复杂的问题往往难以依靠单一方法解决。但是数值方法可以模拟不同的模型，计算各种复杂的几何形状，可以适应非线性、各向异性问题，可以进行工程实际中复杂问题诸如涡流等的分布计算，而且最为主要和关键的是可以进行仿真分析，这是传统的解析法无可比拟的。为了充分发挥各种方法的优势，取长补短，将多种方法结合起来解决实际问题，即混合法的研究和应用已日益受到人们的关注。电磁场与电磁波的数值计算方法应用越来越广，作用日益增大，也逐渐居于主导地位；已经形成一门较为成熟而且不断发展的学科——计算电磁学（注：广义的计算电磁学应该包括传统的解析法，但是在当今，计算电磁学一般只研究电磁场与电磁波问题的数值求解方法），详见第 2 章。特别地，本书首次介绍国产射频微波仿真软件 Eastwave，呼吁对其推广应用。

第五，频谱扩展。

电磁场与电磁波频谱扩展有两个方面的含义：第一，研究对象及应用领域频谱扩展了，而且频谱资源越来越紧张了。第二，频谱扩展理论和技术，形成了一个新兴的技术学科——频谱扩展技术，尤其在通信领域得到广泛而深入的研究和应用。这里只强调第一个方面。首先，可资利用的电磁波的频谱范围逐步拓展，比如微波波段高端从 300 GHz 扩展到 3 000 GHz，已经从传统的微波向红外光波段到毫米波波段、亚毫米波段发展和探索，目前太赫兹技术的研究和应用方兴未艾，日益深入广泛。其次，频谱资源本身是一种自然且无耗的资源，似乎谁都可以随意使用，但这势必造成各种装备之间、各个领域之间等频谱使用冲突，造成干扰和混乱，不能够正常工作。因此，各国，各相关国际、行业组织，如国际电信联盟 ITU 等，都对无线电频谱进行了相应的规定，如 ITU 的《无线电规则》《中华人民共和国无线电频率划分规定》等。

第六，物质中以及运动系统中的电磁场与电磁波得到重视和大力研究。

信息时代最为突出的特点之一就是高新技术的不断涌现和广泛应用，而这必须以新器件、新材料以及相应的新工艺的研究和开发作为强力支撑；进而需要电磁场与电磁波理论和技术作为坚强后盾。电磁场与电磁波研究范畴中的微波，具有似光性、透光性、信息性和非电离性等特点。其中非电离性说明微波的量子能量还不够大，不足以改变物质分子的内部结构或破坏分子间的键，即微波和物体之间的作用是非电离的。因此微波为探索物质的内部结构和基本特性提供了有效的研究手段；利用微波这一特性，可研制许多适用于微波波段的器件，如光波元器件、计算机芯片等；其中计算机的运算次数进入十亿次，其频率也是微波频率。超高速集成电路的互耦也是微波互耦问题。因此，微波的研究必须渗透集成电路和计算机领域。而要研制这些新器件，必然要使用各种不同的新材料，特别是功能材料，诸如信息功能材料、能源功能材料等。对这些材料的研究，必然以物质的电磁特性为基础进行，尤其是非线性、各向异性性、非均匀性等问题的研究。对这些新材料，必然要有相应的制备、加工工艺加以保证，从而反过来推动新技术的诞生和进步。

此外，随着空间技术的发展，高速运动系统中电磁场的研究，成为自然和必然的课题，如移动通信中的动中通、通中动等。对这些课题，其研究基础是麦克斯韦方程和爱因斯坦的相对论。

第七，生物医学电磁学成为生物医学工程的主要内容和重要分支。

生物医学电磁学成为一门完整而独立的学科，它研究电磁场与生物系统的相互作用、相互影响的关系；各种生物医学成像或检测仪，无不涉及电磁场与电磁波理论和技术。而且，由于不少物质的能级跃迁频率恰好落在电磁波频谱中微波的短波段，微波能穿透生物体，因此微波成为医学透热疗法的重要手段；微波生物医疗、微波催化、微波波谱成像、红外成像等领域已从前沿课题逐步走向成熟；前已述及的太赫兹技术，也在生物医学中得到越来越多的研究和应用，如太赫兹成像和检测等。

第八，电磁辐射复杂、电磁环境恶化问题日益尖锐，亟待解决；电磁兼容含义扩大。

据说在中华人民共和国成立前，我国一部50 W电台可以直接把信息送到莫斯科，一部15 W的电台可以直接联系延安和琼崖纵队。但是现在同样功率的电台发出的电磁波可能连一个城市都穿不过。这是因为当今时代和社会电磁环境日益复杂和恶化，各种电磁设备和工具，在时间上此起彼伏，空间上重叠交错，频谱上相互交错，信号形式多变快变，能量巨大。表现为空域广泛性和交织性、时域动态性和连续性、频域密集性和宽泛性、能域对抗性和激烈性、信号结构多样性和复杂性、威胁突然性、多重性和全局性。这对环境影响、人的影响越来越大，应引起各国政府和相关学者的高度重视。

电磁辐射对人体有影响，这是绝对的，因为有电磁生物效应产生。但究竟什么强度和当量的电磁辐射产生什么样的影响，是坏影响，还是好影响，影响到什么程度，有没有危害，在不同条件下其危害的程度有多大，都需要科学理论研究分析论证，还要经过实验验证。需要可靠的量化数据说话，而不是模模糊糊、马马虎虎地简单定性而论。也绝不仅仅是一个或者一些标准如（GB 8702—2014）《电磁环境控制限值》等就能够解决问题的。

四、怎样学好这门课程

电磁场与电磁波这门课程概念抽象，人不能直接感受到电磁场与电磁波，只能间接认识；数学公式繁复：只有数学可以严格描述电磁场与电磁波，并通过数学推导，得到电磁场与电磁波的概念、原理和性质。因此学生很不习惯本课程中的逻辑关系、思维方式。那么，怎样才能学好这门重要课程呢？

1. 充分利用先修课程的基础理论知识

充分利用和结合先修课程的理论知识，如有知识储备不足，要复习弥补。电磁场与电磁波的先修课程中，电路理论、数学、大学物理（电磁学）尤为重要。电路理论在方法论上提供了路的方法，而场的观念与路的观念已经是统一的了。数学是分析和理解以及求解问题的主要工具和理论基础，必须加强数学素养，提高数学思维能力。这里要强调电磁学，学生必须搞清楚电磁场与电磁波同电磁学的异同。

第一，相同点：都是学习电场、磁场与电磁波的性质和规律。

第二，不同点：内容不同——电磁学的重点是电磁现象的学习，电磁场理论的重点是建立各种电磁现象的逻辑联系；数学工具不同——电磁学只涉及简单微积分，电磁场理论涉及矢量场论、偏微分方程和数理方程；目的不同——电磁学的目的是了解物理现象、基本概念和基本性质，电磁场理论是深入物质的物理本质和基本规律，并且精确求解出给定电磁场的分布，为后续课程提供理论基础和工具。

2. 定位准确，分清层次，把握重点

就是要求学生要点面结合、深浅结合，在整个电磁场与电磁波框架体系结构下，准确定位学习内容和目标，分清层次关系：哪些内容是应知应会的基本要求，哪些是必知必会的中级要求，哪些是融会贯通的高级要求，并且把握重点和难点。其中，基本要求是基本方程、基本概念、简单计算；中级要求是重要方程、重点概念、常用计算；高级要求是独立应用电磁场与电磁波课程的主要理论、概念与计算，分析和求解实际问题。

3. 端正学习态度，培养和提高学习兴趣

电磁场与电磁波看起来很难，实际上并不是想象的那么难，无非就是在场的观念下对给定的问题，判断问题类型，如初值问题、边值问题、混合问题等，分析其属性和特点，利用电磁场与电磁波的概念、公式、定理，特别是麦克斯韦方程组、本构关系、边界条件，建立计算模型，然后进行微积分运算，再利用已知条件、初始条件等，得出具体的解。因此，只要态度端正，不畏难，不避难，一定会从电磁场理论优美的数学形式以及有趣的数学和逻辑推理中找到学习的乐趣，做到有始有终，永不放弃，学有所得，学有所成，学以致用。

4. 正确的学习方法

第一，发现、挖掘和欣赏课程中的数学美和逻辑意趣。

第二，联系生活、生产实际，合理想象、假设、类比和推理，并且在学习过程中坚持自行推导重要的公式、定理。

第三，学会一种以上电磁仿真软件，用仿真进行理论验证性、演示性学习，并且逐渐过渡到设计性、综合性实验学习。

第四，充分利用各种媒质的相关信息，帮助理解和掌握。

第 2 章

电磁场数值方法与软件简介

与传统的电磁场与电磁波理论教科书不同，为了更好地学好电磁场与电磁波理论技术和工程方法，本书先介绍电磁场数值方法和利用这些方法开发的商业电磁仿真软件（也称为微波 EDA 软件或平台）。要求学生一开始就要学习一两种电磁仿真软件，目的在于：第一，结合教学进程，可以利用软件进行演示性实验或计算、仿真；第二，可提高学生学习兴趣，并且反过来促进相关理论知识的理解和掌握；第三，为实际工程应用打下坚实基础，因为无论是移动通信、无线设计、信号完整性和电磁兼容（EMC）分析、设计等，都要使用电磁仿真软件，尤其是微波电路设计，其中的耦合器、滤波器、放大器、振荡器、混频器、调制器、平面结构电路、连接器、微波 IC 封装、各种类型天线、微波元器件、电磁兼容/干扰的设计和排查、处理等，无不使用微波 EDA 软件，它们是强有力的工具。

2.1 为什么需要数值方法

2.1.1 传统方法的局限性

1864 年麦克斯韦建立统一而且优美的电磁场基本方程组，揭示了电、磁和光的统一性。100 多年来，人类对电磁场问题的求解方法经历了从传统方法到现代方法的演变过程，其中传统方法包括图解法、实验法和解析法三种，现代方法就是数值法。图解法虽然直观，但是需要相当的经验积累，进行问题和模型的简化，求解结果很为粗糙。其中每一种方法都包含多种具体方法，如图 2.1 所示。

传统的计算方法以电磁场简化和实验修正的直观经验参数为基础，计算精度往往不能满足要求。比如直接测量电磁场（如静电场）需要昂贵、复杂的设备，对测量技术的要求也高，而且很多时候由于现场条件限制，不能够布置测试平台，所以常常采用模拟法来研究和测量静电场，如用电流场模拟静电场的方法、模拟电荷法等，类似于现在所说的半实物仿真。其中模拟电荷法可以看作是广义的镜像法，它简单、直观，能有效地求解静电场工程计算问题。但是，其计算精度主要取决于计算者的经验。为了克服这个不足，后来在模拟电荷法的基础上，又发展出来了优化模拟电荷法。无论是模拟电荷法还是优化模拟电荷法，模拟电荷的类型、位置、电荷值不是唯一的，而且一般只适用于静电场。需要说明的是，模拟电荷法本质上已经是一种数值方法。

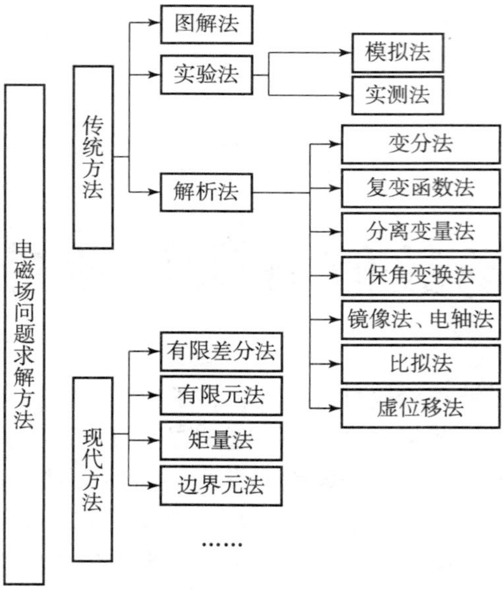

图 2.1 电磁场问题的求解方法

解析法就是直接求解场的基本方程如麦克斯韦方程、拉普拉斯方程和泊松方程的方法，有两个大类：微分方程法、积分方程法。具体的方法有虚位移法、比拟法、镜像法、分离变量法、变分法、复变函数法、保角变换法等。解析方法的优点有：

（1）可将解表示为显式数学函数，从而计算出精确的数值结果。

（2）可以作为近似解和数值解的检验标准。

（3）在解析过程中和在解的表达式中可以观察到问题的内在联系和各个参数对数值结果所起的作用。

虽然解析法可得到问题的精确解，而且效率也很高，但不管哪一种具体解析法，其适用范围都非常窄，只能够求解一些简单、规则的边界问题，基本上不能用于求解结构复杂和任意边界几何形状的、三维空间的工程实际问题；而且许多实际工程和科学问题根本无法求得解析解。因此，这些方法长期未能有效应用于较复杂电磁系统的设计过程中。在很多场合人们实际采用的是磁路计算方法，它可以说是唯一实用的方法，其依据是磁系统中磁通绝大部分是沿着磁路流通的。这种计算方法与电路的解法极其相似，易于掌握和理解，因而沿用至今。但众所周知，磁通是无绝缘体可言的，所以磁路实际上是一种分布参数性质的路。当磁系统结构复杂、铁磁材料饱和时，磁路很难逼近实际情况；即使逼近了，其计算也十分复杂。

由于传统方法只能解决一些经典问题，具体到复杂的实际工程和研究过程，往往需要通过数值方法求解具体环境中的电磁场与电磁波问题。数值算法的基本思想就是把连续变量函数离散化，把微分方程化为差分方程，把积分方程化为有限和的形式，从而建立起可以收敛的代数方程组，然后利用计算机技术进行求解。电磁场数值算法能够得到绝大多数电磁场问题的近似解。

随着高速和大容量计算机技术的飞速发展，电磁场数值计算已经发展成为一门新兴的重要边缘学科，提出了多种有效、实用的求解电磁场问题的数值方法，主要有矩量法（MOM）、有限元法（FEM）、有限积分法（FIT）、时域有限差分法（FDTD）、边界元法等。更为可喜的是，基于这些数值计算方法，许多优秀的专业化、商业化的电磁仿真软件得到开发并广泛应用。

2.1.2　仿真的重要性

有了商业化的电磁场数值计算软件平台，我们就可以干一件重要的工作：电磁场数值仿真。这是电磁场数值方法巨大作用的具体体现之一，其影响十分深远。可以说，计算电磁学给电磁场与电磁波理论在方法上带来的是革命性的变化。仿真的重要性体现在以下几个方面。

（1）仿真可以求解复杂电磁场问题。

当计算场域的边界几何形状复杂时，应用解析法分析很困难甚至行不通，必须采用数值计算的方法，可以利用现有商业化软件平台进行仿真。

（2）仿真可以代替测量。

在理解待分析的问题、合理设置仿真模型和求解参数的前提下，仿真完全可以代替测试和测量，是一种可以信赖的评估和检测、验证手段。

（3）仿真已经是科学研究、工程开发和教学不可或缺的手段和内容。

仿真已经成为科学研究电磁规律、电磁特性的主要手段、方法和内容，特别是在对外部环境电磁特性的研究方面。仿真也是重要的教学内容和手段、方法；同时，仿真是学生职业生涯必须会、必须熟练的技能，仿真软件和平台是他们必须熟练掌握和使用的工具。

（4）仿真可以提供很高的军用价值。

利用电磁仿真可以模拟复杂电磁环境、电磁态势，尤其是战场复杂的电磁环境和态势。

（5）电磁兼容、电磁防护。

仿真可以对电磁兼容、电磁防护等进行设计、评估，可以进行信号完整性、电源完整性、地完整性等进行分析，给设计和再设计以及电路、系统整改提供参考依据。

（6）仿真是重要的教学手段和教学内容。

仿真可以做出许多教学演示，如对电磁理论和现象的演示验证、示例等。因此，电磁仿真必然成为电磁场与电磁波课程的重要内容。

（7）提高社会经济效益。

仿真可以提高工程设计可靠性，提高设计效率，缩短开发周期，降低开发成本。一个好的数值算法可以很接近地模拟出微波器件、模块甚至系统的特性，这对于工程设计和研究而言，可以避免很多次的试凑（cut – and – try）以及试错（try and error），节省时间从而提高效率。

在产品开发初期利用电磁仿真软件进行仿真分析，为设计者提供设计依据和参考，是产品设计的发展趋势。电磁仿真分析不仅是一种提高电磁设计手段和方法的有力工具，而且对于提高设计水平、保证方案成功率、技术途径实现率、减少设计反复、缩短产品开发周期、提高设计者的前瞻性及设计的准确性等都具有重要的意义。与此同时，还能降低设计成本、提高产品研发的一次成功率，改善产品的性能，提高可靠性，减少设计、生产、再设计和再生产的费用。

电磁仿真软件可以快速而准确地得到系统的电磁设计分析结果，模拟出模块、产品的电磁场分布，从而使设计者直观、准确地了解系统电磁特性，及时发现设计中存在的问题并予以整改，达到设计要求。

（8）电磁仿真与电路仿真日益紧密结合，即微波 EDA 与电子 EDA 结合成为必然趋势。

在电路设计中，电磁仿真技术可以使用成熟的智能化设计规范来分析和引导电路设计，并可提供对平面电路进行电磁场分析和优化的功能；允许工程师根据实际情况自定义关键器件的工作频率范围、材料特性、辅助电路参数等，可在时域或者频域内实现对线性或非线性电路的综合仿真和分析；可以进行任意三维无源结构的高频电磁场仿真，可以直接得到特征阻抗、传播常数、辐射场、天线方向图等结果。

当今射频、微波设计流程中广泛地采用各式各样的电磁分析。电磁分析和电路设计与分析不可分割，其作用不可低估。在进行电路设计之前，尤其是较大的项目设计中，电磁工具用于创建“库”部件，例如电感、瞬态模块和天线等。由于这些部件都是非常独立的，它们必须最终全部整合到总设计中，即与电路其余部分相连或更加复杂地进行耦合。在早期和后期设计过程中，对关键的互连结构，设计人员将从基于电路的模型转换到电磁分析，以便更好地了解耦合程度，达到更高的仿真精度。在进行生产前，还要用电磁分析再一次分析设计中所用的材料，从而确认电路性能是否符合设计规则检测（DRC）、版图对原理图一致性检查（LVS），以及设计的可制造性要求。所有这些应用普遍存在的重大问题是，在一定程度上电磁求解程序必须联合其他工具一起工作。电磁求解程序的原始输入数据是几何图形或结构，而不再是带有各个板层的电材料特性的电路版图。在仿真结束时，电磁求解器将输出 S 参数或一些其他线性模型表达式。一些电磁求解器可以直接输出 SPICE 网表文件，但必须在电路仿真器中与其余的电路部分连接。能够实现联合仿真功能，即通过复制几何结构，或将设计、布局工具中的结构导出，再导入至电磁求解器。然后必须将电磁仿真的结果再导入电路仿真器。这些过程必须非常迅速且准确无误，这样才能完成设计。

2.1.3 电磁仿真的特点

电磁仿真具有许多特点，概括如下：

（1）灵活性。表现为可以方便地调整几何结构、材料属性、放置位置等关键参数；可以针对某一环节进行单独分析。

（2）全面性和深入性。可以根据用户要求分析任意部件、得到系统的任意电磁特性；提供比测试丰富得多的信息。

（3）效果优良。在虚拟原型上改进设计，确保设计一次成功，电磁场仿真已经广泛地、成功地应用于电磁性能预测、设计的多个方面。仿真所具有的高效费比、强灵活性，可以大幅提高设计效率。

（4）设计速度快、质量高，节省材料和成本。

（5）能够完成传统方法不能够完成的任务，比如灵敏度和容差分析。

（6）既是手段、方法、工具平台，又是内容和目的。

不足之处是电磁仿真的准备工作时间消耗较多，而且微波 EDA 软件不能保证迭代过程收敛于最佳状态（对于微波电路而言，就是最佳电路），得到的往往是局部最佳，而不是全局最佳。

2.1.4　电磁仿真的应用领域

目前，电磁仿真已经广泛而且不仅仅限于如图 2.2 所示的诸多领域。

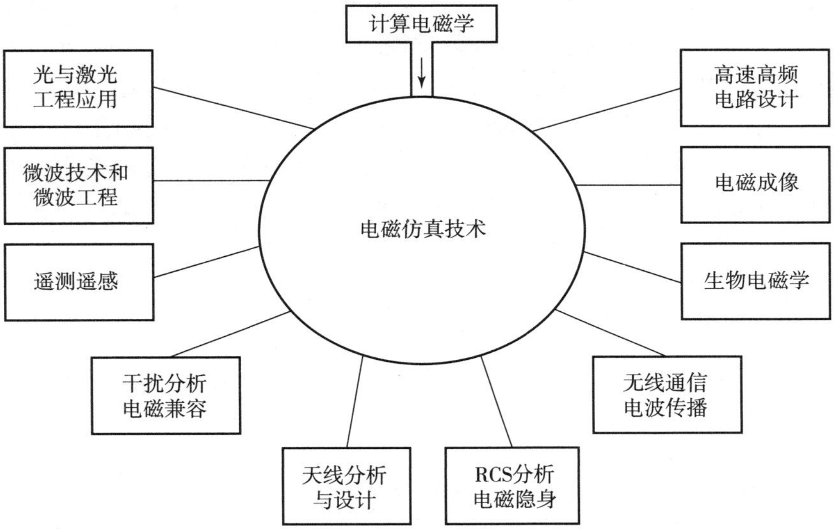

图 2.2　电磁场仿真技术应用领域

2.2　电磁场数值方法简介

要应用电磁仿真软件求解电磁场问题，就要了解它所采用的数值方法，以及各种算法的优势、应用领域、有什么限制条件等，做到知其然、知其所以然，心中有数，才能够正确运用、融会贯通。20 世纪 60 年代，随着计算机技术的发展，数值计算技术开始用以解决不规则边界条件下电磁工程问题的求解，与传统的方法只能够利用麦克斯韦方程组加规则边界求解简单的、基本是理想化的电磁场问题不同，它能够利用麦克斯韦方程组解决几乎所有任意边界的电磁理论和工程实际问题。利用数值方法求解电磁场问题也有一个前提，就是建模，包括物理模型和数学模型两种。物理模型的建立需要满足以下几个要求：

（1）能够真实反映对象工作时的基本物理特性。

（2）在规定的频带内能保证足够的精度。

（3）在保证精度的前提下，模型简单。

（4）确定模型有关参量很容易和方便。

建立物理模型的方法有理论分析法、实验法、等效法（如等效电路法等）、电磁场全波法、非线性法等，具体方法参见相关参考文献。

数学模型就是麦克斯韦方程组的具体应用形式，在建立满足上述要求的物理模型基础上，恰当运用麦克斯韦方程组进行求解，因此有必要理解电磁场问题的数学模型。

2.2.1 数学模型

数学模型是对客观事物的抽象模拟，它根据事物固有的规律性，通过数学语言描绘出客观事物的本质属性及其与环境的内在联系。麦克斯韦方程是宏观电磁现象普适的数学模型，为一百多年来电磁学科的发展进程所公认。研究电磁场数值方法的计算电磁学就是以宏观电磁理论高度概括的麦克斯韦方程组为数学模型，结合实际问题的初始条件和边界条件，给出具体电磁学问题的解。宏观电磁学理论的数学模型如图 2.3 所示。图中，$\boldsymbol{H}$、$\boldsymbol{E}$、$\boldsymbol{B}$、$\boldsymbol{D}$、$\boldsymbol{J}$ 分别代表磁场强度、电场强度、磁感应强度、电位移、电流密度矢量，$\boldsymbol{A}$、φ、ε、μ、ρ 分别代表磁矢位、电位、介电常数、磁导率、电荷密度，而 ∇ 是矢量分析中的算子，念作纳不纳或 del，$\boldsymbol{f}$、q、$\boldsymbol{v}$ 则分别代表洛伦兹力、电荷量、电磁场中物体（电荷等）的运动速度，这些参数的物理意义请参见后续章节。公式中的偏微分算子念作 round。

宏观电磁学理论模型

$$\nabla \times \boldsymbol{H} = \boldsymbol{J} + \frac{\partial \boldsymbol{D}}{\partial t}$$
$$\nabla \times \boldsymbol{E} = -\frac{\partial \boldsymbol{B}}{\partial t}$$
$$\nabla \cdot \boldsymbol{B} = 0$$
$$\nabla \cdot \boldsymbol{D} = \rho$$
$$\nabla \cdot \boldsymbol{J} + \frac{\partial \rho}{\partial t} = 0$$
$$\boldsymbol{f} = q(\boldsymbol{E} + \boldsymbol{v} \times \boldsymbol{B})$$

微分方程模型

$$\oint_S \boldsymbol{H} \cdot \mathrm{d}\boldsymbol{l} = \int_S \boldsymbol{J} \cdot \mathrm{d}\boldsymbol{S} + \frac{\partial}{\partial t}\int_S \boldsymbol{D} \cdot \mathrm{d}\boldsymbol{S}$$
$$\oint \boldsymbol{E} \cdot \mathrm{d}\boldsymbol{l} = -\frac{\partial}{\partial t}\int_S \boldsymbol{B} \cdot \mathrm{d}\boldsymbol{S}$$
$$\oint_S \boldsymbol{B} \cdot \mathrm{d}\boldsymbol{S} = 0$$
$$\oint_S \boldsymbol{D} \cdot \mathrm{d}\boldsymbol{S} = \int_V \rho \mathrm{d}V$$

积分表达式模型

$$\boldsymbol{B} = \nabla \times \boldsymbol{A}$$
$$\boldsymbol{E} = -\nabla \varphi - \frac{\partial \boldsymbol{A}}{\partial t}$$
$$\nabla \cdot \boldsymbol{A} = -\mu\varepsilon \frac{\partial \varphi}{\partial t}$$
$$\nabla^2 \boldsymbol{A} - \mu\varepsilon \frac{\partial^2 \boldsymbol{A}}{\partial t^2} = -\mu \boldsymbol{J}$$
$$\nabla^2 \varphi - \mu\varepsilon \frac{\partial^2 \varphi}{\partial t^2} = -\frac{\rho}{\varepsilon}$$

位函数 φ 和 $\boldsymbol{A}$ 的数学模型

图 2.3　宏观电磁学理论的数学模型

电磁场数值计算的任务是基于麦克斯韦方程组，建立逼近实际问题的连续型数学模型，然后采用相应的数值计算方法，经离散化处理，将连续型数学模型转化为等价的离散型数学模型，由离散数值构成的离散方程组（代数方程组），应用有效的代数方程组解法，求解出该数学模型的数值解。电磁场数值计算流程图如图 2.4 所示。

由流程图可见，除了各种数值方法这一核心内容外，分析人员还必须具备一定的数学、物理基础及相应专业的专门知识，建模中还需实践知识和经验的积累，合理地利用理想化或工程化假设，准确地给出问题的定解条件（初始条件、边界条件），并在计算流程的前处理、数据处理和后处理等计算机编程和应用方面具备相应的基础。

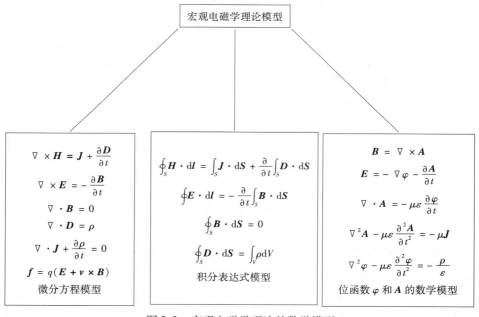

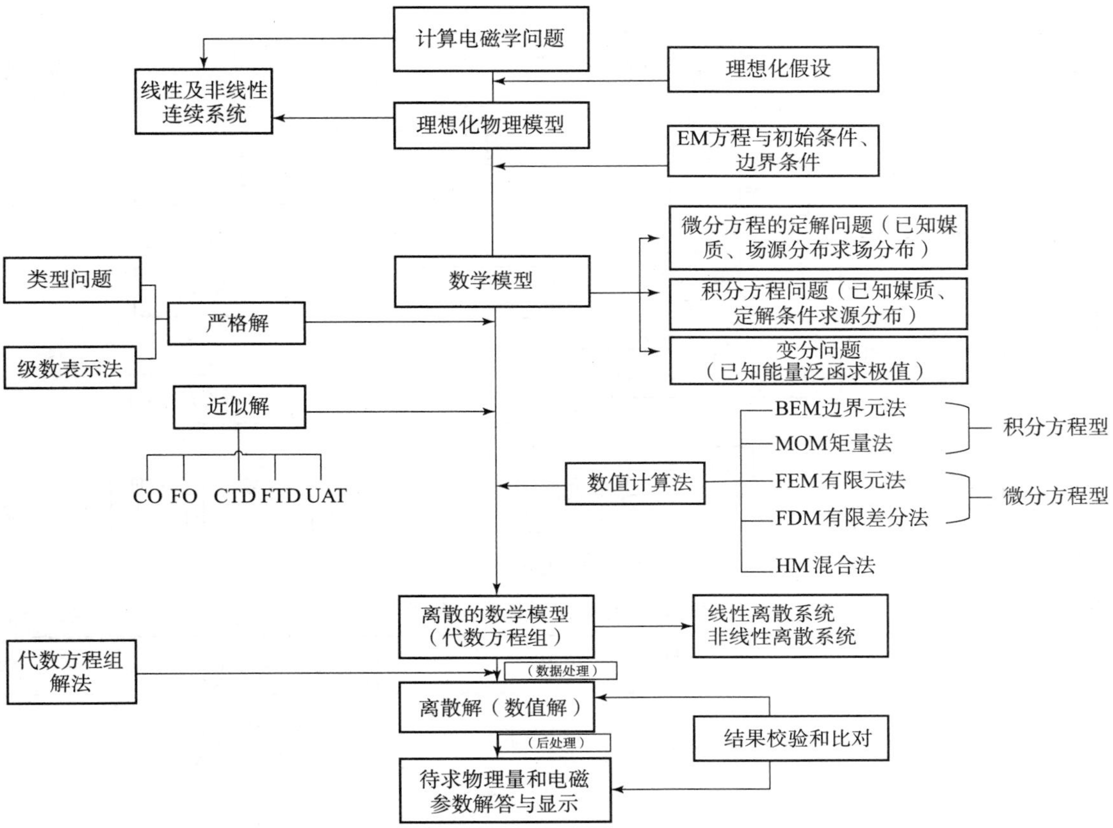

图 2.4　电磁场数值计算流程图

电磁场数值计算的核心是各种实用的数值计算方法，它们是将原连续型数学模型转化为离散型数学模型的基础。

2.2.2　电磁场数值方法的分类及比较

电磁场数值方法分类结构图，如图 2.5 所示。主要有两种分类方法，一是按照空间域分，有时域法与频域法两类；二是按照方程类别分，有积分方程法与微分方程法两类。每一类又各有不同的细分类别。

1. 时域法与频域法

电磁学的数值计算方法可以分为时域法（Time Domain，TD）和频域法（Frequency Domain，FD）两大类。频域法发展得比较早，也比较成熟，主要有矩量法、有限差分法等。时域法主要有时域差分技术等，时域法的引入是基于计算效率的考虑，某些问题在时域中计算量相对较小。例如求解目标对冲激脉冲的早期响应时，频域法必须在很大的带宽内进行多次采样计算，然后还需做傅里叶反变换才能求得解答，计算精度受到采样点的影响。而针对非线性时变电磁量，采用时域法更加直接。此外，还有一类高频方法，如几何绕射理论（GTD）、一致性绕射理论（UTD）和物理绕射理论（PTD）等。电磁场数值方法分类如表 2.1 所示。

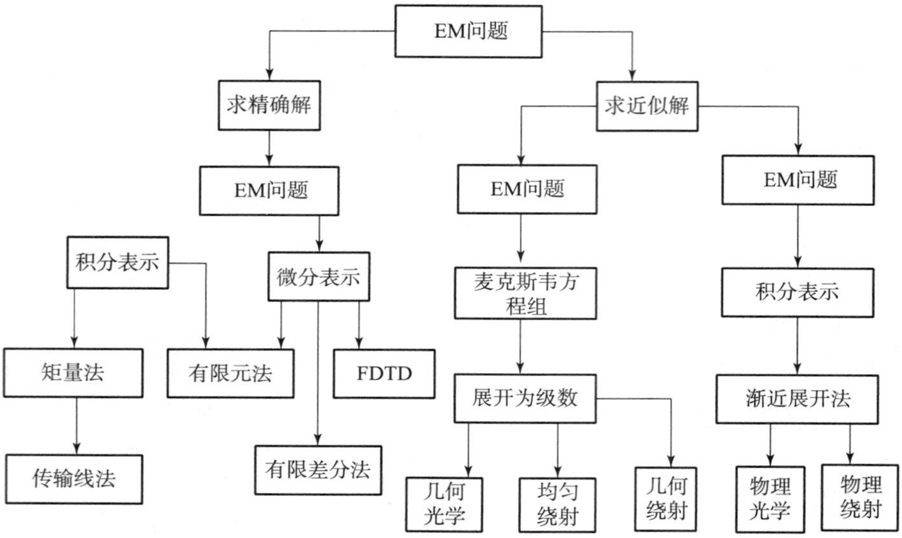

图 2.5 电磁场数值方法求解流程图

表 2.1 电磁场数值方法分类

<table>
<tr><td rowspan="5">数值方法</td><td rowspan="2">频域法</td><td>积分形式</td><td>矩量法（MOM）</td></tr>
<tr><td>微分形式</td><td>有限差分法（FDM）
有限元法（FEM）</td></tr>
<tr><td rowspan="2">时域法</td><td>积分形式</td><td>有限积分法（FIT）</td></tr>
<tr><td>微分形式</td><td>时域有限差分法
（FDTD）</td></tr>
<tr><td>高频近似</td><td colspan="2">几何绕射理论（GTD）
一致性绕射理论（UTD）
一致性渐进理论（UAT）
物理绕射理论（PTD）
绕射谱理论（STD）</td></tr>
</table>

时域法对 Maxwell（麦克斯韦）方程按时间步进后求解有关场量。最著名的时域法是时域有限差分法（Finite Difference Time Domain，FDTD）。这种方法通常适用于求解在外界激励下场的瞬态变化过程。若使用脉冲激励源，一次求解可以得到一个很宽频带范围内的响应。时域法具有可靠的精度，更快的计算速度，并能够真实地反映电磁现象的本质，特别是在诸如短脉冲雷达目标识别、时域测量、宽带无线电通信等研究领域更是具有不可估量的作用。

频域法是基于时谐微分、积分方程，通过对 N 个均匀频率采样值的傅里叶逆变换得到所需的脉冲响应，即研究时谐（Time Harmonic）激励条件下经过无限长时间后的稳态场分布的情况，使用这种方法，每次计算只能求得一个频率点上的响应。过去这种方法被大量使用，多半是因为信号、雷达一般工作在窄带。

当要获取复杂结构时域超宽带响应时，如果采用频域法，则需要在很大带宽内的不同频率点上进行多次计算，然后利用傅里叶变换来获得时域响应数据，计算量较大；如果直接采用时域法，则可以一次性获得时域超宽带响应数据，大大提高计算效率。特别是时域法还能直接处理非线性媒质和时变媒质问题，具有很大的优越性。时域法使电磁场的理论与计算从处理稳态问题发展到能够处理瞬态问题，使人们处理电磁现象的范围得到了极大的扩展。

频域法可以分成基于射线的方法（Ray - based）和基于电流的方法（Current - based）。前者包括几何光学法（GO）、几何绕射理论（GTD）和一致性绕射理论（UTD）等。后者主要包括矩量法（MOM）和物理光学法（PO）等。基于射线的方法通常用光的传播方式来近似电磁波的行为，考虑射向平面后的反射，经过边缘、尖劈和曲面后的绕射。当然这些方法都是高频近似方法，主要适用于那些目标表面光滑，其细节对于工作频率而言可以忽略的情况。同时，它们对于近场的模拟也不够精确。另外，基于电流的方法一般通过求解目标在外界激励下的感应电流进而再求解感应电流产生的散射场，而真实的场为激励场与散射场之和。基于电流的方法中最著名的是矩量法。矩量法严格建立在积分方程基础上，在数字上是精确的。其实，我们并不能判断它是一种低频方法或者是高频方法，只是矩量法所需要的存储空间和计算时间随未知元数的快速增长阻止了其对高频情况的应用，因而它只好被限定在低频至中频的应用上。物理光学法可以认为是矩量法的一种近似，它忽略了各子散射元间的相互耦合作用，这种近似对大而平滑的目标适用，但是目标上含有边缘、尖劈和拐角等外形的部件时，它就失效了。当然，对于简单形状的物体，PO 法还是一个常用的方法，因为它的求解过程很迅速，并且所需的存储空间也非常少（$O(N)$）。

2. 积分方程法与微分方程法

从求解的方程形式分类，又可以分为基于微分方程的方法（Differential Equation，DE）和基于积分方程的方法（Integral Equation，IE）两类。IE 法与 DE 法相比，特点如下：

（1）IE 法的求解区域维数比 DE 法少一维，误差仅限于求解区域的边界，故精度高。

（2）IE 法适宜于求解无限域问题，而 DE 法用于无限域问题的求解时会遇到网格截断问题。

（3）IE 法产生的矩阵是满的，阶数小，DE 法所产生的矩阵是稀疏的，但阶数大。

（4）IE 法难处理非均匀、非线性和时变媒质问题，而 DE 法则可以直接用于这类问题。

因此，求解电磁场工程问题的出发点有四种方式：频域积分方程（FDIE）、频域微分方程（FDDE）、时域微分方程（TDDE）和时域积分方程（TDIE）。

DE 包括时域有限体积法 FVTD、频域有限差分法 FDFD、有限元法 FEM。在微分方程类数值方法中，其未知数理论上讲应定义在整个自由空间以满足电磁场在无限远处的辐射条件。但是由于计算机只有有限的存储量，于是引入了吸收边界条件来等效无限远处的辐射条件，使未知数局限于有限空间内。即便如此，其所涉及的未知数数目依然庞大（相比于边界积分方程而言）。同时，由于偏微分方程的局域性，使场在数值网格的传播过程中形成色散误差。所研究的区域越大，色散的积累越大。数目庞大的未知数和数值耗散问题使微分方程类方法在分析电大尺寸目标时遇到了困难。对于 FEM 方法，早期基于节点（Node - based）的处理方式有可能由于插值函数的导数不满足连续性而导致不可预知的伪解问题，使这种在工程力学中非常成功的方法在电磁学领域内无法大展身手，直到一种基于棱边（Edge - based）的处理方式的出现，这个问题才得以解决。

积分方程类方法主要包括各类基于边界积分方程（Boundary Integral Equation）与体积分方程（Volume Integral Equation）的方法。与微分方程类方法不同，其未知元通常定义在源区，比如对于完全导电体（金属）未知元仅存在于表面，显然比微分方程类方法少很多。而格林函数（Green's Function）的引入，使电磁场在无限远处的辐射条件已解析地包含在方程之中，场的传播过程可由格林函数精确地描述，因而不存在色散误差的积累效应。

对于众多求解电磁场问题的算法和应用软件，需要针对求解目标的实际情况来选择合适的方法，这一步骤往往起到事半功倍的效果。显然，计算机硬件能力是要考虑的因素，求解问题的大小、复杂程度等对软硬件的要求也不同。图 2.6 给出了各算法占用 CPU 计算时间的比较，当结构简单且电尺寸较小时，需要划分的网格数也少，多种算法占用时间相当，但随着计算问题网格数的增加，矩量法（MOM）占用时间与网格数呈三次方的关系增加，有限元法（FEM）占用时间与网格数是平方关系，而时域有限积分方法（FITD）的 CPU 时间与网格数几乎呈线性关系。

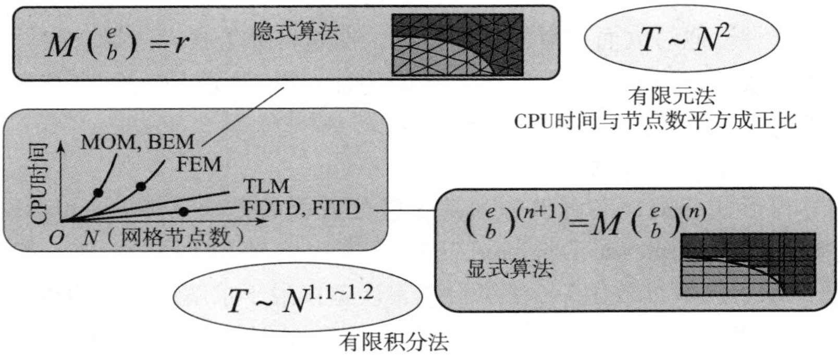

图 2.6　各算法占用 CPU 计算时间的比较

另外，高频近似法适合计算电大导电体的电磁场问题，对于电小结构及介质或者其他非金属材料构成的系统则存在困难。相反，各种频域法和时域法则适合在低频或者谐振频率附近使用，可以用于近场和远场的计算。

从电磁方程的形式看，积分方程法（IE）和微分方程法（DE）相比，其共性与不同点如表 2.2 所示。IE 法的求解区域维数比 DE 法少一维，误差限于求解区域的边界，故精度高；求无限域问题适合用 IE 法，用 DE 法则会遇到网格截断问题；IE 法产生的矩阵是满的，阶数小，DE 法所产生的是稀疏矩阵，阶数大；IE 法难以处理非均匀、非线性和时变媒质问题，DE 法可直接用于这类问题。

表 2.2　积分方程法与微分方程法的比较

分类		积分方程法	微分方程法
共性		对场问题的处理是一致的，即需离散化场域，结果是数值解	
不同点	离散域	仅在场源区，无须对整个场域离散	整个场域
	计算对象	场量	先求位函数，再求场量
	求解域	可在场域内某一局部区域求解，也可在全场域内求解	全场域内求解
	计算程度	较高	较低
	应用	不适用边界区域复杂的场域	边界形状复杂的场域较易处理
联系		两种方法的结合形式，可处理较复杂的电磁场问题	

电磁场问题的求解，有正演和反演两个不同的方向。所谓正演，就是根据原因求结果，而反演则是根据结果求原因。此处综合现代计算技术，从正演和反演两条线归纳出计算电磁学的各种计算技术及其综合分类，如图 2.7 所示。

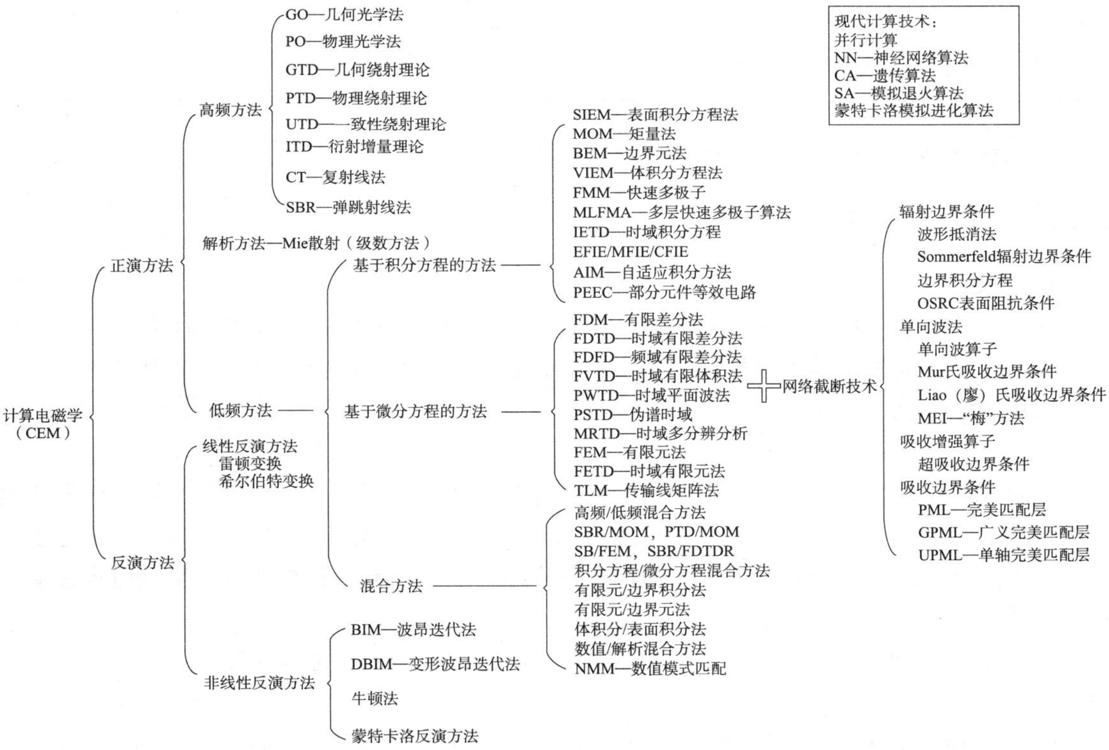

图 2.7　计算电磁学现代计算技术分类图

2.3 几种常见的电磁场数值分析方法介绍

目前常见的几种数值分析方法如表 2.3 所示。

表 2.3 目前常见的电磁场数值分析方法

数值方法	频域法	积分形式	矩量法（MOM）
		微分形式	有限差分法（FDM） 有限元法（FEM）
	时域法	积分形式	有限积分法（FIT）
		微分形式	时域有限差分法（FDTD）
	高频近似	几何绕射理论（GTD） 一致性绕射理论（UTD） 一致性渐进理论（UAT） 物理绕射理论（PTD） 绕射谱理论（STD）	

下面就几种最主要的计算电磁学数值方法进行简单介绍。

2.3.1 有限元法

1. *历史*

有限元法在 20 世纪 40 年代被提出，在 50 年代用于飞机设计。后来这种方法得到发展并被非常广泛地应用于结构分析问题中。目前，有限元法作为广泛应用于工程和数学问题的一种通用方法，已非常著名。

2. *原理*

有限元法是以变分原理为基础的一种数值计算方法。应用变分原理，把所要求解的边值问题转化为相应的变分问题，利用对场域的剖分、插值，将离散化变分问题转化为普通多元函数的极值问题，进而得到一组多元的代数方程组，求解代数方程组就可以得到所求边值问题的数值解。一般要经过以下步骤：

（1）区域离散化。即将场域或物体分为有限个子域，如三角形、四边形、四面体、六面体等。

（2）选择插值函数。选择插值函数的类型如多项式，用节点（图形定点）的场值求取子域各点的场的近似值。插值函数可以选择为一阶（线性）、二阶（二次）或高阶多项式。尽管高阶多项式的精度高，但通常得到的公式也比较复杂。

（3）方程组公式的建立。可以通过里兹方法或者伽辽金方法建立。

（4）选择合适的代数解法求解代数方程，即可得到待求边值问题的数值解。

3. 特点

(1) 最终求解的线性代数方程组一般为正定的稀疏系数矩阵。

(2) 特别适合处理具有复杂几何形状物体和边界的问题。

(3) 方便处理有多种介质和非均匀连续媒质问题。

(4) 便于计算机实现，可以做成标准化的软件包。

4. 相应的商业软件介绍

1) Ansoft HFSS 软件

Ansoft HFSS 是美国 Ansoft 公司开发的一种三维结构电磁场仿真软件，可分析仿真任意三维无源结构的高频电磁场，并直接得到特征阻抗、传播常数、S 参数及电磁场、辐射场、天线方向图等结果。该软件被广泛应用于无线和有线通信、计算机、卫星、雷达、半导体和微波集成电路、航空航天等领域。

Ansoft HFSS 采用自适应网格剖分、ALPS 快速扫频、切向元等专利技术，集成了工业标准的建模系统，提供了功能强大、使用灵活的宏语言，直观的后处理器及独有的场计算器，可计算分析显示各种复杂的电磁场，并可利用 Optimetrics 模块对任意参数进行优化和扫描分析。使用 Ansoft HFSS 还可以计算：

(1) 基本电磁场数值解和开边界问题，近远场辐射问题。

(2) 端口特征阻抗和传输常数。

(3) S 参数和相应端口阻抗的归一化 S 参数。

(4) 结构的本征模或谐振解等。

2) ANSYS Emax 软件

ANSYS Emax 是 ANSYS 公司的高频电磁场分析产品。其应用领域包括：射频/微波无源器件、射频/微波电路、电磁干扰与电磁兼容（EMI/EMC）、天线设计和目标识别。

ANSYS Emax 支持有限元计算区域所有结果的静态和动画显示，包含：电磁场强度、品质因数、S 参数、电压、特征阻抗、雷达截面积（RCS）、模型区域的远场和近场、天线方向图、焦耳热损耗。

ANSYS Emax7.1 还提供的计算功能有：

(1) 频段内快速扫频计算，用于 S 参数的快速提取。

(2) 天线各项拓展指标（增益、辐射功率、方向图、效率）的计算。

(3) N 端口网络 S 参数自动提取。

(4) 热效应分析。

(5) S 参数的 Touch Stone 格式文件输出。

(6) RCS 极化方向选择。

2.3.2 矩量法

1. 历史

矩量法是计算电磁学中最为常用的方法之一。自从 20 世纪 60 年代 Harrington 矩量法的基本概念被提出以来，它在理论上日臻完善，并广泛地应用于工程之中。特别是在电磁辐射与散射及电磁兼容领域，矩量法更显示出其独特的优越性。

2. 原理

矩量法的基本思想是将几何目标剖分离散，在其上定义合适的基函数，然后建立积分方程，用权函数检验从而产生一个矩阵方程，求解该矩阵方程，即可得到几何目标上的电流分布，从而其他近远场信息可从该电流分布求得。

矩量法可以分为以下三个基本的求解过程。

1）离散化过程

这一过程的主要目的是将算子方程化为代数方程。

将算子方程 $L(f)=g$ 中算子 L 的定义域适当地选择一组线性无关的基函数（或称为展开函数）f_1，f_2，…，f_n，将未知函数 f 在算子 L 的定义域内展开为基函数的线性组合，并且取有限项近似，即 $f=\sum_{n=1}^{\infty}a_nf_n\approx f_N=\sum_{n=1}^{N}a_nf_n$。再将此式代入到算子方程中，利用算子的线性性质，将算子方程转化为代数方程，即 $\sum_{n=1}^{N}a_nL(f_n)=g$。求解未知函数 f 的问题就转化为求解系数 a_n 的问题。

2）取样检验过程

为了使未知函数 f 的近似函数 f_N 与 f 之间的误差极小，必须进行取样检验，在抽样点上使加权平均误差为零，从而确定未知系数 a_n。

在算子 L 的值域内适当选择一组线性无关的权函数（又称为检验函数）W_m，将其与上述代数方程取内积进行抽样检验，即 $\langle L(f_n),W_m\rangle=\langle g,W_m\rangle(m=1,2,\cdots,N)$。利用算子的线性和内积性质，将其化为矩阵方程，得到 $\sum_{n=1}^{N}a_n\langle L(f_n),W_m\rangle=\langle g,W_m\rangle(m=1,2,\cdots,N)$。求解代数方程的问题就转化为求解矩阵方程的问题。

3）矩阵的求逆过程

一旦得到了矩阵方程，通过常规的矩阵求逆或求解线性方程组，就可以得到矩阵方程的解，从而确定展开系数 a_n，得到原算子方程的解。

3. 特点

（1）矩量法是基于电磁场积分方程的数值方法，积分方程的主要优点在于：一方面，由于格林函数的引入，电磁场在无限远处的辐射条件已经解析地包含在积分方程之中，这样未知量之间的关系可以准确地得到，避免数值色散；另一方面，它产生的未知数的数目一般都比微分类方程少很多，比较适用于计算电大尺寸的电磁散射。

（2）它是一种精确方法，其结果精度仅仅受到计算精度和计算模型精度的限制，因此它可以实现需要更高精度下的计算和求解。

（3）它是一种稳定的计算方法，在整个矩量法的求解过程中，不易出现类似于其他计算方法计算过程中出现的“伪解”问题，同时它所得到的矩阵条件数好，求解、求逆容易。

（4）对于金属表面，矩量法可以利用边界条件，直接简化计算，从而导出金属表面的积分方程，而其他方法则往往要完全计算整个实体的场分布，这就体现出矩量法在分析金属表面问题时的优越性。

(5) 由于矩量法的全局性，矩量法所产生的矩阵为稠密矩阵，这样经典矩量法的数据存储量和计算复杂度都很高。因此快速算法的研究成为矩量法应用研究中的一个热点。

4. 相应的商业软件介绍

1）Agilent ADS 软件

Agilent ADS 是美国安捷伦公司在 HP EESOF 系列 EDA 软件基础上发展完善起来的大型综合设计软件，为系统和电路设计人员提供可开发各种形式射频设计的有力工具，应用面涵盖从射频/微波模块到集成 MMIC。Agilent ADS 软件还提供了一种新的滤波器设计指导，可以使用智能化用户界面来分析和综合射频/微波电路，并可对平面电路进行场分析和优化。它允许用户定义频率范围、材料特性、参数的数量和根据用户的需要自动产生关键的无源器件模型。该软件范围涵盖了小至元器件芯片，大到系统级的设计和分析。尤其可在时域或频域内实现对数字或模拟、线性或非线性电路的综合仿真分析与优化，并可对设计结果进行成品率分析与优化，提高了复杂电路的设计效率，使之成为设计人员的高效工具。

2）Sonnet 软件

Sonnet 是一种基于矩量法的电磁仿真软件，提供面向3D 的高频电路设计，以及在微波、毫米波领域和电磁兼容/电磁干扰设计的 EDA 工具。Sonnet 应用于高频电磁场分析，频率从1 MHz 到数十 GHz。主要应用有：微带匹配网络、微带电路、微带滤波器、带状线电路、带状线滤波器、过孔（层的连接或接地）、耦合线分析、PCB 板电路分析、PCB 板电磁干扰分析、桥式螺线电感器、平面高温超导电路分析、毫米波集成电路（MMIC）设计和分析、混合匹配的电路分析、HDI 和 LTCC 转换、单层或多层传输线的精确分析、多层的平面电路分析、单层或多层的平面天线分析、平面天线阵分析、平面耦合孔的分析等，具有精确、快速等特点。

3）IE3D 软件

IE3D 是 Zeland 公司开发的一种基于矩量法的电磁场仿真工具，可以解决多层介质环境下三维金属结构的电流分布问题。它利用积分的方式求解 Maxwell 方程组，从而解决电磁波效应、不连续性效应、耦合效应和辐射效应问题。仿真结果包括 $S/Y/Z$ 参数、VSWR、RLC 等效电路、电流分布、近场分布和辐射方向图、方向性、效率和 RCS 等。IE3D 在微波/毫米波集成电路（MMIC）、RF 印制板电路、微带天线、线天线和其他形式的 RF 天线、HTS 电路及滤波器、IC 的互联和高速数字电路封装方面是一个非常有用的工具。

4）Microwave Office 软件

Microwave Office 软件是 Applied Wave Research 公司开发的高频电磁仿真软件，最早是通过两个模拟器来对微波平面电路进行模拟和仿真。对于由集总元件构成的电路，用电路的方法来处理较为简便。该软件设有“VoltaireXL”模拟器用来处理集总元件构成的微波平面电路问题。而对于由具体的微带几何图形构成的分布参数平面电路则采用场的方法较为有效，该软件采用“EMSight”模拟器处理任何多层平面结构的三维电磁场问题。

“VoltaireXL”模拟器内设有一个元件库，在建立电路模型时，可以调出微波电路所用的元件，其中无源器件有电感、电阻、电容、谐振电路、微带线、带状线、同轴线等，非线性器件有双极晶体管、场效应晶体管、二极管等。

“EMSight”模拟器是一个三维电磁场模拟程序包，可用于平面高频电路和天线结构的分析。其特点是把修正谱域矩量法与直观的视窗图形用户界面（GUI）技术结合起来，使计算速度加快许多。它可以分析射频集成电路（RFIC）、微波单片集成电路（MMIC）、微带贴片天线和高速印制电路（PCB）等的电气特性。

5）FEKO 软件

FEKO 是 Ansys 公司开发的以矩量法为核心算法的高频电磁仿真软件。它基于严格的积分方程方法，只要硬件条件许可，就可以求解任意复杂结构的电磁场问题。为了在当前的计算机硬件条件下完成大尺寸复杂结构（一般从数值计算的角度定义，待分析目标尺寸超过10个波长）的计算，本软件还提供了专用于大尺寸问题的高频方法——物理光学方法（PO）和一致性绕射理论（UTD）。

FEKO 真正实现了 MOM 方法和 PO/UTD 的混合，完全可以根据用户的需要进行快速精确的电磁计算。当问题的电尺寸太大时，可考虑使用 FEKO 的混合方法来进行仿真模拟。对关键性的部位使用矩量法，对其他重要的区域（一般都是大的平面或者曲面）使用 PO 或者 UTD。根据不同的电磁场问题，对混合方法进行组合，可按用户需要得到满意的精度和速度。另外，对 PO 方法，FEKO 使用了棱边修正项和模拟凸表面爬行波的福克电流。根据计算机硬件条件和待求解问题精度要求的不同，FEKO 软件可以求解成百上千个波长的电磁场问题。

2.3.3 时域有限差分算法

1. 历史

从 Yee 于 1966 年在解决电磁散射问题中提出最初思想到现在，时域有限差分算法已经经过了六十多年的发展。在此期间，人们不断提出新的思想和方法来克服时域有限差分算法的以上缺点。例如，在时间步进算法上，除了传统的 Leap - Frog 算法，还发展了线性多步时间步进算法，如错位后向微分时间积分器和交错亚当斯 - 巴什福斯时间积分器、单步时间步进算法如 Runge - Kutta 算法和辛积分传播子、伪谱算法如采用 Laguerre 多项式、交替方向隐式时间步进算法，等等；在空间离散上，除了传统的基于 Taylor 级数展开定理的中心对称有限差分，还发展了离散奇异卷积法（DSC）、非标准有限差分、基于窗函数法的中心对称有限差分、最优有限差分、FFT，等等。至此，时域有限差分算法已经形成了一个庞大的算法族。

2. 原理

时域有限差分（FDTD）算法是电磁场的一种时域计算方法。传统电磁场的计算主要是在频域上进行的，近些年以来，时域计算方法则越来越受到重视。它已在很多方面显示出独特的优越性，尤其是在解决有关非均匀介质、任意形状和复杂结构的散射体以及辐射系统的电磁场问题中更加突出。FDTD 法直接求解依赖时间变量的麦克斯韦旋度方程，利用二阶精度的中心差分近似把旋度方程中的微分算符直接转换为差分形式，这样达到在一定体积内和一段时间上对连续电磁场的数据取样压缩。电场和磁场分量在空间被交叉放置，这样保证在介质边界处切向场分量的连续条件自然得到满足。在笛卡儿坐标系中电场和磁场分量在网格单元中的位置是每一磁场分量由 4 个电场分量包围着，反之亦然。

这种电磁场的空间放置方法符合法拉第定律和安培定律的自然几何结构。因此FDTD算法是计算机在数据存储空间中对连续电磁波的传播过程在时间进程上进行的数值模拟。而在每一个网格点上各场分量的新值均仅依赖于该点在同一时间步的值及在该点周围邻近点其他场前半个时间步的值。这正是电磁场的感应原理。这些关系构成FDTD法的基本算式，通过逐个时间步对模拟区域各网格点的计算，在执行到适当的时间步数后，即可获得所需要的结果。

3. 特点

（1）直接时域计算。FDTD直接把含时间变量的Maxwell旋度方程在Yee氏网格空间中转换为差分方程。在这种差分格式中每个网格点上的电场（或磁场）分量仅与它相邻的磁场（或电场）分量及上一时间步该点的场值有关。在每一时间步计算网格空间各点的电场和磁场分量，随着时间步的推进，即能直接模拟电磁波及其与物体的相互作用过程。FDTD把各类问题都作为初值问题来处理，使电磁波的时域特性被直接反映出来。这一特点使它能直接给出非常丰富的电磁场问题的时域信息，给复杂的物理过程描绘出清晰的物理图像。如果需要频域信息，则只需对时域信息进行Fourier（傅里叶）变换。为获得宽频带的信息，只需在宽频谱的脉冲激励下进行一次计算即可。

（2）广泛的适用性。由于FDTD的直接出发点是概括电磁场普遍规律的Maxwell方程，这就预示着这一方法具有最广泛的适用性。从具体的算法看，在FDTD的差分式中被模拟空间电磁性质的参量是按空间网格给出的，因此，只需设定相应空间点以适应参数，就可模拟各种复杂的电磁结构。媒质的非均匀性、各向异性、色散特性和非线性等能很容易地进行精确模拟。由于在网格空间中电场和磁场分量是被交叉放置的，而且计算时用差分代替了微商，使介质交界面上的边界条件能自然得到满足，这就为模拟复杂的解提供了极大的方便，任何问题只要能正确地对源和结构进行模拟，FDTD就给出正确解答，不管是散射、辐射、传输、透入或吸收中的哪一种，也不论是瞬态问题还是稳态问题。

（3）节约计算机的存储空间和计算时间。很多复杂的电磁场问题不能计算往往不是没有可选用的方法，而是计算条件的限制。当代电子计算机的发展方向是运用并行处理技术，以进一步提高计算速度。并行计算机的发展推动了数值计算中并行处理的研究，适合并行计算的发展且将更大地发挥作用。如前面所指出的，FDTD的计算特点是，每一网格点上的电场（或磁场）只与其周围相邻点处的磁场（或电场）及其上一时间步的场值有关，这使它特别适合并行计算，可使FDTD所需的存储空间和计算时间减少为只与$N^{\frac{1}{3}}$成正比。

（4）计算程序的通用性。由于Maxwell方程是FDTD计算任何问题的数学模型，因而它的基本差分方程对广泛的问题是不变的。此外，吸收边界条件和衔接条件对很多问题是可以通用的，而计算对象的模拟是通过给网格赋予参数来实现的，对以上各部分没有直接联系，可以独立进行。因此一个基础的FDTD计算程序，对广泛的电磁场问题具有通用性，对不同的问题或不同的计算对象只需修改有关部分即可。

（5）简单、直观、容易掌握。首先，由于FDTD直接从Maxwell方程出发，不需要任何导出方程，这样就避免使用更多的数学工具，使它成为所有电磁场计算方法中最简单的一种。其次，它能直接在时域中模拟电磁波的传播及其与物体作用的物理过程，所以它又非常直观。既简单又直观，掌握它就不是件很困难的事情，只要有电磁场的基本理论知识，不需要数学上的很多准备，就可以学习运用这一方法解决很复杂的电磁场问题。

4. 相应的商业软件介绍

1）FIDELITY 软件

FIDELITY 是 Zeland 公司开发的基于非均匀网格的时域有限差分方法的三维电磁场仿真软件，可以解决具有复杂填充介质求解域的场分布问题。仿真结果包括 *S/Y/Z* 参数、VSWR、RLC 等效电路、近场分布、坡印廷矢量和辐射方向图等。FIDELITY 软件可以分析非绝缘和复杂介质结构的问题。它在微波/毫米波集成电路（MMIC）、RF 印制板电路、微带天线、线天线和其他形式的 RF 天线、HTS 电路及滤波器、IC 的内部连接和高速数字电路封装、EMI 及 EMC 方面得到应用。

FIDELITY 软件的特点有：

（1）可对三维金属和非绝缘介质结构进行建模。

（2）具有高效非均匀网格的 FDTD 仿真引擎。

（3）能方便地对分析目标进行排列定位和几何结构的编辑与检查。

（4）可对非各向同性介质填充的同轴波导和矩形波导进行建模。

（5）具有自动网格生成功能、网格优化功能和对输入的几何结构进行单独网格生成功能。

（6）预定义同轴、微带、矩形波导和用户定义端口。

（7）不同边界条件的实现（如 PML）。

（8）集成的预处理和后处理功能，包括 S 参数提取和时域信号显示。

（9）辐射方向图的计算、近场动态显示功能。

（10）具有切片显示功能的三维和二维电场、磁场及坡印廷矢量的显示。

（11）平面波激励和 SAR 计算功能。

2）IMST Empire 软件

IMST Empire 是一种 3D 电磁场仿真软件，基于 3D 时域有限差分方法。它的应用范围从分析平面结构、互联、多端口集成到微波波导、天线、EMC 问题。IMST Empire 基本覆盖了 RF 设计 3D 场仿真的整个领域。根据用户定义的频率范围，一次仿真运行就可以得到散射参数、辐射参数和辐射场图。对于结构的定义，是将 3D 编辑器集成到 IMST Empire 软件中。AutoCAD 是流行的机械画图工具，可以在 IMST Empire 环境中使用。监视窗口和动画可以给出电磁波现象，并获得准确结果。

2.3.4 有限积分法

1. 历史

有限积分法（FIT）早在 1977 年由托马斯·魏兰特教授（Prof. Thomas Weiland）提出，其后成为在电磁仿真领域中一个重要算法的基石。

2. 原理

有限积分法跟 FDTD 一样，也是基于 Yee 网格理论对求解空间进行划分，它的典型划分方法如图 2.8 所示。

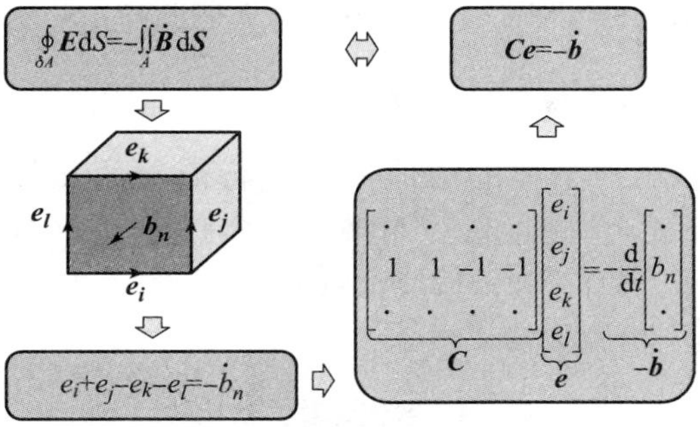

图 2.8　有限积分法空间离散化图（CST）

有限积分法通过这种离散方法，导出相对应的麦克斯韦网格方程为：

$$\oint_{\partial A}\boldsymbol{E}\cdot\mathrm{d}\boldsymbol{S}=-\frac{\partial}{\partial t}\iint_A\boldsymbol{B}\cdot\mathrm{d}\boldsymbol{S}\quad\Leftrightarrow\quad\boldsymbol{Ce}=-\dot{\boldsymbol{b}}\tag{2-1}$$

$$\oint_{\partial A}\boldsymbol{H}\cdot\mathrm{d}\boldsymbol{S}=\iint_A\left(\frac{\partial\boldsymbol{D}}{\partial t}+\boldsymbol{J}\right)\cdot\mathrm{d}\boldsymbol{S}\quad\Leftrightarrow\quad\tilde{\boldsymbol{C}}\boldsymbol{h}=\dot{\boldsymbol{d}}+\boldsymbol{j}\tag{2-2}$$

$$\oiint_{\partial V}\boldsymbol{B}\cdot\mathrm{d}\boldsymbol{A}=0\quad\Leftrightarrow\quad\tilde{\boldsymbol{S}}\boldsymbol{d}=\boldsymbol{q}\tag{2-3}$$

$$\oiint_{\partial A}\boldsymbol{D}\cdot\mathrm{d}\boldsymbol{A}=Q\quad\Leftrightarrow\quad\boldsymbol{Sb}=0\tag{2-4}$$

经过这些步骤，将积分方程转化为矩阵方程，即线性方程组来解，以求出问题空间的电磁场量。

3. 特点

由 FIT 所导出的矩阵方程保持了解析麦克斯韦方程各种固有的特性，比如电荷守恒性和能量守恒性。梯度、散度和旋度算子在 FIT 法中具有一一对应的矩阵，这些矩阵满足解析形式下的算子恒等式，故 FIT 保证了非常好的数值收敛性。区别于其他算法的另一个关键之处在于 FIT 可被用于所有频段的电磁仿真问题中。由 FIT 导出的矩阵方程保证了非常好的数值收敛性。

4. 典型软件介绍

应用有限积分法的商业软件，最为著名的是 CST，它具有以下特点：

（1）采用近乎完美的边界条件逼近（PBA）方法。

（2）可视的图形用户界面（GUI）使 CST MWS 更加易于学习和使用。

（3）自动输入 CAD 数据节省了大量时间。

（4）通过先进的优化软件包对产品进行优化处理，使设计师快速得到需要的结构尺寸。

CST 软件包含了四种求解器：瞬态求解器、频域求解器、本征模求解器、模式分析求解器，都有各自最适合的应用范围。瞬态求解器由于其时域算法，只需要进行一次计算就可以得到在整个频带内的响应，该求解器适合于大部分高频应用领域，对宽带问题方面尤为突出。对于高谐振结构，例如滤波器，需要求得本征模式，可以使用本征模求解器，结合模式分析求解器可以得到散射参量。对结构尺寸远小于最短波长的低频问题，其频域求解器最为有效。

2.3.5 几种常用的数值方法比较

这里对计算电磁学中几种主要的数值方法进行简单的比较，包括时域有限差分法（FDTD）、有限元法（FEM）、矩量法（MOM）、多极子法（MMP）、几何光学绕射法（GTD）、物理光学绕射法（PTD）和传输线法（TLM），如表 2.4 所示。上述后面的几种方法本书没有做介绍，请参见相关文献。

表 2.4 数值计算方法比较

性能	MOM	GTD/PTD	MMP	FDTD	FEM	TLM
求解的问题	天线建模、线建模和表面结构、导线结构的问题	电大尺寸结构范围的应用	直接计算，不需要中间步骤	可以直接求解麦克斯韦方程	电的和物体几何尺寸的特性可分开定义和处理	所有的场分量可以在同一点进行计算
数值建模特点	可以对任意结构形状的物体上的电流结构建模	在高频散射问题中非常有效，例如雷达散射截面问题		不需要存储空间形状参数	可以克服 FDTD 中必需的阶梯建模空间问题	可用于非均匀媒质建模和分析
适于计算电磁场的区域	辐射条件允许求解在辐射物体外的任何地点的电场和磁场	满足远区平面波近似的空间，节省计算机资源		很容易对非均匀媒质的场问题建模	适于分析复杂结构，对内部 EM 问题建模有效	适于分析复杂结构，对表面域建模很有效
适于研究的问题	计算天线参数、输入阻抗、增益、雷达问题			对内部复杂媒质问题可以有效地建模	可以对非均匀媒质问题建模	比 FDTD 有较小的数值色散误差
数值建模中存在的问题	对内部区域建模问题困难大	几乎不提供有关天线参数的信息	场强以外的其他参数必须进行计算	对无边界问题需要吸收边界条件处理	对无边界问题需要对边界进行建模	比 FDTD 使用更多的计算资源
计算机实现遇到的问题	在非均匀媒质中会遇到困难，要用大量的内部资源，所以，通常只用于低频问题	只在高频有效，不能提供任何电流分布的情况	计算密集型，占用的计算量和内存都很大，使用者必须熟悉多极子理论	计算密集型，有数值色散误差，内存量大	计算密集型，处理开放区域内的封闭面上的未知场点问题难	带宽受色散误差限制，不能解决围绕散射体和需要大空间的问题
计算场强以外的其他物理量的能力		只能计算远区场		计算场传播和电流分布等参数很难		计算场传播和电流分布等参数很难

2.3.6　多种方法的混合使用

由于实际问题的多样性，单独使用以上介绍的方法可能并不能满足需要，比如涂敷介质目标的散射、印制电路板及微带天线的辐射散射/EMC 分析、带复杂腔体和缝隙结构的目标的散射，等等。因此工程界常常将各种方法搭配起来使用，形成各种混合方法。常见的混合方法包括边界积分方程与体积分方程/微分方程方法的混合、高频近似方法与低频精确方法的混合、解析方法与数值方法的混合等。

高频方法与低频方法的混合技术一般针对含有复杂细节的电大尺寸目标而提出。由于完全使用低频的精确方法来处理电大尺寸部分往往超出了目前计算机的能力，而单纯使用高频方法又得不到足够精确的近场，所以这种分而治之的折中方案就出现了。常用的混合方法包括弹跳射线法/矩量法混合（SBR/MOM）、物理绕射理论/矩量法混合（PTD/MOM）、几何绕射理论/矩量法混合（GTD/MOM），等等。当然，引入了高频近似，赢得了速度和空间，同时在一定程度上也损失了精度。

除了上述几种混合方法之外，将解析方法和数值方法混合也是一种非常有用的方法。比如二维非均匀介质电磁场问题中将二维的数值计算转化为径向本征模式展开与纵向的解析递推的数值模式匹配法（NMM），以及对于 n 维偏微分方程先使用 $n-1$ 维数值离散转化为常微分方程后再用解析方法求其通解的直线法都是很好的例子。

2.4　射频微波仿真软件（微波 EDA）、平台比较

作为目前电磁场问题主要分析手段，电磁场数值计算方法为国内外广大工作者所研究，并且随着这些数值方法研究的日趋成熟，大量商业化计算软件工具不断涌现。随着应用开发的深入，其功能越来越强大，使用也越来越方便，这为具体电磁场问题的设计分析提供了极大的方便，也使包括天线在内的微波器件的设计周期大为缩减。这对工程应用类的研究设计人员来说如虎添翼，可以很快地实现和验证自己的创新设计思想。

由于电磁场仿真软件与其核心的数值计算方法密切相关，不同的软件其适用的问题也不同。目前，可供选择的电磁仿真软件种类众多，每种软件都有自己的优势和劣势，可以根据软件的特点和设计的不同要求来选择软件。

表 2.5 列出了目前最为常用的几种电磁仿真分析软件的功能和应用，为合理选取软件分析实际问题提供依据。这些软件的出现，使微波电磁结构的设计可以在计算机上进行，不但简化了之前的工作难度，而且减少了重复加工测试的步骤，大大降低了元器件的设计成本。微波工程师在设计各种器件并使用电磁仿真软件时，应该预先了解各种软件的基本算法、适用场合以及软件设置，以便达到最好的仿真效果，提高工作效率。

表 2.5 常用电磁仿真软件的比较

软件名称	开发商	数值算法	功能特点	应用领域
Advanced Design System（ADS）	Agilent	MOM	可实现包括时域和频域、数字与模拟、线性与非线性、噪声等多种仿真分析手段，并可对设计结果进行成品率分析与优化	射频和微波电路的设计，通信系统的设计，DSP 设计和向量仿真
Ansoft Designer	Ansoft	MOM	采用“按需求解”技术，将高频电路系统、版图和电磁场仿真工具无缝地集成到同一个环境中	射频和微波电路的设计，通信系统的设计，电路板和模块设计，部件设计
Ansoft HFSS	Ansoft	FEM	三维结构电磁场仿真软件，拥有空前电性能分析能力的功能强大后处理器	天线分析与设计
Microwave Office	AWR	MOM	采用“场”和“路”两种分析方法对不同的电路结构进行仿真，加快了运算速度	射频集成电路、微波单片集成电路、微带贴片天线和高速印制电路的设计
XFDTD	Remcom	FDTD	三维全波电磁场仿真	无线、微波电路、雷达散射计算，化学、光学、陆基警戒雷达和生物组织仿真
Zeland IE3D	Zeland	MOM	可以解决多层介质环境下三维金属结构的电流分布问题	微波射频电路、多层印制电路板、平面微带天线的分析与设计
CST Microwave Studio	CST	FIT	高频三维电磁场仿真软件，除了主要的时域求解器模块外，还为某些特殊应用提供本征模及频域求解器模块	移动通信、无线通信（蓝牙系统）、信号集成和电磁兼容等
Sonnet	Sonnet	MOM	提供面向 3D 平面高频电路设计系统以及在微波、毫米波领域和电磁兼容/电磁干扰设计	微带匹配网络、微带电路、微带滤波器、HDI 和 LTCC 的转换

2.5 MATLAB 中的 PDE 及其电磁场问题应用

MATLAB 由于其强大的功能、简单易学的编程语言和可视化的仿真环境，为电磁场与电磁波的教学提供了仿真条件。借助 MATLAB 模拟和实现结构的可视化，使抽象概念变得清晰，对复杂公式进行计算和绘图，动态直观地描述了电磁场的分布和电磁波的传播状态，帮助学生理解和掌握电磁场与电磁波传播的规律，有助于学生对这门课程的学习。利用 MATLAB 对平面电磁波的传播、极化、反射和折射的仿真，将抽象的电磁波形象化，取得了很好的教学效果。MATLAB 的广泛应用不仅得益于它良好的人机交互界面和简洁易学的编程语言，更主要的是其函数库的强大以及良好的扩充能力。为了解决实际电磁场问题求解时所面临的窘境，MATLAB 的使用显得尤为重要。其中，MATLAB PDE 工具箱为我们提供了方便。PDE 即为偏微分方程（Partial Differential Equation）的英文缩写。该工具箱主要运用有限元法对偏微分方程求解，方便地解决了电磁场偏微分方程难于求解以及求解过程较为烦琐的问题。有限元法是将由偏微分方程表征的连续函数所在的封闭场域划分成有限个小区域，每一个小区域用一个选定的近似函数来代替，所以整个场域上的函数被离散化，由此获得一组近似的代数方程，联立求解后即为该场域中函数的近似解。利用 MATLAB PDE 工具箱来解决一些切实遇到的电磁场问题，进一步使求解电磁场问题的方式更加多元化。

MATLAB PDE 工具箱基本操作步骤为：运行 MATLAB 软件，在命令行中输入“pdetool”，打开偏微分方程求解工具箱，其界面如图 2.9 所示。

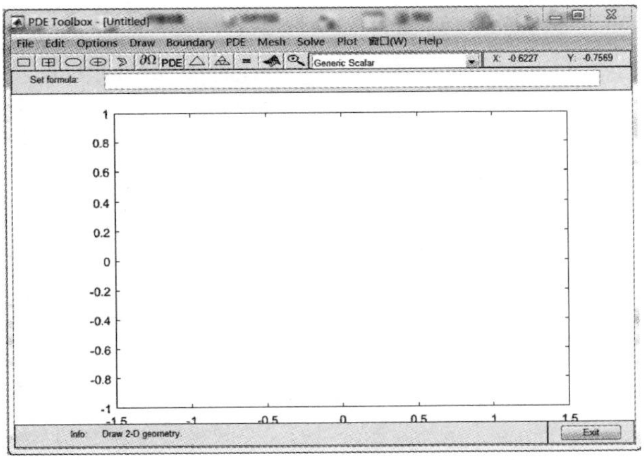

图 2.9　MATLAB PDE 工具箱界面

PDE 工具箱的使用步骤体现了有限元法求解问题的基本思路，包括以下基本步骤：

（1）建立几何模型。

（2）定义边界条件 。

（3）定义 PDE 类型和 PDE 系数。

（4）三角形网格划分。

（5）求解。

（6）输出结果。

对于偏微分方程，其定解条件包括初始条件和边界条件，因此我们可以运用已经学过的高等数学知识，结合软件自身的 PDE 帮助文档以及网络提供的实例，利用该工具箱进行偏微分方程的求解，给我们今后的电磁场问题分析和求解打下坚实基础。

习题和实训

1. 熟悉一种微波 EDA 软件：ADS、CST 或 HFSS。
2. 熟悉 MATLAB 及其 PDE 工具的应用。

第 3 章

矢量分析与场论基础

矢量分析是矢量代数和微积分运算的结合和推广，主要研究矢性函数的极限、连续、导数、微分、积分等。矢量分析是场论的基础和基本数学分析的依据及工具。场论借助于矢量分析这个工具，研究标量场和矢量场的有关概念和性质，即场论研究某些物理量在空间中的分布状态及其运动形式，它的内容是进一步深入研究电磁场及流体等的运动规律的基础，也是学习某些后继课程的基础。本章主要介绍矢量分析和场论的几个基本概念（梯度、散度、旋度等）、基本运算，以及应用。

3.1 矢量分析

进行矢量分析前首先要学习和掌握矢量相关的几个基本概念、运算规则，复习和掌握三个基本正交坐标系的特点和应用，以及坐标系之间的转换。由于矢量运算涉及坐标系，所以本书在介绍了三个坐标系之后再介绍矢量的相关运算，并且如果不特别说明，一般在直角坐标系下进行。

3.1.1 几个基本概念

1. 标量

标量是只有大小而没有方向的量。如电荷量 Q、电位 φ、电阻 R 等。

2. 矢量

矢量：具有大小和方向特征的量。如电场强度矢量 $\boldsymbol{E}$、磁场强度矢量 $\boldsymbol{H}$ 等。矢量 $\boldsymbol{E}$ 的模表示为 $|\boldsymbol{E}|$ 或 E。

矢量的性质：矢量的值与其所在的空间位置无关，因此空间平移不会改变一个矢量；一个矢量 $\boldsymbol{E}$ 与其逆矢量 $-\boldsymbol{E}$ 模值相同，方向相反。

空矢：一个大小为零的矢量，即模为 0 的矢量。

单位矢量：模值为 1 的矢量（一般用来指示方向）；如 $\hat{\boldsymbol{e}}$，$|\hat{\boldsymbol{e}}|=1$，则矢量 $\boldsymbol{E}$ 可以用单位矢量表示为 $|\boldsymbol{E}|\hat{\boldsymbol{e}}$。

基矢量：是一组互相垂直的单位矢量，在直角坐标系中，用 $\boldsymbol{i}$、$\boldsymbol{j}$、$\boldsymbol{k}$ 表示，其方向分别沿 x、y、z 轴正方向。

常矢量：模和方向都保持不变的矢量。

变矢量：模和方向均变化或其中之一变化的矢量。变矢量是矢量分析研究的重要对象。

法向单位矢量：$\hat{\boldsymbol{n}}$。

切向单位矢量：$\hat{\boldsymbol{t}}$。

一般令曲线的切向与曲线的正方向相同；曲线上任意点的法向、切向均唯一，如图 3.1 所示。曲面上任意点的法向唯一、切向有无数个，如图 3.2 所示。

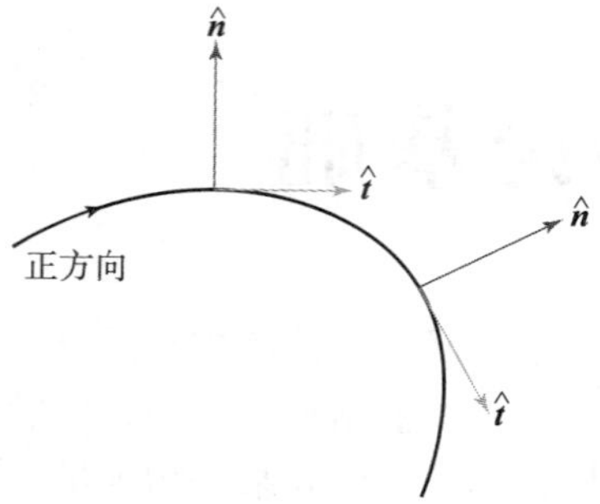

图 3.1　曲线上任意点的法向、切向单位矢量

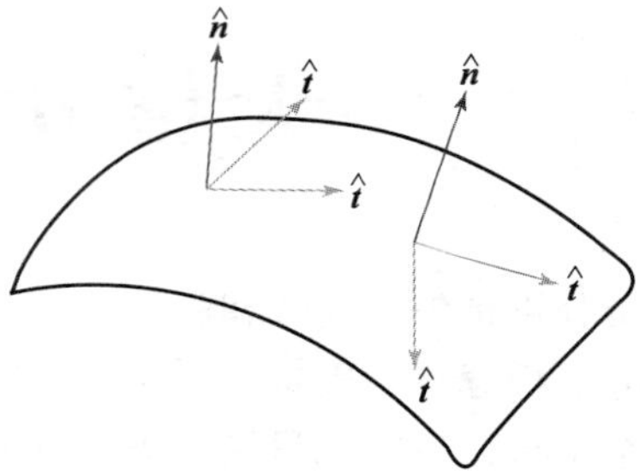

图 3.2　曲面上任意点的法向、切向单位矢量

3. 场

如果某个物理量在给定（或规定）区域或空间（有限或无限）V 内的每一点 M，都有一个确定的值，那么这个物理量在这空间形成并且确定了一个场，该物理量称为场量。

在数学上，场是空间和时间的函数；时间坐标一般用 t 表示；空间坐标表示形式为 $\boldsymbol{x}(x,y,z)=\boldsymbol{i}x+\boldsymbol{j}y+\boldsymbol{k}z$，其中 $\boldsymbol{i}$、$\boldsymbol{j}$、$\boldsymbol{k}$ 构成右手系。

根据场中物理量不同，可以有标量场、矢量场和张量场等。

标量场：空间的每一个点对应一个标量；

矢量场：空间的每一个点对应一个矢量。

在物理上，场是描述某一物理对象特定分布规律的物理量。

4. 矢量函数

设有标量 t 和变矢 $\boldsymbol{A}$，如果对于 t 在某个范围（区域或空间）D 内的每一个数值，$\boldsymbol{A}$ 都以一个确定的矢量和它对应，则称 $\boldsymbol{A}$ 为标量 t 的矢量函数，记作

$$\boldsymbol{A}=\boldsymbol{A}(t) \tag{3-1}$$

并且称 D 为矢量函数 $\boldsymbol{A}$ 的定义域。

矢量函数可以用以下两种方法表示。

1）矢量方程

矢量方程就是在特定坐标系中，用不同分量及其组合来给出的矢量的数学表达式。比如在直角坐标系中，用矢量的坐标表示法，矢量函数可写成

$$\boldsymbol{A}(t)=\{A_x(t),A_y(t),A_z(t)\} \tag{3-2}$$

其中 $A_x(t)$、$A_y(t)$、$A_z(t)$ 都是变量 t 的标量函数，可见一个矢量函数和三个有序的标量函数构成一一对应关系。

2）矢端曲线（图示法）

在矢量函数 $\boldsymbol{A}(t)$ 的起点确定时（比如原点 O），当 t 变化时，$\boldsymbol{A}(t)$ 的终点 M 就描绘出一条曲线 $\boldsymbol{l}$，称为矢量函数 $\boldsymbol{A}(t)$ 的矢端曲线，也称为矢量函数 $\boldsymbol{A}(t)$ 的图形，原点 O 也称为矢端曲线

的极，如图 3.3 所示。

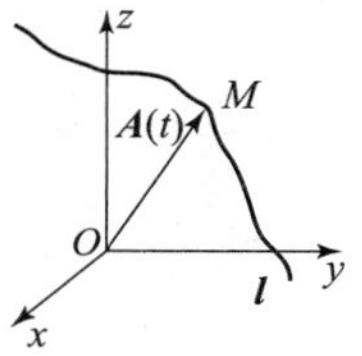

图 3.3　矢端曲线

5. 等值面

研究标量和矢量场时，用场图表示场变量在空间逐点演变的情况具有很大的意义，它是研究标量场和矢量场在空间逐点演变情况的直观方法。

在标量场中，等值面直观地研究标量在场中的分布状况。若标量场为 $\Phi(\boldsymbol{r})$，所谓等值面，是指由场中使函数 $\Phi(\boldsymbol{r})$ 取相同数值的点所组成的曲面，即令 $\Phi(\boldsymbol{r})$ = 常数，就可求得等值线或等值面。例如，电位场中的等值面，就是由电位相同的点所组成的等值面，如图 3.4 所示。这与地图中的等高线的物理意义本质上是相同的。

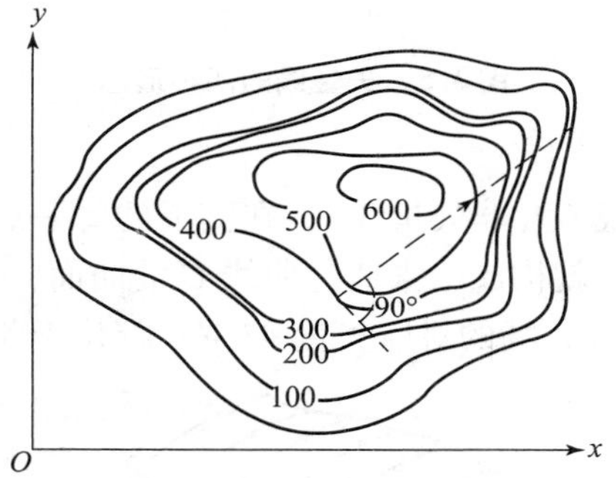

图 3.4　标量场的等值面

6. 场线

1）矢量线

对于矢量场，则常用场线（也称为力线）来表示场图，即矢量场中一族空间有向曲线。矢量场的大小用力线的疏密程度表示，力线稠密处矢量场就大，反之力线稀疏处则矢量场就小。力线图曲线上每一点的切线方向为此处矢量场的方向。矢量场的力线可以通过微分方程求得。

矢量线直观地表示了矢量的分布状况，在它上面每一点处，曲线都与对应于该点的矢量 $\boldsymbol{A}$ 相切。静电场中的力线、磁场中的磁力线、流速场中的流线等，都是矢量线的例子。

按照矢量线的几何意义，在直角坐标系下，它与矢量 $\boldsymbol{A}$ 在 M 点处共线，必有对应分量成比例，由此可以导出矢量线的方程表达式，这就是矢量线所应满足的微分方程，即

$$\frac{\mathrm{d}x}{A_x}=\frac{\mathrm{d}y}{A_y}=\frac{\mathrm{d}z}{A_z} \tag{3-3}$$

由方程式（3－3）求解可得矢量线族。在 $\boldsymbol{A}$ 不为零的假定下，当函数 A_x、A_y、A_z 均为

单值、连续且有一阶连续偏导数时，这族矢量线不仅存在，并且充满了矢量场所在的空间，而且互不相交。

2）矢量线的形态

矢量线有四种形态，如图 3.5 所示。

（1）无头无尾的闭合曲线。

（2）有起点有终点。

（3）有起点，终止于无穷远处。

（4）起始于无穷远处，有终点。

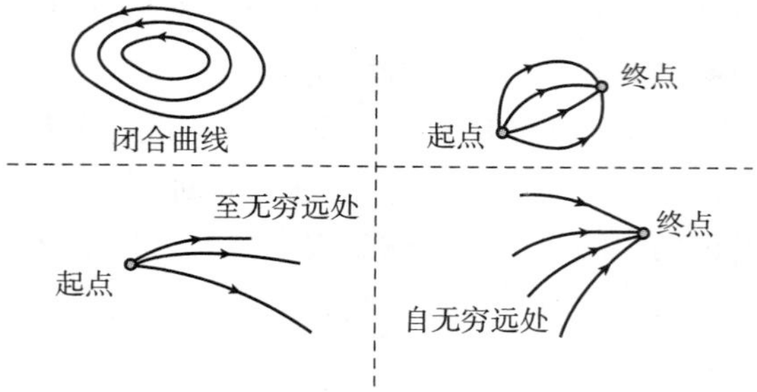

图 3.5　矢量线的四种形态

3）矢量面和矢量管

对于场中的任意一条曲线 C（非矢量线），在其上的每一点处，也皆有且仅有一条矢量线通过，这些矢量线的全体，就构成一张通过曲线 C 的曲面，称为矢量面，如图 3.6 所示。显然在矢量面上的任一点 M 处，场的对应矢量 $\boldsymbol{A}(M)$ 都位于此矢量面在该点的切平面内。

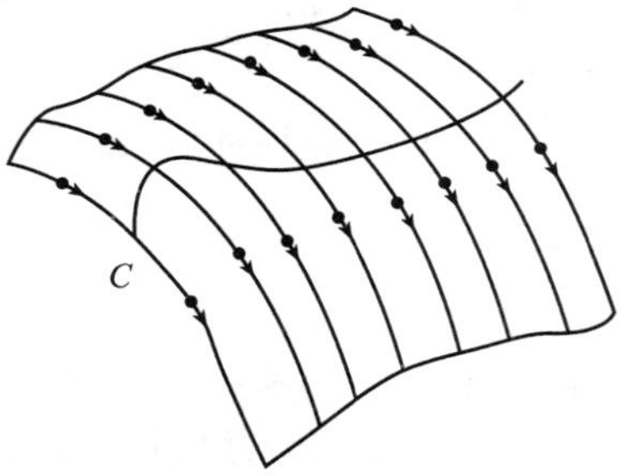

图 3.6　矢量面

特别地，当 C 为一封闭曲线时，通过 C 的矢量面，就构成一管形曲面，又称之为矢量管，如图 3.7 所示。

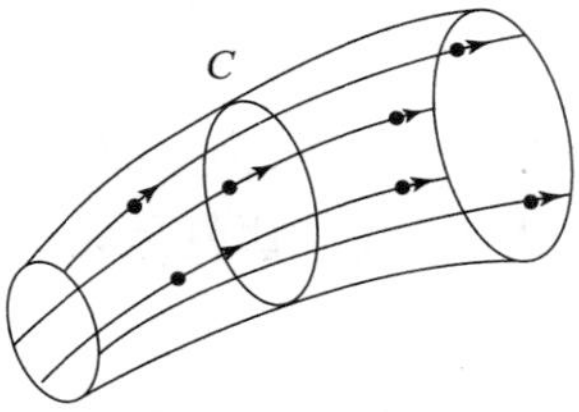

图 3.7　矢量管

3.1.2　矢量分析初步

一、三种基本坐标系

三维空间任意一点的位置可通过三条相互正交曲线的交点来确定。由三条正交曲线组成、确定三维空间任意点位置的体系，称为正交曲线坐标系。三条正交曲线称为坐标轴；描述坐标轴的量称为坐标变量。在电磁场与电磁波理论中，三种常用的正交曲线坐标系为：直角坐标系、圆柱坐标系和球面坐标系。

1. 直角坐标系

直角坐标系如图 3.8 所示。

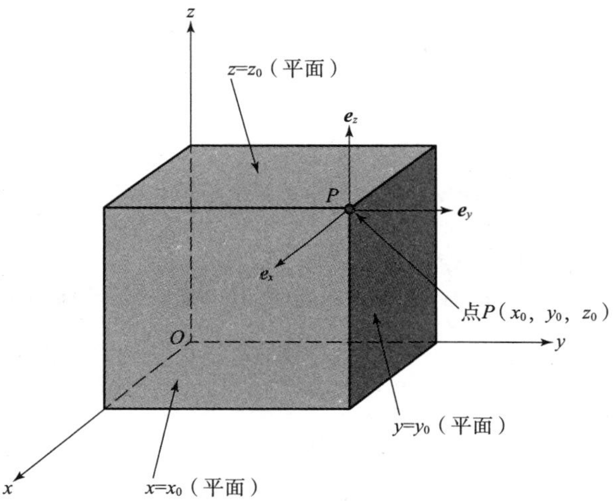

图 3.8　直角坐标系

1）位置矢量

从坐标原点指向空间位置点的矢量，记为 $\boldsymbol{r}$。对直角坐标系有 $\boldsymbol{r}=x\hat{\boldsymbol{x}}+y\hat{\boldsymbol{y}}+z\hat{\boldsymbol{z}}$。$\boldsymbol{r}$ 与空间位置点（x，y，z）有着一一对应的关系，如图 3.9 所示，即空间位置点（X，Y，Z）可以用位置矢量 $\boldsymbol{r}$ 表示。

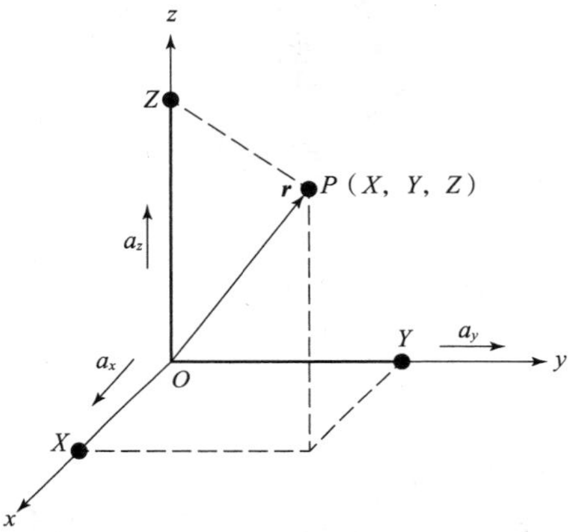

图 3.9　直角坐标系中某点空间位置坐标及其投影

2）微分元

直角坐标系中的微分元有线元、面元、体积元，如图 3. 10 所示。

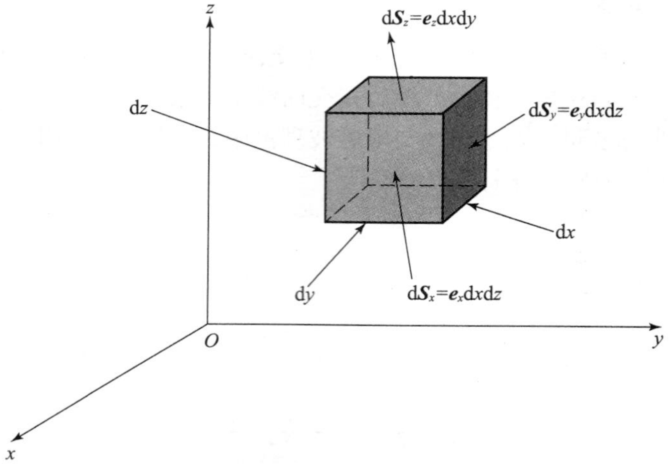

图 3. 10　直角坐标系中的微分元

线元矢量：$\mathrm{d}\boldsymbol{l} = \boldsymbol{e}_x\mathrm{d}x + \boldsymbol{e}_y\mathrm{d}y + \boldsymbol{e}_z\mathrm{d}z$；

面元矢量：$\mathrm{d}\boldsymbol{S}_x = \boldsymbol{e}_x\mathrm{d}l_y\mathrm{d}l_z = \boldsymbol{e}_x\mathrm{d}y\mathrm{d}z$；$\mathrm{d}\boldsymbol{S}_y = \boldsymbol{e}_y\mathrm{d}l_x\mathrm{d}l_z = \boldsymbol{e}_y\mathrm{d}x\mathrm{d}z$；$\mathrm{d}\boldsymbol{S}_z = \boldsymbol{e}_z\mathrm{d}l_x\mathrm{d}l_y = \boldsymbol{e}_z\mathrm{d}x\mathrm{d}y$；

体积元矢量：$\mathrm{d}V = \mathrm{d}x\mathrm{d}y\mathrm{d}z$。

2. 圆柱坐标系

圆柱坐标系如图 3. 11 所示。

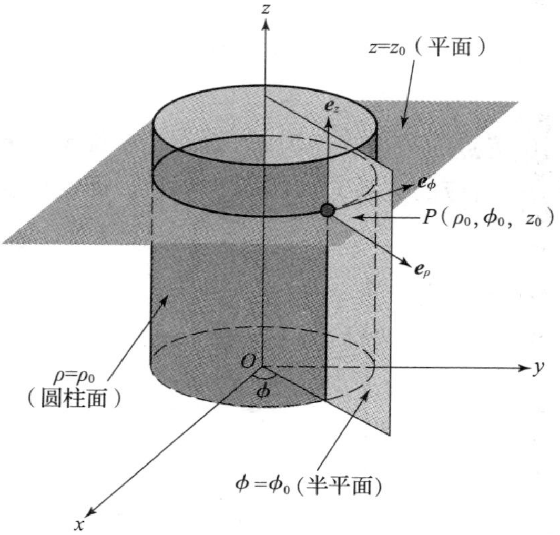

图 3. 11　圆柱坐标系

（1）圆柱坐标系位置矢量：$\boldsymbol{r} = \boldsymbol{e}_\rho\rho + \boldsymbol{e}_z z$。

（2）微分元矢量及投影。圆柱坐标系中微分元矢量如图 3. 12 所示，而坐标系中某点的位置、投影以及三个正交坐标矢量如图3. 13所示。其中：

线元矢量：$\mathrm{d}\boldsymbol{l}=\boldsymbol{e}_{\rho}\mathrm{d}\rho+\boldsymbol{e}_{\phi}\rho\mathrm{d}\phi+\boldsymbol{e}_{z}\mathrm{d}z$；

$\mathrm{d}\boldsymbol{S}_{\rho}=\boldsymbol{e}_{\rho}\mathrm{d}l_{\phi}\mathrm{d}l_{z}=\boldsymbol{e}_{\rho}\rho\mathrm{d}\phi\mathrm{d}z$。

面元矢量：$\mathrm{d}\boldsymbol{S}_{\phi}=\boldsymbol{e}_{\phi}\mathrm{d}l_{\rho}\mathrm{d}l_{z}=\boldsymbol{e}_{\phi}\mathrm{d}\rho\mathrm{d}z$；

$\mathrm{d}\boldsymbol{S}_{z}=\boldsymbol{e}_{z}\mathrm{d}l_{\rho}\mathrm{d}l_{\phi}=\boldsymbol{e}_{z}\rho\mathrm{d}\rho\mathrm{d}\phi$。

体积元矢量：$\mathrm{d}V=\rho\mathrm{d}\rho\mathrm{d}\phi\mathrm{d}z$。

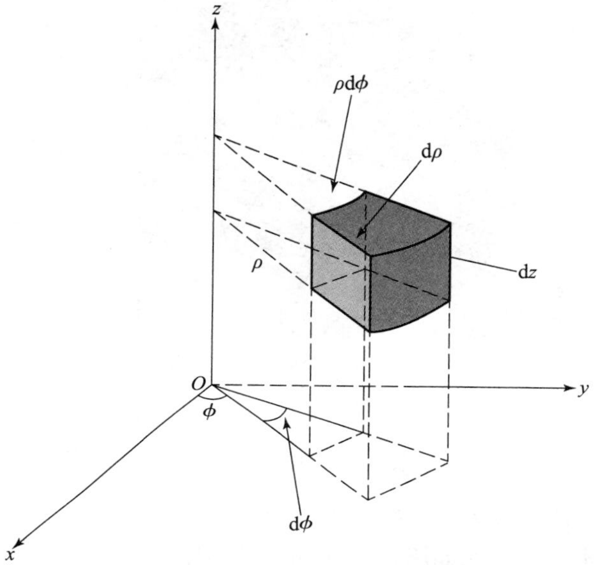

圆柱坐标系中的线元、面元和体积元

图 3. 12　圆柱坐标系中的微分元

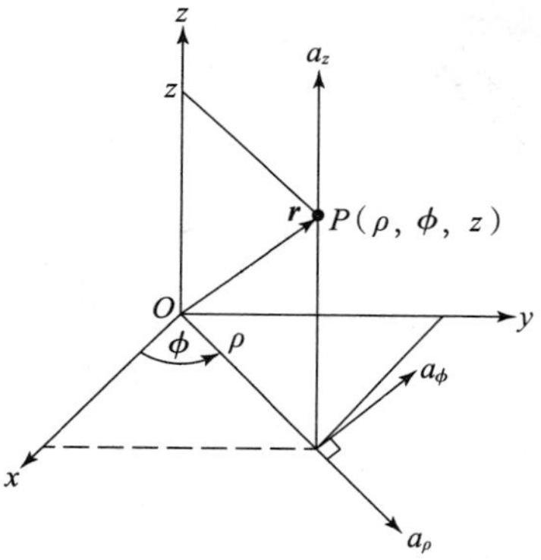

圆柱坐标系一点的投影

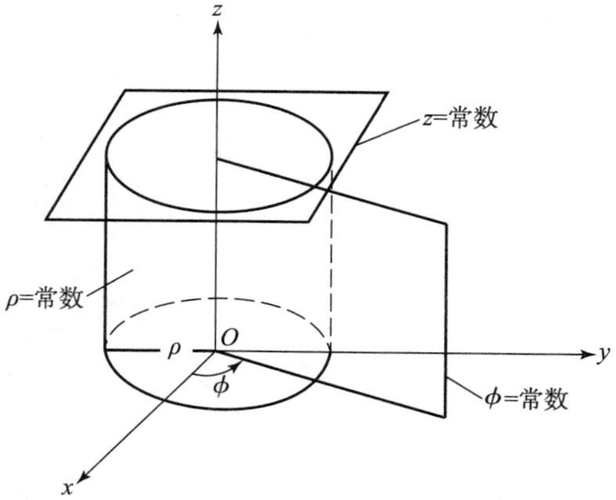

圆柱坐标系三个互相垂直的坐标

图 3. 13　圆柱坐标系中点的位置、投影以及三个正交坐标矢量

3. 球面坐标系

球面坐标系如图 3. 14 所示。

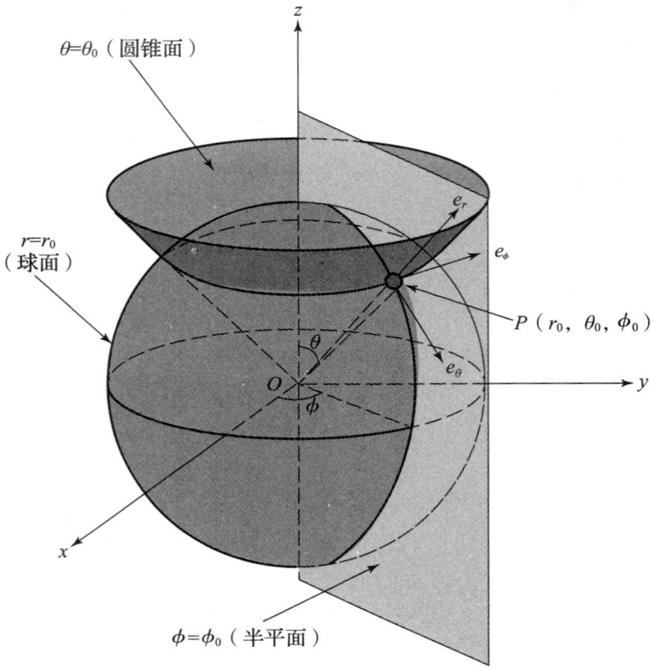

图 3.14　球面坐标系

（1）球面坐标系中的位置矢量：$\boldsymbol{r} = \boldsymbol{e}_r r$。

（2）球面坐标系中的微分元如图 3.15 所示，其中：

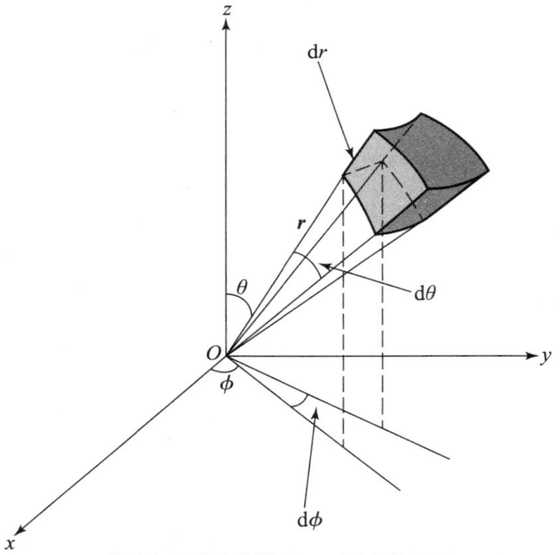

图 3.15　球面坐标系中的微分元

线元矢量：$\mathrm{d}\boldsymbol{l} = \boldsymbol{e}_r \mathrm{d}r + \boldsymbol{e}_\theta r\mathrm{d}\theta + \boldsymbol{e}_\phi r\sin\theta\mathrm{d}\phi$。

面元矢量：$\mathrm{d}\boldsymbol{S}_r = \boldsymbol{e}_r \mathrm{d}l_\theta \mathrm{d}l_\phi = \boldsymbol{e}_r r^2 \sin\theta\mathrm{d}\theta\mathrm{d}\phi$；

$d\boldsymbol{S}_\theta = \boldsymbol{e}_\theta dl_r dl_\phi = \boldsymbol{e}_z r\sin\theta drd\phi$;

$d\boldsymbol{S}_\phi = \boldsymbol{e}_\phi dl_r dl_\theta = \boldsymbol{e}_\phi r dr d\theta$。

体积元矢量：$dV = r^2\sin\theta drd\theta d\phi$。

球面坐标系中某点的位置、投影以及球面坐标系三个互相垂直的坐标面如图 3. 16 所示。

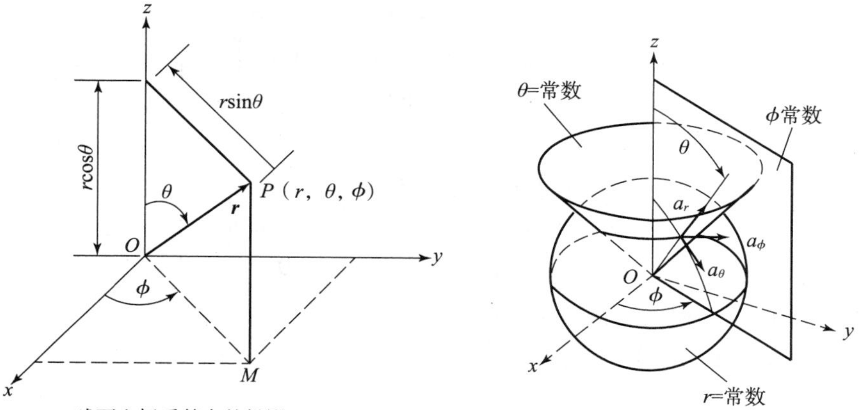

球面坐标系某点的投影　　球面坐标系三个互相垂直的坐标面

图 3. 16　球坐标系中某点的位置、投影以及球坐标系三个互相垂直的坐标面

4. 三种坐标系的转换

三种坐标系之间是可以相互转换的，这就需要搞清楚它们之间单位矢量的对应关系。

（1）直角坐标系转换为圆柱坐标系：

$$\begin{bmatrix} a_\rho \\ a_\phi \\ a_z \end{bmatrix} = \begin{bmatrix} \cos\phi & \sin\phi & 0 \\ -\sin\phi & \cos\phi & 0 \\ 0 & 0 & 1 \end{bmatrix} \begin{bmatrix} a_x \\ a_y \\ a_z \end{bmatrix}$$

直角坐标系与圆柱坐标系的关系如图 3. 17 所示。

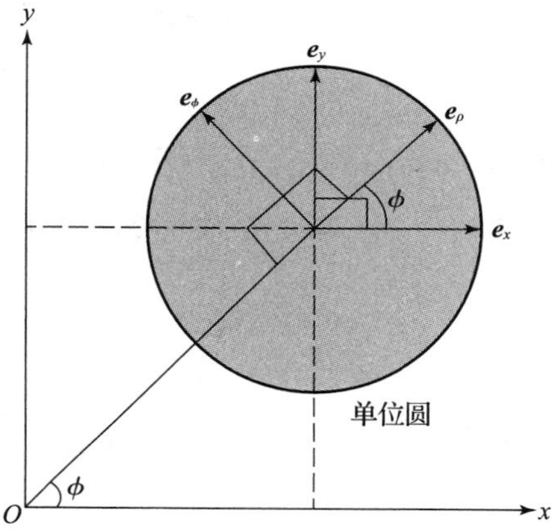

图 3. 17　直角坐标系与圆柱坐标系之间坐标单位矢量的关系

（2）圆柱坐标系转换为直角坐标系：

$$\begin{bmatrix} a_x \\ a_y \\ a_z \end{bmatrix} = \begin{bmatrix} \cos\phi & -\sin\phi & 0 \\ \sin\phi & \cos\phi & 0 \\ 0 & 0 & 1 \end{bmatrix} \begin{bmatrix} a_\rho \\ a_\phi \\ a_z \end{bmatrix}$$

（3）球面坐标系转换为直角坐标系：

$$\begin{bmatrix} a_x \\ a_y \\ a_z \end{bmatrix} = \begin{bmatrix} \sin\theta\cos\phi & \cos\theta\cos\phi & -\sin\theta \\ \sin\theta\sin\phi & \cos\theta\sin\phi & \cos\theta \\ \cos\theta & -\sin\theta & 0 \end{bmatrix} \begin{bmatrix} a_r \\ a_\theta \\ a_\phi \end{bmatrix}$$

（4）直角坐标系转换为球面坐标系：

$$\begin{bmatrix} a_r \\ a_\theta \\ a_\phi \end{bmatrix} = \begin{bmatrix} \sin\theta\cos\phi & \sin\theta\sin\phi & \cos\theta \\ \cos\theta\cos\phi & \cos\theta\sin\phi & -\sin\theta \\ -\sin\phi & \cos\phi & 0 \end{bmatrix} \begin{bmatrix} a_x \\ a_y \\ a_z \end{bmatrix}$$

（5）球面坐标系与圆柱坐标系的关系。

球面坐标系与圆柱坐标系的关系如图 3. 18 所示。

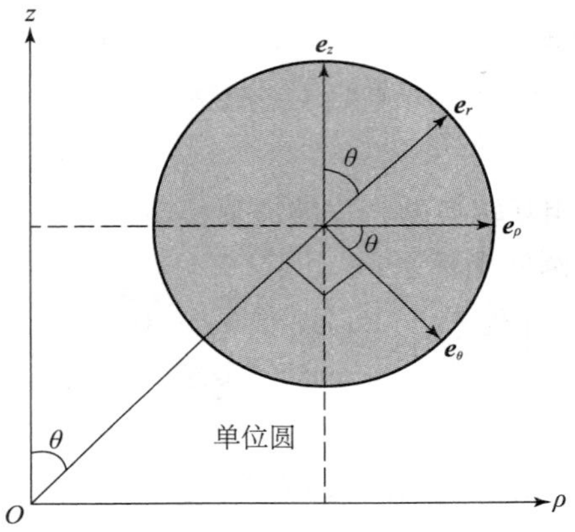

图 3. 18　球面坐标系与圆柱坐标系之间坐标单位矢量的关系

二、矢量的模和方向

矢量的模：在直角坐标系中，$A = |\boldsymbol{A}| = \sqrt{A_x^2 + A_y^2 + A_z^2}$。

矢量的方向：即矢量 $\boldsymbol{A}$ 与某轴（如 x 轴）的夹角，通常用夹角的正切函数表示，如在二维直角坐标系中，$\tan\alpha = \dfrac{A_y}{A_x}$。

三、矢量的代数运算

矢量的代数运算包括矢量的加减法、点积、叉乘、微分、积分等。

1. 矢量的加减法

两个矢量相加的和等于它们对应分量相加。设有矢量：

$$\boldsymbol{A} = A_x\boldsymbol{i} + A_y\boldsymbol{j} + A_z\boldsymbol{k},\ \boldsymbol{B} = B_x\boldsymbol{i} + B_y\boldsymbol{j} + B_z\boldsymbol{k}$$

则

$$\boldsymbol{A} \pm \boldsymbol{B} = (A_x \pm B_x)\boldsymbol{i} + (A_y \pm B_y)\boldsymbol{j} + (A_z \pm B_z)\boldsymbol{k}$$

两个矢量加减法示意图如图 3. 19 所示。

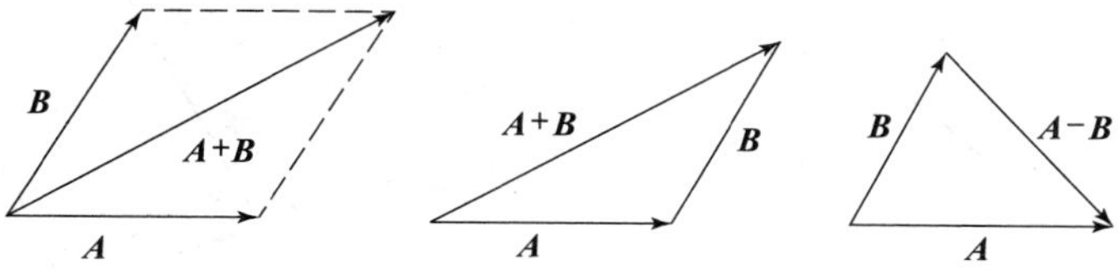

图 3. 19　两个矢量加减法示意图

2. 矢量的点积（标量积）

定义：任意两个矢量 $\boldsymbol{A}$ 与 $\boldsymbol{B}$ 的标量积（Scalar Product）是一个标量，它等于两个矢量的大小与它们夹角的余弦之乘积。其示意图如图 3. 20 所示。

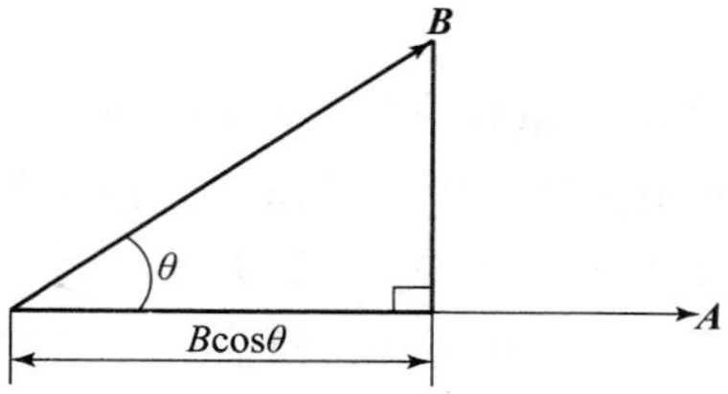

图 3. 20　矢量的标量积示意图

点积是两个矢量模的乘积再乘夹角余弦，描述两个矢量的相似程度，绝对值越大越相似，取最大值时方向一致，等于 0 时两者垂直。

$$\boldsymbol{A}\cdot\boldsymbol{B}=AB\cos\theta$$

$$\boldsymbol{A}\cdot\boldsymbol{B}=A_xB_x+A_yB_y+A_zB_z$$

基矢量的点积为：

$$\boldsymbol{i}\cdot\boldsymbol{i}=\boldsymbol{j}\cdot\boldsymbol{j}=\boldsymbol{k}\cdot\boldsymbol{k}=1$$

$$\boldsymbol{i}\cdot\boldsymbol{j}=\boldsymbol{j}\cdot\boldsymbol{k}=\boldsymbol{k}\cdot\boldsymbol{i}=0$$

标量积服从交换律和分配律，即

$$\boldsymbol{A}\cdot\boldsymbol{B}=\boldsymbol{B}\cdot\boldsymbol{A} \tag{3-4}$$

$$\boldsymbol{A}\cdot(\boldsymbol{B}+\boldsymbol{C})=\boldsymbol{A}\cdot\boldsymbol{B}+\boldsymbol{A}\cdot\boldsymbol{C} \tag{3-5}$$

$$(p\boldsymbol{A})\cdot(q\boldsymbol{B})=pq(\boldsymbol{A}\cdot\boldsymbol{B})$$

$$\boldsymbol{A}\cdot\boldsymbol{A}=|\boldsymbol{A}|^2\qquad\hat{\boldsymbol{a}}\cdot\hat{\boldsymbol{a}}=1$$

矢量与单位矢量的点积等于矢量在单位矢量所在方向上的投影，或称矢量在单位矢量所在方向上的分量。

如图 3. 21 所示，如果 $\hat{\boldsymbol{n}}$ 为单位矢量，则：

$$\boldsymbol{A}\cdot\hat{\boldsymbol{n}}=|\boldsymbol{A}|\cdot|\hat{\boldsymbol{n}}|\cos\theta=|\boldsymbol{A}|\cos\theta$$

如图 3. 21 所示，曲线上某点 p 处法线方向为 $\hat{\boldsymbol{n}}$，切线方向为 $\hat{\boldsymbol{t}}$，则：

$\boldsymbol{A}_n=\boldsymbol{A}\cdot\hat{\boldsymbol{n}}$，表示 $\boldsymbol{A}$ 在该点的法向分量；

$\boldsymbol{A}_t=\boldsymbol{A}\cdot\hat{\boldsymbol{t}}$，表示 $\boldsymbol{A}$ 在该点的切向分量。

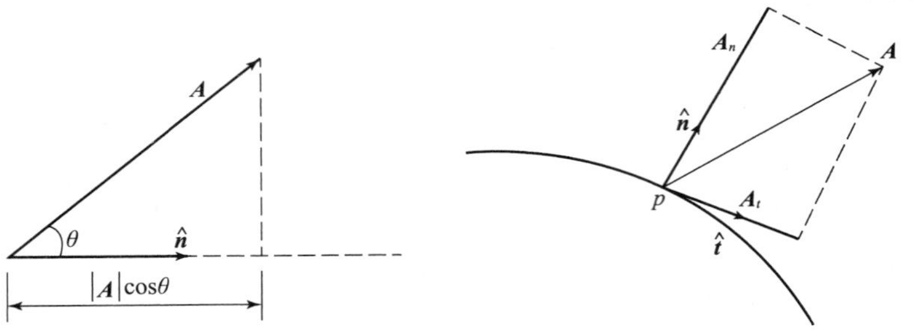

图 3.21　矢量与单位矢量的点积及法向分量、切向分量

判断两矢量垂直的方法：两个矢量的点积为零，则它们相互垂直。

3. 矢量的矢量积

定义：任意两个矢量 $\boldsymbol{A}$ 与 $\boldsymbol{B}$ 的矢量积（Vector Product）是一个矢量，矢量积的大小等于两个矢量的大小与它们夹角的正弦之乘积，其值等于两个矢量所围成平行四边形的面积，其方向垂直于矢量 $\boldsymbol{A}$ 与 $\boldsymbol{B}$ 组成的平面，如图 3.22 所示，记为 $\boldsymbol{C}=\boldsymbol{A}\times\boldsymbol{B}$，又称为叉积。

大小：$C=AB\sin\theta$。$|\boldsymbol{A}\times\boldsymbol{B}|=|\boldsymbol{A}||\boldsymbol{B}|\sin\theta$，模值等于二矢量所夹的平行四边形的面积。

方向：由右手螺旋定则确定。

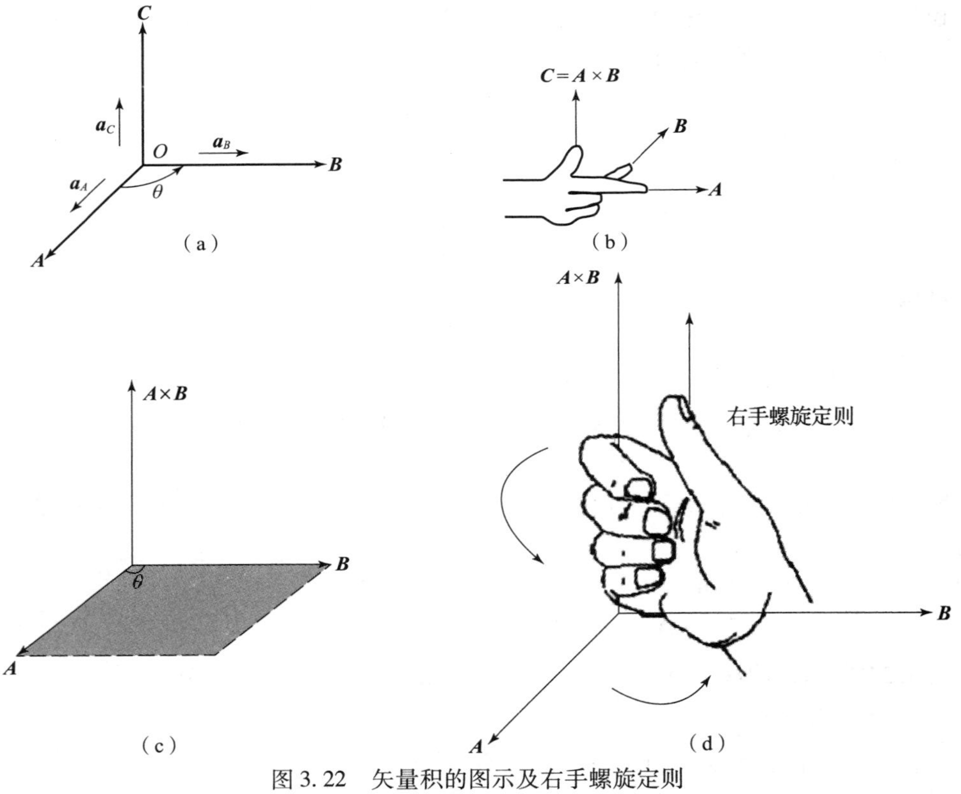

图 3.22　矢量积的图示及右手螺旋定则

（a）、（c）矢量积的图示；（b）、（d）右手螺旋定则

基矢量的叉积为：

$$\boldsymbol{i}\times\boldsymbol{i}=\boldsymbol{j}\times\boldsymbol{j}=\boldsymbol{k}\times\boldsymbol{k}=0$$

$$\boldsymbol{i}\times\boldsymbol{j}=\boldsymbol{k},\ \boldsymbol{j}\times\boldsymbol{k}=\boldsymbol{i},\ \boldsymbol{k}\times\boldsymbol{i}=\boldsymbol{j}$$

矢量积常用来判断两个矢量是否平行。如果两个不为零的矢量的叉积等于零，则这两个矢量必然相互平行；或者说，两个相互平行矢量的叉积一定等于零。准确地说，如果 $\boldsymbol{A}\neq 0$，$\boldsymbol{B}\neq 0$，$\boldsymbol{A}\times\boldsymbol{B}=0\Leftrightarrow\boldsymbol{A}//\boldsymbol{B}$，这是判断两个矢量平行的重要方法。

矢量的叉积不服从交换律，但服从分配律，有

$$\boldsymbol{A}\times\boldsymbol{B}=-\boldsymbol{B}\times\boldsymbol{A}$$

$$\boldsymbol{A}\times(\boldsymbol{B}+\boldsymbol{C})=\boldsymbol{A}\times\boldsymbol{B}+\boldsymbol{A}\times\boldsymbol{C}$$

矢量积中含有常系数的运算规则为：

$$(p\boldsymbol{A})\times(q\boldsymbol{B})=pq(\boldsymbol{A}\times\boldsymbol{B})$$

矢量与自身的叉积为 0，即：

$$\boldsymbol{A}\times\boldsymbol{A}=0$$

在直角坐标系中，矢量的叉积可以表示为：

$$\boldsymbol{A}\times\boldsymbol{B}=\begin{vmatrix}\boldsymbol{i} & \boldsymbol{j} & \boldsymbol{k}\\ A_x & A_y & A_z\\ B_x & B_y & B_z\end{vmatrix}$$

4. 标量三重积

矢量 $\boldsymbol{A}$ 与矢量 $\boldsymbol{B}\times\boldsymbol{C}$ 的标量积称为标量三重积，它表示由三矢量构成的平行六面体的体积，如图 3.23 所示。其运算规则如下：

$$\boldsymbol{A}\cdot(\boldsymbol{B}\times\boldsymbol{C})=\boldsymbol{B}\cdot(\boldsymbol{C}\times\boldsymbol{A})=\boldsymbol{C}\cdot(\boldsymbol{A}\times\boldsymbol{B})$$

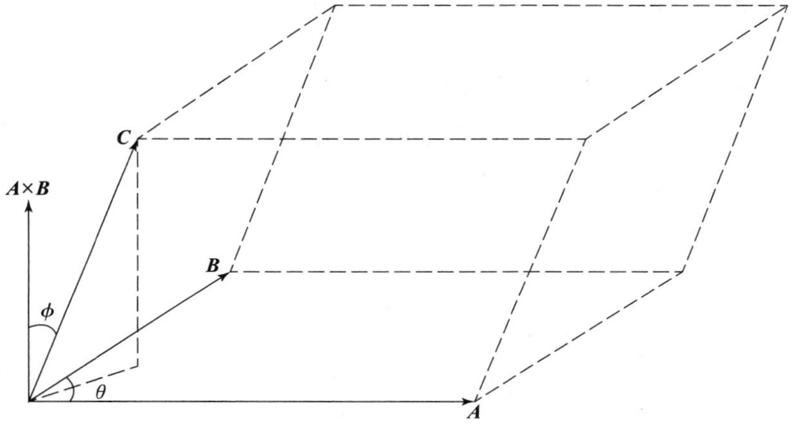

图 3.23　标量三重积

$$\begin{aligned}\boldsymbol{C}\cdot(\boldsymbol{A}\times\boldsymbol{B}) &= |\boldsymbol{C}|(|\boldsymbol{A}||\boldsymbol{B}|\sin\theta)\cos\phi\\ &=(|\boldsymbol{A}||\boldsymbol{B}|\sin\theta)\times|\boldsymbol{C}|\cos\phi\\ &=S\times h\\ &=\text{底面积}\times\text{高}\end{aligned}$$

5. 矢量三重积

矢量 $\boldsymbol{A}$ 与矢量 $\boldsymbol{B}\times\boldsymbol{C}$ 的矢量积称为矢量三重积，运算规则如下：

$$\boldsymbol{A}\times(\boldsymbol{B}\times\boldsymbol{C})=\boldsymbol{B}(\boldsymbol{A}\cdot\boldsymbol{C})-\boldsymbol{C}(\boldsymbol{A}\cdot\boldsymbol{B})$$

6. 矢量的微积分

矢量的微积分运算的基本方法是将其化为相应标量的微积分运算。

1）矢量的增量

设 t 时刻矢量为：$\boldsymbol{A}=\boldsymbol{A}(t)$；$t+\Delta t$ 时刻矢量为：$\boldsymbol{A}'=\boldsymbol{A}(t+\Delta t)$，则称矢量 $\Delta\boldsymbol{A}=\boldsymbol{A}(t+\Delta t)-\boldsymbol{A}(t)$ 为矢量 $\boldsymbol{A}=\boldsymbol{A}(t)$ 当 t 变为 $t+\Delta t$ 时的增量。

2）矢量的导数

定义：$\dfrac{\mathrm{d}\boldsymbol{A}}{\mathrm{d}t}=\lim\limits_{\Delta t\to 0}\dfrac{\Delta\boldsymbol{A}}{\Delta t}$，当 $\Delta t\to 0$ 时，其极限存在，则称此极限为矢量函数 $\boldsymbol{A}(t)$ 在点 t 处的导数（简称导矢），记作$\dfrac{\mathrm{d}\boldsymbol{A}(t)}{\mathrm{d}t}$，或 $\boldsymbol{A}'(t)$。

若 $\boldsymbol{A}(t)=A_x(t)\boldsymbol{i}+A_y(t)\boldsymbol{j}+A_z(t)\boldsymbol{k}$，且函数 $A_x(t)$、$A_y(t)$、$A_z(t)$ 在点 t 可导，则有

$$\begin{aligned}\frac{\mathrm{d}\boldsymbol{A}(t)}{\mathrm{d}t}&=\lim_{\Delta t\to 0}\frac{\Delta\boldsymbol{A}(t)}{\Delta t}\\&=\lim_{\Delta t\to 0}\frac{\Delta A_x(t)}{\Delta t}\boldsymbol{i}+\lim_{\Delta t\to 0}\frac{\Delta A_y(t)}{\Delta t}\boldsymbol{j}+\lim_{\Delta t\to 0}\frac{\Delta A_z(t)}{\Delta t}\boldsymbol{k}\\&=\frac{\mathrm{d}A_x}{\mathrm{d}t}\boldsymbol{i}+\frac{\mathrm{d}A_y}{\mathrm{d}t}\boldsymbol{j}+\frac{\mathrm{d}A_z}{\mathrm{d}t}\boldsymbol{k}\end{aligned}$$

即

$$\boldsymbol{A}'(t)=A_x'(t)\boldsymbol{i}+A_y'(t)\boldsymbol{j}+A_z'(t)\boldsymbol{k}\tag{3-6}$$

这样，矢量函数的导数计算就转化为三个标量分量函数的导数计算。

几何意义：导矢在几何上为一矢端曲线的切向量，且指向对应 t 值增大的一方，如图 3.24 所示。

矢量求导过程：对矢量函数的每个分量分别求导数或微分即可。

$$\frac{\mathrm{d}\boldsymbol{A}}{\mathrm{d}t}=\hat{\boldsymbol{A}}\frac{\mathrm{d}A}{\mathrm{d}t}+A\frac{\mathrm{d}\hat{\boldsymbol{A}}}{\mathrm{d}t}$$

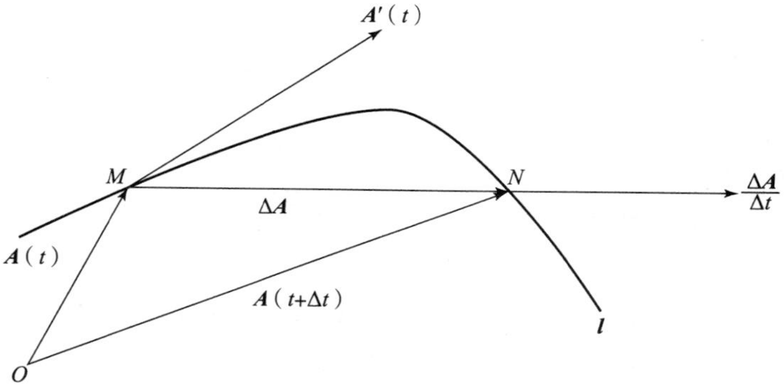

图 3.24　矢量函数的导数

矢量函数的运算规则：设矢量函数 $\boldsymbol{A}(t)$、$\boldsymbol{B}(t)$ 及标量函数 $u(t)$ 在 t 的某范围内可导，则在该范围内下列公式成立：

（1）$\dfrac{d}{dt}(\boldsymbol{C})=0$　（$\boldsymbol{C}$ 为常矢）；

（2）$\dfrac{d}{dt}(\boldsymbol{A}\pm\boldsymbol{B})=\dfrac{d\boldsymbol{A}}{dt}\pm\dfrac{d\boldsymbol{B}}{dt}$；

（3）$\dfrac{d}{dt}(k\boldsymbol{A})=k\dfrac{d\boldsymbol{A}}{dt}$　（k 为常数）；

（4）$\dfrac{d}{dt}(u\boldsymbol{A})=\dfrac{du}{dt}\boldsymbol{A}+u\dfrac{d\boldsymbol{A}}{dt}$；

（5）$\dfrac{d}{dt}(\boldsymbol{A}\cdot\boldsymbol{B})=\boldsymbol{A}\cdot\dfrac{d\boldsymbol{B}}{dt}+\dfrac{d\boldsymbol{A}}{dt}\cdot\boldsymbol{B}$；

特别地，$\dfrac{d}{dt}\boldsymbol{A}^2=2\boldsymbol{A}\cdot\dfrac{d\boldsymbol{A}}{dt}$，其中 $\boldsymbol{A}^2=\boldsymbol{A}\cdot\boldsymbol{A}$；

（6）$\dfrac{d}{dt}(\boldsymbol{A}\times\boldsymbol{B})=\boldsymbol{A}\times\dfrac{d\boldsymbol{B}}{dt}+\dfrac{d\boldsymbol{A}}{dt}\times\boldsymbol{B}$；

（7）复合函数求导公式：若 $\boldsymbol{A}=\boldsymbol{A}(u)$，$u=u(t)$，则

$$\frac{d\boldsymbol{A}}{dt}=\frac{d\boldsymbol{A}}{du}\frac{du}{dt}$$

这些公式的证明方法，与微积分中数性函数类似公式的证法完全相同。

3）矢量微分

矢量微分的定义：对矢量函数 $\boldsymbol{A}=\boldsymbol{A}(t)$ 称 $d\boldsymbol{A}=\boldsymbol{A}'(t)dt(dt=\Delta t)$ 为 $\boldsymbol{A}(t)$ 在 t 处的微分。微分与导矢的几何意义相同，为矢量矢端曲线的切线，如图3.25所示。$dt>0$ 时，与导矢的方向一致；$dt<0$ 时，与导矢的方向相反。

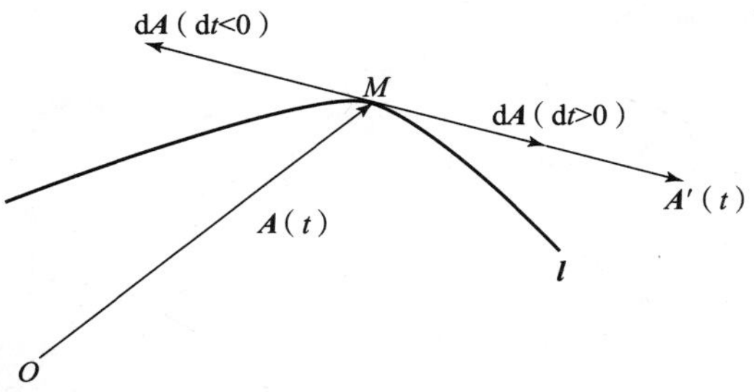

图3.25　导矢

在直角坐标系中

$$\begin{aligned}d\boldsymbol{A}&=\boldsymbol{A}'(t)dt\\&=A_x'(t)dt\,\boldsymbol{i}+A_y'(t)dt\,\boldsymbol{j}+A_x'(t)dt\,\boldsymbol{k}\\&=dA_x(t)\boldsymbol{i}+dA_y(t)\boldsymbol{j}+dA_z(t)\boldsymbol{k}\end{aligned}$$

这样，矢量函数的微分可归结为求三个数性函数的微分。

4）标量线积分

标量线积分与积分路径密切相关；与积分路径无关的矢量函数是保守的。矢量函数 $\boldsymbol{A}$ 在 L 上的标量线积分为：

$$\int_l \boldsymbol{A} \times \mathrm{d}\boldsymbol{l} = \lim_{\substack{n\to\infty \\ \lambda\to 0}} \sum_{i=1}^{n} \boldsymbol{A}_i \times \Delta \boldsymbol{l}_i$$
$$= \lim_{\substack{n\to\infty \\ \lambda\to 0}} \sum_{i=1}^{n} A_i \Delta l_i \cos\theta$$
$$= \int_l A\cos\theta \mathrm{d}l$$

其中，$\lambda = \max\{\Delta l_i\}$。

特别地，环路和环量为：

$$环量 = \int_l \boldsymbol{A} \times \mathrm{d}\boldsymbol{l}$$

5）标量面积分

有向曲面：定义了正侧面的曲面；法线方向 $\boldsymbol{n}$ 从负侧面指向正侧面并与该面垂直的方向，如图 3.26 所示。当 $\Delta S \to 0$ 时，$\Delta \boldsymbol{S}$ 变成有向面元 $\mathrm{d}\boldsymbol{S}$，其方向为该处有向曲面的正法线方向。有向曲面的有向面元为 $\mathrm{d}\boldsymbol{S} = \boldsymbol{n}\mathrm{d}S$。在直角坐标系中，有向面元为：

$$\mathrm{d}\boldsymbol{S} = \mathrm{d}y\mathrm{d}z\, \hat{\boldsymbol{x}} + \mathrm{d}x\mathrm{d}z\, \hat{\boldsymbol{y}} + \mathrm{d}x\mathrm{d}y\, \hat{\boldsymbol{z}}$$

有了有向曲面定义，就可以给出标量面积分定义：$\boldsymbol{A}$ 在 S 上的标量面积分（见图 3.27）为

$$\iint_S \boldsymbol{A} \times \mathrm{d}\boldsymbol{S} = \lim_{\substack{n\to\infty \\ \Delta S\to 0}} \sum_{i=1}^{n} \boldsymbol{A}_i \times \Delta \boldsymbol{S}_i = \iint_S A\cos\theta \mathrm{d}S\ ;$$

这就是后面将要讲的通量，即矢量 $\boldsymbol{A}$ 在 S 面上的通量。

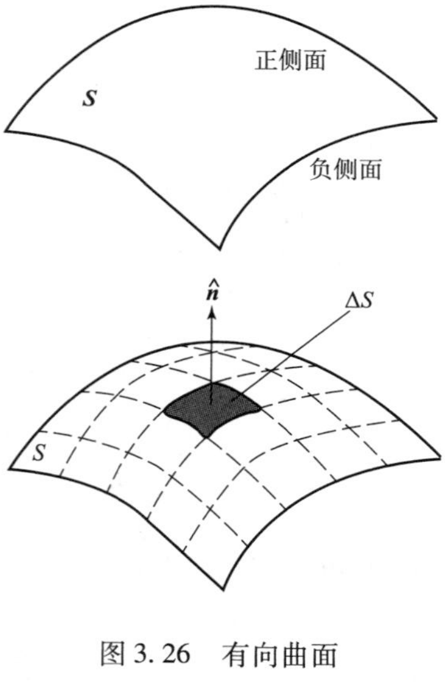

图 3.26　有向曲面

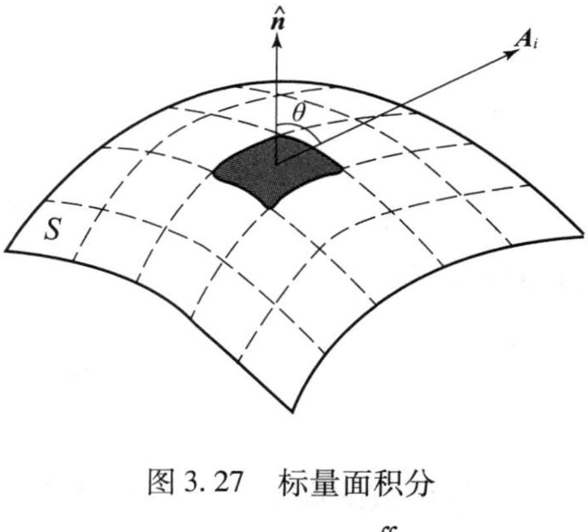

图 3.27　标量面积分

如果 S 是封闭曲面，习惯上规定其外侧面为正侧面，$\boldsymbol{A}$ 的通量记为 $\oiint_S \boldsymbol{A} \times \mathrm{d}\boldsymbol{S}$。

6）矢量的不定积分

与数性函数的积分类似，矢量函数也有不定积分和定积分的概念。

矢量函数的不定积分定义：若在 t 的某个区间 I 上，有 $\boldsymbol{B}'(t) = \boldsymbol{A}(t)$，则称 $\boldsymbol{B}(t)$ 为

$\boldsymbol{A}(t)$在此区间上的一个原函数，在区间 I 上，$\boldsymbol{A}(t)$ 的原函数的全体，称为 $\boldsymbol{A}(t)$ 在 I 上的不定积分，记作 $\int \boldsymbol{A}(t)\mathrm{d}t$。

和标量函数一样，若已知 $\boldsymbol{B}(t)$ 是 $\boldsymbol{A}(t)$ 的一个原函数，则有 $\int \boldsymbol{A}(t)\mathrm{d}t = \boldsymbol{B}(t) + \boldsymbol{C}$，其中 $\boldsymbol{C}$ 为任意常矢。运算规则为：

$$\int k\boldsymbol{A}(t)\mathrm{d}t = k\int \boldsymbol{A}(t)\mathrm{d}t \tag{3-7}$$

$$\int [\boldsymbol{A}(t) \pm \boldsymbol{B}(t)]\mathrm{d}t = \int \boldsymbol{A}(t)\mathrm{d}t \pm \int \boldsymbol{B}(t)\mathrm{d}t \tag{3-8}$$

$$\int u(t)\boldsymbol{a}\mathrm{d}t = \boldsymbol{a}\int u(t)\mathrm{d}t \tag{3-9}$$

$$\int \boldsymbol{a}\cdot\boldsymbol{A}(t)\mathrm{d}t = \boldsymbol{a}\cdot\int \boldsymbol{A}(t)\mathrm{d}t \tag{3-10}$$

$$\int \boldsymbol{a}\times\boldsymbol{A}(t)\mathrm{d}t = \boldsymbol{a}\times\int \boldsymbol{A}(t)\mathrm{d}t \tag{3-11}$$

其中，$\boldsymbol{a}$ 为常矢，k 为常数。

若已知 $\boldsymbol{A}(t) = A_x(t)\boldsymbol{i} + A_y(t)\boldsymbol{j} + A_z(t)\boldsymbol{k}$，则有：

$$\int \boldsymbol{A}(t)\mathrm{d}t = \boldsymbol{i}\int A_x(t)\mathrm{d}t + \boldsymbol{j}\int A_y(t)\mathrm{d}t + \boldsymbol{k}\int A_z(t)\mathrm{d}t \tag{3-12}$$

即一个矢量函数的不定积分，可归结为求三个数性函数的不定积分。

此外，标量函数的换元积分法与分部积分法也适用于矢量函数。

注意：两个矢量函数的数量积和两个矢量函数的矢量积的分部积分法公式有所不同，分别为：

$$\int \boldsymbol{A}\cdot\boldsymbol{B}'\mathrm{d}t = \boldsymbol{A}\cdot\boldsymbol{B} - \int \boldsymbol{B}\cdot\boldsymbol{A}'\mathrm{d}t$$

$$\int \boldsymbol{A}\times\boldsymbol{B}'\mathrm{d}t = \boldsymbol{A}\times\boldsymbol{B} + \int \boldsymbol{B}\times\boldsymbol{A}'\mathrm{d}t$$

前者与高等数学中数性函数的分部积分法公式一致，后者由两项相减变为了求和，这是因为矢量积服从于“负交换律”之故。

7）矢量函数的定积分

定义：设矢量函数 $\boldsymbol{A}(t)$ 在区间 $[T_1, T_2]$ 上连续，则 $\boldsymbol{A}(t)$ 在 $[T_1, T_2]$ 上的定积分是指下列和式极限

$$\int_{T_1}^{T_2} \boldsymbol{A}(t)\mathrm{d}t = \lim_{\substack{\lambda\to 0\\(n\to\infty)}} \sum_{i=1}^{n} A(\xi_i)\Delta t_i \tag{3-13}$$

其中，$T_1 = t_0 < t_1 < t_2 < \cdots < t_n = T_2$；$\xi_i$ 为区间 $[t_{i-1}, t_i]$ 上的一点；$\Delta t_i = t_i - t_{i-1}$；$\lambda = \max\{\Delta t_i\}(i = 1, 2, \cdots, n)$。

可以看出，矢量函数的定积分也有与标量函数定积分类似的性质。

四、小　结

在矢量代数中引进了矢量坐标之后，一个空间量就和三个数量构成一一对应关系，而且

有关矢量的一些运算，例如和、差以及数量与矢量的乘积都可以转化为三个数量坐标的相应运算。同样，在矢量分析中，若矢量函数采用坐标表示式，则一个矢量函数就和三个标量函数构成一一对应关系，而且有关矢量函数的一些运算，例如计算极限、求导数、求积分等亦可以转化为对其三个坐标函数的相应运算。

3.2 场论简介

在特定区域或空间中的某个给定物理量，其数值的无穷集合构成或表示了一种具有某些物理性质的场，该物理量称为场量。这些物理量有标量和矢量两大类，其中标量可以看作矢量的特例；同理，标量场也可以看作矢量场的特例。既然矢量要形成场，因此研究矢量分析必然研究场论。要理解相关的主要和重要概念，如方向导数、梯度、散度和旋度等，以及它们的性质、物理意义、特点、运算规则、导出的定理及其应用方法。

3.2.1 方向导数

前已述及，在域 V 上的标量场中，标量 $u=u(M)$ 的分布状况可以借助于等值面或等值线来刻画。但是这只能大致地了解到标量场 u 在域中总的分布情况，是一种整体性的了解。而研究标量场的另一个重要方面，就是要对它作局部性的了解，考察标量 $u=u(M)$ 在场中各点沿每一方向的变化情况。也就是要考察函数 $u(M)$ 在域 V 中各点处沿每一方向的方向导数。方向导数概念示意图如图 3.28 所示。

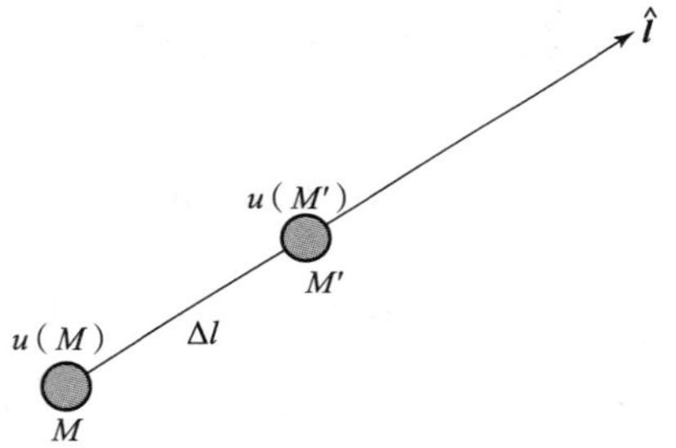

图 3.28 方向导数概念示意图

方向导数的定义：

$$\left.\frac{\partial u}{\partial \boldsymbol{l}}\right|_M = \lim_{\Delta l \to 0}\frac{u(M') - u(M)}{\Delta l} \tag{3-14}$$

$$\frac{\partial u}{\partial \boldsymbol{l}} = \frac{\partial u}{\partial x}\cos\alpha + \frac{\partial u}{\partial y}\cos\beta + \frac{\partial u}{\partial z}\cos\gamma \tag{3-15}$$

其中 $\cos\alpha$、$\cos\beta$、$\cos\gamma$ 为函数 $u=u(M)$ 沿 $\boldsymbol{l}$ 方向的方向余弦。根据方向导数的定义，因为 $\Delta l = |MM'|$ 总是正的，因而 $\left.\frac{\partial z}{\partial l}\right|_M$ 刻画的是函数沿射线方向（单向）的变化率，这与偏导数 $\left.\frac{\partial u}{\partial x}\right|_{M_0}$ 的定义有所不同，如 $\left.\frac{\partial u}{\partial x}\right|_M = \lim_{\Delta x \to 0}\frac{f(x_0+\Delta x, y_0, z_0) - f(x_0, y_0, z_0)}{\Delta x}$，其中 Δx 的值可正可负。因此，如果函数 $u=u(M)$ 在点 M 沿 x 轴正向 $\boldsymbol{i}$ 的方向导数存在，其值就是 $\left.\frac{\partial u}{\partial x}\right|_M$；在点 M 沿

x 轴负向（$-\boldsymbol{i}$）的方向导数存在，其值就是$\left(-\frac{\partial u}{\partial x}\right)\bigg|_M$。所以，方向导数和偏导数是两个不同的概念。

显然方向导数的特点是：方向导数既与点 M 有关，也与 $\boldsymbol{l}$ 方向有关。

3.2.2 梯度

（1）方向导数解决了函数 $u(M)$ 在给定点处沿某个方向的变化率问题。然而从场中的给定点出发，有无穷多个方向，函数 $u(M)$ 沿其中哪个方向的变化率最大呢？最大的变化率又是多少呢？这是在科学技术中常常需要探讨的问题。由方向导数公式

$$\frac{\partial u}{\partial \boldsymbol{l}}=\frac{\partial u}{\partial x}\cos\alpha+\frac{\partial u}{\partial y}\cos\beta+\frac{\partial u}{\partial z}\cos\gamma \tag{3-16}$$

其中 $\boldsymbol{l}$ 方向的方向余弦 $\cos\alpha$、$\cos\beta$、$\cos\gamma$ 也就是这个方向上的单位矢量 $\boldsymbol{l}^0=\cos\alpha\boldsymbol{i}+\cos\beta\boldsymbol{j}+\cos\gamma\boldsymbol{k}$ 的坐标。若把式（3－16）右端的其余三个数$\frac{\partial u}{\partial x}$、$\frac{\partial u}{\partial y}$、$\frac{\partial u}{\partial z}$也视为一个矢量 $\boldsymbol{G}$ 的坐标，即取 $\boldsymbol{G}=\frac{\partial u}{\partial x}\boldsymbol{i}+\frac{\partial u}{\partial y}\boldsymbol{j}+\frac{\partial u}{\partial z}\boldsymbol{k}$，则式（3－16）可以写成 $\boldsymbol{G}$ 与 $\boldsymbol{l}^0$ 的数量积：

$$\frac{\partial u}{\partial \boldsymbol{l}}=\boldsymbol{G}\cdot\boldsymbol{l}^0=|\boldsymbol{G}|\cos(\boldsymbol{G}\cdot\boldsymbol{l}^0) \tag{3-17}$$

显然，$\boldsymbol{G}$ 在给定点处为一固定矢量。从式（3－17）不难看出：

①当 $\boldsymbol{l}^0$ 与 $\boldsymbol{G}$ 重合且同向时，$\frac{\partial u}{\partial \boldsymbol{l}}$取得最大值 $|\boldsymbol{G}|$，也就是函数 $u(M)$ 沿着矢量 $\boldsymbol{G}$ 的方向增加得最快；当 $\boldsymbol{l}^0$ 与 $\boldsymbol{G}$ 反向时，$\frac{\partial u}{\partial \boldsymbol{l}}$取得最小值 $-|\boldsymbol{G}|$，也就是 $u(M)$ 沿着 $\boldsymbol{G}$ 的反方向减少得最快。

②当 $\boldsymbol{l}^0$ 与 $\boldsymbol{G}$ 正交，即 $(\boldsymbol{G},\boldsymbol{l}^0)=\frac{\pi}{2}$时，$\frac{\partial u}{\partial \boldsymbol{l}}=0$，这说明 $u(M)$ 在这个方向保持不变。

③当 $\boldsymbol{l}^0$ 与 $\boldsymbol{G}$ 既不重合又不正交时，$\frac{\partial u}{\partial \boldsymbol{l}}$取不为零的值，而其绝对值小于 $|\boldsymbol{G}|$。

由此可见，矢量 $\boldsymbol{G}$ 的方向就是函数 $u(M)$ 变化率最大的方向，其模也正好是这个最大变化率的数值。把 $\boldsymbol{G}$ 叫作函数 $u(M)$ 在给定点处的梯度。

（2）定义：若在数量场 $u(M)$ 中的一点 M 处，存在这样一个矢量 $\boldsymbol{G}$，其方向为函数 $u(M)$ 在 M 点处变化率最大的方向，其模也正好是这个最大变化率的数值，则称矢量 $\boldsymbol{G}$ 为函数 $u(M)$ 在点 M 处的梯度，记作 $\mathbf{grad}u$，即 $\mathbf{grad}u=\boldsymbol{G}$。

梯度的这个定义是与坐标系无关的，它是由数量场中数量 $u(M)$ 的分布所决定的。借助于方向导数的公式，可以找出它在直角坐标系中的表达式：

$$\mathbf{grad}u=\frac{\partial u}{\partial x}\boldsymbol{i}+\frac{\partial u}{\partial y}\boldsymbol{j}+\frac{\partial u}{\partial z}\boldsymbol{k} \tag{3-18}$$

$$\begin{aligned}\frac{\partial u}{\partial \boldsymbol{l}}&=\frac{\partial u}{\partial x}\cos\alpha+\frac{\partial u}{\partial y}\cos\beta+\frac{\partial u}{\partial z}\cos\gamma\\&=\left(\frac{\partial u}{\partial x}\hat{\boldsymbol{x}}+\frac{\partial u}{\partial y}\hat{\boldsymbol{y}}+\frac{\partial u}{\partial z}\hat{\boldsymbol{z}}\right)\cdot(\hat{\boldsymbol{x}}\cos\alpha+\hat{\boldsymbol{y}}\cos\beta+\hat{\boldsymbol{z}}\cos\gamma)\end{aligned}$$

$$= \boldsymbol{G} \cdot \hat{\boldsymbol{l}} = |\boldsymbol{G}| \cdot |\hat{\boldsymbol{l}}| \cos\theta = |\boldsymbol{G}| \cos\theta$$

$\hat{\boldsymbol{l}}$ 与 $\boldsymbol{G}$ 同向时，$\frac{\partial u}{\partial \boldsymbol{l}}$取最大值，最大值为$|\boldsymbol{G}|$，则梯度为：

$$\boldsymbol{G} = \mathbf{grad}u = \frac{\partial u}{\partial x} + \frac{\partial u}{\partial y} + \frac{\partial u}{\partial z}$$

（3）梯度矢量具有以下 4 个重要性质：

①函数 $u(M)$ 在点 M 处沿方向 $\boldsymbol{l}$ 的方向导数等于梯度在该方向上的投影。即梯度在某个方向上的投影等于函数 $u(M)$ 在该方向上的方向导数。

②标量场 $u(M)$ 中每一点 M 处的梯度，垂直于过该点的等值面（线），且指向函数 $u(M)$增大的一方。

梯度的这两个重要性质表明梯度矢量和方向导数以及标量场的等值面之间，存在着一种比较理想的关系。这就使梯度成为研究标量场时的一个极为重要的概念。如果对于$u(M)$的定义域 V 中的每一点处都对应着一个梯度矢量，那么从数量场就确定一个由梯度矢量所形成的场——梯度场。这样，对数量场的研究就可能转化为对梯度场的研究。

③标量场各点的梯度形成的矢量场，即梯度场，它在空间某点的方向表示该点场变化最大（增大）的方向，其数值表示变化最大方向上场的空间变化率。

④梯度与坐标系的选取无关，只取决于场的分布。

梯度及其性质示意图如图 3. 29 所示。

梯度概念的重要性在于，它用来表征数量场在空间各点沿不同方向变化快慢的程度。

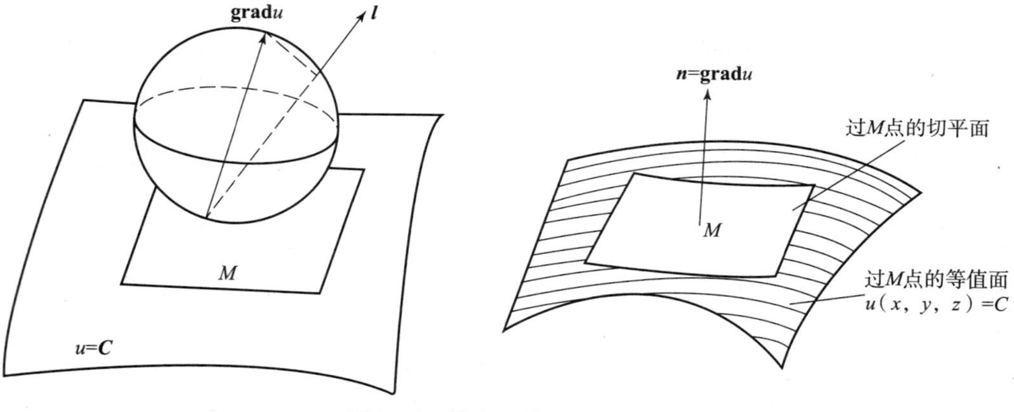

图 3. 29　梯度及其性质示意图

（4）梯度的运算法则。

把函数 $u(M)$ 的梯度写成下面的形式：

$$\begin{aligned}\mathbf{grad}u &= \frac{\partial u}{\partial x}\boldsymbol{i} + \frac{\partial u}{\partial y}\boldsymbol{j} + \frac{\partial u}{\partial z}\boldsymbol{k} \\ &= \left(\frac{\partial}{\partial x}\boldsymbol{i} + \frac{\partial}{\partial y}\boldsymbol{j} + \frac{\partial}{\partial z}\boldsymbol{k}\right)u\end{aligned}$$

记 $\nabla = \frac{\partial}{\partial x}\boldsymbol{i} + \frac{\partial}{\partial y}\boldsymbol{j} + \frac{\partial}{\partial z}\boldsymbol{k}$，称之为向量微分算子或哈米尔顿（Hamilton）算子、∇ 算子。∇ 可

读作：纳布拉（Nabla）或德尔（del）。利用∇算子，函数 $u(M)$ 的梯度可简单地表示成

$$\nabla u = \frac{\partial}{\partial x}\boldsymbol{i} + \frac{\partial}{\partial y}\boldsymbol{j} + \frac{\partial}{\partial z}\boldsymbol{k}$$

∇是矢量时，遵守矢量的运算规则；∇是微分运算符号时，对其他变量作微分运算。容易验证梯度运算满足以下基本公式：

$$\nabla C = 0 \ (C\text{ 为常数}) \tag{3-19}$$

$$\nabla (Cu) = C\nabla u \ (C\text{ 为常数}) \tag{3-20}$$

$$\nabla (u \pm v) = \nabla u \pm \nabla v \tag{3-21}$$

$$\nabla (uv) = u\nabla v + v\nabla u \tag{3-22}$$

$$\nabla\left(\frac{u}{v}\right) = \frac{1}{v^2}(v\nabla u - u\nabla v) \tag{3-23}$$

$$\nabla f(u) = f'(u)\nabla u \tag{3-24}$$

标量场的梯度函数建立了标量场与矢量场的联系，这一联系使某一类矢量场可以通过标量函数来研究。

（5）不同坐标系中梯度的计算公式。

直角坐标系：

$$\nabla u = \boldsymbol{e}_x\frac{\partial u}{\partial x} + \boldsymbol{e}_y\frac{\partial u}{\partial y} + \boldsymbol{e}_z\frac{\partial u}{\partial z} \tag{3-25}$$

圆柱坐标系：

$$\nabla u = \boldsymbol{e}_\rho\frac{\partial u}{\partial \rho} + \boldsymbol{e}_\phi\frac{1}{\rho}\frac{\partial u}{\partial \phi} + \boldsymbol{e}_z\frac{\partial u}{\partial z} \tag{3-26}$$

球面坐标系：

$$\nabla u = \boldsymbol{e}_r\frac{\partial u}{\partial r} + \boldsymbol{e}_\theta\frac{1}{r}\frac{\partial u}{\partial \theta} + \boldsymbol{e}_\phi\frac{1}{r\sin\theta}\frac{\partial u}{\partial \phi} \tag{3-27}$$

3.2.3 散度

在介绍梯度前，先介绍了方向导数。类似地，在介绍散度前，要先介绍通量这个基本概念。

1. 通量

一个矢量场空间中，在单位时间内，沿着矢量场 $\boldsymbol{v}$ 方向通过的流量是 $\mathrm{d}Q$，而 $\mathrm{d}Q$ 是以 $\mathrm{d}S$ 为底，以 $v\cos\theta$ 为高的斜柱体的体积，即

$$\mathrm{d}Q = v\cos\theta\mathrm{d}S = \boldsymbol{v}\cdot\mathrm{d}\boldsymbol{S} \tag{3-28}$$

称为矢量 $\boldsymbol{v}$ 通过面元 $\mathrm{d}\boldsymbol{S}$ 的通量，如图3.30所示。对于有向曲面 S，总可以将 S 分成许多足够小的面元 $\mathrm{d}\boldsymbol{S}$，于是通过曲面 S 的通量 $\boldsymbol{\Phi}$ 即为每一面元通量之和：

$$\boldsymbol{\Phi} = \iint_S \boldsymbol{v}\cdot\mathrm{d}\boldsymbol{S} \tag{3-29}$$

对于闭合曲面 S，通量 $\boldsymbol{\Phi}$ 为：

$$\boldsymbol{\Phi} = \oint_S \boldsymbol{v}\cdot\mathrm{d}\boldsymbol{S}$$

$\theta < 90°$ 时，$\mathrm{d}\boldsymbol{Q} = \boldsymbol{A}\times\mathrm{d}\boldsymbol{S} > 0$，流体向正侧面流过面积元，为正流量，如图3.31（a）所示。

$\theta > 90°$ 时，$\mathrm{d}\boldsymbol{Q} = \boldsymbol{A}\times\mathrm{d}\boldsymbol{S} < 0$，流体向负侧面流过面积元，为负流量，如图3.31（b）所示。

$Q = \oint_S \boldsymbol{A}\cdot\mathrm{d}\boldsymbol{S}$，即为向 S 正侧面流过的正负流量的代数和。$Q>0$ 表示正流量多于负流

量；反之表示正流量少于负流量。注意：泉源（正源）产生流体；而漏洞（负源）排泄流体。如图 3. 32 所示。

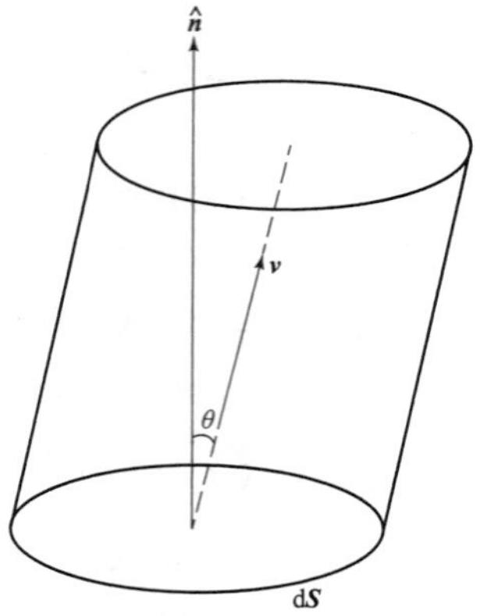

图 3. 30 通量定义示意图

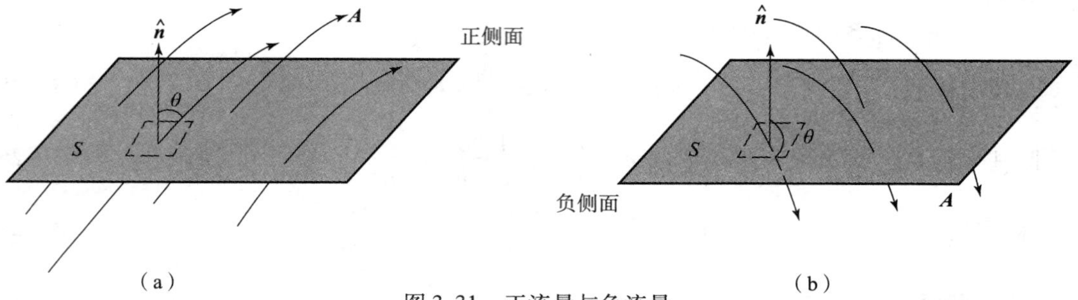

图 3. 31 正流量与负流量

（a）正流量；（b）负流量

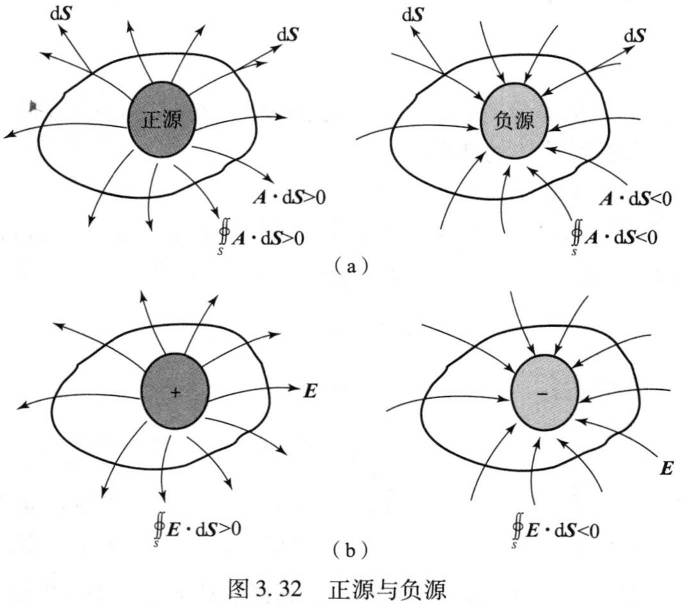

图 3. 32 正源与负源

（a）正源与负源；（b）以电场为例

$\oiint_S \boldsymbol{E} \cdot \mathrm{d}\boldsymbol{S}$ 的值正比于 S 面中 $\boldsymbol{E}$ 的净通量源的值，即 S 面中的净电量。

在直角坐标系中，矢量 $\boldsymbol{A}$ 向曲面指定一侧穿过曲面 S 的通量为矢量场 $\boldsymbol{A}$ 沿该方向的曲面 S 的面积分：

$$\Phi = \oiint_{S(\text{定侧})} \boldsymbol{A} \cdot \mathrm{d}\boldsymbol{S} = \oiint_S P\mathrm{d}y\mathrm{d}z + Q\mathrm{d}z\mathrm{d}x + R\mathrm{d}x\mathrm{d}y$$

2. 散度

导出散度的思路：由通量的性质和物理意义可以看出，$\oiint_S \boldsymbol{A} \cdot \mathrm{d}\boldsymbol{S}$ 体现了闭合曲面 S 内净通量源的值；$\dfrac{\oiint_S \boldsymbol{A} \cdot \mathrm{d}\boldsymbol{S}}{\Delta V}$ 体现了闭合曲面 S 内通量源的平均密度，当 S 收缩到仅包含一个点时，$\dfrac{\oiint_S \boldsymbol{A} \cdot \mathrm{d}\boldsymbol{S}}{\Delta V}$ 就体现了该点处通量源的密度。

定义：包含某点的闭合曲面 S 以任意方式向该点无限缩小时，S 所围体积 ΔV 也趋于 0，此时 $\dfrac{\oiint_S \boldsymbol{A} \cdot \mathrm{d}\boldsymbol{S}}{\Delta V}$ 的值称为矢量 $\boldsymbol{A}$ 在该点的散度。记为

$$\mathrm{div}\boldsymbol{A} = \lim_{\Delta V \to 0} \frac{\oiint_S \boldsymbol{A} \cdot \mathrm{d}\boldsymbol{S}}{\Delta V}。$$

散度在不同坐标系下的计算公式：

（1）直角坐标系：

$$\nabla \cdot \boldsymbol{A} = \left(a_x \frac{\partial}{\partial x} + a_y \frac{\partial}{\partial y} + a_z \frac{\partial}{\partial z} \right) \cdot (a_x A_x + a_y A_y + a_z A_z)$$

即

$$\nabla \cdot \boldsymbol{A} = a_x \frac{\partial}{\partial x} + a_y \frac{\partial}{\partial y} + a_z \frac{\partial}{\partial z}$$

（2）圆柱坐标系：

$$\nabla \cdot \boldsymbol{A} = \frac{1}{\rho} \frac{\partial}{\partial \rho} (\rho A_\rho) + \frac{1}{\rho} \left(\frac{\partial A_\phi}{\partial \phi} \right) + \frac{\partial A_z}{\partial z}$$

（3）球面坐标系：

$$\nabla \cdot \boldsymbol{A} = \frac{1}{r^2} \frac{\partial}{\partial r} (r^2 A_r) + \frac{1}{r\sin\theta} \frac{\partial}{\partial \theta} (\sin\theta A_\theta) + \frac{1}{r\sin\theta} \left(\frac{\partial A_\phi}{\partial \phi} \right)$$

3. 高斯散度定理

$$\int_V \nabla \cdot \boldsymbol{A} \mathrm{d}V = \oint_S \boldsymbol{A} \cdot \mathrm{d}\boldsymbol{S} \qquad (3-30)$$

或写为：

$$\oiint_S \boldsymbol{A} \cdot \mathrm{d}\boldsymbol{S} = \iiint_V \nabla \cdot \boldsymbol{A} \mathrm{d}V \quad (V\text{ 是 }S\text{ 面所围的体积}) \qquad (3-31)$$

高斯散度定理又称为奥氏公式、奥高公式、散度定理。其意义是：通量等于散度的体积分；是面积分与体积分的转换公式。

高斯散度定理在直角坐标系下，有高斯公式：

$$
\begin{aligned}
&\iiint_V \left(\frac{\partial P}{\partial x}+\frac{\partial Q}{\partial y}+\frac{\partial R}{\partial z}\right)\mathrm{d}x\mathrm{d}y\mathrm{d}z \\
&= \oiint_S P\mathrm{d}y\mathrm{d}z+Q\mathrm{d}z\mathrm{d}x+R\mathrm{d}x\mathrm{d}y \\
&= \oiint_S (P\cos\alpha+Q\cos\beta+R\cos\gamma)\mathrm{d}S
\end{aligned}
\tag{3-32}
$$

其中，S 取外侧，$\boldsymbol{n}=(\cos\alpha,\ \cos\beta,\ \cos\gamma)$ 为 S 的外侧的单位法向量。定义面积向量元 $\mathrm{d}\boldsymbol{S}=\boldsymbol{n}\mathrm{d}S=(\mathrm{d}y\mathrm{d}z,\ \mathrm{d}z\mathrm{d}x,\ \mathrm{d}x\mathrm{d}y)$，则高斯公式可以写成：

$$
\iiint_V \mathrm{div}\boldsymbol{F}\mathrm{d}x\mathrm{d}y\mathrm{d}z = \oiint_S \boldsymbol{F}\cdot\mathrm{d}S \tag{3-33}
$$

式（3-33）右端表示向量场 $\boldsymbol{F}$ 通过定向曲面 S 的通量。

4. 散度的物理意义

$\nabla\cdot\boldsymbol{A}(\boldsymbol{r})$ 正比于 $\boldsymbol{r}$ 点处 $\boldsymbol{A}$ 的通量源密度；对于静电场 $\boldsymbol{E}$ 而言，正比于 $\boldsymbol{r}$ 点处 $\boldsymbol{E}$ 的通量源密度，即 $\boldsymbol{r}$ 点处的电荷密度。

注意：有散场是有非 0 散度值的矢量场，存在通量源，矢量线有端点。无散场是散度恒等于 0 的矢量场，无通量源，矢量线是无头无尾的闭合曲线。

5. 散度恒等式

$$
\begin{cases}
\nabla\cdot\boldsymbol{C}=0(\boldsymbol{C}\ \text{为常矢量}) \\
\nabla\cdot(\boldsymbol{C}f)=\boldsymbol{C}\cdot\nabla f(f\ \text{为标量函数}) \\
\nabla\cdot(k\boldsymbol{F})=k\nabla\cdot\boldsymbol{F}(k\ \text{为常数}) \\
\nabla\cdot(f\boldsymbol{F})=f\nabla\cdot\boldsymbol{F}+\boldsymbol{F}\cdot\nabla f \\
\nabla\cdot(\boldsymbol{F}\pm\boldsymbol{G})=\nabla\cdot\boldsymbol{F}\pm\nabla\cdot\boldsymbol{G}
\end{cases}
\tag{3-34}
$$

6. 拉普拉斯算子的应用

$$
\begin{aligned}
\nabla\cdot\nabla u &= \left(\frac{\partial}{\partial x}\hat{\boldsymbol{x}}+\frac{\partial}{\partial y}\hat{\boldsymbol{y}}+\frac{\partial}{\partial z}\hat{\boldsymbol{z}}\right)\cdot\left(\frac{\partial u}{\partial x}\hat{\boldsymbol{x}}+\frac{\partial u}{\partial y}\hat{\boldsymbol{y}}+\frac{\partial u}{\partial z}\hat{\boldsymbol{z}}\right) \\
&= \frac{\partial^2 u}{\partial x^2}+\frac{\partial^2 u}{\partial y^2}+\frac{\partial^2 u}{\partial z^2} \\
&= \left(\frac{\partial^2}{\partial x^2}+\frac{\partial^2}{\partial y^2}+\frac{\partial^2}{\partial z^2}\right)u \\
&= \nabla^2 u
\end{aligned}
\tag{3-35}
$$

直角坐标系中有：

$$
\nabla^2 u = \frac{\partial^2 u}{\partial x^2}+\frac{\partial^2 u}{\partial y^2}+\frac{\partial^2 u}{\partial z^2} \tag{3-36}
$$

标量函数 u 在圆柱坐标系中的梯度和拉普拉斯表达式分别为：

$$
\nabla u = a_\rho\frac{\partial u}{\partial\rho}+a_\phi\frac{1}{\rho}\frac{\partial u}{\partial\phi}+a_z\frac{\partial u}{\partial z} \tag{3-37}
$$

$$
\nabla^2 u = \frac{1}{\rho}\frac{\partial}{\partial\rho}\left(\rho\frac{\partial u}{\partial\rho}\right)+\frac{1}{\rho^2}\left(\frac{\partial^2 u}{\partial\phi^2}\right)+\frac{\partial^2 u}{\partial z^2} \tag{3-38}
$$

标量函数 u 在球面坐标系中的梯度和拉普拉斯表达式分别为：

$$\nabla u = a_{\rho}\frac{\partial u}{\partial \rho} + a_{\phi}\frac{1}{\rho}\frac{\partial u}{\partial \phi} + a_{z}\frac{\partial u}{\partial z} \tag{3-39}$$

$$\nabla^{2} u = \frac{1}{\rho}\frac{\partial}{\partial \rho}\left(\rho\frac{\partial u}{\partial \rho}\right) + \frac{1}{\rho^{2}}\left(\frac{\partial^{2} u}{\partial \phi^{2}}\right) + \frac{\partial^{2} u}{\partial z^{2}} \tag{3-40}$$

3.2.4　旋度

一、矢量场的环量

1. 基本概念

（1）有向曲线：指定了从一端到另一端的方向为正方向的曲线，如图 3.33（a）所示。

（2）有向线元：有向曲线上长度趋于 0 的小线元（可看作直线），方向与正方向相同，记为 $\mathrm{d}\boldsymbol{l}$，如图 3.33（b）所示。$|\mathrm{d}\boldsymbol{l}|$ 为小线元的长度。

在有向曲线上任意一点处，矢量 $\boldsymbol{A}$ 都有确定值；在有向曲线 l 上任意一点处均可求出一个 $\boldsymbol{A}\cdot\mathrm{d}\boldsymbol{l}$ 值，由此可以给出环量定义。

2. 环量的定义

将有向闭曲线 l 上所有的 $\boldsymbol{A}\cdot\mathrm{d}\boldsymbol{l}$ 相加，得到矢量 $\boldsymbol{A}$ 在有向闭曲线 l 上的线积分，称为 $\boldsymbol{A}$ 在 l 上的环量（见图 3.34），记为：

$$\Gamma = \oint_{l} \boldsymbol{A}\cdot\mathrm{d}\boldsymbol{l} \tag{3-41}$$

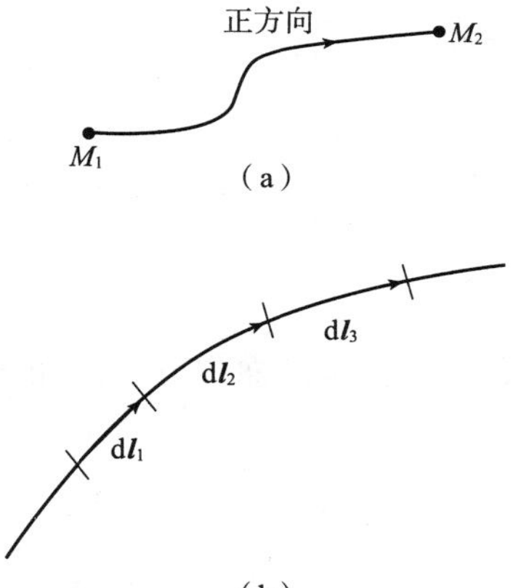

图 3.33　有向曲线和有向线元
（a）有向曲线；（b）有向线元

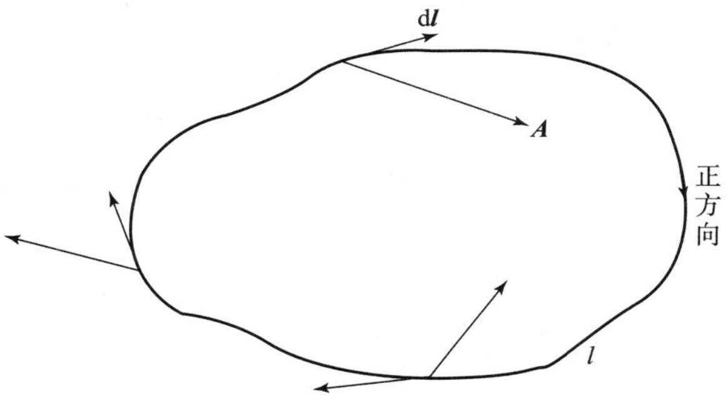

图 3.34　环量定义图

二、旋涡源和旋度

（1）旋涡矢量场：矢量线为闭合曲线的矢量场。

（2）旋涡源：能激励出旋涡矢量场的激励源。

如图 3.35 所示，电流激励出旋涡磁场 $\boldsymbol{B}$，是旋涡源。取环绕该旋涡源的闭曲线 l，有 $\oint_l \boldsymbol{B}\cdot \mathrm{d}\boldsymbol{l}\neq 0$。旋涡源（电流）越大，则 $\oint_l \boldsymbol{B}\cdot \mathrm{d}\boldsymbol{l}$ 越大。这与水池中放水时，下漏的水流激励出旋涡（流速）场的作用、原理是一样的。

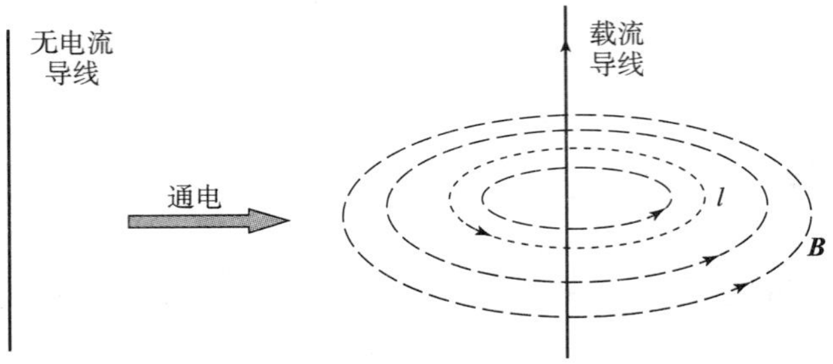

图 3.35 旋涡源

对任意矢量，$\oint_l \boldsymbol{A}\cdot \mathrm{d}\boldsymbol{l}\neq 0$ 的值正比于穿过闭合曲线 l 的矢量 $\boldsymbol{A}$ 的净旋涡源的值。对于静磁场，$\oint_l \boldsymbol{B}\cdot \mathrm{d}\boldsymbol{l}$ 的值正比于穿过闭合曲线 l 的 $\boldsymbol{B}$ 的净旋涡源的值，即穿过 l 的净电流强度。

（3）涡量（或环量面密度）：

$$\Omega=\lim_{\Delta S\to 0}\frac{\oint_l \boldsymbol{A}\cdot \mathrm{d}\boldsymbol{l}}{\Delta S} \tag{3-42}$$

环量面密度导出思路是：$\oint_l \boldsymbol{A}\cdot \mathrm{d}\boldsymbol{l}$ 体现了穿过闭合曲线 l 的净旋涡源的大小；$\dfrac{\oint_l \boldsymbol{A}\cdot \mathrm{d}\boldsymbol{l}}{\Delta S}$ 体现了穿过 l 的净旋涡源的平均密度；当 l 收缩到仅包含一个点时，$\dfrac{\oint_l \boldsymbol{A}\cdot \mathrm{d}\boldsymbol{l}}{\Delta S}$ 就体现了该点处穿过 l 的旋涡源的密度。注意：$\oint_l \boldsymbol{A}\cdot \mathrm{d}\boldsymbol{l}$ 的值与 l 的空间方位有关。

环流面密度的定义：设环路 l 包围 M 点及其邻域无限缩小时，所围面积 ΔS 也无限缩小并且趋于 0，M 点处垂直于 l 的方向为 $\boldsymbol{n}$。定义此时的 $\dfrac{\oint_l \boldsymbol{A}\cdot \mathrm{d}\boldsymbol{l}}{\Delta S}$ 为在该点处、$\boldsymbol{n}$ 方向上的环量面密度，l 的正方向与 $\boldsymbol{n}$ 成右手螺旋方向（见图 3.36）。记为：

$$\mu_n=\lim_{\Delta S\to 0}\frac{\oint_l \boldsymbol{A}\cdot \mathrm{d}\boldsymbol{l}}{\Delta S} \tag{3-43}$$

$$\mu_n=\left(\frac{\partial A_z}{\partial y}-\frac{\partial A_y}{\partial z}\right)\cos\alpha+\left(\frac{\partial A_x}{\partial z}-\frac{\partial A_z}{\partial x}\right)\cos\beta+\left(\frac{\partial A_y}{\partial x}-\frac{\partial A_x}{\partial y}\right)\cos\gamma$$

式中，α、β、γ 是 $\boldsymbol{n}$ 的方向角。

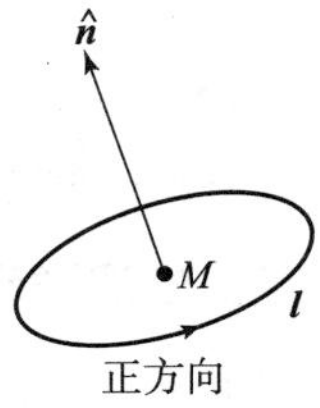

图 3.36 环流面密度的定义

（4）环流面密度的性质：μ_n 与方向 $\boldsymbol{n}$ 有关。在同一点取不同的 $\boldsymbol{n}$ 可得到不同的 μ_n。因此不能根据某点在某个方向上的 μ_n 来确定该点旋涡源的大小。矢量场在某点、在某个方向上的 μ_n 等于0，并不意味着没有旋涡源流过该点。为了定量描述旋涡源，必须引入旋度（Rotation 或 Curl）。

（5）旋度。

①旋度的定义：旋度是矢量场 $\boldsymbol{A}$ 中任意一点 M 处的一个矢量，其方向为 M 点处环量面密度取最大值的方向，其模值等于最大的环量面密度。注意，这个定义类似于梯度的定义。

旋度表示场在矢量方向上旋转性的强弱。矢量在空间某点处的旋度表征矢量场在该点处的旋涡源密度，其定义式为：

$$\begin{aligned}\mathbf{rot}\boldsymbol{A} &= \nabla\times\boldsymbol{A}\\ &= \begin{vmatrix}\boldsymbol{i} & \boldsymbol{j} & \boldsymbol{k}\\ \dfrac{\partial}{\partial x} & \dfrac{\partial}{\partial y} & \dfrac{\partial}{\partial z}\\ P & Q & R\end{vmatrix}\\ &= \left(\frac{\partial R}{\partial y}-\frac{\partial Q}{\partial z}\right)\boldsymbol{i}+\left(\frac{\partial P}{\partial z}-\frac{\partial R}{\partial x}\right)\boldsymbol{j}+\left(\frac{\partial Q}{\partial x}-\frac{\partial P}{\partial y}\right)\boldsymbol{k}\end{aligned} \tag{3-44}$$

②旋度的物理意义：$\nabla\times\boldsymbol{A}(\boldsymbol{r})$ 的模值大小和方向体现了矢量 $\boldsymbol{A}$ 在点 $\boldsymbol{r}$ 处的旋涡源密度的大小和方向。对于静磁场，$\nabla\times\boldsymbol{B}(\boldsymbol{r})$ 的模值大小和方向体现了矢量 $\boldsymbol{B}$ 在点 $\boldsymbol{r}$ 处的旋涡源密度的大小和方向，及点 $\boldsymbol{r}$ 处电流密度的大小和方向。

有旋场：有非0旋度值的矢量场，存在旋涡源，矢量线是闭合曲线。

无旋场：旋度恒等于0的矢量场，无旋涡源，矢量线是有端点的非闭合曲线。

③旋度恒等式：

$$\nabla\times\boldsymbol{C}=0 \tag{3-45}$$

$$\nabla\times(f\boldsymbol{C})=\nabla f\times\boldsymbol{C} \tag{3-46}$$

$$\nabla\times(f\boldsymbol{F})=f\nabla\times\boldsymbol{F}+\nabla f\times\boldsymbol{F} \tag{3-47}$$

$$\nabla\times(\boldsymbol{F}\pm\boldsymbol{G})=\nabla\times\boldsymbol{F}\pm\nabla\times\boldsymbol{G} \tag{3-48}$$

$$\nabla\cdot(\boldsymbol{F}\times\boldsymbol{G})=\boldsymbol{G}\cdot\nabla\times\boldsymbol{F}-\boldsymbol{F}\cdot\nabla\times\boldsymbol{G} \tag{3-49}$$

$$\nabla\cdot(\nabla\times\boldsymbol{F})\equiv 0 \tag{3-50}$$

$$\nabla\times(\nabla u)\equiv 0 \tag{3-51}$$

式（3-50）表明：矢量场的旋度的散度恒为零。

式（3-51）表明：标量场的梯度的旋度恒为零。如果一个矢量场 $\boldsymbol{F}$ 满足 $\nabla\times\boldsymbol{F}=0$，即 $\boldsymbol{F}$ 是一个无旋场，则矢量场 $\boldsymbol{F}$ 可以用一个标量函数 u 的梯度来表示，有 $\boldsymbol{F}=\nabla u$，该标量函数称为位函数（或势函数 Potential Function），对应的矢量场称为有势场、位场。如静电场中的电场强度就可以用一个标量函数的梯度来表示。

④有了式（3-51），则可以用来计算梯度的积分：设标量场 u，根据梯度的性质，标量场的梯度 $\boldsymbol{F}$ 是一个无旋场，由斯托克斯定理知，无旋场沿闭合路径的积分必然为0，即有：

$$\oint_l \nabla u\cdot \mathrm{d}\boldsymbol{l}=\int_S(\nabla\times\nabla u)\cdot\mathrm{d}\boldsymbol{S}=0 \tag{3-52}$$

这说明无旋场沿不同路径的积分结果相同。即积分与路径无关，仅与始点 P_1 和终点 P_2 的位置有关：

$$\int_{P_1}^{P_2} \nabla u \cdot \mathrm{d}\boldsymbol{l} = \int_{P_1}^{P_2} \frac{\mathrm{d}u}{\mathrm{d}\boldsymbol{l}}\mathrm{d}\boldsymbol{l} = u(P_2) - u(P_1)$$

如果选 P_1 为参考不动点，则有：

$$u(P_2) = \int_{P_1}^{P_2} \nabla u \cdot \mathrm{d}\boldsymbol{l} + u(P_1) = \int_{P_1}^{P_2} \boldsymbol{F} \cdot \mathrm{d}\boldsymbol{l} + C$$

该式表明：如果已知一个无旋场，选定一个参考点，就可由上式求得其标量场 u。如在静电场中，已知电场强度，就可求得电位函数。

⑤斯托克斯公式（旋度定理）：

$$\oint_l \boldsymbol{A} \cdot \mathrm{d}\boldsymbol{l} = \iint_S (\nabla \times \boldsymbol{A}) \cdot \mathrm{d}\boldsymbol{S} \quad (S\text{ 是 } l \text{ 所张成的曲面}) \tag{3-53}$$

旋度定理说明环量等于旋度的面积分，它是面积分与线积分的转换公式。旋度定理（其图示见图 3. 37）可以写为：

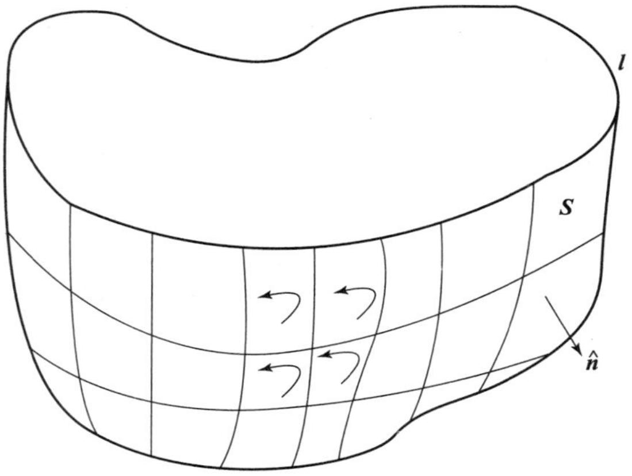

图 3. 37　旋度定理图示

$$\oint_l \boldsymbol{A} \cdot \mathrm{d}\boldsymbol{l} = \oint_S \mathbf{rot}\boldsymbol{A} \cdot \mathrm{d}\boldsymbol{S} \tag{3-54}$$

3. 2. 5　Helmholtz（亥姆霍兹）定理

1. 亥姆霍兹定理

对于有限区域 V 内的任意矢量场，如果给定了它的散度、旋度和它在有限区域 V 的边界面 S 上的值（即它的边界条件），则该矢量场就可以被唯一地、定量地确定下来（唯一性定理）；且该矢量场可以表示为一个无散场和一个无旋场的矢量和。即对于任意矢量场 $\boldsymbol{A}$，均可以有 $\boldsymbol{A} = \boldsymbol{A}_s + \boldsymbol{A}_i$，其中 $\nabla \cdot \boldsymbol{A}_s \equiv 0$；$\nabla \times \boldsymbol{A}_i \equiv 0$。

2. 亥姆霍兹定理的物理意义

对矢量场的研究归结于对其散度、旋度（即微分方程）和边界条件的研究。由微分方程和边界条件就可以求解一个矢量场；再进一步，由于散度、旋度通过两个公式分别与通量、环量建立联系，故对矢量场的研究也可以归结于对其通量、环量（即积分方程）和边界条件的研究。由积分方程和边界条件也可以求解一个矢量场。

3. 亥姆霍兹定理的应用

亥姆霍兹定理证明，研究任意一个矢量场（如电场、磁场等）都应该从散度和旋度两个方面去进行，其中：$\nabla \cdot \boldsymbol{A} = \rho$；$\nabla \times \boldsymbol{A} = \boldsymbol{J}$。这就是矢量场基本方程的微分形式。或者可以从矢量场的通量和环量两个方面去研究，即：

$$\oint_S \boldsymbol{A} \cdot \mathrm{d}\boldsymbol{S} = \int_V \rho \mathrm{d}V$$

$$\oint_l \boldsymbol{A} \cdot \mathrm{d}\boldsymbol{l} = \int_S \boldsymbol{J} \mathrm{d}\boldsymbol{S}$$

这就是矢量场基本方程的积分形式。图 3. 38 所示为其矢量关系示意图。

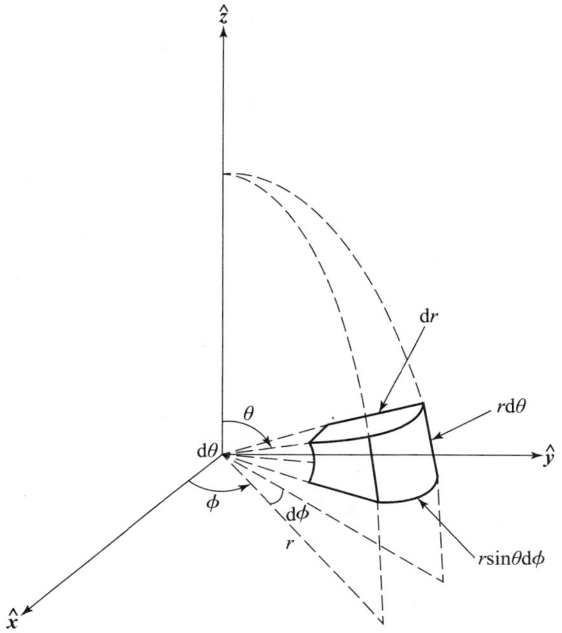

图 3. 38　矢量关系示意图

3. 3　小　结

（1）矢量线方程和矢量方程的区别。

矢量线方程还可以写为

$$\frac{\mathrm{d}x}{F_x(x,y,z)} = \frac{\mathrm{d}y}{F_y(x,y,z)} = \frac{\mathrm{d}z}{F_z(x,y,z)}$$

它与矢量方程是不同的，可以从它们的定义加以理解。

（2）通量。

$Q>0$ 时，不论 Σ 内有无漏洞，都称 Σ 内有正源；同理，当 $Q<0$ 时，称 Σ 内有负源。这两种情况，统称为 Σ 内有源。但是，当 $Q=0$ 时，我们不能断言 Σ 内无源。因为这时，在 Σ 内可能出现既有正源又有负源，二者恰好相互抵消而使 $Q=0$ 的情况。对于一般的矢量场 $\boldsymbol{A}(x, y, z)$ 或 $\boldsymbol{A}(M)$，由其穿过封闭有向曲面 Σ 的通量 $\boldsymbol{\Phi}$ 的值，可知其 Σ 内是否有正源或负源。但通量 $\boldsymbol{\Phi}$ 不能反映出源的强弱程度和源在 Σ 内的分布情况。为此，引入矢量场的散度的概念。

（3）散度。

极限 $\lim\limits_{\Omega\to M}\dfrac{\oiint_{\Sigma}\boldsymbol{A}\cdot\mathrm{d}S}{V}$ 存在，则为矢量场 $\boldsymbol{A}(M)$ 在点 M 处的散度，记作 $\mathrm{div}\boldsymbol{A}$。场 $\boldsymbol{A}(M)$ 在点 M 的散度 $\mathrm{div}\boldsymbol{A}$ 就是矢量场 $\boldsymbol{A}(M)$ 在 M 处点源的强度。表示空间区域 Ω 中源的平均强度，散度 $\mathrm{div}\boldsymbol{A}$ 之值不为 0 时，其符号为正或为负，分别表示在该点处散发通量之正源或有吸收通量之负源，而当 $\mathrm{div}\boldsymbol{A}$ 之值为 0 时，就表示在该点处无源。因此，称 $\mathrm{div}\boldsymbol{A}\equiv 0$ 的矢量场 $\boldsymbol{A}$ 为无源场。如果把矢量场 $\boldsymbol{A}$ 中每一点散度与场中之点一一对应起来，就得到一个数量场，称为由此矢量场产生的散度场。

散度的重要性在于，可表征空间各点矢量场发散的强弱程度，当 $\mathrm{div}\boldsymbol{A}$ 不等于 0 时，表示该点有散发通量。

（4）有一种空间场（矢量场或者数量场）具有这样一种几何特点：就是在场中存在一族充满场所在空间的平行平面，场在其中每一个平面上的分布，都是完全相同的（若是矢量场，其场矢量同时也平行于这些平面）。对于这种场，只要知道场在其中任一平面中的特性，则场在整个空间里的特性就知道了。因此，可以将这种场简化到这族平面中的任意一个平面上来研究，因而，也把这种场称为平行平面场。在平行平面场中，为了研究方便，通常取所研究的这一个平面为 xOy 平面。此时，在平行平面场中，场矢量就可以表示为平面矢量 $\boldsymbol{A}=A_x(x,y)\boldsymbol{i}+A_y(x,y)\boldsymbol{j}$，在平行平面数量场中，其数量就可以表示为二元函数 $u=u(x,\ y)$，并且这样的研究结果适用于任何一块与 xOy 面平行的平面。

（5）$\mathbf{rot}(\mathbf{grad}u)=0$ 和 $\mathbf{div}(\mathbf{rot}\boldsymbol{A})=0$ 分别说明“梯度场无旋”“旋度场无源”。

场的种类如表 3.1 所示。

表 3.1　场的种类

标量源	无旋场	有势场	保守场
ρ	$\nabla\times\boldsymbol{A}=0$	$\boldsymbol{A}=\nabla u$	$\oint_l \boldsymbol{A}\cdot\mathrm{d}\boldsymbol{l}=0$
矢量源	无散场	有旋场	连续场
$\boldsymbol{J}$	$\nabla\cdot\boldsymbol{A}=0$	$\nabla\times\boldsymbol{A}=\boldsymbol{J}$	$\boldsymbol{A}=\nabla\times\boldsymbol{F}$

（6）一个矢量场的旋度表示该矢量场单位面积上的环量，描述的是场分量沿着与它相垂直的方向上的变化规律。若旋度不等于 0，则称该矢量场是有旋的，若旋度等于 0，则称此矢量场是无旋的或保守的。旋度的一个重要性质：任意矢量旋度的散度恒等于 0，即 $\nabla\cdot(\nabla\times\boldsymbol{A})\equiv 0$；如果有一个矢量场 $\boldsymbol{B}$ 的散度等于 0，则该矢量 $\boldsymbol{B}$ 就可以用另一个矢量 $\boldsymbol{A}$ 的旋度来表示，即当 $\nabla\cdot\boldsymbol{B}=0$，则有 $\boldsymbol{B}=\nabla\times\boldsymbol{A}$。例如恒定磁场 $\nabla\cdot\boldsymbol{B}=0\Rightarrow\boldsymbol{B}=\nabla\times\boldsymbol{A}$。无散场是仅有旋度源而无散度源的矢量场，$\nabla\cdot\boldsymbol{F}\equiv 0$，其性质是 $\oint_S \boldsymbol{F}\cdot\mathrm{d}\boldsymbol{S}=0$。无散场可以表示为另一个矢量场的旋度，$\nabla\cdot\boldsymbol{F}=\nabla\cdot(\nabla\times\boldsymbol{A})\equiv 0$。

（7）散度源是标量，产生的矢量场在包围源的封闭面上的通量等于（或正比于）该封闭面内所包围的源的总和，源在一给定点的（体）密度等于（或正比于）矢量场在该点的散度；旋度源是矢量，产生的矢量场具有涡旋性质，穿过一曲面的旋度源等于（或正比于）沿此曲面边界的闭合回路的环量，在给定点上，这种源的（面）密度等于（或正比于）矢量场在该点的旋度。

（8）散度定理建立了矢量场的散度体积分与它的法向分量面积分的关系，它说明一个连续可微矢量场对封闭表面的外向通量等于遍及该表面所包围区域的散度体积分。

散度定理被广泛地应用于电磁场理论中，将一个封闭面积分变换成等价的体积分，或者反之亦然。

（9）旋度与散度的区别。

一个矢量场的旋度是一个矢量函数，而一个矢量场的散度是一个标量函数；旋度描述的是矢量场中各点的场量与旋涡源的关系，而散度描述的是矢量场中各点的场量与通量源的关系；如果矢量场所在的全部空间中，场的旋度处处为0，则这种场中不可能存在旋涡源，因而称之为无旋场（或保守场）；如果矢量场所在的全部空间中，场的散度处处为0，则这种场中不可能存在通量源，因而称之为无源场（或管形场）；在旋度公式中，矢量场的场分量A_x、A_y、A_z分别只对与其垂直方向的坐标变量求偏导数，所以矢量场的旋度描述的是场分量在与其垂直的方向上的变化规律；在散度公式中，矢量场的场分量A_x、A_y、A_z分别只对x、y、z求偏导数，所以矢量场的散度描述的是场分量沿着各自方向上的变化规律。散度与旋度还有一点重要区别：散度与点一一对应，而旋度则不然。

（10）几个重要结果：

$$\nabla \boldsymbol{r} = \hat{\boldsymbol{r}}, \quad \nabla\left(\frac{1}{\boldsymbol{r}}\right) = -\frac{\hat{\boldsymbol{r}}}{r^2}$$

$$\nabla f(\boldsymbol{r}) = f'(\boldsymbol{r})\nabla \boldsymbol{r} = f'(\boldsymbol{r})\hat{\boldsymbol{r}}$$

$$\nabla \cdot \boldsymbol{r} = 3, \quad \nabla \times \boldsymbol{r} = 0$$

习题和实训

1. 用 MATLAB 编程求解方向余弦、梯度、通量、散度、环量、旋度。
2. 用 MATLAB 编程求解《电磁场与电磁波》（饶克谨等编著）中矢量分析一章的习题。

第 4 章

电磁场中的基本物理量和基本实验定律

电磁场的基本物理量，包括两大类：场量和源（包括激励源、媒质的感应源以及边界的感应源）量。两大类中又有基本量和派生量。如电荷是源量，派生电荷密度等物理量；电荷产生电场和电流；电场中的基本场量是电场强度矢量；由电场强度矢量派生出电位移矢量。而运动的电荷产生电流，电流形成磁场，产生磁感应强度矢量，这个场量又派生出磁场强度矢量。此外，还有与这些量具有天然联系的媒质参量以及辅助量，诸如介电常数、磁导率和电导率等常量，电矩、电极化率等辅助量。源量与场量及其相互关系和作用导致了电磁场三大实验定律（库仑定律、安培定律和法拉第电磁感应定律）的发现，并且在麦克斯韦两大假说（有旋电场、位移电流）基础上，形成了统一电磁场理论的基本规律：麦克斯韦方程组。这是学习、理解和掌握电磁场的基石，必须牢牢掌握，使它们在我们的大脑里成为常识。它们在物理上基本没有提出什么新的概念，只是在形式上用散度和旋度等表示基本物理规律，需要我们能够熟练运用先前章节学习过的矢量代数（标量积、矢量积）、矢量分析（梯度、散度和旋度）以及高等数学中的微积分（体积分、面积分和线积分、重积分）来分析和理解。

由于电磁场不可能孤立存在，它们总是存在于一定区域、空间中，并且与这区域和空间中的物质发生相互作用和影响，通过这些作用和影响呈现其特性和规律。所以我们还要理解和掌握电磁场中物质的电磁特性、与电磁场的相互作用和影响及其规律。又因为物质的电磁特性需要用一些基本的物理量（电磁量）来表述和刻画，所以先介绍一些基本电磁量及其特性，然后再结合物质的电磁特性介绍相关理论知识。

4.1 电荷和电流

4.1.1 电荷与电荷密度

1. 基本电荷

自然界中最小的带电粒子包括电子和质子。其带电量符号相反，绝对值相同，均为 $|e| = 1.602\times10^{-19}$C（库仑），就是基本电荷量。

2. 电荷的分布方式

从微观上看，电荷是以离散的方式出现在空间中；从宏观电磁学的观点上看，大量带电粒子密集出现在某空间范围内时，可假设电荷是以连续的形式分布在这个范围内的。在空间中，以体电荷形式分布；在平面上，以面电荷方式出现；而在曲线上则是呈线电荷分布。这些分布形成不同的电荷体，进而引出相应的不同分布的电荷密度概念。

1）体电荷与体电荷密度

体电荷，即电荷连续分布在一定体积内形成的电荷体，如图 4.1 所示。

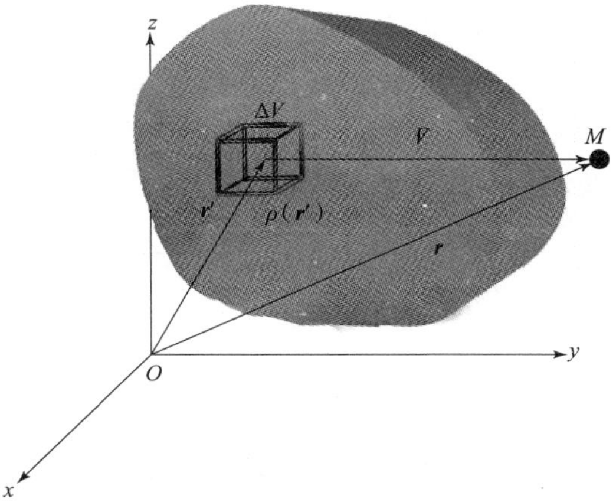

图 4.1　体电荷

体电荷密度 $\rho(\boldsymbol{r}')$ 的定义：在电荷体空间 V 内，任取体积元 ΔV，其中电荷量为 Δq，则

$$\rho(\boldsymbol{r}') = \lim_{\Delta V \to 0} \frac{\Delta q}{\Delta V} = \frac{\mathrm{d}q}{\mathrm{d}V}$$

得
$$q = \int_V \rho(\boldsymbol{r}')\mathrm{d}V$$

2）面电荷与面电荷密度

当电荷存在和分布于一个可以忽略其厚度的薄层曲面上时，称为面电荷，如图 4.2 所示。

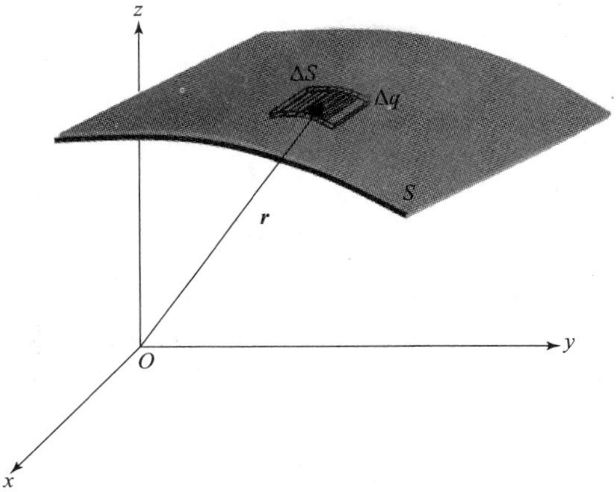

图 4.2　面电荷

面电荷密度 $\rho_S(\boldsymbol{r}')$ 的定义：在面电荷上，任取面积元 ΔS，其中电荷量为 Δq，则

$$\rho_S(\boldsymbol{r}') = \lim_{\Delta S \to 0} \frac{\Delta q}{\Delta S} = \frac{\mathrm{d}q}{\mathrm{d}S}$$

得
$$q = \int_S \rho_S(\boldsymbol{r}')\mathrm{d}S$$

3）线电荷

若电荷分布在可以忽略其直径的细线上，称为线电荷，如图 4.3 所示。

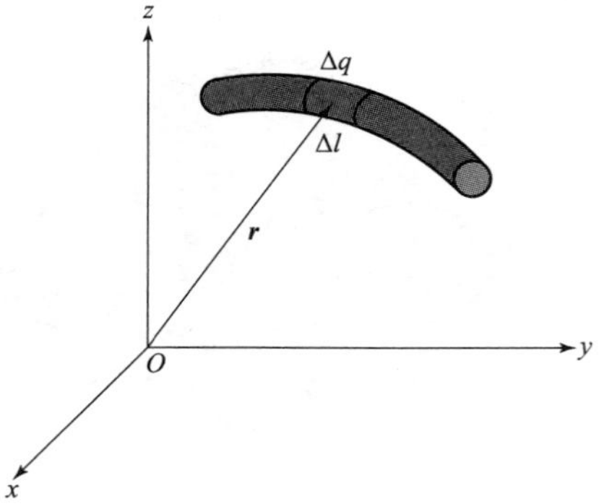

图 4.3　线电荷

线电荷密度 $\rho_l(\boldsymbol{r}')$ 的定义：在线电荷上，任取线元 Δl，其中电荷量为 Δq，则
$$\rho_l(\boldsymbol{r}') = \lim_{\Delta l \to 0}\frac{\Delta q}{\Delta l} = \frac{\mathrm{d}q}{\mathrm{d}l}$$
得
$$q = \int_l \rho_l(\boldsymbol{r}')\mathrm{d}l$$

4）点电荷

当电荷体积（面积、长度）非常小，可忽略，电荷量无限集中在一个几何点上时，称为点电荷，如图 4.4 所示。

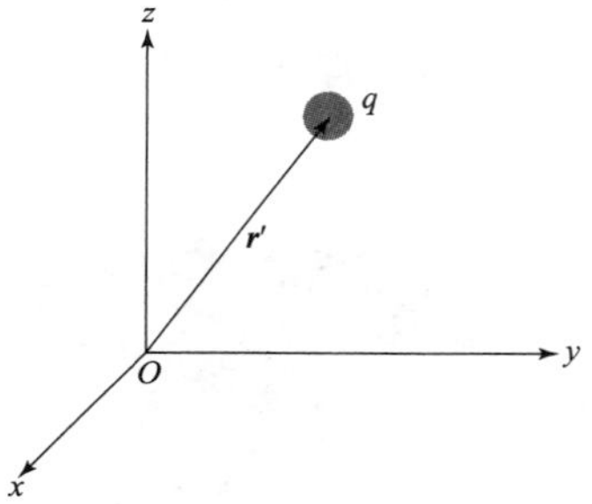

图 4.4　点电荷

总电量为 q 的电荷集中在很小区域 V 时，当不分析和计算该电荷所在的小区域中的电场，且仅需要分析和计算电场的区域又离电荷区很远，即场点与源点的距离远大于电荷所在源区的线度时，小体积 V 中的电荷可看作位于该区域中心、电量为 q 的点电荷。点电荷的电荷密度可表示为：

$\rho(\boldsymbol{r}) = q\delta(\boldsymbol{r}-\boldsymbol{r}')$，这就是点电荷的 $\delta(\boldsymbol{r})$ 函数表示。

$\rho(\boldsymbol{r}) = \lim\limits_{\Delta V \to 0}\dfrac{q}{\Delta V} \to \infty$，保持体积内总电荷不变；而
$$\delta(\boldsymbol{r}-\boldsymbol{r}') = \begin{cases} 0, & \boldsymbol{r} \neq \boldsymbol{r}', \\ \infty, & \boldsymbol{r} = \boldsymbol{r}'。\end{cases}$$

$\delta(\boldsymbol{r})$ 函数具有筛选特性：$\int_V f(\boldsymbol{r})\delta(\boldsymbol{r}-\boldsymbol{r}')\mathrm{d}V = f(\boldsymbol{r})$。

当点电荷 q 位于坐标原点时，$\boldsymbol{r}'=0$，$\rho(\boldsymbol{r})=q\delta(\boldsymbol{r})$。

电荷量 $q=\int_V \rho(\boldsymbol{r})\mathrm{d}V=\int_V q\delta(\boldsymbol{r}-\boldsymbol{r}')\mathrm{d}V=\begin{cases}0, & \boldsymbol{r}\neq\boldsymbol{r}',\\ q, & \boldsymbol{r}=\boldsymbol{r}'。\end{cases}$

对于不同的分布，有：

$$\begin{aligned}\mathrm{d}q(\boldsymbol{r}) &= q\delta(\boldsymbol{r}-\boldsymbol{r}')\\ &=\rho_V(\boldsymbol{r}')\mathrm{d}V'(\text{体分布电荷})\\ &=\rho_S(\boldsymbol{r}')\mathrm{d}S'(\text{面分布电荷})\\ &=\rho_l(\boldsymbol{r}')\mathrm{d}l'(\text{线分布电荷})\end{aligned}$$

4.1.2　电流强度与电流密度

1. 电流强度 I

定向流动的电荷形成电流，通常用单位时间内通过某一截面的电荷量，即电流强度来表示，定义为：

$$i(t)=\lim_{\Delta t\to 0}\frac{\Delta q}{\Delta t}=\frac{\mathrm{d}q}{\mathrm{d}t}$$

恒定电流：电荷运动速度不随时间变化时，电流强度也不随时间变化，即：

$$\frac{\mathrm{d}q}{\mathrm{d}t}=\text{常量}=I$$

形成电流的条件：存在可以自由移动的电荷（不一定需要回路）；存在电场。

电流强度指单位时间内通过导体截面的电量。但当截面上各点电荷流动情况不同时，此定义就不能描述各点情况，所以要引入电流密度的概念。

2. 电流密度 $\boldsymbol{J}$

电流密度用来描述空间各点的电流分布情况。一般情况下，在空间不同的点，电流的大小和方向往往是不同的。在电磁理论中，电流的分布方式有体电流、面电流和线电流等几种，也有相应的电流密度概念。

1）体电流和体电流密度

电荷在一定体积空间内流动所形成的电流为体电流。体电流用电流密度矢量 $\boldsymbol{J}$ 来描述，单位为 $\mathrm{A/m^2}$。体电流密度示意图如图 4.5 所示。

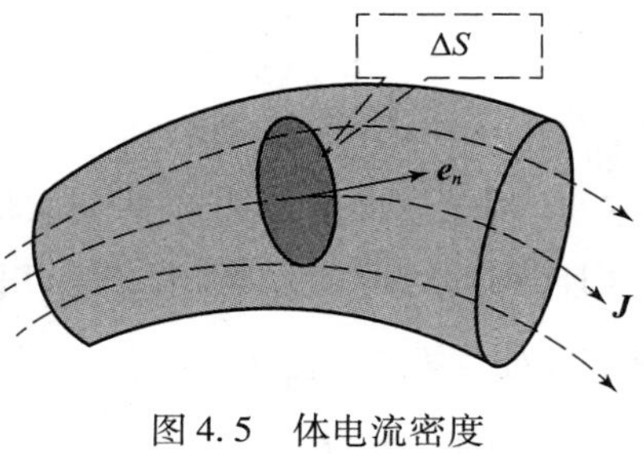

图 4.5　体电流密度

$$\boldsymbol{J}=\boldsymbol{e}_n\lim_{\Delta S\to 0}\frac{\Delta i}{\Delta S}=\boldsymbol{e}_n\lim_{\Delta S\to 0}\frac{\Delta q}{\Delta S\cdot\Delta t}=\boldsymbol{e}_n\lim_{\Delta S\to 0}\frac{\rho\Delta S\cdot\Delta l}{\Delta S\cdot\Delta t}=\rho\boldsymbol{v}$$

式中，$\boldsymbol{e}_n$ 是体电荷的运动方向；ρ 是空间中电荷体密度，$\boldsymbol{v}$ 指正电荷的流动速度。

电流密度函数与电荷密度函数之间的相互联系是：电流体密度是电荷体密度的运动。

体电流密度矢量 $\boldsymbol{J}$ 的物理意义为：单位时间内通过垂直电流流动方向的单位面积的电量。$\boldsymbol{J}$ 一般是时间的函数：$\boldsymbol{J}=\boldsymbol{J}(\boldsymbol{r},\ t)$。如有 N 种带电粒子，电荷密度分别为 ρ_i，平均速度为 $\boldsymbol{v}_i$，则 $\boldsymbol{J}=\sum_{i=1}^{N}\rho_i\boldsymbol{v}_i$。在体电流中，流过任意截面 S 的电流为 $I=\int_S\boldsymbol{J}\cdot\mathrm{d}\boldsymbol{S}=\int_S\boldsymbol{J}\cdot\hat{\boldsymbol{n}}\mathrm{d}\boldsymbol{S}$。

2）面电流与面电流密度

电荷在一个厚度可以忽略的薄层曲面内定向运动所形成的电流称为面电流。用面电流密度矢量 $\boldsymbol{J}_S$ 来描述其分布，$\boldsymbol{J}_S$ 的单位为 $\mathrm{A/m^2}$。面电流密度示意图如图 4.6 所示。

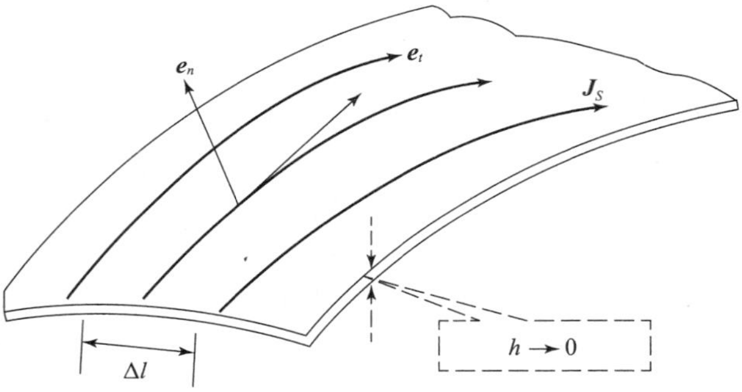

图 4.6 面电流密度

电流在曲面 S 上流动，在垂直于电流方向取一线元 Δl，若通过线元的电流为 Δi，如图 4.7 所示，则面电流密度定义为：

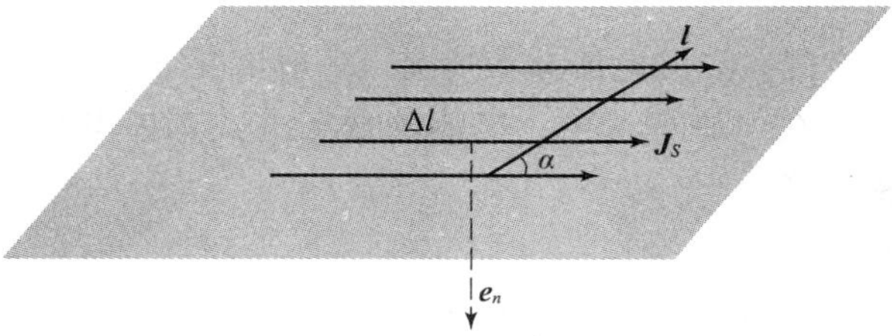

图 4.7 面电流密度定义示意图

$$\boldsymbol{J}_S=\boldsymbol{e}_t\lim_{\Delta l\to 0}\frac{\Delta i}{\Delta l}=\boldsymbol{e}_t\frac{\mathrm{d}i}{\mathrm{d}l}$$

式中，$\boldsymbol{e}_t$ 为面电流方向，为曲面的切线方向。

面电流密度的物理意义：$\boldsymbol{J}_S$ 反映薄层曲面中电流的分布情况，$\boldsymbol{J}_S$ 的方向为空间中电流流动的方向，$\boldsymbol{J}_S$ 的大小为单位时间内通过曲面上单位长度的电量。

通过薄层曲面导体上任意有向曲线 $\boldsymbol{l}$ 的电流为 $i=\int_l\boldsymbol{J}_S\cdot(\boldsymbol{e}_n\times\mathrm{d}\boldsymbol{l})$。若导体表面上电荷密度为 ρ_S，且电荷沿某方向以速度 $\boldsymbol{v}$ 运动，则 $\boldsymbol{J}_S=\rho_S\boldsymbol{v}$。

面电流与体电流是两个独立的概念，有体电流不一定就有面电流。

3）线电流和电流元

线电荷运动形成的电流为线电流。其大小为：

$$I=\rho_l \boldsymbol{v}$$

式中，ρ_l 为线电荷密度；$\boldsymbol{v}$ 为电荷运动速度。

电流元：$I\mathrm{d}\boldsymbol{l}$，表示长度为 $\mathrm{d}\boldsymbol{l}$ 的细导线轴线上流过电流 I。电流元概念的引入为更加深入地研究、分析和理解电磁现象提供了方便。

4.1.3　电流连续性方程

1. 电荷守恒定律

自然界中，电荷是守恒的；它们既不能被创造，也不能被消灭；只能从一个物体转移到另一个物体，或者从同一物体的一个部分转移到另一个部分。电荷守恒定律的数学表述就是电流连续性方程。

2. 电流连续性方程

1）积分形式

$$\oint_S \boldsymbol{J}\cdot \mathrm{d}\boldsymbol{S}=-\frac{\mathrm{d}q}{\mathrm{d}t}=-\frac{\mathrm{d}}{\mathrm{d}t}\int_V \rho \mathrm{d}V$$

物理意义：流出闭合曲面 S 的电流等于体积 V 内单位时间所减少的电荷量（符合和满足电荷守恒定律），它反映的是一个区域内电荷的变化。当体积为整个空间时，积分形式中闭合曲面 S 为无穷大界面，无电流经其流出，方程可写成 $\frac{\partial}{\partial t}\int_V \rho \mathrm{d}V=0$；说明整个空间中总电荷量是守恒的，反映了电荷的宏观关系。

2）微分形式

$$\nabla\cdot \boldsymbol{J}=-\frac{\partial \rho}{\partial t}\quad 或\quad \nabla\cdot \boldsymbol{J}+\frac{\partial \rho}{\partial t}=0$$

微分形式描述空间某点处电荷变化与电流流动的局部关系。

3）恒定电流的连续性方程

电流密度形式：$\frac{\partial \rho}{\partial t}=0$；积分形式：$\oint_S \boldsymbol{J}\cdot \mathrm{d}\boldsymbol{S}=0$；微分形式：$\nabla\cdot \boldsymbol{J}=0$。

物理意义：流入闭合曲面 S 的电流等于流出闭合曲面 S 的电流。恒定电流是无源场，电流线是连续的闭合曲线，既无起点也无终点。

4.2　库仑定律与电场强度

4.2.1　库仑定律

1. 电场的定义

电荷是物质的一种存在形式。电场是电荷及变化磁场周围空间里客观存在的一种特殊物质，它具有物质通常所具有的力和能量等客观属性。即电场是电荷产生的一种场形态的物质，其基本性质是当其他电荷处于此物质中时，将受到电场力的作用。这是近距说的有力证据。

2. 电场的分类

根据电场随时间变化与否，分为静电场和时变电场。

静电场：空间位置固定且电量不随时间变化的电荷称为静电荷，它们产生的电场为静电场。

时变电场：随时间变化的电荷产生的电场。

3. 库仑定律

静电场对位于电场中的电荷有电场力（称为库仑力）作用，作用规律由库仑用自制的扭秤经过多次实验得出，称为库仑定律：

$\boldsymbol{F}_{12}=\dfrac{q_1q_2}{4\pi\varepsilon_0R^2}\hat{\boldsymbol{e}}_R=\dfrac{q_1q_2}{4\pi\varepsilon_0R^3}\boldsymbol{R}$；$\hat{\boldsymbol{e}}_R=\dfrac{\boldsymbol{R}}{R}$；$\boldsymbol{R}=\boldsymbol{r}-\boldsymbol{r}'$；且有 $\boldsymbol{F}_{21}=-\boldsymbol{F}_{12}$，满足牛顿第三定律；库仑力可使带电体产生加速度。式中，ε_0 为真空中介电常数，$\varepsilon_0=\dfrac{1}{36\pi}\times10^{-9}$ F/m ≈ 8.854×10^{-12} F/m。

库仑定律说明：真空（含自由空间）中两个点电荷，其相互作用力与两电荷量的乘积成正比，与两电荷距离的平方成反比，作用力的方向在它们的连线上，同性电荷相排斥，异性电荷相吸引。

在静电场中，多个电荷对一个电荷的总作用力是各电荷力的矢量叠加，即有：

$$\boldsymbol{F}=\sum_i\boldsymbol{F}_i=\frac{q}{4\pi\varepsilon_0}\sum_i\frac{q_i}{R_i^3}\boldsymbol{R}_i$$

库仑定律是电学发展史上的第一个定量规律，电学的研究由此从定性进入定量阶段，是电学史中的一块重要里程碑。库仑力是短程力，在 $r=10^{-15}\sim10^{-9}$ m 的范围内均有效。不能根据公式错误地推论：当 $r\to0$ 时，$F\to\infty$。因为，在这样的条件下，两个带电体已经不能再看作独立点电荷了。

4.2.2 电场强度矢量 $\boldsymbol{E}$

1. 电场强度的定义

通常，在物理场中，把形成场的点作为源点，而把场中观察点称为场点。对处于静电场中的两个点电荷，如果把其中一个看作源点 S，那么另外一个就是场点 P，可以看作试验点电荷。源点电荷量用 q 表示，场点电荷量用 q_0 表示，如图 4.8 所示。

由库仑定律知道，场点电荷受到的电场力 $\boldsymbol{F}$ 与它的带电量 q_0 的比值与 q_0 无关，而仅与源点电荷量及场点所处位置有关，即与场源距离矢量有关。由此给出电场强度的定义：

$$\boldsymbol{E}(\boldsymbol{r})=\lim_{q\to0}\frac{\boldsymbol{F}}{q}\ (\mathrm{V/m})$$

取极限的目的是保证试验点电荷的电荷量足够小，它的置入不引起场中原有电荷的重新分布，以便确定场中各点的性质。

2. 几个重要性质

由电场强度定义式有：

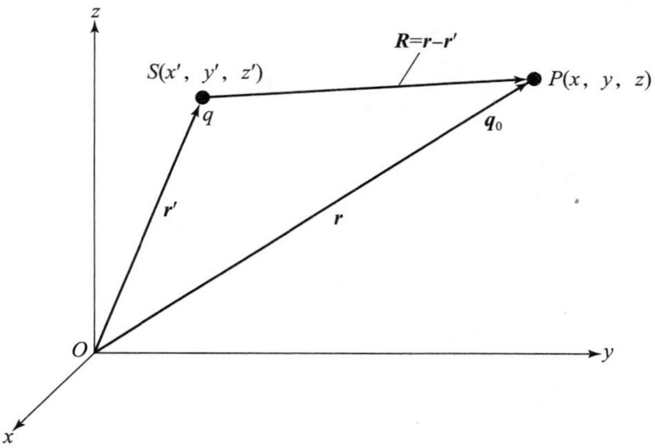

图 4.8　场点和源点

（1）它是矢量点函数，描述空间各点的电场分布。对点电荷产生的电场，有

$$\boldsymbol{E}(\boldsymbol{r})=\lim_{q_0\to 0}\frac{\boldsymbol{F}}{q_0}=\frac{q}{4\pi\varepsilon_0 R^2}\hat{\boldsymbol{e}}_R$$

当 q 位于坐标原点时，$\boldsymbol{r}'=0$，则：

$$\boldsymbol{E}(\boldsymbol{r})=\frac{q}{4\pi\varepsilon_0 r^2}\hat{\boldsymbol{e}}_r=-\frac{q}{4\pi\varepsilon_0}\nabla\left(\frac{1}{r}\right)$$

（2）$\boldsymbol{E}$ 的大小等于单位正电荷受到的电场力，只与产生电场的电荷有关，而与受力电荷电量无关。

（3）对静电场和时变电场，上式均适用。

（4）当空间中电场强度处处相同时，称为均匀电场，$\boldsymbol{E}=$ 常矢量。

（5）多个点电荷产生的电场强度满足矢量叠加原理：

$$\begin{aligned}\boldsymbol{E}(\boldsymbol{r})&=\boldsymbol{E}_1+\boldsymbol{E}_2+\cdots+\boldsymbol{E}_N\\&=\frac{1}{4\pi\varepsilon_0}\sum_{i=1}^{N}\frac{q_i}{|\boldsymbol{R}_i|^3}\boldsymbol{R}_i,\end{aligned}$$

其中，$\boldsymbol{R}_i=\boldsymbol{r}-\boldsymbol{r}'_i$。

特别地，对体密度为 $\rho_V(\boldsymbol{r})$ 的体分布电荷产生的电场强度（见图 4.9），有

$$\begin{aligned}\boldsymbol{E}(\boldsymbol{r})&=\sum_i\frac{\rho_V(\boldsymbol{r}'_i)\Delta V'_i\boldsymbol{R}_i}{4\pi\varepsilon_0 R_i^3}\\&=\frac{1}{4\pi\varepsilon_0}\int_V\frac{\rho_V(\boldsymbol{r}')\boldsymbol{R}}{R^3}\mathrm{d}V'\\&=-\frac{1}{4\pi\varepsilon_0}\int_V\rho_V(\boldsymbol{r}')\nabla\left(\frac{1}{R}\right)\mathrm{d}V'\end{aligned}\tag{4-1}$$

式（4-1）本质上就是取微体积元 $\mathrm{d}V'$ 并且将其看作点电荷，其电荷量为 $\rho_V(\boldsymbol{r}')\mathrm{d}V'$，则它产生的电场强度为 $\mathrm{d}\boldsymbol{E}=\frac{\mathrm{d}q}{4\pi\varepsilon_0}\frac{\boldsymbol{R}}{R^3}=\frac{\rho_V(\boldsymbol{r}')}{4\pi\varepsilon_0}\frac{\boldsymbol{R}}{R^3}\mathrm{d}V'$，进行体积分即求得体积 V 内所有电荷在 $P(\boldsymbol{r})$ 处所产生的总电场。

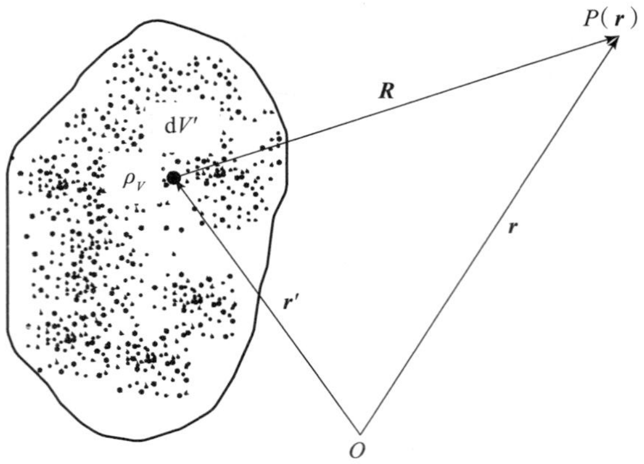

图 4.9　体分布电荷产生的电场强度

4.2.3　静电场的散度与旋度

由亥姆霍兹定理，任意矢量场均由其散度、旋度和边值条件唯一确定。要深入分析静电场，研究其性质和特点，必须要讨论其散度和旋度。

1. 静电场的散度（高斯定理）

设电荷分布 V 内，对电场强度求散度，有 $\nabla \cdot \boldsymbol{E}(\boldsymbol{r}) = \dfrac{\rho}{\varepsilon_0}$，这就是高斯定理的微分形式，它表明空间中任意一点电场强度的散度与该处的电荷密度 ρ 有关；静电场是有源场，电场线起始于正电荷，终止于负电荷；电场散度仅与电荷分布相关：$\rho > 0$ 时，为发散源，$\rho < 0$ 时，为会聚源。

高斯定理的积分形式为：$\oint_S \boldsymbol{E} \cdot \mathrm{d}\boldsymbol{S} = \dfrac{1}{\varepsilon_0} q$，它表明电场强度矢量穿过闭合曲面 S 的通量等于该闭合曲面包围的总电荷量与真空中介电常数 ε_0 的比值。高斯定理的积分形式能够很方便地计算具有对称性分布电荷的电场强度。高斯定理是库仑定律的必然结果。

2. 静电场的旋度

对静电场的电场强度求旋度，利用 $\nabla \times \nabla\left(\dfrac{1}{R}\right) \equiv 0$ 和 $\nabla \times \nabla f \equiv 0$（即标量函数的梯度无旋度），有：

$$\begin{aligned}\nabla \times \boldsymbol{E}(\boldsymbol{r}) &= -\nabla \times \frac{1}{4\pi\varepsilon_0} \int_V \rho(\boldsymbol{r}') \nabla\left(\frac{1}{R}\right) \mathrm{d}V' \\ &= \nabla \times \nabla\left[\frac{1}{4\pi\varepsilon_0} \int_V \rho(\boldsymbol{r}') \frac{1}{R} \mathrm{d}V'\right. \\ &= 0\end{aligned}$$

由此得出：静电场是无旋场。

由斯托克斯定理 $\oint_S \nabla \times \boldsymbol{E} \cdot \mathrm{d}\boldsymbol{S} = \oint_C \boldsymbol{E} \cdot \mathrm{d}\boldsymbol{l}$，有 $\oint_C \boldsymbol{E} \cdot \mathrm{d}\boldsymbol{l} = 0$。其物理意义是：将单位正电荷沿静电场中任一闭合路径移动一周，电场力不做功。这样的电场力称为保守力。

4.3　安培定律与磁感应强度

本节讨论恒定磁场的基本规律。

4.3.1　基本定义

1. *磁场的定义*

磁场是一种物质，其基本特点是它由磁体或运动电荷（电流）在其周围空间激发产生，并且对处于其中的运动电荷（电流）或磁体产生磁力的作用。磁场也是近距学说的有力证据。

2. *恒定磁场的定义*

恒定电流产生的磁场即为恒定磁场。由亥姆霍兹定理，恒定磁场的性质也要由其散度、旋度来描述。由此引出安培定律、毕奥 – 萨阀尔定律以及磁感应强度等物理量。

4.3.2　安培定律

安培对电流的磁效应进行了大量的实验研究，用数年时间设计并完成了电流相互作用的精巧实验，得到了安培定律，它描述了真空中两个电流回路间相互作用力的规律，如图 4.10 所示。

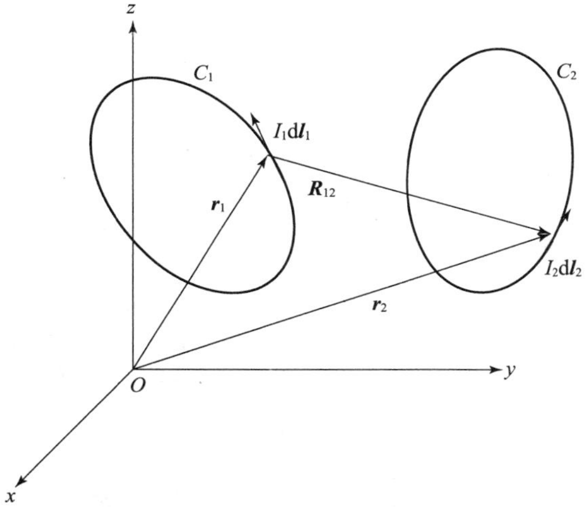

图 4.10　安培定律示意图

1. *两个电流元的相互作用力*

C_1 上电流元 $I_1\mathrm{d}\boldsymbol{l}_1$ 对 C_2 上电流元 $I_2\mathrm{d}\boldsymbol{l}_2$ 的磁场力为：

$$\mathrm{d}\boldsymbol{F}_{12}=\frac{\mu_0}{4\pi}\frac{I_2\mathrm{d}\boldsymbol{l}_2\times(I_1\mathrm{d}\boldsymbol{l}_1\times\boldsymbol{R}_{12})}{R_{12}^3}$$

这是安培定律的微分形式，其中 μ_0 为真空中的磁导率，其值为 $4\pi\times10^{-7}$ H/m。

2. 两个电流环的相互作用力

在回路 C_1 上对上式积分，得 C_1 对 $I_2\mathrm{d}\boldsymbol{l}_2$ 的作用力：

$$\mathrm{d}\boldsymbol{F}_{C_{1,2}}=\frac{\mu_0}{4\pi}I_2\mathrm{d}\boldsymbol{l}_2\times\oint_{C_1}\frac{(I_1\mathrm{d}\boldsymbol{l}_1\times\boldsymbol{R}_{12})}{R_{12}^3}$$

再在 C_2 上对上式积分，得 C_1 对 C_2 的作用力：

$$\boldsymbol{F}_{12}=\frac{\mu_0}{4\pi}\oint_{C_2}I_2\mathrm{d}\boldsymbol{l}_2\times\oint_{C_1}\frac{(I_1\mathrm{d}\boldsymbol{l}_1\times\boldsymbol{R}_{12})}{R_{12}^3}$$

这是安培定律的积分形式。

4.3.3 磁感应强度 B

1. 磁感应强度

描述磁场分布的基本物理量是磁感应强度 $\boldsymbol{B}$，单位为 T（特斯拉）。处于磁场中的电流元 $I\mathrm{d}\boldsymbol{l}$ 所受到的磁场力 $\mathrm{d}\boldsymbol{F}$ 与该点磁感应强度 $\boldsymbol{B}$、电流元强度和方向有关。根据安培定律，有：

$$\boldsymbol{F}_{12}=\oint_{C_2}I_2\mathrm{d}\boldsymbol{l}_2\times\left(\frac{\mu_0}{4\pi}\oint_{C_1}\frac{I_1\mathrm{d}\boldsymbol{l}_1\times\boldsymbol{R}_{12}}{R_{12}^3}\right)$$

令

$$\boldsymbol{B}_1(\boldsymbol{r}_2)=\frac{\mu_0}{4\pi}\oint_{C_1}\frac{I_1\mathrm{d}\boldsymbol{l}_1\times\boldsymbol{R}_{12}}{R_{12}^3}$$

为电流 I_1 在电流元 $I_2\mathrm{d}\boldsymbol{l}_2$ 处产生的磁感应强度，则有：

$$\boldsymbol{F}_{12}=\oint_{C_2}I_2\mathrm{d}\boldsymbol{l}_2\times\boldsymbol{B}_1(\boldsymbol{r}_2)$$

其微分形式即

$$\mathrm{d}\boldsymbol{F}=I\mathrm{d}\boldsymbol{l}\times\boldsymbol{B}$$

这就是安培力公式的另一表达式。

任意电流回路 C 产生的磁感应强度的定义为：

$$\boldsymbol{B}(\boldsymbol{r})=\frac{\mu_0}{4\pi}\oint_C\frac{I\mathrm{d}\boldsymbol{l}'\times(\boldsymbol{r}-\boldsymbol{r}')}{|\boldsymbol{r}-\boldsymbol{r}'|^3}=\frac{\mu_0}{4\pi}\oint_C\frac{I\mathrm{d}\boldsymbol{l}'\times\boldsymbol{R}}{R^3}$$

特别地：(1) 电流元 $I\mathrm{d}\boldsymbol{l}'$ 产生（在 M 点）的磁感应强度（见图 4.11 和图 4.12）为：

$$\mathrm{d}\boldsymbol{B}(\boldsymbol{r})=\frac{\mu_0}{4\pi}\frac{I\mathrm{d}\boldsymbol{l}'\times(\boldsymbol{r}-\boldsymbol{r}')}{|\boldsymbol{r}-\boldsymbol{r}'|^3}=\frac{\mu_0}{4\pi}\frac{I\mathrm{d}\boldsymbol{l}'\times\boldsymbol{R}}{|\boldsymbol{R}|^3}$$

(2) 体电流产生的磁感应强度为：

$$\boldsymbol{B}(\boldsymbol{r})=\frac{\mu_0}{4\pi}\int_V\frac{\boldsymbol{J}(\boldsymbol{r}')\times\boldsymbol{R}}{R^3}\mathrm{d}V'$$

(3) 面电流产生的磁感应强度为：

$$\boldsymbol{B}(\boldsymbol{r})=\frac{\mu_0}{4\pi}\int_S\frac{\boldsymbol{J}_S(\boldsymbol{r}')\mathrm{d}S'\times\boldsymbol{R}}{R^3}$$

上面式子中 $\boldsymbol{R}=\boldsymbol{r}-\boldsymbol{r}'$。

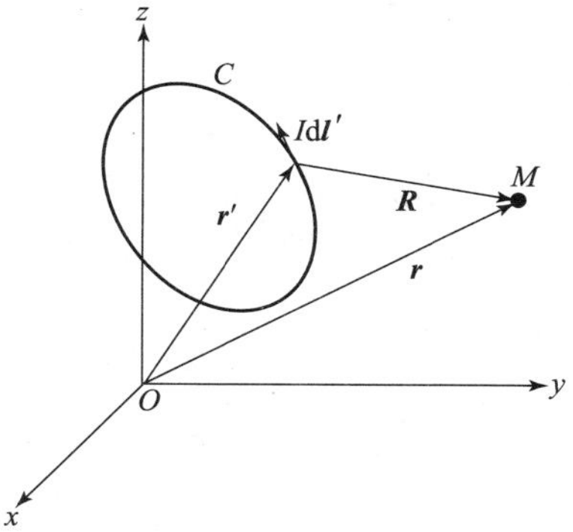

图 4.11　电流元磁感应强度

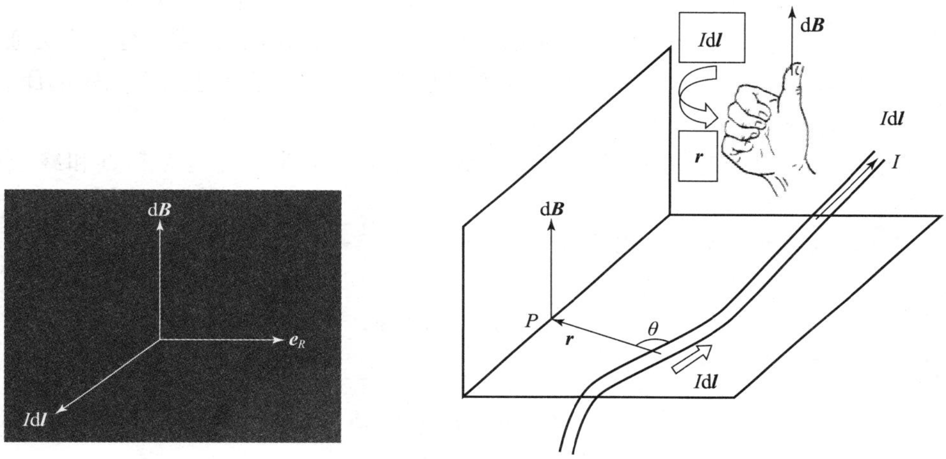

图 4.12　$I\mathrm{d}\boldsymbol{l}$、$\boldsymbol{e}_R$、$\mathrm{d}\boldsymbol{B}$ 构成右手螺旋关系

2. 毕奥 - 萨阀尔定律

如果 $\boldsymbol{B}$ 由电流元 $I_0\mathrm{d}\boldsymbol{l}_0$ 产生，则由安培定律，有：

$$\mathrm{d}\boldsymbol{F} = \frac{\mu_0}{4\pi}\frac{I\mathrm{d}\boldsymbol{l}\times(I_0\mathrm{d}\boldsymbol{l}_0\times\boldsymbol{R})}{R^3} = I\mathrm{d}\boldsymbol{l}\times\boldsymbol{B}$$

可知，电流元 $I_0\mathrm{d}\boldsymbol{l}_0$ 产生的磁感应强度为：

$$\mathrm{d}\boldsymbol{B} = \frac{\mu_0}{4\pi}\frac{(I_0\mathrm{d}\boldsymbol{l}_0\times\boldsymbol{R})}{R^3}$$

这就是毕奥 - 萨阀尔定律。

说明：$\mathrm{d}\boldsymbol{l}$、$\boldsymbol{R}$、$\boldsymbol{B}$ 三者满足右手螺旋关系，如图 4.12 所示。

正如库仑定律是静电场的基本理论基础一样，毕奥 - 萨阀尔定律是恒定磁场的理论基础。

4.3.4　恒定磁场的散度和旋度

定义了磁感应强度，就可以讨论恒定磁场的散度和旋度，进而深入研究恒定磁场的基本性质和规律。

1. 恒定磁场的散度与磁通连续性原理

由 $\boldsymbol{B}(\boldsymbol{r})=\int_V \frac{\boldsymbol{J}(\boldsymbol{r}')\times\boldsymbol{R}}{R^3}\mathrm{d}V'$

$$=-\frac{\mu_0}{4\pi}\int_V \boldsymbol{J}(\boldsymbol{r}')\times\nabla\left(\frac{1}{R}\right)\mathrm{d}V'=\frac{\mu_0}{4\pi}\int_V\left[\nabla\times\frac{\boldsymbol{J}(\boldsymbol{r}')}{R}-\frac{1}{R}\nabla\times\boldsymbol{J}(\boldsymbol{r}')\right]\mathrm{d}V'$$

$$=\nabla\times\frac{\mu_0}{4\pi}\int_V\frac{\boldsymbol{J}(\boldsymbol{r}')}{R}\mathrm{d}V'$$

取散度 $\nabla\cdot\boldsymbol{B}=\nabla\cdot\nabla\times\frac{\mu_0}{4\pi}\int_V\frac{\boldsymbol{J}(\boldsymbol{r}')}{R}\mathrm{d}V'=0(\nabla\cdot\nabla\times\boldsymbol{A}\equiv 0)$。

又由 $\int_V\nabla\cdot\boldsymbol{B}\mathrm{d}V=\oint_S\boldsymbol{B}\cdot\mathrm{d}\boldsymbol{S}$ 得 $\oint_S\boldsymbol{B}\cdot\mathrm{d}\boldsymbol{S}=0$。

这就是磁通连续性原理，其微分形式为 $\nabla\cdot\boldsymbol{B}(\boldsymbol{r})=0$，或写为 $\nabla\cdot\boldsymbol{B}=0$。

积分形式的磁通连续性原理表明：磁感应强度 $\boldsymbol{B}$ 的散度恒为0，磁场是一个无通量源的矢量场，即无散场。即穿过任意闭合曲面的磁通量为0，磁感应线是无头无尾的闭合曲线。它也是磁场高斯定理的积分形式。

这个结论对时变磁场也是适用的：磁场是无源场，其磁场线是无起点和终点的闭合曲线。

2. 恒定磁场的旋度与安培环路定理

恒定磁场的旋度（微分形式）：

$$\nabla\times\boldsymbol{B}(\boldsymbol{r})=\mu_0\boldsymbol{J}(\boldsymbol{r})$$

恒定磁场的旋度（积分形式）：

$$\oint_C\boldsymbol{B}(\boldsymbol{r})\cdot\mathrm{d}\boldsymbol{l}=\mu_0\int_S\boldsymbol{J}(\boldsymbol{r})\cdot\mathrm{d}\boldsymbol{S}=\mu_0 I$$

这就是安培环路定理的微分形式和积分形式。

安培环路定理表明：恒定磁场是有旋场，是非保守场，电流是磁场的旋涡源。

关于电磁场方程的微分形式需注意以下两点。

（1）为什么需要微分形式：需要知道每一点的场分布。

（2）如何从积分形式得到微分形式：利用高斯定理和斯托克斯定理。

4.4 媒质的电磁特性

在电磁场中的物质又称为媒质。媒质是电磁场中物质的一种统称，既包括真实物理实体，也包括场。而介质是一种物质存在于另一种物质内部时，后者就是前者的介质；某些波状运动（如声波、光波等）借以传播的物质叫作这些波状运动的介质；在这个意义下，媒质和介质等价。在电磁场理论中，介质是依据电磁场与物质相互作用特性而导出的概念，是专门针对物质的电、磁特性的，因此有电介质、磁介质之分。研究媒质的电效应，就称媒质为电介质。但是，根据导电特性，电场中的媒质有导体、半导体和介质即绝缘体之分，已经是约定俗成的概念和分类了，即电介质是能够对外电场产生影响的绝缘物质。而磁介质是能够在磁场中显示磁性的物质。介质可以是一切物理物质，如磁介质；但介质不包括场。一般，当讨论电特性、电场时，介质指的是电介质；研究磁特性和磁场时，介质指磁介质。

此外，还有一个重要概念，就是材料，它的含义广泛，但在电磁场中，有时候特指电磁材料这种功能材料，是电磁场理论和材料学研究的一个重大课题。

媒质有多种不同的分类方法，根据其电特性、电效应和电参量的不同主要分为：均匀和非均匀介质；各向同性和各向异性介质；时变和时不变介质；线性和非线性介质；确定性和随机性媒质；等等。

媒质处于电磁场中，必然与电磁场发生相互作用。这种作用，以物质对电磁场作用的响应为主要方面，而极化、磁化和传导等三种现象是重点研究和考察对象。

4.4.1　媒质的极化 电位移矢量

（一）极化及相关概念

1. 电介质的极化

电介质可看成内部存在大量不规则且方向迅速变化的分子极矩的电荷系统。介质分子有无极分子和有极分子两类。电介质的极化即在外加电场的作用下，无极分子变为有极分子，有极分子的取向一致，宏观上出现电偶极矩，表现出电特性的现象和过程。也就是说电介质极化是介质中束缚电荷在外电场作用下发生位移的现象。极化的结果是极化电荷形成电偶极子，进而产生附加电场改变由外加电场作用形成的场分布，如图 4.13 所示。

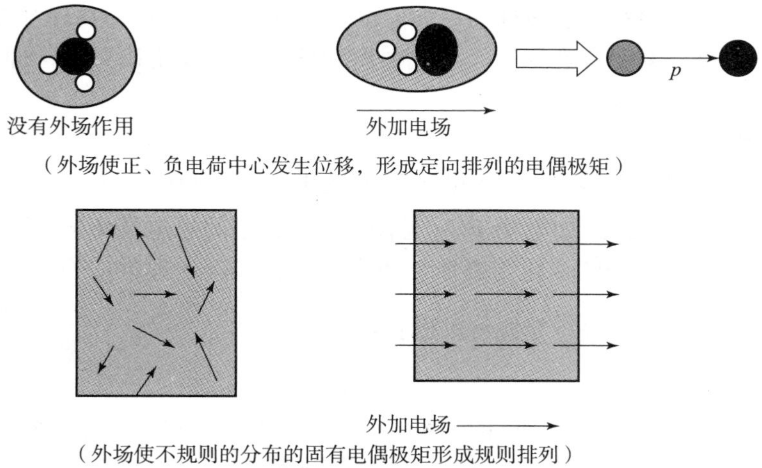
没有外场作用
外加电场
p
（外场使正、负电荷中心发生位移，形成定向排列的电偶极矩）
外加电场
（外场使不规则的分布的固有电偶极矩形成规则排列）

图 4.13　媒质的极化

2. 电偶极子

电偶极子：由两个相距很近、带等量异号电量的点电荷所组成的电荷系统，如图 4.14 所示。

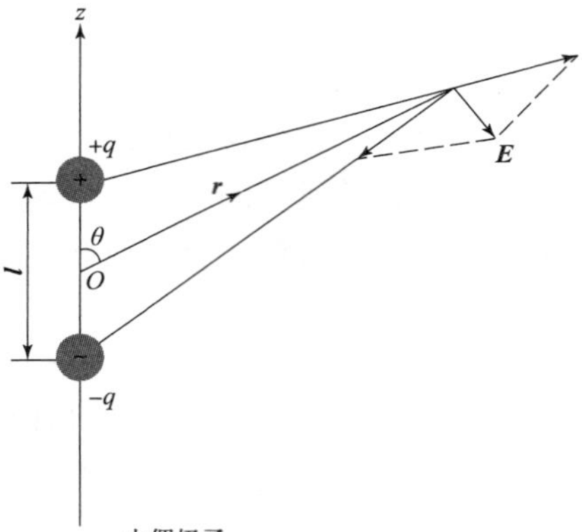

图 4.14　电偶极子

极化作为电场的一种感应源需要加以量化研究。对极化量化研究的一个重要辅助量就是极化强度。

3. 极化强度矢量 $\boldsymbol{P}$ 和电偶极矩

极化强度矢量 $\boldsymbol{P}$ 表示电介质被极化的程度，定义为：

$$\boldsymbol{P}=\lim_{\Delta V\to 0}\frac{\sum \boldsymbol{p}_i}{\Delta V}=N\boldsymbol{p}_{\text{av}} \tag{4-2}$$

式中，$\boldsymbol{p}=q\boldsymbol{l}$ 为电偶极矩，即电偶极子的矢径 $\boldsymbol{l}$ 与其带电量 q 的乘积，也称为电矩。电偶极矩的物理意义是：它是电荷系统极性的一种衡量。而极化强度矢量的物理意义是：单位体积内电偶极矩的矢量和。对于线性媒质，极化强度和外加电场成正比关系，即 $\boldsymbol{P}=\chi_e\varepsilon_0\boldsymbol{E}$，其中 χ_e 为媒质极化系数，也叫极化率。

（二）电位移矢量 $\boldsymbol{D}$

设空间中原电场为 $\boldsymbol{E}_0$，媒质被极化后产生极化电荷，而极化电荷（设其体密度为 ρ_p）又导致附加电场 $\boldsymbol{E}'$（见图 4.15），空间总电场 $\boldsymbol{E}=\boldsymbol{E}_0+\boldsymbol{E}'$。在这一过程中，场的变化与媒质性质有关。将高斯定理推广到媒质中，有 $\nabla\cdot\boldsymbol{E}=\dfrac{\rho+\rho_p}{\varepsilon_0}$，进行变换可以得到：

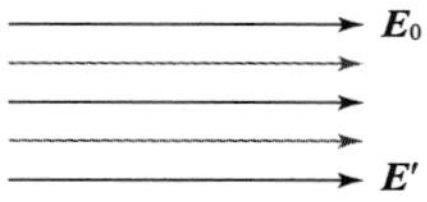

图 4.15　极化

$$\nabla\cdot[\varepsilon_0\boldsymbol{E}+\boldsymbol{P}]=\rho \tag{4-3}$$

其中运用了极化电荷与极化强度的关系 $\rho_p=-\nabla\cdot\boldsymbol{P}$（任意闭合曲面 S 限定的体积 V 内的极化强度取散度的相反数即为极化电荷的体电荷密度）。

定义一个描述空间电场分布的辅助量，即电位移矢量 $\boldsymbol{D}$：

$$\boldsymbol{D}=\varepsilon_0\boldsymbol{E}+\boldsymbol{P} \tag{4-4}$$

由式(4-3)有

$$\nabla\cdot\boldsymbol{D}=\rho \tag{4-5}$$

对于线性各向同性介质，有

$$\boldsymbol{P}=\varepsilon_0\chi_e\boldsymbol{E} \tag{4-6}$$

和

$$\boldsymbol{D}=\varepsilon_0(1+\chi_e)\boldsymbol{E}=\varepsilon_0\varepsilon_r\boldsymbol{E}=\varepsilon\boldsymbol{E} \tag{4-7}$$

这就是电介质的本构关系。其中，$\varepsilon_r=1+\chi_e$ 称为电介质的相对介电常数，$\varepsilon=\varepsilon_0\varepsilon_r$ 称为介电常数，说明介电常数大则极化作用强，在交变场的作用下则意味着损耗大。高速电路设计中，高介电系数的基板材料意味着损耗较大，有不利的影响。但在隐形材料中，利用极化损耗吸收电磁波的能量，又可以降低反射。特别地，在真空中 $\varepsilon_r=1$，于是 $\boldsymbol{D}=\varepsilon_0\boldsymbol{E}$；而真空中点电荷产生的电位移矢量为

$$\boldsymbol{D}=\frac{q}{4\pi r^2}\hat{\boldsymbol{e}}_r \tag{4-8}$$

$\boldsymbol{E}$、$\boldsymbol{P}$、$\boldsymbol{D}$ 的物理意义如下：

$\boldsymbol{E}$ 是介质中的总场强，它是由自由电荷和极化电荷共同激发的，它的物理意义是 $\boldsymbol{E}=\dfrac{\boldsymbol{F}}{q_0}$ 单位正电荷所受的力，是刻画电场性质的物理量。在引入了 $\boldsymbol{D}$ 后，静电场的环路定理保持不变。

$\boldsymbol{P}$ 表示在电介质中单位体积内的分子电矩矢量和，它是仅与极化电荷有关的物理量，描述了电介质极化状态，即表示电介质中各点极化的程度和极化方向。

$\boldsymbol{D}$ 没有直接物理意义，只是为了方便在媒质中计算场强而引入的一个辅助物理矢量。一般来说，$\boldsymbol{D}$ 与自由电荷和极化电荷有关，但当自由电荷周围无限地充满各向同性的均匀电介质，或媒质表面为等势面时，电场中各点都有 $\boldsymbol{D}=\varepsilon_0\varepsilon_r\boldsymbol{E}=\varepsilon_0\boldsymbol{E}_0$（其中 $\boldsymbol{E}_0$ 为自由电荷所产生的场强）关系。在这种情况下，$\boldsymbol{D}$ 仅与自由电荷有关。

4.4.2　媒质中的高斯定理、边界条件

（一）媒质中静电场基本方程

（1）真空中的高斯定理为：

$$\oint_S \boldsymbol{E}\cdot \mathrm{d}\boldsymbol{S}=\frac{q}{\varepsilon_0} \tag{4-9}$$

其推论为：

$$\oint_S \varepsilon_0\boldsymbol{E}\cdot \mathrm{d}\boldsymbol{S}=q$$

在电介质中有：

$$\oint_S \varepsilon\boldsymbol{E}\cdot \mathrm{d}\boldsymbol{S}=q \tag{4-10}$$

$$\oint_S \boldsymbol{D}\cdot \mathrm{d}\boldsymbol{S}=q \tag{4-11}$$

其微分形式为式（4-5），即：

$$\nabla\cdot\boldsymbol{D}=\rho$$

这就是电介质中的高斯定理。

（2）电介质中静电场仍是保守场，有：

$$\oint_l \boldsymbol{E}\cdot \mathrm{d}\boldsymbol{l}=0$$

$$\nabla\times\boldsymbol{E}=0 \tag{4-12}$$

这就是电介质中的环路定理。

（二）媒质的电位方程

由式（4－12），并且利用恒等式 $\nabla\times(\nabla f)\equiv 0$（$f$ 为任意标量函数），即标量函数梯度的旋度恒为 0，有：

$$\nabla\times\boldsymbol{E}=\nabla\times(-\nabla\varphi)=0 \tag{4-13}$$

令

$$\boldsymbol{E}=-\nabla\varphi$$

就得到电场的电位函数 φ 的定义，它是一个标量函数。

在均匀、各向同性、线性媒质中（ε 为常数），有：

$$\nabla\cdot\boldsymbol{D}=\rho$$

于是由 D 的定义，

$$\nabla\cdot(\varepsilon\boldsymbol{E})=\varepsilon\nabla\cdot\boldsymbol{E}=\rho,\quad \nabla\cdot\boldsymbol{E}=\frac{\rho}{\varepsilon}$$

则有

$$\nabla^2\varphi=-\frac{\rho}{\varepsilon}$$

这是媒质中的泊松方程。

（三）静电场的边界条件

依据静电场基本方程的积分形式推导其边界条件。

1. **$\boldsymbol{D}$ 的边界条件**

如图 4.16 所示，$\boldsymbol{D}$ 的边界条件为：

$$\oint_S\boldsymbol{D}\cdot\mathrm{d}\boldsymbol{S}=\boldsymbol{D}_1\cdot\hat{\boldsymbol{n}}\Delta S+\boldsymbol{D}_2\cdot(-\hat{\boldsymbol{n}})\Delta S=q$$

得

$$(\boldsymbol{D}_1-\boldsymbol{D}_2)\cdot\hat{\boldsymbol{n}}=\rho_S$$

这与 $D_{1n}-D_{2n}=\rho_S$ 等价。

讨论：①ρ_S 为分界面上的自由电荷，不包括极化电荷。

②若媒质为理想媒质，则 $\rho_S=0$，有 $D_{1n}-D_{2n}=0$。

结论：若边界上不存在自由电荷，则 $\boldsymbol{D}$ 法向分量连续。

2. **$\boldsymbol{E}$ 的边界条件**

如图 4.17 所示，$\boldsymbol{E}$ 的边界条件为：

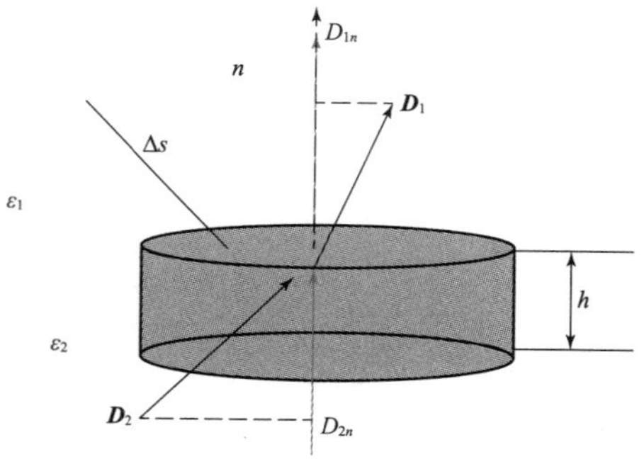

图 4.16　**D** 的边界条件

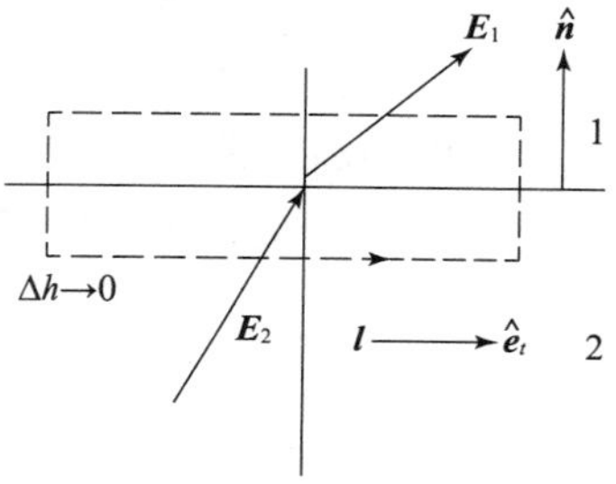

图 4.17　**E** 的边界条件

$$\oint_C \boldsymbol{E} \cdot \mathrm{d}\boldsymbol{l} = \boldsymbol{E}_1 \cdot \Delta l\hat{\boldsymbol{e}}_t - \boldsymbol{E}_2 \cdot \Delta l\hat{\boldsymbol{e}}_t = 0$$
$$\Rightarrow \boldsymbol{E}_1 \cdot (\hat{\boldsymbol{n}} \times \hat{\boldsymbol{s}}) - \boldsymbol{E}_2 \cdot (\hat{\boldsymbol{n}} \times \hat{\boldsymbol{s}}) = 0$$
$$\Rightarrow \boldsymbol{E}_1 \times \hat{\boldsymbol{n}} = \boldsymbol{E}_2 \times \hat{\boldsymbol{n}}$$
$$\Rightarrow \boldsymbol{E}_1 \sin\theta_1 = \boldsymbol{E}_2 \sin\theta_2$$
$$\Rightarrow E_{1t} = E_{2t}$$

结论：在静电场中两种媒质分界面上，$\boldsymbol{E}$ 的切向力量连续。

4.4.3　物质的磁化现象

（一）媒质磁化的有关概念

1. *分子电流*

电子绕核运动形成分子电流，产生微观磁场，其磁特性可用分子磁矩表示：

$$\boldsymbol{p}_{\mathrm{m}} = i \cdot \Delta \boldsymbol{S}\ \text{（忽略自旋）}$$

式中，i 为电子运动形成的微观电流；$\Delta \boldsymbol{S}$ 为分子电流所围面元，如图 4.18 所示。

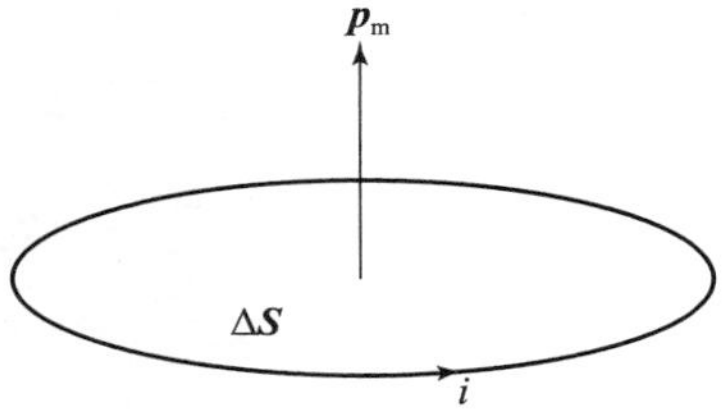

图 4.18　媒质磁矩

2. *磁介质的磁化*

在外磁场的作用下，分子磁矩定向排列，宏观上显示出磁性，这种现象称为磁介质的磁化。在磁化前，分子磁矩取向杂乱无章，$\sum_i \boldsymbol{p}_{\mathrm{m}i} = 0$，宏观上不显磁性；当外加磁场使大量分子的分子磁矩取向与外加磁场趋于一致时，$\sum_i \boldsymbol{p}_{\mathrm{m}i} \neq 0$，宏观上表现出磁性，介质就被磁化了，如图 4.19 所示。

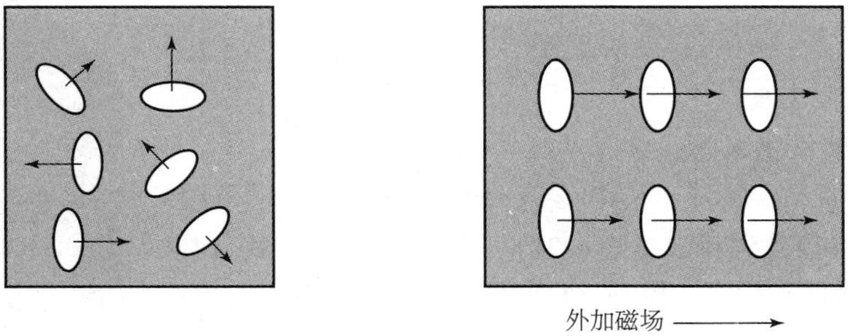

（微观磁偶极矩，在外磁场力的作用下发生定向排列）

图 4.19　磁介质的磁化

（二）磁化强度矢量

有了磁化现象，就需要定性而且定量研究磁化的程度及其影响。于是引出了磁化强度矢量。

定义：磁化强度描述介质磁化的程度，其值为单位体积内分子磁矩的矢量和，即有

$$\boldsymbol{M} = \lim_{\Delta V \to 0} \frac{\sum_i \boldsymbol{p}_{\mathrm{m}i}}{\Delta V} = N\boldsymbol{p}_{\mathrm{m}} \tag{4-14}$$

$\boldsymbol{M}$ 是矢量点函数，描述介质内每点的磁化特性。对于线性介质，其被磁化的程度与外加磁场强度成正比，即 $\boldsymbol{M}=\chi_{\mathrm{m}}\boldsymbol{H}$，$\chi_{\mathrm{m}}$ 为介质的磁化率。

（三）磁化电流密度

1. 磁化电流

介质被磁化后，内部和表面可能会出现附加电流，即磁化电流。

2. 体磁化电流密度

如图 4.20 所示，在介质内部取曲面 S，边界为 C，穿过 S 的总电流为 I_{m}，只有被回路 C 穿过的分子电流对 I_{m} 有贡献，在边界 C 上取一 $\mathrm{d}\boldsymbol{l}$，则：

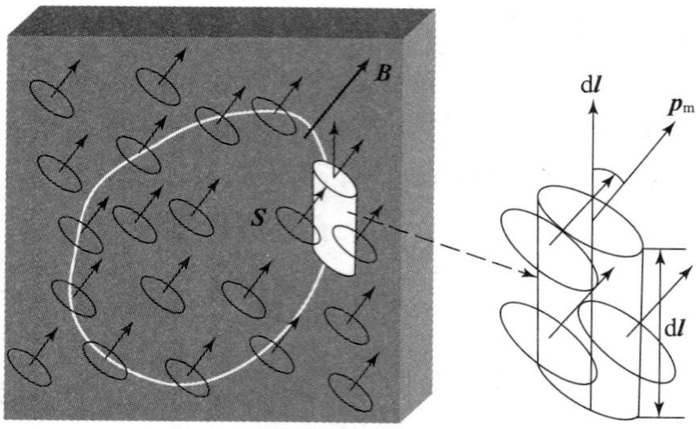

图 4.20　体磁化电流

$$\mathrm{d}I_{\mathrm{m}}=N\cdot i\Delta \boldsymbol{S}\cdot \mathrm{d}\boldsymbol{l}=N\boldsymbol{p}_{\mathrm{m}}\cdot \mathrm{d}\boldsymbol{l}=\boldsymbol{M}\cdot \mathrm{d}\boldsymbol{l}$$

$$I_{\mathrm{m}}=\oint_C \mathrm{d}I_{\mathrm{m}}=\oint_C \boldsymbol{M}\cdot \mathrm{d}\boldsymbol{l}=\int_S \nabla\times M\cdot \mathrm{d}\boldsymbol{S}$$

而 $I_{\mathrm{m}}=\int_S \boldsymbol{J}_{\mathrm{m}}\cdot \mathrm{d}\boldsymbol{S}$，则磁化电流密度为：

$$\boldsymbol{J}_{\mathrm{m}}=\nabla\times\boldsymbol{M} \tag{4-15}$$

3. 面磁化电流密度

面磁化电流密度定义为：

$$\boldsymbol{J}_{S\mathrm{m}}=\boldsymbol{M}\times\hat{\boldsymbol{e}}_n \tag{4-16}$$

式中，$\hat{\boldsymbol{e}}_n$ 为媒质表面外法向（见图 4.21）。式（4－16）与式（4－15）并称为磁介质的磁化电流模型，它们将磁铁形成的磁场与电流形成的磁场统一起来。在两种介质分界面上，面磁化电流密度为：

$$\boldsymbol{J}_{S\mathrm{m}}=(\boldsymbol{M}_1-\boldsymbol{M}_2)\times\hat{\boldsymbol{e}}_n$$

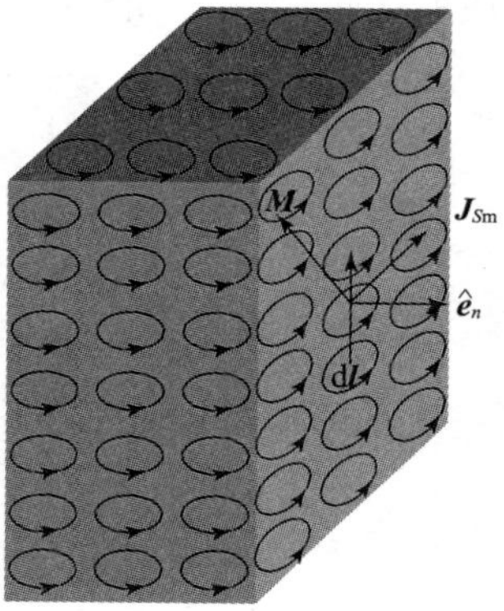

图 4.21　面磁化电流

即

$$J_{S\mathrm{m}}=M_{1t}-M_{2t}$$

$\hat{\boldsymbol{e}}_n$ 由媒质 1 指向媒质 2。

4. 重要性质

（1）媒质被磁化时，其表面上一般会产生磁化电流。

（2）$\boldsymbol{M}$＝常矢量时，称媒质被均匀磁化，此时 $\boldsymbol{J}_{\mathrm{m}}=0$。

（3）均匀磁介质内部一般不存在磁化电流。

（4）若传导电流位于磁介质内，其所在位置一定有磁化电流出现，$I_m=(\mu_r-1)I$，在两种介质分界面上，$I_m=\frac{\mu-\mu_0}{\mu+\mu_0}I$。

（四）磁场强度矢量

外加磁场使介质发生磁化，磁化导致磁化电流。磁化电流同样也激发磁感应强度，两种相互作用达到平衡，介质中的磁感应强度 $\boldsymbol{B}$ 应是所有电流源激励的结果。

当磁介质中存在磁场时，磁感应强度矢量为 $\boldsymbol{B}=\boldsymbol{B}'+\boldsymbol{B}_0$，将真空中的安培环路定理推广到介质中，可得：

$$\nabla\times\boldsymbol{B}=\mu_0(\boldsymbol{J}+\boldsymbol{J}_m)$$

式中，$\boldsymbol{J}$、$\boldsymbol{J}_m$ 分别是传导电流密度和磁化电流密度。又：

$$\boldsymbol{J}_m=\nabla\times\boldsymbol{M}$$

即有

$$\nabla\times\left(\frac{\boldsymbol{B}}{\mu_0}-\boldsymbol{M}\right)=\boldsymbol{J}\tag{4-17}$$

令

$$\frac{\boldsymbol{B}}{\mu_0}-\boldsymbol{M}=\boldsymbol{H}\tag{4-18}$$

这就是磁场强度矢量。将式（4－18）代入式（4－17）得到

$$\nabla\times\boldsymbol{H}=\boldsymbol{J}$$

这就是媒质中安培环路定理的微分形式。

（五）磁介质的本构关系

磁介质中的本构关系为：$\boldsymbol{H}=\frac{\boldsymbol{B}}{\mu_0}-\boldsymbol{M}$，对于均匀各向同性介质，有

$$\boldsymbol{H}+\chi_m\boldsymbol{H}=\frac{\boldsymbol{B}}{\mu_0}$$

即

$$(1+\chi_m)\ \mu_0\boldsymbol{H}=\boldsymbol{B},\qquad \mu_r\mu_0\boldsymbol{H}=\boldsymbol{B}$$

于是有：

$$\boldsymbol{B}=\mu\boldsymbol{H}\tag{4-19}$$

这就是均匀各向同性磁介质的本构关系。其中，$\mu=\mu_r\mu_0$，μ_r（$=1+\chi_m$）为介质相对磁导率，在真空中$\mu_r=1$。

（六）磁介质的分类

磁介质根据相对磁导率的大小（取值范围）可以分为三类：

$\mu_r>1$，顺磁质；

$\mu_r<1$，抗磁质；

$\mu_r\gg1$，铁磁质。

大多数媒质磁导率接近1，铁磁介质例外。

注意，磁介质理论有两种观点：分子电流观点与磁荷观点。磁荷观点，与电荷对应，磁场有一个概念，即磁荷。由此引出一系列与电场对应的概念和定理，比如磁畴，其磁化也与

电荷的极化一样，随交变场交替变化，这意味着存在损耗：磁导率越大，磁化强度越大，损耗越大；交变场频率越高，损耗越大。表 4.1 列出了磁介质分子电流观点与磁荷观点以及与电介质理论的对比，引导大家拓展阅读。

表 4.1　磁介质分子电流观点与磁荷观点以及与电介质理论的对比

物理量及规律	分子电流观点	磁荷观点	电介质
微观模型	分子环流 i 分子磁矩 $\boldsymbol{m}_{分子}$	磁荷 $\pm q_{\mathrm{m}}$ 磁偶极矩 $\boldsymbol{p}_{\mathrm{m}}$	电荷 $\pm q_{\mathrm{e}}$ 电偶极矩 $\boldsymbol{p}_{\mathrm{e}}$
磁化、极化的程度	$\boldsymbol{M}=\dfrac{\sum \boldsymbol{M}_{分子}}{\Delta V}$	$\boldsymbol{P}_{\mathrm{m}}=\dfrac{\sum \boldsymbol{P}_{\mathrm{m}分子}}{\Delta V}$	$\boldsymbol{P}_{\mathrm{e}}=\dfrac{\sum \boldsymbol{P}_{\mathrm{e}分子}}{\Delta V}$
磁化、极化后的关系及相关公式	$\boldsymbol{M}=\chi_{\mathrm{m}}\boldsymbol{H}$ $\chi_{\mathrm{m}}=\mu_{\mathrm{r}}-1$ $\sum I_{\mathrm{m}}=\oint_l \boldsymbol{M}\cdot \mathrm{d}\boldsymbol{l}$ $\boldsymbol{i}_{\mathrm{m}}=\boldsymbol{M}\times\boldsymbol{n}$	$\boldsymbol{P}_{\mathrm{m}}=\mu_0\chi_{\mathrm{e}}\boldsymbol{P}_{\mathrm{m}}$ $\mu_{\mathrm{r}}=1+\chi_{\mathrm{m}}$ $\oint_S \boldsymbol{P}_{\mathrm{m}}\cdot \mathrm{d}\boldsymbol{S}=-\sum q_{\mathrm{m}}$ $\boldsymbol{P}_{\mathrm{m}}\cdot\boldsymbol{n}=\sigma_{\mathrm{m}}$	$\boldsymbol{P}_{\mathrm{e}}=\varepsilon_0\chi_{\mathrm{e}}\boldsymbol{P}_{\mathrm{e}}$ $\varepsilon_{\mathrm{r}}=1+\chi_{\mathrm{e}}$ $\oint_S \boldsymbol{P}_{\mathrm{e}}\cdot \mathrm{d}\boldsymbol{S}=-\sum q_{\mathrm{p}}$ $\boldsymbol{P}_{\mathrm{e}}\cdot\boldsymbol{n}=\sigma_{\mathrm{p}}$
宏观效果	与 $\boldsymbol{M}$ 平行的界面上 出现束缚电流	与 $\boldsymbol{P}_{\mathrm{m}}$ 垂直的界面上 出现非自由磁荷	与 $\boldsymbol{P}_{\mathrm{e}}$ 垂直的界面上 出现束缚电荷
基本场量	磁感应强度 $\boldsymbol{B}$ 用电流元受力来定义 $\boldsymbol{F}=I\mathrm{d}\boldsymbol{l}\times\boldsymbol{B}$	磁场强度 $\boldsymbol{H}$ 用点磁荷受力来定义 $\boldsymbol{H}=\boldsymbol{F}/q_{\mathrm{m}0}$（$q_{\mathrm{m}0}$模拟）	电场强度 $\boldsymbol{E}$ 用点电荷受力来定义 $\boldsymbol{E}=\boldsymbol{F}/q_0$
辅助场量	磁场强度 $\boldsymbol{H}$ $\boldsymbol{H}=\boldsymbol{B}/\mu_0-\boldsymbol{M}$	磁感应强度 $\boldsymbol{B}$ $\boldsymbol{B}=\mu_0\boldsymbol{H}+\boldsymbol{P}_{\mathrm{m}}$	电位移矢量 $\boldsymbol{D}$ $\boldsymbol{D}=\varepsilon_0\boldsymbol{E}+\boldsymbol{P}$
两种场量间的关系	$\boldsymbol{B}=\mu_{\mathrm{r}}\mu_0\boldsymbol{H}=\mu\boldsymbol{H}$	$\boldsymbol{H}=\boldsymbol{B}/(\mu_{\mathrm{r}}\mu_0)=\boldsymbol{B}/\mu$	$\boldsymbol{D}=\varepsilon_0\varepsilon_{\mathrm{r}}\boldsymbol{E}=\varepsilon\boldsymbol{E}$
介质对场的影响	磁化电流产生附加场 $\boldsymbol{B}'$ $\boldsymbol{B}=\boldsymbol{B}_0+\boldsymbol{B}'$	磁荷产生附加场 $\boldsymbol{H}'$ $\boldsymbol{H}=\boldsymbol{H}_0+\boldsymbol{H}'$	极化电荷产生附加场 $\boldsymbol{E}'$ $\boldsymbol{E}=\boldsymbol{E}_0+\boldsymbol{E}'$
高斯定理	$\oint_l \boldsymbol{B}\cdot \mathrm{d}\boldsymbol{S}=0$	$\oint_S \boldsymbol{H}\cdot \mathrm{d}\boldsymbol{S}=\sum q_{\mathrm{m}0}=0$	$\oint_S \boldsymbol{D}\cdot \mathrm{d}\boldsymbol{S}=\sum q_0$
环路定理	$\oint_S \boldsymbol{H}\cdot \mathrm{d}\boldsymbol{l}=\sum I_0$	$\oint_S \boldsymbol{H}\cdot \mathrm{d}\boldsymbol{l}=\sum I_0$	$\oint_S \boldsymbol{E}\cdot \mathrm{d}\boldsymbol{l}=0$
计算结果	殊途同归		—
联系	磁荷观点公式→$\boldsymbol{P}_{\mathrm{m}}=\mu_0\boldsymbol{M}$→电流观点公式		磁荷观点的理论与电荷电场的理论更具有对称性

4.4.4　磁介质中磁场的基本方程

（一）磁场的旋度与介质中的安培环路定理

积分形式：$\oint_C\left(\frac{\boldsymbol{B}}{\mu_0}-\boldsymbol{M}\right)\cdot \mathrm{d}\boldsymbol{l}=I$，即 $\oint_l \boldsymbol{H}\cdot \mathrm{d}\boldsymbol{l}=I$，或写为 $\oint_C \boldsymbol{H}(\boldsymbol{r})\cdot \mathrm{d}\boldsymbol{l}=\int_S \boldsymbol{J}(\boldsymbol{r})\cdot \mathrm{d}\boldsymbol{S}$；

微分形式：$\nabla\times\boldsymbol{H}=\boldsymbol{J}$，或写为 $\nabla\times\boldsymbol{H}(\boldsymbol{r})=\boldsymbol{J}(\boldsymbol{r})$。

（二）磁通连续性定理（散度定理）与磁介质的基本方程

微分形式：$\nabla\cdot\boldsymbol{B}(\boldsymbol{r})=0$；

积分形式：$\oint_S \boldsymbol{B}(\boldsymbol{r})\cdot \mathrm{d}\boldsymbol{S}=0$。

注意： 磁场散度描述的是磁力线的分布特点，而不是磁场本身。磁介质中的安培环路定理和磁通连续性定理构成磁介质中的基本方程。

微分形式：$\begin{cases}\nabla\times\boldsymbol{H}(\boldsymbol{r})=\boldsymbol{J}(\boldsymbol{r})\\ \nabla\cdot\boldsymbol{B}(\boldsymbol{r})=0\end{cases}$

积分形式：$\begin{cases}\oint_C \boldsymbol{H}(\boldsymbol{r})\cdot \mathrm{d}\boldsymbol{l}=\int_S \boldsymbol{J}(\boldsymbol{r})\cdot \mathrm{d}\boldsymbol{S}\\ \oint_S \boldsymbol{B}(\boldsymbol{r})\cdot \mathrm{d}\boldsymbol{S}=0\end{cases}$

（三）磁场边界条件

1. 一般磁介质（电导率 $\sigma\neq0$，$\sigma\neq\infty$）

磁介质具有一定导电性，分界面上存在传导电流分布。

1）$\boldsymbol{B}$ 的边界条件

由 $\oint_S \boldsymbol{B}\cdot \mathrm{d}\boldsymbol{S}=0$ 有 $\boldsymbol{B}_1\cdot\hat{\boldsymbol{n}}-\boldsymbol{B}_2\cdot\hat{\boldsymbol{n}}=0$，即 $B_{1n}=B_{2n}$；说明磁感应强度矢量 $\boldsymbol{B}$ 的法向分量连续。

2）$\boldsymbol{H}$ 的边界条件

由 $\oint_C \boldsymbol{H}\cdot \mathrm{d}\boldsymbol{l}=I=\int_S \boldsymbol{J}\cdot \mathrm{d}\boldsymbol{S}$ 有：

$$\hat{\boldsymbol{n}}\times(\boldsymbol{H}_1-\boldsymbol{H}_2)=\boldsymbol{J}_S$$

或

$$H_{1t}-H_{2t}=J_S$$

说明磁场强度矢量的切向分量不连续，与传导电流分布有关。

3）理想介质（$\sigma=0$）中的边界条件

理想介质中，分界面上不存在传导电流，$\boldsymbol{J}_S=0$，有

$$\begin{cases}B_{1n}=B_{2n}\\ H_{1t}=H_{2t}\end{cases}$$

则

$$\left.\begin{aligned}B_1\cos\theta_1=B_2\cos\theta_2\\ H_1\sin\theta_1=H_2\sin\theta_2\end{aligned}\right\}\Rightarrow\frac{\tan\theta_1}{\mu_1}=\frac{\tan\theta_2}{\mu_2}\Rightarrow\frac{\tan\theta_1}{\tan\theta_2}=\frac{\mu_1}{\mu_2}$$

说明媒质两边磁场的方向与媒质本身特性有关。

2. 导体边界条件

若媒质 2 为导体，则有

$$\boldsymbol{B}_1 \cdot \hat{\boldsymbol{n}} = 0 \qquad \hat{\boldsymbol{n}} \times \boldsymbol{H} = \boldsymbol{J}_S$$

4.4.5 媒质的传导特性——欧姆定律

存在可以自由移动带电粒子的媒质称为导电媒质。在外场作用下，导电媒质中将形成定向移动电流。对于线性和各向同性导电媒质，媒质内任一点的电流密度矢量 $\boldsymbol{J}$ 与电场强度 $\boldsymbol{E}$ 成正比，即有关系 $\boldsymbol{J} = \sigma \boldsymbol{E}$，这就是欧姆定律的微分形式。式中的比例系数 σ 称为媒质的电导率，单位是 S/m（西/米），电导率的值与媒质的构成有关。欧姆定律是对某些材料电特性的描述，满足欧姆定律的材料称为欧姆材料。注意：欧姆定律也是恒定电场中导电媒质本构关系。在理想导体内，恒定电场为 0；恒定电场可以存在于非理想导体内。

4.5 法拉第电磁感应定律

自从 1820 年奥斯特发现电流的磁效应之后，人们开始研究相反的问题，即磁场能否产生电流。1881 年法拉第发现，当穿过导体回路的磁通量发生变化时，回路中就会出现感应电流和电动势，且感应电动势与磁通量的变化有密切关系，由此总结出了著名的法拉第电磁感应定律，揭示出时变磁场产生电场的规律。

4.5.1 电磁感应现象与楞次定律

1. 电磁感应现象

实验表明，当穿过导体回路的磁通量发生变化时，回路中会出现感应电流，这就是电磁感应现象。

2. 楞次定律

回路总是企图以感应电流产生的、穿过自身的磁通，去抵消引起感应电流的外加磁场的磁通量的改变。

4.5.2 法拉第电磁感应定律

当穿过导体回路的磁通量发生变化时，回路中产生的感应电动势与回路磁通量的时间变化率成正比。即：

$$\varepsilon_{\text{in}} = -\frac{\mathrm{d}\psi}{\mathrm{d}t} \tag{4-20}$$

式中，负号表示回路中产生的感应电动势的作用总是要阻止回路磁通量的改变。

（一） 感应电动势产生感应电场

设任意导体回路 C 围成的曲面为 S，其单位法向矢量为 $\boldsymbol{e}_n$，则穿过回路的磁通为：

$$\psi = \int_S \boldsymbol{B} \cdot \mathrm{d}\boldsymbol{S} \tag{4-21}$$

则有

$$\varepsilon_{in} = -\frac{d}{dt}\int_S \boldsymbol{B} \cdot d\boldsymbol{S}$$

导体回路中有感应电流，表明回路中存在感应电场 $\boldsymbol{E}_{in}$，回路中的感应电动势可表示为：

$$\varepsilon_{in} = \oint_C \boldsymbol{E}_{in} \cdot d\boldsymbol{l}$$

因而有

$$\oint_C \boldsymbol{E}_{in} \cdot d\boldsymbol{l} = -\frac{d}{dt}\int_S \boldsymbol{B} \cdot d\boldsymbol{S}$$

在空间中，可能还存在着静电场或者恒定电场 $\boldsymbol{E}_c$，则导体内总电场为：

$$\boldsymbol{E} = \boldsymbol{E}_{in} + \boldsymbol{E}_c \quad (\boldsymbol{E}_c \text{ 为保守场，} \oint_l \boldsymbol{E}_c \cdot d\boldsymbol{l} = 0\ ,)$$

则有：

$$\oint_C \boldsymbol{E} \cdot d\boldsymbol{l} = \oint_C (\boldsymbol{E}_{in} + \boldsymbol{E}_c) \cdot d\boldsymbol{l} = -\frac{d}{dt}\int_S \boldsymbol{B} \cdot d\boldsymbol{S} \tag{4-22}$$

这就是推广的法拉第电磁感应定律：当导体回路不存在时，变化的磁场在空间仍然产生感应电场。在一般情况下，既有静电场 $\boldsymbol{E}_S$，又有感应电场 $\boldsymbol{E}_i$，则总电场便为 $\boldsymbol{E} = \boldsymbol{E}_S + \boldsymbol{E}_i$，又因为 $\nabla \times \boldsymbol{E}_S = 0$，故得其微分形式为：

$$\nabla \times \boldsymbol{E} = -\frac{\partial \boldsymbol{B}}{\partial t} \tag{4-23}$$

（二）引起回路中磁通变化的几种情况

1. 回路不变，磁场随时间变化

此时磁通量的变化由磁场随时间变化引起，因此有：

$$\frac{d}{dt}\int_S \boldsymbol{B} \cdot d\boldsymbol{S} = \int_S \frac{\partial \boldsymbol{B}}{\partial t} \cdot d\boldsymbol{S} \tag{4-24}$$

即

$$\oint_C \boldsymbol{E} \cdot d\boldsymbol{l} = -\int_S \frac{\partial \boldsymbol{B}}{\partial t} \cdot d\boldsymbol{S} \tag{4-25}$$

其微分形式为：

$$\nabla \times \boldsymbol{E} = -\frac{\partial \boldsymbol{B}}{\partial t} \tag{4-26}$$

负号代表感应电动势产生的感应电流起着阻碍磁通变化的作用，这就是楞次定律的物理意义。

2. 导体回路在恒定磁场中运动

如图 4.22 所示，导体回路在恒定磁场中运动时，感应电动势表示式为：

$$\begin{aligned}\varepsilon_{in} &= \oint_C (\boldsymbol{v} \times \boldsymbol{B}) \cdot d\boldsymbol{l} = \oint_C \boldsymbol{B} \cdot (d\boldsymbol{l} \times \boldsymbol{v}) \\ &= -\oint_C \boldsymbol{B} \cdot \left(\frac{d\boldsymbol{h} \times d\boldsymbol{l}}{dt}\right) = -\int_S \boldsymbol{B} \cdot \frac{d\boldsymbol{S}}{dt}\end{aligned} \tag{4-27}$$

也称为动生电动势，这就是发电机工作原理。

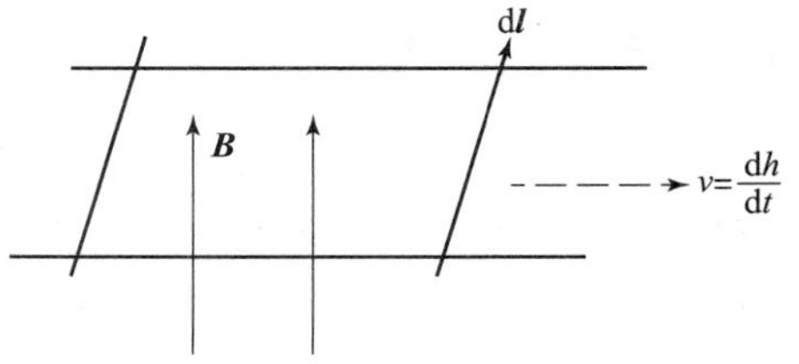

图 4.22　导体回路在恒定磁场中运动

3. 回路在时变磁场中运动

感应电动势表达式为：

$$\begin{aligned}\varepsilon_{\text{in}} &= \oint_C (\boldsymbol{v} \times \boldsymbol{B}) \cdot \mathrm{d}\boldsymbol{l} = \oint_C \boldsymbol{E} \cdot \mathrm{d}\boldsymbol{l} = \oint_C \boldsymbol{B} \cdot (\mathrm{d}\boldsymbol{l} \times \boldsymbol{v}) - \int_S \frac{\partial \boldsymbol{B}}{\partial t} \cdot \mathrm{d}\boldsymbol{S} \\ &= -\int_S \boldsymbol{B} \cdot \frac{\mathrm{d}\boldsymbol{S}}{\mathrm{d}t} - \int_S \frac{\partial \boldsymbol{B}}{\partial t} \cdot \mathrm{d}\boldsymbol{S} = -\frac{\partial}{\partial t}\int_S \boldsymbol{B} \cdot \mathrm{d}\boldsymbol{S}\end{aligned}$$

由 $\oint_C \boldsymbol{E} \cdot \mathrm{d}\boldsymbol{l} = \int_C (\boldsymbol{v} \times \boldsymbol{B}) \cdot \mathrm{d}\boldsymbol{l}$ 可得

$$\nabla \times \boldsymbol{E} = -\frac{\partial \boldsymbol{B}}{\partial t} + \nabla \times (\boldsymbol{v} \times \boldsymbol{B})$$

感应电场是由变化的磁场所激发的电场。感应电场是有旋场。感应电场不仅存在于导体回路中，也存在于导体回路之外的空间。对空间中的任意回路（不一定是导体回路）C，都有 $\oint_C \boldsymbol{E}_{\text{in}} \cdot \mathrm{d}\boldsymbol{l} = -\frac{\mathrm{d}}{\mathrm{d}t}\int_S \boldsymbol{B} \cdot \mathrm{d}\boldsymbol{S}$ 成立。这证明了麦克斯韦有旋电场假说的成立和正确性。麦克斯韦认为导体回路不是必需的，只是起到检测感应电流的作用，在自由空间的任意轮廓上，均应存在感应电势，时变场下电场的基本方程应修正旋度关系：

$$\oint_C \boldsymbol{E} \cdot \mathrm{d}\boldsymbol{l} = -\frac{\partial}{\partial t}\int_S \boldsymbol{B} \cdot \mathrm{d}\boldsymbol{S} = -\int_S \frac{\partial \boldsymbol{B}}{\partial t} \cdot \mathrm{d}\boldsymbol{S}$$

这是静止回路意义下得到的结果，即回路面积对时间无变化情况下的结果。磁场时间变化率产生的感应电势是电场的旋涡源，即有 $\nabla \times \boldsymbol{E} = -\frac{\partial \boldsymbol{B}}{\partial t}$ 成立。

变化磁场在其周围激发的电场，又称旋涡电场或感应电场。有旋电场是麦克斯韦为解释感生电动势而提出的概念，它深刻地揭示了电场和磁场的相互联系、相互依存。

有旋电场和静电场是两种不同的电场。它们的共同点是都能对其中的电荷有作用力，静电场对电荷的作用力叫作静电力或库仑力，有旋电场对电荷的作用力则是一种非静电力。它们的区别是产生原因不同，性质不同。静电场是静止电荷产生的，有旋电场是变化磁场产生的。静电场的高斯定理和环路定理（见安培环路定理）表明，静电场是有源无旋场，正、负电荷就是它的源头和尾闾，它的电力线不闭合，可以引入电位（标量）来描述静电场。有旋电场是无源有旋场，不存在源头和尾闾，它的电力线是闭合的，无法引入相应的标量位函数。有旋电场是一种左旋场，即磁场增加的方向与由此产生的有旋电场的方向构成左手螺旋关系。作为对比，电流产生的磁场也是有旋场，但电流的方向和它所产生的磁场的方向成右手螺旋关系，所以是右旋场。

总的电场是静电场和有旋电场之和，它是既有源又有旋的矢量场。总电场的高斯定理和环路定理是麦克斯韦方程组的重要组成部分。

4.5.3 位移电流

在有旋电场假说的基础上，麦克斯韦又提出了新的命题：既然交变的磁场能够产生电场，那么交变的电场能否产生磁场（关键是能否产生电流，尤其是自由空间没有导体回路的情况下）呢？这就是著名的位移电流假说。麦克斯韦研究了电容的充放电现象，提出了位移电流概念，基于该概念所预言的电磁现象如电磁波的存在等，均得到实验结果证实。

（一）导出的必要性和必然性

1. 安培环路定理的局限性

由恒定磁场得到的安培环路定律为：

$$\nabla \times \boldsymbol{H} = \boldsymbol{J}$$

两端同时取散度得：

$$\nabla \cdot (\nabla \times \boldsymbol{H}) = \nabla \cdot \boldsymbol{J},\quad \nabla \cdot (\nabla \times \boldsymbol{H}) \equiv 0$$

所以得到

$$\nabla \cdot \boldsymbol{J} = 0$$

这是恒定电流的连续性方程，与电荷守恒定律 $\nabla \cdot \boldsymbol{J} = -\frac{\partial \rho}{\partial t}$ 相矛盾，表明安培环路定理对时变电磁场是不成立的。可以用一个含有电容器和时变电压源的电路来说明这种矛盾现象。

如图 4.23 所示，S 面：

$$\oint_L \boldsymbol{H} \cdot \mathrm{d}\boldsymbol{l} = \int_S \boldsymbol{J} \cdot \mathrm{d}\boldsymbol{S} = I$$

S' 面：

$$\oint_L \boldsymbol{H} \cdot \mathrm{d}\boldsymbol{l} = \int_{S'} \boldsymbol{J} \cdot \mathrm{d}\boldsymbol{S} = 0$$

与结果矛盾。

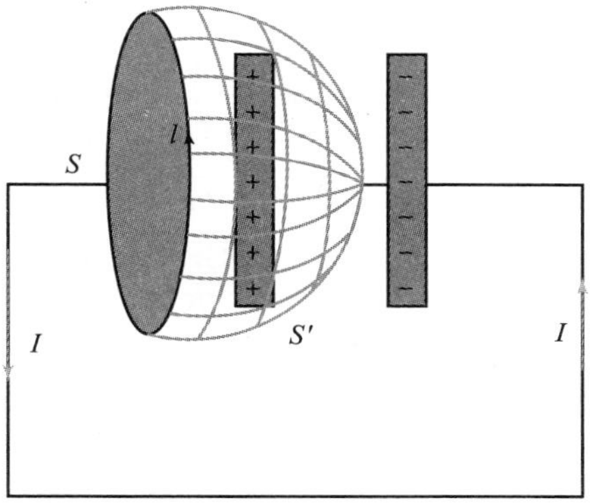

图 4.23　位移电流的引入

结论：恒定磁场中推导得到的安培环路定理不适用于时变电磁场问题。

2. 电磁场理论发展的必由之路以及麦克斯韦的杰出工作与贡献

电磁场理论的发展必然要经由静态场的研究并走向时变场，最终建立统一的电磁场理论，这种理论对每一种形态的场都适用。时代选择了天才的麦克斯韦，麦克斯韦敏锐地发现了安培环路定律的不足，并且创造性地提出了位移电流概念，成功地解决了上述矛盾。

（二）位移电流

由 $\nabla \cdot \boldsymbol{D} = \rho$，$\nabla \cdot \boldsymbol{J} = -\frac{\partial}{\partial t}(\nabla \cdot \boldsymbol{D})$，$\nabla \cdot \left(\boldsymbol{J} + \frac{\partial \boldsymbol{D}}{\partial t}\right) = 0$（矢量的散度等于 0，就可以用另外一个矢量的旋度来表示此矢量，此处的矢量正是我们所需要的磁场强度矢量），于是有

$\nabla\times\boldsymbol{H}=\boldsymbol{J}+\frac{\partial\boldsymbol{D}}{\partial t}$，从而将恒定场中的安培环路定理$\nabla\times\boldsymbol{H}=\boldsymbol{J}$进行了修正。式中$\frac{\partial\boldsymbol{D}}{\partial t}$表示时变电场会激发磁场，使矛盾得到解决。

事实上，在电容器极板间，不存在自由电流，但存在随时间变化的电场。这是位移电流提出的基本思想：变化的电场在其周围空间激发旋涡磁场；而这变化的电场等效于一种电流，即位移电流。

由电流连续性方程，极板间电流为：

$$\oint_S \boldsymbol{J}_S\cdot \mathrm{d}\boldsymbol{S}=-\frac{\mathrm{d}q}{\mathrm{d}t}$$

即有

$$\oint_S \boldsymbol{J}_S\cdot \mathrm{d}\boldsymbol{S}=-\frac{\mathrm{d}}{\mathrm{d}t}\oint_S \boldsymbol{D}\cdot \mathrm{d}\boldsymbol{S}=-\oint_S \frac{\partial \boldsymbol{D}}{\partial t}\cdot \mathrm{d}\boldsymbol{S}$$

则得到

$$\oint_S\left(\boldsymbol{J}_\mathrm{c}+\frac{\partial \boldsymbol{D}}{\partial t}\right)\cdot \mathrm{d}\boldsymbol{S}=0$$

即

$$\oint_S(\boldsymbol{J}_\mathrm{c}+\boldsymbol{J}_\mathrm{d})\cdot \mathrm{d}\boldsymbol{S}=0$$

式中，$\boldsymbol{J}_\mathrm{c}$为传导电流；$\frac{\partial\boldsymbol{D}}{\partial t}=\boldsymbol{J}_\mathrm{d}$为位移电流，是一种无电荷运动的电流。

位移电流是电位移矢量对于时间的变化率，位移电流的单位与电流的单位相同。如同真实的电流，位移电流也有一个伴随磁场。但位移电流并不是移动电荷所形成的电流，是电位移矢量对时间的偏导数。位移电流只表示电场的变化率，与传导电流不同，它不产生热效应、化学效应等。

麦克斯韦创造性地提出位移电流假说，这一假说继电磁感应现象发现之后更加深入地揭示了电现象与磁现象之间的联系，是建立麦克斯韦方程组的一个重要依据，即麦克斯韦－安培方程。利用这个方程，麦克斯韦推导出电磁波方程，得出位移电流对于电磁波的存在是必要的，并将电学、磁学和光学联结成一个统一理论。这一创举现在已被物理学术界公认为物理学史的重大里程碑。同时，他也解释了位移电流与传导电流两者的差别，为静电流高斯定理和安培环路定理提供了依据。

位移电流与传导电流两者相比，其共同点仅在于都可以在空间激发磁场，二者本质的不同有以下几点：

（1）位移电流的本质是变化着的电场，而传导电流则是自由电荷的定向运动。

（2）传导电流在通过导体时会产生焦耳热，而位移电流则不会产生焦耳热；位移电流也不会产生化学效应。

（3）位移电流也即变化着的电场可以存在于真空、导体、电介质中，而传导电流只能存在于导体中。

（4）位移电流的磁效应也服从安培环路定理。

（三）麦克斯韦对安培环路定理的推广

稳恒电流的安培环路定理为$\nabla\times\boldsymbol{B}=\mu_0\boldsymbol{J}$，由此得出$\nabla\cdot\boldsymbol{J}=\frac{1}{\mu_0}\nabla\cdot(\nabla\times\boldsymbol{B})=0$，这与电

荷守恒定律 $\nabla \cdot \boldsymbol{J} = -\frac{\partial \rho}{\partial t} \neq 0$ 相矛盾。

麦克斯韦的推广：在一般情况下，安培环路定理的普遍形式为

$$\nabla \times \boldsymbol{B} = \mu_0(\boldsymbol{J} + \boldsymbol{J}_d) \tag{4-28}$$

其中，

$$\boldsymbol{J}_d = \frac{\partial \boldsymbol{D}}{\partial t} \tag{4-29}$$

就是位移电流。

即有 $\nabla \times \boldsymbol{B} = \mu_0\left(\boldsymbol{J} + \frac{\partial \boldsymbol{D}}{\partial t}\right)$ 或

$$\oint_L \boldsymbol{B} \cdot \mathrm{d}\boldsymbol{l} = \mu_0 \int_S \left(\boldsymbol{J} + \frac{\partial \boldsymbol{D}}{\partial t}\right) \cdot \mathrm{d}\boldsymbol{S} \tag{4-30}$$

一般情况下，时变场空间同时存在传导电流和位移电流，则

$$\boldsymbol{J} = \boldsymbol{J}_e + \boldsymbol{J}_d = \boldsymbol{J}_e + \frac{\partial \boldsymbol{D}}{\partial t}$$

称为全电流。

于是全电流定理积分形式为：

$$\oint_C \boldsymbol{H} \cdot \mathrm{d}\boldsymbol{l} = \int_S \left(\boldsymbol{J} + \frac{\partial \boldsymbol{D}}{\partial t}\right) \cdot \mathrm{d}\boldsymbol{S} \tag{4-31}$$

其微分形式为：

$$\nabla \times \boldsymbol{H} = \boldsymbol{J} + \frac{\partial \boldsymbol{D}}{\partial t} \tag{4-32}$$

全电流定理的物理意义：随时间变化的电场能产生磁场，即传导电流与位移电流在空间激发一个变化的磁场。

全电流定理的重要性质为：

（1）时变场情况下，磁场仍是有旋场，但旋涡源除传导电流外还有位移电流。

（2）位移电流代表电场随时间的变化率，当电场发生变化时，会形成磁场的旋涡源。

（3）位移电流是一种假想电流，由麦克斯韦用数学方法引入，但在此假说的基础上，麦克斯韦预言了电磁波的存在，而赫兹通过实验证明了电磁波的存在，从而反过来证明了位移电流理论的正确性。

4.6　麦克斯韦方程组

四大实验定律即库仑定律、安培定律、毕奥－萨阀尔定律和法拉第电磁感应定律，它们都是在特定条件下通过实验得出的，适用范围分别是静电场、静磁场和准静态场（变化缓慢的电磁场），对时变电磁场不具有普适性。麦克斯韦在总结前人实验结果和结论的基础上，考虑时变因素，提出科学假说，进行符合数学、物理逻辑的科学推导、分析和论证，建立了优美的麦克斯韦方程组，从而使得电磁场与电磁波成为真正的科学，也奠定了麦克斯韦自己在电磁场与电磁波理论建立中的宗师地位。

4.6.1 麦克斯韦方程组的微分形式

麦克斯韦方程组的微分形式，是一种点函数形式，描述的是空间中任意一点电磁场的变化规律。微分形式只能用于场量连续的场合，在场的边界处只能用积分形式。

$$\left.\begin{aligned}\nabla \times \boldsymbol{H} &= \boldsymbol{J}_\mathrm{e} + \frac{\partial \boldsymbol{D}}{\partial t}\\ \nabla \times \boldsymbol{E} &= -\frac{\partial \boldsymbol{B}}{\partial t}\\ \nabla \cdot \boldsymbol{B} &= 0\\ \nabla \cdot \boldsymbol{D} &= \rho\end{aligned}\right\} \tag{4-33}$$

（1）$\nabla \times \boldsymbol{H} = \boldsymbol{J}_\mathrm{e} + \frac{\partial \boldsymbol{D}}{\partial t}$，是推广的安培环路定律，表明时变磁场不仅由传导电流产生，而且也由代表电位移矢量变化率的位移电流产生，揭示的是时变电场产生时变磁场。

（2）$\nabla \times \boldsymbol{E} = -\frac{\partial \boldsymbol{B}}{\partial t}$，是法拉第电磁感应定律，揭示了时变磁场产生时变电场。

（3）$\nabla \cdot \boldsymbol{B} = 0$，是磁场散度定理，表明磁场是无散场的，磁通永远是连续的。

（4）$\nabla \cdot \boldsymbol{D} = \rho$，是电场散度定理，揭示出：如果空间中任一点存在正电荷体密度，则该点发出电位移线，如果存在负电荷体密度，则电位移线会聚于该点。

麦克斯韦方程组的微分形式还指出了时变电磁场的源有两大类：

（1）真实的物理源（变化的电流和电荷）。

（2）派生源（场源），即变化的电场和磁场。

4.6.2 麦克斯韦方程组的积分形式

麦克斯韦方程组的积分形式描述的是电磁场整体（任意闭合曲面、曲线所围成的空间）的场（点）源（点）及其物理量（电荷、电流、电场、磁场）的相互关系与作用。

$$\left.\begin{aligned}\oint_C \boldsymbol{H} \cdot \mathrm{d}\boldsymbol{l} &= \int_S \left(\boldsymbol{J}_\mathrm{e} + \frac{\partial \boldsymbol{D}}{\partial t}\right) \cdot \mathrm{d}\boldsymbol{S}\\ \oint_C \boldsymbol{E} \cdot \mathrm{d}\boldsymbol{l} &= -\int_S \frac{\partial \boldsymbol{B}}{\partial t} \cdot \mathrm{d}\boldsymbol{S}\\ \oint_S \boldsymbol{B} \cdot \mathrm{d}\boldsymbol{S} &= 0\\ \oint_S \boldsymbol{D} \cdot \mathrm{d}\boldsymbol{S} &= \int_V \rho \mathrm{d}V = Q\end{aligned}\right\} \tag{4-34}$$

按照式（4－33）中的顺序，分别称为麦克斯韦第一、第二、第三和第四方程。

麦克斯韦第一方程的含义：磁场强度沿任意闭合曲线的环量等于穿过以该闭合曲线为边界的任意曲面的传导电流与位移电流之和，因此麦克斯韦第一方程又称为全电流定律、磁场的安培环路定律。

麦克斯韦第二方程的含义：电场强度沿任意闭合曲线的环量等于穿过以该闭合曲线为边界的任意曲面的磁通量变化率的相反数，又称为电场环路定理。

麦克斯韦第二方程表明电荷和变化的磁场都能产生电场，又称为电磁感应定律；最初是法拉第发现的，麦克斯韦第二方程是法拉第电磁感应定律的推广形式。

麦克斯韦第三方程的含义：穿过任意闭合曲面的磁感应强度的通量恒等于0。麦克斯韦第三方程也称为磁场的高斯定理、磁通连续性原理，表明磁场是无散场，磁力线总是闭合曲线。

麦克斯韦第四方程的含义：穿过任意闭合曲面的电位移的通量等于该闭合曲面所包围的体积内自由电荷的代数和，即总电荷量。麦克斯韦第四方程也称为（电场）高斯定理，表明电荷以散度源的方式产生电场（变化的磁场以涡旋的形式产生电场）。

麦克斯韦第一、第二方程是独立方程，后面两个方程可以从中推得。

4.6.3 麦克斯韦方程组的限定形式

在媒质中，场量之间必须满足媒质的本构关系，在线性、各向同性媒质中，$\boldsymbol{D}=\varepsilon\boldsymbol{E}$，$\boldsymbol{B}=\mu\boldsymbol{H}$，$\boldsymbol{J}=\sigma\boldsymbol{E}$，代入麦克斯韦方程组，则得：

$$\left.\begin{aligned}&\nabla\times\boldsymbol{H}=\gamma\boldsymbol{E}+\varepsilon\frac{\partial\boldsymbol{E}}{\partial t}\\&\nabla\times\boldsymbol{E}=-\mu\frac{\partial\boldsymbol{H}}{\partial t}\\&\nabla\cdot(\mu\boldsymbol{H})=0\\&\nabla\cdot(\varepsilon\boldsymbol{E})=\rho\end{aligned}\right\}\tag{4-35}$$

限定形式与媒质特性有关。

4.6.4 麦克斯韦方程组的物理意义

（1）场的激发源为电荷、变化的磁场；时变的磁场激发源为传导电流、变化的电场。时变电场的激发源除了电荷以外，还有变化的磁场；而时变磁场的激发源除了传导电流以外，还有变化的电场。

（2）电场与磁场互为激发源，相互激发。

（3）电场和磁场不再互相独立，而是相互关联，构成一个整体，即统一的电磁场。

（4）预见了电磁波的存在，且已被事实所证明。

在离开辐射源（如天线）的无源空间中，电荷密度和电流密度矢量为零，电场和磁场仍然可以相互激发，从而在空间形成电磁振荡并传播，这就是电磁波。

（5）静态场和恒定场是时变场的两种特殊形式。

$$\left.\begin{aligned}&\frac{\partial\boldsymbol{D}}{\partial t}=0\\&\frac{\partial\boldsymbol{B}}{\partial t}=0\end{aligned}\right\}\quad\Rightarrow\quad\left\{\begin{aligned}&\nabla\times\boldsymbol{H}=\boldsymbol{J}_{\mathrm{e}}\\&\nabla\times\boldsymbol{E}=0\\&\nabla\cdot\boldsymbol{B}=0\\&\nabla\cdot\boldsymbol{D}=\rho\end{aligned}\right.$$

（6）在无源空间中，两个旋度方程分别为：

$$\nabla\times\boldsymbol{H}=\frac{\partial\boldsymbol{D}}{\partial t},\qquad\nabla\times\boldsymbol{E}=-\frac{\partial\boldsymbol{B}}{\partial t}$$

可以看到两个方程的右边相差一个负号，而正是这个负号使得电场和磁场构成一个相互激励又相互制约的关系。当磁场减小时，电场的旋涡源为正，电场将增大；而当电场增大时，使磁场增大，磁场增大反过来又使电场减小。

场的观点认为：电磁波的传播过程是一种激励源近距离传递的过程（如温度场的热扩散），因此感应出来的感应电势和位移电流都可以理解为新的辐射源，这称为惠更斯原理。

（7）麦克斯韦方程组中，$\nabla \cdot \boldsymbol{B}=0$ 的物理意义：自由空间中由任何闭合曲面内穿出的净磁通量都为零；不存在磁通密度矢量的源——磁荷。这就是磁场的高斯定理，它指出：通过任意闭合曲面的磁通量为零，即它表明磁场是无源的，不存在发出或会聚磁力线的源头或尾闾，亦即不存在孤立的磁单极。公式中的 $\boldsymbol{B}$ 既可以是电流产生的磁场强度，也可以是变化电场产生的磁场强度，或两者之和。

（8）电荷守恒定律：单位时间内由任意闭合曲面内流出的电荷量 $\oint_S \boldsymbol{J}\cdot \mathrm{d}\boldsymbol{S}$ 应等于曲面内的电荷减少量 $-\frac{\mathrm{d}q}{\mathrm{d}t}=-\int_V \frac{\partial \rho}{\partial t}\mathrm{d}V$。

积分形式：

$$\oint_S \boldsymbol{J}\cdot \mathrm{d}\boldsymbol{S}=-\frac{\mathrm{d}q}{\mathrm{d}t}=-\int_V \frac{\partial \rho}{\partial t}\mathrm{d}V$$

微分形式：

$$\nabla \cdot \boldsymbol{J}=-\frac{\partial \rho}{\partial t}$$

由于存在电荷守恒定律，麦克斯韦方程组中后两个散度方程可以从前两个旋度方程导出，故不是独立的。

麦克斯韦方程组总共有三个独立的矢量方程，五个矢量（$\boldsymbol{D}$、$\boldsymbol{E}$、$\boldsymbol{B}$、$\boldsymbol{H}$、$\boldsymbol{J}$），一个标量 ρ，增加三个矢量方程，即状态方程（又称为本构方程），就可构成完整的求解 16 个标量的方程组。这些状态方程为：

$$\boldsymbol{D}=\varepsilon \boldsymbol{E} \quad 或者 \quad \boldsymbol{D}=f(\boldsymbol{E})$$
$$\boldsymbol{B}=\mu \boldsymbol{H} \quad 或者 \quad \boldsymbol{B}=f(\boldsymbol{H})$$
$$\boldsymbol{J}_c=\sigma \boldsymbol{E} \quad 或者 \quad \boldsymbol{J}_c=f(\boldsymbol{E})$$

由这些状态方程可以对媒质进行分类。

4.6.5 麦克斯韦方程组的美

麦克斯韦方程具有简单美、对称美（电场与磁场以及时间空间的显著对称性）、和谐美、统一美、（逻辑体系）严谨美、方法美（出色的演绎方法）以及创新美（物理概念创新，如位移电流、旋涡场等）。具有线性性、自洽性（所谓自洽性，就是要求从不同角度出发导出的四个方程彼此之间不相互矛盾）、对称性、完备性（所谓完备性，就是指在给定电荷、电流分布的条件下，如果初始条件和边界条件都已确定，那么麦克斯韦方程的解是唯一的，亦即为了找出唯一解不需要再引入任何附加条件）和不完全独立性（旋度方程以及电荷守恒定律独立，由它们可以推导出散度方程）等特点，这些特点更增加了麦克斯韦方程组的美。

麦克斯韦方程组被称为史上最美的公式，它的优美在物理和数学两个领域都充分得到体现。在物理上，它完全解释了（经典）电磁现象的场源关系：对于静态情况，它指出电荷产生电场（高斯定理），电流产生磁场（安培定律）；而在动态情况下，它表明变化的电场可以产生磁场（Maxwell - Ampere Law），变化的磁场也可以产生电场（法拉第电磁感应定律）。

所以，（经典宏观）电磁现象可以由电荷以及电荷的运动（电流）产生电场、磁场，以及变化的电场和磁场（电磁场）形成电磁波等来解释。从数学上来说，方程形式十分简洁，虽然不是完全对称的——因为磁场没有源（磁单核）；四个微分方程，全是用散度和旋度表示，也就可以统一为微分几何中的广义斯托克斯定理。

4.7　电磁场的边界条件

媒质的本征参数有 ε_r、μ_r、σ。其中：

σ：形成传导电流的参数，利用它既可以引导电磁波，也可以吸收和屏蔽电磁波。

ε_r：表明交替变化的极化电荷，也意味着某种束缚电流，这种电流是不需要回路的。

μ_r：既是磁化强度的反映，也是磁化损耗的衡量参数。

交变场下，利用极化损耗、磁化损耗和传导电流的焦耳热，可以形成不同系列的吸收电磁波的吸波材料，本质上就是电磁场边值条件的经典应用。

实际电磁场问题都发生在一定的物理空间内，该空间可能由多种不同媒质组成。边界条件就是不同媒质的分界面上的电磁场矢量 $\boldsymbol{E}$、$\boldsymbol{D}$、$\boldsymbol{B}$、$\boldsymbol{H}$ 满足的条件，是在不同媒质分界面上电磁场的基本属性。

电磁场的边界条件必须由麦克斯韦方程组导出。但是，由于不同媒质的本征参数 ε_r、μ_r、σ 不同，在它们的分界面上，这些媒质的本征参数 ε_r、μ_r、σ 发生突变，从而使得某些场量也发生突变。因而造成麦克斯韦方程组的微分形式失去意义。但麦克斯韦方程组的积分形式在不同媒质的分界面上仍然适用，由此可导出电磁场矢量在不同媒质分界面上的边界条件。

边界条件对于求解电磁场问题具有非常重要的作用。首先，根据亥姆霍兹定理，电磁场由其散度、旋度和边值条件唯一确定，因此必须研究电磁场的边界条件。其次，在物理上，由于在分界面两侧介质的特性参数发生突变，场在界面两侧也发生突变。麦克斯韦方程组的微分形式在分界面两侧失去意义，必须采用边界条件。再次，在数学上，麦克斯韦方程组的微分形式，其解是不确定的，边值条件起定解的作用。最后，不管对于什么性质的场，麦克斯韦方程组的通解必须满足给定区域的特定边界条件，才是唯一的、有意义的解。特别地，时变场的解在满足媒质所决定的波动方程的同时又要符合边界条件；导体边界条件对时变场解的结构有实质性的决定影响。

4.7.1　电磁场的边界条件

实际电磁场问题都是在一定的物理空间内发生的，因此一般为边值问题；而该空间可能由多种不同媒质组成，因此边值问题关于空间和媒质的约束条件通常包括两类：边界关系（或称为边值关系），边值条件。有的文献含糊地把它们都等价为边界条件，其实二者本质上是不同的概念，而且它们分别是边界约束条件的组成部分。边界条件，即边界关系和边值条件的集合。边界关系是指决定分界面两侧电磁场变化关系的方程，也称为衔接条件或者衔接关系。而边值条件是指麦克斯韦方程组的解在某个给定区域、空间边界上满足的特定条件，即电磁场量在给定边界上的值。本书中如不特别说明，一般讨论的都是边界关系（边值关系）。

边值问题的解应当是适定的：即满足解的存在性、唯一性、稳定性（解基于连续的初始值）。

在两种介质界面上，介质性质及其本征参数有突变，电磁场及其场量也会突变。电磁场的边界条件明确界定分界面两边电磁场按照某种规律突变的关系。麦克斯韦方程组可以应用于任何连续的介质内部；推导边值条件的依据是麦克斯韦方程组的积分形式。

1. 边界条件的一般形式

边界条件的一般形式为：

$$\begin{cases}\oint_C \boldsymbol{H}\cdot \mathrm{d}\boldsymbol{l} = \int_S\left(\boldsymbol{J}+\dfrac{\partial \boldsymbol{D}}{\partial t}\right)\cdot \mathrm{d}\boldsymbol{S}\\ \oint_C \boldsymbol{E}\cdot \mathrm{d}\boldsymbol{l} = -\int_S \dfrac{\partial \boldsymbol{B}}{\partial t}\cdot \mathrm{d}\boldsymbol{S}\\ \oint_S \boldsymbol{B}\cdot \mathrm{d}\boldsymbol{S} = 0\\ \oint_S \boldsymbol{D}\cdot \mathrm{d}\boldsymbol{S} = \int_V \rho \mathrm{d}V\end{cases}\qquad (\sigma\neq 0,\sigma\neq\infty)\qquad (4-36)$$

2. 边界条件的矢量形式

边界条件的矢量形式为：

$$\begin{cases}\boldsymbol{e}_n\times(\boldsymbol{H}_1-\boldsymbol{H}_2)=\boldsymbol{J}_S\\ \boldsymbol{e}_n\times(\boldsymbol{E}_1-\boldsymbol{E}_2)=0\\ \boldsymbol{e}_n\cdot(\boldsymbol{B}_1-\boldsymbol{B}_2)=0\\ \boldsymbol{e}_n\cdot(\boldsymbol{D}_1-\boldsymbol{D}_2)=\rho_S\end{cases}\qquad (4-37)$$

式中，ρ_S 为分界面上的电荷面密度；$\boldsymbol{J}_S$ 为分界面上的电流面密度。注意：对于法向和切向边界条件，其推证都要用到图示。边界条件一般都有两种表达形式：标量形式和矢量形式；也有两种情况：法向和切向边界条件。

3. 边界条件的分类

一般边界条件有三种形式：本质边界条件、自然边界条件、混合边界条件。

本质边界条件：第一类边界条件为本质边界条件，也称为狄里克雷（Dirichlet）边界条件或强制性边界条件，其形式是直接给出边界 Γ 上的未知函数 u。

$$u\big|_\Gamma=\bar{u}$$

自然边界条件：第二类边界条件为自然边界条件，也称纽曼（Neumann）边界条件，其形式是给出边界 Γ 上 u 的外法线导数 $\alpha(x)\dfrac{\partial u}{\partial n}\bigg|_\Gamma=g(x)$ 或对于解的一阶导数的方程；由问题的物理性质决定，或者由区域 D 的几何性质决定，而无须在定解问题中明确提出的边界条件，通常称为自然边界条件。自然边界条件是隐含在定解问题本身之中的边界条件。

混合边界条件：第三类边界条件为混合边界条件，也称柯西（Cauchy）或鲁宾（Robin）边界条件，其形式是给出在边界 Γ 上 u 函数和外法线导数的线性组合。

$$\alpha_1(x)\frac{\partial u}{\partial n}\bigg|_\Gamma+\alpha_2(x)u\big|_\Gamma=h(x)$$

在无界空间，如果已知分布电荷的体密度，可以通过积分公式计算任一点的电位；而在有限空间，必须使用所讨论区域边界上的电位的指定值来确定方程的定解常数；此外，当场域中有不同介质时，还要用到电位的边界条件，来确定定解常数。

总之，边界条件的形式多种多样，在端点处大体上可以写成这样的形式，$Ay + By' = C$，若 $B = 0$，$A \neq 0$，则称为第一类边界条件或狄里克雷（Dirichlet）条件；$B \neq 0$，$A = 0$，称为第二类边界条件或纽曼（Neumann）条件；$A \neq 0$，$B \neq 0$，则称为第三类边界条件、柯西边界条件或 Robin 条件。

在数值软件 comsol 中，通常只有以下两种边界条件。

第一类边界条件：在端点，待求变量的值被指定；

第二类边界条件：待求变量边界外法线的方向导数被指定。

第一、二、三类边界问题是适定的，因为它们对边界条件提出的要求既是充分的也是必要的。

稳恒电磁场的场量与时间无关，其位函数满足的泊松方程及拉普拉斯方程的解仅由边界关系和边界条件决定。根据给定的边界约束求解空间任一点的位函数就是稳恒场的边界问题。

4. *磁场强度 **H** 的边界条件*

图 4. 24 是磁场强度边界条件示意图。

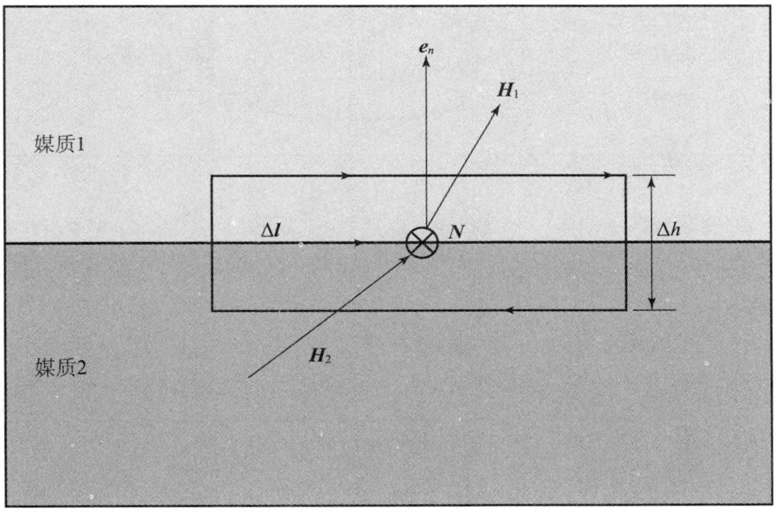

图 4. 24　磁场强度边界条件示意图

矢量形式：

$$\hat{\boldsymbol{n}} \times (\boldsymbol{H}_1 - \boldsymbol{H}_2) = \boldsymbol{J}_S$$

标量形式：

$$H_{1t} - H_{2t} = J_S$$

$\boldsymbol{H}$ 在不同媒质分界面两侧的切向分量不连续。

5. *电场强度 **E** 的边界条件*

矢量形式：

$$\hat{\boldsymbol{n}} \times (\boldsymbol{E}_1 - \boldsymbol{E}_2) = 0$$

标量形式：

$$E_{1t} = E_{2t}$$

$\boldsymbol{E}$ 在不同媒质分界面两侧的切向分量连续。

6. 磁感应强度 $\boldsymbol{B}$ 的边界条件

矢量形式：

$$\boldsymbol{B}_1 \cdot \hat{\boldsymbol{n}} - \boldsymbol{B}_2 \cdot \hat{\boldsymbol{n}} = 0$$

标量形式：

$$B_{1n} = B_{2n}$$

$\boldsymbol{B}$ 在不同媒质分界面两侧的法向分量连续。

7. 电位移矢量 $\boldsymbol{D}$ 的边界条件

$$D_{1n} - D_{2n} = \rho_S$$

式中，ρ_S 为自由电荷面密度。$\boldsymbol{D}$ 在不同媒质分界面两侧的法向分量不连续。电位移矢量边界条件示意图如图 4.25 所示。

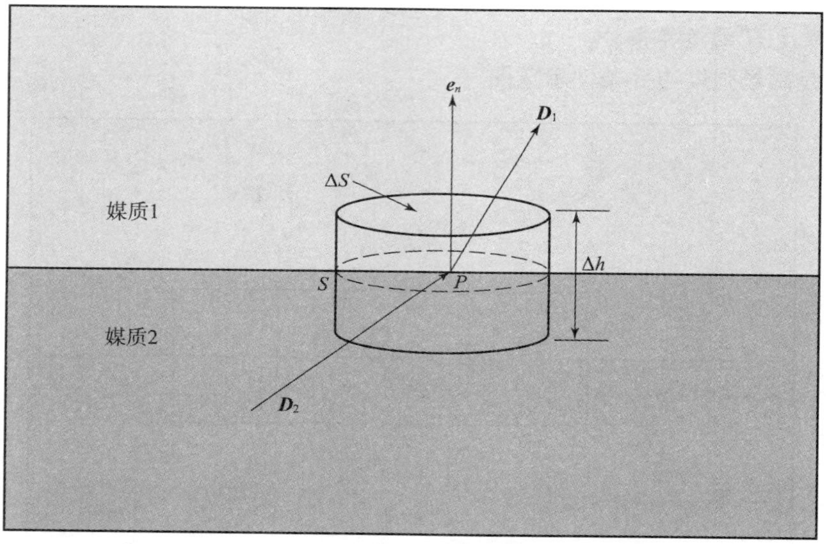

图 4.25　电位移矢量边界条件示意图

4.7.2　理想媒质的边界条件

（一）理想介质分界面上的边界条件

在理想介质内部和表面上，不存在自由电荷和传导电流，即有 $\rho_S = 0$，$\boldsymbol{J}_S = 0$，则：

$$\begin{cases} H_{1t} = H_{2t} \\ E_{1t} = E_{2t} \end{cases} \qquad \begin{cases} B_{1n} = B_{2n} \\ D_{1n} = D_{2n} \end{cases}$$

在理想介质分界面上，$\boldsymbol{E}$、$\boldsymbol{H}$ 的切向分量连续，$\boldsymbol{B}$、$\boldsymbol{D}$ 法向分量连续，如图 4.26 所示。

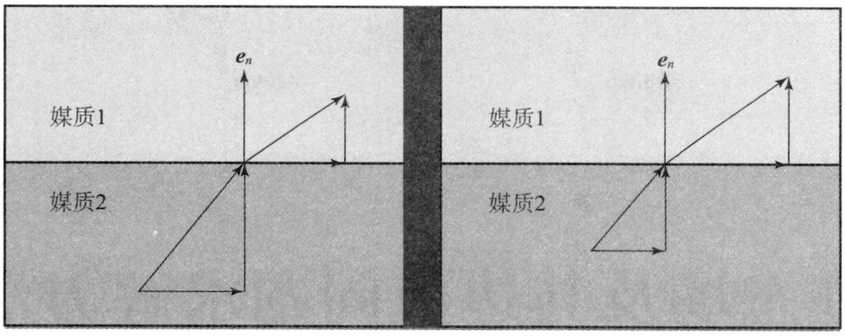

E、**H**的切向分量连续　　　　**B**、**D**的法向分量连续

图 4.26　理想介质分界面上的边界条件

（二）理想导体表面上的边界条件（$\sigma=\infty$）

理想导体：电导率为无限大的导电媒质。特征：电磁场在理想导体内恒为零，即有

$$\boldsymbol{E}=\boldsymbol{B}=0$$

在理想导体表面的边界条件为：

$$\begin{cases}\hat{\boldsymbol{n}}\times\boldsymbol{H}=\boldsymbol{J}_S\Rightarrow H_t=J_S\\ \hat{\boldsymbol{n}}\times\boldsymbol{E}=0\Rightarrow E_t=0\\ \boldsymbol{B}\cdot\hat{\boldsymbol{n}}=0\Rightarrow B_n=0\\ \boldsymbol{D}\cdot\hat{\boldsymbol{n}}=\rho_S\Rightarrow D_n=\rho_S\end{cases}$$

理想导体表面上的电荷密度等于 $\boldsymbol{D}$ 的法向分量；理想导体表面上 $\boldsymbol{B}$ 的法向分量为0；理想导体表面上 $\boldsymbol{E}$ 的切向分量为0；理想导体表面上的电流密度等于 $\boldsymbol{H}$ 的切向分量。

注意：理想介质和理想导体只是理论上存在，在实际应用中，若某些媒质电导率极小或极大，可看作理想介质或理想导体进行处理（在频率极低的情况下，大地可看作理想导体）。

习题和实训

1. 说明电磁场的分类及相应麦克斯韦方程的应用形式。
2. 比较静电场和恒定电场，并且用 MATLAB 编程实现。
3. 用 MATLAB 编程比较静磁场与静电场。
4. 用 CST 和 HFSS 仿真静电场和恒定电场。
5. 解释不同情况下电磁场的边值条件。
6. 比较金属导体和电介质的电磁特性。

第 5 章

静态场及其边值问题求解方法

静态场是指电磁场中的源量和场量都不随时间发生变化的场。静态场是时变电磁场的特例，包括静电场、恒定电场及恒定磁场，其中，静电场是指位置和电量均不随时间变化的电荷产生的电场。恒定电场是由恒定电流产生的电场或由稳定分布的电荷形成的电场。而恒定磁场是指由恒定电流或永久磁体产生的磁场，亦称为静磁场。恒定电（磁）场又称为稳恒电（磁）场。在静态情况下，电场和磁场由各自的源激发，且相互独立。这些场的性质各有不同，但处理方法却有很多相似之处。

静态场问题通常有两类：一类是分布型问题，已知场源在无界或全部空间的分布（电荷分布、电流分布），直接从场的积分公式计算空间各点场量和位函数；另一类是边值型问题，已知场量在有界场域边界上的位函数（或其法向导数）的值，求区域、空间内场分布（位函数的分布），这是通过微分方程及边值关系共同描述的问题。分布型空间电场、磁场的求解可以转化为给定边界条件下位函数的拉普拉斯方程或泊松方程的求解，即边值问题的求解。故边值型问题是主要问题，它归结为在给定边值关系情况下求解位函数的泛定方程（泊松方程或拉普拉斯方程）。

5.1 静态场的基本方程

求解分布型问题场量的方法有两种：

（1）已知电荷分布直接计算。

（2）先求位函数再计算梯度求场量。

但这两种方法的前提是必须已知全部空间的场源（电荷）分布。而对于实际应用的静态场问题，一般情况下不能够给出全部空间中的场源分布这个前提条件；即使此条件得到满足，但在计算中还须完成不规则边界路径的积分运算，位函数的解析解也难于求出。

所以必须寻求解决问题的另一途径：求解场量在给定边值条件下所满足的微分方程，即泛定方程。由此可见，位函数在静态场边值问题中占有重要地位，而要给出位函数的定义，进而掌握其特点、作用和应用，首先要理解静态场的基本方程。

5.1.1 静态场基本方程

对于静态场，各场量和源量仅仅是空间坐标的函数，而与时间 t 无关。它们对时间的偏导数为零，即$\frac{\partial \boldsymbol{D}}{\partial t}=0$，$\frac{\partial \boldsymbol{B}}{\partial t}=0$，$\frac{\partial \rho_V}{\partial t}=0$。先给出静态场麦克斯韦方程组和电流连续性方程的一般形式，其积分形式为：

$$\oint_l \boldsymbol{H}\cdot \mathrm{d}\boldsymbol{l} = \int_S \boldsymbol{J}_C \cdot \mathrm{d}\boldsymbol{S} \tag{5-1}$$

$$\oint_l \boldsymbol{E}\cdot \mathrm{d}\boldsymbol{l} = 0 \tag{5-2}$$

$$\oint_S \boldsymbol{D}\cdot \mathrm{d}\boldsymbol{S} = \int_V \rho_V \mathrm{d}V \tag{5-3}$$

$$\oint_S \boldsymbol{B}\cdot \mathrm{d}\boldsymbol{S} = 0 \tag{5-4}$$

$$\oint_S \boldsymbol{J}_\mathrm{c}\cdot \mathrm{d}\boldsymbol{S} = 0 \tag{5-5}$$

微分形式为：

$$\nabla \times \boldsymbol{H} = \boldsymbol{J}_\mathrm{c} \tag{5-6}$$

$$\nabla \times \boldsymbol{E} = 0 \tag{5-7}$$

$$\nabla \cdot \boldsymbol{D} = \rho_V \tag{5-8}$$

$$\nabla \cdot \boldsymbol{B} = 0 \tag{5-9}$$

$$\nabla \cdot \boldsymbol{J} = 0 \tag{5-10}$$

由式（5-1）~式（5-10）可见，式（5-2）及式（5-3）和式（5-7）及式（5-8）中只含有电场，且场量$\boldsymbol{E}$、$\boldsymbol{D}$仅与源量ρ_V相联系；相应地，式（5-1）及式（5-4）和式（5-6）及式（5-9）中只含有磁场，且场量$\boldsymbol{B}$、$\boldsymbol{H}$仅与源量$\boldsymbol{J}_\mathrm{c}$（传导电流）相联系。这表明静态场中电场和磁场之间没有相互耦合关系，不相互激发，可以单独进行分析和计算。场中电场和磁场彼此独立存在，是静态场与时变场的最本质的区别。

实际应用中，要注意电磁场（基本）方程的微分形式和积分形式两者不同的适用条件和范围。积分形式的方程可适用于存在导体、介质的任何情况，微分形式适用于同一种介质的情形，并且在边界附近需要根据积分形式推出其边值关系。注意：积分形式和微分形式的区别在于微分是对场点，积分是对源点。积分对总体、宏观；微分对局部、对点。

5.1.2 静电场基本方程

静电场是位置固定、带电量不随时间变化的电荷激发的电场，是电磁场中最为特殊的重要形式。

静电场问题的求解通常是求场内任一点的电位。一旦电位确定，电场强度和其他物理量都可由电位求得。因此，首先要了解电位的概念及其导出，这就要从静电场基本方程开始。

根据静态场方程组及静电场的特性，静电场基本方程如下。

积分形式：

$$\oint_l \boldsymbol{E}\cdot \mathrm{d}\boldsymbol{l} = 0 \tag{5-11}$$

$$\oint_S \boldsymbol{E}\cdot \mathrm{d}\boldsymbol{S} = \frac{q}{\varepsilon} \tag{5-12}$$

微分形式：

$$\nabla \times \boldsymbol{E} = 0 \tag{5-13}$$

$$\nabla \cdot \boldsymbol{D} = \rho \tag{5-14}$$

静电场基本方程（5-11）和方程（5-13）的证明很简单，可以利用能量守恒定律入手来进行。静电场本身满足能量守恒特性，因为在电荷分布稳定情况下，它没有提供能量的源，能量状态是恒定的，这个特性称为静电场守恒定理。假设沿一闭合回路移动一试验电荷 q_0，则电场力做功为 $q_0\oint_l \boldsymbol{E}\cdot \mathrm{d}\boldsymbol{l}$；由于场中没有提供能量的源，故 $q_0\oint_l \boldsymbol{E}\cdot \mathrm{d}\boldsymbol{l} \ngtr 0$；同样，由于场中没有消耗能量的负载，故 $q_0\oint_l \boldsymbol{E}\cdot \mathrm{d}\boldsymbol{l} \nless 0$，根据能量守恒特性，只可能有 $q_0\oint_l \boldsymbol{E}\cdot \mathrm{d}\boldsymbol{l} = 0$，又 $q_0 \neq 0$，即得静电场基本方程的积分形式 $\oint_l \boldsymbol{E}\cdot \mathrm{d}\boldsymbol{l} = 0$；利用斯托克斯公式，可得其微分形式 $\nabla \times \boldsymbol{E} = 0$。静电场的积分方程说明任何静电荷产生的电场，其电场强度矢量 $\boldsymbol{E}$ 的旋度恒等于零，静电场是无旋场。静电场的电力线不可能是闭合曲线。

由基本方程（5-11）和方程（5-13）可见，在静电场中，电场强度 $\boldsymbol{E}$ 的环量为零，即电场强度 $\boldsymbol{E}$ 沿闭合路径所做的功为零，这说明静电场是一个有散（有源）无旋场，是保守场，或称位场；电位移矢量 $\boldsymbol{D}$ 穿过一个闭合面的净通量等于该闭合面所包围的净电荷量（高斯定理），这说明静电场是由通量源（电荷）产生的有源场。在静电场中，线性各向同性导电媒质的本构关系为

$$\boldsymbol{J} = \sigma \boldsymbol{E} \tag{5-15}$$

$$\boldsymbol{D} = \varepsilon \boldsymbol{E} \tag{5-16}$$

若媒质是均匀的，则

$$\nabla \cdot \boldsymbol{J} = \nabla \cdot (\sigma \boldsymbol{E}) = \sigma \nabla \cdot \boldsymbol{E} = 0$$

即有

$$\nabla \cdot \boldsymbol{E} = 0 \tag{5-17}$$

说明均匀导电媒质中没有体分布电荷。

5.1.3 恒定电场基本方程

恒定电场是由恒定电流产生的电场，或表现为稳定分布的电荷形成的电场。

恒定电场基本方程的积分形式为：

$$\oint_l \boldsymbol{E}\cdot \mathrm{d}\boldsymbol{l} = 0 \tag{5-18}$$

$$\oint_S \boldsymbol{J}_{\mathrm{c}}\cdot \mathrm{d}\boldsymbol{S} = 0 \tag{5-19}$$

微分形式为：

$$\nabla \times \boldsymbol{E} = 0 \tag{5-20}$$

$$\nabla \cdot \boldsymbol{J} = 0 \tag{5-21}$$

当导电媒质中流动恒定电流时，在任意闭合曲面内不可能有自由电荷总量的增减变化，即任意闭合曲面净流出的电流应为零。另外，电场强度 $\boldsymbol{E}$ 沿闭合路径的积分为零，仍具有保守场性质。可见，导电媒质中的恒定电场具有无散、无旋场的特征，但仍然是一个保

守场。

恒定电场中的导电媒质也满足式（5－15）和式（5－16）的本构关系。由 $\boldsymbol{J}=\sigma\boldsymbol{E}$ 可知，导体中若存在恒定电流，则必有维持该电流的电场，虽然导体中产生电场的电荷作定向运动，但导体中的电荷分布是一种不随时间变化的恒定分布。

恒定电场和静电场都是有源无旋场，具有相同的性质。但恒定电场与静电场有重要区别：

（1）恒定电场可以存在于导体内部。

（2）恒定电场中有电场能量的损耗，要维持导体中的恒定电流，就必须有外加电源来不断补充被损耗的电场能量。

恒定电场的基本场矢量是电流密度 $\boldsymbol{J}(\boldsymbol{r})$ 和电场强度 $\boldsymbol{E}(\boldsymbol{r})$。

5.1.4　恒定磁场基本方程

恒定磁场是指由恒定电流或永久磁体产生的磁场，亦称为静磁场。

除天然磁铁（永磁体）外，恒定磁场的源是恒定电流，描述静磁场基本方程的积分形式为：

$$\oint_l \boldsymbol{H}\cdot \mathrm{d}\boldsymbol{l} = \int_S \boldsymbol{J}_{\mathrm{c}}\cdot \mathrm{d}\boldsymbol{S} \tag{5-22}$$

$$\oint_S \boldsymbol{B}\cdot \mathrm{d}\boldsymbol{S} = 0 \tag{5-23}$$

微分形式为：

$$\nabla\times\boldsymbol{H}=\boldsymbol{J}_{\mathrm{c}} \tag{5-24}$$

$$\nabla\cdot\boldsymbol{B}=0 \tag{5-25}$$

磁介质（线性、各向同性）的物态方程为：

$$\boldsymbol{B}=\mu\boldsymbol{H} \tag{5-26}$$

由式（5－22）和式（5－24）可见，恒定磁场是有旋场，恒定电流是该场的旋涡源；由式（5－23）可见，任意闭合曲面上的净通量为零，说明磁力线总是闭合的。总之，恒定磁场是无散有旋场。

5.1.5　静电场的电位及其方程

（一）定义

因为静电场是无旋场（保守力场），满足 $\nabla\times\boldsymbol{E}=0$。由矢量恒等式 $\nabla\times(\nabla u)\equiv 0$（$u$ 为任意标量函数），引入一个标量函数 φ，称为电位，则电场强度可以表示为：

$$\boldsymbol{E}=-\nabla\varphi \tag{5-27}$$

式中，负号表示电场强度的方向从高电位指向低电位，即与电位增加的方向相反。换言之，电位函数是电场的辅助函数，为标量函数，满足关系式（5－27），取“－”是为了与电磁学讨论一致，表示电场指向电位减小最快的方向。

在均匀介质中，对 $\boldsymbol{E}=-\nabla\varphi$ 两边取散度，再利用本构关系 $\boldsymbol{D}=\varepsilon\boldsymbol{E}$，得一泊松方程

$$\nabla^2\varphi=-\frac{\rho}{\varepsilon} \tag{5-28}$$

如果所研究的区域内无电荷分布，式（5－28）可简化成拉普拉斯方程：

$$\nabla^2\varphi=0 \tag{5-29}$$

（二）引入电位的意义

1. 引入电位函数的优越性

将求矢量函数的问题转化为求标量函数的问题，由于标量微积分比矢量微积分简单，从而简化电场的求解。在某些情况下，直接求解电场强度很困难，但求解电位函数则相对简单，因此可通过先求电位函数，再由关系式（5－27）得到电场解。这是一种常用的电磁场间接求解法。

2. 电位与电位差

空间某点电位无物理意义，两点间电位差才有意义。

电位差是电场空间中不同位置点电位的变化量。

$$\nabla\varphi=\frac{\partial\varphi}{\partial l}\cdot\boldsymbol{e}_l\bigg|_{\boldsymbol{e}_l\text{为}\varphi\text{增加最快的方向}}$$

由 $\boldsymbol{E}=-\frac{\partial\varphi}{\partial l}\boldsymbol{e}_l\Rightarrow\mathrm{d}\varphi=-\boldsymbol{E}\cdot\mathrm{d}\boldsymbol{l}\Rightarrow\Delta\varphi_{A\to B}=\varphi_B-\varphi_A=-\int_A^B\boldsymbol{E}\cdot\mathrm{d}\boldsymbol{l}$ 得空间中两点间电位差为

$$\varphi_B-\varphi_A=\int_B^A\boldsymbol{E}\cdot\mathrm{d}\boldsymbol{l} \tag{5-30}$$

电位差的物理意义：A、B 两点间的电位差等于将单位点电荷从 B 点移动到 A 点过程中电场力所做的功。两点间电位差有确定值，只与首尾两点位置有关，与积分路径无关。

3. 等位面

电位相等的曲面称为等位面，其方程为

$$\varphi(x,y,z)=C \tag{5-31}$$

当取不同的常数 C 时，可得到不同的等位面，如图 5.1 所示。

电场强度的方向为电位梯度的负方向，而梯度方向总是垂直于等位面，因此，电场线与等位面一定处处保持垂直。

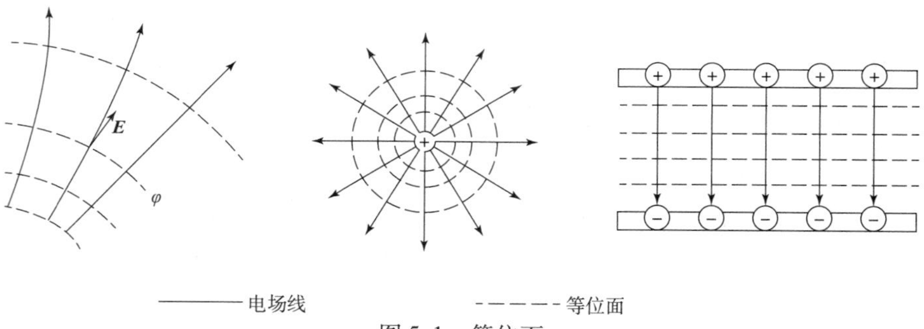

图 5.1　等位面

4. 电场线与等位面的性质

电场线不相交，等位线不相交；电场线起始于正电荷，终止于负电荷；电场线越密处，场强越大；电场线与等位面正交。

（三）电位参考点及其选取原则

（1）在静电场中，任一点的静电位不唯一，可以相差一个常数，即无确定值。因为由

$\varphi' = \varphi + C$，得到 $\nabla\varphi' = \nabla(\varphi + C) = \nabla\varphi$。

（2）解决办法：指定一个电位参考点并且令参考点电位为 0，域内各点电位即确定了。

（3）选择电位参考点的原则：

①应使电位表达式有意义。

②应使电位表达式最简单。如果电荷分布在有限区域，通常取无限远作电位参考点。

③同一个问题只能有一个参考点。

5.1.6　磁矢位

（一）磁矢位的定义

由于磁场是无源场，$\nabla \cdot \boldsymbol{B} = 0$，因此 $\boldsymbol{B}$ 可表示另一矢量函数 $\boldsymbol{A}$ 的旋度，$\boldsymbol{B} = \nabla \times \boldsymbol{A}$，$\boldsymbol{A}$ 称为磁场的矢量位函数，简称磁矢位、磁矢、矢位，也称矢势。

（二）磁矢位的物理意义

对曲面 S（其边界为闭曲线 L），求 $\boldsymbol{B}$ 的通量：

$$\int_S \boldsymbol{B} \cdot \mathrm{d}\boldsymbol{S} = \int_S \nabla \times \boldsymbol{A} \cdot \mathrm{d}\boldsymbol{S} = \oint_L \boldsymbol{A} \cdot \mathrm{d}\boldsymbol{l}$$

由此得出磁矢位的物理意义为：磁矢位 $\boldsymbol{A}$ 沿任一闭合回路的环量，等于通过以该回路为边界的任一曲面的磁感应通量。

（三）$\boldsymbol{A}$ 的任意性与规范条件

1. $\boldsymbol{B}$ 与 $\boldsymbol{A}$ 的对应关系

由 $\boldsymbol{A}$ 可唯一地确定 $\boldsymbol{B}$，$\boldsymbol{B} = \nabla \times \boldsymbol{A}$。但由 $\boldsymbol{B}$ 不能唯一地确定 $\boldsymbol{A}$，因为如果 $\nabla \times \boldsymbol{A} = \boldsymbol{B}$，则 $\nabla \times (\boldsymbol{A} + \nabla\psi) = \nabla \times \boldsymbol{A} = \boldsymbol{B}$。即在 $\boldsymbol{A}$ 上加任意的标量函数 ψ 的梯度 $\nabla\psi$，仍与 $\boldsymbol{A}$ 对应同一 $\boldsymbol{B}$。磁矢位 $\boldsymbol{A}$ 的任意性是由于磁矢位 $\boldsymbol{A}$ 的环量有意义，而每点的 $\boldsymbol{A}$ 本身没有直接的物理意义。

2. 规范条件

众所周知，想要描述一个场（矢量场），则需要知道它的散度与旋度。为了消除 $\boldsymbol{A}$ 的任意性，需要对 $\boldsymbol{A}$ 加上限制条件，或称为规范（条件）。其中一个限制条件是：

$$\nabla \cdot \boldsymbol{A} = 0 \tag{5-32}$$

这个规范条件称为库仑规范，或库仑条件。

需要注意的是，不只是静磁场才可以引入磁矢位，而是任何磁场均可以引入磁矢位。

（四）磁矢位的微分方程（只对 $\boldsymbol{B}$ 与 $\boldsymbol{H}$ 有线性关系时成立）

1. 磁矢位的微分方程

对均匀各向同性介质，外场不太强时（保证线性），有 $\boldsymbol{B} = \mu\boldsymbol{H}$，利用 $\boldsymbol{B} = \nabla \times \boldsymbol{A}$，代入 $\nabla \times \boldsymbol{H} = \boldsymbol{J}$，有

$$\boldsymbol{J} = \nabla \times \boldsymbol{H} = \frac{1}{\mu} \nabla \times (\nabla \times \boldsymbol{A})$$

而 $\nabla \times (\nabla \times \boldsymbol{A}) = \nabla(\nabla \cdot \boldsymbol{A}) - \nabla^2\boldsymbol{A}$，考虑到 $\boldsymbol{A}$ 满足规范条件 $\nabla \cdot \boldsymbol{A} = 0$ 有 $-\nabla^2\boldsymbol{A} = \mu\boldsymbol{J}$，得到

$$\nabla^2\boldsymbol{A} = -\mu\boldsymbol{J} \tag{5-33}$$

式（5-33）称为磁矢位的微分方程，其中 $\boldsymbol{J}$ 为自由电流密度。

2. 磁矢位微分方程的解

$\boldsymbol{A}$ 的每一直角坐标分量 A_i 满足泊松方程 $\nabla^2 A_i = -\mu J_i (i=1,2,3)$。

把它与静电位满足的微分方程及解 $\nabla^2\varphi = -\frac{\rho}{\varepsilon}$，$\varphi = \int \frac{\rho(\boldsymbol{r}')\mathrm{d}V'}{4\pi\varepsilon r}$ 进行类比，可得 $A_i = \frac{\mu}{4\pi}\int \frac{J_i(\boldsymbol{r}')}{r}\mathrm{d}V'$，因此

$$\boldsymbol{A} = \frac{\mu}{4\pi}\int \frac{\boldsymbol{J}(\boldsymbol{r}')}{r}\mathrm{d}V' \tag{5-34}$$

式中，$\boldsymbol{r}'$为电流分布区域中的点（源点）的坐标；$\boldsymbol{r}$ 为观察点（场点）的坐标，$r = |\boldsymbol{r}-\boldsymbol{r}'|$。

式（5－34）中的 $\boldsymbol{A}$ 是否满足规范条件 $\nabla\cdot\boldsymbol{A}=0$ 呢？此处以磁场的散度和旋度为出发点，从微分方程出发，引入磁矢位 $\boldsymbol{A}$。由 $\boldsymbol{A}$ 的方程获得特解 $\boldsymbol{A} = \frac{\mu_0}{4\pi}\int \frac{\boldsymbol{J}(\boldsymbol{r}')}{r}\mathrm{d}V'$，由 $\boldsymbol{A}$ 的旋度求 $\boldsymbol{B}$，从而得出毕奥－萨阀尔定律。即

$$\begin{aligned}\boldsymbol{B} &= \nabla\times\boldsymbol{A} = \frac{\mu}{4\pi}\nabla\times\int\frac{\boldsymbol{J}(\boldsymbol{r}')}{r}\mathrm{d}V' = \frac{\mu}{4\pi}\int\nabla\times\frac{\boldsymbol{J}(\boldsymbol{r}')}{r}\mathrm{d}V' \\ &= -\frac{\mu}{4\pi}\int\boldsymbol{J}(\boldsymbol{r}')\times\nabla\frac{1}{r}\mathrm{d}V' \\ &= \frac{\mu}{4\pi}\int\frac{\boldsymbol{J}(\boldsymbol{r})\times\boldsymbol{r}}{r^3}\mathrm{d}V'\end{aligned}$$

说明矢量 $\boldsymbol{A}$ 满足库仑规范。

如果全空间中电流分布 $\boldsymbol{J}(\boldsymbol{r}')$ 给定，就可计算出磁场分布。但问题是，在许多问题中 $\boldsymbol{J}(\boldsymbol{r}')$不是事先给定的（若事先给定，直接利用毕奥－萨阀尔定律即可），而要由电流和磁场的相互作用决定。因此，要在一定边界条件下求解磁矢位的微分方程。当用矢位表示磁场时，要求解矢位，应解微分方程的边值问题，但矢量的边值问题比标量的边值问题要复杂得多。另外，对铁磁质，$\boldsymbol{B}=\mu\boldsymbol{H}$ 不成立，得不出上节的微分方程，因而矢位法就不能用了。

在某些条件下可引入磁标位，磁标位法的优点是与静电位的求解非常相似，而且可用于 $\boldsymbol{B}=\mu\boldsymbol{H}$ 不成立的铁磁质。

5.1.7 磁标位

（一）磁标位的引入

对静电场，由 $\nabla\times\boldsymbol{E}=0$，可引入电势 φ，$\boldsymbol{E}=-\nabla\varphi$。类似地，对静磁场，当区域中无自由电流分布 $\boldsymbol{J}=0$ 时，由 $\nabla\times\boldsymbol{H}=\boldsymbol{J}=0$，可引入磁标位 φ_{m}，$\boldsymbol{H}=-\nabla\varphi_{\mathrm{m}}$。然而，仅由静磁场麦克斯韦方程组的微分形式 $\nabla\times\boldsymbol{H}=0$ 看，一个区域，只要没有自由电流分布，就可以引入 φ_{m}，但从静磁场麦克斯韦方程组的积分形式看问题就不这么简单了，由 $\oint_L \boldsymbol{H}\cdot\mathrm{d}\boldsymbol{l} = I_f + \frac{\mathrm{d}}{\mathrm{d}t}\int\boldsymbol{D}\cdot\mathrm{d}\boldsymbol{S} \xlongequal{\text{静磁}} I_f + \int_S \boldsymbol{J}\cdot\mathrm{d}\boldsymbol{S}$，如果闭合环路 L 绞链着电流，则有电流流过曲面 S，此时 $\int_S \boldsymbol{J}_f\cdot\mathrm{d}\boldsymbol{S}\neq 0$，因而 $\oint_L \boldsymbol{H}\cdot\mathrm{d}\boldsymbol{l}\neq 0$，就不能引入磁标位。必须是一个区域中所有回路都未环链着电

流，在这个区域中 $\boldsymbol{H}$ 沿任一环路的积分 $\oint_L \boldsymbol{H}\cdot \mathrm{d}\boldsymbol{l}=0$，才可以在这个区域中得出任一点处 $\nabla\times\boldsymbol{H}=0$，才可在这个区域中引入磁标位。这个区域中所有回路都不环链着电流，意味着区域内不仅没有电流分布，而且是单连通的，也即必须保证磁场是保守场、位场。

在单连通区域，如果某一矢量 $\boldsymbol{f}$ 的旋度为零（$\nabla\times\boldsymbol{f}=0$），则矢量 $\boldsymbol{f}$ 可表示为某个标量的梯度，$\boldsymbol{f}=\nabla\varphi$，$\varphi$ 称为矢量场 $\boldsymbol{f}$ 的标量位。

对于永磁体，它的磁场都是由分子电流激发的，没有任何自由电流，因此永磁体的磁场甚至在全空间（包括磁铁内部）都可以用磁标位来描述。

（二）磁标位的微分方程

在 $\boldsymbol{J}=0$ 的单连通区域中，磁场的基本方程是：

$$\nabla\times\boldsymbol{H}=0 \tag{5-35}$$

$$\nabla\cdot\boldsymbol{B}=0 \tag{5-36}$$

$$\boldsymbol{B}=\mu_0(\boldsymbol{H}+\boldsymbol{M}) \tag{5-37}$$

式（5-37）是 $\boldsymbol{B}$ 与 $\boldsymbol{H}$ 之间普遍成立的关系，不管对什么介质都成立，而 $\boldsymbol{B}=\mu\boldsymbol{H}$ 只对均匀、各向同性的介质，磁场较弱时才成立。因此，以下的关系式即使对铁磁质（$\boldsymbol{B}$ 与 $\boldsymbol{H}$ 之间是非单值的关系）也是适用的。

由

$$\nabla\times\boldsymbol{H}=0$$

得

$$\boldsymbol{H}=-\nabla\varphi_{\mathrm{m}}$$

由

$$\left.\begin{aligned}&\nabla\cdot\boldsymbol{B}=0\\&\boldsymbol{B}=\mu_0(\boldsymbol{H}+\boldsymbol{M})\end{aligned}\right\}$$

得

$$\nabla\cdot\boldsymbol{H}=-\nabla\cdot\boldsymbol{M}$$

得到：

$$\nabla^2\varphi_{\mathrm{m}}=\nabla\cdot\boldsymbol{M} \tag{5-38}$$

为保证电场、磁场对称性和对偶关系，根据电场关系式 $\rho_P=-\nabla\cdot\boldsymbol{P}$，定义磁荷体密度 ρ_{m} 为：

$$\rho_{\mathrm{m}}=-\mu_0\nabla\cdot\boldsymbol{M} \tag{5-39}$$

两个离得很近的等量异号电荷形成电偶极子。由 ρ_{m} 与 ρ_P 对应，可以把分子电流看成由一对磁荷形成的磁偶极子，则得到 φ_{m} 满足磁标位的微分方程：

$$\nabla^2\varphi_{\mathrm{m}}=-\frac{\rho_{\mathrm{m}}}{\mu_0} \tag{5-40}$$

磁荷是假想的，是对分子电流的磁偶极矩作用的假设载体。它的引入是为了电磁理论形式上的对称性、对偶性，同时便于理解磁标位。到目前为止，实验还没有发现以磁单极子形式存在的自由磁荷。

关于磁荷和磁偶极子：

（1）磁场强度在历史上最先由磁荷观点引出。类比于电荷的库仑定律，人们认为存在正负两种磁荷，并提出磁荷的库仑定律。单位正点磁荷在磁场中所受的力被称为磁场强度

$\boldsymbol{H}$。后来安培提出分子电流假说，认为并不存在磁荷，磁现象的本质是分子电流。自此磁场的强度多用磁感应强度 $\boldsymbol{B}$ 表示。但是在磁介质的磁化问题中，磁场强度 $\boldsymbol{H}$ 作为一个导出的辅助量仍然发挥着重要作用。

（2）狄拉克的假说。1931 年，著名的英国物理学家狄拉克，从理论上预言磁单极子是可以独立存在的。狄拉克在分析了量子系统波函数相位的不确定性后，指出理论上允许磁单极子的单独存在，认为磁荷量与电荷量具有确切的关系；他说："既然电有基本电荷——电子存在，磁也应该有基本磁荷——磁单极子存在。"

（3）电与磁的对称性要求磁单极子存在。在经典电磁理论中，电与磁并不完全对称、对偶，很多物理学家试图找出磁单极子，保证电磁完全对称，求得物理学世界的数学"对称美"。

（4）大统一理论允许存在磁单极子。大爆炸宇宙中，由于宇宙的不断降温，对称性降低，会使几何结构带来一系列拓扑性的缺陷，这种缺陷结构使磁单极子产生成为可能。

（5）人们不断探寻磁单极子。磁单极子是科学家在理论物理学理论中提出的仅带有北极或南极单一磁极的假设性磁性粒子。磁性粒子通常总是以偶极子（南北两极）的形式成对出现。磁单极子的存在性在科学界有极大纷争，迄今为止科学家还未发现过这种物质，磁单极子仍旧是 21 世纪物理学界主要的重大研究课题之一。

德国亥姆霍兹联合会研究中心的研究人员在德国德累斯顿大学、圣安德鲁斯大学、拉普拉塔大学及英国牛津大学同事的协作下，首次观测到了磁单极子的存在，以及这些磁单极子在一种实际材料中出现的过程。该研究成果发表在2009 年9 月3 日出版的《科学》杂志上。

5.2 静态场的边值问题

边值问题是一个（组）微分方程及其约束条件构成的数学物理问题，其中约束条件包括边值条件和初始条件等。边值问题的解是符合约束条件的微分方程的解。

静态场不随时间变化，所以无须初始条件约束；静态场问题的求解一般归结为边值问题，即已知场量（或其位函数）在分界面的边值关系（衔接关系、衔接条件）以及在场域边界上的值（含法向导数），求解场域内部任一点的场量。

静态场边值问题有三个要素：场源、媒质和边界条件（包括边值关系和边值条件）。其中场的源要么是电荷，要么是电流。媒质要么是介质，要么是导体。最为关键的是边界条件。

位理论边值问题就是根据某一空间边界上的给定条件求出该空间中泛定方程的解，当空间被包含在边界内部时叫内部边值问题，当空间位于边界外部时叫外部边值问题。

5.2.1 边界条件

实际电磁场问题都是在一定的物理空间内发生的，该空间可能由多种不同媒质组成。因此边值问题关于空间和媒质的约束条件通常包括两类：边值关系，边值条件。

边值关系确定媒质与外场作用的相互影响：在外场作用下，介质分界面上一般出现一层束缚电荷和电流分布，这些电荷、电流的存在又使得媒质分界面两侧场量发生突变，这种场量突变是面电荷、面电流激发附加的电磁场产生的，描述在两介质分界面上，即两侧场量与界面上电荷、电流的关系。

5.2.2　静态场边值关系的一般形式

泊松方程和微分形式的麦克斯韦方程一样，只适用于均匀介质内部，不适用于两种介质的分界面。在分界面上应以边值关系进行处理。

研究边值关系的出发点，仍然是麦克斯韦方程组。麦克斯韦方程组的微分形式要求 $\boldsymbol{E}$、$\boldsymbol{D}$、$\boldsymbol{B}$、$\boldsymbol{H}$ 在介质中连续；麦克斯韦方程组的微分形式在场域不连续时不成立，而在不同媒质的交界面处，由于媒质不均匀，媒质的性质发生了变化（突变或者缓慢变化）。因此，麦克斯韦方程组的微分形式不再适用，只能从其积分形式出发推导边值关系。

电磁场边值关系的一般形式为：

$$\boldsymbol{n}\times(\boldsymbol{E}_2-\boldsymbol{E}_1)=0 \tag{5-41}$$

$$\boldsymbol{n}\times(\boldsymbol{H}_2-\boldsymbol{H}_1)=J_S \tag{5-42}$$

$$\boldsymbol{n}\cdot(\boldsymbol{D}_2-\boldsymbol{D}_1)=\rho_S \tag{5-43}$$

$$\boldsymbol{n}\cdot(\boldsymbol{B}_2-\boldsymbol{B}_1)=0 \tag{5-44}$$

$$E_{1t}=E_{2t} \tag{5-45}$$

$$B_{2n}=B_{1n} \tag{5-46}$$

由于分界面的方向可以有切向和法向两种，所以讨论分界面边值关系也要从切向和法向两个方面进行。注意，根据电、磁场的性质以及与边界面的几何关系，在推导过程中，凡求场量法向分量的边值关系时均需利用立柱体闭合曲面，而求场量切向分量边值关系时则利用矩形回路，要区别理解。

（一）电位移矢量法向分量的边值关系

如图 5.2 所示，两种媒质的分界面，第一种媒质的介电常数、磁导率和电导率分别为 ε_1、μ_1 和 σ_1，第二种媒质的介电常数、磁导率和电导率分别为 ε_2、μ_2 和 σ_2。

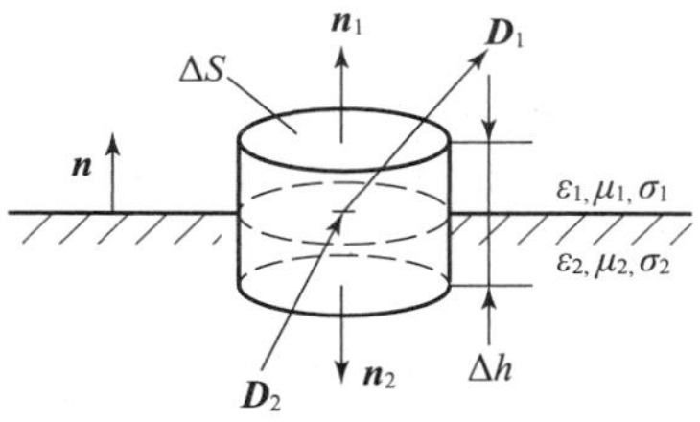

图 5.2　电场法向分量的边值关系

在图 5.2 中的两种媒质分界面上取一个小的柱形闭合面，令其高 $\Delta h\to 0$，上下底面与分界面平行且分别位于分界面两侧，其面积 ΔS 无限小，可以认为在 ΔS 上的电位移矢量 $\boldsymbol{D}$ 和面电荷密度 ρ_S 是均匀的。$\boldsymbol{n}_1$、$\boldsymbol{n}_2$ 分别为上下底面的外法线单位矢量，在闭合柱形曲面上应用电场的高斯定理：

$$\oint_S \boldsymbol{D}\cdot \mathrm{d}\boldsymbol{S}=\boldsymbol{n}_1\cdot\boldsymbol{D}_1\Delta S+\boldsymbol{n}_2\cdot\boldsymbol{D}_2\Delta S=\rho_S\Delta S$$

得到：

$$\boldsymbol{n}_1\cdot\boldsymbol{D}_1+\boldsymbol{n}_2\cdot\boldsymbol{D}_2=\boldsymbol{\rho}_S \tag{5-47a}$$

若规定 $\boldsymbol{n}$ 为从媒质Ⅱ指向媒质Ⅰ为正方向，则 $\boldsymbol{n}_1=\boldsymbol{n}$，$\boldsymbol{n}_2=-\boldsymbol{n}$，式（5-47a）可写为：

$$\boldsymbol{n}\cdot(\boldsymbol{D}_1-\boldsymbol{D}_2)=\rho_S \tag{5-47b}$$

或

$$D_{1n}-D_{2n}=\rho_S \tag{5-47c}$$

式（5－47）也称为电场法向分量的边值关系。

因为 $\boldsymbol{D}=\varepsilon\boldsymbol{E}$，所以式（5－47）可以用 $\boldsymbol{E}$ 的法向分量表示：

$$\varepsilon_1\boldsymbol{n}_1\cdot\boldsymbol{E}_1+\varepsilon_2\boldsymbol{n}_2\cdot\boldsymbol{E}_2=\rho_S \tag{5-48}$$

或

$$\varepsilon_1E_{1n}-\varepsilon_2E_{2n}=\rho_S \tag{5-49}$$

若两种媒质均为理想介质时，一般在分界面上不存在自由面电荷，即 $\rho_S=0$，所以电场法向分量的边界条件变为：

$$D_{1n}=D_{2n} \tag{5-50}$$

或

$$\varepsilon_1E_{1n}=\varepsilon_2E_{2n} \tag{5-51}$$

若媒质Ⅰ为理想介质，媒质Ⅱ为理想导体时，导体内部电场为零，即 $E_2=0$，$D_2=0$，在导体表面存在自由面电荷密度，则式（5－47）变为：

$$\boldsymbol{n}_1\cdot\boldsymbol{D}_1=D_{1n}=\rho_S \tag{5-52}$$

或

$$\varepsilon_1E_{1n}=\rho_S \tag{5-53}$$

（二）电场强度切向分量的边值关系

在两种媒质分界面上取一小的矩形闭合回路 $abcd$，如图 5.3 所示，该回路短边 $\Delta h\to0$，两个长边平行于分界面并分别在分界面两侧，长度为 Δl。在此回路上应用法拉第电磁感应定律：

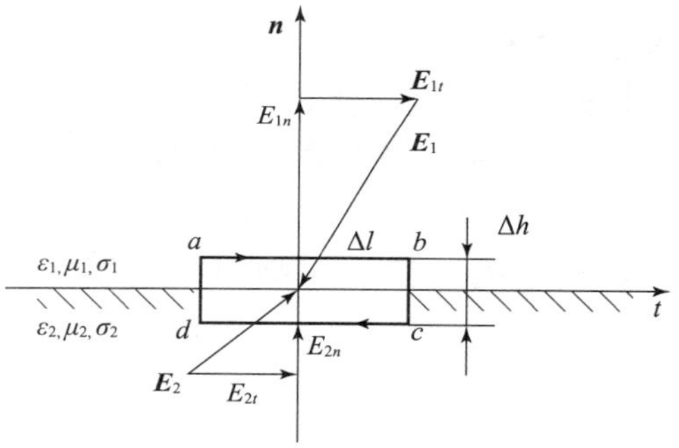

图 5.3 电场强度切向分量的边值关系

$$\oint_l\boldsymbol{E}\cdot d\boldsymbol{l}=-\int_S\frac{\partial\boldsymbol{B}}{\partial t}\cdot d\boldsymbol{S}$$

由

$$\oint_l\boldsymbol{E}\cdot d\boldsymbol{l}=E_{1t}\Delta l-E_{2t}\Delta l$$

以及

$$-\int_S\frac{\partial\boldsymbol{B}}{\partial t}\cdot d\boldsymbol{S}=-\frac{\partial\boldsymbol{B}}{\partial t}\Delta l\Delta h=0$$

故

$$E_{1t}=E_{2t} \tag{5-54a}$$

若 $\boldsymbol{n}$ 为从媒质Ⅱ指向媒质Ⅰ为正方向，式（5－54a）可写为

$$\boldsymbol{n}\times(\boldsymbol{E}_1-\boldsymbol{E}_2)=0 \tag{5-54b}$$

式（5－54）也称为电场切向分量的边值关系。该式表明，在分界面上电场强度的切向分量总是连续的。

用 $\boldsymbol{D}$ 表示式（5－54a）得：

$$\frac{D_{1t}}{\varepsilon_1}=\frac{D_{2t}}{\varepsilon_2} \tag{5-55}$$

若媒质Ⅱ为理想导体时，由于理想导体内部不存在电场，故与导体相邻的媒质Ⅰ中电场强度的切向分量必然为零。即

$$E_{1t}=0 \tag{5-56}$$

因此，理想导体表面上的电场总是垂直于导体表面，对于时变场，理想导体内部不存在电场，因此理想导体的切向电场总为零，即电场也总是垂直于理想导体表面。

（三）电位的边值关系

在两种媒质分界面上取两点，分别为 A 和 B，如图 5.4 所示。A、B 分别位于分界面两侧，两点连线的距离 $\Delta h\to 0$，且 Δh 与分界面法线 $\boldsymbol{n}$ 平行，由电位的物理意义得：

$$\varphi_A-\varphi_B=\int_A^B \boldsymbol{E}\cdot \mathrm{d}\boldsymbol{l}=E_{1n}\frac{\Delta h}{2}+E_{2n}\frac{\Delta h}{2}$$

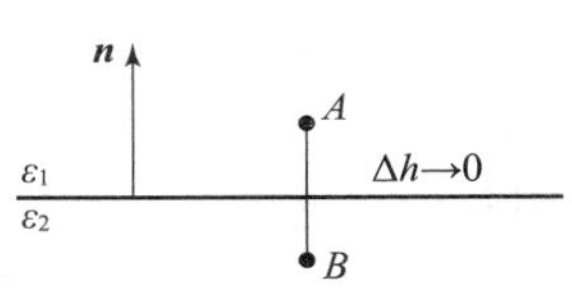

图 5.4　电位的边值关系

由于 E_{1n} 和 E_{2n} 为有限值，而 $\Delta h\to 0$，所以由上式可知 $\varphi_A-\varphi_B=0$，即有 $\varphi_A=\varphi_B$，或

$$\varphi_1\big|_S=\varphi_2\big|_S \tag{5-57}$$

式中，S 为两种媒质分界面。式（5-57）表明在两种媒质分界面处，电位是连续的。

在静电场问题求解中，电位 φ 在分界面上的边界条件是非常有用的。考虑到电位与电场强度的关系：$\boldsymbol{E}=-\nabla\varphi$，由电场的法向分量边界条件式（5-49）得：

$$\varepsilon_1\frac{\partial\varphi_1}{\partial\boldsymbol{n}}\bigg|_S-\varepsilon_2\frac{\partial\varphi_2}{\partial\boldsymbol{n}}\bigg|_S=\rho_S \tag{5-58}$$

式（5-58）称为静电场中电位的边值关系。

若两种媒质均为理想介质时，在分界面上无自由电荷，电位的边值关系为：

$$\varphi_1\big|_S=\varphi_2\big|_S$$

或

$$\varepsilon_1\frac{\partial\varphi_1}{\partial\boldsymbol{n}}\bigg|_S=\varepsilon_2\frac{\partial\varphi_2}{\partial\boldsymbol{n}}\bigg|_S \tag{5-59}$$

在理想导体表面上，电位的边值关系为：

$$\varphi\big|_S=C\ (\text{常数}) \tag{5-60a}$$

$$\frac{\partial\varphi}{\partial\boldsymbol{n}}\bigg|_S=\frac{\rho_S}{\varepsilon} \tag{5-60b}$$

式中，$\boldsymbol{n}$ 为导体表面外法线方向。

（四）磁感应强度法向分量的边值关系

在两种媒质分界面处作一小柱形闭合面，如图 5.5 所示，其高度 $\Delta h\to 0$，上下底面与分界面平行且位于分界面两侧，底面积 ΔS 无限小，$\boldsymbol{n}$ 为法线方向矢量，从媒质Ⅱ指向媒质Ⅰ，在该闭合面上应用磁场的高斯定理

$$\oint_S \boldsymbol{B}\cdot \mathrm{d}\boldsymbol{S}=\boldsymbol{n}\cdot\boldsymbol{B}_1\Delta S-\boldsymbol{n}\cdot\boldsymbol{B}_2\Delta S=0$$

有：

$$\boldsymbol{n}\cdot(\boldsymbol{B}_1-\boldsymbol{B}_2)=0 \qquad (5-61\text{a})$$

或

$$B_{1n}=B_{2n} \qquad (5-61\text{b})$$

式（5－61）为磁场法向分量的边值关系，表明磁感应强度的法向分量在分界面处是连续的。

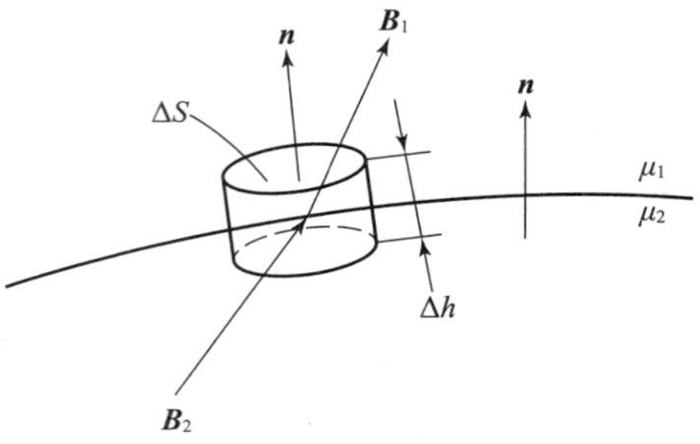

图 5.5　磁场法向分量的边值关系

利用本构关系 $\boldsymbol{B}=\mu\boldsymbol{H}$，则式（5－61b）也可以用 $\boldsymbol{H}$ 的法向分量表示为：

$$\mu_1H_{1n}=\mu_2H_{2n} \qquad (5-62)$$

若媒质Ⅱ为理想导体，由于理想导体中的磁感应强度为零，则

$$B_{1n}=0 \qquad (5-63)$$

因此理想导体表面上只有磁场切向分量，没有法向磁场。

（五）磁场强度切向分量的边值关系

在两种媒质分界面处作一小矩形闭合环路，如图 5.6 所示。环路短边 $\Delta h\to 0$，两长边 Δl 分别位于分界面两侧，且平行于分界面。在此环路上应用安培环路定理 $\oint_l \boldsymbol{H}\cdot \mathrm{d}\boldsymbol{l}=I$，即

$$\oint_l \boldsymbol{H}\cdot \mathrm{d}\boldsymbol{l}=H_{1t}\Delta l-H_{2t}\Delta l$$

可得穿过闭合回路中的总电流为：

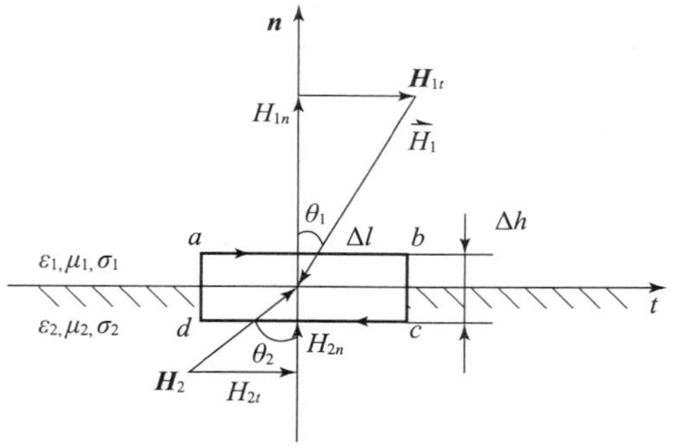

图 5.6　磁场切向分量的边值关系

$$I=J_S\Delta l+J_{c_1}\Delta l\cdot\frac{\Delta h}{2}+J_{c_2}\Delta l\cdot\frac{\Delta h}{2}+\frac{\partial D_1}{\partial t}\Delta l\cdot\frac{\Delta h}{2}+\frac{\partial D_2}{\partial t}\Delta l\cdot\frac{\Delta h}{2}$$

式中，J_S 为分界面上面电流密度；J_{c_1}、J_{c_2} 分别为两种媒质中的传导电流体密度；$\frac{\partial D_1}{\partial t}$ 和 $\frac{\partial D_2}{\partial t}$ 分别为两种媒质中的位移电流密度。因为 $\Delta h\to 0$，除 $J_S\Delta l$ 外，回路中的其他电流成分均趋向零，即 $I=J_S\Delta l$，于是

$$H_{1t}-H_{2t}=J_S \qquad (5-64\text{a})$$

式中，J_S 方向与所取环路方向满足右手螺旋法则。

用矢量关系，式（5－64a）可表示为：

$$\boldsymbol{n}\times(\boldsymbol{H}_1-\boldsymbol{H}_2)=\boldsymbol{J}_S \tag{5-64b}$$

式（5-64）为磁场切向分量的边界条件。式中 $\boldsymbol{n}$ 为从媒质Ⅱ指向媒质Ⅰ的法线单位矢量。

本构关系 $\boldsymbol{B}=\mu\boldsymbol{H}$，用 $\boldsymbol{B}$ 表示式（5-64a）得：

$$\frac{B_{1t}}{\mu_1}-\frac{B_{2t}}{\mu_2}=J_S \tag{5-65}$$

如果两种媒质均为理想介质，分界面上面电流密度 $\boldsymbol{J}_S=0$，则磁场切向分量的边值关系为：

$$H_{1t}=H_{2t} \tag{5-66}$$

或

$$\frac{B_{1t}}{\mu_1}=\frac{B_{2t}}{\mu_2} \tag{5-67}$$

由式（5-61b）和式（5-66）可得：

$$\frac{\tan\theta_1}{\tan\theta_2}=\frac{\mu_1}{\mu_2}$$

若媒质Ⅱ为高磁导率材料（$\mu_2\geqslant\mu_1$），当 θ_2 小于90°时，θ_1 将非常小。换句话说，在铁磁质表面上磁力线近乎垂直于界面。当 $\mu_2\to\infty$时，$\theta_1=0$，即在理想铁磁质表面上只有法向磁场分量，没有切向磁场分量。即

$$H_{1t}=H_{2t}=0 \tag{5-68}$$

如果媒质之一为理想导体，电流存在于理想导体表面上，$\boldsymbol{J}_S\neq0$，由于理想导体内没有磁场，理想导体表面切向磁场分量为

$$H_t=J_S \tag{5-69}$$

或

$$\boldsymbol{n}\times\boldsymbol{H}=\boldsymbol{J}_S \tag{5-70}$$

如果媒质的电导率 σ 有限，即媒质中有电流通过，且其电流只是以体电流分布的形式存在，在分界面上没有面电流分布，即 $\boldsymbol{J}_S=0$，则分界面上磁场切向分量是连续的，即 $H_{1t}=H_{2t}$。

（六）矢量磁位的边值关系

根据矢量磁位 $\boldsymbol{A}$ 所满足的旋度和散度表示式，及磁场的基本方程，可推导出 $\boldsymbol{A}$ 的法向分量和切向分量在两种媒质分界面处是连续的，所以矢量 $\boldsymbol{A}$ 在分界面处也应是连续的，即：

$$\boldsymbol{A}_1|_S=\boldsymbol{A}_2|_S \tag{5-71}$$

由式（5-65）可得：

$$\frac{1}{\mu_1}(\nabla\times\boldsymbol{A}_1)_t-\frac{1}{\mu_2}(\nabla\times\boldsymbol{A}_2)_t=J_S \tag{5-72}$$

（七）标量磁位的边值关系

在无源区域，即无电流区域，可以引入磁标位函数φ_{m}，满足 $\boldsymbol{H}=-\nabla\varphi_{\mathrm{m}}$，式中的负号是为了与静电场中 $\boldsymbol{E}=-\nabla\varphi$ 相对应而引入的。引入标量磁位的概念完全是为了在某些情况下使磁场的计算简化，并无实际的物理意义。

类似于电位差的计算，a 点和 b 点的磁位差为

$$\varphi_{mab} = \varphi_a - \varphi_b = \int_a^b \boldsymbol{H} \cdot d\boldsymbol{l} \tag{5-73}$$

根据标量磁位定义和磁场的边界条件可得：

$$\varphi_{m1} |_S = \varphi_{m2} |_S \tag{5-74a}$$

$$\mu_1 \frac{\partial \varphi_{m1}}{\partial n} = \mu_2 \frac{\partial \varphi_{m2}}{\partial n} \tag{5-74b}$$

式（5-74）为标量磁位的边值关系。

（八）电流密度的边值关系

在两种导电媒质分界面处作一小柱形闭合面，如图5.7所示，其高度$\Delta h \to 0$，上下底面位于分界面两侧，且与分界面平行，底面面积ΔS无限小。$\boldsymbol{n}$为从媒质Ⅱ指向媒质Ⅰ的法线方向矢量。根据电流连续性方程

$$\oint_S \boldsymbol{J}_c \cdot d\boldsymbol{S} = -\int_V \frac{\partial \rho_V}{\partial t} dV \tag{5-75}$$

在图5.7所示的闭合曲面上，

$$\oint_S \boldsymbol{J}_c \cdot d\boldsymbol{S} = J_{1n}\Delta S - J_{2n}\Delta S \tag{5-76}$$

$$\int_V \frac{\partial \rho_V}{\partial t} dV = \frac{\partial}{\partial t}\int_V \rho_V dV = \frac{\partial Q}{\partial t} \tag{5-77}$$

式中Q为闭合曲面包围的总电荷，当$\Delta h \to 0$时，有

$$Q = \rho_S \cdot \Delta S \tag{5-78}$$

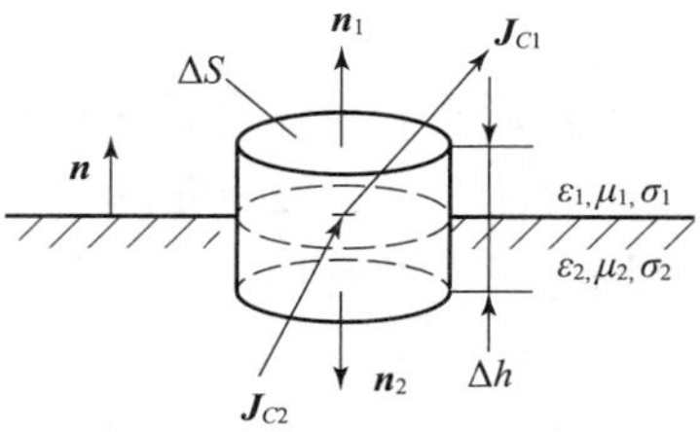

图5.7 电流密度的边界条件

将式（5-78）代入式（5-77）得：

$$\int_V \frac{\partial \rho_V}{\partial t} dV = \frac{\partial \rho_S}{\partial t}\Delta S \tag{5-79}$$

将式（5-76）和式（5-79）代入式（5-75）中得：

$$J_{1n} - J_{2n} = -\frac{\partial \rho_S}{\partial t} \tag{5-80a}$$

或

$$\boldsymbol{n} \cdot (\boldsymbol{J}_1 - \boldsymbol{J}_2) = -\frac{\partial \rho_S}{\partial t} \tag{5-80b}$$

根据导电媒质中的物态方程$\boldsymbol{J}_c = \sigma \boldsymbol{E}$，又已知在分界面处电场切向分量连续，即$E_{1t} = E_{2t}$，所以电流密度的切向分量满足：

$$\frac{J_{1t}}{\sigma_1} = \frac{J_{2t}}{\sigma_2} \tag{5-81a}$$

或

$$\boldsymbol{n} \times \left[\frac{\boldsymbol{J}_1}{\sigma_1} - \frac{\boldsymbol{J}_2}{\sigma_2}\right] = 0 \tag{5-81b}$$

式（5-80）和式（5-81）为电流密度满足的边界条件，对静态场和时变场均适用。

（九）静电场中导体的边值关系

以上给出了边值关系的一般形式。当电场中存在导体时，由于导体的特殊性质，导体表

面处的边值关系有特殊形式。

1. 导体静电平衡的必要条件

由于导体内有自由电子，因而在静电场情况下，导体内部场强必为零，否则会有电子移动，不能平衡。而且，导体表面处电场没有切向分量，否则自由电子将运动，不能静止。导体内部没有电场的必要条件是：导体内部不带电，电荷只能分布在表面上。因而在静电场情况下，导体的边界约束条件归结为：

（1）导体内部不带电，电荷只能分布在导体表面上。

（2）导体内部电场为零。

（3）导体表面处电场必须沿法线方向，因而，导体表面为等势面，整个导体的电位相等。

2. 导体表面的边值关系

根据上述分析及条件，导体表面处的边值关系如下。

（1）切向：

$$\varphi = \text{常数（待定）}$$

（2）法向：

$$\varepsilon \frac{\partial \varphi}{\partial \boldsymbol{n}} = -\sigma$$

式中，φ 指导体外接近导体面的介质中的电位，ε 为该介质的电容率。

静电场的基本问题是求静电位（求电位比求电场方便），它在每个均匀区域中满足泊松方程，在分界面上满足边值关系，在所研究的边界上满足边值条件。微分方程的求解过程按照分段进行，然后用边值关系连接。原则上，几阶方程就应有几个边值关系（衔接关系）。

上面讨论了静电位的边值关系。可以看出，仅仅根据区域 V 内的场方程不能完全确定该区域内的场，还必须具有一定的边值条件和满足一定的边值关系，才能得到确定的解。例如把点电荷 q 放置在无限大接地导体面附近，或者把它放置在接地导体球附近，静电位所满足的方程都是一样的，即除点电荷所在处外都满足拉普拉斯方程。但这两种情况下空间的电位分布却不同：前者是由点电荷和无限大零电位导体面感应电荷所激发的电位的叠加；后者是由点电荷和零电位导体球上感应电荷所激发电位的叠加。两者虽然满足相同的方程，但由于边界条件不同，因此得出不同的电位分布。若介质分区均匀，方程的解必须满足相应的边值关系。所以静电学的基本问题是：求解电位满足给定边界关系和边值条件的泊松方程，即把静电学的问题归结为数学上求解泊松方程的边值问题。

（十）边值关系小结

（1）下面将电磁场中各参量的边值关系归纳如下：

标量形式	矢量形式
$D_{1n} - D_{2n} = \rho_S$	$\boldsymbol{n} \cdot (\boldsymbol{D}_1 - \boldsymbol{D}_2) = \rho_S$
$E_{1t} = E_{2t}$	$\boldsymbol{n} \times (\boldsymbol{E}_1 - \boldsymbol{E}_2) = 0$
$B_{1n} = B_{2n}$	$\boldsymbol{n} \cdot (\boldsymbol{B}_1 - \boldsymbol{B}_2) = 0$
$H_{1t} - H_{2t} = J_S$	$\boldsymbol{n} \times (\boldsymbol{H}_1 - \boldsymbol{H}_2) = \boldsymbol{J}_S$
$J_{1n} - J_{2n} = -\dfrac{\partial \rho_S}{\partial t}$	$\boldsymbol{n} \cdot (\boldsymbol{J}_1 - \boldsymbol{J}_2) = -\dfrac{\partial \rho_S}{\partial t}$

$$\frac{J_{1t}}{\sigma_1}=\frac{J_{2t}}{\sigma_2} \qquad \boldsymbol{n}\times\left(\frac{\boldsymbol{J}_1}{\sigma_1}-\frac{\boldsymbol{J}_2}{\sigma_2}\right)=0$$

$$\varphi_1\big|_S=\varphi_2\big|_S \qquad \boldsymbol{A}_1=\boldsymbol{A}_2$$

$$\varepsilon_1\frac{\partial\varphi_1}{\partial n}\bigg|_S-\varepsilon_2\frac{\partial\varphi_2}{\partial n}\bigg|_S=\rho_S$$

（2）与麦克斯韦方程组积分形式的对比：

$$\boldsymbol{n}\times(\boldsymbol{E}_2-\boldsymbol{E}_1)=0 \qquad \oint_l\boldsymbol{E}\cdot\mathrm{d}\boldsymbol{l}=-\frac{\mathrm{d}}{\mathrm{d}t}\int_S\boldsymbol{B}\cdot\mathrm{d}\boldsymbol{S}$$

$$\boldsymbol{n}\times(\boldsymbol{H}_2-\boldsymbol{H}_1)=\boldsymbol{J}_S \qquad \oint_l\boldsymbol{H}\cdot\mathrm{d}\boldsymbol{l}=I+\frac{\mathrm{d}}{\mathrm{d}t}\int_S\boldsymbol{D}\cdot\mathrm{d}\boldsymbol{S}$$

$$\boldsymbol{n}\cdot(\boldsymbol{D}_2-\boldsymbol{D}_1)=\rho_S \qquad \oint_S\boldsymbol{D}\cdot\mathrm{d}\boldsymbol{S}=Q$$

$$\boldsymbol{n}\cdot(\boldsymbol{B}_2-\boldsymbol{B}_1)=0 \qquad \oint_S\boldsymbol{B}\cdot\mathrm{d}\boldsymbol{S}=0$$

确定边值关系的这组方程和麦克斯韦方程的积分形式一一对应。边值关系表示界面两侧的场以及界面上电荷电流的制约关系，它们实质上是边界上的场方程。

由于分界面两侧场量发生突变（从数学角度来说，场量在该点不可微），故分析衔接条件时要使用基本方程的积分形式。

（3）在应用这些边值关系时，必须牢记下列性质：

①在理想导体（$\sigma=\infty$）内部的电磁场为零，理想导体表面存在ρ_S和$\boldsymbol{J}_S$。

②在导电媒质（$\sigma<\infty$）内部的电磁场不为零，分界面上存在ρ_S，但$\boldsymbol{J}_S$为零。

③在理想介质（$\sigma=0$）内部的电磁场不为零，分界面上$\boldsymbol{J}_S$为零，如果不是特意放置，ρ_S也为零。

④两种介质表面静电位的边值关系是：

$$\varphi_2=\varphi_1 \qquad \text{（切向）}$$

$$\varepsilon_2\frac{\partial\varphi_2}{\partial\boldsymbol{n}}-\varepsilon_1\frac{\partial\varphi_1}{\partial\boldsymbol{n}}=-\rho_S \qquad \text{（法向）}$$

5.3 静态场的重要原理和定理

静态场最基本的定理是麦克斯韦方程组规定的定理。除此之外，静态场还遵循几个重要原理和定理：叠加原理、对偶原理和唯一性定理。

5.3.1 叠加原理

1. 叠加原理

若φ_1和φ_2分别满足拉普拉斯方程，即有$\nabla^2\varphi_1=\nabla^2\varphi_2=0$，则$\varphi_1$和$\varphi_2$满足叠加原理，即$\varphi=a\varphi_1+b\varphi_2$必然满足拉普拉斯方程，式中$a$和$b$均为常数。

证明：
$$\begin{aligned}\nabla^2\varphi&=\nabla^2(a\varphi_1+b\varphi_2)=\nabla^2(a\varphi_1)+\nabla^2(b\varphi_2)\\&=a\nabla^2\varphi_1+b\nabla^2\varphi_2=0\end{aligned}$$

2. 叠加原理的应用

根据叠加原理，若满足拉普拉斯方程的一系列函数 φ_1，φ_2，…，φ_n 确定后，就可以得到这些函数的线性组合 $c_1\varphi_1 + c_2\varphi_2 + \cdots + c_n\varphi_n$，只要能够选择适当的方法，调整线性组合的常数，满足给定边界条件，就可以得到拉普拉斯方程的解。利用叠加原理，可以把比较复杂的场问题分解为较简单问题的组合，便于求解。比如计算多个点电荷产生的电位问题就可以应用叠加原理。

叠加原理还体现在场叠加、源叠加。其本质均是场中源量和场量作用及其结果的叠加。这给我们分析和解决实际工程问题提供了分区、分块、逐步求精的思路和方法。

比如对静电场的计算求解，计算时可以把电荷看作体电荷、面电荷、线电荷乃至于点电荷的模型来进行分析求解，如已知几个点电荷的大小和位置，即只要把几个电荷各自产生的电位和电场强度加起来即可获得空间的所有电荷分布下的场与位。于是计算电场强度和电位函数的公式变为：

$$\boldsymbol{E}(\boldsymbol{r}) = \frac{1}{4\pi\varepsilon_0}\sum_i \frac{q_i(\boldsymbol{r} - \boldsymbol{r}_i')}{|\boldsymbol{r} - \boldsymbol{r}_i'|^3} \tag{5-82}$$

$$\varphi(\boldsymbol{r}) = \frac{1}{4\pi\varepsilon_0}\sum_i \frac{q_i}{|\boldsymbol{r} - \boldsymbol{r}'|} \tag{5-83}$$

5.3.2　对偶原理及其外延

1. 对偶原理

如果描述两种物理现象的方程具有相同的数学形式，并具有对应的边界条件，那么它们解的数学形式也将是相同的，这就是对偶原理，亦称为二重性原理。具有同样数学形式的两个方程称为对偶方程，在对偶方程中，处于同等地位的量称为对偶量。有了对偶原理后，就能把某种场的分析计算结果，直接推广到其对偶的场中，这样就提高了解决问题的效率。

在电磁场理论中的应用：如果两种场，在一定条件下，场方程有相同的形式，边界形状相同，边界关系等效，则其解也必有相同的形式，求解这两种场分布必然是同一个数学问题。只需求出一种场的解，就可以用对偶量做简单替换而得到另一种场的解。这种求解场的方法称为比拟法或类比法，后面将对比拟法进行具体介绍。

2. 静电场和恒定电场的类比与对偶关系

在无源区域内，均匀介质中的静电场和均匀导电媒质中的恒定电场的基本方程如表 5.1 所示，它们有同样的数学形式，具有对偶关系；因此，这两组方程是对偶方程。在这组对偶方程中，相应的对偶量有五组。

表 5.1　静电场和恒定电场的对偶关系

场 / 内容	静电场 $\rho=0$ 区域	恒定电场（电源外）
基本方程 积分形式	$\oint_S \boldsymbol{D}\cdot d\boldsymbol{S} = 0, \oint_C \boldsymbol{E}\cdot d\boldsymbol{l} = 0$	$\oint_S \boldsymbol{J}\cdot d\boldsymbol{S} = 0, \oint_C \boldsymbol{E}\cdot d\boldsymbol{l} = 0$

续表

场 内容	静电场 $\rho=0$ 区域	恒定电场（电源外）
基本方程 微分形式	$\nabla\cdot\boldsymbol{D}=0$，$\nabla\times\boldsymbol{E}=0$	$\nabla\cdot\boldsymbol{J}=0$，$\nabla\times\boldsymbol{E}=0$
本构关系	$\boldsymbol{D}=\varepsilon\boldsymbol{E}$（只对均匀媒质成立）	$\boldsymbol{J}=\sigma\boldsymbol{E}$
位函数	$\boldsymbol{E}=-\nabla\varphi$	$\boldsymbol{E}=-\nabla\varphi$
泛定方程	$\nabla^2\varphi=0$	$\nabla^2\varphi=0$
边值关系	$E_{1t}=E_{2t}$　$D_{1n}=D_{2n}$	$E_{1t}=E_{2t}$　$J_{1n}=J_{2n}$
边界条件	$\varphi_1=\varphi_2$，　$\varepsilon_1\frac{\partial\varphi_1}{\partial\boldsymbol{n}}=\varepsilon_2\frac{\partial\varphi_2}{\partial\boldsymbol{n}}$	$\varphi_1=\varphi_2$，　$\sigma_1\frac{\partial\varphi_1}{\partial\boldsymbol{n}}=\sigma_2\frac{\partial\varphi_2}{\partial\boldsymbol{n}}$
源量	$q=\oint_S\boldsymbol{D}\cdot\mathrm{d}\boldsymbol{S}$	$I=\oint_S\boldsymbol{J}_c\cdot\mathrm{d}\boldsymbol{S}$
对应物理量（依次对应）	$\boldsymbol{E}$，$\boldsymbol{D}$，φ，q，ε，C	$\boldsymbol{E}$，$\boldsymbol{J}$，φ，I，σ，G

若均匀导电媒质中的电流密度矢量 $\boldsymbol{J}_c$ 与电介质中的电位移矢量 $\boldsymbol{D}$ 具有相同的边界条件，即边界形状、尺寸、场点位置及场源都相同，则介质中的静电场与均匀导电媒质中的恒定电场具有相同的电场分布，即等位面的分布一致，且 $\boldsymbol{D}$ 线与 $\boldsymbol{J}$ 线的分布也一致。这样可以很方便地利用这两种场的对偶性，通过对偶量的代换，直接由静电场的解得到恒定电场的解，节省了计算量，反之亦然。

在无源情况下，考察静电场和恒定磁场的基本方程，列出它们之间的对偶关系如表 5. 2 所示。

表 5. 2　静电场和恒定磁场的对偶关系

静电场（体电荷密度 $\rho=0$ 区域）	恒定磁场（$\boldsymbol{J}=0$ 区域）
$\nabla\times\boldsymbol{E}=0$ $\nabla\cdot\boldsymbol{D}=0$ $\boldsymbol{D}=\varepsilon\boldsymbol{E}$ $q=\oint_S\boldsymbol{D}\cdot\mathrm{d}\boldsymbol{S}$（电通量） $\nabla^2\varphi=0$（均匀电介质）	$\nabla\times\boldsymbol{H}=0$ $\nabla\cdot\boldsymbol{B}=0$ $\boldsymbol{B}=\mu\boldsymbol{H}$ $q_m=\oint_S\boldsymbol{B}\cdot\mathrm{d}\boldsymbol{S}$（磁通量） $\nabla^2\varphi_m=0$（均匀磁介质）

由对偶方程可得到相应的对偶量如表 5. 3 所示。

表 5. 3　静电场和恒定磁场的对偶量（无源区）

静电场（$\rho=0$ 区域）	$\boldsymbol{E}$	$\boldsymbol{D}$	φ	q	ε
恒定磁场（$\boldsymbol{J}=0$ 区域）	$\boldsymbol{H}$	$\boldsymbol{B}$	φ_m	q_m	μ

有源情况下（$\boldsymbol{J}\neq 0$，$\rho\neq 0$），恒定磁场和静电场的对偶关系也存在，但是不明显。此种情况下，线性、各向同性、均匀媒质中恒定磁场与静电场的对偶关系如表 5.4 所示。表 5.5 列出了静磁场磁矢位与静电场电位的对偶性。

表 5.4　恒定磁场与静电场的对偶关系（有源情况、限定媒质下）

内容＼场	静电场	恒定磁场	对偶量
旋度	$\nabla\times\boldsymbol{E}=0$ 无旋场	$\nabla\times\boldsymbol{B}=\mu\boldsymbol{J}$ 有旋场	
散度	$\nabla\cdot\boldsymbol{D}=\rho$ $\nabla\cdot\boldsymbol{E}=\rho/\varepsilon$　有源场	$\nabla\cdot\boldsymbol{B}=0$ $\nabla\cdot\boldsymbol{H}=\rho_m/\mu$ 无源场	
本构关系	$\boldsymbol{D}=\varepsilon_0\boldsymbol{E}+\boldsymbol{P}=\varepsilon\boldsymbol{E}$	$\boldsymbol{B}=\mu_0\boldsymbol{H}+\boldsymbol{P}_m=\mu\boldsymbol{H}$	$\mu\leftrightarrow\varepsilon$ $\boldsymbol{P}_m\leftrightarrow\boldsymbol{P}$
位函数	$\boldsymbol{E}=-\nabla\varphi$	$\boldsymbol{H}=-\nabla\varphi_m$	$\varphi_m\leftrightarrow\varphi$
泊松方程	$\nabla^2\varphi=-\rho/\varepsilon$	$\nabla^2\varphi_m=-\rho_m/\mu_0$	$\rho_m\leftrightarrow\rho$
法向 边界条件	$\boldsymbol{n}\cdot(\boldsymbol{D}_2-\boldsymbol{D}_1)=\rho_S$	$\boldsymbol{n}\cdot(\boldsymbol{B}_2-\boldsymbol{B}_1)=0$	
切向 边界条件	$-\boldsymbol{n}\times(\boldsymbol{E}_2-\boldsymbol{E}_1)=0$	$\boldsymbol{n}\times(\boldsymbol{H}_2-\boldsymbol{H}_1)=\boldsymbol{J}_S$	
能量	$W_e=\frac{1}{2}\sum_{k=1}^{n}\varphi_k q_k$ $W_e=\int_V\left(\frac{1}{2}\boldsymbol{D}\cdot\boldsymbol{E}\right)\mathrm{d}V$	$W_m=\frac{1}{2}\int_V\boldsymbol{A}\cdot\boldsymbol{J}\mathrm{d}V$ $W_e=\int_V\left(\frac{1}{2}\boldsymbol{H}\cdot\boldsymbol{B}\right)\mathrm{d}V$	
能量密度	$w_e'=\frac{1}{2}(\boldsymbol{D}\cdot\boldsymbol{E})$	$w_m'=\frac{1}{2}(\boldsymbol{H}\cdot\boldsymbol{B})$	
	$w_e'=\frac{1}{2}\varepsilon E^2=\frac{1}{2\varepsilon}D^2$	$w_m'=\frac{1}{2}\mu H^2=\frac{1}{2\mu}B^2$	注 1
注 1：方程形式一样，其对应项不一定是对偶量。			

表 5.5　静磁场磁矢位与静电场电位的对偶性

静电场	静磁场
无旋场 $\nabla\times\boldsymbol{E}=0$	无源场 $\nabla\cdot\boldsymbol{B}=0$
可引入标量电位 φ $\boldsymbol{E}=-\nabla\varphi$	可引入磁矢位 $\boldsymbol{A}$ $\boldsymbol{B}=\nabla\times\boldsymbol{A}$

续表

静电场	静磁场
$\boldsymbol{D}=\varepsilon\boldsymbol{E}$ $\nabla\cdot\boldsymbol{D}=\rho$（有源场）	$\boldsymbol{B}=\mu\boldsymbol{H}$（对铁磁质不成立） $\nabla\times\boldsymbol{H}=\boldsymbol{J}$（有旋场）
φ 满足的微分方程 $\nabla^2\varphi=-\dfrac{\rho}{\varepsilon}$	$\boldsymbol{A}$ 满足的微分方程 $\nabla^2\boldsymbol{A}=-\mu\boldsymbol{J}$
解为 $\varphi=\int\dfrac{\rho(\boldsymbol{x}')\mathrm{d}V'}{4\pi\varepsilon r}$	解为 $\boldsymbol{A}=\dfrac{\mu}{4\pi}\int\dfrac{\boldsymbol{J}(\boldsymbol{x}')}{r}\mathrm{d}V'$
能量 $W=\dfrac{1}{2}\int\rho\varphi\mathrm{d}V$	能量 $W=\int\boldsymbol{A}\cdot\boldsymbol{J}\mathrm{d}V$

静态电磁场的对偶关系，还表现在边界条件上。电场与磁场边界条件的对偶性如表 5.6 所示，应用时切记其方向性。

表 5.6 电场与磁场边界条件的对偶性（特别注意方向）

场 \ 媒质	同类媒质(介质)	不同类媒质(导体和介质)
静电场	$E_{1t}=E_{2t},D_{2n}-D_{1n}=\rho$	$E_{1t}=E_{2t}=0,D_{2n}=\rho$
	$\varphi_1=\varphi_2,\varepsilon_2\dfrac{\partial\varphi_2}{\partial\boldsymbol{n}}-\varepsilon_1\dfrac{\partial\varphi_1}{\partial\boldsymbol{n}}=-\rho$	$\varphi=C,\varepsilon_2\dfrac{\partial\varphi_2}{\partial\boldsymbol{n}}=-\rho$
恒定电场	$E_{1t}=E_{2t},J_{1n}=J_{2n}$	$\gamma_1E_{1n}=\gamma_2E_{2n}$ $\varepsilon_2E_{2n}-\varepsilon_1E_{1n}=\rho$
静磁场	$H_{1t}-H_{2t}=K,B_{2n}=B_{1n}$	$H_{2t}=H_{1t}(\approx0),B_{2n}=B_{1n}$
	$A_{z1}=A_{z2}$ $\dfrac{1}{\mu_1}\dfrac{\partial A_{z1}}{\partial\rho}-\dfrac{1}{\mu_2}\dfrac{\partial A_{z2}}{\partial r}=K$	$A_{z1}=A_{z2}$ $\dfrac{1}{\mu_1}\dfrac{\partial A_{z1}}{\partial\rho}=\dfrac{1}{\mu_2}\dfrac{\partial A_{z2}}{\partial r}=0$
	$\varphi_{\mathrm{m1}}=\varphi_{\mathrm{m2}}$ $\mu_1\dfrac{\partial\varphi_{\mathrm{m1}}}{\partial\boldsymbol{n}}=\mu_2\dfrac{\partial\varphi_{\mathrm{m2}}}{\partial\boldsymbol{n}}$	$\varphi_{\mathrm{m1}}=\varphi_{\mathrm{m2}}=C$ $\mu_1\dfrac{\partial\varphi_{\mathrm{m1}}}{\partial\boldsymbol{n}}=\mu_2\dfrac{\partial\varphi_{\mathrm{m2}}}{\partial\boldsymbol{n}}$

对偶原理适用于相当一部分电磁场问题的求解，尤其对时变电磁场问题。例如电偶极子和磁偶极子辐射的对偶关系，某些波导中横电波（TE 波）和横磁波（TM 波）间的对偶关系等，都是基于麦克斯韦方程一般形式中电场和磁场场量间的对偶关系得到的。需要强调的是，对偶概念完全根据数学形式的对称性或一致性而建立；同时对偶原理的应用，也一定要包括边界条件的对偶性，否则，就不能得到方程正确的解。表 5.7 列出了静电场和恒定磁场求解方法的对偶关系，表 5.8 列出了电偶极子与磁偶极子的对偶关系。

不仅方程、场量、边界条件具有对偶关系，在静态电磁场中的媒质的参量也具有一定的对偶性。表 5.9 给出了磁介质与电介质的对偶关系。

表 5.7　静电场和恒定磁场求解方法的对偶关系

内容＼场	静电场	静磁场	应用条件
场量解析计算	$\boldsymbol{E}(\boldsymbol{r}) = \int_{V'} \frac{\rho(\boldsymbol{r}')(\boldsymbol{r}-\boldsymbol{r}')}{4\pi\varepsilon_0 \lvert \boldsymbol{r}-\boldsymbol{r}' \rvert^3} \mathrm{d}V'$	$\boldsymbol{B}(\boldsymbol{r}) = \int_{V'} \frac{\mu_0 \boldsymbol{J}(\boldsymbol{r}') \times (\boldsymbol{r}-\boldsymbol{r}')}{4\pi \lvert \boldsymbol{r}-\boldsymbol{r}' \rvert^3} \mathrm{d}V'$	已知所有的源分布
电位（矢位）	$\boldsymbol{E} = -\nabla\varphi$，先求 φ 再求 $\boldsymbol{E}$	$\boldsymbol{B} = \nabla \times \boldsymbol{A}$，先求 $\boldsymbol{A}$ 再求 $\boldsymbol{B}$	
高斯（环路）定理	$\oint_S \boldsymbol{D} \cdot \mathrm{d}\boldsymbol{S} = \rho$	$\oint_l \boldsymbol{H} \cdot \mathrm{d}\boldsymbol{l} = I$	源分布具有对称性
拉氏方程（或泊松方程）	电位满足 $\nabla^2\varphi = -\frac{\rho}{\varepsilon}$	矢位满足 $\nabla^2\boldsymbol{A} = -\mu\boldsymbol{J}$	边值问题
镜像法应用	电像法	磁像法	

表 5.8　电偶极子与磁偶极子的对偶关系

项目	模型	场量	场线（场）
电偶极子	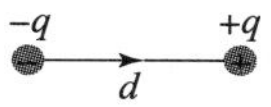 $\boldsymbol{P} = q\boldsymbol{d}$	$\rho_p = -\nabla \cdot \boldsymbol{P}$ $\sigma_p = \boldsymbol{P} \cdot \boldsymbol{e}_n$	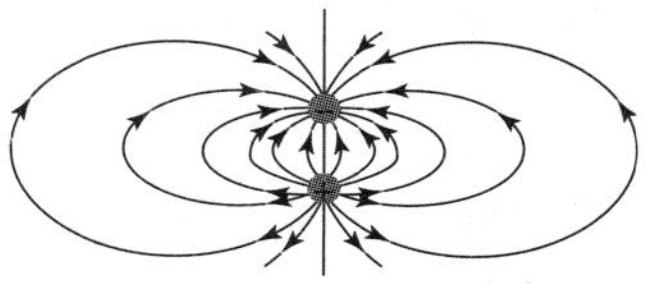
磁偶极子	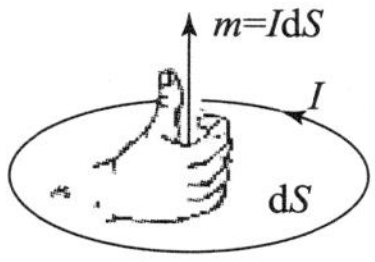	$\boldsymbol{K}_{\mathrm{m}} = \boldsymbol{M} \times \boldsymbol{e}_n$ $\boldsymbol{J}_{\mathrm{m}} = \nabla \times \boldsymbol{M}$	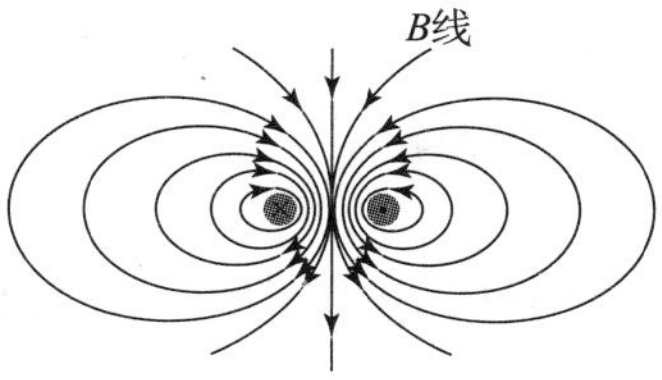

表 5.9　磁介质与电介质的对偶关系

项目	电介质	磁介质
描述极化或磁化状态量	极化强度 $\boldsymbol{P} = \frac{\sum p}{\Delta V}$	磁化强度 $\boldsymbol{M} = \frac{\sum \boldsymbol{m}}{\Delta V}$
极化或磁化的宏观效果	介质表面出现束缚电荷 σ'	介质表面出现束缚电流 I_S
基本矢量	$\boldsymbol{E}$	$\boldsymbol{B}$

续表

项目	电介质	磁介质
介质对场的影响	极化电荷产生附加场 $\boldsymbol{E}'$	磁化电流产生附加场 $\boldsymbol{B}'$
	$\boldsymbol{E}=\boldsymbol{E}_0+\boldsymbol{E}'$	$\boldsymbol{B}=\boldsymbol{B}_0+\boldsymbol{B}'$
辅助矢量	$\boldsymbol{D}=\varepsilon_0\boldsymbol{E}+\boldsymbol{P}$	$\boldsymbol{H}=\dfrac{\boldsymbol{B}}{\mu_0}-\boldsymbol{m}$
高斯定理	$\oiint_S \boldsymbol{D}\cdot \mathrm{d}\boldsymbol{S}=Q_0$	$\oiint_S \boldsymbol{B}\cdot \mathrm{d}\boldsymbol{S}=0$
环流定理	$\oint_L \boldsymbol{E}\cdot \mathrm{d}\boldsymbol{l}=0$	$\oint_L \boldsymbol{H}\cdot \mathrm{d}\boldsymbol{l}=\sum I$
各向同性介质中	$\boldsymbol{P}=\chi\varepsilon_0\boldsymbol{E}$ $\sigma=\boldsymbol{P}\cdot\boldsymbol{e}_n$ $\boldsymbol{D}=\varepsilon_0\varepsilon_r\boldsymbol{E}=\varepsilon\boldsymbol{E}$	$\boldsymbol{M}=\kappa\boldsymbol{H}$ $\boldsymbol{I}_S=\boldsymbol{M}\times\boldsymbol{e}_n$ $\boldsymbol{H}=\dfrac{\boldsymbol{B}}{\mu_0\mu_r}=\dfrac{\boldsymbol{B}}{\mu}$
常量	$\varepsilon_0=8.85\times10^{-12}$ F/m 相对介电常量：ε_r 极化率：χ 介电常量：$\varepsilon=\varepsilon_0\varepsilon_r$ $\varepsilon_r=1+\chi$	$\mu_0=4\pi\times10^{-7}$ H/m 相对磁导率：μ_r 磁化率：κ 磁导率：$\mu=\mu_0\mu_r$ $\mu_r=1+\kappa$

对偶原理不仅给我们提供了一种求解电磁场问题的方法，也给我们学习、理解和掌握电磁场理论提供一个良好的方法和途径：类比。即通过不同场之间基本方程的对偶性、场量的等效性、边值关系的同一性，交互映证，相互参照，达到举一反三、融会贯通的目的和效果。

在波导理论中，还可以看到某些波导中横电波（TE 波）和横磁波（TM 波）间的对偶关系。

表 5.10 给出了场对物质作用的对偶关系。

表 5.10　场对物质作用的对偶关系

项目	静电场	静磁场	说明
对物质的作用	极化	磁化	
对物质作用的结果	导体：静电平衡 介质：分子电偶极矩取向一致，出现极化电荷	分子磁偶极矩取向一致，出现磁化电流	
本构关系	$\boldsymbol{D}=\varepsilon\boldsymbol{E}$	$\boldsymbol{B}=\mu\boldsymbol{H}$	（对线性各向同性的均匀媒质）

【例 5.1】　已知无限长同轴电缆内外半径分别为 R_1 和 R_2，其截面如图 5.8 所示，电缆中填充均匀介质，其介电常数为 ε，内外导体间的电位差为 V，外导体接地。求其间各点的电位和电场强度。

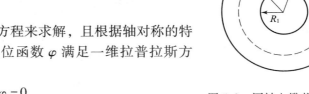

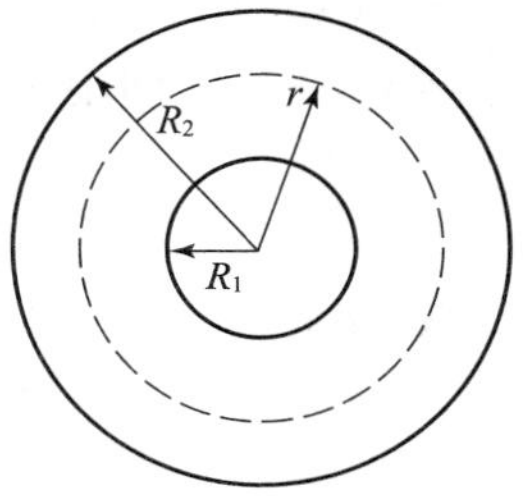

图 5.8　同轴电缆截面示意图

解　按题意可用拉普拉斯方程来求解，且根据轴对称的特点和无限长的假设，可确定电位函数 φ 满足一维拉普拉斯方程，采用圆柱坐标系：

$$\nabla^2\varphi = 0$$

由于

$$\frac{\partial\varphi}{\partial\theta} = 0,\quad \frac{\partial\varphi}{\partial z} = 0$$

故得

$$\frac{1}{r}\frac{\partial}{\partial r}\left(r\frac{\partial\varphi}{\partial r}\right) = 0$$

积分后得

$$\varphi = A\ln r + B \quad ①$$

式中 A 和 B 为待定积分常数，可由边界条件确定，已知

$$\varphi\big|_{r=R_1} = V \quad ②$$

$$\varphi\big|_{r=R_2} = 0 \quad ③$$

将式②和式③分别代入式①后得

$$V = A\ln R_1 + B$$

$$0 = A\ln R_2 + B$$

联立求解得出

$$A = \frac{V}{\ln\dfrac{R_1}{R_2}},\quad B = -\frac{V}{\ln\dfrac{R_1}{R_2}}\ln R_2$$

所以

$$\varphi = \frac{V}{\ln\dfrac{R_1}{R_2}}(\ln r - \ln R_2) = \frac{V}{\ln\dfrac{R_2}{R_1}}\ln\frac{R_2}{r}$$

由 $\boldsymbol{E} = -\nabla\varphi$ 得：

$$\boldsymbol{E} = -\frac{\partial\varphi}{\partial r}\boldsymbol{a}_r = \frac{V}{r\ln\dfrac{R_2}{R_1}}\boldsymbol{a}_r$$

本题也可以用高斯定理求解。

【例 5.2】　如图 5.8 所示，在电缆中填充电导率为 σ 的导电媒质，其他条件同例 5.1，求：(1) 内外导体间的电位及电场强度；(2) 单位长度上该同轴线的漏电流。

解 （1）由于内外导体的电导率很高，可以认为电力线仍和导体表面垂直，和静电场的边界条件一致，利用对偶原理，可以立即得到

$$\varphi = \frac{V}{\ln\frac{R_2}{R_1}}\ln\frac{R_2}{r}$$

$$\boldsymbol{E} = \frac{V}{r\ln\frac{R_2}{R_1}}\boldsymbol{a}_r$$

（2）求单位长度同轴线的漏电流 I。

漏电流密度为：

$$\boldsymbol{J}_c = \sigma\boldsymbol{E} = \frac{\sigma V}{r\ln\frac{R_2}{R_1}}\boldsymbol{a}_r$$

则漏电流为：

$$I = \oint_S \boldsymbol{J}_c \cdot \mathrm{d}\boldsymbol{S} = \frac{2\pi\sigma V}{\ln\frac{R_2}{R_1}}$$

5.3.3 唯一性定理

研究实际电磁场工程问题时，无论是静电场、恒定电场或恒定磁场，都可以根据实际工程中给定的边界条件，求解标量电位函数或矢量磁位函数的拉普拉斯方程或泊松方程，即求解边值问题。

泛定方程（泊松方程或拉普拉斯方程）内含了一个很重要的规律，即静态场的唯一性定理。它表明泛定方程加上边界条件（给定电位或电位法向导数），一定有一个唯一的解存在。

唯一性定理给出了确定静态场的条件，为求解场量指明了方向：无论采用什么方法得到解，只要该解满足泊松方程和给定边界条件，则该解就是唯一的正确解。

1. 唯一性定理

若矢量场的旋度、散度及边界条件合理给定，则该矢量场就被唯一确定（对时变场要加上初始条件）。

唯一性定理的一般形式：设区域 V（分区均匀）可分为若干个均匀区域 V_1、V_2、…、V_n，场量（如电位）φ 满足泊松方程 $\nabla^2\varphi = -\frac{\rho}{\varepsilon}$，在任意两个均匀小区的分界面上满足边值关系。在整个区域 V 的边界面 S 上给定 $\varphi|_S$ 的值，或给定其法向导数 $\left.\frac{\partial\varphi}{\partial\boldsymbol{n}}\right|_S$（$\boldsymbol{n}$ 为 S 的外法线方向的单位向量）的值，则 V 内的场唯一（或单值）确定。唯一性定理可以用反证法证明。

唯一性定理说明，在给定边界条件下，泊松方程或拉普拉斯方程的解是唯一的。意指对任一静态场，边界条件给定后，空间各处的场就被唯一确定了。

唯一性定理提出了定解的充分必要条件，求解时可首先判断问题的边界条件是否足够，当满足必要的边界条件时，则可断定解必定是唯一的。唯一性定理的重要性并不限于数学上

的结论，它为某些复杂电磁场问题求解方法的建立提供了理论根据。用不同的方法得到的形式上不同的解必定等价。当直接求解泊松方程或拉普拉斯方程发生困难时，唯一性定理启示我们可用试探解法，只要找出一个满足方程和边界条件的解，就是我们所要求的唯一正确解。唯一性原理是所有求解方法比如镜像法和分离变量法存在的理论依据和前提。同时也是解正确性的判据。

特别地，对于绝缘介质，在介质分界面两侧紧贴分界面两点处的电位为 φ_1 和 φ_2，有

$$\begin{cases}\varphi_1 = \varphi_2 \\ \varepsilon_1 \dfrac{\partial \varphi_1}{\partial \boldsymbol{n}} - \varepsilon_2 \dfrac{\partial \varphi_2}{\partial \boldsymbol{n}} = -\rho_S\end{cases}$$

给定上述条件，其静电场也被唯一确定。

可以证明，唯一性定理对于多种介质分区均匀（不包含导体）、均匀单一介质中有导体的情况也是成立的。

唯一性定理说明了麦克斯韦方程组的一个重要性质：完备性。

对于静电场，唯一性定理表明：一旦找到某种电荷分布，既不违背导体平衡特性，又是物理实在，则这种电荷分布就是唯一可能的分布。

2. 唯一性定理的引理

（1）在无电荷的空间里电位不可能有极大值和极小值。

（2）若所有导体的电位为 0，则导体以外空间的电位处处为 0。

推论：若完全由导体所包围的空间里各导体的电位都相等（设为 U_0），则空间电位等于常量 U_0。

（3）若所有导体都不带电，则各导体的电位都相等。

推论：在所有导体都不带电的情况下空间各处的电位也和导体一样，等于同一常量。

5.4　静电场的求解方法

由于静态场三种类型的对偶性，因此只需要研究静电场的求解方法。恒定电场和静磁场的求解可以借鉴静电场的方法，同时也可以利用对偶关系间接求解。

静电场的基本规律是建立在库仑定律基础之上的。一般而言，用库仑定律可以求任意电荷分布的电场，但前提是要求空间所有的电荷分布必须已知。现在的问题是，如果需要求解一个区域内的电场，区域内的电荷分布虽然已给定，但是区域边界上的电荷分布却未知，这种情况就不能利用库仑定律计算求解，就归结为边值问题求解。静电场求解方法有现代方法和传统方法两大类。现代方法就是计算电磁学的方法，是各种数值方法的集合和融合统一。下面介绍几种经典的传统方法。

5.4.1　图解法

最原始最经典的一种近似分析计算方法是图解法，它利用位场一些必须遵循的基本性质，首先在给定边界条件的位场域中，描绘出等位线和等通量线场图，然后，根据绘出的场图来进行定性分析和定量计算。图解法主要用于求解满足拉普拉斯方程、边界曲线较复杂的

平行平面场和子午面场。由于作图是在纸平面内进行的，故用得最多且最简便的是平行平面场。用图解法计算电路参数，如电阻、电容和磁导，比用其计算场强更容易得到较好的结果。

在不少实际问题中，由于场域边界较复杂，有时较难用解析方法作精确计算。图解法与解析法和数值计算法相比，虽然准确度不够高，但对于满足拉普拉斯方程的平行平面场，毕竟能够用图解法简便地描绘出完整的场图，便于进行定性分析，获得一个近似的计算结果。

对于静电场，若场域中无空间电荷分布，并且介质各向同性、线性和均匀，则电位函数满足拉普拉斯方程。如果场是满足拉普拉斯方程的平行平面场和子午面场，则可用图解法绘出电力线和等位线场图。场图应符合场的性质，并满足边界条件。获得场图后，能用场图来计算电位、电场强度和电容参数。

绘出的场图应满足场的基本性质，还要求能用场图来定量计算和便于绘图。绘平行平面场图的基本要求如下：

（1）导体表面的曲线应为等位线。

（2）等位线应与电力线处处正交。

（3）电力线起始于带正电荷的导体表面而终止于带负电荷的导体表面。

（4）任何相邻两等位线间的电位差值应相等，即 $|\Delta\varphi| = K_1$。

（5）任何相邻电力线间在与纸面相垂直的单位长度内的电场强度矢量的通量值应相等，即 $|\Delta\Psi_E| = K_2$。

满足上述要求的场图组成曲线矩形网格。考虑到人眼易判别正方形，为作图方便通常取 $K_2 = K_1$。因此绘场图需要进一步要求：电力线和等位线应组成曲线方形网格。要把位场图描绘得比较准确，可参考下面一些经验：

（1）利用场的对称性可缩小绘图范围，对称中心线常是等位线或电力线。

（2）绘图先从场中均匀部分开始，然后逐渐伸展到非均匀部分。

（3）对场强非均匀部分，绘图先从场强较大部分开始。

（4）不可能一次作出满足上述要求的图形，需逐步尝试，反复修改。

（5）对于曲线方格过大或特别非均匀场域，可进一步细分成较小的曲线方形网格。

（6）若场域被等位线划分的区域数 n 为整数，则场域被电力线划分的区域数 m 可能不为整数；反之，亦然。

获得场图后，统计出场域被等位线划出的区域数 n 和场域被电力线划分的区域数 m，测量出场中某曲线方格中心处的 Δn 值，可进行电容器单位长度的电容值、电场强度等的定量计算。

5.4.2 直接积分法

直接积分法，就是根据位函数的求解公式，依据给定的边值条件，直接进行积分求解。比如对于对称，就是在已知全部电荷分布的前提下，可以根据以下几个公式直接计算电位。

连续的体分布电荷电位：

$$\varphi(\boldsymbol{r}) = \frac{1}{4\pi\varepsilon}\int_V \frac{\rho(\boldsymbol{r}')}{R}\mathrm{d}V' + C \tag{5-84}$$

同理可得，面电荷电位：

$$\varphi(\boldsymbol{r}) = \frac{1}{4\pi\varepsilon_0}\int_S \frac{\rho_S \mathrm{d}S'}{R} \tag{5-85}$$

线电荷电位：

$$\varphi(\boldsymbol{r}) = \frac{1}{4\pi\varepsilon}\int_C \frac{\rho_l(\boldsymbol{r}')}{R}\mathrm{d}l' + C \tag{5-86}$$

点电荷电位：

$$\varphi(\boldsymbol{r}) = \frac{q}{4\pi\varepsilon R} + C \tag{5-87}$$

注意，以上电位计算公式都是以无限远为零点，而电荷则分布在有限区域中。若电荷分布涉及无限远，则按上述公式计算将会导致积分发散。这种情形下，可取任一有限远点为电位零点。

5.4.3 利用高斯定理

如果源和场量分布具有对称性，如电荷均匀分布在一个球体或圆柱体时，所产生的电场即为对称的或轴对称的，这时用高斯定理就很方便了。对于实际工程，这类情况比较特殊，有不少变化形式，但要应用高斯定理，则总体上一定要求满足对称性条件；无论对导体或电介质中的静态场都可以，但要分区域来进行处理。

对于磁场的环路定理同样要求对称性，但磁场一般只存在轴对称情形，这是需要引起注意的。

5.4.4 模拟法（实验法）

模拟法也称为电模型法、电模拟法。

对场的求解，实验研究与理论分析计算都很重要，它们是互相补充的两个方面，实际中常将两种方法结合起来进行。由于实际问题很复杂，理论分析计算采用的数学模型必定对实际问题利用一些理想假定、作一定简化，因而通常还需要通过实测实验和模拟实验来加以对比和校验。其中模拟实验一般比实测实验简便，易于实现。模拟实验就是通常所说的仿真，有实物仿真、半实物仿真和计算机仿真三类。

通过电模型的模拟实验来测量给定模型的物理过程，从而得到对应原型物理过程的方法，就称为电模型法或电模拟法。要求模型和原型必须具有相同的数学描述。若模型和原型中对应的物理量具有相同的物理本质，这种模拟称为物理模拟。若模型和原型中对应的物理量有不同的物理本质，这种模拟称为数学模拟。电模型容易实现和测量，它不仅被用于模拟电磁场，而且还被用于模拟其他场，应用较为广泛。

有一类电模型法是用连续导电媒质中的电流场来模拟位场。它主要用于模拟满足拉普拉斯方程的位场。用金属板或导电纸作为导电媒质的模拟法仅适用于模拟二维场。用液体导电媒质的电解槽模拟法不仅可用于模拟二维场，也能用于模拟三维场。由于此类模型的结构简单和设备费用低，在工程中得到了广泛应用。

模拟实验法的理论依据是相似原理以及电磁场理论中的对偶原理。它们均要求模型和原型中的物理过程有相同的数学描述，且定解条件相似。对边值问题，定解条件相似就是指几何条件相似、物理参数相似、源漏条件相似、边值关系相似和边界条件相似。原型和模型的各对应量的比值应保持为常数，该常数称为相似常数。由于描述现象特征的各个对应量必然为现象的内在规律所约束，因此相似常数之间必定存在一定的关系。相似常数应满足的关系式称为相似判据。

另一类电模型法是用电阻抗网络来模拟场的差分方程。电阻抗网络模拟法不仅能用来模拟位场，还能模拟时变电磁场和分布参数电路等，该方法功能较多，便于进行多种方案比较，但所使用的设备费用较高。属于半实物仿真。

还有一类模拟就是计算机仿真。利用电磁仿真软件、多物理场软件（含电磁场，如COMSOL等）进行；也可以利用计算机平台，结合计算电磁学的理论技术编程进行。此外，也可以利用通用数值软件平台，特别是MATLAB进行。本书提倡使用电磁仿真软件和MALAB。

注意，这里说的模拟法与前面所说的比拟法是不同的两种方法。比拟法是静态场之间依据对偶原理，由一种场的计算结果直接代换对偶量而得到另外一种场的求解。模拟法是利用一种场去仿真另外一种场，或者用计算机仿真物理场。

5.4.5 镜像法

在静电场中，如果在所考虑的区域内没有自由电荷分布时，可用拉普拉斯方程求解场分布；如果在所考虑的区域内有自由电荷分布时，可用泊松方程求解场分布。如果在所考虑的区域内只有一个或者几个点电荷或线电荷，区域边界是导体或介质界面时，一般情况下，直接求解这类问题比较困难；而这类问题，由于所有电荷的分布未知，在边界上有感应电荷也是未知的，所以无法用叠加原理处理。而对于无限大平板导体接地、球导体接地等实例，由于产生的电场不是对称的，所以积分形式的高斯定理也不能利用。通常可采用一种特殊方法——镜像法来求解这类问题。

镜像法是直接建立在唯一性定理基础上的一种求解静电场问题的方法。适用于解决导体或介质边界前存在点源或线源的一些特殊问题。镜像法的特点是不直接求解电位函数所满足的泊松或拉普拉斯方程，而是在所求区域外用简单的镜像电荷代替边界面上的感应电荷或极化电荷。根据唯一性定理，如果引入镜像电荷后，原求解区域所满足的泊松或拉普拉斯方程和边界条件不变，该问题的解就是原问题的解。

定义：在不改变求解区域电荷分布及边界条件的前提条件下，用假想的简单电荷分布，来等效地取代导体表面（电介质分界面）上复杂的感应（极化）电荷对电位的贡献，从而使场问题的求解过程获得简化。这些等效电荷称为镜像电荷，这种求解方法称为镜像法。

实质：是以一个或几个等效电荷代替边界的影响，将原来具有边界的非均匀空间变成无限大的均匀自由空间，从而使计算过程大为简化。

电轴法是镜像法特例，其镜像法的基本思想：用虚设的集中线电荷来代替导体柱面上的感应电荷对场的贡献。

三要素：镜像法（电轴法）的关键是确定镜像电荷（电轴）的个数（根数）、大小及位置。

镜像法（电轴法）的原则是三不变：电荷分布不变，介质分布不变，边界条件不变。

镜像电荷的选取和应用需要注意以下几方面：

（1）镜像电荷是假想的电荷，它的引入不能改变所研究区域的场分布，因此镜像电荷应放在所研究的场区之外。在所求场区域内不能引入镜像电荷，不能改变场的边界条件，不能改变电介质的分布情况。

（2）镜像电荷的具体位置与量值大小、符号的确定，应满足给定的边界条件：镜像电荷的大小不一定等于它所替代的电荷总量；镜像电荷的位置不一定与光学的镜像相同；镜像电荷的个数可以是一个或几个。不过一般是根据界面的情况，先假定镜像电荷的位置，再由边界条件来决定镜像电荷的大小。

（3）用镜像电荷代替了感应或极化电荷的作用，因此认为导体表面（或介质分界面）不存在了，把整个空间看成是无界的均匀空间。所求区域的电位等于给定电荷所产生的电位和镜像电荷所产生电位的叠加。

镜像法的求解范围：应用于电场 $\boldsymbol{E}$ 和电位 φ 的求解；也可应用于计算静电力 $\boldsymbol{F}$；确定感应电荷的分布、静态磁场分布等。应用镜像法解决的问题一般是边界为规则的平面和柱面、球面的情况，包括接地导体平面的镜像、导体球面的镜像、导体圆柱面的镜像、介质平面的镜像等；且点（线）源个数较少。

【例 5.3】　磁导率分别为 μ_1 和 μ_2 的两种均匀磁介质的分界面是无限大平面，在介质 1 中有一根无限长直线电流 I 平行于分界平面，且与分界平面相距为 h，求介质中的磁场分布。

解　依据镜像法的基本思想，分界面上磁化电流可用像电流代替，如图 5.9 所示。

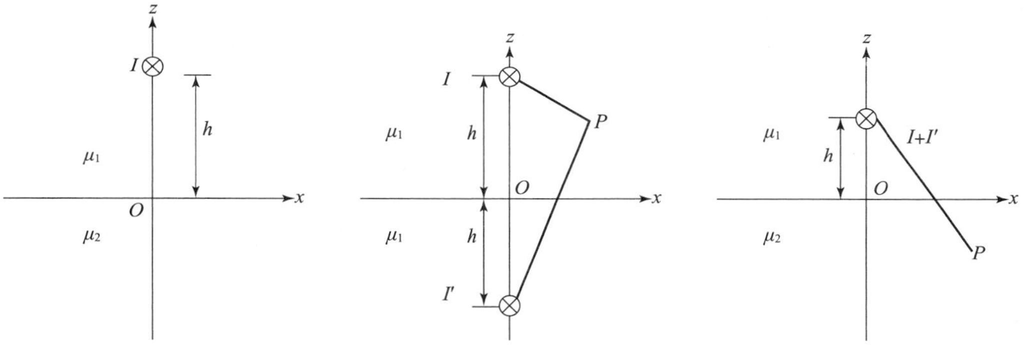

图 5.9　磁化电流的像电流

可以用两种方法求像电流：方法一，用矢量磁位求。

$$\boldsymbol{A}_1=\frac{\mu_1 I}{2\pi}\ln\frac{1}{\sqrt{x^2+(z-h)^2}}+\frac{\mu_1 I'}{2\pi}\ln\frac{1}{\sqrt{x^2+(z+h)^2}}\qquad (z\geqslant 0)$$

$$\boldsymbol{A}_2=\frac{\mu_2(I+I'')}{2\pi}\ln\frac{1}{\sqrt{x^2+(z-h)^2}}\qquad (z\leqslant 0)$$

在 $z=0$ 的界面，矢量磁位应满足边值关系：

$$\boldsymbol{A}_1\big|_{z=0}=\boldsymbol{A}_2\big|_{z=0},\quad \frac{1}{\mu_1}\frac{\partial \boldsymbol{A}_1}{\partial z}\bigg|_{z=0}=\frac{1}{\mu_2}\frac{\partial \boldsymbol{A}_2}{\partial z}\bigg|_{z=0}$$

因而有：

$$\begin{cases}\mu_1(I+I')=\mu_2(I+I'')\\ I-I'=I+I''\end{cases}$$

解得：

$$I'=\frac{\mu_2-\mu_1}{\mu_2+\mu_1}I,\quad I''=-\frac{\mu_2-\mu_1}{\mu_2+\mu_1}I$$

将 I'、I''代入矢位的表达式即可求出 $\boldsymbol{A}_1$、$\boldsymbol{A}_2$，再由 $\boldsymbol{B}=\nabla\times\boldsymbol{A}$ 即可求出磁场，也可由磁场直接叠加求磁场。

方法二：直接由磁场边值关系求。

在 $z=0$ 的界面，磁场应满足边值关系：

$$H_{2t}=H_{1t},\qquad B_{2n}=B_{1n}$$

因而有：

$$\frac{I-I'}{2\pi R}\cos\alpha=\frac{I+I''}{2\pi R}\cos\alpha,\qquad \frac{\mu_1(I+I')}{2\pi R}\sin\alpha=\frac{\mu_2(I+I'')}{2\pi R}\sin\alpha$$

即有：

$$I'=\frac{\mu_2-\mu_1}{\mu_2+\mu_1}I,\ I''=-\frac{\mu_2-\mu_1}{\mu_2+\mu_1}I$$

【例 5.4】 一个半径为 a 的不带电的导体球，在距球心为 d（$d>a$）处有一点电荷 q，试用镜像法求：（1）导体球外空间的任一点的电位分布 $\varphi(r,\ \theta)$；（2）导体球面上的电荷密度分布；（3）点电荷 q 所受到的静电力。

解 （1）对于不带电的导体球，一是在位置 $d'=a^2/d$ 处放置一个电荷量为 $q'=-aq/d$ 的点电荷，就可使导体球表面电位等于零。为保证导体球不带电又使导体面为等位体，必须再在原点处加点电荷 $q''=-q'=aq/d$。所以导体球外的电位分布：

$$\varphi=\sum_i\frac{q_i}{4\pi\varepsilon_0 r_i}=\frac{q}{4\pi\varepsilon_0 R_1}+\frac{q'}{4\pi\varepsilon_0 R_2}+\frac{-q'}{4\pi\varepsilon_0 R}$$
$$=\frac{q}{4\pi\varepsilon_0\ (r^2+d^2-2rd\cos\theta)^{1/2}}-\frac{-aq/d}{4\pi\varepsilon_0\ (r^2+d'^2-2rd'\cos\theta)^{1/2}}+\frac{aq/d}{4\pi\varepsilon_0 r}$$

（2）球面上的电荷密度为：

$$\sigma=-\varepsilon_0\frac{\partial\varphi}{\partial r}\bigg|_{r=a}$$

（3）点电荷受到的静电力相当于镜像电荷对它的作用力，即：

$$F=\frac{q'}{4\pi\varepsilon_0\ (d-d')^2}+\frac{-q'}{4\pi\varepsilon_0 d^2}$$

如本题改成导体球带电荷量为 Q，其他条件都不变，同样需要求上题的三点结果。请思考如何进行处理。

【例 5.5】 一个点电荷 Q 放在两无限大平板导体所构成的直角空间中，具体位置如图 5.10 所示。试求这个直角空间的电位分布和导体表面的感应电荷。

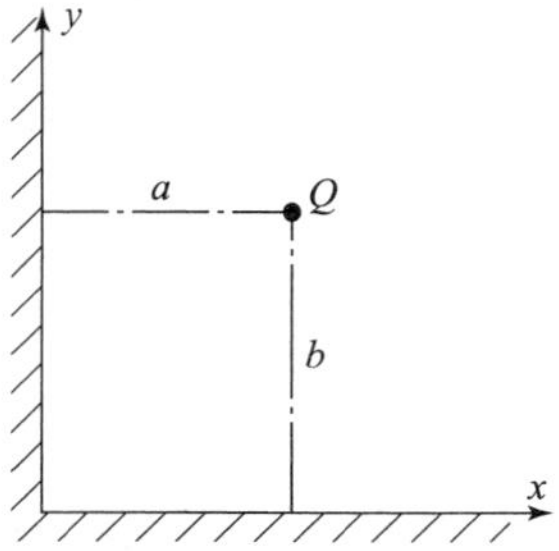

图 5.10　例 5.5 用图

解　根据镜像法的基本原理，是要找到不在所求区域的镜像电荷，使得直角边界上的电位为零。由无限大平面导体的结论可容易得出，要在 xOy 平面内布置 $-Q(a,\ -b)$、$-Q(-a,\ b)$ 和 $Q(-a,\ -b)$ 三个电荷才能满足直角边界的电位是零。那么所求区域的电位分布是：

$$\varphi(x,y,z)=\frac{Q}{4\pi\varepsilon_0}\left\{\frac{1}{\sqrt{(x-a)^2+(y-b)^2+z^2}}-\frac{1}{\sqrt{(x-a)^2+(y+b)^2+z^2}}-\frac{1}{\sqrt{(x+a)^2+(y-b)^2+z^2}}+\frac{1}{\sqrt{(x+a)^2+(y+b)^2+z^2}}\right\}$$

这里注意本题研究的是直角区域的空间，所以 z 不能遗漏。

在 $x=0$ 的表面上，感应电荷为：

$$\sigma=-\varepsilon_0\frac{\partial\varphi}{\partial x}\bigg|_{x=0}=-\frac{aQ}{2\pi}\left\{\frac{1}{[a^2+(y-b)^2+z^2]^{3/2}}-\frac{1}{[a^2+(y+b)^2+z^2]^{3/2}}\right\}$$

同理在 $y=0$ 的表面上，感应电荷为：

$$\sigma=-\varepsilon_0\frac{\partial\varphi}{\partial y}\bigg|_{y=0}=-\frac{bQ}{2\pi}\left\{\frac{1}{[(x-a)^2+b^2+z^2]^{3/2}}-\frac{1}{[(x+a)^2+b^2+z^2]^{3/2}}\right\}$$

如要求点电荷 Q 所受到的力，只要考虑所有镜像电荷（这里就是三个）对它的作用，根据库仑定律的基本公式计算即可。

【例 5.6】　设一段环形导电介质，其形状及尺寸如图 5.11 所示。试计算两个端面之间的电阻。

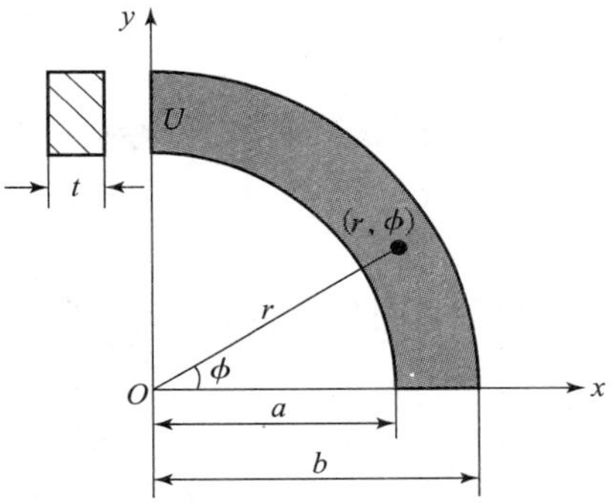

图 5.11　例 5.6 用图

解　由题意的图形可知，应选取圆柱坐标系。设两端之间的电位差为 U，且令边界条件为：

$$\varphi\big|_{\phi=0}=0,\quad \varphi\big|_{\phi=\frac{\pi}{2}}=U$$

由于导电介质中的电位仅与角度有关，因此满足的拉普拉斯方程简化为：

$$\nabla^2\varphi=\frac{\mathrm{d}^2\varphi}{\mathrm{d}\varphi^2}=0$$

此常微分方程的通解是：$\varphi=C_1\varphi'+C_2$，代入以上的边界条件后，得

$$\varphi=\frac{2U}{\pi}\varphi'$$

导电介质中的电流密度分布根据基本公式容易求得：

$$\boldsymbol{J}=\sigma\boldsymbol{E}=-\sigma\nabla\varphi=-\boldsymbol{e}_\phi\sigma\frac{\partial\phi}{r\,\partial\phi}=-\boldsymbol{e}_\phi\frac{2\sigma U}{\pi r}$$

那流过整个端面的电流 I 通过积分求得：

$$I=\int_S\boldsymbol{J}\cdot\mathrm{d}\boldsymbol{S}=\int_S\left(-\boldsymbol{e}_\phi\frac{2\sigma U}{\pi r}\right)\cdot(-\boldsymbol{e}_\phi t\mathrm{d}r)=\frac{2\sigma Ut}{\pi}\int_a^b\frac{\mathrm{d}r}{r}=\frac{2\sigma Ut}{\pi}\ln\frac{b}{a}$$

最后该导电块两端之间的电阻为：

$$R=\frac{U}{I}=\frac{\pi}{2\sigma t\ln(b/a)}$$

5.4.6 分离变量法

在中学我们就接触过分离变量的思想，在高等数学中，我们也用分离变量法求解过常微分方程。这里介绍的分离变量法是与上述知识一脉相承的。

分离变量法是求解偏微分方程定解问题最常用的方法之一，它和积分变换法一起统称为 Fourier 方法。分离变量法的本质是把偏微分方程定解问题通过变量分离，转化为一个特征值问题和一个常微分方程的定解问题，并把原定解问题的解表示成按特征函数展开的级数形式。

分离变量法的思路：将偏微分方程中含有 n 个自变量的待求函数表示成 n 个各自只含一个变量的函数的乘积，把偏微分方程分解成 n 个常微分方程，利用高数知识，尤其是级数求解方法等，求出各个方程的通解，然后利用叠加原理求得这些解的线性组合，得到级数形式解，并利用给定的边界条件确定待定常数。分离变量法的理论依据是唯一性定理，数学特点表现为解的唯一性；物理特点由叠加原理作保证。

使用分离变量法的条件是所求解的问题具有以下特点：

（1）偏微分方程是线性齐次的。

（2）边界条件也是齐次的。

对于二维平面场问题，即物理量的空间分布与 z 无关，当物体边界为矩形时，采用直角坐标系比较方便。因为边界方程可方便地用直角坐标表示出来，如 $x=0$，$x=a$，$y=0$，$y=b$；但当物体边界为圆形时采用极坐标系可大为简化边界方程，从而给问题的求解带来方便。而另外一些问题用球面坐标系更为方便。因此分离变量法需要紧密结合坐标系来进行，有三种基本类型：直角坐标系中的分离变量法、圆柱坐标系中的分离变量法、球坐标系中的分离变量法。

分离变量法的适用条件：任何二阶线性（齐次）偏微分方程。

满足齐次边界条件的分离常数可以取一系列特殊值，称为特征值或本征值。本征值对应的函数称为本征函数或本征解、特征函数或特征解。所有本征解的线性组合构成满足拉普拉斯方程的通解。分离变量法的求解步骤如下：

（1）建立正确的坐标系，确定变量个数（如球形区域应判断是否与 ϕ 有关，柱形区域是否与 z 有关）。

（2）将问题中的偏微分方程通过分离变量化成常微分方程的定解问题：对于线性齐次常微分方程来说直接进行；对于非齐次常微分方程就要先对方程进行齐次化。

（3）确定特征值与特征函数：当边界条件是齐次时，求特征函数就是求一个常微分方程满足零边界条件的非零解。

（4）写出通解：当自变量个数 > 几何边界个数时，先利用自然边界条件化简通解；利用电磁边值条件建立确定系数的方程并解方程，求出待定系数（如介质球、柱问题）；或利用电磁边值条件和函数正交性确定待定系数（如直角坐标系问题）。

（5）定出特征值、特征函数后，再解其他常微分方程，把得到的解与特征函数乘起来成为特征解 $u_n(x,t)$。

为了使解满足其余的定解条件，需要把所有的 $u_n(x,t)$ 叠加起来成为级数形式，级数中的一系列任意常数就由其余的定解条件确定。

上述步骤可以用数学软件 Maple、Mathematic 等求解。也可以用 MATLAB 求解，这是本书推荐的方法，因为 MATLAB 是一种通用计算平台。

5.4.7　比拟法

某些场，具有不同物理模型，但是它们具有相同数学模型、相同的泛定方程即泊松方程，相同的定解条件即边值关系，则其解也必有相同的形式，求解这种场的分布必然是同一个数学问题。只需求出一种场的解，就可以用对应的物理量作替换而得到另一种场的解。这种求解场的方法称为比拟法。在电磁场理论中，由于前述静电场与恒定电场、静电场与静磁场的对偶关系（方程、场量、边界条件、边值关系），经常利用比拟法，根据静电场的求解结果，很方便地得到恒定电场解；也可以得到静磁场的解。这种求解方法的根本依据，还是场的唯一性定理。

比较无电荷分布区域中的静电场与电源外导电媒质中的恒定电场，根据两个场的相似性，在一定条件下，可以把一种场的结果应用于另一种场，这种方法称为静电比拟法。

恒定电场与静电场基本方程的比较及其对应场量如下：

均匀导电媒质——恒定电场　　　　静止电荷——静电场（$\rho=0$）

$$\begin{cases}\nabla\cdot\boldsymbol{J}_C=0\\ \nabla\times\boldsymbol{E}=0\\ \boldsymbol{J}=\sigma\boldsymbol{E}\\ \nabla^2\varphi=0\\ I=\int_S\boldsymbol{J}_c\cdot\mathrm{d}\boldsymbol{S}\end{cases}\qquad \begin{matrix}\boldsymbol{J}_C\leftrightarrow\boldsymbol{D}\\ \boldsymbol{E}\leftrightarrow\boldsymbol{E}\\ \varphi\leftrightarrow\varphi\end{matrix}\qquad \begin{cases}\nabla\cdot\boldsymbol{E}=0\\ \nabla\times\boldsymbol{E}=0\\ \boldsymbol{D}=\varepsilon\boldsymbol{E}\\ \nabla^2\varphi=0\\ \oint_S\boldsymbol{D}\cdot\mathrm{d}\boldsymbol{S}=q\end{cases}$$

显然二者满足利用比拟法求解的条件。静电比拟法是计算电导以及漏电导的主要方法之一：根据对偶关系，有 $\dfrac{G}{C}=\dfrac{\sigma}{\varepsilon}$，因此可以很容易得到：$G=\dfrac{\sigma}{\varepsilon}C$。

5.4.8　其他方法

除了上述方法外，解析法还有虚位移法、格林函数法、保角变换法等，本书不一一介绍。感兴趣的读者可以找适当的参考文献进行扩展阅读。至于数值方法，涉及理论技术较深，也请参考相关文献。但是本书推荐和提倡使用数值仿真软件，在仿真中进一步学习和理解相关电磁理论及电磁场数值方法，这样可以做到有图有真相，理论与实际结合，提高学习兴趣，改进学习效率。

5.4.9 漏电导及其传统法求解

工程上，常在电容器两极板之间、同轴电缆的芯线与外壳之间，填充不导电的材料作电绝缘。这些绝缘材料的电导率远远小于金属材料的电导率，但毕竟不为零，因而当在电极间加上电压 U 时，必定会有微小的漏电流 $\boldsymbol{J}$ 存在。

漏电流与电压之比为漏电导，即 $G=\dfrac{I}{U}$，其倒数称为绝缘电阻，即

$$R=\frac{1}{G}=\frac{U}{I}$$

计算电导的方法之一：

（1）假定两电极间的电流为 I；

（2）计算两电极间的电流密度矢量 $\boldsymbol{J}$；

（3）由 $\boldsymbol{J}=\sigma\boldsymbol{E}$ 得到 $\boldsymbol{E}$；

（4）由 $U=\int_1^2\boldsymbol{E}\cdot\mathrm{d}\boldsymbol{l}$，求出两导体间的电位差；

（5）求比值 $G=I/U$，即得出所求电导。

计算电导的方法之二：

（1）假定两电极间的电位差为 U；

（2）计算两电极间的电位分布 φ；

（3）由 $\boldsymbol{E}=-\nabla\varphi$ 得到 $\boldsymbol{E}$；

（4）由 $\boldsymbol{J}=\sigma\boldsymbol{E}$ 得到 $\boldsymbol{J}$；

（5）由 $I=\int_S\boldsymbol{J}\cdot\mathrm{d}\boldsymbol{S}$，求出两导体间电流；

（6）求比值 $G=I/U$，即得出所求电导。

计算电导的方法之三（采用静电比拟法）：

先求得静电场的解，再利用关系式 $\dfrac{G}{C}=\dfrac{\sigma}{\varepsilon}$ 得到恒定电场的解。

【例 5.7】 同轴线内外导体半径分别为 a 和 b，其间填充电导率为 σ 的导电介质，如图 5.12 所示。求单位长度的绝缘电阻。

解 先变成静电场。内外导体间

$$D=e_r\frac{q_l}{2\pi r}$$

$$\Rightarrow U=\int_a^b E\cdot\mathrm{d}r=\int_a^b\frac{D}{\varepsilon}\cdot\mathrm{d}r=\int_a^b\frac{q_l}{2\pi\varepsilon r}\mathrm{d}r=\frac{q_l}{2\pi\varepsilon}\ln\frac{b}{a}$$

$$\Rightarrow C=\frac{q_l}{U}=\frac{2\pi\varepsilon}{\ln(b/a)}\Rightarrow R=\frac{1}{G}=\frac{1}{2\pi\sigma}\ln\frac{b}{a}$$

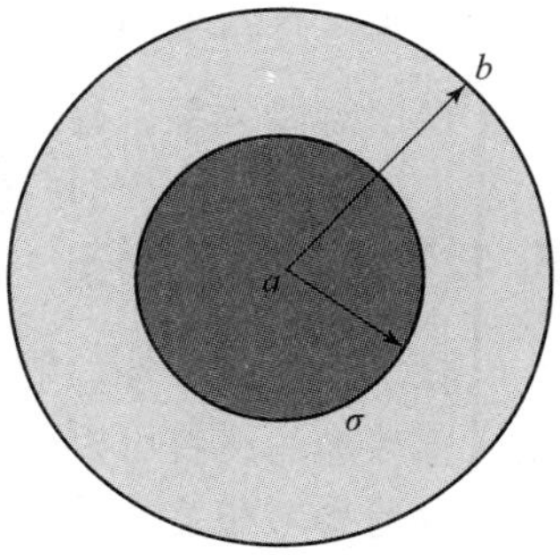

图 5.12 例 5.7 用图

【例 5.8】 已知同轴线内外导体半径分别为 a、b，导体间填充介质，如图 5.13 所示。介质介电常数为 ε，电导率为 $\sigma\neq0$。已知内外导体间电压为 U。求：内外导体间的 $\boldsymbol{E}$、φ、$\boldsymbol{J}$、C、W_e、ρ_S。

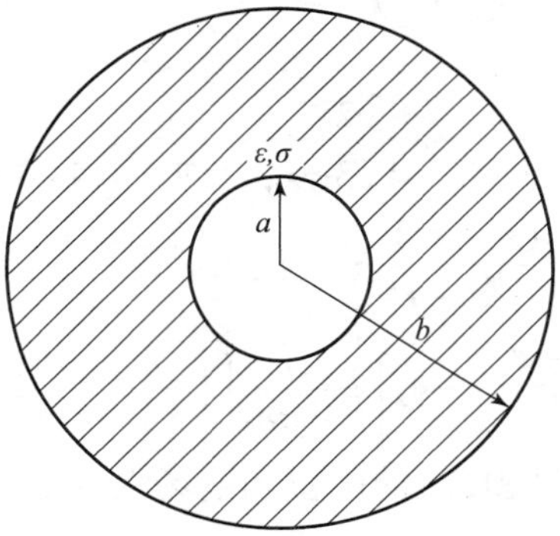

图5.13 例5.8用图

解 解题思路：电荷只存在于导体表面，故可用静电场高斯定理求解。

设内导体单位长度电量为Q，则

$$\oint_S \boldsymbol{D}\cdot \mathrm{d}\boldsymbol{S} = Q \Rightarrow \boldsymbol{D} = \frac{Q}{2\pi r}\cdot \boldsymbol{e}_r \Rightarrow \boldsymbol{E} = \frac{Q}{2\pi \varepsilon r}\cdot \boldsymbol{e}_r$$

$$\Rightarrow U = \int_a^b \boldsymbol{E}\cdot \mathrm{d}\boldsymbol{r} = \frac{Q}{2\pi\varepsilon}(\ln b - \ln a)$$

$$\Rightarrow Q = \frac{2\pi\varepsilon U}{\ln b - \ln a}$$

所以

$$\boldsymbol{E} = \frac{U}{(\ln b - \ln a)r}\cdot \boldsymbol{e}_r$$

$$\varphi = \int_r^b \boldsymbol{E}\cdot \mathrm{d}\boldsymbol{r} = \frac{U(\ln b - \ln r)}{\ln b - \ln a}$$

$$\boldsymbol{J} = \sigma\boldsymbol{E} = \frac{\sigma U}{(\ln b - \ln a)r}\cdot \boldsymbol{e}_r$$

$$C = \frac{Q}{U} = \frac{2\pi\varepsilon}{\ln b - \ln a}$$

$$W_\mathrm{e} = \frac{1}{2}QU = \frac{\pi\varepsilon U^2}{\ln b - \ln a}$$

5.5 传统法例题分析

下面结合求解静态场的基本方法来举例说明。

对于叠加原理，一种情况是已知有限几个点电荷和它所带的电量，那么利用公式直接进行计算即可。关键的问题是把公式中的位置矢量弄明白且用直角坐标（一般这么要求）正确表达。

【例5.9】 求三个点电荷$q(1, 0, 0)$、$2q(0, 1, 0)$和$-q$（0, 0, 1）在点P（1, 0, 1）处的电位值和电场强度。

解（1）由叠加原理$\varphi = \sum\limits_i \frac{q_i}{4\pi\varepsilon_0 |\boldsymbol{r} - \boldsymbol{r}_i'|}$，根据题意得：

$$\boldsymbol{r}-\boldsymbol{r}_1'=\boldsymbol{e}_z,\ \boldsymbol{r}-\boldsymbol{r}_2'=\boldsymbol{e}_x-\boldsymbol{e}_y+\boldsymbol{e}_z,\ \boldsymbol{r}-\boldsymbol{r}_3'=\boldsymbol{e}_x$$

代入上式得：

$$\varphi=\frac{q}{4\pi\varepsilon_0}+\frac{2q}{4\sqrt{3}\pi\varepsilon_0}-\frac{q}{4\pi\varepsilon_0}=\frac{2q}{4\sqrt{3}\pi\varepsilon_0}$$

（2）电场强度 $\boldsymbol{E}=\sum\limits_i\frac{q_i(\boldsymbol{r}-\boldsymbol{r}_i')}{4\pi\varepsilon_0|\boldsymbol{r}-\boldsymbol{r}_i'|^3}$，代入后得：

$$\boldsymbol{E}=\frac{q}{4\pi\varepsilon_0}\left[\boldsymbol{e}_z+\frac{2(\boldsymbol{e}_x-\boldsymbol{e}_y+\boldsymbol{e}_z)}{(\sqrt{3})^3}-\boldsymbol{e}_x\right]=\frac{q}{4\pi\varepsilon_0}\left[\left(\frac{2}{3\sqrt{3}}-1\right)\boldsymbol{e}_x-\frac{2}{3\sqrt{3}}\boldsymbol{e}_y+\left(\frac{2}{3\sqrt{3}}+1\right)\boldsymbol{e}_z\right]$$

显然这里是求的某一点即(1,0,1)的电位和电场强度之值。如要求空间任意点的电位和电场强度应如何求呢？请看例 5.10。

【例 5.10】 真空中有一点电荷 $+q$ 位于$(0,0,-a)$处,另一点电荷 $-2q$ 位于$(0,0,a)$处。求空间的电位分布规律及电场强度空间分布。

解 根据两个电荷叠加原理,空间的电位分布为：

$$\varphi=\frac{1}{4\pi\varepsilon_0}\left[\frac{q}{\sqrt{x^2+y^2+(z+a)^2}}-\frac{2q}{\sqrt{x^2+y^2+(z-a)^2}}\right]$$

同样根据叠加原理，空间的电场分布为：

$$\boldsymbol{E}=\sum_i\frac{q_i(\boldsymbol{r}-\boldsymbol{r}')}{4\pi\varepsilon|\boldsymbol{r}-\boldsymbol{r}'|^3}=\frac{1}{4\pi\varepsilon_0}\left\{\frac{q[xe_x+ye_y+(z+a)e_z]}{[x^2+y^2+(z+a)^2]^{3/2}}-\frac{2q[xe_x+ye_y+(z-a)e_z]}{[x^2+y^2+(z-a)^2]^{3/2}}\right\}$$

如电荷是连续分布，根据已知条件电荷分布是线、面还是体分布密度，显然叠加原理变为积分形式，对应的可能是线、面和体积分。

【例 5.11】 一个半径为 a 的均匀带电圆盘（见图 5.14），电荷面密度为 ρ_S，求轴线上任一点的电场强度。

解 由电荷的电场强度计算公式

$$\boldsymbol{E}(\boldsymbol{r})=\frac{1}{4\pi\varepsilon_0}\int_S\frac{\rho_S(\boldsymbol{r}')(\boldsymbol{r}-\boldsymbol{r}')}{|\boldsymbol{r}-\boldsymbol{r}'|^3}\mathrm{d}S'$$

及其电荷的对称关系，可知电场仅有 z 分量。将

$$\boldsymbol{r}=z\boldsymbol{e}_z$$

和

$$\boldsymbol{r}'=\boldsymbol{e}_x r'\cos\varphi+\boldsymbol{e}_y r'\sin\varphi$$
$$\mathrm{d}S=r'\mathrm{d}r'\mathrm{d}\varphi$$

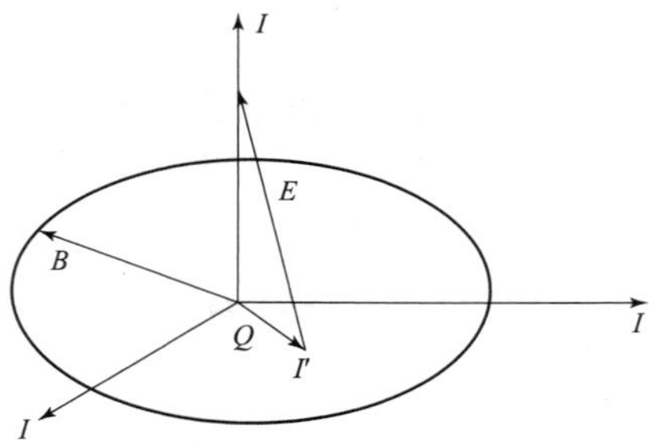

图 5.14 例 5.11 用图

代入上式得电场的 z 向分量为：

$$E=\frac{\rho_S}{4\pi\varepsilon_0}\int_0^{2\pi}\mathrm{d}\varphi\int_0^a\frac{zr'\mathrm{d}r'}{(z^2+r'^2)^{3/2}}=\frac{\rho_S}{2\varepsilon_0}\left[1-\frac{z}{(a^2+z^2)^{1/2}}\right]$$

上述结果适用于场点位于 $z>0$ 时情况。但场点位于 $z<0$ 时，电场的 z 向量为：

$$E=-\frac{\rho_S}{2\varepsilon_0}\left[1-\frac{|z|}{(a^2+z^2)^{1/2}}\right]$$

积分的方法在数学上有一定难度，一般需要一些技巧才能使积分方便地求出。但学生要充分认识这是一个一般的方法，随着计算机的广泛应用，即使解析解求不出的大量问题都可用数值计算的方法来解决。

【例5.12】　半径分别为 a、b $(a>b)$，球心距为 c $(c<a-b)$ 的两球面之间有密度为 ρ 的均匀体电荷分布，如图5.15所示，求半径为 b 的球面内任一点的电场强度。

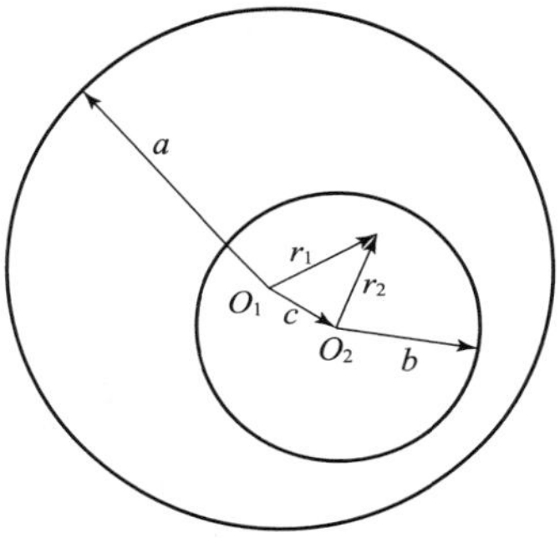

图5.15　例5.12用图

解　对于如何应用高斯定理，比较简单的题这里就不举例说明了，因在大学物理中已经解决。我们知道高斯定理的应用条件是具有对称性。

为了使用高斯定理，在半径为 b 的空腔内分别加上密度为 $+\rho$ 和 $-\rho$ 的体电荷，这样，任一点的电场就相当于带正电的大球体和一个带负电的小球体共同产生，正负带电体所产生的场分别由高斯定理计算。

正电荷在空腔内（也就是在大球内），按照整个大球带正电荷所产生的电场，不难求出

$$\boldsymbol{E}_1=\frac{\rho_{r_1}}{3\varepsilon_0}\boldsymbol{e}_{r_1}$$

同理，小球带负电荷在空腔内（即小球内）产生的电场为：

$$\boldsymbol{E}_2=-\frac{\rho_{r_2}}{3\varepsilon_0}\boldsymbol{e}_{r_2}$$

这里特别注意的是，上两式分别利用了高斯定理，但取的球心位置显然不一样。单位向量 $\boldsymbol{e}_{r_1}$、$\boldsymbol{e}_{r_2}$ 分别以大、小球体的球心为球面坐标的原点。考虑到

$$r_1\boldsymbol{e}_{r_1}-r_2\boldsymbol{e}_{r_2}=c\boldsymbol{e}_x=\boldsymbol{c}$$

$\boldsymbol{c}$ 即为两球心连线的矢量，由 O_1 指向 O_2。最后得空腔内的电场为：

$$\boldsymbol{E}=\frac{\rho c}{3\varepsilon_0}\boldsymbol{e}_x$$

【例 5.13】 如无限长的半径为 a 的圆柱体中电流密度分布函数为 $\boldsymbol{J}=\boldsymbol{e}_z(r^2+2r)(r<a)$，试求圆柱内外的磁通密度分布规律。

解 磁场和电场的不同就在于应用的是环路定理，其处理方法和高斯定理没太大的区别。有时已知的电荷或电流分布不是均匀的，此时只要在计算包围的电荷或电流总量时通过积分即可。

如本题就是这样的情况，首先必须满足对称性的条件。因电流分布是轴对称，所以磁通密度在空间的分布也是轴对称的。直接利用环路定理 $\oint_l \boldsymbol{B}\cdot \mathrm{d}\boldsymbol{l}=\mu_0 I$，其中 I 为围线内流过的电流，取圆心在轴线半径为 r 的圆周的围线。

当 $r<a$ 时，

$$B2\pi r=\mu_0\int_0^r(r^2+2r)2\pi r\mathrm{d}r=2\pi\mu_0\left[\frac{r^4}{4}+\frac{2r^3}{3}\right]$$

所以磁通密度矢量为：

$$\boldsymbol{B}=\mu_0\left(\frac{r^3}{4}+\frac{2r^2}{3}\right)\boldsymbol{e}_\varphi$$

当 $r\geqslant a$ 时，

$$B2\pi r=\mu_0\int_0^a(r^2+2r)2\pi r\mathrm{d}r=2\pi\mu_0\left[\frac{a^4}{4}+\frac{2a^3}{3}\right]$$

所以磁通密度矢量为：

$$\boldsymbol{B}=\frac{\mu_0}{r}\left(\frac{a^4}{4}+\frac{2a^2}{3}\right)\boldsymbol{e}_\varphi$$

【例 5.14】 图 5.16 所示为两相交圆柱的截面，半径均为 a，圆心距离为 c，两圆重叠部分没有电流通过，非相交的两个月牙状面积通有大小相等、方向相反的电流密度 $\boldsymbol{J}$ 的均匀电流。试求空间各部分的磁通密度并证明重叠部分区域磁场是均匀的。

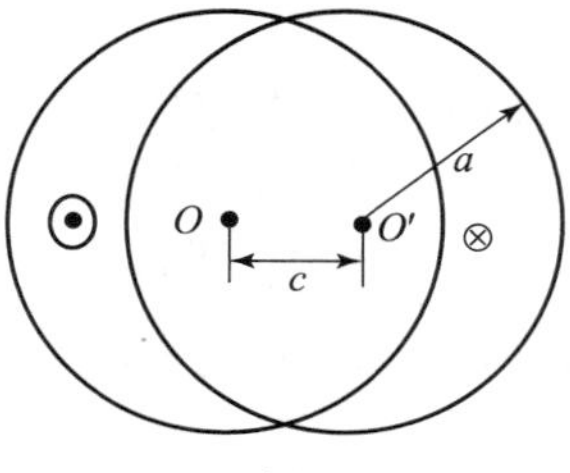

图 5.16 例 5.14 用图

解 此题其实和例 5.12 的方法是一致的，无非例 5.12 是电荷分布，这里是电流分布而已。利用的定理变为环路定理。

把它看成是两个圆柱截面通有反向的电流所产生磁场的叠加。对单个圆柱而言，分为圆柱内外来处理，利用环量定理容易得：

$$\boldsymbol{H}=\frac{Jr}{2}\boldsymbol{e}_\varphi=\frac{J}{2}\boldsymbol{e}_z\times\boldsymbol{r}\quad(r<a)\qquad \boldsymbol{H}=\frac{a^2J}{2r}\boldsymbol{e}_\varphi$$

（1）在左侧月牙状区域，磁场强度为：

$$\boldsymbol{H}=\frac{Jr}{2}\boldsymbol{e}_{\varphi}-\frac{a^2J}{2r'}\boldsymbol{e}_{\varphi'}$$

（2）在右侧月牙状区域，磁场强度为：

$$\boldsymbol{H}=\frac{a^2J}{2r}\boldsymbol{e}_{\varphi}-\frac{Jr'}{2}\boldsymbol{e}_{\varphi'}$$

（3）在两圆柱之外，磁场强度为：

$$\boldsymbol{H}=\frac{a^2J}{2r}\boldsymbol{e}_{\varphi}-\frac{a^2J}{2r'}\boldsymbol{e}_{\varphi'}$$

（4）在两圆柱重叠部分，磁场强度为：

$$\boldsymbol{H}=\frac{Jr}{2}\boldsymbol{e}_{\varphi}-\frac{Jr'}{2}\boldsymbol{e}_{\varphi'}=\frac{J}{2}\boldsymbol{e}_z\times\boldsymbol{r}-\frac{J}{2}\boldsymbol{e}_z\times\boldsymbol{r}'=\frac{J}{2}\boldsymbol{e}_z\times(\boldsymbol{r}-\boldsymbol{r}')=\frac{J}{2}\boldsymbol{e}_z\times\boldsymbol{c}$$

因两圆心间的距离为定值，重叠部分的磁场强度是一恒定值，故为均匀磁场。

5.6 数值方法

传统方法中诸多方法，比如直接积分法、镜像法、分离变量法（严格求解偏微分方程的经典方法）、变换数学法（严格求解积分方程的方法）等，都属于解析法。解析法具有很多优点：

（1）可将解答表示为已知函数的显式，从而计算出精确的数值结果。

（2）可以作为近似解和数值解的检验标准。

（3）在解析过程中和在解的显式中可以观察到问题的内在联系和各个参数对数值结果所起的作用。

但解析法也存在很多缺点：一般能够求解的问题比较简单而且存在边界规则。所以它仅能解决很少量的问题。比如只有在为数不多的坐标系中才能使用分离变量法；而用积分方程法时往往分析过程既困难又复杂，还可能求不出结果。

为了克服传统方法的局限性，人们提出了多种数值方法。

数值法与解析法比较，具有很多优点：

（1）普适性强，用户拥有的弹性大。一个特定问题的边界条件、电气结构、激励等特性可以不编入基本程序，而由用户输入，更好的情况是通过图形界面输入。

（2）用户不必具备高度专业化的电磁场理论、数学及数值技术方面的知识就能用提供的程序解决实际问题。

数值法的出现使电磁场边值问题的分析研究从解析的经典方法进入到离散系统的数值分析方法，可以利用计算机这个超级工具进行求解，因为许多解析法很难解决复杂的电磁场边值问题。数值法可以求解具有任何复杂几何形状、复杂材料的电磁场工程问题。但是，数值法也有缺点：数据输入量大、计算量大、受软硬件平台条件的限制等。因此，在工程应用中，由于受计算机存储容量、执行时间以及解的数值误差等方面的限制，数值法在解大型复杂的电磁场工程问题时也难以完成任务。在数值方法的发展过程中，初期的目标是能够解决问题，后期的目标是高效解决问题。诸多研究着力于解决在小型计算机中计算大型复杂电磁场问题；有的着眼于提高计算速度，有的立足于减小存储空间消耗，或者二者兼而有之。目前，随着并行计算技术的高速发展，许多智能计算理论和技术不断提出并且改进，使得计算电磁学日益完善，逐步形成自己的体系。

本书在第2章已经粗略勾画了电磁场数值方法的轮廓，以及采用不同方法的软件。这里重点介绍有限差分法，以及典型电磁场问题的 MATLAB 求解程序。

（一）有限差分法

有限差分法（Finite Differential Method，FDM）是基于差分原理的一种数值计算法。有限差分法的基本思想是将场域离散为许多小网格，用差分代替微分，用差商代替求导，将求解连续函数 φ 的泊松方程的问题转换为求解网格节点上 φ 的差分方程组的问题。

1. *差分和差商*

设有 x 的解析函数 $y=f(x)$，函数 y 对 x 的导数为

$$\frac{\mathrm{d}y}{\mathrm{d}x}=\lim_{\Delta x\to 0}\frac{\Delta y}{\Delta x}=\lim_{\Delta x\to 0}\frac{\Delta f(x)}{\Delta x}=\lim_{\Delta x\to 0}\frac{f(x+\Delta x)-f(x)}{\Delta x} \tag{5-88}$$

式（5-88）中，$\mathrm{d}y$、$\mathrm{d}x$ 分别是函数及自变量的微分，$\frac{\mathrm{d}y}{\mathrm{d}x}$是函数对自变量的导数，又称微商。$\Delta y$、$\Delta x$ 分别称为函数及其自变量的差分，$\frac{\Delta y}{\Delta x}$为函数对自变量的差商。由导数（微商）和差商的定义可知，当自变量的差分（增量）趋近于零时，就可以由差商得到导数。因此在数值计算中常用差商近似代替导数。

一阶差分还有多种定义，如：

$$\Delta f(x)=f\left(x+\frac{h}{2}\right)-f\left(x-\frac{h}{2}\right) \tag{5-89}$$

式（5-89）称为函数 $f(x)$ 的中心差分或一阶中心差分。此外还有一阶前向差分、一阶后向差分等。

函数 $f(x)$ 的二阶差商定义为：

$$\frac{\Delta^2 f(x)}{\Delta x^2}=\frac{[\Delta f(x+h)/h]-[\Delta f(x)/h]}{h}=\frac{\Delta f(x+h)-\Delta f(x)}{h^2} \tag{5-90}$$

它常被用来近似函数 $f(x)$ 的二阶导数 $\mathrm{d}^2 f(x)/\mathrm{d}x^2$。类似地，可以定义函数 $f(x)$ 的高阶差分和差商。

2. *有限差分法求解步骤*

下面以一个实例介绍有限差分法的步骤。对于一个二维混合边值条件的问题，如图5.17所示，方程和边值条件为：

$$\begin{cases}\dfrac{\partial^2\varphi}{\partial x^2}+\dfrac{\partial^2\varphi}{\partial y^2}=F\\ \varphi\big|_{L_1}=f(s)\\ \dfrac{\partial\varphi}{\partial \boldsymbol{n}}\Big|_{L_2}=0\end{cases} \tag{5-91}$$

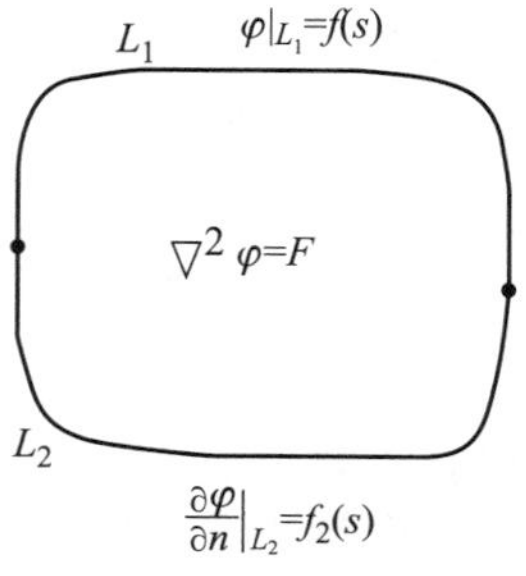

图5.17　一个二维混合边值问题

求解步骤如下：

（1）网格划分。

将场域划分为小的网格。设为正方形网格，边长为 h。划分结果如图 5.18 所示。

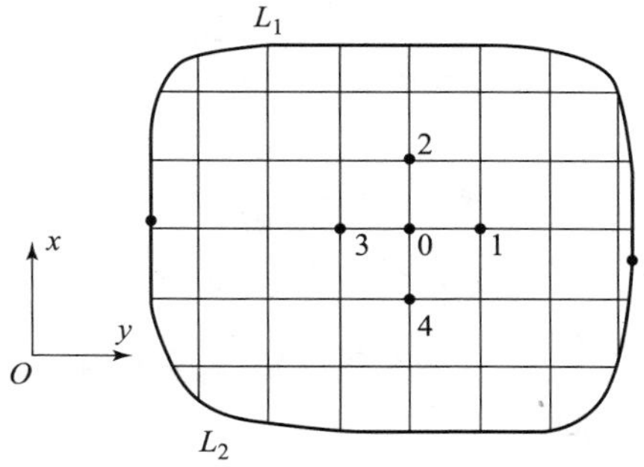

图 5.18　给定问题网格划分结果

（2）方程离散。

将节点上的电位值 φ_i 作为求解变量，把微分方程化为关于 φ_i 的线性代数方程组。

$$\begin{cases} \left(\dfrac{\partial^2\varphi}{\partial x^2}\right)\bigg|_0 \approx \dfrac{\varphi_1 - 2\varphi_0 + \varphi_3}{h^2} \\ \left(\dfrac{\partial^2\varphi}{\partial y^2}\right)\bigg|_0 \approx \dfrac{\varphi_2 - 2\varphi_0 + \varphi_4}{h^2} \end{cases} \tag{5-92}$$

①对于内部节点，有：

$$\frac{\varphi_1 + \varphi_2 + \varphi_3 + \varphi_4 - 4\varphi_0}{h^2} = F_0 \tag{5-93}$$

②对于边界节点：

a. 第一类边界节点（只考虑节点位于边界上的情况），如图 5.19 所示。有：

$$\varphi_i = f_i \tag{5-94}$$

b. 第二类边界节点（只考虑齐次边界条件），如图 5.20 所示。

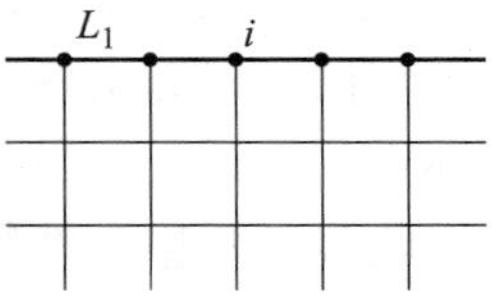

图 5.19　第一类边界节点情况

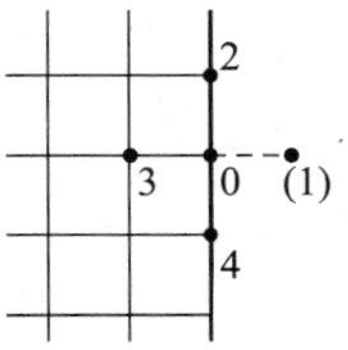

图 5.20　第二类边界条件情况

经过上面两种情况考虑的结果，对所有的节点都建立一个方程，N 个节点有 N 个未知数，建立 N 个方程。

③求解线性方程组。

将上面得到的 N 个方程联立成为线性代数方程组：

$$[A][\varphi] = [F] \tag{5-95}$$

求解式（5－95）得到节点上的电位值。

④后处理。

计算电场强度 E：

$$E_x\big|_0=-\frac{\varphi_1-\varphi_3}{2h} \tag{5-96}$$

$$E_y\big|_0=-\frac{\varphi_2-\varphi_4}{2h} \tag{5-97}$$

绘制场图：略。

进行其他计算：如计算电容、能量分布等，略（该节内容留作作业）。

（二）工程实际需要考虑的问题

上述步骤，虽然是求解利用有限差分法求解特定二维边值问题给出的，但是也适用于一般数值方法，这些方法都需要考虑以下问题：

（1）精度问题与计算量。

（2）媒质分界面条件问题。

（3）边界条件处理问题。

（4）不规则网格问题。

（5）扩展到三维后的求解问题。

总之，电磁边值问题有限差分法的基本思想是把连续的定解区域用有限个离散点构成的网格来代替，这些离散点称作网格的节点；把连续定解区域上的连续变量的函数用在网格上定义的离散变量函数来近似；把原方程和定解条件中的微商用差商来近似，积分用积分和来近似，使得原微分方程和定解条件就近似地代之以代数方程组，即有限差分方程组，解此方程组就可以得到原问题在离散点上的近似解。继而再利用插值方法便可以从离散解得到定解问题在整个区域上的近似解。最后进行后处理，计算相应场量的值，给出其分布图等。有限差分法的主要内容包括根据问题的特点将定解区域作网格剖分；把原微分方程离散化为差分方程组以及如何解此代数方程组。对于场域内 D 的每一个节点，就有一个差分方程，场域内部节点的个数就等于差分方程的个数。若节点位于场域的边界，那么这些边界节点的电位值由边值条件给出。在对场域 D 内各个节点（包括所有场域内点和有关的边界节点）逐一列出对应的差分方程，组成差分方程组后，就可选择一定的代数解法，以算出各离散节点上待求的电位值。为了保证计算过程的可行和计算结果的正确，还需从理论上分析差分方程组的特点和性质，包括解的唯一性、存在性和差分格式的相容性、收敛性和稳定性等。对一个微分方程建立的各种差分格式，为了具有工程实用价值和意义，基本要求是它们能够任意逼近微分方程，这就是相容性要求。另外，差分格式是否有用，最终要看差分方程的精确解能否任意逼近微分方程的解，这就是收敛性。最后，还有一个重要的概念，即差分格式的稳定性，需要特别考虑。因为差分格式的计算过程是逐层推进的，在计算第 $n+1$ 层的近似值时要用到第 n 层的近似值，直到与初始值有关；前面各层若有舍入误差，必然影响到后面各层的值，如果误差的影响越来越大，以致差分格式的精确解的面貌完全被掩盖，这种格式是不稳定的。相反，如果误差的传播是可以控制的，就认为格式是稳定的。只有在这种情形，差分格式在实际计算中的近似解才可能任意逼近差分方程的精确解。

关于差分格式的构造一般有 3 种方法，最常用的方法是数值微分法，比如用差商代替微商等；另一方法叫积分插值法，因为在实际问题中得出的微分方程常常反映物理上的某种守恒原理，一般可以通过积分形式来表示；第三种方法是用待定系数法构造一些精度较高的差分格式。

差分方程可以直接求解，也可以采用迭代法，相对而言，采用迭代法求解差分方程更受人们重视，因为差分方程组的系数一般是有规律的，且各个方程都很简单，包含的项数不多（一般最多不超过 5 项），因此有限差分法通常都采用逐次近似的迭代方法求解，比如著名的超松弛迭代法等。

（三）使用 MATLAB 求解电磁边值问题实例

本节给出两个 MATLAB 求解电磁边值问题的实例。

【例 5.15】　电偶极子的电场和电位分布。

电偶极子：两等量异号点电荷 $+q$ 和 $-q$，相距为 $2b$ 构成的电荷系统。如图 5.21 所示。

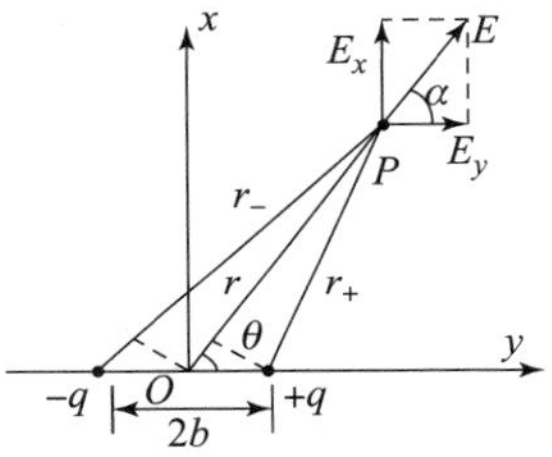

图 5.21　电偶极子

求：

（1）任一点 P 的电场强度，绘制电场强度分布曲面；

（2）任一点 P 的电势，绘制电势分布曲面、电场线和等势线的分布。

解：（1）根据题意，有：

$$U=\frac{q}{4\pi\varepsilon_0}\left(\frac{1}{r_+}-\frac{1}{r_-}\right)$$

$$E=-\nabla U$$

$$r_+=\sqrt{x^2+(y-b)^2}$$

$$r_-=\sqrt{x^2+(y+b)^2}$$

在 MATLAB2016b 中给出如下程序：

```
clear;
b=1.5;
x=-10:0.6:10;
y=x;
[X,Y]=meshgrid(x,y);
rp=sqrt(X.^2+(Y-b).^2);
rn=sqrt(X.^2+(Y+b).^2);
```

```
U=(1./rp-1./rn);
clf;
surf(X,Y,U)
boxon
axis tight
alpha(0.8)
shading interp
hold on
plot3([0;0],[1.5;-1.5],[0;0],'r','LineWidth',1)
plot3(0,1.5,0,'ro',0,1.5,0,'r+')
plot3(0,-1.5,0,'ro',0,-1.5,0,'r-')
title('电偶极子的电位面','FontSize',16)
xlabel('X','FontSize',16)
ylabel('Y','FontSize',16)
zlabel('U','FontSize',16)
u=0.5:0.25:3;
contour3(X,Y,U,u,'r')
contour3(-X,Y,U,-u,'b')
figure
[Ex,Ey]=gradient(-U);
cv=linspace(min(min(U)),max(max(U)),20)
contour(X,Y,U,cv,'k:','LineWidth',2)
hold on
plot([0;0],[1.5;-1.5],'r','LineWidth',2)
x0 = -10:1:10;
y0 =0.05*ones(size(x0));
h=streamline(X,Y,Ex,Ey,x0,y0);
set(h,'LineWidth',1)
h=streamline(X,-Y,Ex,-Ey,x0,-y0);
set(h,'LineWidth',1)
plot(0,1.5,'ro',0,1.5,'r+')
plot(0,-1.5,'ro',0,-1.5,'r-')
title('电偶极子的电场线和等位线','FontSize',16)
xlabel('X','FontSize',16)
ylabel('Y','FontSize',16)
text(-10,8,'电位单位:U/kq','FontSize',16)
text(0,5,'U','FontSize',16)
text(6,0,'E','FontSize',16)
```

```
hold off
```

运行，绘制出电偶极子的电位面如图 5.22 所示。

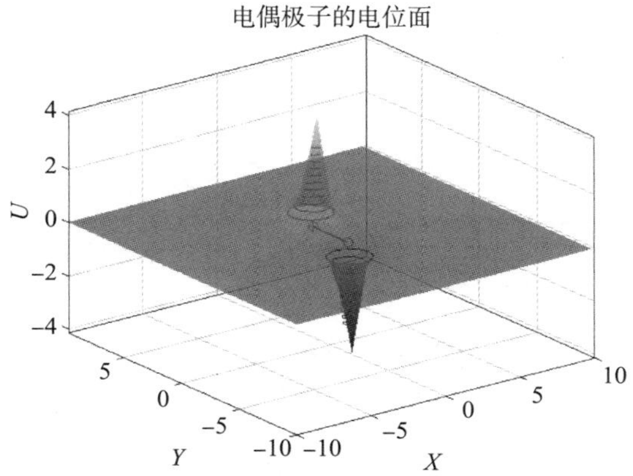

图 5.22　电偶极子的电位面

电偶极子的电场线和等位线如图 5.23 所示。

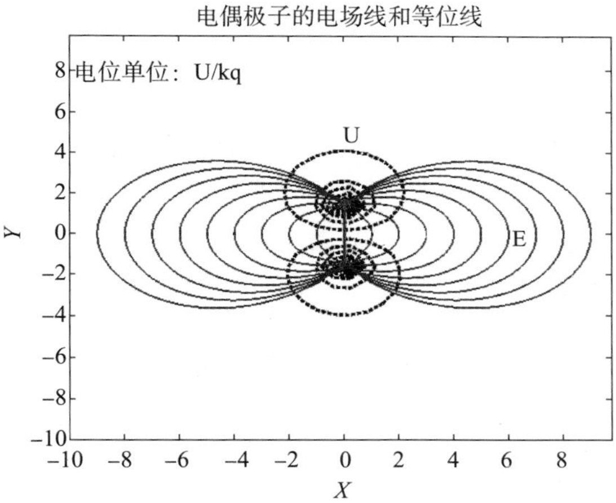

图 5.23　电偶极子的电场线和等位线

【例 5.16】　用超松弛迭代法求解接地金属槽内电位分布。

已知：$a=4$ cm，$h=a/4=10$ mm；边值条件如图 5.24 所示；初值为 $\varphi_{i,j}^{(0)}=0$；要求误差范围是 $\varepsilon=10^{-5}$。求 $\varphi_{i,j}$ 分布。

解：在 MATLAB2016b 中给出如下程序：

```
clc
clear
close all
hx =5;
```

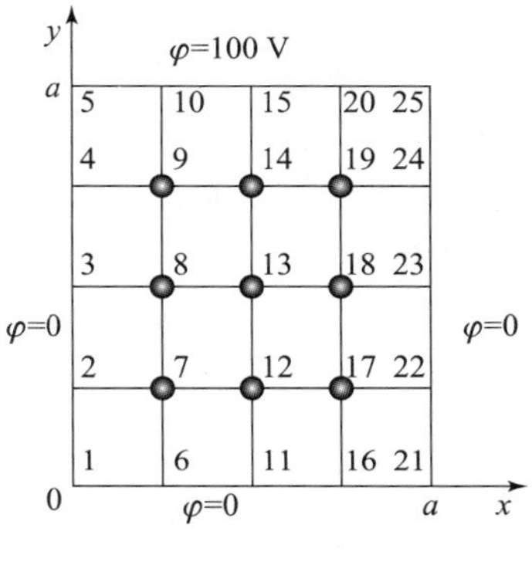

图 5.24　接地金属槽内边值条件

```
hy =5;
v1 =ones(hy,hx);
v1(hy,:) =ones(1,hx) *100;
v1(1,:) =ones(1,hx) *0
for i =1:hy;
v1(i,1) =0;
v1(i,hx) =0;
end
m =4;
w =2/(1 +sqrt(1 -cos(pi/m) *cos(pi/m)));
maxt =1;t =0;
v2 =v1;n =0
while(maxt >1e -5)
n =n +1
maxt =0;
for i =2:hy -1;
for j =2:hx -1;
v2(i,j) =v1(i,j) +(v1(i,j +1) +v1(i +1,j) +v2(i -1,j) +v2(i,j -1) -
4 *v1(i,j)) *w/4;
t =abs(v2(i,j) -v1(i,j));
if(t >maxt) maxt =t;end
end
end
v1 =v2;
end
subplot(1,2,1),mesh(v2)
axis([0,5,0,5,0,100]);
subplot(1,2,2),contour(v2,20);
```

绘制出金属槽内电位分布如图 5.25 所示。

特别要注意的是，超松弛迭代算法中，松弛因子的选取需要根据实际情况合理选取，否则会造成迭代次数增加，对运算结果也有一定影响。一般经验和实验表明，松弛因子选取在 1.20 ~ 1.30，比如 1.24 可以认为是最佳的。请参见相关文献。

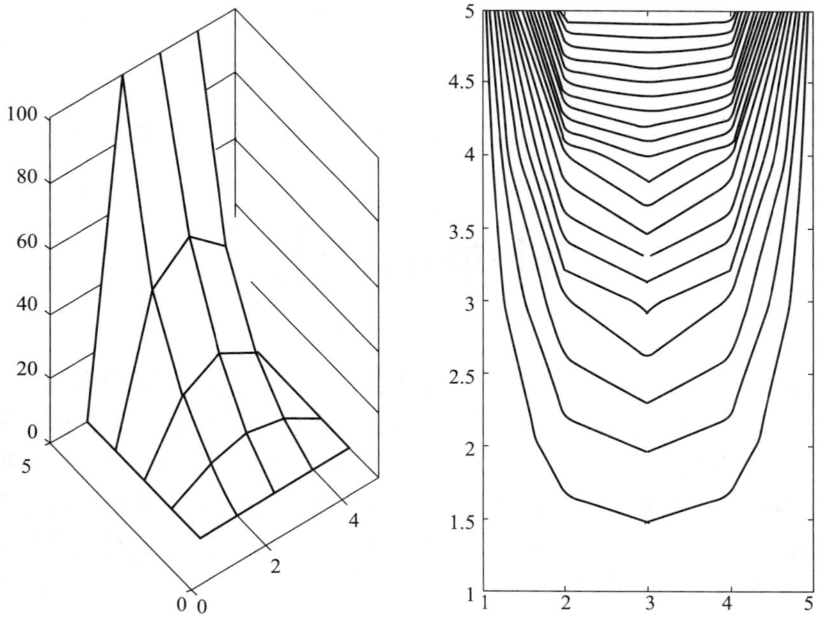

图 5.25　金属槽内电位分布

习题和实训

1. 试写出图 5.24 给出的边值问题的求解程序。建议首先使用 MATLAB。
2. 使用 CST 软件建模求解电偶极子的场分布。
3. 使用 HFSS 软件求解例 5.16 给定的边值问题。
4. 寻找一个结合工程实际的边值问题，求解给定边值问题。

第 6 章

时变电磁场

前面章节介绍的电磁场理论，主要研究的是静态场。研究电磁场最终要落脚到时变场，即变化的电磁场，而变化的电磁场必然伴随电磁波。因此自本章开始，本书的内容均与电磁波有关，本章是主要基础部分，介绍波动方程、复矢量、时谐电磁场、坡印廷定理等。

研究时变电磁场，基本理论依旧是麦克斯韦方程组。麦克斯韦最突出的创造性贡献是提出了有旋场和位移电流的概念，建立了统一的经典电磁理论，并据此预言了以光速传播的电磁波的存在。麦克斯韦提出的旋涡电场和位移电流假说的核心思想是：变化的磁场可以激发旋涡电场，变化的电场可以激发旋涡磁场；时变电场和磁场不是彼此孤立的，它们相互联系、相互激发组成一个统一的电磁场，从而在给定条件下形成电磁波传播。

6.1 时变电磁场的概念和基本方程

6.1.1 定义与特点

（一）定义

场源的电荷或电流随时间变化时，它们产生的电场和磁场不仅是空间坐标的函数，而且也随时间变化。时变电磁场就是场源（电荷、电流）和场量（电场、磁场）都随时间变化的电磁场。由于时变的电场和磁场相互激励、相互转换，麦克斯韦据此预见了电磁波的存在，并且不久由赫兹用实验证实。从这个意义上可以说时变电磁场就是电磁波，或者说，电磁波就是给定空间中的时变电磁场：它是既随时间又随空间变化的电磁场。

（二）特点

（1）由于场量随时间变化，即$\frac{\partial f}{\partial t}$不为零，电场和磁场互为对方的旋涡（旋度）源，电场和磁场共存，相互耦合、相互激发，不可分割。

（2）不像静态场那样可以把电场和磁场分开研究。

（3）电力线和磁力线相互环绕。

6.1.2 时变电磁场基本方程

时变电磁场基本方程仍旧是麦克斯韦方程组、电荷守恒定律和洛伦兹力定律。它们包括积分形式和微分形式两种类型。其中麦克斯韦方程组由四个方程组成，它们分别是全电流定律和高斯定理等。

（一）麦克斯韦方程的微分形式

麦克斯韦方程的微分形式为：

$$\begin{cases}\nabla\times\boldsymbol{H}=\boldsymbol{J}+\dfrac{\partial\boldsymbol{D}}{\partial t}\text{（全电流定律）} & (6-1)\\ \nabla\times\boldsymbol{E}=-\dfrac{\partial\boldsymbol{B}}{\partial t}\text{（电磁感应定律）} & (6-2)\\ \nabla\cdot\boldsymbol{B}=0\text{（磁通连续性定理）} & (6-3)\\ \nabla\cdot\boldsymbol{D}=\rho\text{（高斯定理）} & (6-4)\end{cases}$$

麦克斯韦第一方程为全电流定律，也叫作安培环路定理，表明传导电流和时变电场都能产生磁场；麦克斯韦第二方程是推广的法拉第电磁感应定律，也叫电场的环路定理，表明时变磁场产生电场；麦克斯韦第三方程是磁通连续性定理，也称为磁场高斯定理，表明磁场是无源场，磁感线总是闭合曲线（不存在磁单极子）；麦克斯韦第四方程是（电场）高斯定理，表明电荷产生电场。

（二）时变电磁场基本方程的积分形式和三种电流

1. 时变电磁场基本方程的积分形式

时变电磁场基本方程的积分形式为：

$$\begin{cases}\oint_C\boldsymbol{H}\cdot d\boldsymbol{l}=\int_S\left(\boldsymbol{J}+\dfrac{\partial\boldsymbol{D}}{\partial t}\right)\cdot d\boldsymbol{S} & (6-5)\\ \oint_C\boldsymbol{E}\cdot d\boldsymbol{l}=-\int_S\dfrac{\partial\boldsymbol{B}}{\partial t}\cdot d\boldsymbol{S} & (6-6)\\ \oint_S\boldsymbol{B}\cdot d\boldsymbol{S}=0 & (6-7)\\ \oint_S\boldsymbol{D}\cdot d\boldsymbol{S}=\int_V\rho dV & (6-8)\end{cases}$$

式（6－5）说明磁场强度沿任意闭合曲线的环量，等于穿过以该闭合曲线为周界的任意曲面的传导电流与位移电流之和；式（6－6）说明电场强度沿任意闭合曲线的环量，等于穿过以该闭合曲线为周界的任一曲面的磁通量变化率的负值；式（6－7）说明穿过任意闭合曲面的磁感应强度的通量恒等于零；式（6－8）说明穿过任意闭合曲面的电位移的通量等于该闭合面所包围的自由电荷的代数和。

2. 电磁场中的三种电流

上述各式中的电流 $\boldsymbol{J}$ 既可以包括传导电流 $\boldsymbol{J}_c=\sigma\boldsymbol{E}$，也可以包括运流电流 $\boldsymbol{J}_v=\rho\boldsymbol{v}$；但在空间中某一点，传导电流和运流电流不可能同时存在！但是二者却可以分别与位移电流同时存在。即有：

$$\nabla\times\boldsymbol{H}=\boldsymbol{J}+\frac{\partial\boldsymbol{D}}{\partial t}=\boldsymbol{J}_c+\frac{\partial\boldsymbol{D}}{\partial t}\qquad(6-9a)$$

或

$$\nabla\times\boldsymbol{H}=\boldsymbol{J}+\frac{\partial\boldsymbol{D}}{\partial t}=\boldsymbol{J}_v+\frac{\partial\boldsymbol{D}}{\partial t}\qquad(6-9b)$$

（1）传导电流 $i_c = \int_S \boldsymbol{J}_c \mathrm{d}S$，其中，传导电流密度 $\boldsymbol{J}_c = \sigma \boldsymbol{E}$，这表明传导电流的电流密度 $\boldsymbol{J}_c$ 与电场强度 $\boldsymbol{E}$ 服从欧姆定律。

（2）运流电流 $i_v = \int_S \boldsymbol{J}_v \mathrm{d}\boldsymbol{S}$，其中，运流电流密度 $\boldsymbol{J}_v = \rho \boldsymbol{v}$，运流电流不服从欧姆定律，并且传导电流与运流电流一般不能同时并存。

运流电流定义：运流电流是指电荷在不导电的空间，如真空或极稀薄气体中有规则运动所形成的电流，又称作对流电流或徙动电流。运流电流的典型现象是真空电子管中由阴极发射到阳极的电子流，以及运动着的带电雷云运动形成的电流。

运流电流密度：指相对于观察者以速度 $\boldsymbol{v}$ 运动的电荷元 $\rho \mathrm{d}V$ 形成的运流电流密度，记为 $\rho \boldsymbol{v} \mathrm{d}V$；式中 ρ 为电荷的体密度，$\mathrm{d}V$ 为体积元。

（3）位移电流 $i_d = \oint_S \boldsymbol{J}_d \cdot \mathrm{d}\boldsymbol{S}$，它是分子束缚电荷微观位移所产生的。其中，位移电流密度 $\boldsymbol{J}_d = \frac{\partial \boldsymbol{D}}{\partial t} = \varepsilon_0 \frac{\partial \boldsymbol{E}}{\partial t}$。

位移电流的定义：位移电流是电位移矢量随时间的变化率对曲面的积分。

（三）电流连续性定理和洛伦兹力定律

1. 电流连续性定理

（时变）电磁场的基本方程还包括电流连续性定理和洛伦兹力定律。电流连续性定理与电荷守恒定律一脉相承，或者说是电荷守恒定律的另外一种表达形式；电荷守恒定律是物理学的基本定律之一。电荷守恒定律指出，对于一个孤立系统，不论发生什么变化，其中所有电荷的代数和永远保持不变。也就是说，如果某一区域中的电荷增加或减少了，那么必定有等量的电荷进入或离开该区域；如果在一个物理过程中产生或消失了某种电荷，那么必定有等量的异号电荷同时产生或消失。电荷守恒定律证明：电荷既不能被创造，也不能被消灭，只能从物体的一部分转移到另一部分，或者从一个物体转移到另一个物体。

电流连续性方程的微分形式为：

$$\nabla \cdot \boldsymbol{J} = -\frac{\partial \rho}{\partial t} \tag{6-10}$$

对于恒定电流，有：$\frac{\partial \rho}{\partial t} = 0$，由此有 $\nabla \cdot \boldsymbol{J} = 0$，$\oint_S \boldsymbol{J} \cdot \mathrm{d}\boldsymbol{S} = 0$。恒定电流是无源场，电流线是连续的闭合曲线，既无起点也无终点。

电流连续性方程的积分形式为：

$$\oint_S \boldsymbol{J} \cdot \mathrm{d}\boldsymbol{S} = -\frac{\mathrm{d}q}{\mathrm{d}t} = -\frac{\mathrm{d}}{\mathrm{d}t}\int_V \rho \mathrm{d}V \tag{6-11}$$

它表明流出闭合曲面 S 的电流等于体积 V 内单位时间所减少的电荷量，其本质就是电荷守恒定律。

2. 电磁场中的三种力

（1）库仑定律与电场力：

$$\boldsymbol{F}_E = q\boldsymbol{E} = \frac{qq_1}{R^2}\left(\frac{\boldsymbol{R}}{R}\right)\left(\frac{1}{4\pi\varepsilon_0}\right)$$

（2）磁感应强度 $\boldsymbol{B}$ 与磁场力：

$$\boldsymbol{F}_B = q\boldsymbol{v} \times \boldsymbol{B}$$

（3）电场力与磁场力的合力——洛伦兹力：

$$\boldsymbol{F} = \boldsymbol{F}_E + \boldsymbol{F}_B$$

即

$$\boldsymbol{F} = q\boldsymbol{E} + q\boldsymbol{v} \times \boldsymbol{B}$$

3. 洛伦兹力定律

麦克斯韦方程组反映电荷、电流激发场及场自身的运动规律，至于场对带电体系的作用，还需在库仑定律、安培定律的基础上总结归纳。下面由宏观的定律（库仑定律、安培定律）出发，得出电荷、电流在电磁场中受力的情况。

静止的电荷 Q 受电场作用力为：

$$\boldsymbol{F} = Q\boldsymbol{E}$$

稳恒电流元所受的磁场力为：

$\mathrm{d}\boldsymbol{F} = \boldsymbol{J}\mathrm{d}V \times \boldsymbol{B}$，（由 $\mathrm{d}\boldsymbol{F} = I\mathrm{d}\boldsymbol{l} \times \boldsymbol{B}$ 演变而来）

对时变电磁场，电荷、电流受力情况由洛伦兹力把上面的结果进行了推广：对分布在电场（磁场）中的电荷（电流），其单位体积受力（力密度）为：

微分形式：

$$\boldsymbol{f} = \rho\boldsymbol{E} + \boldsymbol{J} \times \boldsymbol{B} \tag{6-12}$$

积分形式：

$$\boldsymbol{F} = \int \boldsymbol{v}(\rho \cdot \boldsymbol{E} + \boldsymbol{J} \times \boldsymbol{B})\,\mathrm{d}r \tag{6-13}$$

这就是洛伦兹力密度公式。如果空间中存在的是带电粒子系统，每一个粒子电量为 q、速度为 $\boldsymbol{v}$，则一个带电粒子受到电磁场的作用力为 $\boldsymbol{F} = q\boldsymbol{E} + q\boldsymbol{v} \times \boldsymbol{B}$，这就是洛伦兹力公式。

洛伦兹力定律也是一个基本公理，最初是由多次重复完成的实验所得到的一致结论，而不是从别的理论或公式推导出来的定律；但这并不是说，不可以从麦克斯韦方程组推导出洛伦兹力定律，事实上这是可以的。

电荷以某一速度 $\boldsymbol{v}$ 在磁场中运动，磁场对运动电荷有作用力，运动电荷在磁场中受到的这种作用力叫作洛伦兹力；洛伦兹力与电荷运动方向垂直。所以，洛伦兹力不做功，只改变运动电荷的方向，不改变运动电荷的速度。

4. 洛伦兹力与安培力的比较

洛伦兹力是场中每个电荷所受的力；而安培力是指带电导线整体受到的力，但不是洛伦兹力的简单叠加，它是洛伦兹力的一个分力。回顾中学中学习过的洛伦兹力定律：

$$\boldsymbol{f} = q\boldsymbol{v}\boldsymbol{B}\sin\theta \tag{6-14}$$

式中，θ 为带电粒子运动方向与磁感应强度 $\boldsymbol{B}$ 的夹角，当 $\theta = 0$ 时，$\boldsymbol{f} = 0$；当 $\theta = 90°$时，$\boldsymbol{f} = q\boldsymbol{v}\boldsymbol{B}$；$q$ 为带电粒子的电量，$\boldsymbol{v}$ 为带电粒子的运动速度。式（6-14）这个公式只考虑了磁场力的作用，而没有考虑电场力的作用。由式（6-14）以及安培定律，可以得出洛伦兹力与电场力即安培力的比较，如表 6.1 所示。

表 6.1　洛伦兹力与电场力即安培力的比较

项目内容力	洛伦兹力 $\boldsymbol{f}$	电场力 $\boldsymbol{F}$
大小	$\boldsymbol{f}=q\boldsymbol{vB}$（$\boldsymbol{v}\perp\boldsymbol{B}$）	$\boldsymbol{F}=q\boldsymbol{E}$
与速度的关系	$\boldsymbol{v}=0$ 或 $\boldsymbol{v}/\!/\boldsymbol{B}$，$\boldsymbol{f}=0$	与速度无关
力方向与场方向的关系	一定是 $\boldsymbol{f}\perp\boldsymbol{B}$，$\boldsymbol{f}\perp\boldsymbol{v}$	正电荷受到的电场力与场强方向相同，负电荷受到的电场力与场强方向相反
做功情况	任何情况下都不做功	可能做正功、负功，也可能不做功
力为零时场的情况	$\boldsymbol{f}$ 为零，$\boldsymbol{B}$ 不一定为零	$\boldsymbol{f}$ 为零，$\boldsymbol{E}$ 一定为零
作用效果	只改变电荷运动的速度方向，不改变速度大小	既可以改变电荷的速度大小，也可以改变电荷的速度方向

完整的洛伦兹力公式为：

$$\boldsymbol{f}=q\boldsymbol{E}+q\boldsymbol{v}\times\boldsymbol{B} \tag{6-15}$$

或写为

$$\boldsymbol{f}=q\boldsymbol{E}+q\boldsymbol{vB}\sin\theta \tag{6-16}$$

洛伦兹力公式与麦克斯韦方程组、电荷守恒定律（电流连续性定理）以及介质方程（本构关系、物态方程）一起构成了经典电动力学的基础。在许多科学仪器和工业设备如 β 谱仪、质谱仪、粒子加速器、电子显微镜、磁镜装置、霍尔器件中，洛伦兹力都有广泛应用。

（四）基本方程记忆理解图

基本方程体现了时变电磁场的全部场与源相互依存、相互制约、不可分割的关系，反映变化的磁场周围伴随一个变化电场，变化的电场周围要产生一个变化磁场的必然规律。电磁场基本方程可以用来分析各种宏观电磁现象，它们与坡印廷定理一起，构成了宏观电磁场的全部理论基础。为加强理解和记忆，采用循环影响图（见图 6.1）来描述源对场的激励，电生磁、磁生电的这种循环影响构成统一的电磁场，几个场量 $\boldsymbol{E}$、$\boldsymbol{D}$ 和 $\boldsymbol{H}$、$\boldsymbol{B}$ 需要联立求解。

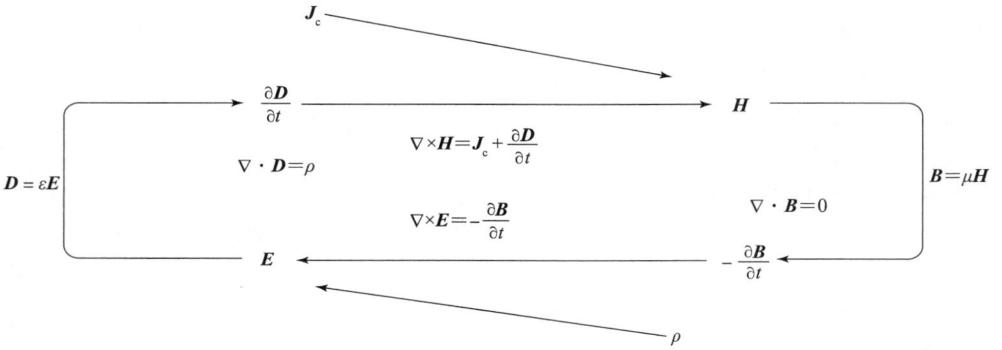

图 6.1　基本方程记忆理解图

当存在弱影响环节时，循环图中次要因素处可能断开，$\boldsymbol{E}$ 和 $\boldsymbol{H}$ 相互影响关系会发生改变，这可能给场的分析和计算带来方便。如：全部场源都不随时间变化，可以对应得出描述静电场、恒定电场和恒定磁场，并分别讨论。此外，还有准静态场，见本章 6.9 节。

6.2　时变场中物质的本构关系与本构方程

6.2.1　引入的必要性

引入和研究媒质的本构关系，至少有以下两个方面的主要原因。

（1）媒质在电磁场的作用下，其内部电荷的运动主要有极化、磁化和传导 3 种状态，它们分别由极化强度矢量 $\boldsymbol{P}$、磁化强度矢量 $\boldsymbol{M}$ 和传导电流密度 $\boldsymbol{J}$ 来描述。媒质极化是媒质中的束缚电荷在电磁场作用下有一微小运动，其宏观效应可用一正负电荷间的相对小位移来表示，即相当于有一偶极矩。极化强度矢量 $\boldsymbol{P}$ 表示单位体积内具有的电偶极矩，一般是时间和空间的函数。媒质的磁化是媒质中的分子电流所形成的分子磁偶极矩受到电磁场的作用，其大小和取向发生变化而出现的宏观磁偶极矩。磁化强度矢量 $\boldsymbol{M}$ 表示单位体积内的磁偶极矩，一般也是时间和空间的函数。在媒质导电的情况下，其内部的自由电子或离子在电磁场的作用下运动而形成传导电流，用传导电流密度 $\boldsymbol{J}$ 表示其特性。这 3 个物理量的物理意义明确，与微观机理密切相关，但不便于测量和分析，需要借助于新的关系来描述物质宏观电磁特性，这就是本构关系。

（2）由于时变电磁场基本方程组中方程之间的非独立性，以及变量多、方程数目不够而造成的非完备性，需要增加媒质本构关系，以保证麦克斯韦方程组的完备性。

在麦克斯韦方程组中，只有两个旋度方程，加上高斯定理或基本方程中的电流连续性（电荷守恒）定理才是独立的。也即麦克斯韦方程组的两个旋度方程以及电流连续性方程可构成时变电磁场一组独立的方程，该组方程中共含有 7 个独立的标量方程。而麦克斯韦方程组中含有 1 个显式标量 ρ，5 个矢量（$\boldsymbol{E}$，$\boldsymbol{B}$，$\boldsymbol{H}$，$\boldsymbol{D}$，$\boldsymbol{J}$），每一个矢量隐含 3 个标量分量，即一共 16 个标量。前述独立标量方程只有 7 个，无法完全确定 5 个电磁场矢量，所以需要另有 9 个独立的标量方程来确定电磁场分布。

基本方程称为非限定形式；引入本构方程，使麦克斯韦方程构成自身一致的完备方程组，称为方程组的限定形式。

6.2.2　定义与方程

1. 定义

本构关系（Constitutive Relations），又称为物态关系、结构关系，是指物质与电磁场相互作用的关系，它由物质本身的特性所决定。它描述特定物质或材料性质及其电磁场激励与响应特性。

2. 一般意义的本构方程

把本构关系写成具体的数学表达形式，就是本构方程（Constitutive Equation），又称为介质方程、物态方程等，也称为电磁场的辅助方程。本构方程是反映物质宏观性质的数学模型。一般文献通常讨论与媒质特性相关的 4 个场量 $\boldsymbol{E}$、$\boldsymbol{D}$、$\boldsymbol{B}$、$\boldsymbol{H}$ 之间的相互关系：即电磁媒质中电感应强度 $\boldsymbol{D}$ 与电场强度 $\boldsymbol{E}$、磁感应强度 $\boldsymbol{B}$ 与磁场强度 $\boldsymbol{H}$ 之间的关系。对于各向同性媒质，有

$$\boldsymbol{D}=\varepsilon_0\boldsymbol{E}+\boldsymbol{P} \tag{6-17}$$

$$\boldsymbol{B}=\mu_0\boldsymbol{H}+\boldsymbol{M} \tag{6-18}$$

而在线性、各向同性均匀媒质中，有

$$\boldsymbol{D}=\varepsilon_0(1+\chi_e)\boldsymbol{E}=\varepsilon\boldsymbol{E} \tag{6-19}$$

$$\boldsymbol{B}=\mu_0(1+\chi_m)=\mu\boldsymbol{H} \tag{6-20}$$

在这里，磁导率、介电常数都是标量。但是对于各向异性媒质，介电率和磁导率不再是标量，而是二阶张量，$\boldsymbol{D}$ 与 $\boldsymbol{E}$、$\boldsymbol{B}$ 与 $\boldsymbol{H}$ 间的关系一般可表示为：

$$\boldsymbol{D}=\bar{\bar{\varepsilon}}\boldsymbol{E} \tag{6-21}$$

$$\boldsymbol{B}=\bar{\bar{\mu}}\boldsymbol{H} \tag{6-22}$$

式中，$\bar{\bar{\varepsilon}}$、$\bar{\bar{\mu}}$均为二阶张量，即为 3×3 张量。每一个张量都有 9 个分量，显然比标量复杂得多。一般情况下，只讨论均匀线性各向异性媒质的电磁场。

3. 欧姆定律

著名的欧姆定律除了作为电磁场的一个独立定律外，同时还是电磁场的一个本构方程。对于线性各向同性媒质，有

$$\boldsymbol{J}=\sigma\boldsymbol{E} \tag{6-23}$$

由此，线性各向同性媒质中电磁场的本构关系表述成

$$\begin{cases}\boldsymbol{D}=\varepsilon\boldsymbol{E}\\ \boldsymbol{B}=\mu\boldsymbol{H}\\ \boldsymbol{J}=\sigma\boldsymbol{E}\end{cases} \tag{6-24}$$

这就补足了 9 个标量方程。

6.2.3 本构关系是电磁媒质的固有特性

本构关系是媒质本身固有的性质和特点。电磁媒质有很多种类，除了均匀线性各向异性媒质，电磁媒质还有非线性、非均匀、不稳定、时间色散、空间色散媒质；还有各向异性、双各向异性、负相对电导率、负相对磁导率等人工媒质。此外，目前还有一种被称为左手材料的媒质：在给定频率下其介电常数和磁导率同时为负值，正待被发现和制备中。这些媒质在微波、光学、隐身、伪装方面有很多应用。这些媒质的本构方程各不相同，媒质特点也各有所异，感兴趣的读者可以查阅相关资料进一步深入了解。

6.3 时变电磁场的波动方程

我们已经知道，时变电磁场本质是一种电磁波。既然是波，那么必然遵循波动规律，这种规律就是波动方程，也可叫作波方程。它是一种重要的偏微分方程，除了电磁波外，它们通常可以表述所有种类的波，例如声波、光波和水波等；除了电磁学，它们还出现在不同领域，例如声学和流体力学等。

6.3.1 为什么引入波动方程

既然麦克斯韦方程已经可以解释所有宏观电磁现象，为什么还要引入波动方程呢？答案

是客观需要。第一，便于分析求解理论问题；第二，电磁波工程实际需要。麦克斯韦方程揭示电磁场的场源关系以及电场和磁场的关系；而波动方程揭示电磁场的波动性，这对于电波传播是必不可少的工具。

时变电磁场的麦克斯韦方程中，电场和磁场耦合在一起；而在波动方程中，电场和磁场独立出现，它们有各自的波动方程。波动方程有时便于解析求解，方程的阶数是二阶的，比麦克斯韦方程的阶数高一阶。所以也有不用波动方程，而直接用麦克斯韦方程求解的。比如流行的 FDTD 方法就直接求解麦克斯韦方程，而电磁场仿真软件 CST 就是基于 FDTD 方法的。

6.3.2　波动方程及其推导

波动方程可以由麦克斯韦方程直接推导得出。考察在无源空间中，媒质是线性、各向同性且无损耗的，则由 $\nabla \times \boldsymbol{E} = -\frac{\partial \boldsymbol{B}}{\partial t}$，两边取旋度，得：

$$\nabla \times \nabla \times \boldsymbol{E} = -\nabla \times \frac{\partial \boldsymbol{B}}{\partial t} \tag{6-25}$$

式（6 - 25）左边由矢量恒等变换得：

$$\nabla \times \nabla \times \boldsymbol{E} = \nabla(\nabla \cdot \boldsymbol{E}) - \nabla^2 \boldsymbol{E} = \nabla\left(\frac{\rho}{\varepsilon}\right) - \nabla^2 \boldsymbol{E}$$

而式（6 - 25）右边可变换为：

$$\nabla \times \frac{\partial \boldsymbol{B}}{\partial t} = \frac{\partial}{\partial t}(\nabla \times \boldsymbol{B}) = \mu \frac{\partial}{\partial t}(\nabla \times \boldsymbol{H}) = \mu \frac{\partial}{\partial t}\left(\boldsymbol{J} + \frac{\partial \boldsymbol{D}}{\partial t}\right) = \mu \frac{\partial \boldsymbol{J}}{\partial t} + \mu\varepsilon \frac{\partial^2 \boldsymbol{E}}{\partial t^2}$$

故得关于电场的波动方程为：

$$\nabla^2 \boldsymbol{E} - \mu\varepsilon \frac{\partial^2 \boldsymbol{E}}{\partial t^2} = \mu \frac{\partial \boldsymbol{J}}{\partial t} + \frac{\nabla \rho}{\varepsilon} \tag{6-26}$$

用类似的方法，由麦克斯韦方程组中的 $\nabla \times \boldsymbol{H} = \varepsilon \frac{\partial \boldsymbol{E}}{\partial t}$，可以推导得到关于磁场的波动方程：

$$\nabla^2 \boldsymbol{H} - \mu\varepsilon \frac{\partial^2 \boldsymbol{H}}{\partial t^2} = -\nabla \times \boldsymbol{J} \tag{6-27}$$

注意，式（6 - 26）和式（6 - 27）是无源空间中满足前述条件的波动方程的一般形式，在不同坐标系下，具体表示形式有所不同。请参见相关文献。

6.4　时变电磁场的位函数及其规范

跟静态场引入位函数可以使问题分析求解得到简化一样，引入位函数来描述时变电磁场，使一些问题的分析得到简化。

6.4.1　矢量磁位的定义

时变电磁场的矢量磁位同静磁场磁矢位的定义方法一样。由麦克斯韦方程组的磁通连续

性定理 $\nabla \cdot \boldsymbol{B}=0$，根据矢量恒等式，如果一个矢量的散度为0，则这个矢量可以由另外一个矢量的旋度来表示。则令：

$$\boldsymbol{B}=\nabla \times \boldsymbol{A} \tag{6-28}$$

式中，矢量 $\boldsymbol{A}$ 为时变电磁场的磁矢位。根据式 $\oint_L \boldsymbol{A}\cdot \mathrm{d}\boldsymbol{l}=\iint_S \boldsymbol{B}\cdot \mathrm{d}\boldsymbol{S}$，得到 $\boldsymbol{A}$ 的物理意义：在任一时刻，矢量 $\boldsymbol{A}$ 沿任一闭合回路 L 的线积分等于该时刻通过以 L 为边线的曲面 S 的磁通量。

6.4.2 标量电位的定义

时变电磁场标量电位不同于静电场的电位定义。因为时变电磁场中，电场的旋度不等于零，不能直接定义标量电位。但在法拉第定律中，可以利用式（6-28），有：

$$\nabla \times \boldsymbol{E}=-\frac{\partial \boldsymbol{B}}{\partial t}=-\frac{\partial}{\partial t}(\nabla \times \boldsymbol{A})=-\nabla \times \frac{\partial \boldsymbol{A}}{\partial t}$$

整理可得：

$$\nabla \times\left(\boldsymbol{E}+\frac{\partial \boldsymbol{A}}{\partial t}\right)=0$$

令

$$\left(\boldsymbol{E}+\frac{\partial \boldsymbol{A}}{\partial t}\right)=-\nabla \varphi \tag{6-29}$$

式（6-29）中的标量 φ 就是时变电磁场标量电位。由式（6-29）可得：

$$\boldsymbol{E}=-\nabla \varphi-\frac{\partial \boldsymbol{A}}{\partial t} \tag{6-30}$$

式（6-30）实现了用位函数表示时变电磁场的电场矢量的目的。即电磁场和位之间的关系为：

$$\begin{cases}\boldsymbol{B}=\nabla \times \boldsymbol{A}\\ \boldsymbol{E}=-\nabla \varphi-\dfrac{\partial \boldsymbol{A}}{\partial t}\end{cases} \tag{6-31}$$

式（6-31）说明，在时变场中，磁场和电场是相互作用着的整体，必须把磁矢位 $\boldsymbol{A}$ 和标位 φ 作为一个整体来描述电磁场。φ 称为标位，有的文献也称为标势。不能把此处的 φ 与静态场的电位混为一谈，因为在非稳恒情况下，$\boldsymbol{E}$ 不再是保守力场，不存在势能的概念，这就是说此处的 φ，它在数值上不等于把单位正电荷从空间一点移到无穷远处电场力所做的功。只有当 $\boldsymbol{A}$ 与时间无关，即 $\frac{\partial \boldsymbol{A}}{\partial t}=0$ 时，且 $\boldsymbol{E}=-\nabla \varphi$ 时，φ 才直接归结为电位，因为场已经退化为静电场了。

6.4.3 位函数的不确定性与规范条件

虽然 $\boldsymbol{E}$ 和 $\boldsymbol{B}$，以及 $\boldsymbol{A}$ 和 φ 是描述电磁场的两种等价的方式，但由于 $\boldsymbol{E}$、$\boldsymbol{B}$ 和 $\boldsymbol{A}$、φ 之间是微分方程的关系，所以它们之间的关系不是一一对应的，这是因为磁矢位 $\boldsymbol{A}$ 可以加上一个任意标量函数的梯度，结果不影响 $\boldsymbol{B}$，而这个任意标量函数的梯度在 $\boldsymbol{E}=-\nabla \varphi-\frac{\partial \boldsymbol{A}}{\partial t}$ 中对 $\boldsymbol{E}$ 要发生影响。然而如果将 φ 也作相应的变换，则仍可使 $\boldsymbol{E}$ 保持不变，这就叫作规范变换：对于

$$\begin{cases} \boldsymbol{A}' = \boldsymbol{A} + \nabla\psi \\ \varphi' = \varphi - \dfrac{\partial\psi}{\partial t} \end{cases} \tag{6-32}$$

即有

$$\begin{cases} \nabla \times \boldsymbol{A}' = \nabla \times (\boldsymbol{A} + \nabla\psi) = \nabla \times \boldsymbol{A} \\ -\nabla\varphi' - \dfrac{\partial \boldsymbol{A}'}{\partial t} = -\nabla\left(\varphi - \dfrac{\partial\psi}{\partial t}\right) - \dfrac{\partial}{\partial t}(\boldsymbol{A} + \nabla\psi) = -\nabla\varphi - \dfrac{\partial \boldsymbol{A}}{\partial t} \end{cases} \tag{6-33}$$

即进行 $\boldsymbol{A}\to\boldsymbol{A}'$，$\varphi\to\varphi'$变换，且满足上述变换关系的两组位函数（$\boldsymbol{A}$、$\varphi$）和（$\boldsymbol{A}'$、$\varphi'$）能描述同一个电磁场问题。

式（6－32）和式（6－33）成立的原因在于，位函数只给定了矢量位的旋度，而没有给定其散度；因为要确定一个场，必须要同时给定其散度、旋度以及恰当的边界关系。没有限定磁矢位 $\boldsymbol{A}$ 的散度，就造成了位函数的不确定性。

规定时变电磁场位函数散度的条件称为规范条件。常用的有库仑条件和洛伦兹条件两种，也称作库仑规范和洛伦兹规范。

1. 库仑规范

库仑规范为：

$$\nabla \cdot \boldsymbol{A} = 0 \tag{6-34}$$

即规定 $\boldsymbol{A}$ 是一个有旋无源场（横场）。这个规范的特点是 $\boldsymbol{E}$ 的纵场部分完全由 φ 描述，$-\nabla\varphi$ 具有无旋性，横场部分由 $\boldsymbol{A}$ 描述，$-\dfrac{\partial \boldsymbol{A}}{\partial t}$具有无源性。由 $\boldsymbol{E} = -\nabla\varphi - \dfrac{\partial \boldsymbol{A}}{\partial t}$可见，$-\nabla\varphi$ 项对应库仑场 $\boldsymbol{E}_{库}$，而 $-\dfrac{\partial \boldsymbol{A}}{\partial t}$与感应场 $\boldsymbol{E}_{感}$对应。

采用库仑规范，得到位函数的波动方程为：

$$\begin{cases} \nabla^2\phi = -\dfrac{\rho}{\varepsilon_0} \\ \nabla^2\boldsymbol{A} - \dfrac{1}{c^2}\dfrac{\partial^2\boldsymbol{A}}{\partial t^2} - \dfrac{1}{c^2}\dfrac{\partial}{\partial t}(\nabla\varphi) = -\mu_0\boldsymbol{J} \end{cases} \tag{6-35}$$

2. 洛伦兹规范

在自由空间中，洛伦兹规范为：

$$\nabla \cdot \boldsymbol{A} + \mu\varepsilon\frac{\partial\varphi}{\partial t} = 0 \tag{6-36}$$

由于 $C = 1/\sqrt{\mu\varepsilon}$，则有

$$\nabla \cdot \boldsymbol{A} + \frac{1}{C^2}\frac{\partial\varphi}{\partial t} = 0$$

6.4.4 达朗贝尔方程

式（6－36）规定 $\boldsymbol{A}$ 是一个有旋有源场（即 $\boldsymbol{A}$ 包含横场和纵场两部分），这个规范的特点是把矢位和标位的基本方程化为特别简单的对称形式。利用洛伦兹规范，可以得到位函数的如下波动方程，它们一般被统称为达朗贝尔方程：

$$\nabla^2 \boldsymbol{A} - \varepsilon\mu \frac{\partial^2 \boldsymbol{A}}{\partial t^2} = -\mu \boldsymbol{J} \tag{6-37}$$

$$\nabla^2 \varphi - \varepsilon\mu \frac{\partial^2 \varphi}{\partial t^2} = -\frac{\rho}{\varepsilon} \tag{6-38}$$

达朗贝尔方程一个最大的特点就是，矢位与标位波动方程的形式完全一样，这给求解带来极大便利。由达朗贝尔方程可见，已知电流分布，即可求出矢位 $\boldsymbol{A}$；已知电荷分布，即可求出标位 φ。求出 $\boldsymbol{A}$ 及 φ 以后，即可求出电场与磁场。麦克斯韦方程的求解归结为位函数方程的求解，而且求解过程显然得到了简化。因为原来电磁场方程为两个结构复杂的矢量方程，在三维空间中需要求解 6 个坐标分量，如式（6－39）所示：

$$\begin{cases} \nabla^2 \boldsymbol{E} - \mu\varepsilon \dfrac{\partial^2 \boldsymbol{E}}{\partial t^2} = \mu \dfrac{\partial \boldsymbol{J}}{\partial t} + \dfrac{1}{\varepsilon} \nabla \rho \\ \nabla^2 \boldsymbol{H} - \mu\varepsilon \dfrac{\partial^2 \boldsymbol{H}}{\partial t^2} = -\nabla \times \boldsymbol{J} \end{cases} \tag{6-39}$$

而位函数方程分别为一个矢量方程和一个标量方程，且结构较为简单，在三维空间中仅需求解四个坐标分量。尤其是在直角坐标系中，矢位方程可以分解为三个结构如同标位方程一样的标量方程。因此，实际上等于求解一个标量方程。由此可见，位函数 $\boldsymbol{A}$ 及 φ 的引入显著地简化了麦克斯韦方程的求解。不仅如此，事实上只要求出一个位函数解，另外的一个位函数的解便可以利用逻辑推理导出。而相对于矢位，标位的求解要简单容易些，所以一般都是求解标位。这也是利用洛伦兹规范的一大优点。

按照洛伦兹条件规定 $\boldsymbol{A}$ 的散度后，原来两个相互关联的方程变为两个独立方程。洛伦兹条件的特点总结如下：

（1）位函数满足的方程在形式上是对称的，且比较简单，容易求解。

（2）解的物理意义非常清楚，明确地反映出电磁场具有有限的传递速度。

（3）矢位只决定于电流密度 $\boldsymbol{J}$，标位只决定于电荷密度 ρ，这对求解方程特别有利。只需解出 $\boldsymbol{A}$，无须解出 φ 就可得到待求的电场和磁场。

注意：位函数只是简化时变电磁场分析求解的一种辅助函数，应用不同的规范条件，矢位 $\boldsymbol{A}$ 和标位 φ 的解也不相同，但最终得到的电磁场矢量却是相同的。

6.4.5 达朗贝尔方程的解

不管是矢位 $\boldsymbol{A}$ 还是标位 φ，在洛伦兹规范条件下都满足同样的达朗贝尔方程。而达朗贝尔方程式是线性的，它反映了电磁场的叠加性，故时变电磁场中的矢位 $\boldsymbol{A}$ 和标位 φ 均满足叠加原理。因此，对于场源分布在有限体积内的位，可先求出场源中某一体积元所激发的位，然后对场源区域积分，即得出总的位。又因矢位 $\boldsymbol{A}$ 的方程与标位 φ 的方程在形式上相同，故只需求出 φ 的方程的解即可。

避开繁杂的推导过程，我们只给出达朗贝尔方程求解结果。如果场源电荷分布在有限体积 V 内，对于一般变化电荷分布 $\rho(\boldsymbol{x}', t)$，它所激发的标位为：

$$\varphi(\boldsymbol{x}, t) = \frac{1}{4\pi\varepsilon_0} \int_V \frac{\rho\left(\boldsymbol{x}', t - \dfrac{r}{c}\right)}{r} \mathrm{d}\tau' \tag{6-40}$$

式中，$\boldsymbol{r}=\boldsymbol{x}-\boldsymbol{x}'$，$r=|\boldsymbol{x}-\boldsymbol{x}'|$。

因矢位 $\boldsymbol{A}$ 的微分方程与标位 φ 的微分方程相似，故其解也相似，所以一般变化电流分布 $\boldsymbol{J}(\boldsymbol{x}',t)$ 所激发的矢位为：

$$\boldsymbol{A}(\boldsymbol{x},t)=\frac{\mu_0}{4\pi}\int_V\frac{\boldsymbol{J}\left(\boldsymbol{x}',t-\frac{r}{c}\right)}{r}\mathrm{d}\tau' \qquad (6-41)$$

达朗贝尔方程式（6-40）和式（6-41）给出了分布在有限体积内的变化电荷与变化电流在空间任意点所激发的标位 φ 和矢位 $\boldsymbol{A}$。注意，式中的 $\boldsymbol{x}$ 表示场点坐标，$\boldsymbol{x}'$表示源点坐标。

$\varphi(\boldsymbol{x},t)$ 和 $\boldsymbol{A}(\boldsymbol{x},t)$ 分别表示 t 时刻在场点 $\boldsymbol{x}$ 处的标位 φ 和矢位 $\boldsymbol{A}$ 的值，$\rho\left(\boldsymbol{x}',t-\frac{r}{c}\right)$ 和 $\boldsymbol{J}\left(\boldsymbol{x}',t-\frac{r}{c}\right)$分别表示 $t'=t-\frac{r}{c}$时刻在 $\boldsymbol{x}'$处 ρ 和 $\boldsymbol{J}$ 的值。

6.4.6 滞后位

从达朗贝尔方程的解看出，电荷密度 $\rho\left(\boldsymbol{x}',t-\frac{r}{c}\right)$和电流密度 $\boldsymbol{J}\left(\boldsymbol{x}',t-\frac{r}{c}\right)$中时刻是 t' 而不是 t。这说明 t'时刻在 $\boldsymbol{x}'$点电荷或电流产生的场并不能在同一时刻 t'到达 $\boldsymbol{x}'$点，而是要一个传输时间 Δt，而 $\Delta t=t-t'=\frac{r}{c}$，由于 $t>t'$，故 t 时刻的位 $\boldsymbol{A}$ 和 φ 滞后于场源辐射的时刻 t'，因此将此时的 $\boldsymbol{A}$ 和 φ 称为滞后位，也叫作推迟位。

推迟位的重要性在于说明电磁作用是以有限速度 $\boldsymbol{v}$ 从源点到场点传播的，它不是瞬时超距作用，从而从理论上证明了近距作用学说的科学性和正确性，即电荷、电流辐射电磁波，而电磁波以速度 $\boldsymbol{v}$ 脱离电荷、电流向外传播，在自由空间中，这个传播速度为光速 $c=\frac{1}{\sqrt{\mu_0\varepsilon_0}}$；这就是推迟位所描述的物理过程。

6.4.7 Helmholtz 方程

在无源区域，ρ 与 $\boldsymbol{J}$ 均为零，上述场量和位函数的波动方程变为齐次波动方程，即 Helmholtz 方程：

$$\nabla^2\boldsymbol{E}-\mu\varepsilon\frac{\partial^2\boldsymbol{E}}{\partial t^2}=0 \qquad (6-42)$$

$$\nabla^2\boldsymbol{H}-\mu\varepsilon\frac{\partial^2\boldsymbol{H}}{\partial t^2}=0 \qquad (6-43)$$

$$\nabla^2\boldsymbol{A}-\mu\varepsilon\frac{\partial^2\boldsymbol{A}}{\partial t^2}=0 \qquad (6-44)$$

$$\nabla^2\varphi-\mu\varepsilon\frac{\partial^2\varphi}{\partial t^2}=0 \qquad (6-45)$$

在静态场中，由于$\frac{\partial}{\partial t}\to 0$，上述波动方程退化为相应的泊松方程和拉普拉斯方程。具体参见静态场相关章节。

6.5 时变电磁场的边界条件

跟静态场一样，讨论时变电磁场的边界条件，就是讨论几个场矢量在边界的分布以及在边界点上的取值。因此边界条件同样包括边值关系和边值条件两部分，边值关系是指：分界面两边电磁场突变所遵循的分布规律。边值条件则指电磁场在场域边界点的值。

对由不同媒质所组成的电磁场场域，当分界面上场的散度源和旋度源不为零时，场量将在分界面两侧发生突变。这是由于散度源产生纵向场，纵向场的场线特征是相对源点纵向伸开，相对于分界面而言，则是两侧的法向分量反向，切向相等，从而导致电场法向分量突变，切向分量连续。而旋度源则产生横向场，横向场的场线特征是磁力线相对于电流元方向横向相切，相对于介质分界面而言，则是磁场切向分量反向，法向分量相等，从而使磁场切向分量突变，法向分量连续。此时麦克斯韦方程的微分形式描述将不适用，但是其积分形式仍然适用，因此可采用麦克斯韦方程的积分形式从整体上来描述介质分界面两侧邻域的电磁场运动规律。

6.5.1 一般情况下时变电磁场边界条件的矢量形式和标量形式

麦克斯韦方程组可以应用于任何连续的介质内部，在两种介质界面上，介质性质有突变，电磁场也会突变，突变的规律或突变关系称为电磁场的边值关系。推导边界条件的依据是麦克斯韦方程组的积分形式。

（一）磁感应强度 $\boldsymbol{B}$ 的边界关系

在分界面给定点处，跨越分界面构造一个扁平圆柱体，其高度 $\Delta h\to 0$，$\boldsymbol{n}$ 为从媒质Ⅱ指向媒质Ⅰ的法线方向矢量，如图 6.2 所示，由 $\oint_S \boldsymbol{B}\cdot \mathrm{d}\boldsymbol{S}=0$，有 $\boldsymbol{B}_1\cdot \mathrm{d}\boldsymbol{S}_1+\boldsymbol{B}_2\cdot \mathrm{d}\boldsymbol{S}_2=0$，推得 $\boldsymbol{n}(\boldsymbol{B}_1-\boldsymbol{B}_2)=0$，这是其矢量形式，写出标量形式则为：$B_{2n}-B_{1n}=0$，它表明磁感应强度 $\boldsymbol{B}$ 的法向分量在分界面两侧连续。

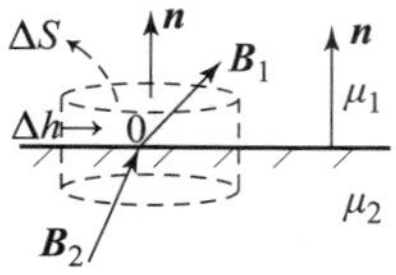

图 6.2 磁感应强度 $\boldsymbol{B}$ 的边界关系

（二）电位移矢量 $\boldsymbol{D}$ 的边界关系

在分界面给定点处，跨越分界面构造一个扁平圆柱体，其高度 $\Delta h\to 0$，如图 6.3 所示，由

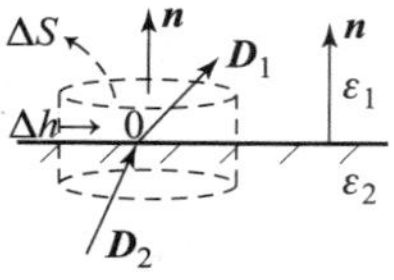

图 6.3 电位移矢量 $\boldsymbol{D}$ 的边界关系

$$\oint_S \boldsymbol{D} \cdot d\boldsymbol{S} = q$$

推得

$$(\boldsymbol{D}_1 - \boldsymbol{D}_2) \cdot \boldsymbol{n} = \rho_S$$

这是其矢量形式，写出标量形式为：

$$D_{1n} - D_{2n} = \rho_S$$

它表明电位移矢量的法向分量在分界面两侧不连续，电位移矢量的法向分量在两种媒质中的差值等于分界面上的自由电荷面密度。

（三）电场强度矢量 $\boldsymbol{E}$ 在分界面上的边界关系

在分界面给定点处，跨越分界面构造一个狭长小环路，$\Delta h \to 0$，如图 6.4 所示。图中，$\boldsymbol{n}$ 和 $\boldsymbol{l}$ 分别是所构造回路长边 Δl 中点处分界面的法向单位矢量和切向单位矢量，$\boldsymbol{b}$ 是垂直于 $\boldsymbol{n}$ 且与矩形回路成右手螺旋关系的单位矢量，三者的关系为：

$$\boldsymbol{l} = \boldsymbol{b} \times \boldsymbol{n}$$

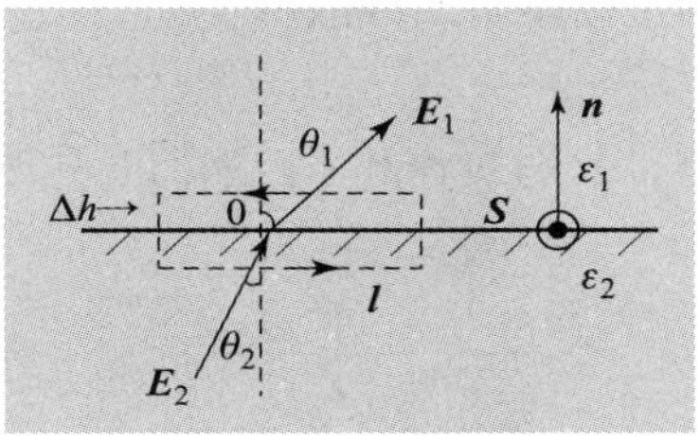

图 6.4　电场强度矢量 $\boldsymbol{E}$ 在分界面上的边界关系

由

$$\oint_l \boldsymbol{E} \cdot d\boldsymbol{l} = -\int_S \frac{\partial \boldsymbol{B}}{\partial t} \cdot d\boldsymbol{S}$$

推得

$$\boldsymbol{n} \times (\boldsymbol{E}_1 - \boldsymbol{E}_2) = 0$$

这是其矢量形式，写成标量形式则为：

$$E_{1t} = E_{2t}$$

它表明电场强度的切向分量在分界面两侧连续。

（四）磁场强度矢量 $\boldsymbol{H}$ 在分界面上的边界关系

在分界面给定点处，跨越分界面构造一个狭长小环路，$\Delta h \to 0$，如图 6.5 所示。

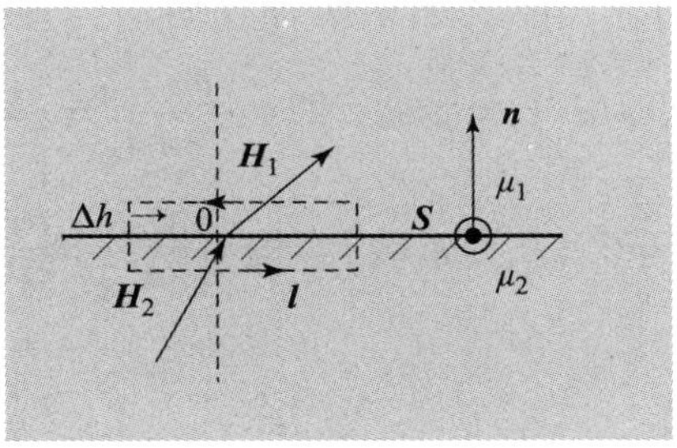

图 6.5　磁场强度矢量 $\boldsymbol{H}$ 在分界面上的边界关系

由

$$\oint_C \boldsymbol{H} \cdot \mathrm{d}\boldsymbol{l} = \int_S \left(\boldsymbol{J} + \frac{\partial \boldsymbol{D}}{\partial t}\right) \cdot \mathrm{d}\boldsymbol{S}$$

推得

$$\boldsymbol{n} \times (\boldsymbol{H}_1 - \boldsymbol{H}_2) = \boldsymbol{J}_S$$

这是其矢量形式，写为标量形式则为：

$$H_{1t} - H_{2t} = J_S$$

它表明磁场强度的切向分量在分界面两侧不连续，此处强度切向分量在两种媒质中的差值等于分界面上的面电流密度。

（五）分界面上电流连续性方程

在两种媒质分界面上的电流连续性方程由下式给出：

$$\nabla_t \cdot J_S + (J_{1n} - J_{2n}) = -\frac{\partial \rho_S}{\partial t} \tag{6-46}$$

式中，∇_t表示对与分界面平行的坐标量求二维散度。

（六）标量电位的边界关系

在两种媒质分界面上取两点，分别为 A 和 B，如图 6.6 所示。

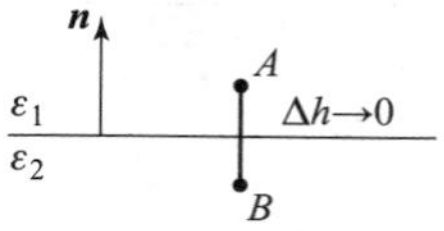

图 6.6　标量电位的边界关系

图 6.6 中，A、B 分别位于分界面两侧，且无限靠近，两点的连线 $\Delta h \to 0$，且 Δh 与分界面法线 $\boldsymbol{n}$ 平行，从标量电位的物理意义出发，得：

$$\varphi_A - \varphi_B = \int_A^B \boldsymbol{E} \cdot \mathrm{d}\boldsymbol{l} = E_{1n}\frac{\Delta h}{2} + E_{2n}\frac{\Delta h}{2} \tag{6-47}$$

由于 E_{1n}和 E_{2n} 为有限值，而 $\Delta h \to 0$，所以由上式可知 $\varphi_A - \varphi_B = 0$，即有 $\varphi_A = \varphi_B$，或写为 $\varphi_1|_S = \varphi_2|_S$，式中 S 为两种媒质分界面。该式表明在两种媒质分界面处，标量电位是连续的。标量电位 φ 在分界面上的边界条件在静电场求解问题中很有用：考虑到电位与电场强度的关系：$\boldsymbol{E} = -\nabla\varphi$，由电场的法向分量边界关系得

$$\varepsilon_1 \frac{\partial \varphi_1}{\partial \boldsymbol{n}}\bigg|_S - \varepsilon_2 \frac{\partial \varphi_2}{\partial \boldsymbol{n}}\bigg|_S = \rho_S \tag{6-48}$$

这就是静电场中标量电位的边界关系。如果两种媒质均为理想介质时，在分界面上无自由电荷，标量电位的边界条件为$\varphi_1|_S = \varphi_2|_S$，即 $\varepsilon_1 \frac{\partial \varphi_1}{\partial \boldsymbol{n}}\Big|_S = \varepsilon_2 \frac{\partial \varphi_2}{\partial \boldsymbol{n}}\Big|_S$。在理想导体表面上，标量电位的边界条件为：$\varphi|_S = C$（$C$ 为常数），即有$\frac{\partial \varphi}{\partial \boldsymbol{n}}\Big|_S = \frac{\rho_S}{\varepsilon}$，式中 $\boldsymbol{n}$ 为导体表面外法线方向。

（七）矢量磁位的边界关系

根据矢量磁位 $\boldsymbol{A}$ 所满足的旋度和散度表示式，以及磁场的麦克斯韦基本方程，可推导

出 $\boldsymbol{A}$ 的法向分量和切向分量在两种媒质分界面处是连续的，所以 $\boldsymbol{A}$ 矢量在分界面处也应是连续的，即有 $\boldsymbol{A}_1|_S=\boldsymbol{A}_2|_S$，由此可以推得

$$\frac{1}{\mu_1}(\nabla\times\boldsymbol{A}_1)_t-\frac{1}{\mu_2}(\nabla\times\boldsymbol{A}_2)_t=\boldsymbol{J}_S \tag{6-49}$$

（八）标量磁位的边界关系

在无源区域，即无电流区域，安培环路定理的积分形式为 $\oint_l\boldsymbol{H}\cdot\mathrm{d}\boldsymbol{l}=0$，微分形式为 $\nabla\times\boldsymbol{H}=0$，根据矢量运算，引入一个标量函数 φ_m，称为标量磁位，其单位是安培（A）。根据矢量恒等式，则磁场强度可以表示为 $\boldsymbol{H}=-\nabla\varphi_\mathrm{m}$，式中的负号是为了与静电场中 $\boldsymbol{E}=-\nabla\varphi$ 相对偶而引入的。标量磁位概念的引入完全是为了在某些情况下使磁场的计算简化，并无实际的物理意义。类似于电位差的计算，a 点和 b 点的磁位差为：

$$\varphi_{\mathrm{m}ab}=\varphi_{\mathrm{m}a}-\varphi_{\mathrm{m}b}=-\int_a^b\boldsymbol{H}\cdot\mathrm{d}\boldsymbol{l}$$

根据标量磁位定义和磁场的边界关系，可得：

$$\varphi_{\mathrm{m1}}|_S=\varphi_{\mathrm{m2}}|_S$$

即有

$$\mu_1\left.\frac{\partial\varphi_{\mathrm{m1}}}{\partial\boldsymbol{n}}\right|_S=\mu_2\left.\frac{\partial\varphi_{\mathrm{m2}}}{\partial\boldsymbol{n}}\right|_S$$

（九）电流密度的边界关系

在两种导电媒质分界面处作一圆柱形闭合曲面，如图 6.7 所示，其高度 $\Delta h\to0$，上下底面位于分界面两侧，且与分界面平行，底面面积 ΔS 很小。$\boldsymbol{n}$ 为从媒质Ⅱ指向媒质Ⅰ的法线方向矢量。根据电流连续性方程 $\oint_S\boldsymbol{J}_C\cdot\mathrm{d}\boldsymbol{S}=-\int_V\frac{\partial\rho_V}{\partial t}\mathrm{d}V$，在图 6.7 所示的闭合曲面上，有

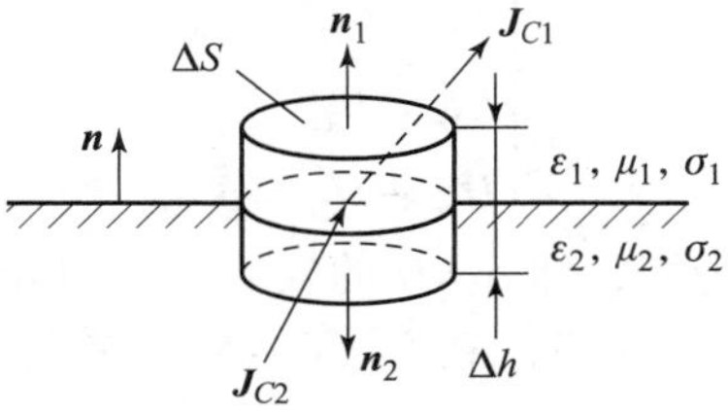

图 6.7　电流密度的边界关系

$$\oint_S\boldsymbol{J}_C\cdot\mathrm{d}\boldsymbol{S}=J_{1n}\Delta S-J_{2n}\Delta S$$

和

$$\int_V\frac{\partial\rho_V}{\partial t}\mathrm{d}V=\frac{\partial}{\partial t}\int_V\rho_V\mathrm{d}V=\frac{\partial Q}{\partial t}$$

式中，Q 为闭合曲面包围的总电荷，当 $\Delta h\to0$ 时，有 $Q=\rho_S\cdot\Delta S$。于是推得 $\int_V\frac{\partial\rho_V}{\partial t}\mathrm{d}V=\frac{\partial\rho_S}{\partial t}\Delta S$，将该式与 $\oint_S\boldsymbol{J}_\mathrm{c}\cdot\mathrm{d}\boldsymbol{S}=J_{1n}\Delta S-J_{2n}\Delta S$ 代入 $\oint_S\boldsymbol{J}_\mathrm{c}\cdot\mathrm{d}\boldsymbol{S}=-\int_V\frac{\partial\rho_V}{\partial t}\mathrm{d}V$ 可得：

$$\boldsymbol{n}\cdot(\boldsymbol{J}_1-\boldsymbol{J}_2)=-\frac{\partial\rho_S}{\partial t}$$

这是电流密度边界关系的矢量形式，写为标量形式，则为：

$$J_{1n}-J_{2n}=-\frac{\partial\rho_S}{\partial t}$$

已知在分界面处电场切向分量连续，即 $E_{1t}=E_{2t}$，根据导电媒质中的物态方程 $\boldsymbol{J}_c=\sigma\boldsymbol{E}$，则电流密度的切向分量满足 $\boldsymbol{n}\times\left(\frac{\boldsymbol{J}_1}{\sigma_1}-\frac{\boldsymbol{J}_2}{\sigma_2}\right)=0$，或写为标量形式 $\frac{J_{1t}}{\sigma_1}=\frac{J_{2t}}{\sigma_2}$。电流密度满足的边界关系，对静态电磁场和时变电磁场均适用。

6.5.2 时变电磁场边界关系的两种特殊情况

前面讨论一般情况下电磁场在两种媒质分界面的边界关系。现在讨论两种特殊情况：在理想介质和理想导体分界面上的边界关系。

（一）时变电磁场在理想介质表面上的边界关系

前文已经得到一般情况下媒质分界面上时变电磁场的场矢量 $\boldsymbol{E}$、$\boldsymbol{H}$、$\boldsymbol{B}$、$\boldsymbol{D}$ 的边界关系，其矢量形式为：

$$\begin{cases}\boldsymbol{n}\times(\boldsymbol{H}_1-\boldsymbol{H}_2)=\boldsymbol{J}_S\\ \boldsymbol{n}\times(\boldsymbol{E}_1-\boldsymbol{E}_2)=0\\ \boldsymbol{n}\cdot(\boldsymbol{B}_1-\boldsymbol{B}_2)=0\\ \boldsymbol{n}\cdot(\boldsymbol{D}_1-\boldsymbol{D}_2)=\rho_S\end{cases}\tag{6-50}$$

标量形式为：

$$\begin{cases}H_{1t}-H_{2t}=J_s\\ E_{1t}=E_{2t}\\ B_{1n}=B_{2n}\\ D_{1n}-D_{2n}=\rho_S\end{cases}\tag{6-51}$$

因为理想介质是指电导率为零，即 $\sigma=0$ 的媒质，理想介质内部和表面上，没有自由电荷和传导电流。由此可以从式（6-50）和式（6-51）直接得到时变电磁场理想介质分界面上边界关系的矢量形式为：

$$\begin{cases}\boldsymbol{n}\times(\boldsymbol{H}_1-\boldsymbol{H}_2)=0\\ \boldsymbol{n}\times(\boldsymbol{E}_1-\boldsymbol{E}_2)=0\\ \boldsymbol{n}\cdot(\boldsymbol{B}_1-\boldsymbol{B}_2)=0\\ \boldsymbol{n}\cdot(\boldsymbol{D}_1-\boldsymbol{D}_2)=0\end{cases}\tag{6-52}$$

标量形式为：

$$\begin{cases}H_{1t}=H_{2t}\\ E_{1t}=E_{2t}\\ B_{1n}=B_{2n}\\ D_{1n}=D_{2n}\end{cases}\tag{6-53}$$

它们表明 $\boldsymbol{E}$、$\boldsymbol{H}$ 矢量切向连续；$\boldsymbol{B}$、$\boldsymbol{D}$ 矢量法向连续。

（二）时变电磁场在理想导体表面上的边界关系

理想导体是指电导率为无穷大的导体，即有 $\sigma\to\infty$。理想导体内部不存在电场和磁场，表面一般存在自由电荷和传导电流。时变电磁场的电力线垂直于理想导体表面，而磁力线则平行于理想导体表面。时变电磁场在理想导体表面的边界关系如下。

矢量形式：

$$\begin{cases}\boldsymbol{n}\times\boldsymbol{H}=\boldsymbol{J}_S\\ \boldsymbol{n}\times\boldsymbol{E}=0\\ \boldsymbol{n}\cdot\boldsymbol{B}=0\\ \boldsymbol{n}\cdot\boldsymbol{D}=\rho_S\end{cases}\tag{6-54}$$

标量形式：

$$\begin{cases}H_t=J_S\\ E_t=0\\ B_n=0\\ D_n=\rho_S\end{cases}\tag{6-55}$$

6.5.3　时变电磁场的边界关系小结

（1）在两种媒质分界面上，如果存在面电流，使 $\boldsymbol{H}$ 切向分量不连续，其不连续量由式 $\boldsymbol{n}\times(\boldsymbol{H}_1-\boldsymbol{H}_2)=\boldsymbol{J}_S$ 确定；如果分界面上不存在面电流，则 $\boldsymbol{H}$ 的切向分量是连续的。磁场强度的切向分量在分界面两侧不连续。

（2）在两种媒质的分界面上，$\boldsymbol{E}$ 的切向分量是连续的。电场强度的切向分量在分界面两侧连续：

$$\boldsymbol{n}\times(\boldsymbol{E}_1-\boldsymbol{E}_2)=0\qquad 或\quad E_{1t}=E_{2t}$$

（3）在两种媒质的分界面上，$\boldsymbol{B}$ 的法向分量是连续的。

（4）在两种媒质的分界面上，如果存在面电荷，使 $\boldsymbol{D}$ 的法向分量不连续，其不连续量由 $\boldsymbol{n}\cdot(\boldsymbol{D}_1-\boldsymbol{D}_2)=\sigma$ 确定。若分界面上不存在面电荷，则 $\boldsymbol{D}$ 的法向分量连续。

（5）理想导体内部不可能存在电场，否则将会导致无限大的电流；理想导体内部也不可能存在时变磁场，否则这种时变磁场在理想导体内部会产生时变电场。在理想导体内部也不可能存在时变的传导电流，否则这种时变的传导电流在理想导体内部会产生时变磁场。所以，在理想导体内部不可能存在时变电磁场及时变的传导电流，它们只可能分布在理想导体的表面。

在任何边界上，电场强度的切向分量及磁感应强度的法向分量是连续的，因此理想导体表面上不可能存在电场切向分量及磁场法向分量，只可能存在法向电场及切向磁场，也就是说，时变电场一定垂直于理想导体的表面，而时变磁场一定与其表面相切。用方程式表示为：

$$\boldsymbol{n}\cdot(\boldsymbol{D}_1-\boldsymbol{D}_2)=\sigma;\quad \boldsymbol{n}\times(\boldsymbol{H}_1-\boldsymbol{H}_2)=\boldsymbol{J}_S\quad 或\quad H_{2t}-H_{1t}=J_S$$

（6）电磁场的边界关系，一般有两种表达形式，分别为矢量形式和标量形式。

（7）时变电磁场中各参量的边界关系归纳如表 6.2 所示。

表 6.2　时变电磁场中各参量的边界关系

序号	电磁量名称	边界关系矢量形式	边界关系标量形式
1	电位移矢量	$\boldsymbol{n}\cdot(\boldsymbol{D}_1-\boldsymbol{D}_2)=\rho_S$	$D_{1n}-D_{2n}=\rho_S$
2	磁感应强度矢量	$\boldsymbol{n}\cdot(\boldsymbol{B}_1-\boldsymbol{B}_2)=0$	$B_{1n}=B_{2n}$
3	电场强度矢量	$\boldsymbol{n}\times(\boldsymbol{E}_1-\boldsymbol{E}_2)=0$	$E_{1t}=E_{2t}$
4	磁场强度矢量	$\boldsymbol{n}\times(\boldsymbol{H}_1-\boldsymbol{H}_2)=\boldsymbol{J}_S$	$H_{1t}-H_{2t}=J_S$
5	磁标位	—	$\varphi_{m1}\|_S=\varphi_{m2}\|_S$
6	磁矢位	$\boldsymbol{A}_1=\boldsymbol{A}_2$	—
7	标量电位	—	$\varphi_1\|_S=\varphi_2\|_S$
8	电流密度矢量	$\boldsymbol{n}\cdot(\boldsymbol{J}_1-\boldsymbol{J}_2)=-\frac{\partial\rho_S}{\partial t}$	$J_{1n}-J_{2n}=-\frac{\partial\rho_S}{\partial t}$

6.5.4　趋肤效应和邻近效应

由于理想导体内部不可能存在电场，而当煤质 $\sigma\gg\omega\varepsilon$ 时即可以认为是良导体。时变电流通过良导体时，会产生一些效应，如趋肤效应、邻近效应、涡流效应等。

1. 趋肤效应

当时变电流通过导体时，电流将集中在导体表面，这种现象叫趋肤效应，也叫作集肤效应。“趋肤”指动态；而“集肤”则指现象。即时变电流或电压以频率较高的电子在良导体中传导时，会聚集于导体表层，而不是平均分布于整个导体的截面中。

趋肤效应使线路传输损耗增加，当传送的信号频率达到数 GHz 时，PCB 导线的趋肤效应会导致信号强度严重衰减。同时，趋肤效应会导致波形畸变，甚至导致数据传输失败。因此，如何把 GHz 的高速信号以最小抖动（Jitter）及最小衰减的性能在芯片之间传送/接收，是设计电路板要面对的最重要的课题。现在计算机 CPU 内实现数 GHz 高速信号传输和运行，输出到印制板线路也高达数百 MHz。因此，印制板上导线不再是单纯流通电流，而是作为高速信号传输线，其导线尺寸和布设位置对高频信号损耗有很大影响。传输线的特征是要求进行阻抗控制，设计者需要周密考虑基材特性、传输线的结构和布线、布局配置。

在高频电路中存在趋肤效应的影响，频率越高趋肤效应越严重，如 1 MHz 时趋肤效应在 60 μm 厚层面，500 MHz 时趋肤效应在 3.0 μm 厚层面，1 GHz 时趋肤效应在 2.1 μm 厚层面，10 GHz时趋肤效应在 0.7 μm 厚层面。信号沿着导线表面（包括四侧面）流动，希望导线表面平滑，因为粗糙表面会延迟信号传输时间。现在印制板用铜箔粗化面是 2～3 μm，凹凸轮廓还显大，要求更低轮廓铜箔以满足高频电流的传输。而在动力电传输线路的设计中，电流集中在导体的表面，导致实际电流截面减小，电阻增加，因此必须考虑趋肤效应的影响。

趋肤效应有可以利用的一面：在工业应用中，利用趋肤效应可以对金属进行表面淬火；为了有效地利用导体材料和便于散热，发电厂的大电流母线常做成槽形或菱形母线；另外，在高压输配电线路中，利用钢芯铝绞线代替铝绞线，这样既节省了铝导线，又增加了导线的机械强度，还合理利用了趋肤效应。

趋肤效应也存在于磁准静态场中。在导体中，MQS 场中同时存在自由电流和感应电流。靠近轴线处，场量减小；靠近表面处，场量增加。

趋肤效应的大小与电源频率和导线截面有关，频率和截面越大则越显著。故在高频运用中常将导线制成空心，以节约导线。流过电流的导线的深度就是趋肤深度，趋肤深度的计算公式为：

$$d=\frac{1}{\alpha}=\sqrt{\frac{2}{\mu\sigma\omega}} \tag{6-56}$$

2. 邻近效应

邻近效应是指靠近的导体流过时变电流时，所产生的相互影响。即相邻导线流过高频电流时，由于磁电作用使电流偏向一边的特性，如图 6.8 所示。频率越高，导体靠得越近，邻近效应越显著。邻近效应与趋肤效应共存，它会使导体的电流分布更不均匀。如相邻二导线 A、B 流过相反电流 I_A 和 I_B 时，B 导线在 I_A 产生的磁场作用下，使电流 I_B 在 B 导线中靠近 A 导线的表面处流动，而 A 导线则在 I_B 产生的磁场作用下，使电流 I_A 在 A 导线中沿靠近 B 导线的表面处流动。又如当一些导线被缠绕成一层或几层线匝时，磁动势随绕组的层数线性增加，产生涡流，使电流集中在绕组交界面间流动，这种现象就是邻近效应。邻近效应随绕组层数增加而呈指数规律增加。因此，邻近效应影响远比趋肤效应影响大。减弱邻近效应比减弱趋肤效应作用大，这是在工程实际中需要加以注意和解决的问题。在变压器设计和制造中邻近效应是必须认真考虑和计算的电磁现象：由于磁动势最大的地方，邻近效应最明显，在变压器中，如果能减小最大磁动势，就能相应减小邻近效应。所以合理布置原副边绕组，可以减小最大磁动势，从而减小邻近效应的影响。

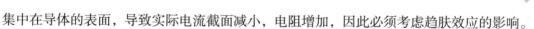

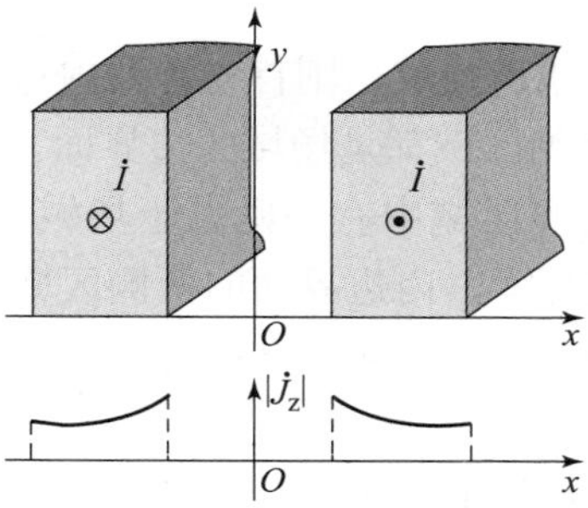

图 6.8 两根交流汇流排的邻近效应

3. 涡流效应

当线圈中流过时变电流时，由于电磁感应，附近的线圈或导体中会产生感应电流，这种感应电流，看起来就像水中的漩涡，所以把它叫作涡电流、涡流。导体在非均匀磁场中移动或处在随时间变化的磁场中时，因涡流而导致能量损耗称为涡流损耗。涡流损耗的大小与磁场的变化方式、导体的运动、导体的几何形状、导体的磁导率和电导率等因素有关。为减少涡流损耗，交流电机、电器中广泛采用表面涂有薄层绝缘漆或绝缘的氧化物的薄硅钢片叠压制成的铁芯，这样涡流被限制在狭窄的薄片之内，磁通穿过薄片的狭窄截面时，这些回路中的净电动势较小，回路的长度较大，回路的电阻很大，涡流大为减弱。再由于这种薄片材料的电阻率大（硅钢的涡流损失只有普通钢的1/5 至1/4），从而使涡流损失大大降低。涡流也有可资利用的一面，比如利用涡流作用可以做成某些感应加热的设备，或制作用来减少运动部件振荡的阻尼器件等。

6.6 时变电磁场的唯一性定理

与静态场一样，求解时变电磁场的方法很多，如何判定这些解法的正确性？判据又是什么？时变电磁场唯一性定理回答了泊松方程的解被唯一确定需要的条件。

6.6.1 一般文献给定的时变电磁场唯一性定理

1. 三要素

麦克斯韦方程、边值关系、边界条件是唯一确定时变电磁场的三要素。

2. 唯一性定理

若矢量场的旋度、散度和合理边界条件、初始条件给定，则该矢量场就被唯一确定。具体地说，在电磁场中，如果满足两个条件：①一个区域内 $t=0$ 时，每一点的电场强度和磁场强度的初始值已知，②区域边界面上电场强度的切向分量或/和磁场强度的切向分量已知，则该区域内每一点 $t>0$ 时麦克斯韦方程组有唯一的确定解。

关于时变电磁场唯一性定理，上面的表述只是一个粗略的轮廓，在实际工程应用中还涉及其他诸多限制和概念，比如约束方程、内边界条件、外边界条件等。

6.6.2 时变电磁场唯一性定理完整表述

1. 场域假设和相关概念

假设电磁场场域 V 由多种媒质所组成，则首先涉及内边界面和外边界面两个概念：

（1）内边界面是指边界面两侧区域都是场域的边界面，内边界面位于场域 V 内；

（2）外边界面是指边界面两侧区域中有一侧属于场域 V 而另一侧不属于场域 V 的边界面，外边界面是场域最外侧的边界面。内边界面的两侧区域都是未知的待求场域；而外边界面的两侧区域中有一侧是待求场域而另一侧是常量为已知的场域。

2. 唯一性定理的条件

（1）形状不随时间 t 变化的场域 V 是由 m 个线性媒质 V_1、V_2、…、V_m 所组成，V_i 的边界面 Γ_i（$i=1, 2, \cdots, m$）是由分片光滑曲面所组成的闭合曲面，V 的外表面是 Γ。

（2）外部电流源 $\boldsymbol{J}_S$ 和 $\boldsymbol{K}$ 分布在有限区域内，矢量 $\boldsymbol{J}_S$、$\boldsymbol{K}$、$\boldsymbol{G}_e$、$\boldsymbol{G}_h$、$\boldsymbol{F}_e$、$\boldsymbol{F}_h$ 和标量 ρ 是不全为零的有界的已知量。

（3）媒质 V_i 的介电常数 $\varepsilon_i>0$，磁导率 $\mu_i>0$，电导率 $\gamma_i\geqslant0$，$i=1, 2, \cdots, m$。V_i 中的电场强度 $\boldsymbol{E}_i$ 和磁场强度 H_i 在闭区间 $V_i+\Gamma_i$ 上存在连续偏导数。

(4) 约束方程:

$$\nabla \times \boldsymbol{H}(M,t) - (\gamma(M) + \varepsilon(M))\frac{\partial}{\partial t}\boldsymbol{E}(M,t) = \boldsymbol{J}_S(M,t) \tag{6-57}$$

$$\nabla \times \boldsymbol{E}(M,t) + \mu(M)\frac{\partial}{\partial t}\boldsymbol{H}(M,t) = 0 \tag{6-58}$$

$$M \in V, \quad t > 0$$

(5) 初始条件:

$$\boldsymbol{E}(M,t)\big|_{t=0} = \boldsymbol{G}_e(M), \quad M \in V \tag{6-59}$$

$$\boldsymbol{H}(M,t)\big|_{t=0} = \boldsymbol{G}_h(M), \quad M \in V \tag{6-60}$$

$$\nabla \cdot [\mu \boldsymbol{H}(M,t)]\big|_{t=0} = 0, M \in V \tag{6-61}$$

$$\nabla \cdot [\varepsilon \boldsymbol{E}(M,t)]\big|_{t=0} = \rho(M), M \in V \tag{6-62}$$

(6) 内边界面上的边界条件。

在内边界面 Γ_{ij}上场量应同时满足以下两式:

$$\boldsymbol{n}_{ij}(p) \times [\boldsymbol{E}_j(p,t) - \boldsymbol{E}_i(p,t)] = 0 \tag{6-63}$$

$$\boldsymbol{n}_{ij}(p) \times [\boldsymbol{H}_j(p,t) - \boldsymbol{H}_i(p,t)] = \boldsymbol{K}_{ij}(p,t) \tag{6-64}$$

以上两式中,各个场量的含义为:

$$\boldsymbol{E}_j(p,t) = \lim_{p_j \to p}\boldsymbol{E}(p_j,t), \quad \boldsymbol{E}_i(p,t) = \lim_{p_i \to p}\boldsymbol{E}(p_i,t)$$

$$\boldsymbol{H}_j(p,t) = \lim_{p_j \to p}\boldsymbol{H}(p_j,t), \boldsymbol{H}_i(p,t) = \lim_{p_i \to p}\boldsymbol{H}(p_i,t)$$

$$p_i \in V_i,\ p_j \in V_j, \quad p \in \Gamma_{ij}, \quad i < j, \quad t > 0$$

$$i = 1,2,\ldots,m-1;\ j = 2,3,\ldots,m$$

(7) 外边界面上的边界条件。

在外边界面 Γ_{out}上,场量仅需满足以下两式的其中之一:

$$\boldsymbol{n}(Q) \times \boldsymbol{E}(Q,t) = \boldsymbol{F}_e(Q,t) \tag{6-65}$$

或

$$\boldsymbol{n}(Q) \times \boldsymbol{H}(Q,t) = \boldsymbol{F}_h(Q,t) \tag{6-66}$$

以上两式中,场量的含义为:

$$\boldsymbol{E}(Q,t) = \lim_{M \to Q}\boldsymbol{E}(M,t),\ \boldsymbol{H}(Q,t) = \lim_{M \to Q}\boldsymbol{H}(M,t)$$

$$M \in V, \quad Q \in \Gamma_{\text{out}}, \quad t > 0$$

(8) 无限远条件。

当场域是无界区域时,在无限远处场量应同时满足以下两式:

$$\lim_{r \to \infty} r\boldsymbol{E} = \boldsymbol{D}_e \tag{6-67}$$

$$\lim_{r \to \infty} r\boldsymbol{H} = \boldsymbol{D}_h \tag{6-68}$$

上列各式中:Γ_{ij}是 V_i 和 V_j 的公共边界面,由于 Γ_{ij}位于 V 内,所以 Γ_{ij}为内边界面;Γ 是整个区域 V 的外表面,当 V 是有界区域时 Γ 就是外边界面 Γ_{out},当 V 是无界区域时 $\Gamma = \Gamma_{\text{out}} + \Gamma_{\text{in}}$,这里 Γ_{in}是无界区域中无限假想的光滑曲面;$\boldsymbol{n}_{ij}$是 Γ_{ij}上从 V_i 指向 V_j 的单位法向矢量;$\boldsymbol{J}_S$ 和$\boldsymbol{K}_{ij}$分别是外源的电流密度和电流面密度;$\boldsymbol{n}$ 是外边界面 Γ_{out}上的单位法向矢量;$\boldsymbol{G}_e$、$\boldsymbol{G}_h$、$\boldsymbol{F}_e$、$\boldsymbol{F}_h$ 均为已知的矢量函数;ρ 是分布在有限区域内的外源电荷密度;r 是坐标原点 O 到场点 p 之间的距离;$\boldsymbol{D}_e$ 和$\boldsymbol{D}_h$ 分别是与坐标无关的有界常矢量。

把整个 V 区域写成外边界 Γ_{out} 和无限远处假想外表面 Γ_{in} 之和 $\Gamma = \Gamma_{out} + \Gamma_{in}$ 的形式具有广泛的代表性。

3. 唯一性定理

如果由以上场域条件、约束条件、初始值、边界值所确定的场量 $\boldsymbol{E}$ 和 $\boldsymbol{H}$ 存在，那么它们分别有唯一的有界非零解。

6.7 时谐电磁场

6.7.1 为什么要特别研究时谐电磁场

与电路和信号分析类似，为了便于分析，把一般随时间变化的时变电磁场，用傅里叶变换分解为许多不同时间点、不同频率的正弦电磁场（简谐场，也称时谐电磁场）的叠加。

定义：如果场源以一定的角频率随时间呈时谐（正弦或余弦）变化，则所产生的电磁场也以同样的角频率随时间呈时谐变化。这种以一定角频率做时谐变化的电磁场，称为时谐电磁场或正弦电磁场。

在电磁场理论中，研究时谐电磁场的重要性如下。

（1）时谐电磁场的场源量频率不变性。

时谐电磁场是由随时间按正弦变化的时变电荷与电流产生的，虽然场的变化落后于源，但是场与源随时间的变化规律是相同的，因为正弦函数是最简单的无限光滑初等周期函数，无限求导后仍是正弦函数本身，因此在线性定常稳态电磁场中，当场源随时间按正弦规律变化时，场量 $\boldsymbol{E}$ 和 $\boldsymbol{H}$ 也随时间按正弦规律变化，场量与场源同频率，场量中不含新的频率成分，所以时谐电磁场的场和源具有相同的频率。这是正弦电磁场的一个重要特点。在信号传输方面，正弦平面波就是一种极为常用的电磁波。

（2）场量采用正弦函数，易于激励。

从我们学习单片机等课程的信号发生器原理就知道，正弦信号是最易于产生的。不仅如此，利用正弦信号可以连续、稳定地输送电磁能以及电磁信号。

（3）便于分解和叠加。

由傅里叶分析理论可以知道，在满足一定条件时，周期信号可以用傅里叶级数展开成一系列正弦信号的代数和，而傅里叶变换可以把非周期信号变换为一系列正弦信号之和，所以利用叠加原理，可以通过求解时谐电磁场得到任意波形激励的线性定常电磁场的稳态解。

（4）有利于利用向量法和数值方法。

正弦量可以用相量法计算。使用相量法能将同频率正弦量对时间的微分变成正弦量的相量乘以 $\mathrm{j}\omega$，将正弦量对时间的积分变成正弦量的相量除以 $\mathrm{j}\omega$；可以引入阻抗概念；可以用相量图表示各个正弦量的相对值大小和相位关系。使用相量法求解线性定常电磁场，具有方程简单、求解容易的特点。其本质是采用复数方法，即仅须考虑正弦量的振幅和空间相位而略去时间相位，其好处是极其有利于利用计算机和软件进行处理，有利于算法实现和优化。所以许多信号处理方法都是采用正弦信号加白噪声作为试验信号。但是，正弦

信号的频谱是在 $\pm f_0$ 处的冲击信号，这一特点决定了对正弦信号抽样时会有一些特殊现象，即不同频率的这些信号在相同的抽样频率下可能结果相同、存在频谱泄漏等，在应用中需要加以注意。

（5）时空分离求解。

时谐电磁场时空分离求解是指可以独立分析物理量的空间变化和时间变化，即有

$$F(\boldsymbol{r},t)=F(\boldsymbol{r})T(t)$$

实现时空分离的方法是将场量用复数形式来表示。

6.7.2　向量法

相量法是分析时谐电磁场的一种数学方法，又称符号法。相量法是用复指数函数来表示按正弦规律随时间变化函数的一种数学方法。注意：场量与时间变量 t 的关系非常简单和确定，这是引入复矢量的前提。

以电场强度 $\boldsymbol{E}$ 为例，它在直角坐标系下的分量形式表达式为

$$\boldsymbol{E}(\boldsymbol{r},t)=E_x(\boldsymbol{r},t)\boldsymbol{e}_x+E_y(\boldsymbol{r},t)\boldsymbol{e}_y+E_z(\boldsymbol{r},t)\boldsymbol{e}_z \tag{6-69}$$

设角频率为 ω，电场强度 $\boldsymbol{E}$ 的各分量可表示为

$$E_x(\boldsymbol{r},t)=\sqrt{2}E_x(\boldsymbol{r})\cos[\omega t+\phi_x(\boldsymbol{r})] \tag{6-70}$$

$$E_y(\boldsymbol{r},t)=\sqrt{2}E_y(\boldsymbol{r})\cos[\omega t+\phi_y(\boldsymbol{r})] \tag{6-71}$$

$$E_z(\boldsymbol{r},t)=\sqrt{2}E_z(\boldsymbol{r})\cos[\omega t+\phi_z(\boldsymbol{r})] \tag{6-72}$$

式中，E_x、E_y、E_z 表示各分量的有效值，ϕ_x、ϕ_y、ϕ_z表示初相角，它们都是场点 $\boldsymbol{r}$ 的实函数，且与时间 t 无关。利用

$$\mathrm{Re}[\mathrm{e}^{\mathrm{j}(\omega t+\phi)}]=\mathrm{Re}[\cos(\omega t+\phi)+\mathrm{j}\sin(\omega t+\phi)]=\cos(\omega t+\phi)$$

式（6－70）～式（6－72）可分别写成：

$$E_x(\boldsymbol{r},t)=\sqrt{2}\mathrm{Re}(E_x\mathrm{e}^{\mathrm{j}\phi_x}\mathrm{e}^{\mathrm{j}\omega t})$$

$$E_y(\boldsymbol{r},t)=\sqrt{2}\mathrm{Re}(E_y\mathrm{e}^{\mathrm{j}\phi_y}\mathrm{e}^{\mathrm{j}\omega t})$$

$$E_z(\boldsymbol{r},t)=\sqrt{2}\mathrm{Re}(E_z\mathrm{e}^{\mathrm{j}\phi_z}\mathrm{e}^{\mathrm{j}\omega t})$$

式中，符号 Re 表示取复数的实部。把以上 3 个分量代入式（6－69），得：

$$E(\boldsymbol{r},t)=\sqrt{2}\mathrm{Re}[(E_x\mathrm{e}^{\mathrm{j}\phi_x}\boldsymbol{e}_x+E_y\mathrm{e}^{\mathrm{j}\phi_y}\boldsymbol{e}_y+E_z\mathrm{e}^{\mathrm{j}\phi_z}\boldsymbol{e}_z)\mathrm{e}^{\mathrm{j}\omega t}] \tag{6-73}$$

式中，$\mathrm{e}^{\mathrm{j}\omega t}$称为时谐因子。记三个复数矢量为：

$$\dot{E}_x(\boldsymbol{r})=E_x(\boldsymbol{r})\mathrm{e}^{\mathrm{j}\phi_x(\boldsymbol{r})} \tag{6-74}$$

$$\dot{E}_y(\boldsymbol{r})=E_y(\boldsymbol{r})\mathrm{e}^{\mathrm{j}\phi_y(\boldsymbol{r})} \tag{6-75}$$

$$\dot{E}_z(\boldsymbol{r})=E_z(\boldsymbol{r})\mathrm{e}^{\mathrm{j}\phi_z(\boldsymbol{r})} \tag{6-76}$$

称为电场强度分量的相量。相量的模是正弦量的有效值，相量的幅角是正弦量的初相角。利用式（6－74）～式（6－76），式（6－73）可以写成：

$$\boldsymbol{E}(\boldsymbol{r},t)=\mathrm{Re}[\sqrt{2}(\dot{E}_x\boldsymbol{e}_x+\dot{E}_y\boldsymbol{e}_y+\dot{E}_z\boldsymbol{e}_z)\mathrm{e}^{\mathrm{j}\omega t}]=\mathrm{Re}(\sqrt{2}\dot{\boldsymbol{E}}\mathrm{e}^{\mathrm{j}\omega t}) \tag{6-77}$$

式中，

$$\dot{\boldsymbol{E}}=\dot{E}_x\boldsymbol{e}_x+\dot{E}_y\boldsymbol{e}_y+\dot{E}_z\boldsymbol{e}_z \tag{6-78}$$

表示电场强度是由其有效值分量组成的矢量相量。同理，时谐电磁场中的磁感应强度可写成：

$$\boldsymbol{B}(\boldsymbol{r},t)=\mathrm{Re}(\sqrt{2}\dot{\boldsymbol{B}}\mathrm{e}^{\mathrm{j}\omega t}) \tag{6-79}$$

式中，$\dot{\boldsymbol{B}}$ 是磁感应强度的矢量相量。

可见，为了得到矢量相量 $\dot{\boldsymbol{E}}$，只要将正弦量 $\boldsymbol{E}(\boldsymbol{r},t)$ 化成频域量$\sqrt{2}\dot{\boldsymbol{E}}\mathrm{e}^{\mathrm{j}\omega t}$，然后去掉$\sqrt{2}\mathrm{e}^{\mathrm{j}\omega t}$即可。反过来，为了得到时域中的正弦量 $\boldsymbol{E}(\boldsymbol{r},t)$，只要将矢量相量 $\dot{\boldsymbol{E}}$ 乘以$\sqrt{2}\mathrm{e}^{\mathrm{j}\omega t}$，然后取实部 $\mathrm{Re}(\sqrt{2}\dot{\boldsymbol{E}}\mathrm{e}^{\mathrm{j}\omega t})$ 即可。

利用相量法，场量对时间的微分和积分运算就非常简单了，仍以电场强度为例，有

$$\frac{\partial}{\partial t}\boldsymbol{E}(\boldsymbol{r},t)=\frac{\partial}{\partial t}\mathrm{Re}(\sqrt{2}\dot{\boldsymbol{E}}\mathrm{e}^{\mathrm{j}\omega t})=\mathrm{Re}\left(\sqrt{2}\dot{\boldsymbol{E}}\frac{\partial}{\partial t}\mathrm{e}^{\mathrm{j}\omega t}\right)=\sqrt{2}\mathrm{Re}(\mathrm{j}\omega\dot{\boldsymbol{E}}\mathrm{e}^{\mathrm{j}\omega t})$$

$$\int\boldsymbol{E}(\boldsymbol{r},t)\mathrm{d}t=\int\mathrm{Re}(\sqrt{2}\dot{\boldsymbol{E}}\mathrm{e}^{\mathrm{j}\omega t})\mathrm{d}t=\mathrm{Re}\left(\sqrt{2}\dot{\boldsymbol{E}}\int\mathrm{e}^{\mathrm{j}\omega t}\mathrm{d}t\right)=\sqrt{2}\mathrm{Re}\left(\frac{\dot{\boldsymbol{E}}}{\mathrm{j}\omega}\mathrm{e}^{\mathrm{j}\omega t}\right)$$

即正弦场量对时间的微分变成了对应的相量乘以 $\mathrm{j}\omega$，对时间的积分变成了对应的相量除以 $\mathrm{j}\omega$，时域中的微积分运算变成了频域中的乘除法运算。

使用相量法要注意以下几点：

（1）场量无论是用余弦函数表示，还是用正弦函数表示，本质都一样，因为 $\sin\phi=\cos(\phi-\pi/2)$，即余弦函数只是相角滞后 $\pi/2$ 的正弦函数。但一般用余弦函数，因为有时会简单一些，例如在讨论均匀平面电磁波的极化时，用余弦函数就比用正弦函数简单。所以一般用余弦函数表示时谐电磁场的场量。

（2）场量符号的正上方加黑点“·”表示该符号所代表的量是复数矢量，它对应于时间域中的正弦量。如果一个复数不与时间域中的正弦量相对应，就不能在复数符号上方加黑点“·”。

（3）确定了正弦量的相量，就确定了有效值和初相角，但不能确定频率，因此在计算相量时不能忘记正弦量的频率。

（4）真实的场矢量是瞬时矢量，矢量相量只是为便于分析而采用的一种数学表示形式，当采用其他数学分析方法时可能存在另外的表示形式，但瞬时矢量却是唯一的。

（5）约定将符号上方的点表示时谐量标识。由于场量均是矢量，所以有时在点下面还有矢量标识箭头，有时又省去。

约定用有效值相量表示时谐电磁场的场量，只要符号正上方标有黑点“·”，就表示该符号的模等于正弦量的有效值，该符号的幅角等于正弦量的初相角。

6.7.3 麦克斯韦方程的复数形式

以电场旋度方程 $\nabla\times\boldsymbol{E}=-\frac{\partial\boldsymbol{B}}{\partial t}$为例，代入相应场量的复数表示式，可得：

$$\nabla\times[\mathrm{Re}(\dot{\boldsymbol{E}}\mathrm{e}^{\mathrm{j}\omega t})]=-\frac{\partial}{\partial t}[\mathrm{Re}(\dot{\boldsymbol{B}}\mathrm{e}^{\mathrm{j}\omega t})]$$

交换 ∇、$\frac{\partial}{\partial t}$与 Re 的运算次序，得：

$$\mathrm{Re}\left[\nabla\times(\dot{\boldsymbol{E}}\mathrm{e}^{\mathrm{j}\omega t})\right]=-\mathrm{Re}\left[\frac{\partial}{\partial t}(\dot{\boldsymbol{B}}\mathrm{e}^{\mathrm{j}\omega t})\right]$$

由于复数相等与其实部及虚部分别相等是等效的，故可以去掉上式两边的 Re，接着可以消去 $\mathrm{e}^{\mathrm{j}\omega t}$，得到：

$$\nabla\times\dot{\boldsymbol{E}}=-\mathrm{j}\omega\dot{\boldsymbol{B}} \tag{6-80}$$

上面的方程里已经没有时间变量了，因此方程得到了简化。从形式上讲，只要把微分算子$\frac{\partial}{\partial t}$用 $\mathrm{j}\omega$ 代替，就可以把时谐电磁场场量之间的线性关系，转换为等效的复矢量关系。因此，对麦克斯韦方程组加以改造，得到复数形式的麦克斯韦方程如下。

微分形式：

$$\begin{cases}\nabla\times\dot{\boldsymbol{H}}=\dot{\boldsymbol{J}}+\mathrm{j}\omega\dot{\boldsymbol{D}}\\ \nabla\times\dot{\boldsymbol{E}}=-\mathrm{j}\omega\dot{\boldsymbol{B}}\\ \nabla\cdot\dot{\boldsymbol{D}}=\dot{\rho}\\ \nabla\cdot\dot{\boldsymbol{B}}=0\\ \nabla\cdot\dot{\boldsymbol{J}}=-\mathrm{j}\omega\dot{\rho}\end{cases} \tag{6-81}$$

积分形式：

$$\begin{cases}\oint_C\dot{\boldsymbol{H}}\cdot\mathrm{d}\boldsymbol{l}=\int_S(\dot{\boldsymbol{J}}+\mathrm{j}\omega\dot{\boldsymbol{D}})\cdot\mathrm{d}\boldsymbol{S}\\ \oint_C\dot{\boldsymbol{E}}\cdot\mathrm{d}\boldsymbol{l}=-\mathrm{j}\omega\int_S\dot{\boldsymbol{B}}\cdot\mathrm{d}\boldsymbol{S}\\ \oint_S\dot{\boldsymbol{D}}\cdot\mathrm{d}\boldsymbol{S}=\int_V\dot{\rho}\mathrm{d}V\\ \oint_S\dot{\boldsymbol{B}}\cdot\mathrm{d}\boldsymbol{S}=0\\ \oint_S\dot{\boldsymbol{J}}\cdot\mathrm{d}\boldsymbol{S}=-\mathrm{j}\omega\int_V\dot{\rho}\mathrm{d}V\end{cases} \tag{6-82}$$

说明：在式（6－81）和式（6－82）方程组中，为了显化电流连续性定理的作用，所以把它列了出来。在线性、各向同性媒质中，本构关系的复数表示式为：

$$\begin{cases}\dot{\boldsymbol{D}}=\varepsilon\dot{\boldsymbol{E}}\\ \dot{\boldsymbol{B}}=\mu\dot{\boldsymbol{H}}\\ \dot{\boldsymbol{J}}=\sigma\dot{\boldsymbol{E}}\end{cases} \tag{6-83}$$

6.7.4　边界条件的复数形式

边界条件由于不含有时间导数，故复矢量形式的边界条件与瞬时表示式形式的边界条件在形式上完全一样。其表达式参见 6.5 节。

6.7.5 波动方程的复矢量形式

因为$\frac{\partial}{\partial t}\to \mathrm{j}\omega$，故$\frac{\partial^2}{\partial t^2}\to -\omega^2$，因此矢量为复数形式的波动方程是：

$$\nabla^2 \dot{\boldsymbol{A}} - \omega^2\mu\varepsilon \dot{\boldsymbol{A}} = -\mu \dot{\boldsymbol{J}} \tag{6-84}$$

令

$$k^2 = \omega^2\mu\varepsilon \tag{6-85}$$

波动方程可写成

$$\nabla^2 \dot{\boldsymbol{A}} - k^2 \dot{\boldsymbol{A}} = -\mu \dot{\boldsymbol{J}} \tag{6-86}$$

6.7.6 复数介电常数、复数磁导率

1. 等效复数介电常数和复介电常数

由$\nabla \times \dot{\boldsymbol{H}} = \dot{\boldsymbol{J}} + \mathrm{j}\omega\dot{\boldsymbol{D}} = \sigma\dot{\boldsymbol{E}} + \mathrm{j}\omega\varepsilon\dot{\boldsymbol{E}} = \mathrm{j}\omega\left(\varepsilon - \mathrm{j}\frac{\sigma}{\omega}\right)\dot{\boldsymbol{E}}$，令

$$\dot{\varepsilon} = \varepsilon - \mathrm{j}\frac{\sigma}{\omega} \tag{6-87}$$

称为导电媒质的等效复介电常数，其实部就是通常的介电常数，虚部是使电磁波衰减的部分，称为复介电常数，σ 为电导率，则有

$$\nabla \times \dot{\boldsymbol{H}} = \mathrm{j}\omega\dot{\varepsilon}\dot{\boldsymbol{E}} \tag{6-88}$$

复数介电常数的用途：把导电媒质也视为一种等效的电介质，从而可以统一采用电介质的分析方法。另外，即使介质不导电，也会有能量损耗，且与频率有关。这时同样可以用复介电常数表示这种介质损耗，即

$$\dot{\varepsilon} = \varepsilon' - \mathrm{j}\varepsilon'' \tag{6-89}$$

虚部表示有能量损耗，是由于材料内部的各种转向极化跟不上外高频电场变化而引起的各种弛豫极化所致，代表着材料的损耗项。ε''是一个大于 0 的正实数；从能量损耗的角度，ε''与$\frac{\sigma}{\omega}$作用一样。考虑上述两种能量损耗，总的复介电常数是

$$\dot{\varepsilon}_{\mathrm{c}} = \varepsilon' - \mathrm{j}\left(\varepsilon'' + \frac{\sigma}{\omega}\right) \tag{6-90}$$

2. 复数磁导率

在磁介质有损耗的情况下，也可以引入复数磁导率的概念。

定义：

$$\mu_{\mathrm{c}} = \mu' - \mathrm{j}\mu'' \tag{6-91}$$

式中，μ_{c} 为复磁导率；μ'为复数磁导率的实部，又称弹性磁导率；μ''为复数磁导率的虚部，对应于媒质（如合金）的磁化损耗，又称黏性磁导率。μ''是一个大于 0 的正实数。

关于磁导率，有很多应用需要深入研究，比如磁性材料、生物医学功能材料等。下面补充几个重要概念。

绝对磁导率：电磁媒质的磁感应强度 B 与磁场强度 H 的比值，$\mu = B/H$，单位为 H/m。

相对磁导率：在工程实用中，磁导率术语都是指相对磁导率，为物质的绝对磁导率 μ 与

磁性常数 μ_0（又称真空磁导率）的比值，$\mu_r = \mu/\mu_0$，为无量纲值。磁导率是表示物质受到磁化场 $\boldsymbol{H}$ 作用时，内部的真磁场相对于 $\boldsymbol{H}$ 的增加（$\mu > 1$）或减少（$\mu < 1$）的程度。

在实际应用中，磁导率还因其技术磁化条件的不同而分为多种，其中磁性合金常用的有：

（1）起始磁导率 μ_i。磁中性化的磁性合金，当磁场强度趋近于无限小时磁导率的极限值。在实际测量中，一般规定某低值条件下的磁导率作为起始磁导率。

（2）最大磁导率 μ_m。对应基本磁化曲线上各点磁导率的最大值。

（3）微分磁导率 μ_d。与 $B-H$ 曲线上某点的斜率相对应的磁导率 $\mu_d = \mathrm{d}B/\mathrm{d}H$。

（4）脉冲磁导率 μ_p。在脉冲磁场的作用下，磁通密度增量 ΔB 与磁场强度增量 ΔH 的比值，$\mu_p = \Delta B/\Delta H$。

（5）理想磁导率 μ_{id}。磁性合金同时经受一定数值的交流磁场强度（其幅值使材料趋于饱和且波形近似正弦）和给定的直流磁场强度作用，然后将交流磁场强度逐渐降为零，此时磁通密度与相应的直流磁场强度的比值。这样得到的理想磁导率为所加直流磁场强度的函数。理想磁导率又称无磁滞磁导率，主要用于弱磁性材料和软磁材料的瑞利区。

（6）复数磁导率 μ_c。媒质中磁通密度 B 与磁场强度 H 的复数商，表示 B 和 H 在时间相位上不同。假定 B 的空间矢量和 H 的空间矢量是平行的，则 $\mu_c = \mu' - \mathrm{j}\mu''$。

除微分磁导率外，任何磁导率都可表示为复数磁导率。一般在那些没有用符号指明是复数或以复数分量表示的磁导率的地方，都认为是指实部。

（7）幅值磁导率 μ_a。当磁场强度随时间做周期性变化时，其平均值为零，并且合金在开始时处于指定的磁中性状态，由磁通密度的峰值和外磁场强度的峰值之比求得的磁导率。

（8）有效磁导率 μ_{eff}。当磁路由不同的材料或非均匀的材料或由二者共同构成时，可设想该磁路具有一个有效磁导率，其值等于结构均匀，形状、尺寸和总磁阻都与原磁路相同的假想磁路的磁导率。

（9）增量磁导率 μ_Δ。当一个周期性变化的磁场叠加在指定的静磁场上，并在 $\boldsymbol{B}$ 或 $\boldsymbol{H}$ 二者之一的振幅为固定值时，由 $\boldsymbol{B}$ 的峰－峰值与 $\boldsymbol{H}$ 的峰－峰值的比值求增量磁导率。

（10）可逆磁导率 μ_{rev}。当交变磁场强度趋近零时，增量磁导率的极限值。

（11）表观磁导率 μ_{app}。有磁芯时线圈的自感量 L 与无磁芯时同一线圈的自感量 L_0 的比值，$\mu_{app} = L/L_0$，此值为无量纲。

（12）张量磁导率（μ）。描述材料内磁通密度空间矢量与磁场强度空间矢量之间关系的张量，$(\mu) = \begin{bmatrix} \mu_{xx} & \mu_{xy} & \mu_{xz} \\ \mu_{yx} & \mu_{yy} & \mu_{yz} \\ \mu_{zx} & \mu_{zy} & \mu_{zz} \end{bmatrix}$。

（13）回复磁导率 μ_{rec}。通常将永磁体在回复状态时往复的局部磁滞回线或其一部分曲线称为回复线（实际上回复曲线接近于直线）。回复线的斜率称为回复磁导率。

（14）磁化率 X。与磁场强度 H 相乘等于磁化强度 M 的量，$M = XH$。X 是描述物质技术磁化特性的一个磁学量，为无量纲。磁化率 X 是体积磁化率的简称，有时也用比磁化率（质量磁化率 X_m 或摩尔磁化率（克分子磁化率））X_{mol} 来表述。磁化率 X 与相对磁导率 μ 的关系为 $\mu = 1 + X$。

根据磁化率或磁导率的大小，可以把物质分为抗磁性物质、顺磁性物质和铁磁性（包括亚铁磁性）物质3类，表述如下：

①抗磁性物质：$X<0$，为$-10^{-4}\sim-10^{-6}$；μ略小于1。一般X和μ与磁场H及温度T无关。

②顺磁性（包括反铁磁性）物质：$X>0$，为$10^{-2}\sim10^{-5}$；μ略大于1。X和μ一般与H无关，与T的变化成反比关系。

③铁磁性（包括亚铁磁性）物质：X与μ远大于1，且都强烈地与H及T有关。一般X或μ很高的材料称高导磁或软磁材料。

决定磁导率的相关因素：媒质的磁导率是一个结构灵敏性技术参量，它与媒质（比如合金）的微观结构（如晶体结构、晶粒大小及其分布，应力、夹杂和缺陷等）、磁路形状、外部环境及磁化条件等多种因素有关，利用这些特点可以设计不同用途的磁性元件。

（15）损耗角正切：表示介质损耗的相对大小。

介电质损耗角正切：

$$\tan\delta_\varepsilon=\frac{\varepsilon''}{\varepsilon'} \tag{6-92}$$

磁介质损耗角正切：

$$\tan\delta_\mu=\frac{\mu''}{\mu'} \tag{6-93}$$

6.8 坡印廷定理和坡印廷矢量

6.8.1 坡印廷定理

我们已经知道：在静电场中，能量密度为$\omega_e'=\frac{1}{2}E\cdot D$；在恒定磁场中，能量密度为$\omega_m'=\frac{1}{2}H\cdot B$。电场、磁场能量存在于整个静电场或恒定磁场的场域空间。

在时变场中，电场和磁场相互依存，相互制约，不可分割，同时存在。那么，在任一瞬间，场中某点处的电磁场能量密度应当为：

$$\omega'=\omega_e'+\omega_m'=\frac{1}{2}E\cdot D+\frac{1}{2}H\cdot B \tag{6-94}$$

式（6-94）是依逻辑推理而得到的结果，它是麦克斯韦关于电磁场理论的又一假说。至今尚未为实验所验证，然而建立在此假设基础上的许多理论都被实验和工程实例所印证。

有了电磁能量密度假设，进而推导出坡印廷定理，它们和电磁场基本方程组，构成完整的电磁场理论基础。

坡印廷定理于1884年由John Poynting（约翰·坡印廷）提出，是关于电磁场能量守恒的定理。坡印廷定理是根据麦克斯韦方程组合理推导出来的。坡印廷定理是时变电磁场中的能量守恒定律，它指出和表明电磁场是能量的传递者和携带者。

坡印廷定理：空间中由于媒质的热损耗和电荷运动导致的功率损耗，以及由该空间向外输送的功率，由单位时间内场能的减少以及外源所做的功来补偿。坡印廷定理表达式为：

$$-\oint_S(\boldsymbol{E}\times\boldsymbol{H})\cdot\mathrm{d}\boldsymbol{S}=\frac{\mathrm{d}}{\mathrm{d}t}\int_V\left(\frac{1}{2}\varepsilon E^2+\frac{1}{2}\mu H^2\right)\mathrm{d}V+\int_V\boldsymbol{E}\cdot\boldsymbol{J}\mathrm{d}V \tag{6-95}$$

式（6-95）表示了坡印廷定理的物理意义：单位时间内，通过曲面 S 进入体积 V 的电磁能量等于体积 V 中所增加的电磁场能量与损耗的能量之和。换句话说，坡印廷定理表明，在电磁场中的任意闭合面上，坡印廷矢量的外法向分量的闭合面积分，等于闭合面所包围的体积中所储存的电场能和磁场能的时间减少率减去容积中转化为热能的电能耗散率。

式（6-95）中，左边指单位时间穿过闭合面 S 进入体积 V 的电磁场能量，称为电磁功率流；右边第一项指单位时间 V 内电场能量和磁场能量的增加量；右边第二项指单位时间电场对 V 内电流所做的功。

6.8.2　坡印廷矢量

既然坡印廷定理表达式（6-95）的左边 $\oint_S(\boldsymbol{E}\times\boldsymbol{H})\cdot\mathrm{d}\boldsymbol{S}$ 表示单位时间穿过闭合面 S 进入体积 V 的电磁场能量，那么其被积函数 $\boldsymbol{E}\times\boldsymbol{H}$ 一定是一个能量密度矢量，用能流密度矢量来定义，用符号 $\boldsymbol{S}$ 表示，它指的是单位时间内流出封闭面 S 的能量，于是有：

$$\boldsymbol{S}=\boldsymbol{E}\times\boldsymbol{H} \tag{6-96}$$

矢量 $\boldsymbol{S}$ 代表流出曲面 S 的能流密度，单位为 W/m^2，其方向就是功率流的方向，$\boldsymbol{S}$、$\boldsymbol{E}$、$\boldsymbol{H}$ 构成右手螺旋关系，如图 6.9 所示。

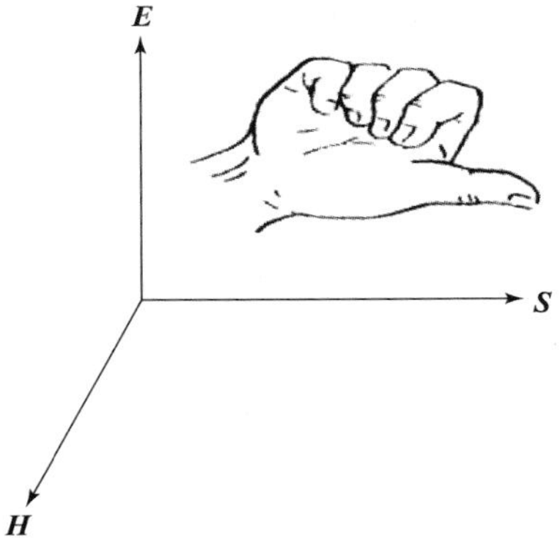

图 6.9　坡印廷矢量右手螺旋关系

6.8.3　平均能量密度和平均能流密度

1．二次式

电磁场能量密度和能流密度的表达式中都包含了场量的平方关系，这种关系式称为二次式；二次式本身不能用复数形式表示，其中的场量必须是实数形式，不能将复数形式的场量直接代入。

设某正弦电磁场的电场强度和磁场强度分别为：

$$E(r,t)=E_a\cos[\omega t+\phi(r)]$$
$$H(r,t)=H_a\cos[\omega t+\phi(r)]$$

则能流密度为：$S=E\times H=E_0\times H_0\cos^2[\omega t+\phi(r)]$；而下面的运算方法、过程、结果都是错误的：

$$\begin{aligned}S&=\mathrm{Re}(E\mathrm{e}^{\mathrm{j}\omega t}\times H\mathrm{e}^{\mathrm{j}\omega t})=\mathrm{Re}\{E_0\mathrm{e}^{\mathrm{j}[\omega t+\phi(r)]}\times H_0\mathrm{e}^{\mathrm{j}[\omega t+\phi(r)]}\}\\&=E_0\times H_0\mathrm{Re}\{\mathrm{e}^{\mathrm{j}2[\omega t+\phi(r)]}\}\\&=E_0\times H_0\cos[2\omega t+2\phi(r)]\end{aligned}$$

如果非要用实数形式而不用瞬时值形式，那么必须先取实部，再代入进行运算，如下式运算就是正确的：

$$\begin{aligned}S&=\mathrm{Re}\{E_0\mathrm{e}^{\mathrm{j}[\omega t+\phi(r)]}\}\times\mathrm{Re}\{H_0\mathrm{e}^{\mathrm{j}[\omega t+\phi(r)]}\}\\&=E_0\times H_0\cos^2[\omega t+\phi(r)]\end{aligned}$$

因此，使用二次式时需要注意以下问题：

（1）二次式只有实数形式，没有复数形式。

（2）场量是实数式时，直接代入二次式即可。

（3）场量是复数式时，应先取实部再代入，即“先取实后相乘”。

（4）如复数形式的场量中没有时间因子，取实前先补充时间因子。

2. 平均能量密度和平均能流密度

在时谐电磁场中，常常要关心二次式在一个时间周期 T 中的平均值，即：

$$w_{eav}=\frac{1}{T}\int_0^T w_e\mathrm{d}t=\frac{1}{T}\int_0^T\frac{1}{2}E\cdot D\mathrm{d}t \tag{6-97}$$

$$w_{mav}=\frac{1}{T}\int_0^T w_m\mathrm{d}t=\frac{1}{T}\int_0^T\frac{1}{2}H\cdot B\mathrm{d}t \tag{6-98}$$

$$S_{av}=\frac{1}{T}\int_0^T S\mathrm{d}t=\frac{1}{T}\int_0^T(E\times H)\mathrm{d}t \tag{6-99}$$

上述三式分别称为平均电场能量密度、平均磁场能量密度、平均能流密度矢量。在时谐电磁场中，二次式的时间平均值可以直接由复矢量计算，有：

$$S_{av}=\frac{1}{2}\mathrm{Re}(E\times H^*) \tag{6-100}$$

$$w_{eav}=\frac{1}{4}\mathrm{Re}(E\cdot D^*) \tag{6-101}$$

$$w_{mav}=\frac{1}{4}\mathrm{Re}(H\cdot B^*) \tag{6-102}$$

3. 关于坡印廷矢量与平均坡印廷矢量的说明

（1）坡印廷矢量 S 具有普遍意义，不仅适用于正弦电磁场，也适用于其他时变电磁场；而平均坡印廷矢量 S_{av} 只适用于时谐电磁场。

（2）在 $S=E\times H$ 中，E 和 H 都是实数形式且是时间的函数，所以 S 也是时间的函数，反映的是能流密度在某一个瞬时的取值；而$S_{av}(r)=\mathrm{Re}\left[\frac{1}{2}E(r)\times H^*(r)\right]$中的 E 和 H 都是复矢量，与时间无关，所以平均能流密度矢量$S_{av}(r)$ 也与时间无关，反映的是能流密度在一个时间周期内的平均取值。

（3）利用 $\boldsymbol{S}_{\mathrm{av}}(\boldsymbol{r})=\frac{1}{T}\int_0^T \boldsymbol{S}(\boldsymbol{r},t)\mathrm{d}t$，可由 $\boldsymbol{S}(\boldsymbol{r},t)$ 计算 $\boldsymbol{S}_{\mathrm{av}}(\boldsymbol{r},t)$，但不能直接由 $\boldsymbol{S}_{\mathrm{av}}(\boldsymbol{r},t)$ 计算 $\boldsymbol{S}(\boldsymbol{r},t)$，也即 $\boldsymbol{S}(\boldsymbol{r},t)\neq \mathrm{Re}[\boldsymbol{S}_{\mathrm{av}}(\boldsymbol{r})\mathrm{e}^{\mathrm{j}\omega t}]$。

6.8.4 时谐电磁场的坡印廷定理

1. 复数坡印廷矢量

时谐电磁场中，由于坡印廷矢量是电场与磁场的矢量乘法，其瞬时表示式与其复数表示式的关系不再是简单的取实部的关系。经推导得到坡印廷矢量 $\boldsymbol{S}$ 的瞬时表示式与电场强度和磁场强度复数表示式之间的关系为：

$$\boldsymbol{S}=\frac{1}{2}\mathrm{Re}[\dot{\boldsymbol{E}}\times\dot{\boldsymbol{H}}^*]+\frac{1}{2}[\dot{\boldsymbol{E}}\times\dot{\boldsymbol{H}}\mathrm{e}^{\mathrm{j}2\omega t}] \tag{6-103}$$

由式（6-103）可计算出 $\boldsymbol{S}$ 在一个时间周期内的平均值

$$\boldsymbol{S}_{\mathrm{av}}=\mathrm{Re}\left[\frac{1}{2}\dot{\boldsymbol{E}}\times\dot{\boldsymbol{H}}^*\right] \tag{6-104}$$

于是可以定义复数坡印廷矢量为：

$$\dot{\boldsymbol{S}}=\frac{1}{2}\dot{\boldsymbol{E}}\times\dot{\boldsymbol{H}}^* \tag{6-105}$$

因此有 $\boldsymbol{S}=\mathrm{Re}[\dot{\boldsymbol{S}}]$；式（6-103）中的符号 * 表示共轭复数。

2. 复数坡印廷定理

1）定理

经推导可得复数坡印廷定理为：

$$-\oint_S\left(\frac{1}{2}\dot{\boldsymbol{E}}\times\dot{\boldsymbol{H}}^*\right)\cdot\mathrm{d}\boldsymbol{S}=\int_V\frac{1}{2}\dot{\boldsymbol{E}}\cdot\dot{\boldsymbol{J}}^*\mathrm{d}V+\mathrm{j}\omega\int_V\left(\frac{1}{2}\dot{\boldsymbol{B}}\cdot\dot{\boldsymbol{H}}^*-\frac{1}{2}\dot{\boldsymbol{E}}\cdot\dot{\boldsymbol{D}}^*\right)\mathrm{d}V \tag{6-106}$$

如果考虑传导电流的焦耳热损耗，有 $\dot{\boldsymbol{J}}=\sigma\dot{\boldsymbol{E}}$；考虑极化电流的介电损耗，有 $\dot{\varepsilon}=\varepsilon'-\mathrm{j}\varepsilon''$；考虑磁损耗，有 $\dot{\mu}=\mu'-\mathrm{j}\mu''$。从而式（6-106）可写成：

$$\begin{aligned}-\oint_S\dot{\boldsymbol{S}}\cdot\mathrm{d}\boldsymbol{S}&=\int_V\left(\frac{1}{2}\sigma E^2+\frac{1}{2}\omega\varepsilon''E^2+\frac{1}{2}\omega\mu''H^2\right)\mathrm{d}V+\mathrm{j}2\omega\int_V\left(\frac{1}{4}\mu'H^2-\frac{1}{4}\varepsilon'E^2\right)\mathrm{d}V\\&=\int_V(P_T+P_e+P_m)\mathrm{d}V+\mathrm{j}2\omega\int_V(w_{\mathrm{mav}}-w_{\mathrm{eav}})\mathrm{d}V\end{aligned} \tag{6-107}$$

式（6-107）的物理意义：右边是体积内的有功功率和无功功率，所以其面积分是穿过闭合面的复功率，其实部是有功功率，即功率的平均值。

2）复数坡印廷定理的应用

可以用它计算一个电磁系统（电磁场分布区域）的等效电路参数 R、C、L。

6.9 准静态场

当电、磁场源随时间做缓慢变化时，电磁场基本方程中的 $\frac{\partial \boldsymbol{D}}{\partial t}$ 或 $\frac{\partial \boldsymbol{B}}{\partial t}$ 项可以忽略，以至于

虽属时变电磁场，但具有静态场的一些性质，此类场就称为准静态电磁场。准静态电磁场又分为准静态电场和准静态磁场两种，或分别称为电准静态场和磁准静态场。

1．时变电磁场准静态及其判断条件

关于准静态场的定义，有的文献认为：如果所讨论电路的尺寸远小于波长，就认为是准静态场。本书采用另外一种方法，即分别定义电准静态场和磁准静态场。电准静态场指感应电场远小于库仑电场，即麦克斯韦方程组中磁感应强度 $\boldsymbol{B}$ 的导数项可忽略；而磁准静态场指位移电流远小于传导电流，即麦克斯韦方程组中电流密度 $\boldsymbol{J}$ 的导数项可忽略。

由电磁场中媒质的导电特性知道：当电导率远远大于角频率与介电常数的乘积时，即满足

$$\omega\varepsilon \ll \sigma \tag{6-108}$$

这样的媒质称为良导体。在良导体中，可以忽略位移电流，按磁准静态场处理。

而在理想介质中，位移电流可略去的条件是观察点到场源的距离 $R=|\boldsymbol{r}-\boldsymbol{r}'|$ 远小于波长 λ，即：

$$R \ll \lambda \tag{6-109}$$

满足这个条件的时变电磁场可按准静态场处理。$R\ll\lambda$ 也称为似稳条件。在似稳区中，磁场分布遵守静态场的规律。

2．电准静态场

时变电场由时变电荷 $q(t)$ 和时变磁场$\dfrac{\partial \boldsymbol{B}}{\partial t}$产生，可分别建立对应的库仑电场 $\boldsymbol{E}_C$ 和感应电场 $\boldsymbol{E}_i$。当感应电场远小于库仑电场时，时变电场近似呈无旋性。即：

$$\nabla\times\boldsymbol{E}=\nabla\times(\boldsymbol{E}_C+\boldsymbol{E}_i)\approx\nabla\times\boldsymbol{E}_C=0$$

即可忽略$\dfrac{\partial \boldsymbol{B}}{\partial t}$的作用，称之为电准静态场（EQS）。此时电磁场的循环图在 $\boldsymbol{E}-\dfrac{\partial \boldsymbol{B}}{\partial t}$处断开（见图 6.10），就每一瞬时而言，磁场不再影响电场，而可以单独地计算电场。比如 $\boldsymbol{E}$ 与场源 ρ 之间完全对应，只要知道 ρ 的分布，就可以只运用静电场中计算 $\boldsymbol{E}$、$\boldsymbol{D}$、ϕ 的公式，加上媒质的构成方程，确定出 $\boldsymbol{E}$、$\boldsymbol{D}$ 和 ϕ 等时变电场的场量。即描述时变电场的方程与静电场方程完全一样，只是 $\boldsymbol{E}$ 和 $\boldsymbol{D}$ 为时间的函数。

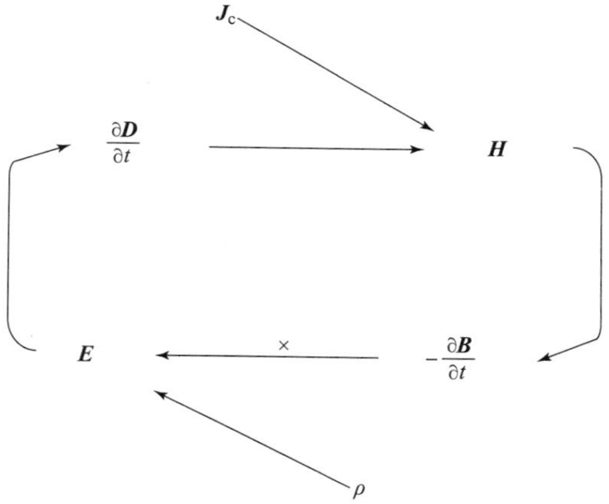

图 6.10 EQS

电准静态场基本方程的微分形式为：

$$\nabla \times \boldsymbol{H} = \boldsymbol{J}_C + \frac{\partial \boldsymbol{D}}{\partial t}$$

$$\nabla \times \boldsymbol{E} \approx 0$$

$$\nabla \cdot \boldsymbol{B} = 0$$

$$\nabla \cdot \boldsymbol{D} = \rho$$

当平板电容器工作在低频交流情况下时，电容器中的电磁场属电准静态场。有时虽然感应电场 $\boldsymbol{E}_i$ 不小，但其旋度 $\nabla \times \boldsymbol{E}_i$ 很小时，也可按电准静态场处理。例如低频交流电感线圈中感应电场并不影响原电场的均匀分布，可按恒定电场来分析。

【例 6.1】　有一圆柱形平行板空气电容器，极板半径 $R = 10$ cm。现设有频率为 50 Hz、有效值为 0.1 A 的正弦电流通过该电容器。忽略边缘效应，求电容器中的磁场强度。

解： 设圆柱坐标系的 z 轴与电容器的轴线重合，电容器中位移电流密度为

$$\boldsymbol{J}_{\mathrm{d}} = \frac{i}{\pi R^2}(-e_z)$$

式中，电流 $i = 0.1\sqrt{2}\cos 314t$（A）。取半径为 ρ 的圆环（ρ 为圆形平行板上的观察点与 z 轴之间的距离），由全电流定律 $\oint_l \boldsymbol{H} \cdot \mathrm{d}\boldsymbol{l} = \int_S \boldsymbol{J}_{\mathrm{d}} \cdot \mathrm{d}\boldsymbol{S}$ 可得：

$$2\pi\rho \boldsymbol{H} = \boldsymbol{J}_{\mathrm{d}}\pi\rho^2 = -\frac{\pi\rho^2}{\pi R^2} i$$

$$\boldsymbol{H} = \frac{\rho}{2\pi R^2} i(-\mathrm{e}_\phi) = 2.25\rho\cos 314t(-\mathrm{e}_\alpha) \quad (\mathrm{A/m})$$

3. *磁准静态场*

1）磁准静态场的电磁场方程组

时变磁场的场源做缓慢变化时，$\frac{\partial \boldsymbol{D}}{\partial t}$ 太小，可以忽略其影响，磁场可近似为仅由传导电流 $\boldsymbol{J}_{\mathrm{c}}$ 产生。此时的时变磁场为磁准静态场（MQS），如图 6.11 所示，相应电磁场的基本方程为：

$$\nabla \times \boldsymbol{H} = \boldsymbol{J}_{\mathrm{c}}$$

$$\nabla \times \boldsymbol{E} = -\frac{\partial \boldsymbol{B}}{\partial t}$$

$$\nabla \cdot \boldsymbol{B} = 0$$

$$\nabla \times \boldsymbol{D} = \rho$$

此时，时变磁场遵从的规律与恒定磁场一样。磁准静态场中的 $\boldsymbol{E}$、$\boldsymbol{B}$ 与动态位 $\boldsymbol{A}$、φ 依然有如下关系：

$$\boldsymbol{B} = \nabla \times \boldsymbol{A}$$

$$\boldsymbol{E} = -\frac{\partial \boldsymbol{A}}{\partial t} - \nabla \varphi$$

同样，$\boldsymbol{A}$、φ 满足以下微分方程：

$$\nabla \times \nabla \times \boldsymbol{A} = -\mu \boldsymbol{J}_{\mathrm{c}}$$

$$\nabla^2\varphi = -\frac{\rho}{\varepsilon}$$

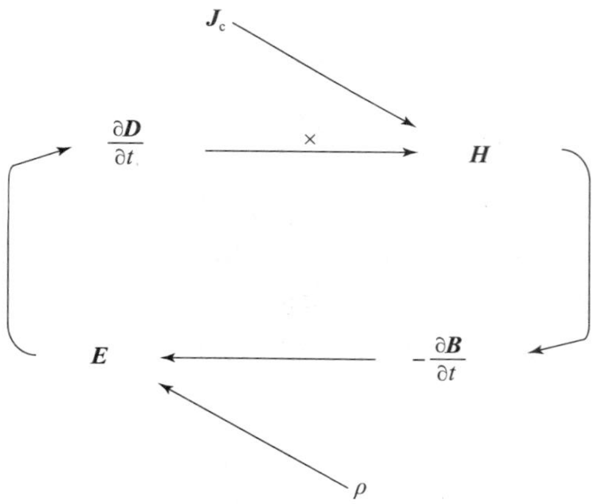

图 6.11　MQS

可以先按恒定磁场的规律单独计算磁场，再计算电场。磁准静态场忽略了位移电流对磁场的影响，也就意味着不考虑电磁场的波动性，场源 J_c 的激励同时就引起了场点处场量 $\boldsymbol{H}$ 的响应，类似于静态场中场和源之间的瞬时对应关系，称为似稳场。

2）在时变场中忽略位移电流的判断条件

（1）对于导体内的时变电磁场，从正弦时变电磁场基本方程的相量形式来分析

$$\nabla\times\dot{\boldsymbol{H}} = \dot{\boldsymbol{J}}_c + \dot{\boldsymbol{J}}_d = \sigma\dot{\boldsymbol{E}} + j\omega\varepsilon\dot{\boldsymbol{E}} = (\sigma + j\omega\varepsilon)\dot{\boldsymbol{E}}$$

若

$$\left|\frac{\dot{\boldsymbol{J}}_d}{\dot{\boldsymbol{J}}_c}\right| = \frac{\omega\varepsilon}{\sigma} \ll 1$$

或

$$\omega\varepsilon \ll \sigma$$

位移电流可以忽略，可按磁准静态场处理。存在于导体中的磁准静态场通常也称为涡流场。电工技术中的涡流问题是这类磁准静态场的典型应用实例。

通常将满足上述条件的导体称为良导体，对于纯金属来说 $\sigma \approx 10^7$ S/m，$\varepsilon \approx \varepsilon_0$，便得 $\omega \ll 10^{17}$ rad/s，可见，在导体中一直到紫外波长都允许略去位移电流。

（2）对于理想电介质，绝缘体中时变电磁场因无传导电流，位移电流是否可忽略则由场点与源点之间的距离所满足的条件决定。假定在场源处的正弦时变电荷

$$\dot{\rho}(\boldsymbol{r}') = \dot{\rho}(\boldsymbol{r}')e^{-j\beta R}$$

那么在与场源相距 $R = |\boldsymbol{r} - \boldsymbol{r}'|$ 处的电场的相量表达式为：

$$\dot{E}(\boldsymbol{r}) = E_0(\boldsymbol{r})e^{-j\beta R}$$

式中，$e^{-j\beta R} = e^{-j\frac{\omega}{v}R}$ 为推迟因子，表示场与源的变化不同相。忽略推迟效应，有

$$e^{-j\frac{\omega}{v}R} \approx 1$$

即

$$\frac{\omega R}{v}=\frac{2\pi f R}{v}=\frac{2\pi R}{\lambda}\ll 1$$

或

$$R\ll\lambda$$

这就是似稳区或近区的条件，在近区或似稳区中，磁场分布遵守静态场的规律。它表明，当观察点到场源的距离远小于波长 λ 时，位移电流可忽略，时变电磁场可按磁准静态场处理。

6.10 典型 FDTD 数值方法小软件及其应用简介

在第 2 章我们介绍了电磁场数值算法和相应的软件，以及通用数值仿真平台 MATLAB。这些软件平台都是较为典型的大型电磁场或射频微波 EDA 软件。它们虽然功能特别强大，仿真计算较为精确，但是占用空间大，耗费 CPU 和计算时间。而且学习、掌握需要一定的培训。最为主要的是，这些软件和平台价格昂贵，对它们的学习、使用和普及推广受到一定限制。

目前，在这些大型软件的空白处，涌现了一些精致的小软件，它们要么开源要么免费，易于下载，而且极易熟悉使用。因为有限时域差分算法在多个电磁现象的研究领域中都获得了广泛的应用，如辐射天线分析，微波器件和导行波结构的研究，散射和雷达界面的计算，周期性结构分析（如光子晶体、光栅传输特性、周期阵列天线等），电子封装、电磁兼容分析（如多线传输及高密度封装的数字信号传输、分析环境和结构对元器件和系统电磁参数及性能的影响，核电磁脉冲的传播和散射、在地面的反射及对电缆传输线的干扰，微光学元器件中的光传播和衍射特性，负折射介质中的电磁波传播特性等）。因此在这些小型软件中，基于时域有限差分法的软件就有很多，著名的有 Tinger FDTD、Meep FDTD、FDTD solvers 和国产的 EastWave 等。在本节我们主要介绍 Tinger FDTD 和国产软件 EastWave。

6.10.1 Tinger FDTD 及其应用

Tinger FDTD 软件 V0.1 可以在网上下载，而且无须注册，在软件包里还包括有一个 Background tutorials 的 PDF 格式文档，介绍了 Tinger FDTD 的原理、使用流程和实例。认真阅读后，极易上手，并可熟练使用该软件。后面的章节我们主要介绍电磁波的特性。电磁波是要传播的，而传播有辐射、散射、衍射等多种方式，其分析计算需要使用数值方法以及相应的软件。我们之所以在本节介绍该软件，就是希望为此后的章节做好准备，让大家先学习一两个典型小型软件的应用。

1. Tinger FDTD

Tinger FDTD 是一款基于 FDTD 算法的二维全矢量电磁场数值模拟软件，可应用于光电、微波、电磁等器件及一般光学器件的仿真、设计优化和教学，也可用于光子晶体和特异材料等现代光子学的研究。利用该软件的数值模拟功能，弥补了无法进行实验验证的缺陷。该软件具有广泛的平台通用性，可以在 Windows、Linux、嵌入式 Linux 等平台中运行。并具有友好的图形化界面，为软件使用者提供方便。

Tinger FDTD 具有以下显著特点：

（1）平台通用性。

Tinger FDTD 采用 Qt 进行图形化设计，因此它具有广泛的平台支持性，目前可以支持如下平台：MS/Windows 95、98、NT 4.0、ME、2000、XP 和 Vista、UNIX/X11 – Linux、Sun Solaris、HP – UX、Compaq Tru64 UNIX、IBM、AIX、SGI IRIX 和其他很多 X11 平台 Macintosh – Mac OS XEmbedded – 有帧缓冲（FrameBuffer）支持的 Linux 平台、Windows CE、Symbian – S60 手机平台等。

（2）Tinger FDTD 的存储文档。

Tinger FDTD 的文档记录采用 XML（Extensible Markup Language，可扩展标记语言），它与 HTML 一样，都是 SGML（Standard Generalized Markup Language，标准通用标记语言）。XML 是跨平台的，依赖于内容的技术，是当前处理结构化文档信息的有力工具。扩展标记语言 XML 是一种简单的数据存储语言，使用一系列简单的标记描述数据，而这些标记可以用方便的方式建立，虽然 XML 占用的空间比二进制数据要占用的更多，但 XML 极其简单，易于掌握和使用。

2. Tinger FDTD 计算流程

一般来说，完整的 Tinger FDTD 计算应该包括以下基本流程：

（1）建立 Tinger FDTD 文档。

（2）设置背景材料、计算区域等。

（3）设定材料。

（4）设定计算结构。

（5）设定（光）源。

（6）离散化计算区域。

（7）启动 FDTD Simulation 进行模拟计算。

3. Tinger FDTD 应用实例：计算光对圆柱形金属的散射

散射是被投射波照射的物体表面曲率较大甚至不光滑时，其二次辐射波在角域上按一定的规律做扩散分布的现象。散射是分子或原子相互接近时，由于双方具有很强的相互斥力，迫使它们在接触前就偏离了原来的运动方向而分开。当一定频率的外来电磁波投射到电子上时，电磁波的振荡电场作用到电子上，使电子以相同频率做强迫振动。振动着的电子向外辐射出电磁波，把原来入射波的部分能量辐射出去，这种现象叫作电磁波散射。通俗地说，电磁波在传播过程中遇到障碍物就会产生散射，产生散射的物体称为散射体。

研究电磁散射的理论和工程的实际技术意义：雷达利用飞机的散射回波搜索和跟踪飞机，以及识别其他目标；隐身飞机是降低散射波的强度达到使雷达无缝识别的目的；利用电离层、对流层进行散射通信；分析掌握地面植被、海浪波动的随机散射情况，以有利于遥测遥感，而且可以在战场环境下进行复杂电磁态势准确评估；在山地电波传播、地下勘探、电磁兼容、电磁干扰分析等时机工程理论技术问题中，都离不开对电磁波散射的分析研究。

由于光也是一种电磁波，所以下面介绍光散射的一个实例。散射体的散射特性，取决于其结构形状、电尺寸以及材料的不同，三者之一不同，电磁波散射场强大小与分布就会不同。在实例中，散射体建模首先就是确定其材料、结构和尺寸，所以一定要注意。

（1）首先建立一个新文件，命名文件并且选择保存的位置，如图 6.12 所示。

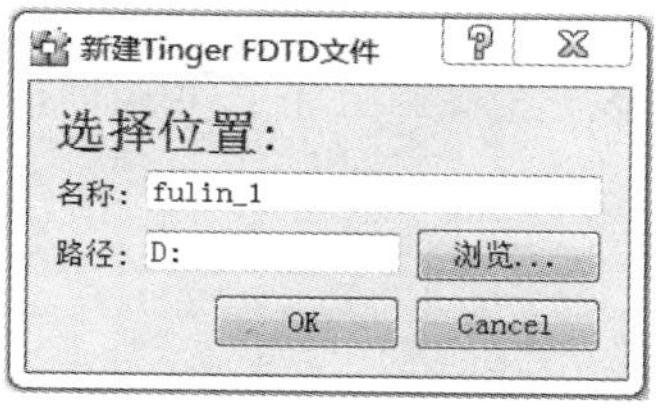

图 6.12　新建工程文件

（2）确定 Tinger FDTD 文档属性，如图 6.13 所示。

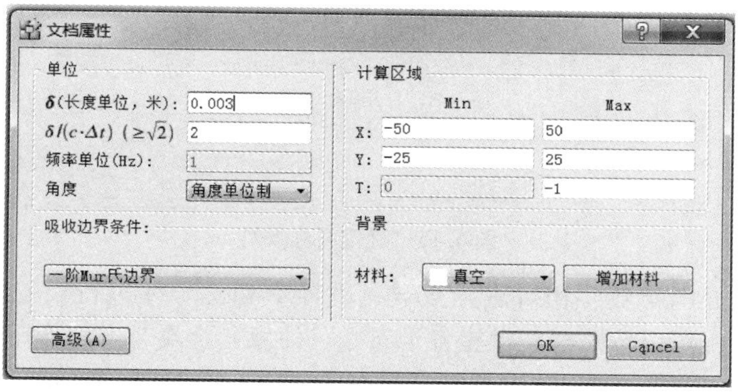

图 6.13　确定工程文档属性

（3）查看高级属性，如图 6.14 所示。

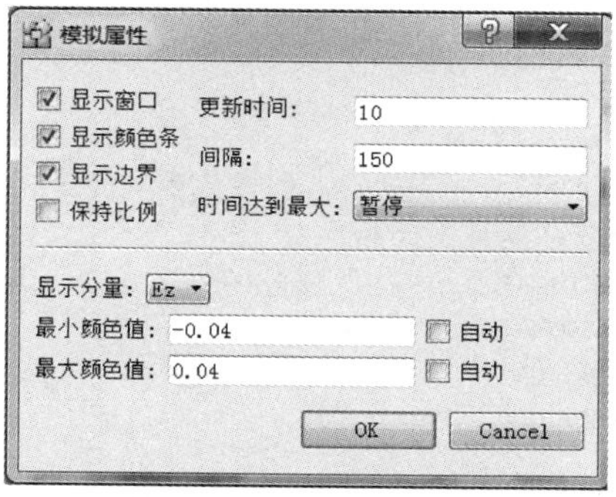

图 6.14　查看高级属性

（4）确定材料属性。Tinger FDTD 在材料设计的界面上，突破了传统 FDTD 的参数不得不查找公式、常数等技术资料和文档的缺陷，而将这些知识突出显示在新建材料对话框界面上（见图 6.15），界面极其友好，使用非常方便。

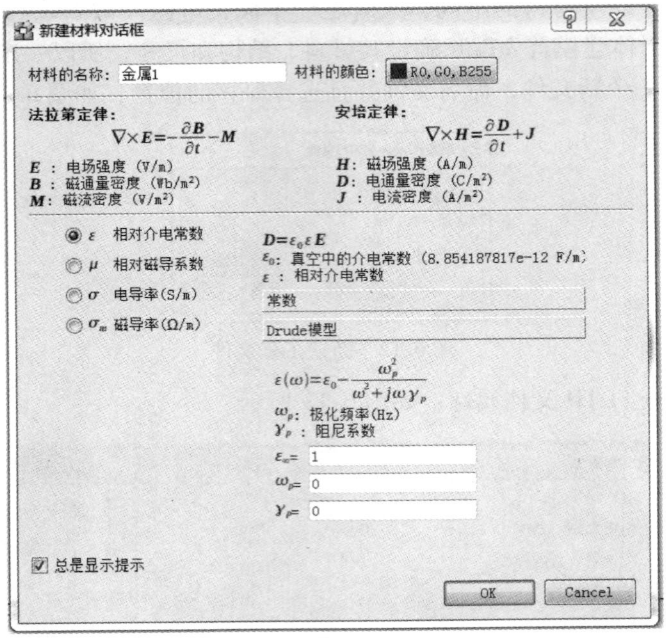

图 6.15　确定材料属性

可以单击相对介电常数、相对磁导系数、电导率和磁导率进行设置，如图 6.16 所示。可以设置为常数，也可以按照模型设置各个参数。注意：金属与空气作用，有多种模型，如 Debye 模型、Lorentz 模型、Drude 模型等。但在光学波段，最精确、最常用的模型是 Drude 模型。

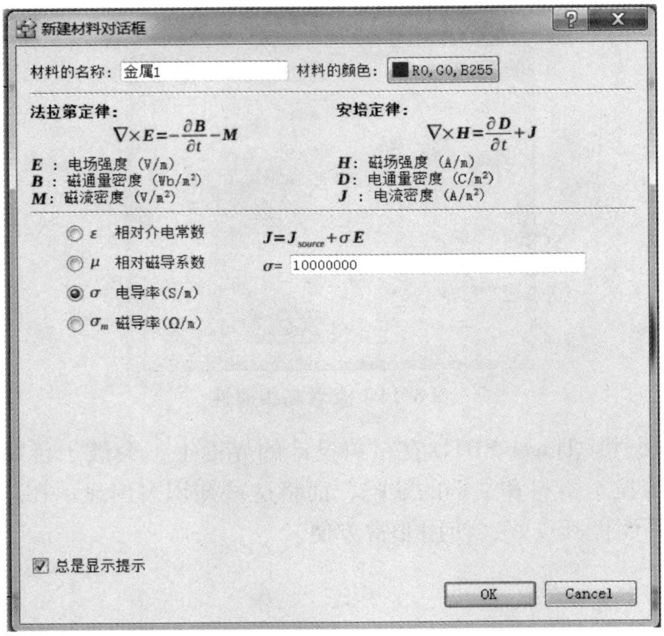

图 6.16　确定材料电导率（为 10000000）

（5）确定结构。Tinger FDTD 目前支持四边形和椭圆形的结构，并且支持任意旋转。图 6.17 所示是椭圆结构图。

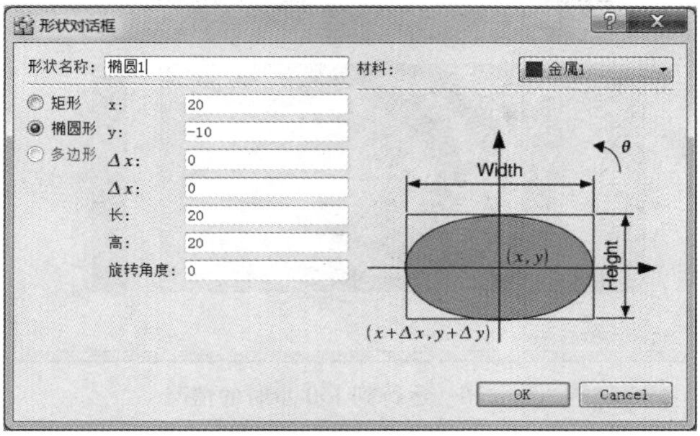

图 6.17　确定金属结构形状

（6）确定激励源。激励源有多种形式，Tinger FDTD 目前支持正弦型和高斯型脉冲点光源。此处设置为高斯型，如图 6.18 所示。

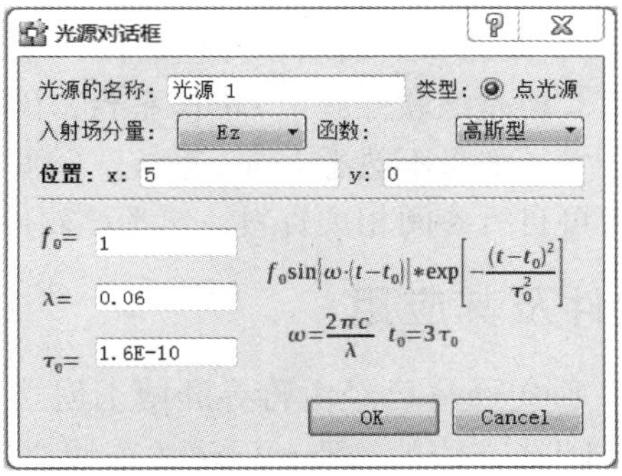

图 6.18　确定激励源

（7）设计窗口示意以及预备运行操作图，如图 6.19 所示。

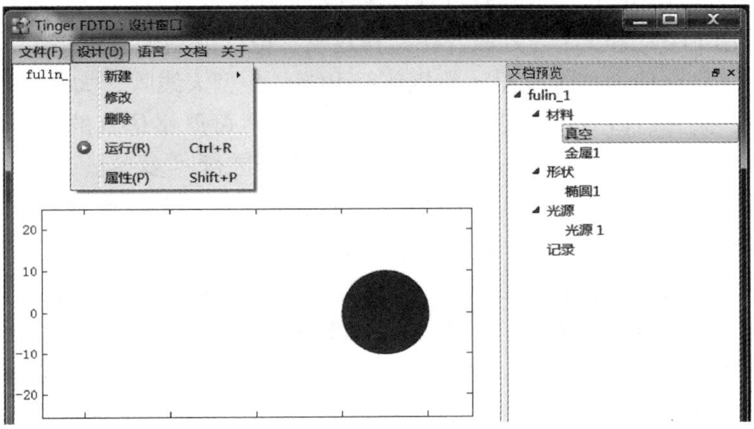

图 6.19　设计窗口（预备运行）

（8）运行情况显示。图 6.20 所示为运行到 150 步时的情况。

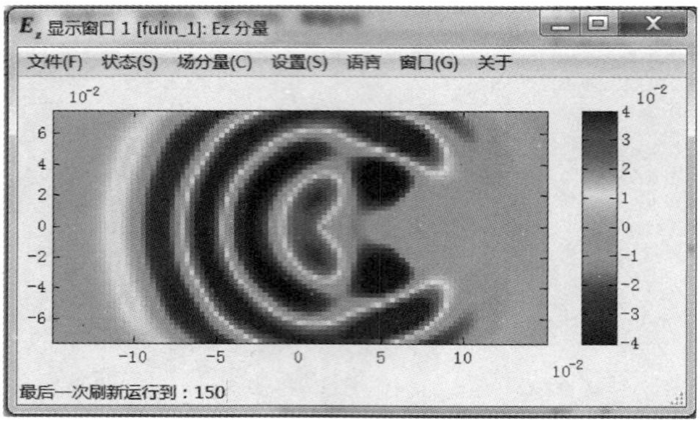

图 6.20　运行到 150 步时的情况

（9）可以根据菜单命令选择显示各个场分量的图形图像。

在 Tinger FDTD 之外，还有 Meep FDTD 等。Meep FDTD 也是一个免费的有限差分时域（FDTD）模拟软件包，是麻省理工学院开发的模型电磁系统。目前该软件包可以通过链接 http://ab - initio. mit. edu/meep/meep - 1. 3. tar. gz 下载，并且可以通过网页 http://ab - initio. mit. edu/wiki/index. php/Meep 找到和下载该软件包的用户手册、介绍、安装使用、教程等。该软件包的功能也很强大。但是该软件基于 Linux 平台，因此其在 Windows 下运行需要一些配套软件包进行编译和开发，如果不熟悉 Linux 系统，一看起来就有点复杂。所以本书不做详细介绍，有兴趣的读者可自行参阅相关资料，熟悉该软件。

6.10.2　EastWave 软件及其应用

我国首款电磁波模拟软件 EastWave 已经由蒋寻涯博士创立和领导的东峻信息科技有限公司开发成功，它也是基于 FDTD 方法的。EastWave（东峻全矢量光电/电磁波仿真软件）软件系统可广泛用于电磁波系统（如天线阵/雷达、天线罩、RCS/隐身、电磁兼容、微波暗室、电磁环境、移动通信等）和光电系统（如激光、LED、光纤、超构材料、光子晶体、光通信器件等）的设计和仿真，是相关行业工程设计和参数优化、科学研究的必备工具。EastWave 主要采用 FDTD 和 PO 等方法，在材料建模、电大或超大（千倍波长）系统仿真等方面具有明显的优势，使大型天线罩、整机整舰 RCS、大型天线阵、大平台电磁兼容、微波暗室、超构材料、激光、LED、非线性等国际难题成为“可严格仿真的”。同时，基于明显的速度优势和混合寻优算法，EastWave 可对大中型体系进行“多参量寻优”计算，快速发现最优解。针对国内客户需要，EastWave 创新性地设立了天线阵、天线罩、RCS 等 11 个计算模式，操作实现“傻瓜化”，用户可以快速上手。

1. EastWave 软件系统的功能

（1）支持任意维度任意结构建模。可输入函数方程建立任意曲线和任意曲面模型、旋转对称体、无序结构，可导入/导出常用格式的三维模型。友好的前处理功能，即智能助手协助建模、网格剖分智能化、支持网格预览、输入输出更便捷的多种计算模块（智能间隔扫角度单站 RCS、快速扫角度发射天线罩 BSE、快速扫角度发射天线罩透过率、双站 RCS、扫频单站 RCS 等计算模块）。

（2）支持几乎所有电磁领域的材料仿真，例如强色散材料、特异介质材料、吸波材料、磁性材料、非线性材料、电阻材料等，在国际电磁/光电软件中处于领先地位。另外，可以导入任意材料的实测宽频色散曲线，并利用内部引擎进行色散的自动拟合，从而保证材料色散特性完全真实。

（3）FDTD 算法可一次计算得到宽频带电磁信息，适合现代电磁器件的宽频或多频段设计特征。

（4）独创的 PO 算法。此算法有三大特点：计算速度提高几十到几百倍、占用内存显著减少（2 亿网格占用内存仅 30 Gb 左右）、对导入的 CAD 模型是否封闭没有要求；多算法结合，解决电大尺寸的精密计算，尤其是“电小尺寸”和“电大尺寸”混合结构的弱信号计算；局部 FDTD 算法和整体 PO 算法的结合，可以精确计算“含电小尺寸结构的”电大尺寸问题。这类问题是当前新型隐身飞机、舰船和宽频电磁器件设计的趋势，例如，选频表面（FSS）制备的天线罩体系。

（5）多种激励源。内置多种时域、空间域的微波/光信号发生源，如波端口、集总端口、细导线等，并可以输入任意时域、任意空间分布的激励信号源。

（6）多种网格技术。独立研发了均匀、非均匀和共形等多种网格剖分技术，在保证计算精度的同时，大大提高计算速度，与国际软件对比具有速度优势。

（7）多操作环境和多并行技术。支持 Linux 和 Windows 环境，支持并行计算，并行方式有 MPI 和 OpenMP 等，可灵活根据用户需求实现不同的并行方式，如单机多核并行、多机多核并行等。

（8）计算量线性增长。在一定硬件资源时，总网格数为 N，则计算速度和占用内存都与 N 呈线性关系。支持多维度参数扫描和优化求解，可帮助用户进行多参量的优化设计。

2. EastWave 软件系统的技术支持和服务优势

（1）专业全面的售前售后服务能力。现代尖端软件在安装和解决具体问题中经常会遇到各种技术性问题，与国外软件代理商不同，东峻公司是拥有完全独立知识产权的本土公司，研发团队就在国内，根据长期研发的经验，可以即时提供解决方案和技术咨询服务，而国外软件代理商是很难满足这个需求的。

（2）东峻公司可针对性地提供个性化服务，可及时地针对性开发一些特殊功能，也可以根据客户的需要分析问题的原因和解决方法。国外软件代理商普遍无法做到这一点。

（3）欧美在电磁仿真方面因为保密和垄断等需要，一些核心软件技术对中国进行封锁，这造成国际商业软件普遍不具有一些敏感的技术（例如高效率的 RCS 计算），东峻公司通过长期独立研发，对很多敏感的仿真技术进行攻关，形成系列突破，可对中国军工单位的技术研发起到积极的推动作用。

本书采用的 EastWave 版本是 V5.1（2017 年已经升级到 V6.0），其试用版可以通过该公司官网 http://www.eastfdtd.com/dynamic_info.aspx?id=181 下载，注册获得许可证就可以使用。

获取注册码信息的界面如图 6.21 所示。

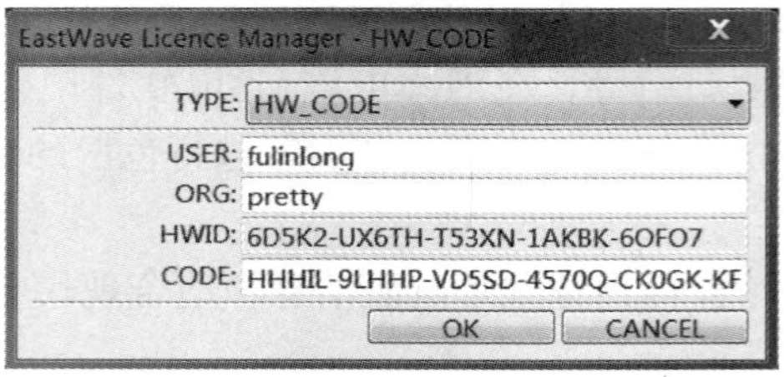

图 6.21　获取注册码信息的界面

在该网页上还可以通过其下载中心获得帮助手册、教程案例、演示案例等。

3. EastWave 典型应用案例：平板透射反射率计算及参数扫描（斜入射）

（1）本案例演示使用 EastWave 软件“自定义模式”计算周期结构斜入射时的透射率和反射率。FDTD 计算周期结构斜入射的关键在于布洛赫边界条件的设置。本案例通过计算无限大介质平板来演示相关设置，案例设置同样适用于其他周期结构的计算。

考虑电磁波从 Z 方向入射到介质平板，将 Z 方向设置为开放边界，X、Y 方向设置布洛赫边界（即 Bloch 边界，可理解为特殊的周期边界，等效为 X、Y 方向无限大拓展的平板）。透射反射率的计算需要将透射/反射信号除以入射信号。对于入射信号，本例使用一个“空结构”仿真结果作为入射信号参考值，“空结构”模型中只有激励源和记录器，而物体的材料属性设置为空气。建立两份工程文档，一个工程计算有介质板结构时的透射/反射信号，另一个工程仅计算激励源在空气中的传播，得到入射信号。案例中首先建立有介质板结构的工程，将该工程复制后将平板结构材料设置为空气得到第二个工程。

（2）案例仿真流程。

①设置计算模式及参数。

②建模。

③设置激励源和记录器。

④设置布洛赫边界。

⑤设置网格和时间步。

⑥启动计算。

⑦设置频率扫描。

⑧计算空结构工程。

⑨后处理。

（3）启动软件，界面如图 6.22 所示。

（4）按照官网所提供的案例“平板透射反射率计算及参数扫描（斜入射）”的步骤一步一步操作。设置完成后的向导报告如图 6.23 所示。

（5）建模。按照文档所给方法和步骤，定义常用变量、新建材料、新建模型操作。

（6）设置激励源和记录器。按照文档所给方法和步骤进行添加激励源、设置透射方向记录器等操作。

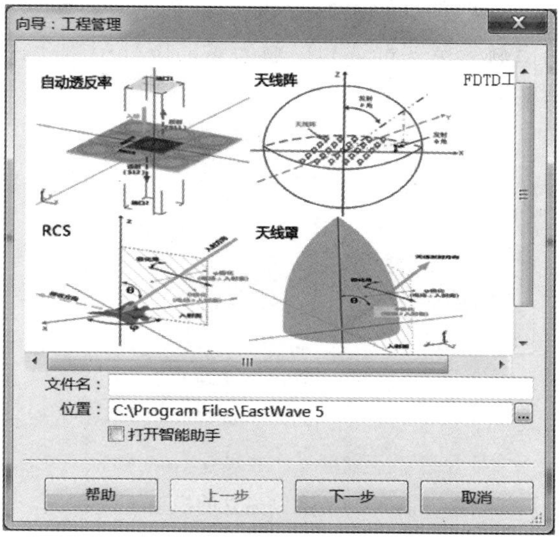

图 6.22　软件启动的界面

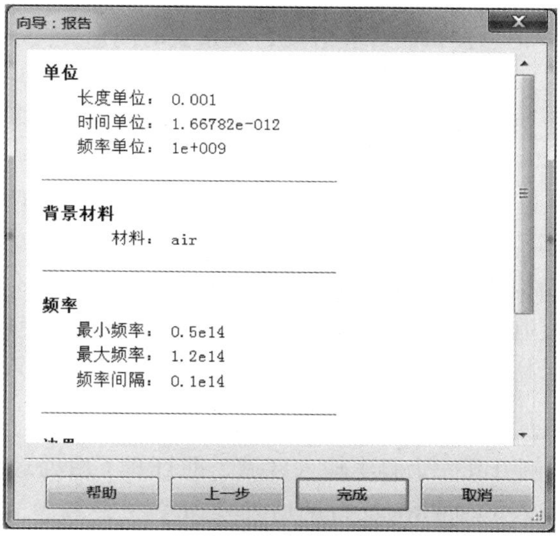

图 6.23　设置完成后的向导报告

（7）设置布洛赫边界。对于斜入射情况下的周期结构，为保证平面波在周期两侧连续，周期延拓方向不能简单设置为周期边界，而应该在两边界保持确定的相位差（以保证横向波矢不变）。FDTD 中通过布洛赫边界实现该边界条件。

特别需要注意，该边界条件（相位差）依赖于斜入射平面波的频率，对不同频率布洛赫边界则设置不同。因此计算透射率的频率响应需要对每个频率进行一次仿真，本案例中通过参数扫描方式扫描频率实现。前面定义的常用变量有 bloch*x* 和 bloch*y*，bloch*x* 为布洛赫边界的布洛赫矢量（*X* 方向）实部，其值应设置为激励源所在真空中的波矢在 *X* 方向的投影值，此处的“2 * PI * (fre * UF)/C0 * UL”，等于 2π/真空波长，即为真空波矢；“sindeg（theta）* cosdeg（phi）”为波矢方向在 X 方向的投影比例，需要注意真空波矢中单位的处理。同样地，blochy 为 Y 方向的布洛赫矢量实部。布洛赫矢量的虚部一般在背景材料有损耗或增益时使用，绝大部分情况设置为 0 即可。

前述步骤设置完成后，得到如图 6.24 所示的模型。

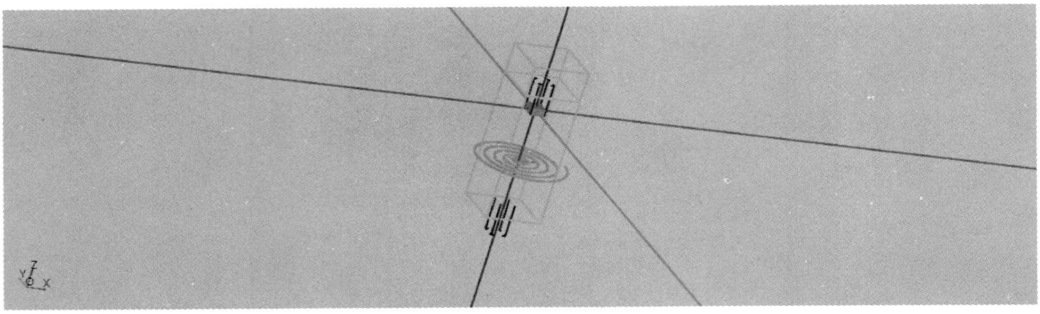

图 6.24　案例建立的模型

（8）设置网格和时间步。分别设置网格尺寸、技术时间步和记录时间步，并且检查网格剖分。

（9）启动计算。查看消息窗口、计算进度，观察实时场。

（10）设置扫描频率。布洛赫边界的设置对应一个特定的频率，对不同的频率布洛赫边界参数不同。因此对频率响应问题，需要对每个频率单独计算一次。本例设置参数扫描以自动完成频率的扫描。

（11）计算空结构工程。计算完成后得到薄板结构在各个角度入射下的透射和反射数据。为了计算透射反射率，需要仿真一次“空结构”（材料为空气）时的透射/反射信号作为参考信号，将有真实结构的信号与参考信号相比得到透射反射率。设置“空结构”的工程，将之前建立的工程复制一份改名为“平板斜入射_air. ewp”。使用 EastWave 打开该工程文件，双击工程管理目录树中的“介质板”，将材料设置为空气，模型显示为黑色。

（12）后处理。单击工具条下拉菜单，选择“后处理工具”命令，并单击命令窗口下侧的“竖排”，在右侧分开一个脚本输入区域，即打开了后处理界面，其左侧输入窗口为后处理命令窗口，可输入 EastWave 支持的后处理命令（类似 MATLAB 命令窗口）。右侧输入窗口为后处理脚本输入区域，脚本输入区域的命令可保存为后处理脚本（类似 MATLAB 的 mfile）。下面的后处理脚本分别计算各个频率的透射反射率，并将数据合并为透射反射率频率响应曲线。

```
//设置数据路径和数据文件名：（注意修改绝对路径）
dir = "D:\\EastWave51\\tutorial\\1\\";
subdir_stru = "flat_Oblique_Incidence_stru.ewp.data_";
filename_stru = "\\flat_Oblique_Incidence_stru.ewd";
subdir_air = "flat_Oblique_Incidence_air.ewp.data_";
filename_air = "\\flat_Oblique_Incidence_air.ewd";
num = 7;
```

```
array_ref = array(0.0);
array_trans = array(0.0);
for (local ii = 0;ii < = num;ii = ii + 1) {   //给出各个频率的斜入射性能
    print(ii);
    //获取数据文件完整路径并导入数据
    fullname_stru = strcat(dir,subdir_stru,ii,filename_stru);
    fullname_air = strcat(dir,subdir_air,ii,filename_air);
    stru = load(fullname_stru," - ewd"," - auto");
    air = load(fullname_air," - ewd"," - auto");
    //取出激励源、透射和反射的远场电场强度
    s = air.rcd_trans.nf_0.Etheta;
    t = stru.rcd_trans.nf_0.Etheta;
    r = stru.rcd_ref.nf_0.Etheta - air.rcd_ref.nf_0.Etheta;
    //取出激励源、透射和反射远场信号在 theta 方向的强度
    theta = air.gdata.theta;
    s_theta = abs(s[0,theta,0]);
    r_theta = abs(r[0,180 - theta,0]);
    t_theta = abs(t[0,theta,0]);
    //求出透射率和反射率
    array_trans[ii] = (t_theta/s_theta);
    array_ref[ii] = (r_theta/s_theta);
}
//画图:透反率
fre = (0.5e14:0.1e14:1.2e14);
fig.new();
fig.allplot(1,2);
fig.subplot(0,0);
plot(fre,array_ref); fig.info("r");
plot(fre,array_trans); fig.info("t");
xlabel("Frequency [Hz]"); ylabel("t, r");
fig.setcolor("auto"); legend(true);
//画图:透反系数
fig.subplot(0,1);
plot(fre,array_ref^2); fig.info("R");
plot(fre,array_trans^2); fig.info("T");
xlabel("Frequency [Hz]"); ylabel("T, R");
fig.setcolor("auto"); legend(true);
```

运行结果如图 6.25 所示。

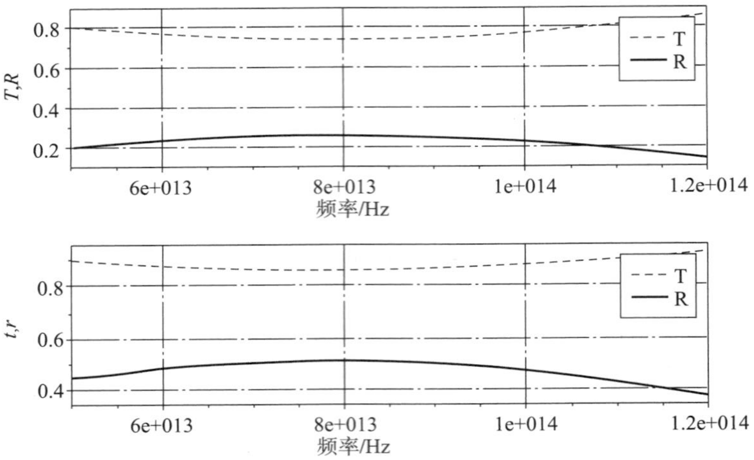

图 6.25 后处理计算结果

说明：EastWave 安装完毕后，安装路径中的 sample 和 tutorial 文件夹里面有自带的工程案例，含有工程文件以及需要的脚本文件，可以直接调入运行。但是建议还是按照案例文档一步一步操作，一方面熟悉软件，另外一方面加深对电磁场和电磁波理论的理解。

习题和实训

1. 如图 6.26 所示，设真空中电荷量为 q 的点电荷以速度 v（$v \ll c$）向正 z 方向匀速运动，在 $t=0$ 时刻经过坐标原点，计算任一点位移电流。（不考虑滞后效应）

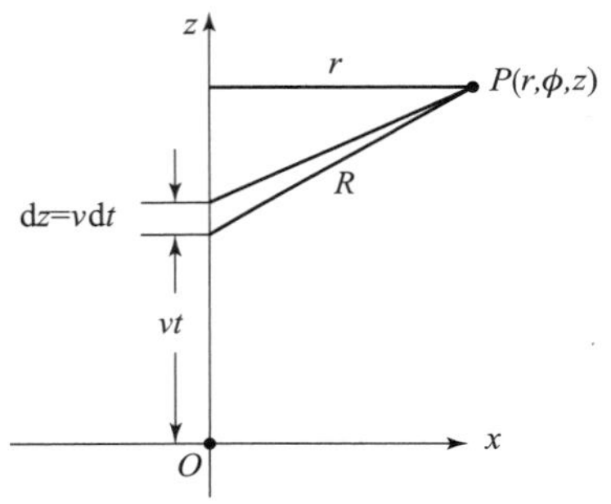

图 6.26 习题 1 用图

2. 已知真空平板电容器的极板面积为 S，间距为 d，当外加电压 $U=U_0\sin\omega t$ 时，计算电容器中的位移电流，且证明它等于引线中的传导电流。

3. 已知正弦电磁场的频率为 100 GHz，试求铜及淡水中位移电流密度与传导电流密度之比。

4. 设真空中的磁感应强度为

$$\boldsymbol{B}(t)=10^{-3}\boldsymbol{e}_y\sin(6\pi\times10^8 t-kz)$$

试求空间位移电流密度的瞬时值。

5. 试证真空中麦克斯韦方程对于下列变换具有不变性：

$$\begin{cases} \boldsymbol{E}' = \boldsymbol{E}\cos\theta + c\boldsymbol{B}\sin\theta \\ \boldsymbol{B}' = -\dfrac{\boldsymbol{E}}{c}\sin\theta + \boldsymbol{B}\cos\theta \end{cases}$$

式中，c 为真空中的光速。

6. 对于第 5 题中的变换，试证总能量密度$\left(\frac{1}{2}\varepsilon_0 E^2 + \frac{1}{2}\mu_0 H^2\right)$具有不变性。

7. 用 MATLAB 编程求解 1 ~5 题。

8. 证明时变电磁场的唯一性定理。

9. 利用 Tinger FDTD 计算求解一对偶极子天线的辐射场，并且与 EastWave 求解结果进行比较，给出自己的体会和对软件的评判。

10. 利用 EastWave 对东峻信息科技有限公司提供的案例（任选三个）进行仿真计算。

第 7 章

平面电磁波

电磁波在空间等相位各点连接成的曲面称为波面，波所到达的前沿各点连接成的曲面必定是等相面，称波前或波阵面。常根据波面的形状把波分为平面波、球面波和柱面波等，它们的波面依次为平面、球面和圆柱面。

由于平面波具有以下特点：①数学处理简单；②任何复杂的波型都可分解为平面电磁波的叠加；③天线辐射场区域远处的电磁波都可看作平面波。所以本章主要介绍平面电磁波及其传播特性，包括波动方程、极化特性、在无限大的自由空间的传播特性、在平面边界上的反射和折射特性、在多层媒质中的传播特性、在各向异性媒质中的传播特性以及在手征媒质中的传播特性。

7.1 波动方程

根据时谐电磁场理论，已知在无限大的各向同性的均匀线性媒质中，无源区内正弦电磁场满足下列齐次矢量 Helmholtz 方程：

$$\nabla^2 \boldsymbol{E}(\boldsymbol{r}) + k_c^2 \boldsymbol{E}(\boldsymbol{r}) = 0 \tag{7-1a}$$

$$\nabla^2 \boldsymbol{H}(\boldsymbol{r}) + k_c^2 \boldsymbol{H}(\boldsymbol{r}) = 0 \tag{7-1b}$$

式中

$$k_c = \omega\sqrt{\mu\varepsilon_e} \tag{7-2}$$

$$\varepsilon_e = \varepsilon - \mathrm{j}\,\frac{\sigma}{\omega} \tag{7-3}$$

其中，k_c 称为传播常数，ε_e 称为等效介电常数。

求解上述齐次矢量 Helmholtz 方程，即可以得到平面电磁波的传播特性。

在直角坐标系中，电场强度 $\boldsymbol{E}$ 及磁场强度 $\boldsymbol{H}$ 的各个坐标分量分别满足下列齐次标量 Helmholtz 方程：

$$\nabla^2 E_x(\boldsymbol{r}) + k_c^2 E_x(\boldsymbol{r}) = 0 \tag{7-4a}$$

$$\nabla^2 E_y(\boldsymbol{r}) + k_c^2 E_y(\boldsymbol{r}) = 0 \tag{7-4b}$$

$$\nabla^2 E_z(\boldsymbol{r}) + k_c^2 E_z(\boldsymbol{r}) = 0 \tag{7-4c}$$

及

$$\nabla^2 H_x(\boldsymbol{r}) + k_c^2 H_x(\boldsymbol{r}) = 0 \tag{7-5a}$$

$$\nabla^2 H_y(\boldsymbol{r}) + k_c^2 H_y(\boldsymbol{r}) = 0 \tag{7-5b}$$

$$\nabla^2 H_z(\boldsymbol{r}) + k_c^2 H_z(\boldsymbol{r}) = 0 \tag{7-5c}$$

由此可见，各个坐标分量满足的方程形式相同，它们的解应具有同样结构。

可以证明：在直角坐标系中，若正弦电磁场的场矢量仅与一个坐标变量有关，则该正弦电磁场的场矢量不可能具有该坐标分量。例如，若场矢量仅与 z 变量有关，则可证明 $E_z = H_z = 0$。这是由于，如果场矢量与变量 x 及 y 无关，则

$$\nabla \cdot \boldsymbol{E} = \frac{\partial E_x}{\partial x} + \frac{\partial E_y}{\partial y} + \frac{\partial E_z}{\partial z} = \frac{\partial E_z}{\partial z} \tag{7-6a}$$

$$\nabla \cdot \boldsymbol{H} = \frac{\partial H_x}{\partial x} + \frac{\partial H_y}{\partial y} + \frac{\partial H_z}{\partial z} = \frac{\partial H_z}{\partial z} \tag{7-6b}$$

在无源区中，$\nabla \cdot \boldsymbol{E} = 0$，$\nabla \cdot \boldsymbol{H} = 0$，由上两式得 $\frac{\partial E_z}{\partial z} = \frac{\partial H_z}{\partial z} = 0$，代入式（7-4c）及式（7-5c）中，求得分量 $E_z = H_z = 0$。所以均匀平面波电磁场的纵向分量（平行于传播方向的电磁场分量，此处为 z 分量）等于零。

7.2　自由空间中的平面波

自由空间是指无任何衰减、无任何阻挡、无任何多径的传播空间。自由空间具有以下特点：

（1）没有电荷、电流分布，即 $\rho = 0$，$\boldsymbol{J}_f = 0$。$\boldsymbol{J}_f$ 为分布电流。

（2）空间中媒质的相对介电常数 ε_r 和相对磁导率 μ_r 均恒为 1，即磁导率 μ = 真空磁导率 μ_0，介电常数 ε = 真空介电常数 ε_0。

（3）媒质是线性的、均匀的、各向同性的。

（4）媒质电导率为零。

（5）电波传播速度等于真空中的光速。

（6）由于信号能量在自由空间的扩散，在传播了一定距离后，信号能量也会发生衰减。电磁波的传播与在真空中传播一样，只存在有扩散损耗的直线传播，而不存在反射、折射、绕射、色散、吸收、磁离子分裂等现象。

本节讨论自由空间中平面波的传播特性。由时变电磁场理论知道，在自由空间的无限大媒质中，无源区内正弦电磁场满足方程式（7-1）。又因为在直角坐标系中，各个分量满足齐次标量 Helmholtz 方程式（7-4）及式（7-5）。假设电场强度 $\boldsymbol{E}$ 仅与坐标变量 z 有关，即 $\frac{\partial}{\partial x} = \frac{\partial}{\partial y} = 0$。由前节分析得知，电场强度不可能存在 z 分量。

不失一般性，令电场强度方向为 x 方向，即 $\boldsymbol{E} = \boldsymbol{e}_x E_x$，则磁场强度 $\boldsymbol{H}$ 为：

$$\boldsymbol{H} = \frac{\mathrm{j}}{\omega\mu} \nabla \times \boldsymbol{E} = \frac{\mathrm{j}}{\omega\mu} \nabla \times (\boldsymbol{e}_x E_x) = \frac{\mathrm{j}}{\omega\mu} (\nabla E_x) \times \boldsymbol{e}_x \tag{7-7}$$

因 $\nabla E_x = \boldsymbol{e}_x \frac{\partial E_x}{\partial x} + \boldsymbol{e}_y \frac{\partial E_x}{\partial y} + \boldsymbol{e}_z \frac{\partial E_x}{\partial z} = \boldsymbol{e}_z \frac{\partial E_x}{\partial z}$，代入式（7-7），得：

$$\boldsymbol{H} = \boldsymbol{e}_y \frac{\mathrm{j}}{\omega\mu} \frac{\partial E_x}{\partial z} = \boldsymbol{e}_y H_y$$

即

$$H_y = \frac{\mathrm{j}}{\omega\mu}\frac{\partial E_x}{\partial z} \tag{7-8}$$

由此可见，磁场强度仅具有 y 分量。这是因为电场强度仅与 z 有关，因而磁场也仅与 z 有关，所以磁场也不可能具有 z 分量。又知电场与磁场处处垂直，因此，若 $\boldsymbol{E} = \boldsymbol{e}_x E_x$，则 $\boldsymbol{H} = \boldsymbol{e}_y H_y$。既然 E_x 与 H_y 的关系由式（7－8）确定，所以仅需求解 E_x，然后由式（7－8）即可确定 H_y。

由上一节知，电场强度的 E_x 分量满足齐次标量 Helmholtz 方程式（7－4a），由于

$$\frac{\partial E_x}{\partial x} = \frac{\partial E_x}{\partial y} = 0$$

则有：

$$\frac{\mathrm{d}^2 E_x}{\mathrm{d}z^2} + k_\mathrm{c}^2 E_x = 0 \tag{7-9}$$

式（7－9）是一个二阶常微分方程，其通解为：

$$E_x = E_{x0}\mathrm{e}^{-\mathrm{j}k_\mathrm{c}z} + E'_{x0}\mathrm{e}^{\mathrm{j}k_\mathrm{c}z} \tag{7-10}$$

式中第一项代表沿正 z 方向传播的波，第二项代表沿负 z 方向传播的波。为了便于讨论平面波的波动特性，仅考虑沿正 z 方向传播的波，令上式第二项为零，即

$$E_x(z) = E_{x0}(z)\mathrm{e}^{-\mathrm{j}k_\mathrm{c}z} \tag{7-11}$$

式中，E_{x0} 为 $z=0$ 处电场强度的有效值。$E_x(z)$ 对应的瞬时值为：

$$E_x(z,t) = \sqrt{2}E_{x0}\sin(\omega t - k_\mathrm{c}z) \tag{7-12}$$

式中，ωt 称为时间相位；k_c 为复数，称为传播常数，令

$$k_\mathrm{c} = \alpha - \mathrm{j}\beta \tag{7-13}$$

（注：注意 α、β 与书中表示角度时的 α、β 的区别!）

代入式（7－2）中，得：

$$\alpha = \omega\sqrt{\frac{\mu\varepsilon}{2}\left[\sqrt{1+\left(\frac{\sigma}{\omega\varepsilon}\right)^2}+1\right]} \tag{7-14a}$$

$$\beta = \omega\sqrt{\frac{\mu\varepsilon}{2}\left[\sqrt{1+\left(\frac{\sigma}{\omega\varepsilon}\right)^2}-1\right]} \tag{7-14b}$$

将式（7－13）代入式（7－11）中，得：

$$E_x = E_{x0}\mathrm{e}^{-\beta z}\mathrm{e}^{-\mathrm{j}\alpha z} \tag{7-15}$$

式中第一个指数项 $\mathrm{e}^{-\beta z}$ 表示电场强度的振幅随 z 增加按指数规律不断衰减，第二个指数项 $\mathrm{e}^{-\mathrm{j}\alpha z}$ 表示空间的相位变化。因此，α 称为相位常数，单位为 rad/m；β 称为衰减常数，单位为 Np/m。可见，在 $z=$ 常数的平面上，各点空间相位相等，因此该电磁波的波面为平面，称为平面波。由于在 $z=$ 常数的波面上，各点场强的振幅也相等，这种平面波称为均匀平面波。

由上述讨论知，无论电场或磁场均与传播方向垂直，即相对于传播方向，电场及磁场仅具有横向分量，因此这种电磁波称为横电磁（Transverse Electromagnetic，TEM）波。均匀平面波是 TEM 波，只有非均匀平面波才可形成非 TEM 波，但是 TEM 波也可以是非均匀平面波。金属波导只能传输传播方向上具有电场或磁场纵向分量的非 TEM 波，即 TM 波（横磁波）或 TE 波（横电波），且两者均为非均匀平面波。

将式（7－15）代入式（7－8）中，得：

$$H_y=\frac{j}{\omega\mu}\frac{\partial E_x}{\partial z}=\sqrt{\frac{\varepsilon_{\mathrm{eff}}}{\mu}}E_{x0}\mathrm{e}^{-\beta z}\mathrm{e}^{-\mathrm{j}\alpha z} \tag{7-16}$$

式中，$\varepsilon_{\mathrm{eff}}$为等效介电常数，$\varepsilon_{\mathrm{eff}}=\varepsilon-\mathrm{j}\dfrac{\sigma}{\omega}$，$\sigma$ 为媒质电导率，ω 为电磁波角频率。

时间相位（ωt）变化 2π所经历的时间称为电磁波的周期，以 T 表示，而一秒内相位变化 2π的次数称为频率，以 f 表示。那么由 $\omega T=2\pi$ 的关系式，得：

$$T=\frac{2\pi}{\omega}=\frac{1}{f} \tag{7-17}$$

空间相位（αz）变化 2π所经过的距离称为波长，以 λ 表示。由 $\alpha\lambda=2\pi$ 关系式，得：

$$\lambda=\frac{2\pi}{\alpha} \tag{7-18}$$

电磁波的频率描述相位随时间的变化特性，而波长描述相位随空间的变化特性。

由式（7－18）还可以得到：

$$\alpha=\frac{2\pi}{\lambda} \tag{7-19}$$

空间相位变化 2π 相当于一个全波，α 的大小又可衡量单位长度内具有的全波数目，所以 α 又称为波数。有的文献还将 α 称为空间频率。

根据相位不变点的轨迹变化可以计算电磁波的相位变化速度，相位速度又简称为相速，以 v_{p}表示。令式（7－12）中正弦均匀平面波的 $\omega t-\alpha z=$ 常数，称为等相位面方程，得 $\omega\mathrm{d}t-\alpha\mathrm{d}z=0$，则相位速度 v_{p}为：

$$v_{\mathrm{p}}=\frac{\mathrm{d}z}{\mathrm{d}t}=\frac{\omega}{\alpha}=\frac{1}{\sqrt{\dfrac{\mu\varepsilon_{\mathrm{eff}}}{2}\left[\sqrt{1+\left(\dfrac{\sigma}{\omega\varepsilon_{\mathrm{eff}}}\right)^2}+1\right]}} \tag{7-20}$$

此式表明，平面波的相速不仅与媒质参数有关，而且还与频率有关。我们已知，携带信号的电磁波总是具有很多频率分量的，由于各个频率分量的电磁波以不同的相速传播，经过一段距离传播后，电磁波中各个频率分量之间的相位关系将必然发生改变，导致信号失真，这种现象称为色散，具有色散现象的媒质称为色散媒质。

从等相位面方程“$\omega t-\alpha z=$常数”看，空间坐标的变化与时间坐标的变化可以相互补偿以保持相位或者场量的恒定，这就是波动的本质。通常利用等相位面方程来判定电磁波传播方向：时间 t 增加，欲保持相位不变，z 必须增加，因此等相位面是向 z 增加方向移动，也就是电磁波传播方向是 $+z$ 方向。

将 $\omega=2\pi f$ 和式（7－19）代入式（7－20），得：

$$v_{\mathrm{p}}=\lambda f \tag{7-21}$$

式（7－21）描述了平面波的相速 v_{p}、频率 f 与波长 λ 之间的关系。平面波的频率是由波源决定的，它与源的频率始终相同，但是平面波的相速与媒质特性有关。因此，平面波的波长也与媒质特性有关。

将式（7－14a）代入式（7－18）中，得：

$$\lambda = \frac{2\pi}{\alpha} = \frac{2\pi}{\omega\sqrt{\frac{\mu\varepsilon_{\mathrm{eff}}}{2}\left[\sqrt{1+\left(\frac{\sigma}{\omega\varepsilon_{\mathrm{eff}}}\right)^2}+1\right]}} \tag{7-22}$$

媒质电场强度与磁场强度的振幅之比称为波阻抗，也称为媒质的特征阻抗，或者本征阻抗，以 Z_{c}表示，即

$$Z_{\mathrm{c}} = \frac{E_x}{H_y} = \sqrt{\frac{\mu}{\varepsilon_{\mathrm{eff}}}} \tag{7-23}$$

由上述讨论可知，平面波的波阻抗为复数，电场强度与磁场强度的空间相位不同，复能流密度的实部及虚部均不会为零，意味着平面波在传播过程中，既有能量的单向传播，又有能量的双向或交换传播。

如果空间中填充的是理想电介质，即 $\sigma=0$，则等效介电常数、传播常数、相位速度、波长、波阻抗等传播参数公式可简化为：

$$\varepsilon_{\mathrm{eff}} = \varepsilon - \mathrm{j}\frac{\sigma}{\omega} = \varepsilon \tag{7-24}$$

$$k_{\mathrm{c}} = \omega\sqrt{\mu\varepsilon_{\mathrm{eff}}} = \omega\sqrt{\mu\varepsilon} = k \tag{7-25}$$

$$v_{\mathrm{p}} = \frac{1}{\sqrt{\mu\varepsilon}} \tag{7-26}$$

$$\lambda = \frac{2\pi}{k} \tag{7-27}$$

$$Z_{\mathrm{c}} = \frac{E_x}{H_y} = \sqrt{\frac{\mu}{\varepsilon}} = Z \tag{7-28}$$

因此，平面波在理想电介质中传播时，上述传播参数均为实数。电场强度与磁场强度的相位相同，相位速度与频率无关。所以，理想电介质为非色散媒质，复能流密度矢量只有实部，虚部为零，电磁能量只会单向传播。

考虑到真空的介电常数为 ε_0，磁导率为 μ_0，得：

$$v_{\mathrm{p}} = \frac{1}{\sqrt{\mu\varepsilon}} = \frac{1}{\sqrt{\mu_{\mathrm{r}}\varepsilon_{\mathrm{r}}}}\frac{1}{\sqrt{\mu_0\varepsilon_0}} = \frac{c}{\sqrt{\mu_{\mathrm{r}}\varepsilon_{\mathrm{r}}}} \tag{7-29}$$

$$\lambda = \frac{2\pi}{k} = \frac{1}{f\sqrt{\varepsilon_0\mu_0}\sqrt{\varepsilon_{\mathrm{r}}\mu_{\mathrm{r}}}} = \frac{\lambda_0}{\sqrt{\varepsilon_{\mathrm{r}}\mu_{\mathrm{r}}}} \tag{7-30}$$

$$Z = \sqrt{\frac{\mu}{\varepsilon}} = \sqrt{\frac{\mu_0}{\varepsilon_0}}\sqrt{\frac{\mu_{\mathrm{r}}}{\varepsilon_{\mathrm{r}}}} = Z_0\sqrt{\frac{\mu_{\mathrm{r}}}{\varepsilon_{\mathrm{r}}}} \tag{7-31}$$

式（7－30）中 $c=\frac{1}{\sqrt{\varepsilon_0\mu_0}}=3\times10^8\ \mathrm{m/s}$ 为真空中的光速。由于一切媒质的相对介电常数$\varepsilon_{\mathrm{r}}>1$，而且一般媒质的相对磁导率 $\mu_{\mathrm{r}}\approx1$，因此，理想电介质中均匀平面波的相速通常小于真空中的光速。但是要注意，电磁波的相速有时可以超过光速，可见，相速不一定代表能量传播速度。

式（7－30）中 $\lambda_0=\frac{1}{f\sqrt{\varepsilon_0\mu_0}}$是频率为$f$的平面波在真空中传播时的波长。式（7－30）表

明，$\lambda < \lambda_0$，即平面波在媒质中的波长小于真空中的波长。这种现象称为波长缩短效应，或简称为缩波效应。埋入地中或浸入水内的天线，必须考虑这种缩波效应。此外，微带电路及微带天线可以利用这种缩波效应减小设备的尺寸。

式（7－31）中，$Z_0 = \sqrt{\dfrac{\mu_0}{\varepsilon_0}} = 120\pi$（Ω）≈377（Ω），称为真空波阻抗。一般媒质的波阻抗小于真空波阻抗。

均匀平面波的磁场强度与电场强度之间的关系又可用矢量形式表示为：

$$\boldsymbol{H}_y = \frac{1}{Z_c}\boldsymbol{e}_z \times \boldsymbol{E}_x \tag{7-32}$$

或者写为：

$$\boldsymbol{E}_x = Z_c \boldsymbol{H}_y \times \boldsymbol{e}_z \tag{7-33}$$

式（7－32）和式（7－33）两式描述了均匀平面波的电场强度与磁场强度之间的关系。若知其中一个矢量，即可利用此二关系式直接简便地求出另一个场量。复能流密度矢量 $\boldsymbol{S}_c$ 为：

$$\boldsymbol{S}_c = \boldsymbol{E}_x \times \boldsymbol{H}_y^* = \boldsymbol{e}_z \frac{E_{x0}^2}{Z_c} = \boldsymbol{e}_z Z_c H_{y0}^2 \tag{7-34}$$

均匀平面波的波面是无限大的平面，而波面上各点的场强振幅又均匀分布，因而波面上各点的能流密度相同，可见均匀平面波具有无限大的能量。因此，实际中不可能存在这种均匀平面波。但是，当观察者离开波源很远时，因波面很大，如果仅限于局部区域电磁波特性，则可以近似看作均匀平面波。此外，利用空间傅里叶变换，可将非平面波展开为很多平面波之和。所以，着重讨论均匀平面波具有重要的理论价值和实际意义。本书只讨论均匀平面波。

7.3　平面波的极化特性

前面讨论中，认为平面波的场强方向与时间无关，但实际上有些平面波的场强方向按一定规律随时间变化。这就引出了平面波的传播特性的一个重要概念，即极化。电磁波在传播时，传播的方向和电场、磁场相互垂直，把电磁波的电场强度的方向随时间变化的规律称为平面波的极化。

在一般情况下，对于沿 $+z$ 方向传播的均匀平面电磁波 $\boldsymbol{E} = \boldsymbol{e}_x E_x + \boldsymbol{e}_y E_y$，其中 $E_x = E_{x0}\cos\omega t$，$E_y = E_{y0}\cos(\omega t + \varphi)$；电场强度矢量 $\boldsymbol{E}$ 的两个分量 E_x 和 E_y 的频率和传播方向均相同，它们的合成场矢量 $\boldsymbol{E}$ 在等相位面上随时间变化的矢端轨迹有可能是一条直线、一个圆、一个椭圆，这就使极化有三种方式，即线极化、圆极化、椭圆极化。后两种方式又有左旋和右旋的差别。极化有三要素：强度（振幅 E_{x0}、E_{y0}），椭圆度 E_{y0}/E_{x0}，旋转特性 φ（相位差）。根据这三要素的不同，可以判断极化方式。

（1）$\varphi = 0$，π——线极化；

（2）$E_{x0} = E_{y0}$，$\varphi = \pm\pi/2$——圆极化；$\varphi = \pi/2$——左旋，$\varphi = -\pi/2$——右旋；

（3）$E_{x0} \neq E_{y0}$ 或 $\varphi \neq 0$，π——椭圆极化，$0 < \varphi < \pi$——左旋，$-\pi < \varphi < 0$——右旋。

无线电通信中，利用不同极化的电磁波具有不同的传播特性，结合收发天线的极化特性，可实现无线电信号的最佳发射和接收。合理利用电磁波极化特性，可以在有限频带范围内尽量提高可用信道数，增加信道容量，提高频率利用率，减少波道间干扰；目前广泛采用的频率复用技术之一，就是在同一传输链路上，利用电波的正交极化隔离，把互相正交极化的相邻两条信道安排在同一频段上，这样使频率利用率提高了一倍。采用变极化技术，雷达可从目标回波中提取目标更多的有效信息，从而为雷达目标识别提供新的条件；采用多极化技术，合成孔径雷达也可以获取目标更多的信息，使成像更加清晰，提高目标的识别率。此外，极化还用来抗干扰：对于单一极化的干扰，一般只要将接收天线的极化改变成与干扰电波极化相正交，即可在很大程度上抑制干扰；对于极化正交的双通道系统，采用复加权对两路极化正交信号进行求和，合成的等效极化状态可以抑制干扰，采用的电路称为极化滤波器。因此，研究电磁波的极化特性具有极大的理论意义和工程应用价值。

7.3.1 线极化平面波

设某一平面波的电场强度仅具有 x 分量，且沿正 z 方向传播，则其瞬时值可表示为：

$$\boldsymbol{E}_x(z,t)=\boldsymbol{e}_x E_{xm}\cos(\omega t-kz) \tag{7-35}$$

显然，在空间任一固定点，电场强度矢量的端点随时间的变化轨迹为与 x 轴平行的直线，因此，这种平面波的极化特性称为线极化，其极化方向为 x 方向。

设另一同频率的平面波的电场强度仅具有 y 分量，也沿正 z 方向传播，其瞬时值为：

$$\boldsymbol{E}_y(z,t)=\boldsymbol{e}_y \boldsymbol{E}_{ym}\cos(\omega t-kz) \tag{7-36}$$

显然，这是一个 y 方向极化的线极化平面波。

上述两个相互正交的线极化平面波 E_x 及 E_y 具有不同振幅，但具有相同的相位，它们合成后，其瞬时值的大小为：

$$E(z,t)=\sqrt{E_x^2(z,t)+E_y^2(z,t)}=\sqrt{E_{xm}^2+E_{ym}^2}\cos(\omega t-kz) \tag{7-37}$$

此式表明，合成波的大小随时间的变化仍为正弦函数，合成波的方向与 x 轴的夹角 α 为：

$$\tan\alpha=\frac{E_y(z,t)}{E_x(z,t)}=\frac{E_{ym}}{E_{xm}} \tag{7-38}$$

可见，合成波的极化方向与时间无关，电场强度矢量端点的变化轨迹是与 x 轴夹角为 α 的一条直线。因此，合成波仍然是线极化波，如图 7.1 所示。α 叫作方向角。

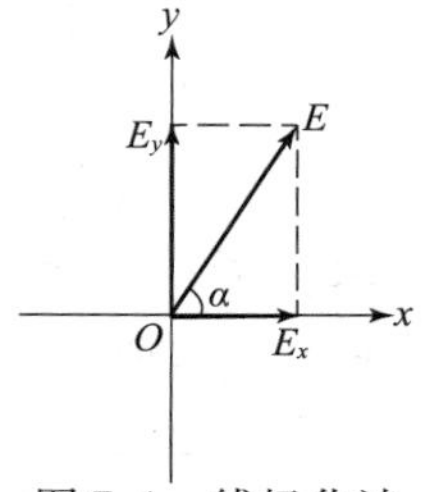

图 7.1　线极化波

可见，两个相位相同、振幅不等的空间相互正交的线极化平面波，合成后仍然形成一个线极化平面波。反之，任一线极化波可以分解为两个相位相同、振幅不等的空间相互正交的线极化波。显然，两个相位相反的线极化波合成后，其合成波也是一个线极化波。但是，合成波的极化方向位于 2、4 象限。

7.3.2 圆极化平面波

若上述两个线极化波 E_y 的相位比线极化波 E_x 的相位滞后 $\pi/2$，但振幅皆为 E_m，即

$$E_x(z,t)=\boldsymbol{e}_x E_m\cos(\omega t-kz)$$

$$E_y(z,t)=\boldsymbol{e}_y E_m\cos\left(\omega t-kz-\frac{\pi}{2}\right)=\boldsymbol{e}_y E_m\sin(\omega t-kz)$$

则合成波瞬时值的大小为：

$$E(z,t)=\sqrt{E_x^2(z,t)+E_y^2(z,t)}=E_m \tag{7-39}$$

合成波矢量与 x 轴的夹角 α 为：

$$\tan\alpha=\frac{E_y(z,t)}{E_x(z,t)}=\tan(\omega t-kz)$$

即有：

$$\alpha=\omega t-kz \tag{7-40}$$

对于某一固定的 z 点，夹角 α 为时间 t 的函数。电场强度矢量的方向随时间不断地旋转，但其大小不变，因此，合成波的电场强度矢量的端点轨迹为一个圆，这种变化规律称为圆极化，如图 7.2 所示。式 (7-40) 表明，当 t 增加时，夹角 α 不断地增加，合成波矢量随着时间的旋转方向与传播方向 $\boldsymbol{e}_z$ 构成右旋关系，这种圆极化波称为右旋圆极化波。若 $\boldsymbol{E}_y$ 比 $\boldsymbol{E}_x$ 导前 $\frac{\pi}{2}$，则合成波矢量与 x 轴的夹角 $\alpha=kz-\omega t$。可见，对于空间任一固定点，夹角 α 随时间增加而减小，合成波矢量随着时间的旋转方向与传播方向 $\boldsymbol{e}_z$ 构成左旋关系，因此，这种圆极化波称为左旋圆极化波。

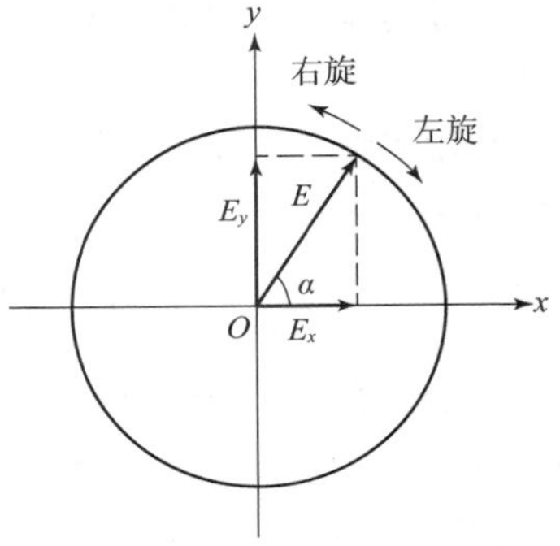

图 7.2　圆极化波

由上可知，两个振幅相等、相位相差 $\frac{\pi}{2}$ 的空间相互正交的线极化波，合成后形成一个圆极化波。反之，一个圆极化波也可以分解为两个振幅相等、相位相差 $\frac{\pi}{2}$ 的空间相互正交的线极化波。可以证明，一个线极化波可以分解为两个旋转方向相反的圆极化波，反之亦然。

不同旋转方向的圆极化波如图 7.3 所示。

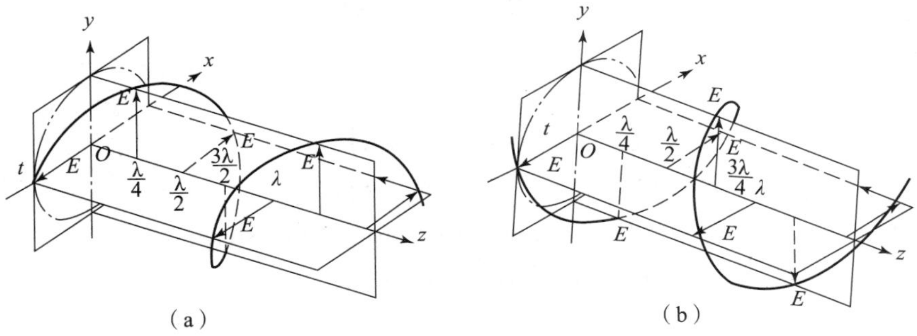

图 7.3　不同旋转方向的圆极化波

(a) 左旋极化波；(b) 右旋极化波

7.3.3　椭圆极化平面波

若上述两个相互正交的线极化波 E_x 和 E_y 具有不同振幅及不同相位，即

$$\boldsymbol{E}_x(z,t)=\boldsymbol{e}_xE_{xm}\cos(\omega t-kz) \tag{7-41a}$$

$$\boldsymbol{E}_y(z,t)=\boldsymbol{e}_y E_{ym}\cos(\omega t-kz+\varphi) \tag{7-41b}$$

则合成波的 E_x 分量及 E_y 分量满足下列方程：

$$\left(\frac{E_x}{E_{xm}}\right)^2+\left(\frac{E_y}{E_{ym}}\right)^2-\frac{2E_xE_y}{E_{xm}E_{ym}}\cos\varphi=\sin^2\varphi \tag{7-42}$$

这是一个椭圆方程，它表示对于空间任一点，即固定的 z 值，合成波矢量的端点轨迹是一个椭圆，因此，这种平面波称为椭圆极化波，如图 7.4 所示。

当 $\varphi<0$ 时，E_y 分量比 E_x 分量滞后，合成波矢量逆时针旋转与传播方向 $\boldsymbol{e}_z$ 形成右旋椭圆极化波；当 $\varphi>0$ 时，合成波矢量顺时针旋转，与传播方向 $\boldsymbol{e}_z$ 形成左旋椭圆极化波。

利用坐标系旋转，可以证明，椭圆轨迹的长轴与 x 轴的夹角 α 为：

$$\tan2\alpha=\frac{2E_{xm}E_{ym}\cos\varphi}{E_{xm}^2-E_{ym}^2} \tag{7-43}$$

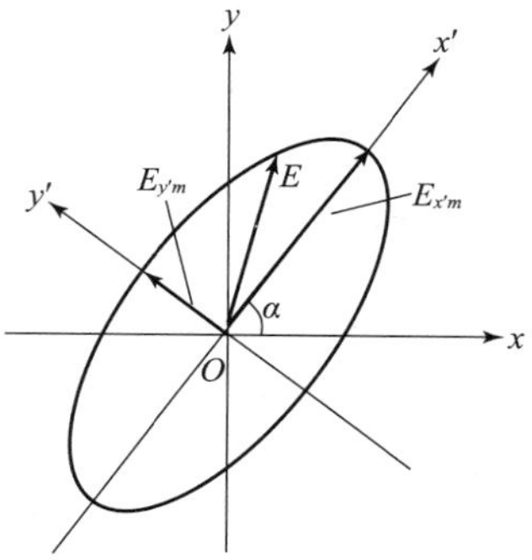

图 7.4　椭圆极化波

可见，夹角 α 与时间无关。为了证明式（7-43），可令椭圆的长轴及短轴分别为坐标轴 x' 及 y'，如图 7.4 所示。那么，在 $x'Oy'$ 坐标系中，上述椭圆极化波的 E_x' 及 E_y' 分量满足的方程为：

$$\left(\frac{E_{x'}}{E_{x'm}}\right)^2+\left(\frac{E_{y'}}{E_{y'm}}\right)^2=1 \tag{7-44}$$

可见，在 $z=0$ 处，可令上述椭圆极化波分量 $E_{x'}$ 及 $E_{y'}$ 分别为：

$$E_{x'}=E_{x'm}\cos\omega t \tag{7-45a}$$

$$E_{y'}=E_{y'm}\cos\left(\omega t+\frac{\pi}{2}\right)=-E_{y'm}\sin\omega t \tag{7-45b}$$

已知在 xOy 坐标平面内，$z=0$ 处的 E_x 及 E_y 分量由式（7-41）求得：

$$E_x=E_{xm}\cos\omega t \tag{7-46a}$$

$$E_y=E_{ym}\cos(\omega t+\varphi) \tag{7-46b}$$

考虑到

$$\begin{bmatrix}E_{x'}\\E_{y'}\end{bmatrix}=\begin{bmatrix}\cos\alpha & \sin\alpha\\-\sin\alpha & \cos\alpha\end{bmatrix}\begin{bmatrix}E_x\\E_y\end{bmatrix} \tag{7-47}$$

将式（7-45）及式（7-46）代入式（7-47）中，得：

$$E_{x'm}\cos\omega t=E_{xm}\cos\omega t\cos\alpha+E_{ym}\cos(\omega t+\varphi)\sin\alpha$$
$$-E_{y'm}\sin\omega t=-E_{xm}\cos\omega t\sin\alpha+E_{ym}\cos(\omega t+\varphi)\cos\alpha$$

即

$$E_{x'm}\cos\omega t=(E_{xm}\cos\alpha+E_{ym}\cos\varphi\sin\alpha)\cos\omega t+E_{ym}\sin\varphi\sin\alpha\sin\omega t$$
$$E_{y'm}\sin\omega t=(E_{xm}\sin\alpha-E_{ym}\cos\varphi\cos\alpha)\cos\omega t+E_{ym}\sin\varphi\cos\alpha\sin\omega t$$

由于上式对于任何 ωt 均应成立，因此，等式两端的对应系数应该相等，即

$$E_{x'm}=E_{xm}\cos\alpha+E_{ym}\cos\varphi\sin\alpha \tag{7-48a}$$

$$0=E_{ym}\sin\varphi\sin\alpha \tag{7-48b}$$

$$E_{y'm}=E_{ym}\sin\varphi\cos\alpha \tag{7-48c}$$

$$0 = E_{xm}\sin\alpha - E_{ym}\cos\varphi\cos\alpha \tag{7-48d}$$

将式（7-48b）与式（7-48c）相乘，可得：

$$0 = -\frac{1}{2}E_{ym}^2\sin^2\varphi\sin2\alpha \tag{7-49}$$

将式（7-48a）与式（7-48d）相乘，可得：

$$0 = \frac{1}{2}E_{xm}^2\sin2\alpha + E_{xm}E_{ym}\cos\varphi\ \sin^2\alpha - E_{xm}E_{ym}\cos\varphi\ \cos^2\alpha - \frac{1}{2}E_{ym}^2\cos^2\varphi\sin2\alpha \tag{7-50}$$

由式（7-49）及式（7-50），求得：

$$\frac{1}{2}E_{xm}^2\sin2\alpha - \frac{1}{2}E_{ym}^2\sin2\alpha = E_{xm}E_{ym}\cos2\alpha\cos\varphi$$

将上式整理后，即得式（7-43）。

线极化波、圆极化波均可看作椭圆极化波的特殊情况。由于各种极化波可以分解为线极化波的合成，所以仅讨论线极化平面波的传播特性，就可以推知其他极化波的传播特性。

电磁波在媒质中的传播特性与其极化特性密切相关。工程实际应用中必须考虑电磁波的极化特性：比如圆极化波穿过雨区时受到的吸收衰减较小，圆极化波适宜于全天候雷达用；在无线通信中，为了有效地接收电磁波的能量，接收天线的极化特性必须与被接收电磁波的极化特性一致；在移动卫星通信和卫星导航定位系统中，由于卫星姿态随时变更，应该使用圆极化电磁波；远距离电磁波传播时发生的电平衰落统计特性同样也与电磁波的极化特性有关；在移动通信或微波通信中使用的极化分集接收技术，其合成原理即是利用了极化方向相互正交的两个线极化波的电平衰落统计特性的不相关性，目的是减少信号的衰落深度；此外，在微波设备中，有些器件的功能就是利用了电磁波的极化特性获得的，如铁氧体环行器及隔离器等。

7.4　平面边界上的反射和折射

平面波向平面边界（面）投射时，会发生反射与折射现象。下面首先给出向任意方向传播的平面波表示式，以讨论其反射和折射规律。

7.4.1　任意方向传播的平面波

向任意方向传播的平面波可以表示为：

$$\boldsymbol{E} = \boldsymbol{E}_0\mathrm{e}^{-\mathrm{j}\boldsymbol{k}\cdot\boldsymbol{r}} \tag{7-51}$$

式中，$\boldsymbol{k}$ 称为传播矢量，其大小等于传播常数 k，其方向为传播方向；$\boldsymbol{r}$ 为空间任一点的位置矢量。

若传播矢量 $\boldsymbol{k}$ 与坐标轴 x、y、z 的夹角分别为 α、β、γ，则传播方向$\boldsymbol{e}_S$ 可表示为：

$$\boldsymbol{e}_S = \boldsymbol{e}_x\cos\alpha + \boldsymbol{e}_y\cos\beta + \boldsymbol{e}_z\cos\gamma \tag{7-52}$$

则

$$\boldsymbol{k} = \boldsymbol{e}_x k\cos\alpha + \boldsymbol{e}_y k\cos\beta + \boldsymbol{e}_z k\cos\gamma \tag{7-53}$$

若令

$$k_x = k\cos\alpha \tag{7-54a}$$

$$k_y = k\cos\beta \tag{7-54b}$$

$$k_z = k\cos\gamma \tag{7-54c}$$

那么传播矢量 $\boldsymbol{k}$ 可表示为：

$$\boldsymbol{k} = k_x \boldsymbol{e}_x + k_y \boldsymbol{e}_y + k_z \boldsymbol{e}_z \tag{7-55}$$

这样，电场强度又可表示为：

$$\boldsymbol{E} = \boldsymbol{E}_0 \mathrm{e}^{-\mathrm{j}(k_x x + k_y y + k_z z)} \tag{7-56}$$

或者写为：

$$\boldsymbol{E} = \boldsymbol{E}_0 \mathrm{e}^{-\mathrm{j}k(x\cos\alpha + y\cos\beta + z\cos\gamma)} \tag{7-57}$$

由于$\cos^2\alpha + \cos^2\beta + \cos^2\gamma = 1$，因此，$k_x$、$k_y$、$k_z$ 应该满足：

$$k_x^2 + k_y^2 + k_z^2 = k^2 \tag{7-58}$$

即矢量 $\boldsymbol{k}$ 的三个分量 k_x、k_y、k_z 中只有两个是独立的。

将式（7-51）代入麦克斯韦方程组，且令外源 $\boldsymbol{J}' = 0$、媒质的电导率 $\sigma = 0$，可以证明：在无源区中沿 $\boldsymbol{k}$ 方向传播的均匀平面波应该满足下列方程：

$$\boldsymbol{k} \times \boldsymbol{H} = -\omega\varepsilon\boldsymbol{E} \tag{7-59a}$$

$$\boldsymbol{k} \times \boldsymbol{E} = \omega\mu\boldsymbol{H} \tag{7-59b}$$

$$\boldsymbol{k} \cdot \boldsymbol{H} = 0 \tag{7-59c}$$

$$\boldsymbol{k} \cdot \boldsymbol{E} = 0 \tag{7-59d}$$

上面各式充分地表明，电场与磁场相互垂直，而且两者又垂直于传播方向，这些关系反映了均匀平面波为横电磁波（TEM 波）的性质。

7.4.2 Snell（斯涅耳）定律

媒质的电导率 σ 引起热损耗，所以导电媒质一般又被称为有耗媒质，而理想电介质（完纯介质）称为无耗媒质。定义了这两个概念，就可以介绍斯涅耳定律了。

当平面波向平面边界（面）斜投射时，有三个结论：

①入射线、反射线及折射线位于同一平面；

②入射角 θ_i 等于反射角 θ_r；

③若两种媒质都是无耗的，即电导率 $\sigma_1 = \sigma_2 = 0$、传播常数 $k_\mathrm{c} = k = \omega\sqrt{\varepsilon\mu}$，则折射角 θ_t 与入射角 θ_i 的关系为：

$$\frac{\sin\theta_\mathrm{i}}{\sin\theta_\mathrm{t}} = \frac{k_2}{k_1} \tag{7-60}$$

式中，$k_1 = \omega\sqrt{\varepsilon_1\mu_1}$，$k_2 = \omega\sqrt{\varepsilon_2\mu_2}$。

这三项结论总称为斯涅耳定律。该定律是菲涅耳（Augustin - Jean Fresnel，也译为菲涅尔）公式的一个组成部分，而菲涅尔公式描述折、反射波（复）振幅与入射波（复）振幅之间的关系，是物理光学中的一组基本公式。

在光学中，通常令

$$\frac{k_2}{k_1} = n_{21} \tag{7-61}$$

则折射角与入射角的关系又可表示为：

$$\frac{\sin\theta_i}{\sin\theta_t}=n_{21} \tag{7-62}$$

式中，n_{21} 称为媒质②对于媒质①的折射指数。

斯涅耳定律的证明：建立直角坐标系，令 $z=0$ 平面为边界面，入射面位于 xOz 平面内，显然入射线对于 y 轴的方向余弦为 $\cos\beta_i=0$，则入射波的电场可以表示为：

$$\boldsymbol{E}^i=\boldsymbol{E}_0^i e^{-jk_1(x\cos\alpha_i+z\cos\gamma_i)} \tag{7-63}$$

若反射波及折射波分别为：

$$\boldsymbol{E}^r=\boldsymbol{E}_0^r e^{-jk_1(x\cos\alpha_r+y\cos\beta_r+z\cos\gamma_r)} \tag{7-64}$$

$$\boldsymbol{E}^t=\boldsymbol{E}_0^t e^{-jk_2(x\cos\alpha_t+y\cos\beta_t+z\cos\gamma_t)} \tag{7-65}$$

根据 $z=0$ 边界上电场切向分量必须连续的边界条件，媒质①中合成电场的切向分量必须等于媒质②中折射波电场的切向分量，即

$$\left[\boldsymbol{E}_0^i e^{-jk_1x\cos\alpha_i}+\boldsymbol{E}_0^r e^{-jk_1(x\cos\alpha_r+y\cos\beta_r)}\right]_t=\left[\boldsymbol{E}_0^t e^{-jk_2(x\cos\alpha_t+y\cos\beta_t)}\right]_t \tag{7-66}$$

上述等式对于任意 x 及 y 变量均应成立，因此各项指数中的对应系数应该相等，即有

$$0=k_1\cos\beta_r=k_2\cos\beta_t \tag{7-67a}$$

$$k_1\cos\alpha_i=k_1\cos\alpha_r=k_2\cos\alpha_t \tag{7-67b}$$

由式（7-67a）得知，$\cos\beta_r=\cos\beta_t=0$，即

$$\beta_r=\beta_t=\frac{\pi}{2}$$

这就表明，反射线和折射线均位于 xOz 平面。

考虑到 $\alpha_i=\frac{\pi}{2}-\theta_i,\alpha_r=\frac{\pi}{2}-\theta_r,\alpha_t=\frac{\pi}{2}-\theta_t$，由式（7-67b）得：

$$\theta_i=\theta_r,\quad \frac{\sin\theta_i}{\sin\theta_t}=\frac{k_2}{k_1}$$

Snell 定律得证。

Snell 定律获得广泛应用：例如美军 B2 及 F117 等隐形飞机的底部均为平板形状，致使目标的反射波被反射到前方，单站雷达无法收到回波，从而达到飞机电磁隐身的目的。因此，收发分开的双站雷达是发现隐身目标的反隐形有效手段之一。电磁波隐身飞机的隐身功能 85% 依靠外形设计，15% 依靠表面涂覆的吸波材料。

式（7-67b）还表明：反射波及折射波的相位沿着边界的变化始终与入射波保持一致，因此，该式又称为相位匹配条件。

7.4.3 反射系数和透射系数

平面波的反射系数及透射系数与其极化特性有关。定义：电场方向与入射面平行的平面波称为平行极化波；电场方向与入射面垂直的平面波称为垂直极化波。两种极化平面波如图 7.5 所示。任意取向极化的平面波总可以分解为一个平行极化波与一个垂直极化波的合成。根据边界条件，可以推知：无论平行极化平面波或者垂直极化平面波，它们在平面边界上被反射及折射时，极化特性都不会发生变化，即反射波及折射波与入射波的极化特性相同。虽然平行极化波入射后，由于反射波和折射波的传播方向偏转，因此其极化方向也要随之偏转，但仍然是平行极化波。

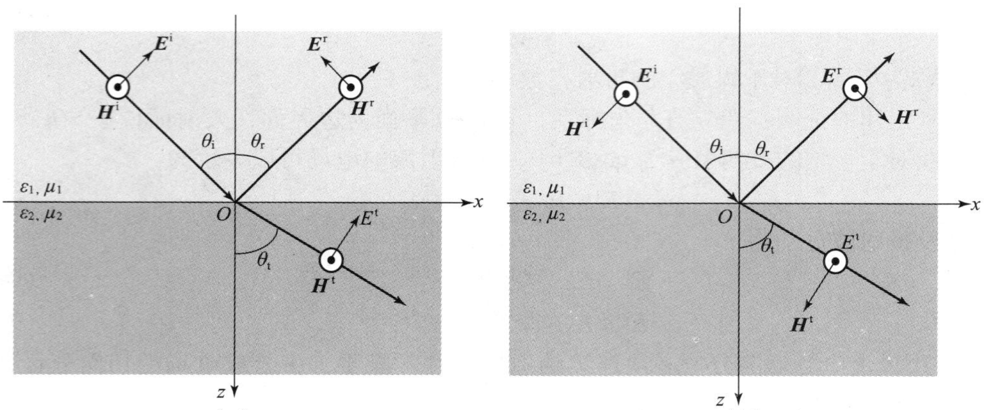

（a）　　　　（b）

图 7.5　两种极化平面波

（a）垂直极化；（b）平行极化

对于平行极化波，根据边界上电场切向分量必须连续的边界条件，得：

$$E_0^{\mathrm{i}}\cos\theta_{\mathrm{i}}\mathrm{e}^{-\mathrm{j}k_1x\sin\theta_{\mathrm{i}}}-E_0^{\mathrm{r}}\cos\theta_{\mathrm{r}}\mathrm{e}^{-\mathrm{j}k_1x\sin\theta_{\mathrm{r}}}=E_0^{\mathrm{t}}\cos\theta_{\mathrm{t}}\mathrm{e}^{-\mathrm{j}k_2x\sin\theta_{\mathrm{t}}}$$

考虑到相位匹配条件式（7-67b），上述等式变为：

$$E_0^{\mathrm{i}}\cos\theta_{\mathrm{i}}-E_0^{\mathrm{r}}\cos\theta_{\mathrm{r}}=E_0^{\mathrm{t}}\cos\theta_{\mathrm{t}} \tag{7-68}$$

根据边界上磁场切向分量必须连续的边界条件，类似可得：

$$\frac{E_0^{\mathrm{i}}}{Z_1}+\frac{E_0^{\mathrm{r}}}{Z_1}=\frac{E_0^{\mathrm{t}}}{Z_2} \tag{7-69}$$

定义：边界上反射波电场分量与入射波的电场分量之比为边界上的反射系数，以 R 表示；边界上的透射波电场分量与入射波电场分量之比为边界上的透射系数，以 T 表示。由式（7-68）及式（7-69）可以求得平行极化波投射时的反射系数 $R_{\parallel}$（脚标“$\parallel$”表示平行极化，后同）及透射系数 $T_{\parallel}$ 分别为：

$$R_{\parallel}=\frac{Z_1\cos\theta_{\mathrm{i}}-Z_2\cos\theta_{\mathrm{t}}}{Z_1\cos\theta_{\mathrm{i}}+Z_2\cos\theta_{\mathrm{t}}} \tag{7-70a}$$

$$T_{\parallel}=\frac{2Z_2\cos\theta_{\mathrm{i}}}{Z_1\cos\theta_{\mathrm{i}}+Z_2\cos\theta_{\mathrm{t}}} \tag{7-70b}$$

可以证明：平行极化波的反射系数与透射系数的关系为：

$$T_{\parallel}=(1+R_{\parallel})\frac{Z_2}{Z_1} \tag{7-71}$$

对于垂直极化波，根据边界条件可得：

$$\begin{cases}E_0^{\mathrm{i}}+E_0^{\mathrm{r}}=E_0^{\mathrm{t}}\\ -\dfrac{E_0^{\mathrm{i}}}{Z_1}\cos\theta_{\mathrm{i}}+\dfrac{E_0^{\mathrm{r}}}{Z_1}\cos\theta_{\mathrm{r}}=-\dfrac{E_0^{\mathrm{t}}}{Z_2}\cos\theta_{\mathrm{t}}\end{cases}$$

由此求得垂直极化波的反射系数 $R_{\perp}$（脚标“$\perp$”表示垂直极化，后同）及透射系数 $T_{\perp}$ 分别为：

$$R_{\perp}=\frac{Z_2\cos\theta_{\mathrm{i}}-Z_1\cos\theta_{\mathrm{t}}}{Z_2\cos\theta_{\mathrm{i}}+Z_1\cos\theta_{\mathrm{t}}} \tag{7-72a}$$

$$T_{\perp}=\frac{2Z_2\cos\theta_i}{Z_2\cos\theta_i+Z_1\cos\theta_t} \tag{7-72b}$$

可以证明：垂直极化波的反射系数 $R_{\perp}$ 及透射系数 $T_{\perp}$ 的关系为：

$$T_{\perp}=1+R_{\perp} \tag{7-73}$$

当入射角 $\theta_i\to0$ 时，前述情况变为正投射，可以由式（7－70）及式（7－72）推得：

$$R_{\parallel}=\frac{Z_1-Z_2}{Z_1+Z_2} \tag{7-74a}$$

$$T_{\parallel}=\frac{2Z_2}{Z_1+Z_2} \tag{7-74b}$$

$$R_{\perp}=\frac{Z_2-Z_1}{Z_2+Z_1} \tag{7-75a}$$

$$T_{\perp}=\frac{2Z_2}{Z_2+Z_1} \tag{7-75b}$$

可见，$R_{\parallel}=-R_{\perp}$，$T_{\parallel}=T_{\perp}$。

注意：当入射角 $\theta_i\to\pi/2$ 时，这种情况称为斜滑投射或掠射。由式（7－70）及式（7－72）推知，在这种情形下，无论何种媒质、何种极化方式，反射系数 $R_{\parallel}=R_{\perp}\to-1$，透射系数 $T_{\parallel}=T_{\perp}\to0$。这表明：入射波全被反射，且反射波和入射波的大小相等，但相位恰好相反。换一句话说，各种极化特性平面波向任何边界上斜滑投射时，其反射系数均为－1。因此，当观察者在一个较大倾角观察任何物体表面时，由于各种极化方向的反射光波的相位相同，彼此相加，结果会观察到物体表面显得比较明亮。这种现象是地面雷达存在低空盲区的原因。因为当地面雷达侦察低空目标时，到达目标的直接波与地面反射波的空间相位几乎一致；但由于地面反射波处于斜滑投射方向，其反射系数＝－1，导致地面反射波与直接波等值反相，合成波大大削弱。因此，地面雷达几乎没有能力发现低空目标。

7.4.4 无反射和全反射

由式（7－70a）可知，如果媒质参数给定，当入射角满足 $Z_1\cos\theta_i=Z_2\cos\theta_t$ 时，平行极化波的反射系数 $R_{\parallel}=0$，这种现象称为无反射。发生无反射的入射角称为布鲁斯特角（Brewster's angle）。考虑到波阻抗 $Z=\sqrt{\dfrac{\mu}{\varepsilon}}$ 及 $\dfrac{\sin\theta_i}{\sin\theta_t}=\dfrac{k_2}{k_1}=\sqrt{\dfrac{\varepsilon_2\mu_2}{\varepsilon_1\mu_1}}$，$\cos\theta_t=\sqrt{1-\sin^2\theta_t}=\sqrt{1-\dfrac{\varepsilon_1\mu_1}{\varepsilon_2\mu_2}\sin^2\theta_i}$，则可以推得：

$$\theta_B^{\parallel}=\arcsin\sqrt{\frac{1-(\varepsilon_1\mu_2/\varepsilon_2\mu_1)}{1-(\varepsilon_1/\varepsilon_2)^2}} \tag{7-76}$$

又由式（7－72a），令 $Z_2\cos\theta_i=Z_1\cos\theta_t$，则可以求出垂直极化波的布鲁斯特角为：

$$\theta_B^{\perp}=\arcsin\sqrt{\frac{1-(\varepsilon_2\mu_1/\varepsilon_1\mu_2)}{1-(\mu_1/\mu_2)^2}} \tag{7-77}$$

对于大多数媒质，可以认为磁导率 $\mu_1\approx\mu_2$，则由式（7－77）可知，垂直极化波不可能存在布鲁斯特角，只有平行极化波才会发生无反射现象。若 $\mu_1\neq\mu_2$，$\varepsilon_1=\varepsilon_2$，则结果恰好相反。

由式（7－70a）及式（7－72a）可知，若入射角满足：

$$\sin^2\theta_i = \frac{\varepsilon_2\mu_2}{\varepsilon_1\mu_1} \tag{7-78}$$

则得：

$$\cos\theta_t = \sqrt{1-\sin^2\theta_t} = \sqrt{1-\frac{\varepsilon_1\mu_1}{\varepsilon_2\mu_2}\sin^2\theta_i} = 0 \tag{7-79}$$

无论何种极化，$R_{\parallel} = R_{\perp} = 1$，这种现象称为全反射。由式（7－79）可知，此时折射角已增至 $\theta_t = \frac{\pi}{2}$，电磁波没有进入媒质②。当入射角大于发生全反射的角度时，全反射现象继续存在。定义开始发生全反射时的入射角为临界角，以 θ_c 表示，由式（7－78）求得：

$$\theta_c = \arcsin\sqrt{\frac{\varepsilon_2\mu_2}{\varepsilon_1\mu_1}} \tag{7-80}$$

由此可知，因函数 $\sin\theta_c < 1$，所以只有当 $\varepsilon_1\mu_1 > \varepsilon_2\mu_2$ 时才可能发生全反射现象。对于一般媒质，考虑到 $\mu_1 \approx \mu_2$，即只有当 $\varepsilon_1 > \varepsilon_2$ 时才可能发生全反射现象，也即当平面波由介电常数较大的光密媒质进入介电常数较小的光疏媒质时，才可能发生全反射现象。由此可得光导纤维的导波原理：光导纤维由两种介电常数不同的媒质层形成，其内部芯线的介电常数大于外层介电常数；当光束以大于临界角的入射角度自芯线内部向边界投射时，即可发生全反射，光波局限在芯线内部传播。

值得注意的是发生全反射时折射波的特性。由式（7－65）知，折射波可以表示为

$$E^t = E_0^t e^{-jk_2(x\sin\theta_t + z\cos\theta_t)}$$

又知

$$\sin\theta_t = \sqrt{\frac{\varepsilon_1\mu_1}{\varepsilon_2\mu_2}}\sin\theta_i \qquad \cos\theta_t = \pm\sqrt{1-\frac{\varepsilon_1\mu_1}{\varepsilon_2\mu_2}\sin^2\theta_i}$$

代入前式得：

$$E^t = E_0^t e^{-jk_2x\sqrt{\varepsilon_1\mu_1/\varepsilon_2\mu_2}\sin\theta_i} e^{\mp jk_2z\sqrt{1-(\varepsilon_1\mu_1/\varepsilon_2\mu_2)\sin^2\theta_i}} \tag{7-81}$$

即当 $\theta_i < \theta_c$ 时，因 $(\varepsilon_1/\varepsilon_2)\sin^2\theta_i < 1$，式（7－81）中第二指数应取负指数，以保证折射波的传播方向偏向正 z 方向，即有：

$$E^t = E_0^t e^{-jk_2x\sqrt{\varepsilon_1\mu_1/\varepsilon_2\mu_2}\sin\theta_i} e^{-jk_2z\sqrt{1-(\varepsilon_1\mu_1/\varepsilon_2\mu_2)\sin^2\theta_i}} \tag{7-82}$$

当 $\theta_i = \theta_c$ 时，$(\varepsilon_1\mu_1/\varepsilon_2\mu_2)\sin^2\theta_i = 1$，式（7－81）中第二个指数为 1，则折射波为：

$$E^t = E_0^t e^{-jk_2x\sqrt{\varepsilon_1\mu_1/\varepsilon_2\mu_2}\sin\theta_i} = E_0^t e^{-jk_2x} \tag{7-83}$$

因 $\theta_i = \theta_c$ 时，$\theta_t = \pi/2$，所以折射波的传播方向为正 x 方向。

当 $\theta_i > \theta_c$ 时，$(\varepsilon_1\mu_1/\varepsilon_2\mu_2)\sin^2\theta_i > 1$，式（7－81）中第二指数中的根号因子为虚数，即

$$\sqrt{1-\frac{\varepsilon_1\mu_1}{\varepsilon_2\mu_2}\sin^2\theta_i} = j\sqrt{\frac{\varepsilon_1\mu_1}{\varepsilon_2\mu_2}\sin^2\theta_i - 1}$$

代入式（7－81）中得到：

$$E^{t}=E_{0}^{t}e^{-jk_{2}x\sqrt{\varepsilon_{1}\mu_{1}/\varepsilon_{2}\mu_{2}}\sin\theta_{i}}e^{\pm k_{2}z\sqrt{(\varepsilon_{1}\mu_{1}/\varepsilon_{2}\mu_{2})\sin^{2}\theta_{i}-1}}$$

式中第二个指数应取负指数，否则当 $z\to\infty$ 时，$E^{t}\to\infty$。因此，当入射角 $\theta_i>\theta_c$ 时，折射波为：

$$E^{t}=E_{0}^{t}e^{-k_{2}z\sqrt{(\varepsilon_{1}\mu_{1}/\varepsilon_{2}\mu_{2})\sin^{2}\theta_{i}-1}}e^{-jk_{2}x\sqrt{\varepsilon_{1}\mu_{1}/\varepsilon_{2}\mu_{2}}\sin\theta_{i}} \tag{7-84}$$

式（7－84）表明：折射波沿正 x 方向传播，但其振幅沿正 z 方向按指数规律衰减。因此，折射波变成向正 x 方向传播的非均匀平面波。由于此时能量主要集中在边界表面附近，这种非均匀平面波称为表面波。由式（7－78）可知，比值 $\frac{\varepsilon_2\mu_2}{\varepsilon_1\mu_1}$ 越大或入射角越大，振幅沿正 z 方向衰减越快。

7.4.5　导电媒质中的折射波

设媒质①为理想电介质，媒质②为导电媒质，即 $\sigma_1=0$，$\sigma_2\neq0$，空气与地面的边界就属于这种情况。为了计算平面波在这种边界上的反射系数及透射系数，对媒质②可引入等效介电常数。即令 $\varepsilon_2-j\frac{\sigma_2}{\omega}=\varepsilon_{eff2}$，则媒质②的波阻抗为：

$$Z_{c2}=\sqrt{\frac{\mu_2}{\varepsilon_2-j\frac{\sigma_2}{\omega}}} \tag{7-85}$$

将式（7－70）及式（7－72）中的 Z_2 换为 Z_{c2}，即可用来计算导电媒质边界上的反射系数及透射系数。由于 Z_{c2} 为复数，反射系数及透射系数也均为复数，无反射及全反射现象将不会发生。需要详细讨论的是导电媒质中的折射波的传播特性。

已知 $\sigma_2\neq0$，媒质②的传播常数为复数，即

$$k_{c2}=\alpha_2-j\beta_2$$

式中 α_2 及 β_2 由式（7－14）决定。将 k_{c2} 代入 Snell 折射定律式（7－60），得：

$$\frac{\sin\theta_i}{\sin\theta_t}=\frac{\varepsilon_2-j\beta_2}{k_1}$$

因为 $\sin\theta_i$ 一定是实数，则 $\sin\theta_t$ 应为复数，由上式整理后得：

$$\sin\theta_t=\frac{k_1\alpha_2\sin\theta_i}{(\alpha_2)^2+(\beta_2)^2}+j\frac{k_1\beta_2\sin\theta_i}{(\alpha_2)^2+(\beta_2)^2} \tag{7-86}$$

令

$$a=\frac{k_1\alpha_2}{(\alpha_2)^2+(\beta_2)^2};\quad b=\frac{k_1\beta_2}{(\alpha_2)^2+(\beta_2)^2}$$

则式（7－86）可写为：

$$\sin\theta_t=(a+jb)\sin\theta_i \tag{7-87}$$

又令

$$\cos\theta_t=\sqrt{1-\sin^2\theta_t}=Ae^{j\phi}=A(\cos\phi+j\sin\phi) \tag{7-88}$$

因已知折射波为：

$$E^{t}=E_{0}^{t}e^{-jk_{c2}(x\sin\theta_t+z\cos\theta_t)}=E_{0}^{t}e^{-j(\alpha_2-j\beta_2)(x\sin\theta_t+z\cos\theta_t)}$$

将式（7－87）及式（7－88）代入上式并整理得：

$$E^{t}=E_0^{t}e^{-\xi z}e^{-j(xk_1\sin\theta_t+z\eta)} \tag{7-89}$$

式中

$$\xi=A(\beta_2\cos\phi-\alpha_2\sin\phi) \tag{7-90a}$$

$$\eta=A(\beta_2\sin\phi+\alpha_2\cos\phi) \tag{7-90b}$$

由式（7－89）可知，导电媒质中的折射波振幅沿正 z 方向逐渐衰减，而相位变化与 x 及 z 有关。根据波面方程 $xk_1\sin\theta_i+z\eta=C$（常数），可以求出折射波的传播方向与 z 轴的夹角 θ_t' 的正弦为：

$$\sin\theta_t'=\frac{k_1\sin\theta_i}{\sqrt{(k_1\sin\theta_i)^2+\eta^2}} \tag{7-91}$$

这个结果如图 7.6 所示。由图可见，导电媒质中折射波的等幅面与波面不一致，因此折射波是一种非均匀平面波。

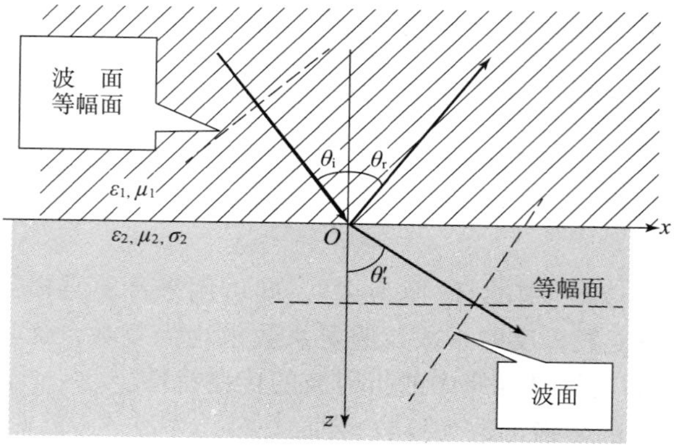

图 7.6 导电媒质上的斜投射

式（7－91）可改写为：

$$\frac{\sin\theta_i}{\sin\theta_t'}=\sqrt{\sin^2\theta_i+\left(\frac{\eta}{k_1}\right)^2} \tag{7-92}$$

称之为修正折射定律。

如果媒质②为良导体，即满足 $\sigma_2\gg\omega\varepsilon_2$，则有：

$$\alpha_2=\beta_2\approx\sqrt{\pi f\mu_2\sigma_2}=\sqrt{\frac{\omega\mu_2\sigma_2}{2}} \tag{7-93}$$

由式（7－88）及式（7－90）可得：

$$\xi^2=\frac{1}{2}\left[(\alpha_2)^2-(\beta_2)^2-k_1^2\sin^2\theta_i+\sqrt{(2\alpha_2\beta_2)^2+[(\alpha_2)^2-(\beta_2)^2-k_1^2\sin^2\theta_i]^2}\right]$$

$$\eta^2=\frac{1}{2}\left[-(\alpha_2)^2+(\beta_2)^2+k_1^2\sin^2\theta_i+\sqrt{(2\alpha_2\beta_2)^2+[(\alpha_2)^2-(\beta_2)^2-k_1^2\sin^2\theta_i]^2}\right]$$

考虑到式（7－93），则上两式可以简化为：

$$\xi^2=\frac{\omega^2\mu_1\varepsilon_1}{2}\left[\sqrt{\left(\frac{\mu_2\sigma_2}{\omega\mu_1\varepsilon_1}\right)^2+\sin^4\theta_i}-\sin^2\theta_i\right] \tag{7-94a}$$

$$\eta^2 = \frac{\omega^2\mu_1\varepsilon_1}{2}\left[\sqrt{\left(\frac{\mu_2\sigma_2}{\omega\mu_1\varepsilon_1}\right)^2 + \sin^4\theta_i} + \sin^2\theta_i\right] \tag{7-94b}$$

又因 $\sigma_2 \gg \omega\varepsilon_2$，上式可进一步简化为：

$$\xi \approx \eta \approx \sqrt{\frac{\omega\mu_2\sigma_2}{2}} \tag{7-95}$$

由式（7-95）求得：

$$\sin\theta_t' \approx \frac{k_1}{\eta}\sin\theta_i \approx 0 \tag{7-96}$$

由此可知，平面波在良导体边界上发生折射以后，无论入射角大小如何，折射波的方向均几乎垂直于边界。所以，当平面波由空气向海面投射时，若对于给定的频率海水可当作良导体，则无论入射角大小如何，进入海水中的折射波几乎全部垂直向下传播。例如，当频率为 30 MHz 的平面波自空气向海水投射时，已知 $\sigma = 4$（S/m），$\mu_r = 1$，$\varepsilon_r = 81$，满足 $\sigma \gg \omega\varepsilon$，海水可以当作良导体，由式（7-96）得：

$$\sin\theta_t' \approx \frac{k_0}{\eta}\sin\theta_i = 0.0287\sin\theta_i$$

由此可知，即使 $\theta_i = \pi/2$，则 $\theta_t' = 1.6°$，折射波近乎垂直向下进入海水。因此，在潜艇通信中，为了有效地接收由海面进入海水中的电磁波，接收天线的最强接收方向要指向上方。

7.4.6 平面波的趋肤效应

如果 $\sigma \neq 0$，则在无外源（$J' = 0$）区域中，导电媒质中正弦电磁场应满足齐次矢量亥姆霍兹方程：$\begin{cases}\nabla^2\boldsymbol{E} + \omega^2\mu\varepsilon_e\boldsymbol{E} = 0 \\ \nabla^2\boldsymbol{H} + \omega^2\mu\varepsilon_e\boldsymbol{H} = 0\end{cases}$；其解分别为式（7-15）和式（7-16）。它们不仅表明电场强度的相位逐渐滞后，且与磁场强度的相位不同；而且反映了平面波在导电媒质中电场强度及磁场强度一个重要的共同特点：振幅随 z 增加不断衰减，且衰减常数为 $\beta = \omega\sqrt{\frac{\mu\varepsilon}{2}\left[\sqrt{1 + \left(\frac{\sigma}{\omega\varepsilon}\right)^2} - 1\right]}$。其波形如图 7.7 所示。

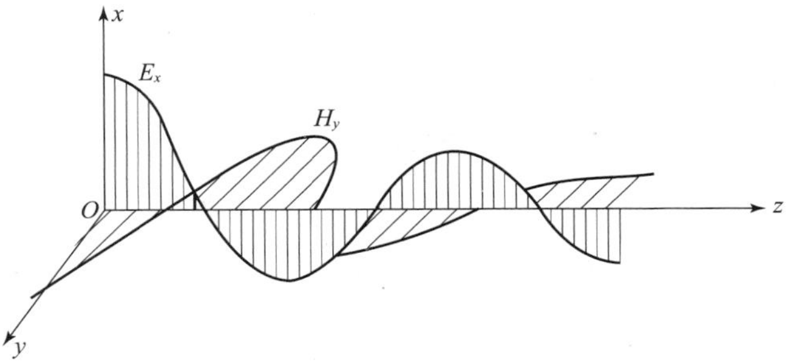

图 7.7　平面电磁波在导电媒质中的传播衰减

由于电场强度与磁场强度的相位不同，复能流密度的实部及虚部均不会为零，这就表明平面波在导电介质中传播时，既有单向流动的传播能量，又有来回流动的交换能量。下面分别讨论两种情况。

（1）$\sigma \ll \omega\varepsilon$，即电导率极低的情况，可以近似认为：

$$\sqrt{1+\left(\frac{\sigma}{\omega\varepsilon}\right)^2} \approx 1+\frac{1}{2}\left(\frac{\sigma}{\omega\varepsilon}\right)^2 \tag{7-97}$$

则相位常数为 $\alpha=\omega\sqrt{\mu\varepsilon}$，衰减常数为 $\beta=\frac{\sigma}{2}\sqrt{\frac{\mu}{\varepsilon}}$，波阻抗为 $Z_c=\sqrt{\frac{\mu}{\varepsilon}}$。此时电场强度与磁场强度同相，但两者振幅仍不断衰减；电导率 σ 越大，则振幅衰减越大。

（2）当 $\sigma \gg \omega\varepsilon$，即在良导体中，有下列近似：

$$\sqrt{1+\left(\frac{\sigma}{\omega\varepsilon}\right)^2} \approx \frac{\sigma}{\omega\varepsilon} \tag{7-98}$$

则有 $\alpha=\beta=\sqrt{\frac{\omega\mu\sigma}{2}}=\sqrt{\pi f\mu\sigma}, Z_c=\sqrt{\frac{j\omega\mu}{\sigma}}\approx(1+j)\sqrt{\frac{\pi f\mu}{\sigma}}$。可知，电场强度与磁场强度不同相，且因 σ 很大，振幅发生急剧衰减，以至于电磁波无法深入良导体内部，这种现象称为电磁波的集肤效应，也叫趋肤效应。

令 $e^{-\beta\delta}=e^{-1}$，求得：

$$\delta=\frac{1}{k''}=\frac{1}{\sqrt{\pi f\mu\sigma}} \tag{7-99}$$

称 δ 为集肤深度或趋肤深度。显然趋肤深度与电磁波频率紧密相关。表 7.1 给出了一些普通媒质在给定频率下的趋肤深度。

表 7.1　一些普通媒质在给定频率下的趋肤深度

材料	电导率 $\sigma/(\mathrm{S\cdot m^{-1}})$	相对磁导率	趋肤深度 δ (60 Hz)/cm	(1 kHz)/mm	(1 MHz)/mm	(3 GHz)/μm
铝	3.54×10^7	1.00	1.1	2.7	0.085	1.6
黄铜	1.59×10^7	1.00	1.63	3.98	0.126	2.30
铬	3.8×10^7	1.00	1.0	2.6	0.081	1.5
铜	5.8×10^7	1.00	0.85	2.1	0.066	1.2
金	4.5×10^7	1.00	0.97	2.38	0.075	1.4
石墨	1.0×10^5	1.00	20.5	50.3	1.59	20.0
磁性铁	1.0×10^7	2×10^2	0.14	0.35	0.011	0.20
坡莫合金	0.16×10^7	2×10^4	0.037	0.092	0.0029	0.053
镍	1.3×10^7	1×10^2	0.18	4.4	0.014	0.26
海水	≈5.0	1.00	3×10^3	7×10^3	2×10^3	—
银	6.15×10^7	1.00	0.83	2.03	0.064	1.17
锡	0.87×10^7	1.00	2.21	5.41	0.171	3.12
锌	1.86×10^7	1.00	1.51	3.70	0.117	3.14

趋肤效应给电磁屏蔽理论及其工程技术应用提供了理论基础：一定厚度的金属板即可屏蔽高频时变电磁场。

对应于比值$\dfrac{\sigma}{\omega\varepsilon}=1$的频率称为临界频率，它是划分媒质属于低耗完纯（理想）介质或导体的界限。

由于有关系式$\boldsymbol{J}=\sigma\boldsymbol{E}$，$\boldsymbol{J}_{\mathrm{d}}=\mathrm{j}\omega\varepsilon\boldsymbol{E}$，则可知，电磁波（电磁信号）的传播在非理想介质中以位移电流为主，而在良导体中以传导电流为主。

7.5　多层媒质中的平面波

电磁波（以及包括声波在内的弹性波）在其中传播的实际媒质（如大气、海水、地壳等）都有一个共同特点，即它们的性质在水平方向上的变化比在铅直方向上的变化慢得多，以致可以把描述它们性质的各个参量近似地看成只是一个坐标（例如铅直坐标 z）的函数（通常称为“剖面”），从而使问题大为简化。具备这种特点的媒质就叫作分层媒质（stratified media），有平面分层媒质、球面分层（例如考虑到地球的曲率时）媒质和柱面分层媒质等情况。媒质分层后就成为多层媒质。分层模型只是实际媒质的一种近似描述，一定要注意其适用范围。此外，很多实际媒质在结构上天然具有分层和多层性质，如多层同轴电缆、大气层等。

实际工程中常常遇见多层媒质表面，比如地质勘探、生物组织检测等。当平面波向多层媒质投射时，其求解方法与单层媒质不同。本节先介绍平面电磁波向多层媒质的垂直投射情况，继而再讨论向多层媒质的斜投射情况。

7.5.1　多层媒质的正投射

以三种媒质为例，说明平面波在多层媒质中的传播过程及其求解方法。

如图 7.8 所示，当平面波自媒质①向边界垂直入射时，在媒质①和媒质②之间的第一个边界上发生反射和透射。当透射波到达媒质②和媒质③之间的第二个边界时，再次发生反射与透射，而且此边界上的反射波回到第一条边界时又发生反射及透射。由此可见，在两个边界上发生多次反射与透射现象。根据一维波动方程解的特性，可以认为媒质①和②中仅存在两种平面波，其一是沿正 z 方向传播的波，以 $\boldsymbol{E}^+$ 及 $\boldsymbol{H}^+$ 表示；另一是沿负 z 方向传播的波，以 $\boldsymbol{E}^-$ 及 $\boldsymbol{H}^-$ 表示。在媒质③中仅存在一种沿正 z 方向传播的波。各层媒质中的电场及磁场可以分别表示为：

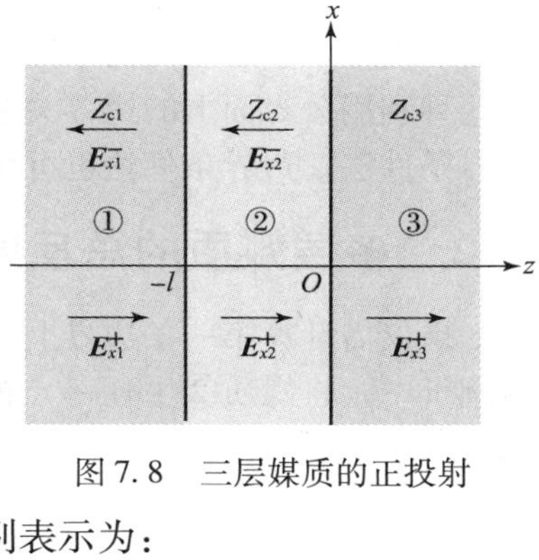

图 7.8　三层媒质的正投射

$$E_{x1}^{+}(z)=E_{x10}^{+}\mathrm{e}^{-\mathrm{j}k_{c1}(z+l)},\quad -\infty<z\leqslant -l$$

$$E_{x1}^{-}(z)=E_{x10}^{-}\mathrm{e}^{\mathrm{j}k_{c1}(z+l)},\quad -\infty<z\leqslant -l$$

$$E_{x2}^{+}(z)=E_{x20}^{+}\mathrm{e}^{-\mathrm{j}k_{c2}z},\quad -l\leqslant z\leqslant 0$$

$$E_{x2}^{-}(z)=E_{x20}^{-}\mathrm{e}^{\mathrm{j}k_{c2}z}\quad -l\leqslant z\leqslant 0$$

$$E_{x3}^{+}(z)=E_{x30}^{+}\mathrm{e}^{-\mathrm{j}k_{c3}z},\quad 0\leqslant z<\infty$$

及

$$H_{y1}^{+}(z)=\frac{E_{x10}^{+}}{Z_{c1}}e^{-jk_{c1}(z+l)}, \quad -\infty<z\leqslant -l$$

$$H_{y1}^{-}(z)=-\frac{E_{x10}^{-}}{Z_{c1}}e^{jk_{c1}(z+l)}, \quad -\infty<z\leqslant -l$$

$$H_{y2}^{+}(z)=\frac{E_{x20}^{+}}{Z_{c2}}e^{-jk_{c2}z}, \quad -l\leqslant z\leqslant 0$$

$$H_{y2}^{-}(z)=-\frac{E_{x20}^{-}}{Z_{c2}}e^{jk_{c2}z}, \quad -l\leqslant z\leqslant 0$$

$$H_{y3}^{+}(z)=\frac{E_{x30}^{+}}{Z_{c3}}e^{-jk_{c3}z}, \quad 0\leqslant z<\infty$$

由于两条边界 $z=-l$ 和 $z=0$ 上电场切向分量必须连续，得：

$$E_{x10}^{x}+E_{x10}^{-}=E_{x20}^{+}e^{jk_{c2}l}+E_{x20}^{-}e^{-jk_{c2}l}, \quad z=-l \tag{7-100a}$$

$$E_{x20}^{+}+E_{x20}^{-}=E_{x30}^{+}, \quad z=0 \tag{7-100b}$$

由于两条边界上磁场切向分量必须连续，得：

$$\frac{E_{x10}^{x}}{Z_{c1}}-\frac{E_{x10}^{-}}{Z_{c1}}=\frac{E_{x20}^{+}}{Z_{c2}}e^{jk_{c2}l}-\frac{E_{x20}^{-}}{Z_{c2}}e^{-jk_{c2}l}, \quad z=-l \tag{7-101a}$$

$$\frac{E_{x20}^{+}}{Z_{c2}}-\frac{E_{x20}^{-}}{Z_{c2}}=\frac{E_{x30}^{+}}{Z_{c3}}, \quad z=0 \tag{7-101b}$$

式（7－100）及式（7－101）中的 E_{x10}^{+} 是给定的，四个方程中只有 E_{x10}^{-}、E_{x20}^{+}、E_{x20}^{-} 及 E_{x30}^{+} 等四个未知数，因此完全可以求解。注意，上述各式中的脚标 $i0$（$i=1$，2，3）表示在区域（层）i 中相应的场量在 $z=0$ 处的幅值。上述分析方法自然可以推广到 n 层媒质。

对于 n 层媒质，由于入射波给定，且第 n 层媒质中只存在透射波，因此，总共只有 $2n-2$ 个待求的未知数，根据 n 层媒质形成的 $n-1$ 条边界可以建立 $2(n-1)$ 个方程，可见这个方程组足以求解全部的未知数。

这种利用分界面上的边界关系，建立联立方程组，然后求解各层媒质中的场量的方法称为边界条件法。边界条件法也可用于求解多层边界的斜投射。

7.5.2 多层媒质的总反射

如果仅需计算第一条边界上的总反射系数，引入输入波阻抗概念可以简化求解过程。在上述例子中，将媒质②中任一点的合成电场与合成磁场之比定义为该点的输入波阻抗，以 Z_{in} 表示，即

$$Z_{in}(z)=\frac{E_{x2}(z)}{H_{y2}(z)} \tag{7-102}$$

已知媒质②中的合成电场为：

$$E_{x2}(z)=E_{x20}^{+}e^{-jk_{c2}z}+E_{x20}^{-}e^{jk_{c2}z}=E_{x20}^{+}(e^{-jk_{c2}z}+R_{23}e^{jk_{c2}z}) \tag{7-103}$$

式中，R_{23} 为媒质②和③之间边界的反射系数。根据反射系数定义，得：

$$R_{23}=\frac{E_{x20}^{-}}{E_{x20}^{+}}=\frac{Z_{c3}-Z_{c2}}{Z_{c3}+Z_{c2}} \tag{7-104}$$

同理媒质②中的合成磁场表示为：

$$H_{y2}(z)=\frac{E_{x20}^{+}}{Z_{c2}}(\mathrm{e}^{-\mathrm{j}k_{c2}z}-R_{23}\mathrm{e}^{\mathrm{j}k_{c2}z}) \tag{7-105}$$

将式（7－103）、式（7－104）及式（7－105）代入式（7－102）中，同时利用欧拉公式 $\mathrm{e}^{\mathrm{j}x}=\cos x+\mathrm{j}\sin x$，得：

$$Z_{\mathrm{in}}(z)=Z_{c2}\frac{Z_{c3}-\mathrm{j}Z_{c2}\tan k_{c2}z}{Z_{c2}-\mathrm{j}Z_{c3}\tan k_{c2}z} \tag{7-106}$$

根据边界关系，已知在 $z=-l$ 边界上两侧合成电场及合成磁场必须连续，由式（7－100a）及式（7－101a）求得：

$$E_{x10}^{+}+E_{x10}^{-}=E_{x2}(-l) \tag{7-107a}$$

$$\frac{E_{x10}^{+}}{Z_{c1}}-\frac{E_{x10}^{-}}{Z_{c1}}=\frac{E_{x2}(-l)}{Z_{\mathrm{in}}(-l)} \tag{7-107b}$$

第一条边界上总反射系数定义为 $R=\frac{E_{x10}^{-}}{E_{x10}^{+}}$，则可以求得

$$R=\frac{Z_{\mathrm{in}}(-l)-Z_{c1}}{Z_{\mathrm{in}}(-l)+Z_{c1}} \tag{7-108}$$

式中

$$Z_{\mathrm{in}}(-l)=Z_{c2}\frac{Z_{c3}+\mathrm{j}Z_{c2}\tan k_{c2}l}{Z_{c2}+\mathrm{j}Z_{c3}\tan k_{c2}l} \tag{7-109}$$

比较式（7－108）与式（7－75a）可知，引入输入波阻抗以后，对第一层媒质来说，第二层及第三层媒质可以看作波阻抗为 $Z_{\mathrm{in}}(-l)$ 的一种媒质。已知第二层媒质的厚度和电磁参数以及第三层媒质的电磁参数即可求出输入波阻抗 $Z_{\mathrm{in}}(-l)$。利用输入波阻抗的方法计算多层媒质的总反射系数，实质上是电路中经常采用的网络分析方法，即只需考虑后置媒质的总体影响，不必关心后置媒质中的场分布。

对于 n 层媒质，如图 7.9 所示，当平面波自左向右入射时，为求出第一条边界上的总反射系数，利用输入波阻抗方法是十分简便的。其过程是：首先求出第 $n-2$ 条边界处向右看的输入波阻抗 $Z_{\mathrm{in}}^{(n-2)}$，则对于第 $n-2$ 层媒质来说，可用波阻抗为 $Z_{\mathrm{in}}^{(n-2)}$ 的媒质代替第 $n-1$ 层及第 n 层媒质。依次类推，自右向左逐一计算各条边界上向右看的输入波阻抗，直至求得第一条边界上向右看的输入波阻抗后，由式（7－108）即可计算总反射系数。

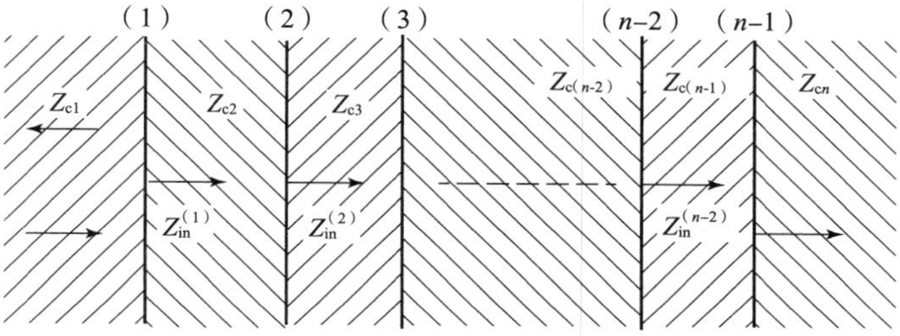

图 7.9　多层媒质的总反射系数

如果媒质是无耗的，传播常数 $k_c = k = \dfrac{2\pi}{\lambda}$。由式（7－109）可知，输入波阻抗与媒质厚度的变化规律为正切函数，而变化周期为半波长。因此，厚度为半波长的媒质不具有阻抗变换作用。若媒质厚度为四分之一波长，阻抗特性的变化恰好相反，感抗变为容抗，或反之，因此，利用四分之一波长的媒质层可以实现阻抗变换。但这种变换仅在给定的单一频率点上才完全匹配，因此仅适用于窄带系统。由此可知，输入波阻抗的方法是一种阻抗变换方法。

7.5.3 多层媒质的斜投射

当平面波向多层边界斜投射时，反射和折射特性与极化特性有关。仍以三层媒质为例，各层媒质中的射线轨迹如图 7.10 所示。对于垂直极化波，各层媒质中的电场分量为

$$E_{y1}^{+} = E_{y10}^{+}\mathrm{e}^{-\mathrm{j}k_{c1}[x\sin\theta_1 + (z+l)\cos\theta_1]}, \quad -\infty < z \leqslant -l$$

$$E_{y1}^{-} = E_{y10}^{-}\mathrm{e}^{-\mathrm{j}k_{c1}[x\sin\theta_1 - (z+l)\cos\theta_1]}, \quad -\infty < z \leqslant -l$$

$$E_{y2}^{+} = E_{y20}^{+}\mathrm{e}^{-\mathrm{j}k_{c2}(x\sin\theta_2 + z\cos\theta_2)}, \quad -l \leqslant z \leqslant 0$$

$$E_{y2}^{-} = E_{y20}^{-}\mathrm{e}^{-\mathrm{j}k_{c2}(x\sin\theta_2 - z\cos\theta_2)}, \quad -l < z \leqslant 0$$

$$E_{y3}^{+} = E_{y30}^{+}\mathrm{e}^{-\mathrm{j}k_{c3}(x\sin\theta_3 + z\cos\theta_3)}, \quad 0 < z \leqslant \infty$$

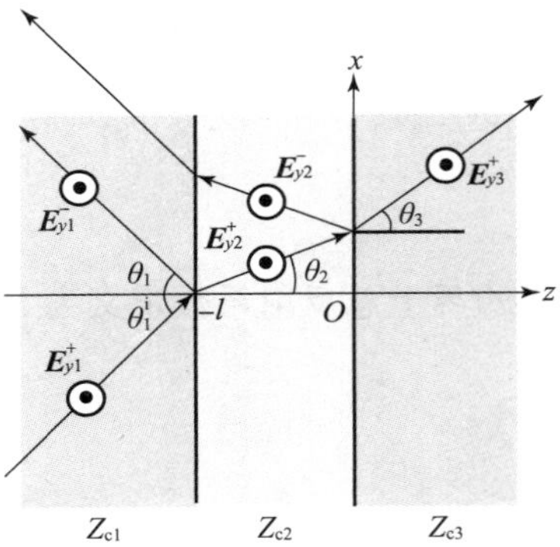

图 7.10 三层媒质垂直极化波的斜投射

已知在 $z=-l$ 和 $z=0$ 两条边界上电场切向分量必须连续，得：

$$E_{y10}^{+}\mathrm{e}^{-\mathrm{j}k_{c1}x\sin\theta_1} + E_{y10}^{-}\mathrm{e}^{-\mathrm{j}k_{c1}x\sin\theta_1} = E_{y20}^{+}\mathrm{e}^{-\mathrm{j}k_{c2}(x\sin\theta_2 + l\cos\theta_2)} + E_{y20}^{-}\mathrm{e}^{-\mathrm{j}k_{c2}(x\sin\theta_2 - l\cos\theta_2)}$$

$$E_{y20}^{+}\mathrm{e}^{-\mathrm{j}k_{c2}x\sin\theta_2} + E_{y20}^{-}\mathrm{e}^{-\mathrm{j}k_{c2}x\sin\theta_2} = E_{y30}^{+}\mathrm{e}^{-\mathrm{j}k_{c3}x\sin\theta_3}$$

考虑到边界上相位匹配条件式（7－67），上两式写为：

$$E_{y10}^{+} + E_{y10}^{-} = E_{y20}^{+}\mathrm{e}^{-\mathrm{j}k_{c2}l\cos\theta_2} + E_{y20}^{-}\mathrm{e}^{\mathrm{j}k_{c2}l\cos\theta_2}, \qquad z=-l \tag{7-110a}$$

$$E_{y20}^{+} + E_{y20}^{-} = E_{y30}^{+}, \quad z=0 \tag{7-110b}$$

同理，由 $z=-l$ 和 $z=0$ 两条边界上磁场切向分量必须连续，得：

$$\frac{E_{y10}^{+}}{Z_{c1}} - \frac{E_{y10}^{-}}{Z_{c1}} = \frac{E_{y20}^{+}}{Z_{c2}}\mathrm{e}^{-\mathrm{j}k_{c2}l\cos\theta_2} - \frac{E_{y20}^{-}}{Z_{c2}}\mathrm{e}^{\mathrm{j}k_{c2}l\cos\theta_2}, \quad z=-l \tag{7-111a}$$

$$\frac{E_{y20}^{+}}{Z_{c2}} + \frac{E_{y20}^{-}}{Z_{c2}} = \frac{E_{y30}^{+}}{Z_{c3}}, \quad z=0 \tag{7-111b}$$

式（7－110）和式（7－111）中，E_{y10}^{+}是给定的，而且入射角 θ_1 也是已知的，因而折射角 θ_2 和 θ_3 可以根据 Snell 折射定律求出，则上述 4 个式中只有 E_{y10}^{-}、E_{y20}^{+}、E_{y20}^{-}和 E_{y30}^{+}等 4 个未知数，因此足以求解。

对于平行极化波，由图 7.11 可见，只要适当地替换场分量即可求得下列 4 个方程：

$$E_{10}^{+}\cos\theta_1 + E_{10}^{-}\cos\theta_1 = E_{20}^{+}\cos\theta_2\mathrm{e}^{-\mathrm{j}k_{c2}l\cos\theta_2} + E_{20}^{-}\cos\theta_2\mathrm{e}^{\mathrm{j}k_{c2}l\cos\theta_2}, \quad z=-l \tag{7-112a}$$

$$E_{20}^{+}\cos\theta_2 + E_{20}^{-}\cos\theta_2 = E_{30}^{+}\cos\theta_3, \qquad z=0 \tag{7-112b}$$

$$\frac{E_{10}^{+}}{Z_{c1}}\cos\theta_1 - \frac{E_{10}^{-}}{Z_{c1}}\cos\theta_1 = \frac{E_{20}^{+}}{Z_{c2}}\cos\theta_2\mathrm{e}^{-\mathrm{j}k_{c2}l\cos\theta_2} - \frac{E_{20}^{-}}{Z_{c2}}\cos\theta_2\mathrm{e}^{k_{c2}l\cos\theta_2}, z=-l \tag{7-112c}$$

$$\frac{E_{20}^{+}}{Z_{c2}}\cos\theta_2+\frac{E_{20}^{-}}{Z_{c2}}\cos\theta_2=\frac{E_{30}^{+}}{Z_{c3}}\cos\theta_3\,,z=0 \tag{7-112d}$$

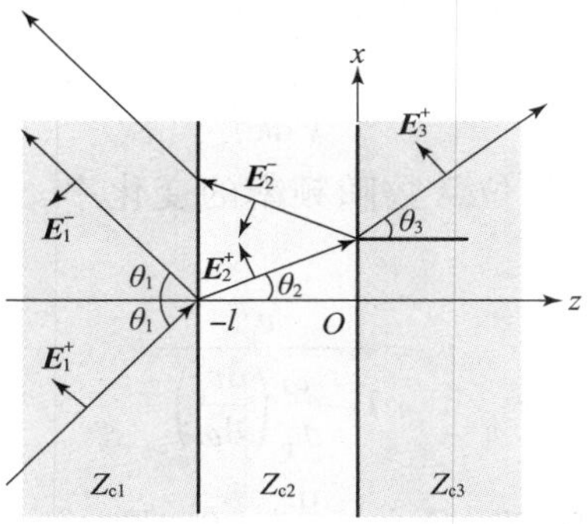

图 7.11　三层媒质平行极化波的斜投射

基于上述 4 个方程足以求解各层媒质中的场分量。

对于 n 层媒质的斜投射，也可利用边界关系求解各层媒质中的场分量。

如果仅关心总反射系数，也可利用输入波阻抗方法进行计算。对于斜投射情况，输入波阻抗公式（7－109）中的传播常数 k_{c2}应改为 $k_{c2}\cos\theta_2$，有：

$$Z_{in}(-l)=Z_{c2}\frac{Z_{c3}+jZ_{c2}\tan k_{c2}(l\cos\theta_2)}{Z_{c2}+jZ_{c3}\tan k_{c2}(l\cos\theta_2)} \tag{7-113}$$

式中折射角 θ_2可以根据 Snell 折射定律由入射角 θ_1求出。

如果上述夹层媒质的相对介电常数等于相对磁导率，即 $\varepsilon_r=\mu_r$，那么，夹层媒质的波阻抗等于真空的波阻抗。当这种夹层置于空气中，平面波向其表面投射时，无论夹层的厚度如何，反射现象均不可能发生，即这种媒质对于电磁波是完全透明的，若使用这种媒质制成保护天线的天线罩，其电磁特性十分优越。但是这种材料的制备非常困难，因为普通媒质的磁导率很难与介电常数达到同一数量级。

关于多层媒质的斜投射的分析还有其他方法，可参阅相关电磁理论文献。

7.6　波速、相速和群速

描述电磁波传播速度的参数有相速、群速和能量速度；此外，还有一个重要概念，即信号速度。因此电磁波的波速概念范畴很广。在非色散媒质中，上述 4 种速度完全相等。但是在色散媒质中情况完全不同，此时相速可能大于光速。

相速是描述电磁波的空间相位的变化速度。相速 v_p和相位常数 k 的关系为：

$$v_p=\frac{\omega}{k} \tag{7-114}$$

式中，ω 为电磁波的角频率。在非色散媒质中，相位常数与角频率成正比，相速和频率无关。在色散媒质中，相位常数与角频率是非线性的，因此相速不仅与媒质参数有关，还与频率有关。

群速是描述窄带调幅波的波包传播的速度。群速 v_g和相位常数 k 的关系为：

$$v_g=\frac{\Delta\omega}{\Delta k} \tag{7-115}$$

式中，ω 为电磁波的角频率。可见，在非色散媒质中，由于相位常数与角频率的关系是线性的，因此式（7－115）与式（7－114）相同，即 $v_g = v_p$。在色散媒质中，相位常数与角频率是非线性的，因此相位常数随频率的变化率与频率有关。式（7－115）应改写为：

$$v_g = \left(\frac{d\omega}{dk}\right)_{\omega_0} \tag{7-116}$$

式中右端代表角频率 $\omega = \omega_0$ 处相位常数随频率的变化率。将式（7－114）代入式（7－116），得到：

$$v_g = \frac{v_p}{1 - \dfrac{\omega}{v_p}\left(\dfrac{dv_p}{d\omega}\right)_{\omega_0}} \tag{7-117}$$

由此可知，若相速 v_p 与角频率 ω 无关，$\dfrac{dv_p}{d\omega}=0$，则 $v_g = v_p$；若$\dfrac{dv_p}{d\omega}<0$，则 $v_g < v_p$，这种情况称为正常色散；若$\dfrac{dv_p}{d\omega}>0$，则 $v_g > v_p$，这种情况称为非正常色散。金属波导为正常色散的导波系统，导电媒质为非正常色散的媒质。

电磁波的能量速度 v_e 是描述电磁能量单位时间内的位移。理论分析表明，在非色散媒质中，$v_e = v_g = v_p$。在正常色散的情况下，$v_e = v_g$。

相速、群速及能速描述的是窄带的稳态信号的传播特性，这种稳态信号没有时间的起点和终点。因此，相速、群速及能速不能代表信号的传播速度。为了描述信号的传播速度，必须研究瞬态信号，这种瞬态信号是宽带的。

为了分析电磁波的信号速度，A. Sommerfeld 设计了一个时间起点为 $t=0$ 的阶跃正弦信号，且令这种信号自 $z=0$ 边界处进入色散媒质内部，以研究信号在色散媒质中的建立过程。$z=0$ 边界处的阶跃正弦信号可表示为：

$$f(0,t) = \begin{cases} 0, & t<0 \\ \sin\omega t, & t>0 \end{cases} \tag{7-118}$$

式（7－118）的阶跃正弦信号进入媒质内，在媒质内部 z 处的信号电平随时间变化的特性如图 7.12 所示。

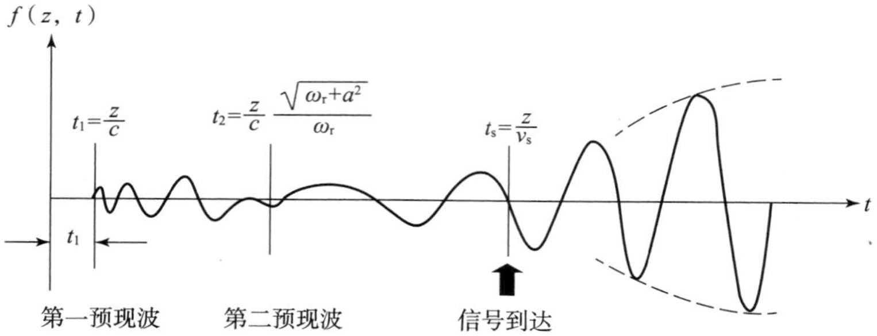

图 7.12　色散媒质中信号电平的时间变化

由图 7.12 可见，在 $0<t<t_1$时间内，没有信号。在 $t=\dfrac{z}{c}$（c 为光速）时刻，信号开始出现，该信号称为第一预现波，它的波前传播速度等于光速。第一预现波的频率开始很高，

振幅较大。由于媒质的阻尼作用，振幅逐渐减小，直到信号的频率等于媒质中电子的特征频率 ω_r 时，第一预现波结束；电子特征频率 $\omega_r=\sqrt{\dfrac{K}{m}}$，式中 K 为库仑常数，m 为电子云的有效质量。在 $t=\dfrac{z}{c}$（$\sqrt{\omega_r^2+a^2}/\omega_r$）（$a\approx\pi$）时刻，第二预现波到达，其速度为 $\omega_r c/\sqrt{\omega_r^2+a^2}$。第二预现波的频率开始很低，然后升高；其振幅变化规律与第一预现波类似。两种预现波的振幅均很小，仅当第二预现波的频率接近稳态频率 ω 时，振幅迅速增大。当信号电平增至稳态振幅一半时，通常认为信号到达，由此计算以 v_s 表示的信号速度。四种传播速度的频率特性如图 7.13 所示。由此图可见，在低频段内四种速度差别不大。随着频率升高，它们相差愈来愈大。当 $\omega=\omega_r$ 时，相速及信号速度都等于光速，能速达到最大值，群速甚至变为负无限大。当$\omega>\omega_r$ 时，相速大于光速。当频率很高时，四种速度都等于光速，均与频率无关。这种现象是由于电磁波变化太快，媒质的极化效应无法产生，就像在真空中一样，所以色散现象消失。

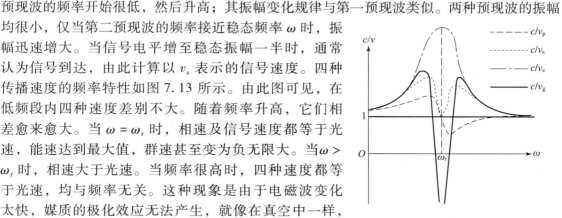

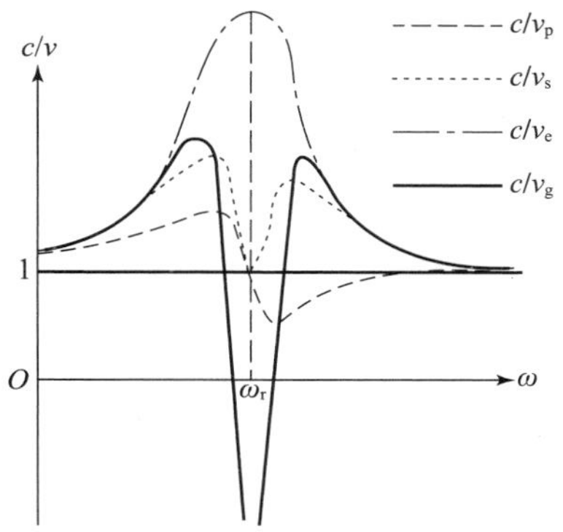

图 7.13 四种传播速度的频率特性

7.7 平面波仿真实例

1. 入射波、反射波及合成波仿真的 MATLAB 程序

1）程序

```
axis equal;
M=moviein(100,gcf);
z=0:0.1:10;
for t=1:100
    B=cos(z+t/10);
    FB=cos(z-t/10);
    h=B+FB;
    plot(z,B,'r',z,FB,'b',z,h,'d');legend('入射波','反射波','合成波');
  axis([0 10 -2.5 2.5]);

    M(:,t)=getframe(gcf);
end
clf;
movie(M)
```

2）结果

仿真结果如图 7.14 所示。

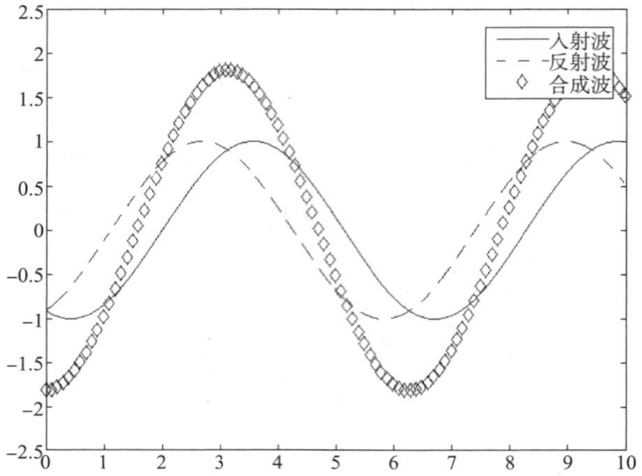

图 7.14 仿真结果

2. Snell 定律仿真程序

1）程序

```
T1 =0:0.1:pi/2;T2 =T1;k =0.1;% k =n1/n2
[t1,t2] =meshgrid(T1,T2);
z1 =(k.*cos(t1) -cos(t2))./(k.*cos(t1) +cos(t2));
z2 =2.*cos(t1)./(k.*cos(t1) +cos(t2));
subplot(1,2,1),surf(t1,t2,z1);
xlabel('t1'),ylabel('t2'),zlabel('Er/Ei');
title('平行极化波投射的斯涅尔定律1')
subplot(1,2,2),surf(t1,t2,z2);
xlabel('t1'),ylabel('t2'),zlabel('Et/Ei');
title('平行极化波投射的斯涅尔定律2')
```

2）结果

仿真结果如图 7.15 所示。

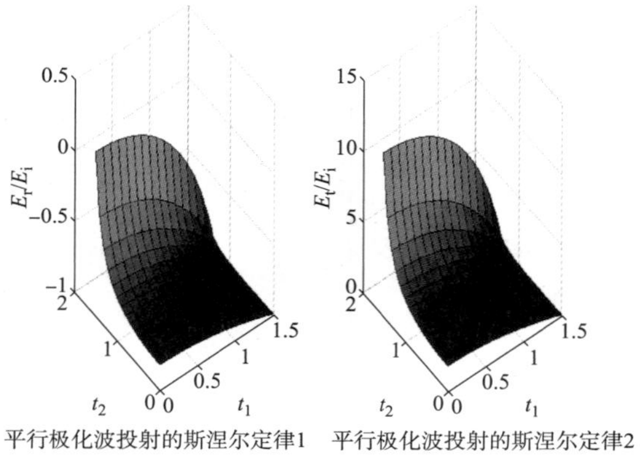

图 7.15 仿真结果

3. 均匀平面波在理想电介质中传播的磁场仿真

1）程序

```
% 动态显示均匀平面电磁波中,磁场 Hz 的波阵面在自由空间(理想介质)中的传播
% 假设传播方向沿 + x 轴,即磁场 Hz 的波阵面与 yOz 平面平行
clc;
clear;
close all;
% 设定程序中所用参数
f =3e8;                          % 电磁波的频率,单位为赫兹
w =2 * pi * f;                   % 角频率
ipselong0 =1e -9 /(36 * pi);               % 真空中的介电常数
miu0 =pi * 4e -7;                    % 真空的磁导率
beta =w * sqrt(miu0 * ipselong0);          % 相位常数
aita0 =sqrt(miu0 /ipselong0);              % 理想介质的波阻抗计算
PhaseEy =pi /4;                      % Ey 的初始相位
PhaseHy =PhaseEy;                    % 理想介质中,平面波的电场强度和磁场强度在时间上同相
Ey_m =50;                        % Ey 的幅值
Hz_m =Ey_m /aita0;                   % Hz 的幅值
x =linspace(0,6,500);                % x 轴
t =0;                                % 设置 t 的初值,t 的单位是 ns
a_zero =zeros(1,length(x));          % 全零矩阵
% 电场 Ey 和磁场 Hz 的表达式
Ey =Ey_m * cos(w * t * 1e -9 -beta * x + PhaseEy);  % Ey 的表达式
Hz =Hz_m * cos(w * t * 1e -9 -beta * x + PhaseHy);  % Hz 的表达式
% 作图显示
figure;
n =1;                            % 用来作为动画每一帧的变量
y =0:10;
[X,Y] =meshgrid(x,y);          % 利用函数 meshgrid 将矢量映射成二维数组
fort =1:0.05:400
    Hz_1 =Hz_m * cos(w * t * 1e -9 -beta * X + PhaseHy);% Hz 的表达式
    surf(X,Y,Hz_1);            % 利用函数 surf 绘制 Hz_1 曲面图
    shading interp;
    colormap(jet);
    xlabel('平面波沿 x 轴传播');
    ylabel('y 轴');
    zlabel('磁场 Hz ');
    title('磁场 Hz 波阵面的传播');
    M(n) =getframe;
    n =n +1;
end
```

```
movie(M,10);
```

2）结果图形

结果图形如图 7.16 所示。

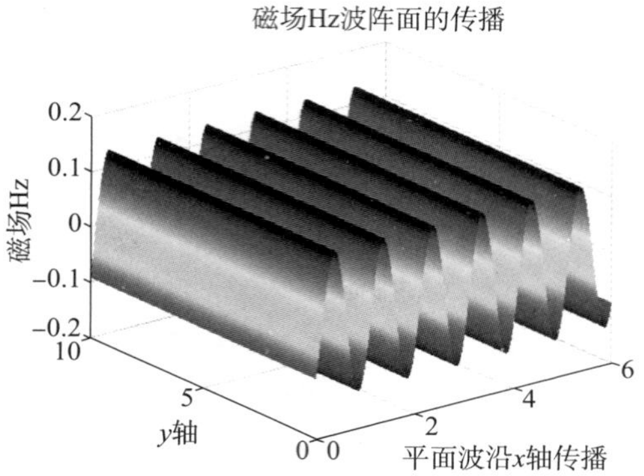

图 7.16　结果图形

4. 电磁波极化仿真

1）程序

```
clc;clear;
exm =1;
eym =1;
faix =0;
faiy =pi/2;

subplot(2,2,1);
wt =0:.001:10;
kz =0;
plot(exm * cos(wt - kz + faix),eym * cos(wt - kz + faiy));
axis([ -1.1 1.1  -1.1 1.1]);
xlabel('Ex');
ylabel('Ey');
axis equal;
grid on;
title('固定位置轨迹');

subplot(2,2,3);
wt =0;
kz =0:.001:10;
plot(exm * cos(wt - kz + faix),eym * cos(wt - kz + faiy));
axis([ -1.1 1.1  -1.1 1.1]);
xlabel('Ex');
ylabel('Ey');
```

```
axis equal;
grid on;
title('固定时刻轨迹');

subplot(2,2,2);
plot(exm*cos(wt-kz+faix),kz);
axis([-1.1 1.1 0 10]);
xlabel('Ex');
ylabel('z');
grid on;
title('固定位置 Ex');

subplot(2,2,4);
plot(eym*cos(wt-kz+faiy),kz);
axis([-1.1 1.1 0 10]);
xlabel('Ey');
ylabel('z');
grid on;
title('固定时刻 Ey');
```

2）结果

仿真结果如图 7.17 所示。

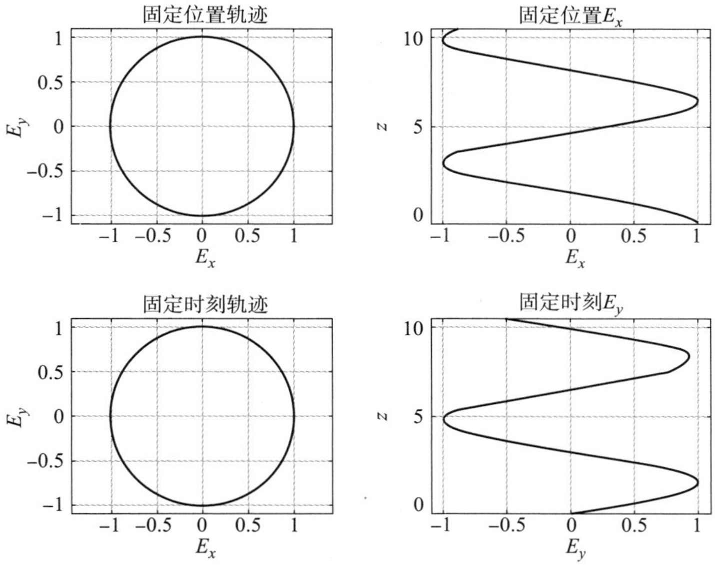

图 7.17　平面电磁波极化仿真

【例 7.1】　已知自由空间中均匀平面电磁波的电场：$\boldsymbol{E}=37.7\cos(3\pi\times10^8t-2\pi x)\boldsymbol{e}_y$ V/m，

求：

（1）电磁波的频率、速度、波长、相位常数以及传播方向。

（2）该电磁波的磁场表达式。

（3）该电磁波的坡印廷矢量和坡印廷矢量的平均值。

题意分析：

已知均匀平面电磁波的一个场量求解另一个场量，以及相关的参数，这是均匀平面波问题中经常遇到的问题。求解问题的关键在于牢记均匀平面电磁波场量表达形式的基本特点，场矢量方向和波的传播方向之间的关系以及相关公式。

解：

（1）求电磁波的频率、速度、波长、相位常数以及传播方向。

沿 x 轴正方向传播的电磁波的电场强度瞬时表达式为：

$$\boldsymbol{E}_y=\sqrt{2}E_y\cos(\omega t-\beta x+\phi)\boldsymbol{e}_y$$

电磁波角频率为：

$$\omega=3\pi\times10^8(\mathrm{rad/s})$$

由 $\omega=2\pi f$，可以得到电磁波的频率为：

$$f=\frac{\omega}{2\pi}=1.5\times10^8(\mathrm{Hz})$$

电磁波在自由空间的传播速度为：

$$v=c=3\times10^8(\mathrm{m/s})$$

电磁波的波长 λ 满足式 $\lambda=vT=\dfrac{v}{f}$，所以：

$$\lambda=\frac{v}{f}=\frac{3\times10^8}{1.5\times10^8}=2(\mathrm{m})$$

相位常数：

$$\beta=2\pi(\mathrm{rad/m})$$

下面分析电磁波的传播方向。

方法一：直接判断法。

通过比较均匀平面电磁波的电场表达式可以看出，均匀平面电磁波的电场表达式中 $2\pi x$ 项前面的符号为“ $-$ ”，说明该电磁波是沿 x 轴正方向传播的电磁波。

方法二：分析法。

电场表达式是时间 t 和坐标 x 的函数，若要使 $\boldsymbol{E}$ 为不变的常矢量，就应使组合变量（$3\pi\times10^8t-2\pi x$）在 t 和 x 变化时为一定值。即当时间变量 t 变为 $t+\Delta t$，位置变量 x 变为 $x+\Delta x$ 时，有下式成立：

$$3\pi\times10^8t-2\pi x=3\pi\times10^8(t+\Delta t)-2\pi(x+\Delta x)$$

由上式可得：

$$\Delta x=\frac{3\pi\times10^8}{2\pi}\Delta t$$

这说明在电磁波的传播过程中，随着时间的增加（$\Delta t>0$），使电场保持定值的点其坐标在增加（$\Delta x>0$），所以电磁波的传播方向是由近及远，沿 x 轴正方向逐步远离原点。

（2）求该电磁波的磁场表达式。

电磁波的传播方向为 x 轴正方向，电场分量为 y 轴方向，根据坡印廷矢量的定义：$\boldsymbol{S}=\boldsymbol{E}\times\boldsymbol{H}$，电场、磁场以及电磁波的传播方向应遵循右手螺旋定律，所以本题中磁场的方向应为 z 轴方向，三者的方向关系如图 7.18 所示。

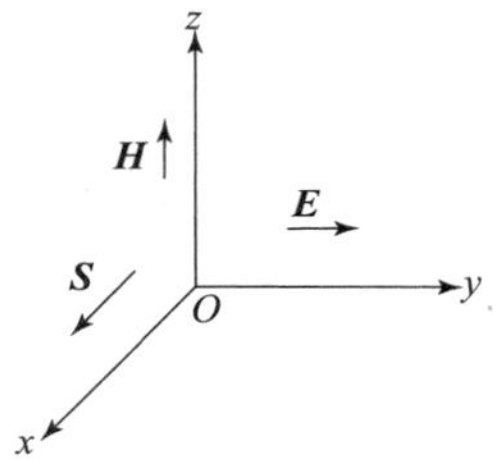

图 7.18　电场、磁场与电磁波传播方向三者的方向关系

在自由空间中，正弦均匀平面电磁波的电场和磁场分量的比值为固定值，是空间的波阻抗 $Z_0=377\ \Omega$，所以磁场分量 $\boldsymbol{H}$ 的表达式为：

$$\boldsymbol{H}=\frac{E}{Z_0}\boldsymbol{e}_z=\frac{37.7}{377}\cos(3\pi\times10^8t-2\pi x)\boldsymbol{e}_z=0.1\cos(3\pi\times10^8t-2\pi x)\boldsymbol{e}_z\ (\mathrm{A/m})$$

（3）求该电磁波的坡印廷矢量表达式和坡印廷矢量的平均值。

根据坡印廷矢量的定义：$\boldsymbol{S}=\boldsymbol{E}\times\boldsymbol{H}$，得

$$\begin{aligned}\boldsymbol{S}&=\boldsymbol{E}\times\boldsymbol{H}=[37.7\cos(3\pi\times10^8t-2\pi x)\boldsymbol{e}_y]\times[0.1\cos(3\pi\times10^8t-2\pi x)\boldsymbol{e}_z]\\&=3.77\cos^3(3\pi\times10^8t-2\pi x)\boldsymbol{e}_x\ \ (\mathrm{W/m^2})\end{aligned}$$

坡印廷矢量的平均值为：

$$\boldsymbol{S}_{\mathrm{av}}=\mathrm{Re}[\boldsymbol{E}\times\boldsymbol{H}^*]=\frac{1}{2}E_mH_m\boldsymbol{e}_x=\frac{1}{2}\times37.7\times0.1\boldsymbol{e}_x=1.885\boldsymbol{e}_x\ (\mathrm{W/m^2})$$

【例 7.2】　一均匀平面电磁波从海水表面垂直向下传播，已知海水表面磁场强度 $\boldsymbol{H}=10\sin\left(2\pi\times10^6t+\frac{\pi}{3}\right)\boldsymbol{e}_y$ A/m，海水的 $\varepsilon_r=80$，$\mu_r=1$，$\gamma=4$ S/m，求：

（1）海水中电磁波的衰减系数、相位系数、波阻抗、相位速度、波长。

（2）写出海水中 $\boldsymbol{E}$ 和 $\boldsymbol{H}$ 的相量形式表达式。

（3）与电磁波传播方向垂直的单位面积上通过的平均功率。

题意分析：

由于本题中媒质的电导率不为零，作为导电媒质首先应根据海水的电磁特性参数以及电磁波的频率，判断海水是何种媒质，是良导体还是不良导体。然后再套用相应的公式分析计算。

解：

电磁波的角频率为 $\omega=2\pi\times10^6$ (rad/s)，则：

$$\frac{\gamma}{\omega\varepsilon}=\frac{4}{2\pi\times10^{6}\times80\frac{1}{36\pi}\times10^{-9}}=900\gg1$$

所以海水可视为良导体，相关参数的计算可以引用良导体的计算公式。

（1）求海水中电磁波的衰减系数、相位系数、波阻抗、相位速度、波长。

衰减系数为：

$$\alpha=\sqrt{\frac{\omega\mu\gamma}{2}}=\sqrt{\frac{\omega\mu_r\mu_0\gamma}{2}}=\sqrt{\frac{2\pi\times10^{6}\times4\pi\times10^{-7}\times4}{2}}\approx3.97(\mathrm{Np/m})$$

在良导体中，电磁波相位系数近似等于衰减系数：

$$\beta=\alpha=3.97(\mathrm{rad/m})$$

波阻抗：

$$Z_0=|Z_0|e^{j\varphi}=\sqrt{\frac{\omega\mu}{\gamma}}e^{j\frac{\pi}{4}}=\sqrt{\frac{2\pi\times10^{6}\times4\pi\times10^{-7}}{4}}e^{j\frac{\pi}{4}}\approx1.405e^{j\frac{\pi}{4}}\ (\Omega)$$

其中，$\varphi=\frac{\pi}{4}$，是电场超前磁场的相位。

相位速度：

$$v=\frac{\omega}{\beta}=\frac{2\pi\times10^{6}}{3.97}\approx1.58\times10^{6}(\mathrm{m/s})$$

波长：

$$\lambda=\frac{2\pi}{\beta}=\frac{2\pi}{3.97}\approx1.58(\mathrm{m})$$

（2）海水中 $\boldsymbol{E}$ 和 $\boldsymbol{H}$ 的表达式。

设海水表面为 $x=0$ 的平面，则电磁波沿 x 轴正方向传播。由于磁场是 y 轴方向分量，根据坡印廷矢量的定义：$\boldsymbol{S}=\boldsymbol{E}\times\boldsymbol{H}$，电场、磁场以及电磁波的传播方向应遵循右手螺旋定律，所以本题中电场的方向应为 $-z$ 轴方向，三者的方向关系如图 7.19 所示。

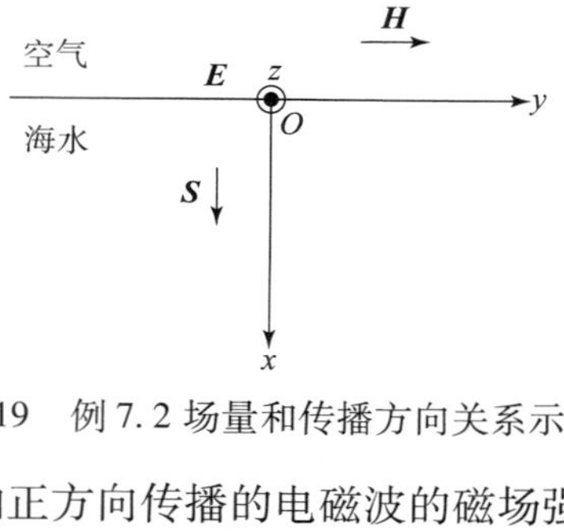

图 7.19 例 7.2 场量和传播方向关系示意图

正弦稳态时，海水中沿 x 轴正方向传播的电磁波的磁场强度瞬时表达式为：

$$\boldsymbol{H}(x,t)=H_m e^{-\alpha x}\sin(\omega t-\beta x+\phi)\boldsymbol{e}_y \tag{7.119}$$

已知海水表面（$x=0$）的磁场强度为：

$$\boldsymbol{H}(0,t)=10\sin\left(2\pi\times10^{6}t+\frac{\pi}{3}\right)\boldsymbol{e}_y(\mathrm{A/m})$$

结合上述两式得：

磁场强度的幅值为：

$$H_m = 10(\mathrm{A/m})$$

磁场强度分量的初相角为：

$$\phi = \frac{\pi}{3}$$

磁场强度瞬时表达式为：

$$\boldsymbol{H}(x,t) = 10\mathrm{e}^{-3.97x}\sin\left(2\pi\times10^6 t - 3.97x + \frac{\pi}{3}\right)\boldsymbol{e}_y(\mathrm{A/m})$$

磁场强度相量表达式为：

$$\dot{\boldsymbol{H}}(x) = \boldsymbol{e}_y\frac{10}{\sqrt{2}}\mathrm{e}^{-3.97x - \mathrm{j}3.97x + \mathrm{j}\frac{\pi}{3}}(\mathrm{A/m})$$

电场强度瞬时表达式为：

$$\begin{aligned}\boldsymbol{E}(x,t) &= Z_0\boldsymbol{H}(x,t)\times\boldsymbol{e}_x = |Z_0|10\mathrm{e}^{-3.97x}\sin\left(2\pi\times10^6 t - 3.97x + \frac{\pi}{3} + \frac{\pi}{4}\right)(-\boldsymbol{e}_z)\\ &= -14.05\mathrm{e}^{-3.97x}\sin\left(2\pi\times10^6 t - 3.97x + \frac{7\pi}{12}\right)\boldsymbol{e}_z(\mathrm{V/m})\end{aligned}$$

电场强度相量表达式为：

$$\dot{\boldsymbol{E}}(x) = -\boldsymbol{e}_z\frac{14.05}{\sqrt{2}}\mathrm{e}^{-3.97x - \mathrm{j}3.97x + \mathrm{j}\frac{7\pi}{12}}(\mathrm{V/m})$$

（3）与电磁波传播方向垂直的单位面积上通过的平均功率。

$$\begin{aligned}\boldsymbol{S}_{\mathrm{av}} &= \mathrm{Re}[\dot{\boldsymbol{E}}\times\dot{\boldsymbol{H}}^*] = \left(\frac{1}{2}|Z_0|H_{\mathrm{m}}^2\mathrm{e}^{-2\alpha x}\cos\phi\right)\boldsymbol{e}_x = \left(\frac{1}{2}\times1.405\times100\mathrm{e}^{-7.94x}\times\cos\frac{\pi}{4}\right)\boldsymbol{e}_x\\ &\approx 50\mathrm{e}^{-7.94x}\boldsymbol{e}_x(\mathrm{W/m^2})\end{aligned}$$

上述结果表明，在良导体中传播的电磁波，伴随着能量的损耗，即良导体中存在传导电流，消耗了焦耳热。

【例 7.3】 已知一个向 $+x$ 方向传播的平面电磁波在空间某点的表达式为：$\boldsymbol{E} = (E_y\boldsymbol{e}_y + E_z\boldsymbol{e}_z)\mathrm{V/m}$，在 $x=0$ 的平面上，电场强度的分量分别为：$E_y = (\alpha_1\sin\omega t + \alpha_2\cos\omega t)\mathrm{V/m}$，$E_z = (4\sin\omega t + 5\cos\omega t)\mathrm{V/m}$，若此波为圆极化波，求 α_1 和 α_2 的值，并判断该电磁波是左旋还是右旋圆极化波。

题意分析：

波极化的定义是：空间给定点上，电场强度矢量 $\boldsymbol{E}$ 的端点在空间随时间变化的方向，通常用 $\boldsymbol{E}$ 的端点在空间随时间变化描绘出的轨迹来表示。圆极化波表示：空间给定点上，电场强度矢量 $\boldsymbol{E}$ 的端点在空间随时间变化描绘出的轨迹是一圆周。因此，圆极化波的电场强度矢量 $\boldsymbol{E}$ 的幅值是一恒定值，数值上等于圆周的半径。若电场强度矢量 $\boldsymbol{E}$ 的端点旋转方向与波的传播方向构成左手螺旋关系，称这种电磁波为左旋极化波；反之，称为右旋极化波。本题的求解需要掌握圆极化，以及左旋和右旋极化的定义。

解：

（1）求 α_1 和 α_2 的值。

在本题中要求 $\boldsymbol{E}$ 的幅值是一恒定值，即：$E=\sqrt{E_y^2+E_z^2}=C$，C 为常数。

$$E_y^2=\alpha_1{}^2\sin^2\omega t+2\alpha_1\alpha_2\sin\omega t\cos\omega t+\alpha_2{}^2\cos^2\omega t$$

$$E_z^2=16\sin^2\omega t+40\sin\omega t\cos\omega t+25\cos^2\omega t$$

$$E_y^2+E_z^2=(\alpha_1{}^2+16)\sin^2\omega t+(2\alpha_1\alpha_2+40)\sin\omega t\cos\omega t+(\alpha_2{}^2+25)\cos^2\omega t$$

若要使上式为常数，必有下式成立：

$$\begin{cases}\alpha_1{}^2+16=\alpha_2{}^2+25\\2\alpha_1\alpha_2+40=0\end{cases}$$

解上述方程组得：

$$\begin{cases}\alpha_1=5\\\alpha_2=-4\end{cases}\quad 或\quad\begin{cases}\alpha_1=-5\\\alpha_2=4\end{cases}$$

（2）判断该电磁波的旋转方向。

本题仅分析$\begin{cases}\alpha_1=5\\\alpha_2=-4\end{cases}$时的情况，$\begin{cases}\alpha_1=-5\\\alpha_2=4\end{cases}$时分析方法类似。

当$\begin{cases}\alpha_1=5\\\alpha_2=-4\end{cases}$时，$E_y=(5\sin\omega t-4\cos\omega t)$，$E_z=(4\sin\omega t+5\cos\omega t)$。

判断圆极化波的旋转方向，可以通过观察一个周期中，不同时刻电场强度矢量 $\boldsymbol{E}$ 的方向来确定。

本题中，电磁波的角频率为 ω，根据频率和角频率的关系：$\omega=2\pi f$，所以电磁波的周期为：$T=\dfrac{2\pi}{\omega}$。分别绘出 $t=0$，$t=\dfrac{T}{8}=\dfrac{\pi}{4\omega}$，$t=\dfrac{T}{4}=\dfrac{\pi}{2\omega}$时刻的 $\boldsymbol{E}$ 的方向，如图 7.20 所示。

$t=0$（即 $\omega t=0$）时，　　$\boldsymbol{E}=(-4\boldsymbol{e}_y+5\boldsymbol{e}_z)$ V/m。

$t=\dfrac{T}{8}\left(即\ \omega t=\dfrac{\pi}{4}\right)$时，　　$\boldsymbol{E}=\left(-\dfrac{\sqrt{2}}{2}\boldsymbol{e}_y+\dfrac{9\sqrt{2}}{2}\boldsymbol{e}_z\right)$ V/m。

$t=\dfrac{T}{4}\left(即\ \omega t=\dfrac{\pi}{2}\right)$时，　　$\boldsymbol{E}=(5\boldsymbol{e}_y+4\boldsymbol{e}_z)$ V/m。

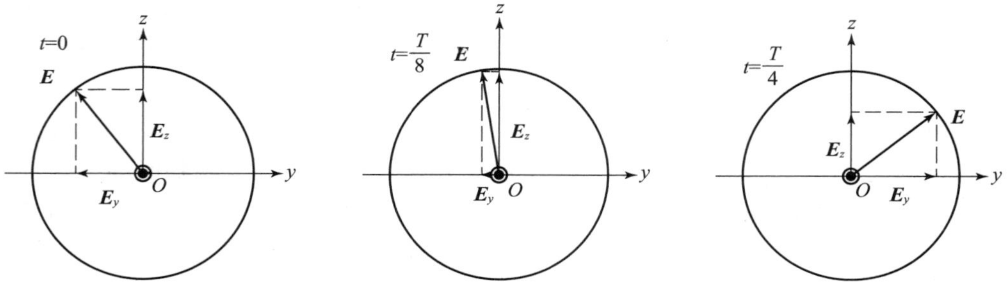

图 7.20　不同时刻电场强度的方向

从图中可以看出，随着时间的增加，电场强度矢量 $\boldsymbol{E}$ 的方向顺时针旋转，与波的传播方向（$+x$）构成左手螺旋关系，所以该圆极化波为左旋圆极化波。

习题和实训

1. 导出非均匀的各向同性线性媒质中，正弦电磁场应该满足的波动方程及亥姆霍兹方程。

2. 已知理想电介质中均匀平面波的电场强度瞬时值为

$$\boldsymbol{E}(x,t)=\boldsymbol{e}_y\cos\left(18\pi\times10^6 t-\frac{\pi}{3}x\right)\mathrm{V/m}$$

试求磁场强度复矢量、频率、波长、相位常数、相速及能流密度。

3. 设真空中平面波的磁场强度瞬时值为

$$\boldsymbol{H}(y,t)=2.4\pi\,\boldsymbol{e}_z\cos(6\pi\times10^8 t+2\pi y)\ \mathrm{A/m}$$

试求电场强度复矢量、频率、波长、相位常数、相速及能流密度。

4. 试证一个线极化平面波可以分解为两个旋转方向相反的圆极化波。

5. 试证一个椭圆极化平面波可以分解为两个旋转方向相反的圆极化平面波。

6. 试证圆极化平面波的能流密度瞬时值与时间及空间无关。

7. 设真空中圆极化平面波的电场强度为

$$\boldsymbol{E}(x)=100(\boldsymbol{e}_y+\mathrm{j}\,\boldsymbol{e}_z)\mathrm{e}^{-\mathrm{j}2\pi x}\ \mathrm{V/m}$$

试求该平面波的频率、波长、极化旋转方向、磁场强度以及能流密度。

8. 设真空中 $z=0$ 平面上分布的表面电流 $\boldsymbol{J}_S=\boldsymbol{e}_x J_{S0}\cos\omega t$，式中 J_{S0} 为常数。试求空间电场强度、磁场强度及能流密度。

9. 若在第 8 题中有一个无限大的理想导电表面位于 $z=d$ 平面，再求解其结果。

10. 已知平面波的电场强度为

$$\boldsymbol{E}=[(2+\mathrm{j}3)\boldsymbol{e}_x+4\,\boldsymbol{e}_y+2\,\boldsymbol{e}_z]\mathrm{e}^{\mathrm{j}(1.2y-2.4z)}$$

试求：①传播常数 $\boldsymbol{k}$；②极化特性；③是否是 TEM 波？

11. 当平面波自空气向无限大的媒质平面斜投射时，若平面波的电场强度振幅为 1 V/m，入射角为 60°，媒质的电磁参数为 $\varepsilon_r=3$，$\mu_r=1$，试求对于水平和垂直两种极化平面波形成的反射波及折射波的电场振幅。

12. 当右旋极化平面波以 60°入射角自媒质①向媒质②斜投射时，若两种媒质的电磁参数为 $\varepsilon_{r1}=1$，$\varepsilon_{r2}=9$，$\mu_{r1}=\mu_{r2}=1$，平面波的频率为 300 MHz，试求入射波、反射波及折射波的表达式及其极化特性。

13. 已知 $x<0$ 区域中媒质参数 $\varepsilon_1=6\varepsilon_0$，$\mu_1=\mu_0$；$x>0$ 区域中 $\varepsilon_2=2\varepsilon_0$，$\mu_2=\mu_0$。若第一种媒质中入射波的电场强度为

$$\boldsymbol{E}(x,y)=(-\boldsymbol{e}_x+\sqrt{3}\boldsymbol{e}_y+\mathrm{j}\,\boldsymbol{e}_z)\mathrm{e}^{-\mathrm{j}\pi(\sqrt{3}x+y)}\quad \mathrm{V/m}$$

试求：①平面波的频率；②入射角 θ_i；③反射波和透射波的磁场强度及其极化特性。

14. 已知电场强度为 $\boldsymbol{E}(z)=\boldsymbol{e}_x 10\mathrm{e}^{-\mathrm{j}2\pi z}$ 的平面波向三层媒质边界正投射，三种媒质的参数为 $\varepsilon_{r1}=1$，$\varepsilon_{r2}=4$，$\varepsilon_{r3}=16$，$\mu_1=\mu_2=\mu_3=\mu_0$，中间媒质夹层厚度 $d=0.5$ m，试求各区域中电场强度及磁场强度。

15. 若在第 14 题中，平面波的入射角度 $\theta=30°$，再求解其结果。

16. 已知天线罩的相对介电常数 $\varepsilon_r = 2.8$，为消除频率为 3 GHz 的平面波的反射，试求：①媒质层的厚度；②若频率提高 10% 时产生的最大驻波比。（天线罩两侧的媒质可以当作空气）

17. 若在无限大的理想导电体表面涂敷一层厚度 $d = 5$ cm 的理想电介质。已知左旋圆极化波的电场振幅为 2 V/m，频率 $f = 1\ 500$ MHz，媒质层的 $\varepsilon_r = 4$，$\mu_r = 1$，当该圆极化波自空气向该多层媒质表面正投射时，试求离媒质表面 50 cm 处的合成波电场强度振幅、磁场强度振幅及能流密度矢量。

18. 分析导电媒质和金属波导色散特性的异同，并给出相速、群速和能速之间的关系。

19. 采用 MATLAB 编写程序仿真平面电磁波及其传播特性。

第 8 章

电磁波辐射与天线基础

电磁场问题一般分为 4 种：有源波动方程描述的辐射问题、无源波动方程描述的传播问题、扩散方程描述的缓变问题、泊松方程或拉普拉斯方程描述的恒定问题。后面 3 个问题已经在前面章节中初步介绍，如第 7 章以平面电磁波为例，介绍了电磁波在空间的传播规律。但是，电磁波是怎样产生的呢？本章将回答这个问题，讨论高频交变电流辐射电磁波的规律。

8.1　电磁波辐射

电磁辐射是一种看不见、摸不着的场；人类生存的地球本身就是一个大磁场，它表面的热辐射和雷电都可产生电磁辐射，太阳及其他星球也从外层空间源源不断地产生电磁辐射。围绕在人类身边的天然磁场、太阳光、家用电器等都会发出强度不同的辐射。电磁辐射是物质内部原子、分子处于运动状态的一种外在表现形式。对人类社会生活环境有影响的电磁辐射分为天然电磁辐射和人为电磁辐射两种。大自然引起的如雷、电一类电磁辐射属于天然电磁辐射，而人为电磁辐射则主要包括各种形式的有用电磁能量、电磁波和电磁信号，如无线输电的能量、射频微波等无线通信信号、脉冲放电产生的电磁能量及电磁波、工频交变磁场等。

电磁辐射的定义：能量或信号以电磁波的形式通过空间传播的现象，是能量释放和信号传递的一种方式。电磁辐射作用的三要素是：电磁波源、辐射作用空间（区域、范围）、受体。电磁辐射的波源来自天线的时变电磁振荡；电磁辐射的源主要有天然（自然）和人为两种。其中人为辐射源主要包括：

（1）无线电发射台，如广播、电视发射台、雷达系统等。

（2）工频强电系统，如高压输变电线路、变电站等。

（3）应用电磁能的工业、医疗及科研设备，如电子仪器、医疗设备、激光照拍设备和办公自动化设备等。

（4）人们日常使用的家用电子设备和电器，如微波炉、电冰箱、空调、电热毯、电视机、录像机、电脑、手机等。

电磁辐射作用空间本质上就是传播路径；受体可以是既定目标，也可以是无意（不期望）目标。

电磁辐射（有时简称 EMR）的形式为在自由空间中或媒质中的自传播波。电磁辐射有两个分量的振荡：电场分量和磁场分量，它们分别在两个相互垂直的方向传播能量。电磁辐射根据频率或波长分为不同类型，包括（按序增加频率）：电力，无线电波，微波，太赫兹辐射，红外辐射，可见光，紫外线，X 射线和 γ 射线。其中，无线电波的波长最长，γ 射线的波长最短。

8.1.1 辐射条件

对于无限大自由空间的电磁场问题，为了保证 Maxwell 方程解的唯一性，电磁场必须在无限远处满足一定边界条件，称为 Sommerfeld 辐射条件，简称为辐射条件；它具有两大类共五种形式：第一类是四种标量形式，分别适用于三维、二维和一维无限空间以及三者统一应用；第二类是一种矢量形式。下面先介绍标量形式。

1. 辐射条件的标量形式

（1）对于三维无限空间，其辐射条件为：

$$\lim_{R\to\infty} R\left[\frac{\partial F_{\mathrm{t}}}{\partial R}+\mathrm{j}kF_{\mathrm{t}}\right]=0 \tag{8-1}$$

式中，F_{t} 代表无限远处电磁场的横向分量；$R=|\boldsymbol{r}-\boldsymbol{r}'|$，$\boldsymbol{r}$ 为场点坐标，$\boldsymbol{r}'$ 为源点坐标；$k=\omega\sqrt{\varepsilon\mu}$，$k$ 称为传播常数。此极限表明，无限远处电磁场振幅至少与距离 R 一次方成反比，其相位随距离增加逐渐滞后，与距离 R 一次方成正比。

（2）对于二维无限空间，其辐射条件为：

$$\lim_{R\to\infty} \sqrt{R}\left[\frac{\partial F_{\mathrm{t}}}{\partial R}+\mathrm{j}kF_{\mathrm{t}}\right]=0 \tag{8-2}$$

式（8-2）表明，无限远处的电磁场的振幅至少与距离 $\sqrt{R}$ 成反比，其相位与距离关系同式（8-1）。无限长线电流产生的电磁场满足此辐射条件。对于无耗空间，传播常数为实数，三维和二维无限空间电磁场的振幅衰减是由无限远处电磁场本身的发散特性导致的。

（3）对于一维无限空间，其辐射条件为：

$$\lim_{R\to\infty} \left[\frac{\partial F_{\mathrm{t}}}{\partial R}+\mathrm{j}kF_{\mathrm{t}}\right]=0 \tag{8-3}$$

式（8-3）表明，如果空间无耗，传播常数 k 为实数，无限远处电磁场振幅与距离无关，相位与距离的关系同式（8-1）。一维空间的电磁场形成平面波，自身不具有发散特性。

（4）三种辐射条件可用统一公式表示为：

$$\lim_{R\to\infty} R^{\frac{n-1}{2}}\left[\frac{\partial F_{\mathrm{t}}}{\partial R}+\mathrm{j}kF_{\mathrm{t}}\right]=0 \tag{8-4}$$

式中 n 代表维数。

上述辐射条件描述标量场的辐射特性。

2. 辐射条件的矢量形式

无限远处矢量场满足的辐射条件为：

$$\lim_{R\to\infty} R\left[\nabla\times\begin{pmatrix}\boldsymbol{E}\\ \boldsymbol{H}\end{pmatrix}+\mathrm{j}k\boldsymbol{e}_R\times\begin{pmatrix}\boldsymbol{E}\\ \boldsymbol{H}\end{pmatrix}\right]=0 \tag{8-5}$$

式中，$\boldsymbol{E}$ 为电场强度；$\boldsymbol{H}$ 为磁场强度；$\boldsymbol{e}_R$ 为传播方向。可以证明，一切有限尺寸的电磁波源在无限远处产生的电磁场满足上述辐射条件。

辐射的基本问题是由已知的时变电荷和电流计算任意点的电磁场，因此是边值问题。

8.1.2 电磁辐射作用的双重性

电场和磁场的交互变化产生的电磁波向空中发射或泄漏的现象，叫电磁辐射。电磁辐射的作用具有双重性：有益性和有害性。

1. 有益性（有用性）

利用电磁辐射传递能量、信号和信息；最为典型的就是无线通信。

电磁辐射具体应用领域和范畴主要包括：

（1）传递信息和能量。通信、广播、电视等通信主要有微波通信和长、短波通信，如手机、卫星电话。此外还有利用长、短波进行通信，如对讲机。广播是将声音变成电流，然后通过发射天线以波的形式传播出去。能量传递主要有无线输电等。

（2）目标检测和探测。雷达、导航、遥感、智能交通、智能小区、智慧社区、安检、人防、环境监测等。如雷达工作原理是发射机向探测的目标发送脉冲波，该脉冲波遇到探测目标能反射回来，于是就能测出反射波和发射机之间的时间间隔，从而得知探测目标与雷达所在地点的距离。

（3）医学应用。电磁辐射可以用以设计很多种生物医学诊断仪器、治疗仪器及监护设备等。比如利用微波理疗活血、治疗肿瘤等。用微波治疗肿瘤的天线或辐射器可以将温度控制在只杀死癌细胞的很窄温度范围内。电磁辐射热疗利用电磁能使局部组织升温，提高血液循环，促进新陈代谢而达到治疗的目的。

（4）感应加热。电磁炉、高频淬火、高频熔炼、高频焊接、高频切割等利用中、长波波段的高频电磁场能量使导体或半导体本身发热，达到热加工的目的。

（5）媒质加热。微波炉、微波干燥机、塑料热合机等将非导体置于强电磁场内，其带正电与负电的分子或原子在交变电磁场的作用下，以这个电场的频率振荡、“摩擦”而引起发热，达到加工的目的。

（6）军事应用。用于信息战、电子战、电磁武器等。

2. 有害性

电磁辐射对于无意目标（设备、系统、环境、人体或其他生命体）而言，就是电磁骚扰和干扰，会造成不同程度的威胁和危害，这类电磁辐射又称为电子烟雾。参见第 11 章电磁兼容的内容。

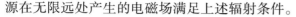

自然辐射源就很好地诠释了电磁辐射的双重性作用：一方面，因为任何物质都具有辐射电磁波的（潜在）能力，比如任何物体都有一定温度，有温度就有向外界辐射红外线（红外线是一种电磁波，所以也叫电磁辐射）降温的特性；同时有吸收红外线升温的特性，所以自然辐射作为一种自然现象，是维系生态平衡的必要条件；特别地，人体本身就是一种具有电磁辐射能力的自平衡电磁生态系统。另一方面，自然辐射主要来源于雷电、太阳热辐射、宇宙射线、地球的热辐射和媒质、物体静电等，它们会造成不同程度的威胁和危害。如雷电除了可能对电气设备、飞机、建筑物等直接造成危害外，还会在广泛的区域产生频率范围极宽（从几千 Hz 到几百 MHz）的严重电磁干扰；而火山喷发、地震和太阳黑子活动引起

的磁爆等都会产生电磁干扰。天然的电磁辐射对短波通信的干扰极为严重。

8.2 天线基础

8.2.1 天线的定义及分类

1. 标准定义

《GBT 14733.10 电信术语 天线》给出天线的定义是：无线电发射或接收系统中辐射或接收无线电波的部分。它为发射机或接收机与传播无线电波的媒质之间提供所需要的耦合。

注：①在实用中，对天线的终端或者对被认为是天线与发射机或接收机之间的接口应予以规定。②如果发射机或接收机由馈线接到天线则可将该天线认为是传输线引导的无线电波和空间的辐射波之间的换能器。《GJB 2436 天线术语》等标准引用了此定义。

与天线紧密相关的概念有：

（1）辐射单元：一副天线的基本单元，用来承受直接产生辐射方向图的射频电流或场（GBT 14733）。

注：一副天线可以包括一个或多个辐射单元；辐射单元可以是受激励的或不受激励的；天线的某些部件，例如支柱，在精确估算天线辐射方向图时，应考虑其影响。

（2）馈线：连接天线与发射机或接收机的射频传输线。对于包括不止一个受激单元的天线，它是连接天线输入端与一受激单元的射频传输线。

（3）天线系统：天线连同为实现其本身（它们的正常）功能所必需的机械和电气部件。

（4）天馈系统：对于基站来说，天馈系统是一个十分重要的概念，它是天线和馈线系统的统称，是指在天线及与之连接的发射节点之间，传输射频信号的设备（包括天线本身）。基站天馈系统是移动基站的重要组成部分，主要完成的功能有：对来自发信机的射频信号进行传输、发射，建立基站到移动台的下行链路；对来自移动台的上行信号进行接收、传输，建立移动台到基站的上行链路。基站天馈系统组成见图 8.1 和图 8.2。图 8.3 和图 8.4 为华为天馈系统。天馈系统中除天线外的其他部分主要用来传输天线和发射节点之间的射频信号，主要包括塔放雷电保护器以及诸多连接器、固定夹、支架、传输线等。天线本身的性能直接影响整个天馈系统性能并起着决定性作用；馈线系统在安装时匹配的好坏，直接影响天线性能的发挥。

天线是一种变换器，它把传输线上传播的导行波，变换成在无界媒介（通常是自由空间）中传播的电磁波，或者进行相反的变换。无线电通信、广播、电视、雷达、导航、电子对抗、遥感、射电天文等工程系统，凡是利用电磁波来传递信息的，都依靠天线来进行工作。此外，在用电磁波传送能量方面，非信号的能量辐射也需要天线。一般天线都具有可逆性，即同一副天线既可用作发射天线，也可用作接收天线。同一天线作为发射或接收的基本特性参数是相同的，这就是天线的互易定理。

天线辐射的是无线电波，接收的也是无线电波，然而发射机通过馈线送入天线的并不是无线电波，接收天线也不能把无线电波直接经馈线送入接收机，其中必须经过能量转换过程。如图 8.5 所示。下面以无线电通信设备为例介绍信号的传输过程及天线的能量转换作用。

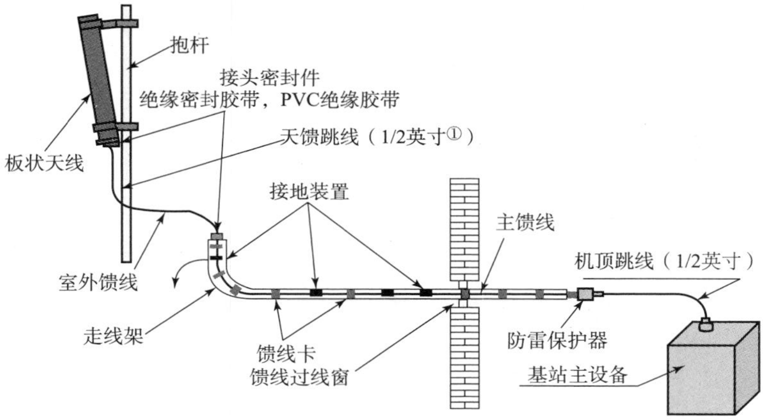

注：1英寸=2.54厘米

图 8.1　一种特殊 WLAN 基站天馈系统组成

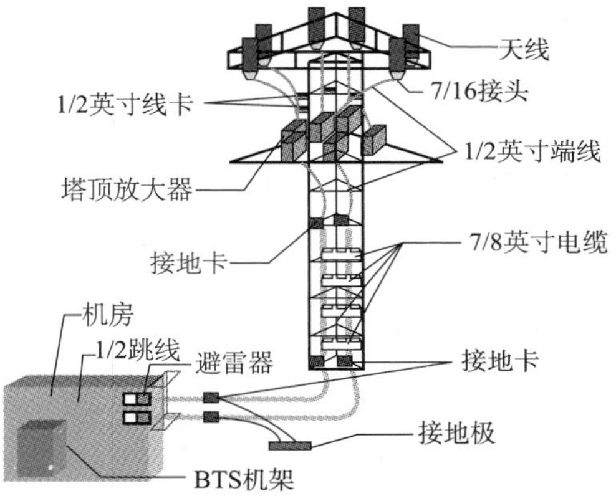

图 8.2　典型基站天馈系统组成

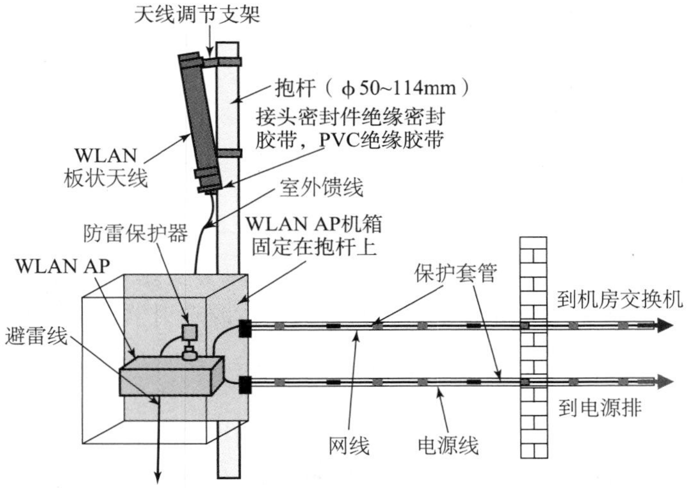

图 8.3　华为 WLAN 基站常规天馈系统

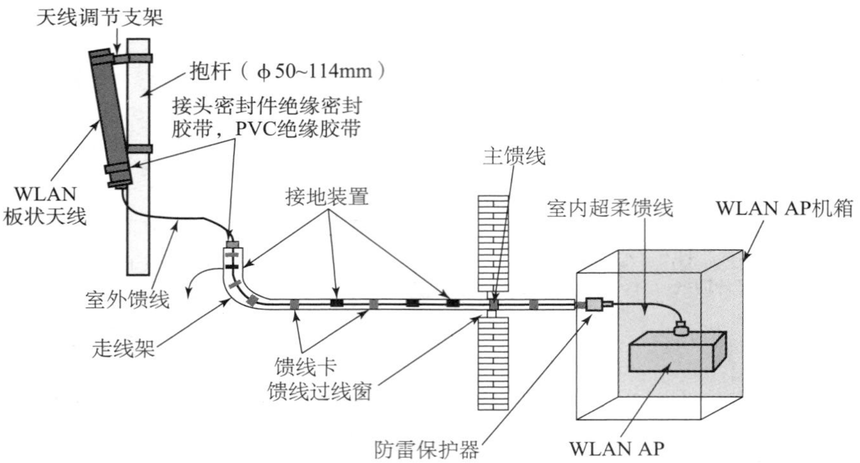

图 8.4　华为 WLAN 基站特殊天馈系统

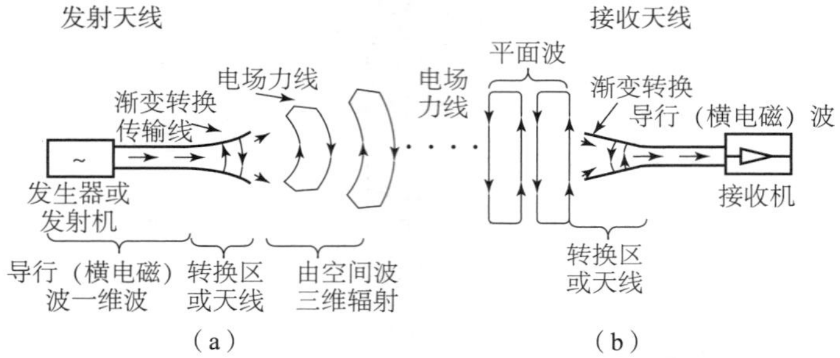

图 8.5　天线能量转换原理示意图

（a）无线电通信线路的发射天线；（b）无线电通信线路的接收天线

在发射端，发射机产生的已调制的高频振荡电流（能量）经馈电设备输入发射天线（馈电设备可随频率和形式不同，直接传输电流波或电磁波），发射天线将高频电流或导波（能量）转变为无线电波——自由电磁波（能量）向周围空间辐射；在接收端，无线电波（能量）通过接收天线转变成高频电流或导波（能量）经馈电设备传送到接收机。从上述过程可以看出，天线不但是辐射和接收无线电波的装置，同时也是一个能量转换器，是电路与空间的界面或接口。

我们认为：从天线的原理、特性、功能和应用来看，天线不仅是一种换能器，而本质上还是一种广义的传感器，它用来检测和监测空间电磁信号及能量。

注意：我们所说的天线，是指有意为之的天线，即为实现某种目的而设计和制造的天线。在有意天线外，还有一类是无意天线，是一种干扰源辐射器，是电磁兼容研究的一个主要对象、需要解决的一个主要问题。

2. 天线发射条件

如何使导体成为一个有效辐射的天线系统呢？这就提出了天线必须满足的发射条件：

（1）必须存在时变源，时变源可以是时变电荷源、时变电流源或时变电磁场。

（2）时变源的频率应足够高，才有可能产生明显的、较大的、有效的辐射。

（3）波源电路必须开放，源电路的结构方式对辐射强弱有极大影响，封闭的电路结构如谐振腔等，是不会产生电磁辐射的。

（4）天线振子长度可以与波长相比拟。

当作为天线振子的导体，其长度 L 远小于波长 λ 时，辐射很微弱；导体长度 L 增大到可与波长相比拟时，导线上的电流将大大增加，因而就能形成较强的辐射。发射天线正是利用辐射场的这种性质，使传送的信号经过发射天线后能够充分地向空间辐射。

特别注意，要区分发射和辐射两个概念。

《GJB 78－2—2002 电磁干扰和电磁兼容性术语》的定义：

辐射：能量以电磁波的形式发射出去。

发射：以辐射及传导的形式从源将电磁能量传播出去。辐射发射：以电磁场形式通过空间传播有用或无用电磁能量的现象。传导发射：沿金属导体传播电磁发射的现象，此类金属导体可以是电源线、信号线及一个非专门设置、偶然的导体，例如一个金属管等。

GB 4365 定义的（电磁）发射为：从源向外发出电磁能的现象。（无线电通信中的）发射：由无线电发射台产生并向外发出无线电波或信号的现象。而 GB 4365 对（电磁）辐射的定义是：

①能量以电磁波形式由源发射到空间的现象。

②能量以电磁波形式在空间传播。

注："电磁辐射"一词的含义有时也可引申，将电磁感应现象也包括在内。

另外，还要注意区分传输和传播两个概念。我们认为，传播是指空间无限的能量和信号传递；而传输是指空间受限的传递，比如在传输线、波导中。

3. 天线的分类

按照不同方式，可以将天线分为多种类型。

（1）按工作性质可分为发射天线和接收天线、收发共用天线。

（2）按用途可分为通信天线、广播天线、电视天线、雷达天线、手机天线、基站天线等。

（3）根据使用场合的不同可分为手持台天线、车载天线、基地台天线、机载天线、舰载天线、星载天线等。

手持台天线：就是个人使用手持对讲机的天线，常见的有橡胶天线和拉杆天线两大类。

车载天线：是指原设计安装在车辆上的通信天线，最常见、应用最普遍的是吸盘天线。车载天线的结构上也有缩短型、四分之一波长、中部加感型、八分之五波长、双二分之一波长等形式的天线。

基地台天线：在整个通信系统中具有非常关键的作用，尤其是作为通信枢纽的通信台站。常用的基地台天线有玻璃钢高增益天线、四环阵天线（八环阵天线）、定向天线

（4）按方向性可分为全向天线和定向天线等。调节成形天线方向的方式有多种，其中一种就是调节下倾角。按天线下倾角调节方式，分为机械天线和电调天线两类。机械天线指使用机械调整下倾角度的天线。电调天线指使用电子调整下倾角度的天线。

（5）按工作波长可分为超长波天线、长波天线、中波天线、短波天线、超短波天线、微波天线等。其中一种典型的微波天线如图 8.6 所示。

按频率特性可分为窄频带天线、宽频带天线、超宽频带天线、双频带天线和三频带天线等。

（6）按天线外形可分为线天线、杆状天线、平板天线、菱形天线、螺旋天线、喇叭天线、反射面天线等。

（7）按馈电方式可分为对称天线、不对称天线。

（8）按极化方式可分为线极化天线，其中包括垂直极化、水平极化、斜极化等，以及圆极化天线，还有椭圆极化天线等，其中包括左旋圆（椭圆）极化和右旋圆（椭圆）极化天线。

（9）按天线特性分类，在方向性和增益方面，可分为强方向性天线或高增益天线、弱方向性天线或低增益天线、定向天线、全向天线、笔形波束天线、扇形波束天线、余割平方波束天线、赋形波束天线等。

（10）按维数来分可分为一维天线、二维天线和多维天线。

一维天线：由许多电线组成，这些电线或者像手机上用到的直线，或者是一些灵巧的形状，就像出现电缆之前在电视机上使用的“老兔子耳朵”。单极和双极天线是两种最基本的一维天线。

二维天线：变化多样，有片状（一块正方形金属）、阵列状（组织好的二维模式的一束片）、喇叭状、碟状。

多维天线如四维天线，是为了适宜于各种电磁复杂环境中的阵列天线应用需求，而设计的具有超低副瓣、多波束、波束扫描以及波束赋形等特性的多自由度阵列天线，具有自适应和智能性特征。

（11）按天线基本单元（振子）个数及其排列可分为单振子天线和阵列天线，而阵列又有线阵、圆阵、平面阵、柱形阵、锥形阵、球形阵、共形阵、相控阵等。

（12）按天线是否具有智能性、自适应性等可分为普通天线和智能天线、自适应天线。

（13）按天线设计和发明以及应用的年代、历史、理论技术，又可以分为经典天线和新型天线等。其中新型天线包括相控阵天线、自适应天线、智能天线、PCB 天线、单脉冲天线、共形天线、射频综合集成天线、宽带天线、微带天线、微型天线、新型面天线、选择表面天线、新材料天线如左手材料天线、太赫兹天线、纳米天线等。

此外，按照位置固定与否，分为固定天线和移动天线。其他分类略。图 8.7 所示为基站天线。

图 8.6　微波天线

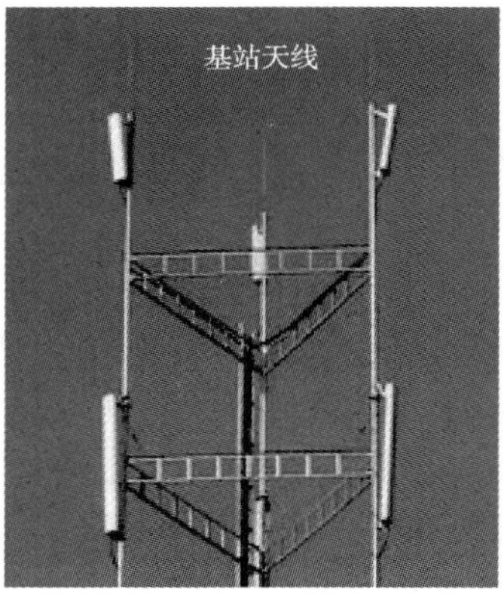

图 8.7　基站天线

8.2.2 天线的基本原理

电磁波是由运动电荷辐射出来的，产生辐射离不开天线（包括人造天线、自然天线和无意天线），例如无线电波是由发射天线上的时变电流辐射出来的。电流在导体内的流动会产生电场，电流在导体内变化会产生磁场，将向外辐射电磁波。

严格地说，天线上的电流和它激发的电磁场是相互作用的。天线电流激发电磁场，而电磁场反过来作用到天线电流上，影响着天线电流的分布。所以辐射问题本质上也是一个边值问题。天线电流和空间电磁场是相互作用的两个方面，需要应用天线表面上的边界条件，同时确定空间中的电磁波形式和天线上的电流分布。显然这个问题的求解比较复杂，本章不做深入探讨，而仅讨论在人造简单天线模型上给定电流分布如何计算辐射电磁波的问题。

对天线，不仅需要满足麦克斯韦波动方程及其边界条件，而且还应满足辐射条件。天线的激励源分布在有限区域，无穷远处不存在场源，满足的是齐次波动方程。求解该齐次方程即得到辐射条件式（8－1）。

式（8－1）这个方程的物理含义是：在天线场无穷远处，位函数和场均为 0，即只有出射波，没有入射波，这是天线问题与一般电磁场问题的根本不同点。只有同时满足矢量波动方程和辐射条件，才能形成天线。

1. 电流元

研究天线问题，实质上是研究天线所产生的空间电磁场分布，以及由空间电磁场分布所决定的天线特性。空间任一点的电磁场都应满足电磁场方程（麦克斯韦方程）和边界条件。因此，求解天线问题实质上是求解电磁方程并满足边界条件。天线问题实质上是电磁场问题，它的理论基础是电磁场理论。

研究天线从电流元开始，电流元也叫作基本振子，也称电流源。电流元具备的很多电磁辐射特性是任何其他天线所共有的。任何线天线均可看成是由很多电流元连续分布形成的，电流元是线天线的基本单元。而很多面天线也可直接根据面上的电流分布求解其辐射特性。

图 8.8 所示为电流元模型。

2. 电基本振子

1）定义

一段理想的高频电流直导线，长度 $l \ll \lambda$，半径 $a \ll l$，沿线电流 $i(t) = I\cos\omega t$ 等幅同相均匀分布。

电基本振子也叫作电流元。电流元上电流对应电荷的流动，在微分电流段两端形成（时变的）正负电荷积累，等效为时变电偶极子。这正是赫兹最先研究和使用的偶极子，故又常称为赫兹偶极子，也叫作无穷小振子。电流元长度一半限定为 $l \ll \lambda/50$。当 $\lambda/50 \ll l \ll \lambda/10$ 时称为短偶极子。除此之外的有限长度偶极子就是通常所说的偶极子天线，也称为对称振子（天线）。

2）空间场分布

假设电流源位于坐标原点，沿着 z 轴放置，长度为 l，其上电流等幅同相分布，即 $\boldsymbol{I} = I_0 \boldsymbol{a}_z$，这里 I_0 是常数。

电基本振子坐标示意图如图 8.9 所示。

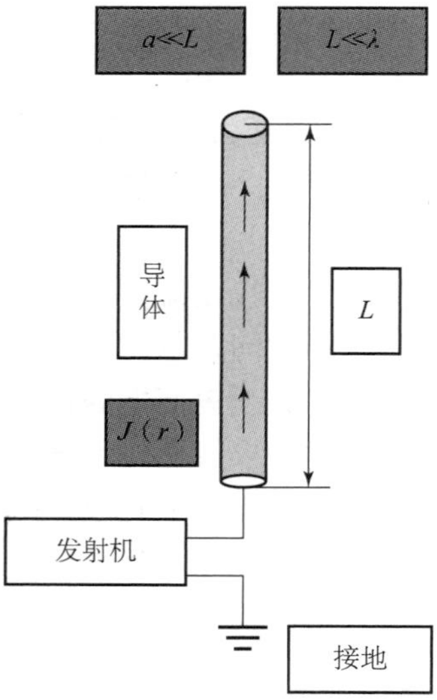

图 8.8　电流元模型

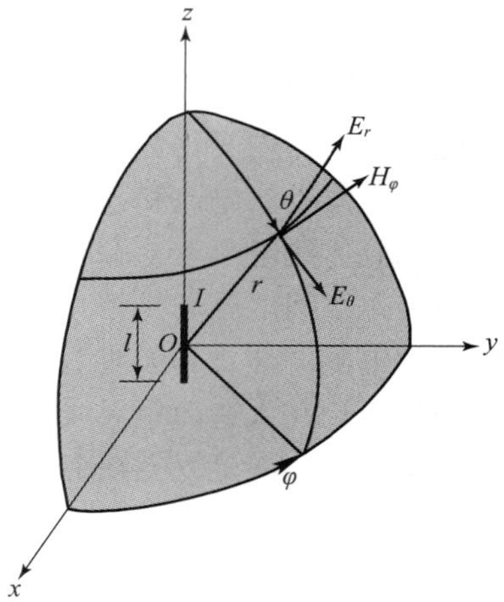

图 8.9　电基本振子坐标示意图

为求电基本振子空间的场分布，首先求出其矢量磁位 $\boldsymbol{A}$，再由 $\boldsymbol{A}$ 求出电场强度 $\boldsymbol{E}$ 和磁场强度 $\boldsymbol{H}$。

根据电磁场理论，电流分布 $\boldsymbol{I}(x',\ y',\ z') = I_0\hat{\boldsymbol{a}}_z$ 的电流元，其矢量磁位 $\boldsymbol{A}$ 可以表示为：

$$\boldsymbol{A}(x,y,z) = \frac{\mu}{4\pi}\int_l I_e(x',y',z',)\ \frac{\mathrm{e}^{-\mathrm{j}kr}}{r}\mathrm{d}l' \tag{8-6}$$

式中　$(x,\ y,\ z)$ ——观察点坐标；

$(x',\ y',\ z')$ ——源点坐标；

r——源点到观察点的距离。

由于基本电振子的长度 l 远小于波长 λ 和距离 r，因此式（8-6）可以表示成：

$$\boldsymbol{A}\ (x,y,z) = \hat{\boldsymbol{a}}_z\frac{\mu I_0}{4\pi r}\mathrm{e}^{-\mathrm{j}kr}\int_{-l/2}^{l/2}\mathrm{d}z' = \hat{\boldsymbol{a}}_z\frac{\mu I_0 l}{4\pi r}\mathrm{e}^{-\mathrm{j}kr} \tag{8-7}$$

引用直角坐标与球坐标的变换关系，将式（8-7）改写为：

$$A_r = A_z\cos\theta = \frac{\mu I_0 l\mathrm{e}^{-\mathrm{j}kr}}{4\pi r}\cos\theta$$

$$A_\theta = -A_z\sin\theta = -\frac{\mu I_0 l\mathrm{e}^{-\mathrm{j}kr}}{4\pi r}\sin\theta$$

$$A_\phi = 0$$

又 $\boldsymbol{H} = \frac{1}{\mu_0}\nabla\times\boldsymbol{A} = \hat{\boldsymbol{a}}_\varphi\frac{1}{\mu r}\left[\frac{\partial}{\partial r}(rA_\theta) - \frac{\partial A_r}{\partial\theta}\right]$，得到磁场分量表达式：

$$H_\phi = \frac{I_0 l\sin\theta}{4\pi}\left[\mathrm{j}\frac{k}{r} + \frac{1}{r^2}\right]\mathrm{e}^{-\mathrm{j}kr} \tag{8-8}$$

$$H_r = 0$$

$$H_\theta = 0$$

由 $\boldsymbol{E}=\frac{1}{\mathrm{j}\omega\varepsilon}\nabla\times\boldsymbol{H}$ 可得电场分量表达式为：

$$E_r=\frac{I_0 l\cos\theta}{2\pi\omega\varepsilon_0}\left[\frac{k}{r^2}+\frac{1}{\mathrm{j}r^3}\right]\mathrm{e}^{-\mathrm{j}kr} \tag{8-9}$$

$$E_\theta=\frac{I_0 l\sin\theta}{4\pi\omega\varepsilon_0}\left[\mathrm{j}\frac{k^2}{r}+\frac{1}{r^2}-\mathrm{j}\frac{1}{r^3}\right]\mathrm{e}^{-\mathrm{j}kr} \tag{8-10}$$

$$E_\varphi=0$$

由此可见，基本电振子的场强矢量由三个分量 H_φ、E_r、E_θ 组成。式（8-8）、式（8-9）、式（8-10）是一般表达式，对于任意距离 r 的场点都适用。

3）场区域划分

根据电基本振子的场矢量与距离 r 的关系，分为近区场、临界区和远区场，下面分别加以讨论。

（1）近区场。

$r\ll\lambda/2\pi$（或 $kr\ll 1$）的区域称为近区场，有以下关系：

$$\frac{1}{kr}\ll\frac{1}{(kr)^2}\ll\frac{1}{(kr)^3}$$

$$\mathrm{e}^{-\mathrm{j}kr}\approx 1$$

则近区电磁场分量表达式为：

$$\left.\begin{aligned}
H_\varphi &= \frac{Il}{4\pi r^2}\sin\theta\\
E_r &= -\mathrm{j}\frac{Il}{4\pi r^3}\frac{2}{\omega\varepsilon_0}\cos\theta\\
E_\theta &= -\mathrm{j}\frac{Il}{4\pi r^3}\frac{2}{\omega\varepsilon_0}\sin\theta\\
E_\varphi &= H_r = H_\theta = 0
\end{aligned}\right\} \tag{8-11}$$

近区场具有以下特点：

①近区场是准静态场。将式（8-11）与静电场中电偶极子产生的电场以及恒定电流产生的磁场做比较可见，除了电基本振子的电磁场随时间变化外，在近区内的场振幅表达式完全相同，故近区场也称为似稳场或准静态场。

②由于场强与 $1/r$ 的高次方成正比，所以近区场随距离的增大而迅速减小，即离天线较远时，可认为近区场近似为零。

③近区场是感应场。电场和磁场之间存在 $\pi/2$ 的相位差，其坡印廷矢量为虚数，其平均值为 $S_{\mathrm{av}}=\frac{1}{2}\mathrm{Re}\left[\boldsymbol{E}\times\boldsymbol{H}^*\right]=0$，能量只在电场和磁场以及场与源之间交换而没有辐射，所以近区场也称为感应场，可以用它来计算天线的输入电抗。注意，由于以上的讨论中忽略了很小的 $1/r$ 项，而在远区场正是它们构成了电基本振子远区的辐射实功率。

近区场的特点可用以计算天线的输入阻抗。

（2）远区场。

$r\gg\lambda/2\pi$（或 $kr\gg 1$）的区域称为远区场，此区域内有以下关系：

$$\frac{1}{kr}\gg\frac{1}{(kr)^2}\gg\frac{1}{(kr)^3}$$

所以远区场量表达式为：

$$\left.\begin{aligned} H_\varphi &= \mathrm{j}\,\frac{Il}{2\lambda r}\sin\theta \mathrm{e}^{-\mathrm{j}kr} \\ E_\theta &= \mathrm{j}\,\frac{60\pi Il}{\lambda r}\sin\theta \mathrm{e}^{-\mathrm{j}kr} \\ H_r &= H_\theta = E_r = E_\varphi = 0 \end{aligned}\right\} \tag{8-12}$$

式（8－12）说明有能量沿 r 方向向外辐射，所以远区场为辐射场。远区场的性质与近区场的性质完全不同，场强只有两个相位相同的分量（E_θ，H_ϕ），其电力线分布如图 8.10 所示，场矢量如图 8.11 所示。

图 8.10　电基本振子电力线

远区场具有以下特点：

①空间内任一点只有 E_θ 和 H_φ 两个分量，且电场和磁场在空间方向上相互垂直，在时间上相位相同。

②远区场的相位随 r 增加不断滞后，其等相位面是一个 r 为常数的球面：

$E_\theta \propto \dfrac{1}{r}$、$H_\varphi \propto \dfrac{1}{r}$，传播速度 $c = 1/\sqrt{\mu_0\varepsilon_0}$，相位因子为 $\mathrm{e}^{-\mathrm{j}kr}$，其中 r 为常数。且有 $E_\theta \propto \sin\theta$、$H_\varphi \propto \sin\theta$，即不是均匀球面波。

远区场与距离 r 成反比，场强随距离增加而不断衰减，这种衰减不是媒质的损耗引起的，而是球面波固有的扩散特性导致的。

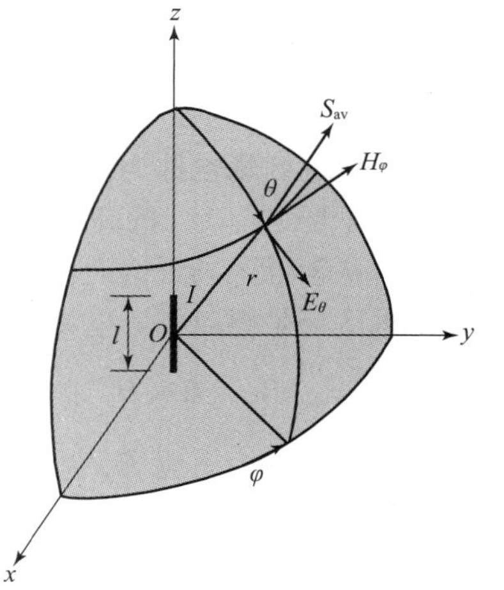

图 8.11　电基本振子远区场的场矢量

③辐射具有方向性。远区场为向 $\boldsymbol{r}$ 方向传播的电磁波。电场及磁场均与传播方向 $\boldsymbol{r}$ 垂直，纵向分量 $E_r \ll E_\theta$，而磁场分量只有横向分量 H_φ，所以远区场近似为 TEM 波。

由于 $\boldsymbol{r}$ 是矢径，所以辐射的方向性与观察点所处的方位有关，即在相同距离点处不同方位的辐射场强是不等的，这就是特性的方向性，也称为指向性。将天线辐射场强表达式中与方位角 θ 及 φ 有关的函数称为天线方向性因子，以函数 $f(\theta, \varphi)$ 表示。由于电流元沿 z 轴放置，具有轴对称性，则场强与方位角 φ 无关而仅与 θ 有关，即 $f(\theta, \varphi)=\sin\theta$。

④电场与磁场的关系为 $\dfrac{E_\theta}{H_\varphi}=z$，为常数，称为媒质的波阻抗。对于自由空间有 $Z=\dfrac{E_\theta}{H_\varphi}=\sqrt{\dfrac{\mu_0}{\varepsilon_0}}=120\pi(\Omega)$。

⑤电场及磁场的方向与时间无关，即电流元的辐射场具有线极化特性。当然在不同的方向上，场强的极化方向是不同的。

⑥在观察点处电场与磁场同向，复能量密度矢量仅有实部；$e_\theta \times e_\varphi = e_r$，所以复能流密度矢量的方向为辐射波传播方向，即远区场只有能量不断向外传播，其坡印廷矢量平均值为：

$$W_{\text{av}}=\frac{1}{2}\text{Re}[\boldsymbol{E}\times\boldsymbol{H}^*]=\frac{1}{2}\text{Re}[\hat{\boldsymbol{a}}_r E_\theta H_\varphi^*]=\hat{\boldsymbol{a}}_r\frac{15\pi I^2 l^2}{\lambda^2 r^2}\sin^2\theta。$$

⑦辐射功率。电流元空间辐射的总功率称为辐射功率，是坡印廷矢量在任意包围电流源球面上的积分，即

$$\begin{aligned}P_r &= \oint\!\!\!\oint_S \frac{1}{2}\text{Re}[\boldsymbol{E}\times\boldsymbol{H}^*]\cdot \text{d}\boldsymbol{S}\\ &=\int_0^{2\pi}\text{d}\varphi\int_0^{\pi}\frac{15\pi I^2 l^2}{\lambda^2}\sin^3\theta\text{d}\theta\\ &=40\pi^2 I^2\left(\frac{l}{\lambda}\right)^2\end{aligned}$$

可见，辐射功率与距离 r 无关，l 越长或频率越高，辐射功率越强；电偶极子是一个效率很低的辐射器。

⑧辐射电阻。可以认为电流元的辐射功率被一个等效电阻吸收，这个电阻称为辐射电阻，以 R_r 表示。

$$R_r=\frac{2P_r}{I^2}=80\pi^2\left(\frac{l}{\lambda}\right)^2(\Omega)$$

上述线特性除极化特性外，其余特性是一切尺寸有限的天线远区场的共性，即一切有限尺寸的天线，其远区场为 TEM 波，是一种辐射场，其场强振幅不仅与距离 r 成反比，同时也与方向有关。

（3）过渡区（临界区，中间场区）。

$r>\lambda/2\pi$（或 $kr>1$）的区域称为中间场区，此区域内场表达式为：

$$E_r=\eta\frac{I_0 l}{2\pi r^2}\cos\theta \text{e}^{-\text{j}kr}$$

$$E_\theta=\text{j}\eta\frac{kI_0 l}{4\pi r}\sin\theta \text{e}^{-\text{j}kr}$$

$$H_{\phi}=\mathrm{j}\frac{kI_0l}{4\pi r}\sin\theta\mathrm{e}^{-\mathrm{j}kr}$$

$$E_{\phi}=H_r=H_{\theta}=0$$

小结以上场区划分及其特点，得电基本振子场区特性的示意图如图 8.12 所示。

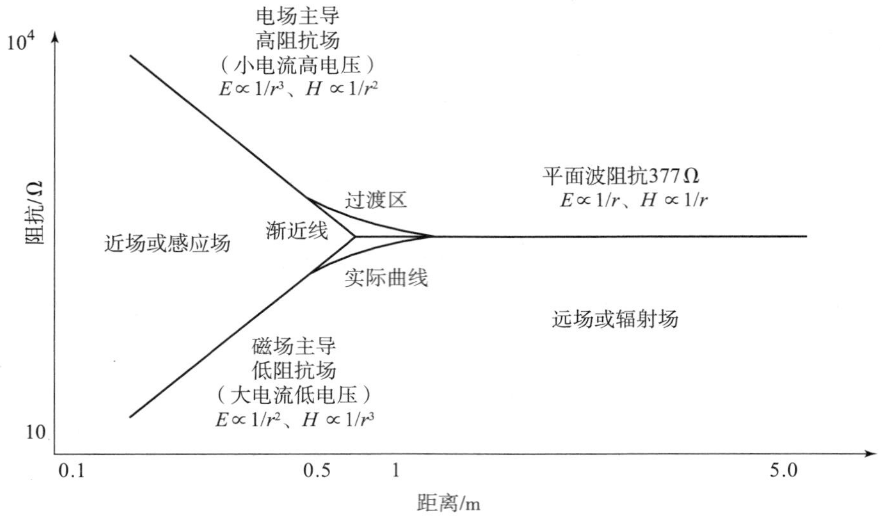

图 8.12　电基本振子场区示意图

3. *磁基本振子*

磁基本振子又称磁流源（元）或磁偶极子，不能孤立存在，其实际物理模型是小电流环。下面介绍磁基本振子的辐射场。

长度为 l（$l\ll\lambda$）的磁流源 $I_{\mathrm{m}}l$，置于球坐标系的原点，可根据基本电振子的辐射电磁场，由对偶原理得到基本磁振子的远区辐射场分量为：

$$E_{\varphi}=-\mathrm{j}\frac{I_{\mathrm{m}}l}{2\lambda r}\sin\theta\mathrm{e}^{-\mathrm{j}kr}$$

$$H_{\theta}=\mathrm{j}\frac{I_{\mathrm{m}}l}{2\eta\lambda r}\sin\theta\mathrm{e}^{-\mathrm{j}kr}$$

$$E_r=E_{\theta}=H_r=H_{\varphi}=0$$

注意式中各个场量与电基本振子中场量的对偶关系。与电基本振子的辐射场相比，磁基本振子的辐射场只是电场和磁场的方向发生变化，其他特性完全相同。

磁基本振子的实际模型是小电流环，假设小电流环半径为 a，环面积 $S=\pi a^2$，环上电流为 I_0。磁基本振子与小电流环的等价关系为 $I_{\mathrm{m}}l=\mathrm{j}S\omega\mu_0I_0$，由此可得小电流环的辐射场表达式为：

$$E_{\phi}=\frac{\omega\mu_0SI_0}{2\lambda r}\sin\theta\mathrm{e}^{-\mathrm{j}kr}$$

$$H_{\theta}=-\frac{\omega\mu_0SI_0}{2\eta\lambda r}\sin\theta\mathrm{e}^{-\mathrm{j}kr}$$

$$E_r=E_{\theta}=H_r=H_{\phi}=0$$

图 8. 13 所示为磁基本振子的坐标示意图。

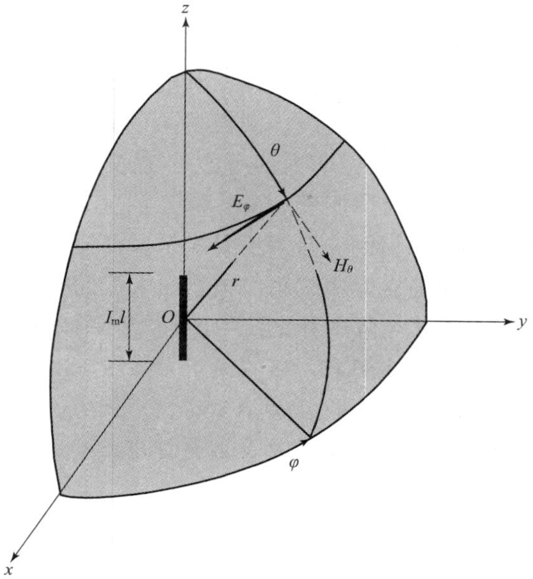

图 8. 13　磁基本振子的坐标

辐射总功率为：

$$P_r = \oint\!\!\!\oint_S \frac{1}{2}\mathrm{Re}[\boldsymbol{E} \times \boldsymbol{H}^*] \cdot \mathrm{d}\boldsymbol{S} = 160\pi^4 I_m^2 \left(\frac{S}{\lambda^2}\right)^2$$

辐射电阻为：

$$R_r = \frac{2P_r}{I_m^2} = 320\pi^4 \left(\frac{S}{\lambda^2}\right)^2 \ (\Omega)$$

如果电流环的匝数为 N，其辐射阻抗可以表示为：

$$R_r = 320\pi^4 N^2 \left(\frac{S}{\lambda^2}\right)^2 (\Omega)$$

由上述讨论可以看出，同样长度的导线绕制成的电流环，在电流幅度相同的情况下，远区的辐射能力比电基本振子的小几个数量级。所以可以通过增加匝数的方法提高辐射能力。

表 8. 1 列出了电偶极子与磁偶极子场区特性的比较情况。

表 8. 1　电偶极子与磁偶极子场区特性比较

场源类型	近区场（$r<\lambda/2\pi$）		远区场（$r>\lambda/2\pi$）	
	场特性	传播特性	场特性	传播特性
电偶极子	非平面波	以$\frac{1}{r^3}$衰减	平面波	以$\frac{1}{r}$衰减
磁偶极子	非平面波	以$\frac{1}{r^3}$衰减	平面波	以$\frac{1}{r}$衰减

8.2.3 偶极子（对称振子）的辐射

偶极子是中点断开、其两臂由两段等长导线构成并接以馈电源的线性导体，也称为对称振子。两臂之间的间隙很小，理论上可忽略不计，所以振子的总长度 $L=2l$。对称振子的长度与波长相比拟，本身也可以构成实用天线。偶极子主要有半波偶极子、全波偶极子两种。半波偶极子天线（对称振子）是每臂长度为四分之一波长、全长为二分之一波长的天线。全长与波长相等的振子，称为全波对称振子。

偶极子的辐射是最基本的一种辐射，偶极子天线是一种经典的、迄今为止使用最广泛的天线，单个半波偶极子可简单地独立使用或用作抛物面天线的馈源，也可采用多个半波偶极子天线组成天线阵。它在宏观无线电辐射和微观带电粒子辐射中都占有重要地位。

偶极子的辐射源是在馈电电源作用下，在偶极子天线振子上所建立的电流。

下面讨论计算电偶极子辐射场的一般公式。

电磁波是由运动电荷辐射出来的，电偶极子的辐射即由分布在小范围内的电荷以远小于光速的速度运动而在远处辐射的场。

设空间某区域中，电流密度 $\boldsymbol{J}$ 以一定的频率振荡，$\boldsymbol{J}(\boldsymbol{x}',t)=\boldsymbol{J}(\boldsymbol{x}')\mathrm{e}^{-\mathrm{j}\omega t}$，代入磁矢位方程 $\boldsymbol{A}(\boldsymbol{x},t)=\dfrac{\mu_0}{4\pi}\displaystyle\int\frac{\boldsymbol{J}\left(\bar{\boldsymbol{x}}',t-\frac{r}{c}\right)}{r}\mathrm{d}V'$，若令 $\boldsymbol{A}(\boldsymbol{x},t)=\boldsymbol{A}(\boldsymbol{x})\mathrm{e}^{-\mathrm{j}\omega t}$，得到：

$$\begin{aligned}\boldsymbol{A}(\boldsymbol{x})\mathrm{e}^{-\mathrm{j}\omega t} &= \frac{\mu_0}{4\pi}\int\frac{\boldsymbol{J}(\boldsymbol{x}')\mathrm{e}^{-\mathrm{j}\omega\left(t-\frac{r}{c}\right)}}{r}\mathrm{d}V' \\ &= \mathrm{e}^{-\mathrm{j}\omega t}\frac{\mu_0}{4\pi}\int\frac{\boldsymbol{J}(\boldsymbol{x}')\mathrm{e}^{\mathrm{j}kr}}{r}\mathrm{d}V'\end{aligned}$$

其中波数为 $k=\dfrac{\omega}{c}$，因此

$$\boldsymbol{A}(\boldsymbol{x}) = \frac{\mu_0}{4\pi}\int\frac{\boldsymbol{J}(\boldsymbol{x}')\mathrm{e}^{\mathrm{j}kr}}{r}\mathrm{d}V' \tag{8-13}$$

$\mathrm{e}^{\mathrm{j}kr}$是推迟因子，表示电磁波由 $\boldsymbol{x}'$传到 $\boldsymbol{x}$ 时有位相滞后 $\mathrm{e}^{\mathrm{j}kr}$，将式（8－13）求得的 $\boldsymbol{A}$ 带入$\boldsymbol{B}=\nabla\times\boldsymbol{A}$ 求出磁感应强度。再根据本构关系，求得电场矢量。由于

$$\nabla\times\boldsymbol{B}=\mu_0\varepsilon_0\frac{\partial\boldsymbol{E}}{\partial t}=-\frac{\mathrm{j}\omega}{c^2}\boldsymbol{E},\qquad \boldsymbol{E}(\boldsymbol{x},t)=\boldsymbol{E}(\boldsymbol{x})\mathrm{e}^{-\mathrm{j}\omega t}$$

因而

$$\boldsymbol{E}=\frac{c^2}{-\mathrm{j}\omega}\nabla\times\boldsymbol{B}=\mathrm{j}c\frac{c}{\omega}\nabla\times\boldsymbol{B}=\frac{\mathrm{j}c}{k}\nabla\times\boldsymbol{B} \tag{8-14}$$

总之，在这种情况下，由矢势 $\boldsymbol{A}$ 可完全确定电磁场 $\boldsymbol{B}$、$\boldsymbol{E}$。省去烦琐的推导，得到以下结果：

$$\boldsymbol{B}=\frac{1}{4\pi\varepsilon_0Rc^3}|\ddot{\boldsymbol{P}}|\mathrm{e}^{\mathrm{j}kR}\sin\theta\boldsymbol{e}_\varphi \tag{8-15}$$

$$\boldsymbol{E}=\frac{1}{4\pi\varepsilon_0Rc^2}|\ddot{\boldsymbol{P}}|\mathrm{e}^{\mathrm{j}kR}\sin\theta\boldsymbol{e}_\theta \tag{8-16}$$

由于电荷分布在场点处为零，$\nabla\cdot\boldsymbol{B}=0$，$\nabla\cdot\boldsymbol{E}=0$，电场线与磁感应线都是闭合的。

同样省去推导过程，可给出偶极子辐射场矢量表达式如下：

$$\begin{cases} H_r = H_\theta = 0 \\ H_\varphi = \dfrac{I_m l}{4\pi}\sin\theta\left(\mathrm{j}\dfrac{k}{r}+\dfrac{1}{r^2}\right)\mathrm{e}^{-\mathrm{j}kr} \\ E_r = \dfrac{I_m l}{4\pi\omega\varepsilon}\dfrac{2}{}\cos\left(\dfrac{k}{r^2}-\mathrm{j}\dfrac{k}{r^3}\right)\mathrm{e}^{-\mathrm{j}kr} \\ E_\theta = \dfrac{I_m l}{4\pi\omega\varepsilon}\dfrac{1}{}\sin\theta\left(\mathrm{j}\dfrac{k^2}{r}+\dfrac{k}{r^2}-\mathrm{j}\dfrac{1}{r^3}\right)\mathrm{e}^{-\mathrm{j}kr} \\ E_\varphi = 0 \end{cases} \tag{8-17}$$

在近区场，场量表达式中正比于 $1/r$ 的项可以忽略不计。近区场主要是感应场，是非辐射场。

在远区场，场量表达式中正比于 $1/r^3$ 和 $1/r^2$ 的项可以忽略不计，场量与距离 $1/r$ 成正比。远区场主要是辐射场。天线辐射场通常就是指远区场。

8.2.4　天线的基本参数

下面以半波对称振子为例，定义并说明天线的基本参数。

对称振子结构如图 8.14 所示，它由两根同样粗细、同样长度的直导线构成，在中间的两个端点馈电。每根导线的长度为 l，称为对称振子的臂长；a 为导线的半径。

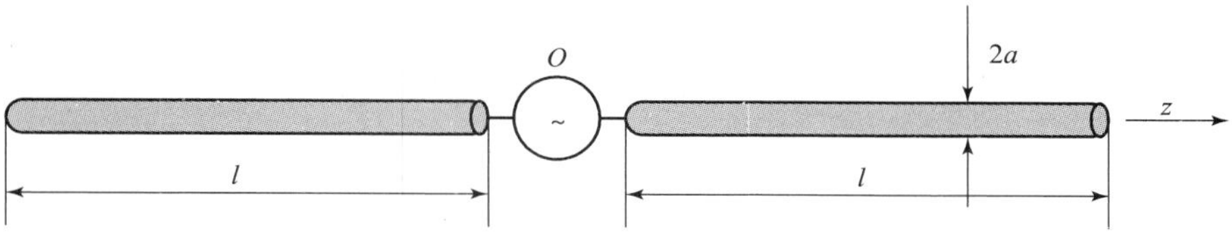

图 8.14　对称振子结构

取对称振子中心为坐标原点，振子轴沿 z 轴。其电流分布近似地表示为：

$$I(z) = \begin{cases} I_m \sin\left[\dfrac{2\pi}{\lambda}(l-z)\right], & 0<z<l \\ I_m \sin\left[\dfrac{2\pi}{\lambda}(l+z)\right], & -l<z<0 \end{cases} \tag{8-18}$$

对于半波振子，其全长 $2l = 0.5\lambda$。

（一）辐射方向图

天线的辐射方向图简称为方向图，也叫波瓣图。辐射方向图是天线的功率通量密度、场强、相位和极化等辐射参量随空间方向变化的图形显示。

辐射方向图通常在远区测定，并表示为空间方向坐标的函数，称为方向性函数。

一般情况下，辐射方向图指功率通量密度的空间分布，有时指场强的空间分布。实际上常用功率通量密度或场强的归一化值表示方向图，称为归一化方向图。

归一化功率方向图方程：

$$P_n(\theta,\phi) = \frac{P(\theta,\phi)}{P(\theta,\phi)_{\max}} = \frac{S(\theta,\phi)}{S(\theta,\phi)_{M}} \tag{8-19}$$

归一化场强方向图方程：

$$F(\theta,\phi)=\frac{|E(\theta,\phi)|}{|E(\theta,\phi)_{\mathrm{M}}|} \tag{8-20}$$

式中，$S(\theta,\ \phi)$ 为坡印廷矢量的幅值且 $S(\theta,\phi)=[E_{\theta}^{2}(\theta,\phi)+E_{\phi}^{2}(\theta,\phi)]/Z_0(\mathrm{W/m^2})$；$S(\theta,\phi)_{\mathrm{M}}$ 和$E(\theta,\phi)_{\mathrm{M}}$ 分别是功率通量密度和场强的最大值；Z_0 为空间的本征阻抗，等于 377 Ω。

归一化功率方向图与归一化场强方向图的关系是：

$$P_n(\theta,\phi)=F^2(\theta,\phi) \tag{8-21}$$

立体方向图形象、直观，但画起来复杂。所以，天线方向图常用平面方向图表示，它们是两个互相垂直的主平面内的方向图。研究超高频天线，通常采用的两个主平面是 E 面和 H 面。E 面是最大辐射方向和电场矢量所在的平面，H 面是最大辐射方向和磁场矢量所在的平面。图 8.15 给出了半波电偶极子天线立体方向图，图 8.16 和图 8.17 给出了半波电偶极子（电基本振子）的两个主平面方向图。E 面是通过振子轴的子午平面（ϕ = 常数的平面），H 面是垂直于振子轴的赤道平面（$\theta=90°$的平面）。

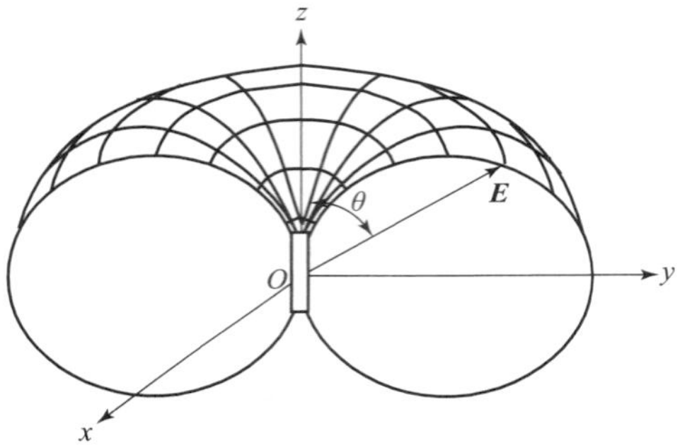

图 8.15　半波电偶极子的立体方向图

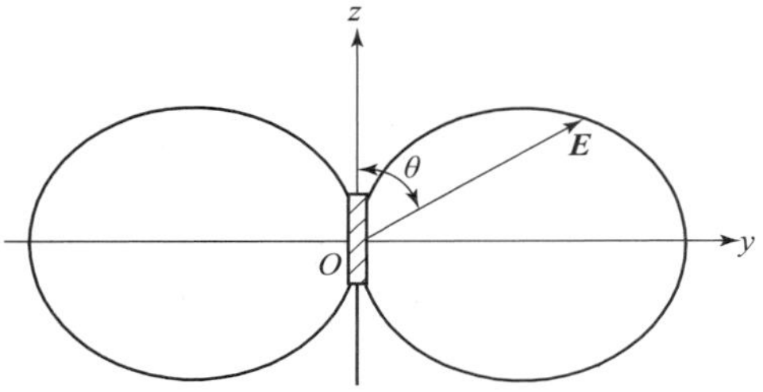

图 8.16　半波电偶极子的 E 面方向图

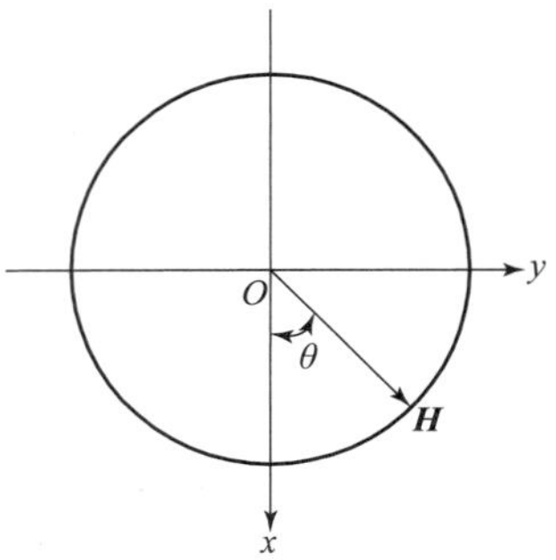

图 8.17　半波电偶极子的 H 面方向图

方向图还可以用分贝表示，称为分贝方向图。电场分贝方向图和功率分贝方向图是相同的，因为

$$|F(\theta,\phi)|_{\mathrm{dB}}=20\lg|F(\theta,\phi)|$$

$$P_n(\theta,\phi)_{\mathrm{dB}}=10\lg|P_n(\theta,\phi)|=20\lg|F(\theta,\phi)|=|F(\theta,\phi)|_{\mathrm{dB}}$$

（二）波束宽度和副瓣电平

如果方向图只有一个主波束，辐射功率的集中程度可用两个主平面内的波束（或称为

波瓣）宽度来表征。

主瓣最大值两侧，功率通量密度下降到最大值的一半（或场强下降到最大值的 0.707，归一化 $E(\theta)=0.707$），即下降 3 dB 的两个方向之间的夹角称为半功率波束宽度（HPBW，half－power beamwidth）或定义为：

$$BW_{0.5}=\theta_{0.5}^{\text{right}}+\theta_{0.5}^{\text{left}}$$

主瓣两侧第一个零点（归一化 $E(\theta)=0$）之间的夹角定义为第一零点波束宽度（FNBW，beamwidth between first nulls）或定义为：

$$BW_0=\theta_0^{\text{right}}+\theta_0^{\text{left}}$$

除了主瓣外，天线还有副瓣（也称为旁瓣）。天线的副瓣电平（SLL）定义为天线最大辐射强度与天线最大副瓣（虽然并不总是但通常都是主瓣两边的第一副瓣）辐射强度之比：

$$\text{SLL}=\frac{\text{最大辐射强度}}{\text{最大副瓣辐射强度}}$$

典型的场强波瓣图如图 8.18、图 8.19 所示。

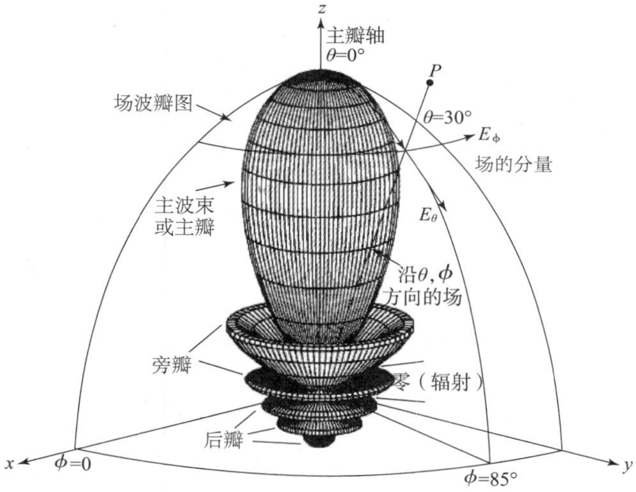

图 8.18　典型的场强波瓣图

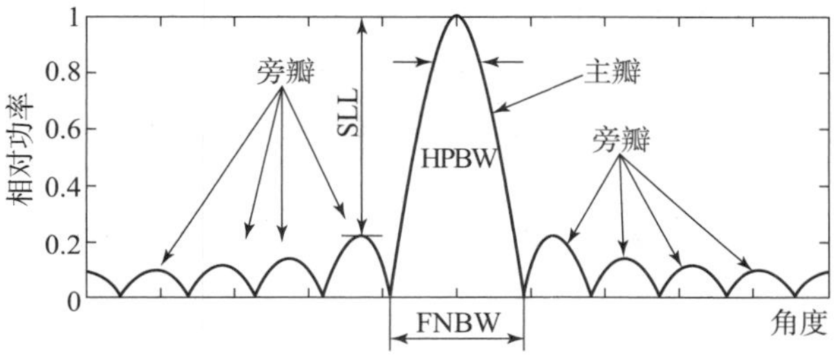

图 8.19　主瓣与旁瓣

（三）波束范围或波束立体角

与平面角的定义类似，立体角是以圆锥体的顶点为球心，半径为 1 的球面被锥面所截得的面积来度量的，度量单位称为立体弧度。在平面上我们定义一段弧微分 ds 与其矢量半径 r 的比值为其对应的圆心角，记作 $d\theta = ds/r$。所以整个圆周对应的圆心角就是 2π。与此类似，定义立体角为曲面上面积微元 dS 与其矢量半径的二次方的比值为此面微元对应的立体角，记作 $d\Omega = dS/r^2$；由此可得，闭合球面的立体角都是 4π。

立体角的单位：球面度（steradian，符号为 sr）；球坐标系中立体角的计算：$d\Omega = dS/R^2 = dS = \sin\theta \times d\theta \times d\phi(\text{sr})$。

在球面上的二维极坐标系中，微分面积 dA 是沿 θ 方向的弧长 $Rd\theta$ 和沿 ϕ 方向的弧长 $R\sin\theta d\phi$ 之乘积，如图 8.20 所示，即 $dA = (Rd\theta)(R\sin\theta d\phi) = R^2 d\Omega$。式中：

$$d\Omega = 立体角,表示为立体弧度(sr)或平方度((°)^2)$$
$$= dA \text{ 所张的立体角}$$
$$d\Omega = \sin\theta d\theta d\phi$$

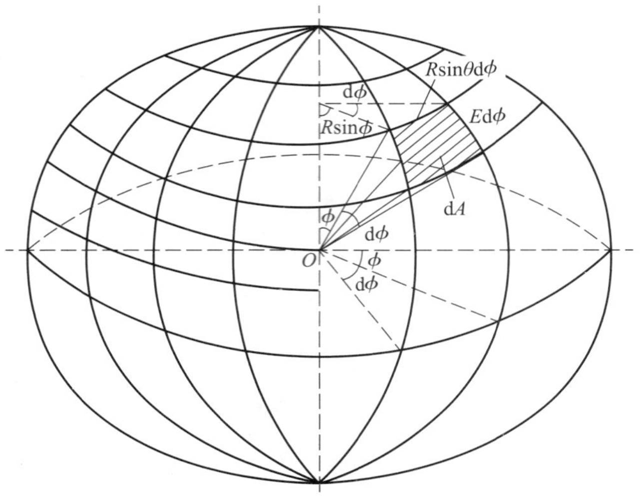

图 8.20 球面极坐标系下的立体角

完整球面面积 $=4\pi R^2$，对应所张的立体角为 4π（sr），于是

$$1\text{ 立体弧度} = 1\text{sr} = (\text{完整球面立体角})/4\pi$$
$$= 1\ \text{rad}^2 = \left(\frac{180}{\pi}\right)^2(\text{deg}^2) = 3\ 282.8064 \text{ 平方度}$$

因此

$$4\pi\text{ 立体弧度} = 3\ 282.8064 \times 4\pi \approx 41\ 253 \text{ 平方度} = 41\ 253(°)^2$$
$$= \text{完整球面立体角}$$

天线的波束范围（或波束立体角）Ω_A 来自归一化功率波瓣图在球面（4π sr）上的积分：

$$\Omega_A = \int_{\phi=0}^{\phi=2\pi}\int_{\theta=0}^{\theta=\pi} P_n(\theta,\phi)\sin\theta d\theta d\phi$$
$$= \iint_{4\pi} P_n(\theta,\phi) d\Omega(\text{sr})$$

波束范围 Ω_A 是指天线的所有辐射功率等效地按 $P(\theta,\ \phi)$ 的最大值均匀流出时的立体角。因此辐射功率 $=P(\theta,\ \phi)_{max}\Omega_A$，而波束范围以外的辐射视为零。

天线的波束范围通常可近似地表示成两个主平面内主瓣半功率波束宽度 θ_{HP} 和 ϕ_{HP} 之积，即波束范围 $\approx\Omega_A\approx\theta_{HP}\phi_{HP}$ (sr)。

（四）辐射强度

每单位立体角内由天线辐射的功率称为辐射强度 U［单位为瓦每立体弧度($W\cdot sr^{-1}$)，或瓦每平方度($W\cdot deg^{-2}$)］，辐射强度与距离无关。

归一化功率方向函数（方向图、波瓣图）可以表示为：

$$P_n(\theta,\phi)=\frac{U(\theta,\phi)}{U(\theta,\phi)_M}=\frac{S(\theta,\phi)}{S(\theta,\phi)_M}=\frac{P(\theta,\phi)}{P(\theta,\phi)_{max}} \tag{8-22}$$

（五）波束效率

（总）波束范围 Ω_A（或波束立体角）由主瓣范围（或立体角）Ω_M 加上副瓣范围（或立体角）Ω_m 所构成，即 $\Omega_A=\Omega_M+\Omega_m$。主波束范围与（总）波束范围之比称为（主）波束效率 ε_M，即波束效率 $=\varepsilon_M=\dfrac{\Omega_M}{\Omega_A}$（无量纲）；副瓣范围与（总）波束范围之比称为杂散因子，即 $\varepsilon_m=\dfrac{\Omega_m}{\Omega_A}=$ 杂散因子（无量纲）。显然 $\varepsilon_M+\varepsilon_m=1$。

（六）方向性系数 *D* 与天线分辨率

1. 方向性系数的各种定义

方向性系数 D（也称为定向性）的第一种定义：

远区场的某一球面上最大辐射功率密度 $P(\theta,\ \phi)_{max}$ ($W\cdot m^{-2}$) 与其平均值之比，是大于等于 1 的无量纲比值，记为：

$$D=\frac{P(\theta,\phi)_{max}}{P(\theta,\phi)_{av}}(\text{来自波瓣图的方向性})$$

$$\begin{aligned}P(\theta,\phi)_{av}&=\frac{1}{4\pi}\int_{\phi=0}^{\phi=2\pi}\int_{\theta=0}^{\theta=\pi}P(\theta,\phi)\sin\theta\mathrm{d}\theta\mathrm{d}\phi\\&=\frac{1}{4\pi}\iint_{4\pi}P(\theta,\phi)\mathrm{d}\Omega(W\cdot sr^{-1})\end{aligned}$$

所以：

$$\begin{aligned}D&=\frac{P(\theta,\phi)_{max}}{(1/4\pi)\iint_{4\pi}P(\theta,\phi)\mathrm{d}\Omega}=\frac{1}{(1/4\pi)\iint_{4\pi}[P(\theta,\phi)/P(\theta,\phi)_{max}]\mathrm{d}\Omega}\\&=\frac{4\pi}{\iint_{4\pi}[P(\theta,\phi)/P(\theta,\phi)_{max}]\mathrm{d}\Omega}=\frac{4\pi}{\iint_{4\pi}P_n(\theta,\phi)\mathrm{d}\Omega}=\frac{4\pi}{\Omega_A}\end{aligned} \tag{8-23}$$

于是，方向性系数的第二种定义为：

$$D=\frac{4\pi}{\Omega_A} \tag{8-24}$$

式（8-24）表明方向性系数为球面范围（4π sr）与天线的波束范围 Ω_A 之比。

方向性系数的第三种定义：

$$D(\theta,\phi)=\frac{E^2(\theta,\phi)}{E_0^2} \tag{8-25}$$

表示在相同的辐射功率下，某天线在空间某点产生的电场强度的平方与理想无方向性电源天线（该天线的方向图为一球面）在同一点产生的电场强度平方的比值。

方向性系数的第四种定义：

$$D(\theta,\phi)=\frac{S(\theta,\phi)}{P_r/(4\pi r^2)} \tag{8-26}$$

式中，$P_r=\int_{\phi=0}^{\phi=2\pi}\int_{\theta=0}^{\theta=\pi}S(\theta,\phi)r^2\sin\theta\mathrm{d}\theta\mathrm{d}\phi$ 为该天线的总辐射功率。式（8-26）表示方向性系数为天线在空间某点的辐射功率密度（坡印廷矢量）与该天线的平均辐射功率之比。

方向性系数的第五种定义：

$$D=\frac{P_0}{P_\mathrm{r}}\bigg|_{\text{相同电场强度}} \tag{8-27}$$

表示在某点产生相等电场强度的条件下无方向性点源辐射功率 P_0 与某天线的总辐射功率 P_r 之比。

方向性系数的第六种定义：

天线在某一方向的方向系数 $D(\theta,\ \phi)$ 是该方向辐射强度 $U(\theta,\ \phi)$ 与平均辐射强度 $\left(\frac{P_\Sigma}{4\pi}\right)$之比，即

$$\begin{aligned}D(\theta,\phi)&=4\pi\frac{U(\theta,\phi)}{P_\Sigma}=\frac{4\pi F^2(\theta,\phi)}{\int_0^{2\pi}\int_0^{\pi}F^2(\theta,\phi)\sin\theta\mathrm{d}\theta\mathrm{d}\phi}\\U(\theta,\phi)&=U(\theta,\phi)_\mathrm{M}F^2(\theta,\phi)\\P_\Sigma&=\int_0^{2\pi}\int_0^{\pi}U(\theta,\phi)\mathrm{d}\Omega=U(\theta,\phi)_\mathrm{M}\int_0^{2\pi}\int_0^{\pi}F^2(\theta,\phi)\sin\theta\mathrm{d}\theta\mathrm{d}\phi\end{aligned} \tag{8-28}$$

式中，$F(\theta,\ \phi)$ 为天线的归一化场强方向函数。

在最大辐射方向上，归一化场强方向图方程 $F(\theta,\ \phi)=1$，所以最大辐射方向的方向系数为：

$$D=\frac{4\pi}{\int_0^{2\pi}\int_0^{\pi}F^2(\theta,\phi)\sin\theta\mathrm{d}\theta\mathrm{d}\phi} \tag{8.29}$$

它与（θ，ϕ）方向的方向性系数间的关系是：$D(\theta,\ \phi)=DF^2(\theta,\ \phi)$。若未加说明，某天线的方向系数通常均指最大辐射方向的方向系数。方向性系数通常用分贝表示（$D_\mathrm{dB}=10\lg[D(\theta,\phi)]$）。

此外，在介绍天线口径时还有方向性系数的第七种定义，见“（十）有效面积（有效口径）和口径效率”。

2. *天线分辨率*

天线的分辨率可定义为第一零点波束宽度的一半，即 FNBW/2。天线能够分辨出均匀分布于天空的无线电发射机或点辐射源的数目 N 的近似值为 $N=\frac{4\pi}{\Omega_A}$。所以可得概念化的结论：天线能够分辨的点辐射源数在数值上等于该天线的定向性，即 $N=D$。

（七）辐射功率和辐射阻抗

复功率一般用小字母顶上加点表示，实功率一般用大写字母顶上不加点表示。

天线的输入功率一般是复功率：

$$\dot{p}_A = P_l + \dot{p}_{\Sigma} \tag{8-30}$$

式中，P_l 为包围天线所在体积 V 内的损耗功率，是包含导体损耗和介质损耗的实功率；$\dot{p}_{\Sigma}$ 称为天线的全辐射功率，有：

$$\dot{p}_{\Sigma} = P_{\Sigma} + \mathrm{j}Q_{\Sigma} \tag{8-31}$$

式中，P_{Σ} 是天线的辐射功率，是经过 S 面（包围天线所在体积 V 的任意封闭面）流出的实功率，即

$$P_{\Sigma} = \frac{1}{2}\mathrm{Re}\oint_S (\boldsymbol{E} \times \boldsymbol{H}^*)\mathrm{d}\boldsymbol{S} \tag{8-32}$$

其中 Q_{Σ} 是辐射的无功功率。

假设天线的全辐射功率被一个等效阻抗所“吸收”，该阻抗上流过的电流为天线上某处的电流，称此等效阻抗为天线的辐射阻抗。如天线上某处电流的振幅为 I，则辐射阻抗为：

$$Z_{\Sigma} = \frac{P_{\Sigma} + \mathrm{j}Q_{\Sigma}}{\frac{1}{2}|I|^2} = R_{\Sigma} + \mathrm{j}X_{\Sigma} \tag{8-33}$$

式中，R_{Σ} 和 X_{Σ} 分别称为辐射电阻和辐射电抗。由上式可以看出，辐射阻抗与所取的参考电流有关，称该电流为归算电流。如果归算电流为驻波天线上的波幅电流 I_{M}，称此时的辐射阻抗为“归算于波幅电流的辐射阻抗”，如果归算电流为天线输入端电流 I_A，称此时的辐射阻抗为“归算于输入电流的辐射阻抗”，前者用 Z_{Σ} 表示，后者用 $Z_{\Sigma A}$ 表示。

由 $\frac{1}{2}|I_{\mathrm{M}}|^2 Z_{\Sigma} = \frac{1}{2}|I_A|^2 Z_{\Sigma A}$，可得到

$$Z_{\Sigma A} = \frac{|I_{\mathrm{M}}|^2}{|I_A|^2} Z_{\Sigma},\ R_{\Sigma A} = \frac{|I_M|^2}{|I_A|^2} R_{\Sigma} \tag{8-34}$$

可以用坡印廷矢量法计算天线的实辐射功率（简称为辐射功率）和辐射电阻。取封闭面 S 为以天线为中心、r 为半径的球面，当 r 足够大时，S 面处于天线的远区，于是有：

$$\begin{aligned} P_{\Sigma} &= \frac{1}{2}\mathrm{Re}\oint_S (\boldsymbol{E} \times \boldsymbol{H}^*)\mathrm{d}\boldsymbol{S} \\ &= \frac{1}{240\pi}\int_0^{2\pi}\int_0^{\pi} |\boldsymbol{E}|^2 r^2 \sin\theta \mathrm{d}\theta \mathrm{d}\phi \end{aligned} \tag{8-35}$$

式（8-35）利用了在远区，电场和磁场互相垂直并垂直于传播方向，$|\boldsymbol{E}|/|\boldsymbol{H}| = 120\pi\ (\Omega)$，由场强方向函数 $F(\theta,\phi) = \frac{|E(\theta,\phi)|}{|E(\theta,\phi)_{\mathrm{M}}|}$ 及 $|E(\theta,\phi)_{\mathrm{M}}| = 60I_{\mathrm{M}}/r$，得天线的辐射功率为：

$$P_{\Sigma} = \frac{15}{\pi}|I_{\mathrm{M}}|^2 \int_0^{2\pi}\int_0^{\pi} F^2(\theta,\phi)\sin\theta \mathrm{d}\theta \mathrm{d}\phi \tag{8-36}$$

因此归于波幅电流的辐射电阻为：

$$R_{\Sigma} = \frac{P_{\Sigma}}{\frac{1}{2}|I_{\mathrm{M}}|^2} = \frac{30}{\pi}\int_0^{2\pi}\int_0^{\pi} F^2(\theta,\phi)\sin\theta \mathrm{d}\theta \mathrm{d}\phi \tag{8-37}$$

在没有特别说明时，对于驻波天线，辐射电阻均指归算于波幅电流的辐射电阻。

电基本振子的辐射功率和辐射电阻为：

$$\begin{aligned} P_\Sigma &= 40\pi^2 \ |I_\mathrm{M}|^2 \left(\frac{\Delta l}{\lambda}\right)^2 \\ R_\Sigma &= 80\pi^2 \left(\frac{\Delta l}{\lambda}\right)^2 \end{aligned} \tag{8-38}$$

对于半波振子，有 $R_\Sigma \approx 73.1\ \Omega$，辐射功率为 $P_\Sigma \approx 36.5\ |I_\mathrm{M}|^2$。

（八）输入阻抗

天线的输入电压与输入电流的比值称为天线的输入阻抗，是决定天线与馈线匹配状态的重要参数。天线输入阻抗不仅由天线自身的形状和尺寸决定，而且与天线使用环境有关。一般情况下，假定天线处在理想环境中，既没有相邻天线，也没有引起反射的障碍物；输入到天线的输入功率被输入阻抗吸收，并为天线转换成辐射功率。当天线的输入阻抗与传输线的特性阻抗不匹配时，馈到天线上的功率会被反射。天线与馈线匹配越好，馈线上的驻波比或回波损耗越小。

$$Z_A = \frac{\dot{p}_A}{\frac{1}{2}|I_A|^2} = R_A + \mathrm{j}X_A \tag{8-39}$$

式中，I_A——天线的输入电流；

R_A——天线的输入电阻，包括归算于输入电流的损耗电阻 R_{lA} 和归算于输入电流的辐射电阻 $R_{\Sigma A}$，即 $R_A = R_{lA} + R_{\Sigma A}$。

已知天线所辐射的总功率为 P_Σ，天线的损耗功率为 P_l，则输入电阻和输入电抗与功率的关系为：

$$\begin{cases} R_A = \dfrac{P_l}{\frac{1}{2}|I_A|^2} + \dfrac{P_\Sigma}{\frac{1}{2}|I_A|^2} \\ X_A = \dfrac{Q_\Sigma}{\frac{1}{2}|I_A|^2} \end{cases} \tag{8-40}$$

（九）天线的效率和增益

1. 天线效率 η_A

天线效率 η_A 指天线所辐射的总功率 P_Σ 和天线从馈线得到的净功率 P_A 之比，即 $\eta_A = \frac{P_\Sigma}{P_A}$，是衡量天线将高频电流或导波能量转换为无线电波能量的有效程度。

一般而言，天线的输入阻抗不等于馈线的特性阻抗（即天线与馈线不匹配）。天线从馈源得到的净功率（即输入功率）P_A 等于馈线在连接天线处的入射功率与反射功率之差，也等于辐射功率与损耗功率之和，即：$P_A = P_\Sigma + P_l$。

设 R_A、$R_{\Sigma A}$ 和 R_{lA} 分别是归算于输入电流 I_A 的输入电阻、辐射电阻和损耗电阻，则

$$\eta_A = \frac{R_{\Sigma A}}{R_A} = \frac{R_{\Sigma A}}{R_{\Sigma A} + R_{lA}} = \frac{1}{1 + \dfrac{R_{lA}}{R_{\Sigma A}}} \tag{8-41}$$

所以要提高 η_A，应尽可能提高辐射电阻，同时降低损耗电阻。

2. 天线增益

方向性系数表征天线辐射电磁能量的集束程度；效率表征天线能量转换效能。二者结合为增益表示。

天线在某方向的增益 $G(\theta,\ \phi)$ 是它在该方向上的辐射强度 $U(\theta,\ \phi)$ 同天线以同一输入功率向空间均匀辐射的辐射强度 $P_A/(4\pi)$ 之比，即

$$G(\theta,\phi)=4\pi\frac{U(\theta,\phi)}{P_A}=\left[4\pi\frac{U(\theta,\phi)}{P_\Sigma}\right]\left(\frac{P_\Sigma}{P_A}\right)=D(\theta,\phi)\eta_A \tag{8-42}$$

（十）有效面积（有效口径）和口径效率

发射天线的有效面积 A_e 定义为一具有均匀口径场分布的口径天线的口径面积，该口径天线与原口径天线在最大辐射方向上产生相同的辐射场强。接收天线的有效面积 A_e 定义为：天线所接收的功率等于单位面积上的入射功率乘以它的有效面积。

有效面积 A_e 和原物理口径面积 A_p 之比定义为口径效率 ε_{ap}，即 $\varepsilon_{ap}=\frac{A_e}{A_p}$。对于喇叭和抛物面反射镜天线而言，口径效率普遍在 50% ~80%（即 $0.5\leqslant\varepsilon_{ap}\leqslant0.8$）的范围内。要降低旁瓣就必须采用向边缘锥削的口径场分布，这必然导致口径效率的下降。

如口径上有均匀场 E_a，则其辐射功率为：

$$P=\frac{E_a^2}{Z_0}A_e\quad(\mathrm{W}) \tag{8-43}$$

式中，Z_0 为媒质的本征阻抗（在空气或真空中为 377 Ω）。

若在距离为 r 处有均匀的远场 E_r，则辐射功率还可以写成：

$$P=\frac{E_r^2}{Z_0}r^2\Omega_A\quad(\mathrm{W}) \tag{8-44}$$

由 $E_r=E_aA_e/r\lambda$，得到口径面积与波束范围的关系式：$\lambda^2=A_e\Omega_A$。由 $D=\frac{4\pi}{\Omega_A}$得到方向性系数的第七种定义：

$$D=4\pi\frac{A_e}{\lambda^2} \tag{8-45}$$

式（8-45）即为来自口径的定向性。

计算有效接收面积的一般公式为：

$$A(\theta,\phi)=\frac{\lambda^2}{4\pi}D(\theta,\phi)\eta_A\gamma\cos^2\xi \tag{8-46}$$

式中，$\gamma=\frac{4R_AR_L}{(R_A+R_L)^2+(X_A+X_L)^2}$称为匹配系数，表示接收天线与负载的匹配程度。共轭匹配时，$\gamma=1$，一般情况下，$\gamma<1$。R_A、R_L、X_A 和 X_L 分别为接收天线的输入电阻、负载电阻、输入电抗和负载电抗。

ξ 是来波电场矢量与天线轴和来波方向所构成的平面间的夹角。$\cos\xi$ 称为极化匹配因子。当极化匹配时，$\xi=0$，$\cos\xi=1$。

所以在极化匹配和共轭匹配情况下，有效接收面积（也称为有效口径）为：

$$A(\theta,\phi)=\frac{\lambda^2}{4\pi}D(\theta,\phi)\eta_A=\frac{\lambda^2}{4\pi}G(\theta,\phi) \tag{8-47}$$

（十一）天线的带宽

天线的所有电参数（方向图、方向性系数、增益、极化、输入阻抗等）都是频率的函数。频率变化，电参数跟着发生变化，这就是天线的频率特性，可分别用两个特性参数，即工作频带和带宽表示。

天线的带宽是天线的某个或某些性能参数符合要求的工作频率范围。当带外天线的某个或某些性能参数变坏时，达不到使用要求。

不同电参数的频率特性不同，天线带宽是对某个或某些电参数来说的。相对带宽是指绝对带宽与工作频带的中心频率之比。

通常频率提高时，方向图容易恶化，方向图通常是限制工作频率上限的主要因素；频率降低时天线电尺寸变小，辐射电阻减小，增益下降，增益通常是限制工作频率下限的主要因素。

（十二）天线驻波比、反射系数和回波损耗

波从甲媒质传导到乙媒质，由于媒质不同，波的能量会有一部分被反射。这种被反射的波称为驻波，这是基本的物理原理。电磁波也有同样的特性，电波从甲组件传导到乙组件，由于阻抗特性的不同，一部分电磁波的能量被反射回来，常称此现象为阻抗不匹配。

阻抗不匹配时，发射机发射的电波将会有一部分反射回来，在馈线中产生反射波，反射波到达发射机，最终产生为热量消耗掉。接收时，也会因为不匹配，造成接收信号不好。如图 8.21 所示，前进波（发射波）与反射波以相反方向进行。

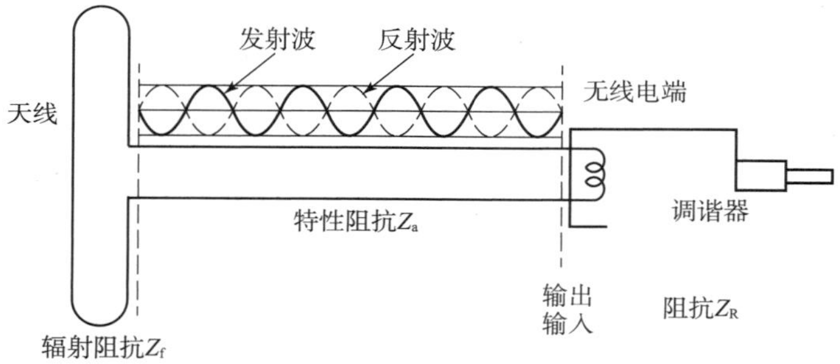

图 8.21 阻抗不匹配的反射

阻抗完全匹配时不产生反射波，在馈线里各点的电压振幅是恒定的；阻抗不匹配时，在馈线中会产生反射，通常称驻留在馈线里的电压波形为驻波。

在入射波和反射波相位相同的地方，电压振幅相加为最大电压振幅 V_{max}，形成波腹；在入射波和反射波相位相反的地方电压振幅相减为最小电压振幅 V_{min}，形成波节。其他各点的振幅值则介于波腹与波节之间。这种合成波称为行驻波。

驻波比全称为电压驻波比，又名 VSWR 或 SWR，是指无线电波传输过程中最大电压 V_{max} 与最小电压 V_{min} 之比。

天线驻波比的产生，是由于入射波能量传输到天线输入端未被全部吸收（辐射），产生反射波，叠加而形成的。VSWR 越大，反射越大，匹配越差。计算驻波比的数学公式为：

$$\mathrm{VSWR}=\frac{V_{\max}}{V_{\min}}=\frac{Z_{\mathrm{L}}}{Z_0}=\frac{R_{\mathrm{L}}}{R_0}=\frac{1+\Gamma}{1-\Gamma} \tag{8.48}$$

式中，Z_{L}、Z_0 分别为输出阻抗和输入阻抗（Z_{L} 实际上是相对于馈线而言的负载阻抗，天线作为馈线的负载，Z_{L} 即天线的特征阻抗；Z_0 是馈线的特征阻抗，是相对于天线而言的输入阻抗，馈线作为天线的输入。）；R_{L}、R_0 分别为输出电抗和输入电抗为 0 时的输出电阻（相对于馈线而言的负载电阻）和输入电阻（馈线的特征电阻，相对于天线而言的输入阻抗）；Γ 为反射系数，是反射电压与入射电压的比值。

当两个阻抗数值一样时，即达到完全匹配，反射系数 K 等于 0，驻波比为 1。这是一种理想的状况，实际上总存在反射，所以驻波比总是大于 1 的。

工程上一般要求驻波比小于 1.5。天线驻波比小于 1.3 时被认为比较良好。天线的好坏不能单看驻波比，VSWR = 1 只能说明发射机的能量可以有效地传输到天线系统，但这些能量是否能有效地辐射到空间，那是另外一个课题。

影响天线效果的最重要因素：谐振。

这里用弦乐器的弦来加以说明。无论是提琴还是古筝，它的每一根弦在特定的长度和张力下，都会有自己的固有频率。当弦以固有频率振动时，两端被固定不能移动，但振动方向的张力最大；中间摆动最大，但振动张力最松弛。这相当于自由谐振的总长度为 1/2 波长的天线，两端没有电流（电流波谷）而电压幅度最大（电压波腹），中间电流最大（电流波腹）而相邻两点的电压最小（电压波谷）。

要使这根弦发出最强的声音，一是所要的声音只能是弦的固有频率，二是驱动点的张力与摆幅之比要恰当，即驱动源要和弦上驱动点的阻抗相匹配。具体表现就是拉弦的琴弓或者弹拨的手指要选在弦的适当位置上。

天线也是同样，要使天线发射的电磁场最强，一是发射频率必须和天线的固有频率相同，二是驱动点要选在天线的适当位置。如果驱动点不恰当而天线与信号频率谐振，效果会略受影响，但是如果天线与信号频率不谐振，则发射效率会大打折扣。

所以，在天线匹配需要做到的两点中，谐振是最关键的因素。

因此在没有条件做到 VSWR 绝对为 1 时，业余电台天线最重要的调整是使整个天线电路与工作频率谐振。

回波损耗（Return Loss，RL）：是表示信号反射性能的参数。回波损耗说明入射功率的一部分被反射回到信号源。例如，如果注入 1 mW（0 dBm）功率给放大器，其中 10% 被反射回来，回波损耗 RL 就是 10 dB。从数学角度看，回波损耗 $RL=-10\lg\left(\frac{\text{反射功率}}{\text{入射功率}}\right)$。通常要求反射功率尽可能小，这样就有更多的功率传送到负载。典型情况下设计者的目标是至少 10 dB（即大于等于 10 dB）的回波损耗。

驻波比、反射系数和回波损耗之间的关系：

$$\begin{cases}\mathrm{VSWR}=\dfrac{1+\Gamma}{1-\Gamma}=\dfrac{Z_{\mathrm{L}}}{Z_0}\\[2ex] \Gamma=\dfrac{\mathrm{VSWR}-1}{\mathrm{VSWR}+1}=\dfrac{Z_{\mathrm{L}}-Z_0}{Z_{\mathrm{L}}+Z_0}\\[2ex] RL=-20\lg(|\Gamma|)=-20\lg\left(\left|\dfrac{\mathrm{VSWR}-1}{\mathrm{VSWR}+1}\right|\right)\end{cases} \tag{8.49}$$

天线的反射指标（驻波比、回波损耗）在设计过程中一般只作为参考，关键参数是传输线参数（如效率、增益等）。

此外，天线还有挂高、俯仰角、下倾角等参数。本书不详细讨论。

（十三）天线极化

极化是电磁波的一个重要概念，它描述了空间给定点上电场强度矢量的取向随时间变化的特性，用电场强度矢量 $\boldsymbol{E}$ 的端点在空间描绘出的轨迹来表示。通常所说的天线极化是指最大辐射方向或最大接收方向电磁波的极化。

设一平面波沿 z 方向传播，在 $z=0$ 平面内的瞬时电场一般可写成：

$$\begin{aligned} E_x &= E_{xm}\cos(\omega t-\psi_1) \\ E_y &= E_{ym}\cos(\omega t-\psi_2) \end{aligned} \tag{8.50}$$

假设 $\psi_1=0$、$\psi_2=\psi$，则由上式可得：

$$\frac{E_x^2}{E_{xm}^2}+\frac{E_y^2}{E_{ym}^2}-\frac{2E_xE_y}{E_{xm}E_{ym}}\cos\psi=\sin^2\psi \tag{8.51}$$

这是一个椭圆方程，合成电场的矢端在一个椭圆上旋转，当 $\psi>0$ 时，为右旋椭圆极化波，当 $\psi<0$ 时，为左旋椭圆极化波，如图 8.22 所示。

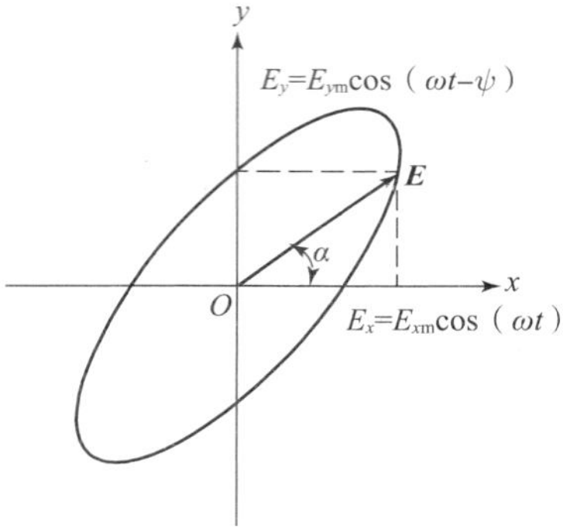

图 8.22　极化椭圆

与波的极化一样，天线椭圆极化有以下两种特殊情况：线极化和圆极化。此处不再讨论。除了线极化、圆极化和椭圆极化的分类外，有时候也会提到天线垂直极化、水平极化、+45°极化和 −45°极化，如图 8.23 所示。

垂直极化波要用具有垂直极化特性的天线来接收，水平极化波要用具有水平极化特性的天线来接收。右旋圆极化波要用具有右旋圆极化特性的天线来接收，而左旋圆极化波要用具有左旋圆极化特性的天线来接收。

当来波的极化方向与接收天线的极化方向不一致时，接收到的信号会变小，也就是说，发生极化损失。例如：当用 +45°极化天线接收垂直极化或水平极化波时，或者当用垂直极化天线接收 +45°极化或 −45°极化波时，都要产生极化损失。用圆极化天线接收任一线极化波，或者用线极化天线接收任一圆极化波等情况下，也必然发生极化损失，因为只能接收到来波的一半能量。

当接收天线的极化方向与来波的极化方向完全正交时，例如用水平极化的接收天线接收垂直极化的来波，或用右旋圆极化的接收天线接收左旋圆极化的来波时，天线就完全接收不到来波的能量，这种情况下极化损失为最大，称为极化完全隔离。

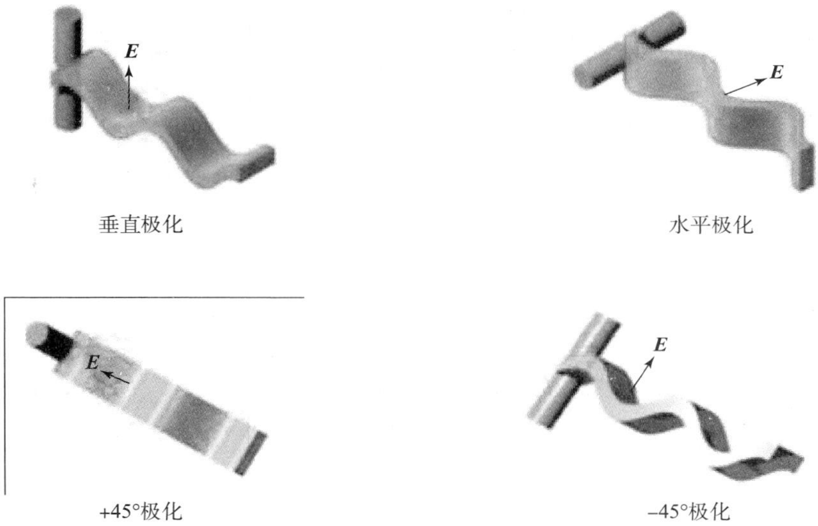

图 8.23　单极化和双极化

8.3　偶极子天线仿真

8.3.1　偶极子天线 MATLAB 仿真

1. 用 MATLAB 画出电基本振子和对称振子的方向函数图形

1）程序

```
% 此程序是通过输入偶极子天线的长度及工作波长绘出其方向图
lamda = input('enter the value of wave length = ');  %输入波长
l = input('enter your dipole length l = ');  %输入半波振子天线长度 2L
                                              (注意不是单个振子长度 L)
ratio = l/lamda;
B = (2 * pi/lamda);
theta = pi/100:pi/100:2 * pi;
if ratio < =0.1   %分析是否是半波偶极子天线
   E = sin(theta);
   En = abs(E);
    polar(theta,En)  %天线水平放置
else
   f1 = cos(B * l/2. * cos(theta));  %不是半波振子的天线计算公式
   f2 = cos(B * l/2);
```

```
    f3 = sin(theta);
    E = (f1 - f2)./f3;
    En = abs(E);
    polar(theta,En)  %天线在方向图中水平放置
end
```

2）结果

输入波长 $\lambda=11$，振子长度 $2L=14$，画出天线方向图如图 8.24 所示。

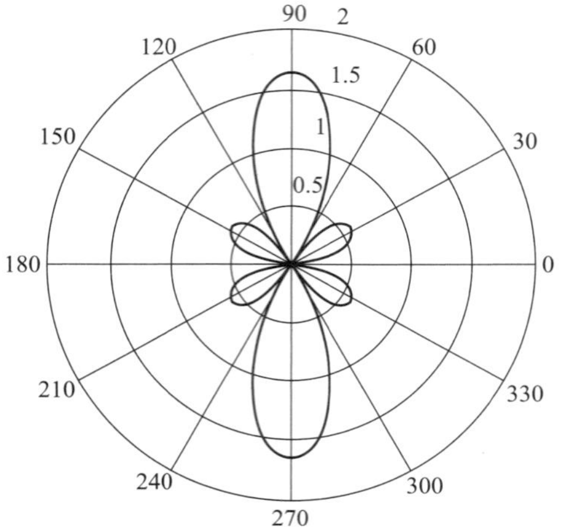

图 8.24　波长 $\lambda=11$、振子长度 $2L=14$ 时半波对称振子天线方向图

2. 用 MATLAB 画出半波振子立体方向图

1）程序

```
clear;
m = moviein(20);
for i = 1:20;
    sita = meshgrid(eps:pi/180:pi);
    fai = meshgrid(eps:2 * pi/180:2 * pi)';
    l = i * 0.1;
    r = abs(cos(2.* pi.* l.* cos(sita)) - cos(2 * pi * l))./(sin(sita) + eps);
    rmax = max(max(r));
    [x,y,z] = sph2cart(fai,pi/2 - sita,r/rmax);
    mesh(x,y,z);
    axis([ -1 1  -1 1  -1 1]);title('偶极子天线立体方向图');
    m(:,i) = getframe;
end;
```

2）仿真结果

仿真结果如图 8.25 所示。

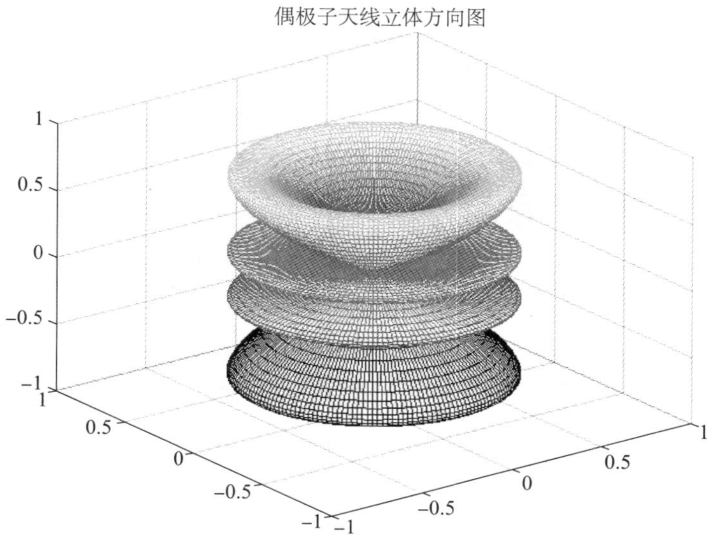

图 8.25　偶极子天线立体方向图

8.3.2　偶极子天线 HFSS 建模和仿真

利用 HFSS 软件对半波振子天线进行建模和仿真，步骤如下。

（1）启动软件：双击桌面 HFSS 图标，或从“开始”菜单打开。

（2）新建一个工程文件，插入新设计，然后建模。

（3）设置激励方式和辐射边界条件。

HFSS 建模的半波振子天线如图 8.26 所示。

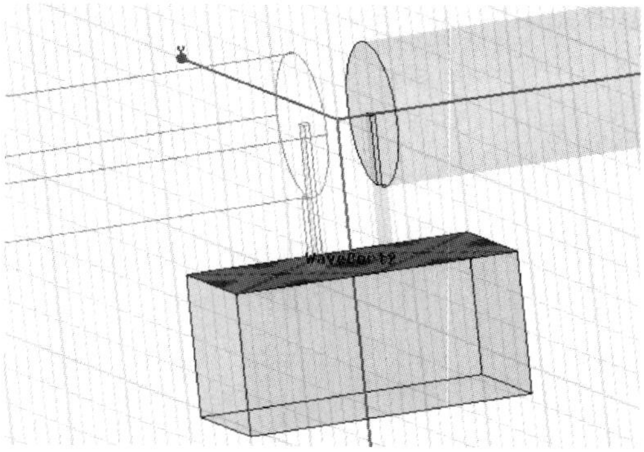

图 8.26　HFSS 建模的半波振子天线

（4）运行“Analysis”程序，设置辐射球，从“result”中输出 E 面、H 面、立体方向图（见图 8.27）增益等结果。

（5）设置网格剖分。

（6）求解并且进行后处理。

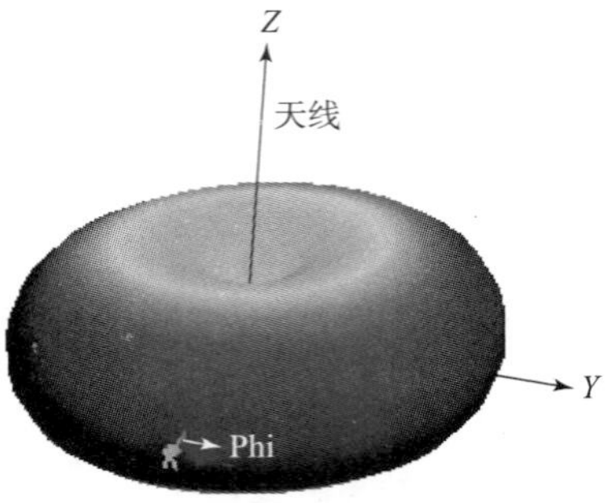

图 8.27　参考立体方向图

【例 8.1】　图 8.28 所示为一元天线，电流矩为 $I\mathrm{d}z$，其矢量磁位表示为 $\boldsymbol{A}=\hat{\boldsymbol{z}}\dfrac{\mu_0 I\mathrm{d}z}{4\pi r}\mathrm{e}^{-\mathrm{j}\beta r}$，试导出元天线的远区辐射电磁场 E_θ、H_φ。

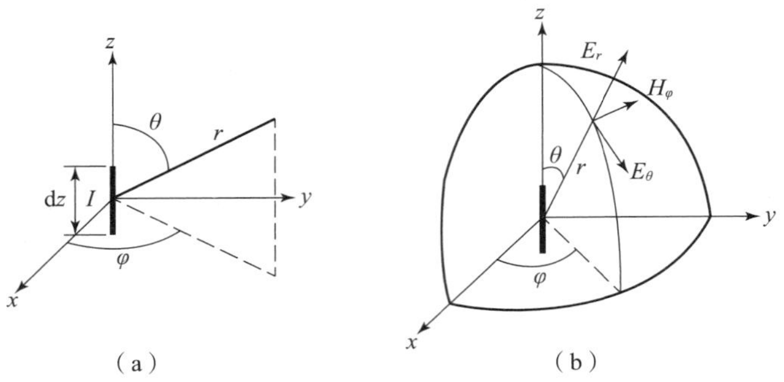

图 8.28　例 8.1 用图

(a) 元天线及坐标系；(b) 元天线及场分量取向

解：利用球坐标中矢量各分量与直角坐标系中矢量各分量的关系矩阵：

$$\begin{bmatrix} A_r \\ A_\theta \\ A_\varphi \end{bmatrix}=\begin{bmatrix} \sin\theta\cos\varphi & \sin\theta\sin\varphi & \cos\theta \\ \cos\theta\cos\varphi & \cos\theta\sin\varphi & -\sin\theta \\ -\sin\varphi & \cos\varphi & 0 \end{bmatrix}\begin{bmatrix} A_x \\ A_y \\ A_z \end{bmatrix}$$

因 $A_x=A_y=0$，可得

$$\begin{cases} A_r=A_z\cos\theta \\ A_\theta=-A_z\sin\theta \\ A_\varphi=0 \end{cases}$$

由远区场公式

$$\begin{cases} \boldsymbol{E}=-\mathrm{j}\omega\boldsymbol{A} \\ \boldsymbol{H}=\dfrac{1}{\eta_0}\hat{\boldsymbol{r}}\times\boldsymbol{E} \end{cases}$$

可得

$$E_\theta=\mathrm{j}\eta_0\frac{I\mathrm{d}z}{2\lambda r}\sin\theta\mathrm{e}^{-\mathrm{j}\beta r}\ (\mathrm{V/m})$$

$$H_{\varphi}=\mathrm{j}\frac{I\mathrm{d}z}{2\lambda r}\sin\theta\mathrm{e}^{-\mathrm{j}\beta r}\quad(\mathrm{A/m})$$

$$E_r=E_{\varphi}=H_r=H_{\theta}=0$$

【例 8.2】　已知球面波函数 $\psi=\mathrm{e}^{-\mathrm{j}\beta r}/r$，试证其满足波动方程：$\nabla^2\psi+\beta^2\psi=0$。

证明： $\nabla^2\psi=\dfrac{1}{r^2}\dfrac{\partial}{\partial r}\left(r^2\dfrac{\partial\psi}{\partial r}\right)=-\dfrac{1}{r^2}\dfrac{\partial}{\partial r}[(1+\mathrm{j}\beta r)\mathrm{e}^{-\mathrm{j}\beta r}]=-\dfrac{\beta^2}{r}\mathrm{e}^{-\mathrm{j}\beta r}=-\beta^2\psi$

则

$$\nabla^2\psi+\beta^2\psi=0$$

【例 8.3】　图 8.29 所示为两副长度为 $2l=\lambda$ 的对称线天线，其上的电流分别为均匀分布和三角形分布，试采用元天线辐射场的叠加原理，导出两天线的远区辐射场 E_{θ}、H_{φ}，方向图函数 $f(\theta,\ \varphi)$ 和归一化方向图函数 $F(\theta,\ \varphi)$，并分别画出它们在 yOz 平面和 xOy 平面内的方向图的示意图。

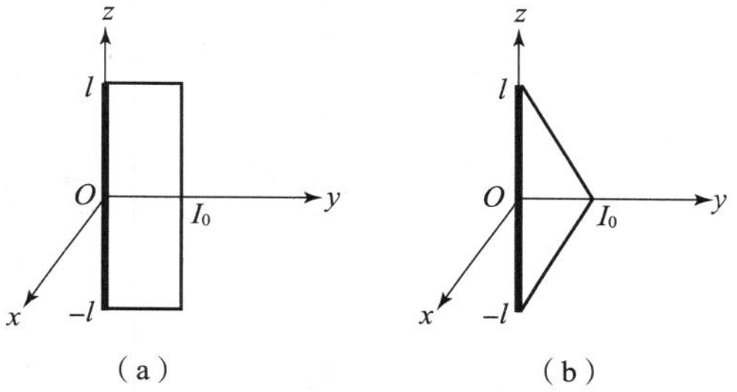

图 8.29　例 8.3 用图（1）

（a）均匀分布电流；（b）三角形分布电流

解：（1）天线上电流为均匀分布时

$$I(z)=I_0,\ -l\leqslant z\leqslant l$$

将对称振子分为长度为 dz 的许多小段，每个小段可看作是一个元天线，如图 8.30 所示。

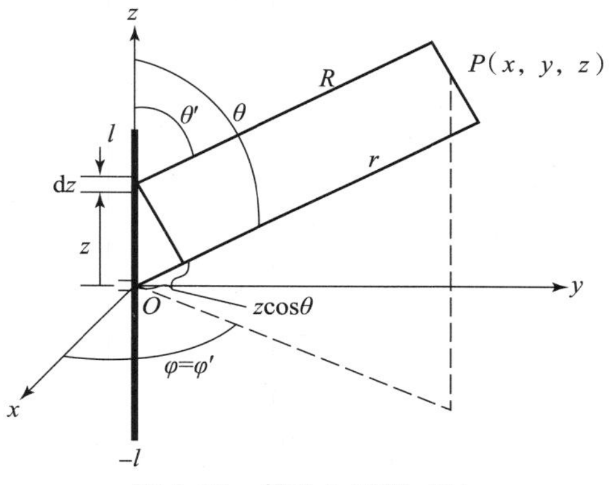

图 8.30　例 8.3 用图（2）

距坐标原点 z 处的元天线的辐射电场为

$$\mathrm{d}E_{\theta}=\mathrm{j}\eta\frac{I(z)\mathrm{d}z}{2\lambda R}\sin\theta\mathrm{e}^{-\mathrm{j}\beta R}=\mathrm{j}\eta\frac{I_0\mathrm{d}z}{2\lambda R}\sin\theta\mathrm{e}^{-\mathrm{j}\beta R}$$

作远区场近似，对相位 $R\approx r-z\cos\theta$，对幅度 $1/R\approx1/r$，且 $\mathrm{e}^{-\mathrm{j}\beta R}=\mathrm{e}^{-\mathrm{j}\beta r}\mathrm{e}^{\mathrm{j}\beta z\cos\theta}$，得

$$\mathrm{d}E_\theta = \mathrm{j}\eta \frac{\mathrm{e}^{-\mathrm{j}\beta r}}{2\lambda r}\sin\theta I_0 \mathrm{e}^{\mathrm{j}\beta z\cos\theta}\mathrm{d}z$$

则远区总场为这些元天线的辐射场在空间某点的叠加，用积分表示为：

$$E_\theta = \int_{-l}^{l}\mathrm{d}E_\theta = \mathrm{j}\eta\frac{\mathrm{e}^{-\mathrm{j}\beta r}}{2\lambda r}\sin\theta\int_{-l}^{l}I_0\mathrm{e}^{\mathrm{j}\beta z\cos\theta}\mathrm{d}z = \mathrm{j}\eta\frac{I_0\mathrm{e}^{-\mathrm{j}\beta r}}{2\lambda r}\sin\theta\frac{\mathrm{e}^{\mathrm{j}\beta l\cos\theta}-\mathrm{e}^{-\mathrm{j}\beta l\cos\theta}}{\mathrm{j}\beta\cos\theta}$$

$$= \mathrm{j}\frac{60I_0}{r}\mathrm{e}^{-\mathrm{j}\beta r}\sin\theta\frac{\sin(\beta l\cos\theta)}{\cos\theta} = \mathrm{j}\frac{60I_0}{r}\mathrm{e}^{-\mathrm{j}\beta r}f(\theta)$$

式中方向图函数为：

$$f(\theta) = \sin\theta\frac{\sin(\beta l\cos\theta)}{\cos\theta}\bigg|_{l=\lambda/2} = \sin\theta\frac{\sin(\pi\cos\theta)}{\cos\theta}$$

均匀电流分布的对称振子，其最大辐射方向在侧向。方向图函数的最大值为

$$f_{\max} = \lim_{\theta\to\pi/2}f(\theta) = \beta l\,|_{l=\lambda/2} = \pi$$

则归一化方向图函数为：

$$F(\theta) = \frac{f(\theta)}{f_{\max}} = \sin\theta\frac{\sin(\beta l\cos\theta)}{\beta l\cos\theta}\bigg|_{l=\lambda/2} = \sin\theta\frac{\sin(\pi\cos\theta)}{\pi\cos\theta}$$

其 E 面方向图函数由上式表示，方向图为“∞”字形；H 面方向图函数为 $F_H = F(\theta)\,|_{\theta=\pi/2} = 1$，方向图为一个圆，如图 8.31 所示。

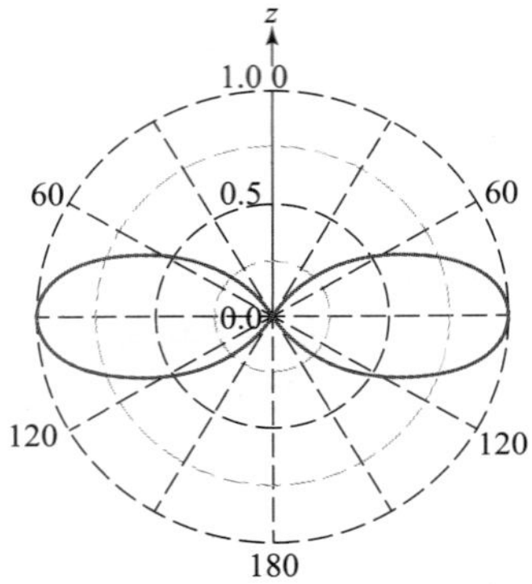

图 8.31　均匀电流分布的对称振子归一化方向图（$l=\lambda/2$）

（2）天线上电流为三角形分布时

$$I(z) = I_0\left(1-\frac{|z|}{l}\right),\ -l\leqslant z\leqslant l$$

距坐标原点 z 处的元天线的辐射电场为：

$$\mathrm{d}E_\theta = \mathrm{j}\eta\frac{I(z)\,\mathrm{d}z}{2\lambda R}\sin\theta\mathrm{e}^{-\mathrm{j}\beta R}$$

同样作远区场近似后并带入三角形电流分布得：

$$\mathrm{d}E_\theta = \mathrm{j}\eta\frac{\mathrm{e}^{-\mathrm{j}\beta r}}{2\lambda r}\sin\theta I(z)\mathrm{e}^{\mathrm{j}\beta z\cos\theta}\mathrm{d}z = \mathrm{j}\eta\frac{\mathrm{e}^{-\mathrm{j}\beta r}}{2\lambda r}\sin\theta I_0\left(1-\frac{|z|}{l}\right)\mathrm{e}^{\mathrm{j}\beta z\cos\theta}\mathrm{d}z$$

则远区总场为：

$$E_\theta = \int_{-l}^{l}\mathrm{d}E_\theta = \mathrm{j}\eta\frac{\mathrm{e}^{-\mathrm{j}\beta r}}{2\lambda r}\sin\theta I_0\int_{-l}^{l}\left(1-\frac{|z|}{l}\right)\mathrm{e}^{\mathrm{j}\beta z\cos\theta}\mathrm{d}z$$

$$= \mathrm{j}\eta \frac{I_0 \mathrm{e}^{-\mathrm{j}\beta r}}{2\lambda r}\sin\theta \left[\int_{-l}^{0}\left(1+\frac{z}{l}\right)\mathrm{e}^{\mathrm{j}\beta z\cos\theta}\mathrm{d}z + \int_{0}^{l}\left(1-\frac{z}{l}\right)\mathrm{e}^{\mathrm{j}\beta z\cos\theta}\mathrm{d}z\right]$$

$$= \mathrm{j}\frac{60I_0}{r}\mathrm{e}^{-\mathrm{j}\beta r}f(\theta)$$

式中，

$$f(\theta) = \sin\theta \frac{1-\cos(\beta l\cos\theta)}{\beta l \cos^2\theta}\bigg|_{l=\lambda/2} = \sin\theta \frac{1-\cos(\pi\cos\theta)}{\pi\cos^2\theta}$$

方向图函数的最大值为：

$$f_{\max} = \lim_{\theta\to\pi/2} f(\theta) = \frac{\pi}{2}$$

则归一化方向图函数为：

$$F(\theta) = \frac{f(\theta)}{f_{\max}} = 2\sin\theta \frac{1-\cos(\pi\cos\theta)}{\pi^2\cos\theta}$$

其 E 面方向图函数由上式表示，方向图为"∞"字形；H 面方向图函数为 $F_H = F(\theta)\big|_{\theta=\pi/2} = 1$，方向图为一个圆。

【例 8.4】　有一对称振子长度为 $2l$，其上电流分布为：$I(z) = I_{\mathrm{m}}\sin\beta(l-|z|)$，试导出：

（1）远区辐射场 E_θ、H_φ；

（2）方向图函数 $f(\theta,\varphi)$；

（3）半波天线（$2l=\lambda/2$）的归一化方向图函数 $F(\theta,\varphi)$，并分别画出其 E 面和 H 面内的方向图。

（4）若对称振子沿 y 轴放置，导出其远区场 $\boldsymbol{E}$、$\boldsymbol{H}$ 表达式和 E 面、H 面方向图函数。

解：（1）由 $I(z) = I_{\mathrm{m}}\sin[\beta(l-|z|)]\ (-l\leqslant z\leqslant l)$ 及 $\mathrm{d}E_\theta = \mathrm{j}\eta_0 \dfrac{I(z)\,\mathrm{d}z}{2\lambda R}\sin\theta \mathrm{e}^{-\mathrm{j}\beta R}$

作远区场近似：对相位　$R\approx r - z\cos\theta$，

对幅度　$R\approx r$，

且 $\mathrm{e}^{-\mathrm{j}\beta R} = \mathrm{e}^{-\mathrm{j}\beta r}\mathrm{e}^{\mathrm{j}\beta z\cos\theta}$，

$$E_\theta = \int_{-l}^{l}\mathrm{d}E_\theta = \mathrm{j}\eta_0 \frac{\mathrm{e}^{-\mathrm{j}\beta r}}{2\lambda r}\sin\theta \int_{-l}^{l} I(z)\mathrm{e}^{\mathrm{j}\beta z\cos\theta}\mathrm{d}z$$

$$= \mathrm{j}\eta_0 \frac{\mathrm{e}^{-\mathrm{j}\beta r}}{2\lambda r}\sin\theta I_{\mathrm{m}}\left\{\int_{-l}^{0}\sin[\beta(l+z)]\mathrm{e}^{\mathrm{j}\beta z\cos\theta}\mathrm{d}z + \int_{0}^{l}\sin[\beta(l-z)]\mathrm{e}^{\mathrm{j}\beta z\cos\theta}\mathrm{d}z\right\}$$

$$= \mathrm{j}\eta_0 \frac{\mathrm{e}^{-\mathrm{j}\beta r}}{2\lambda r}\sin\theta I_{\mathrm{m}} \times 2\int_{0}^{l}\sin[\beta(l-z)]\cos(\beta z\cos\theta)\mathrm{d}z$$

$$= \mathrm{j}\frac{60I_{\mathrm{m}}}{r}\mathrm{e}^{-\mathrm{j}\beta r}\frac{\cos(\beta l\cos\theta)-\cos(\beta l)}{\sin\theta} = \mathrm{j}\frac{60I_{\mathrm{m}}}{r}\mathrm{e}^{-\mathrm{j}\beta r}f(\theta)$$

（2）方向图函数：

$$f(\theta) = \frac{\cos(\beta l\cos\theta)-\cos(\beta l)}{\sin\theta}$$

（3）对半波天线：

$$2l=\lambda/2,\ f(\theta) = \frac{\cos\left(\frac{\pi}{2}\cos\theta\right)}{\sin\theta},\ f_{\max}=1,\ F(\theta) = \frac{\cos\left(\frac{\pi}{2}\cos\theta\right)}{\sin\theta}$$

（4）对称振子沿 y 轴放置，其远区场表达式不变，为

$$f(\theta,\varphi)=\frac{\cos(\beta l\cos\theta_y)-\cos(\beta l)}{\sin\theta_y}$$

式中，θ_y 为天线轴与射线 r 的夹角，且 $\cos\theta_y=\hat{\boldsymbol{r}}\cdot\hat{\boldsymbol{y}}=\sin\theta\sin\varphi$。

图 8.32 所示为沿 z 轴放置的对称振子天线方向图，图 8.33 所示为沿 y 轴放置的对称振子天线方向图。

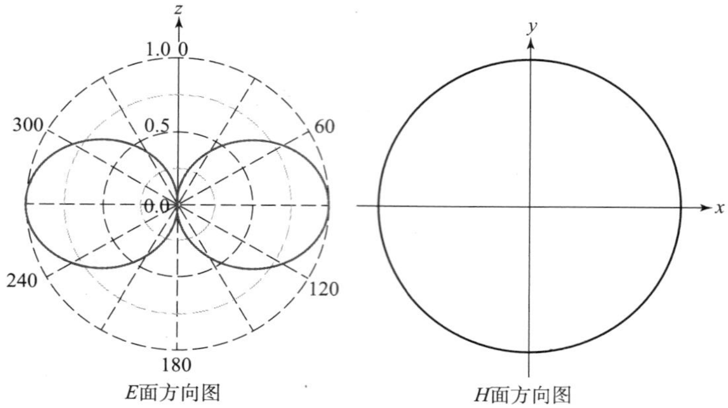

图 8.32　沿 z 轴放置的对称振子天线方向图

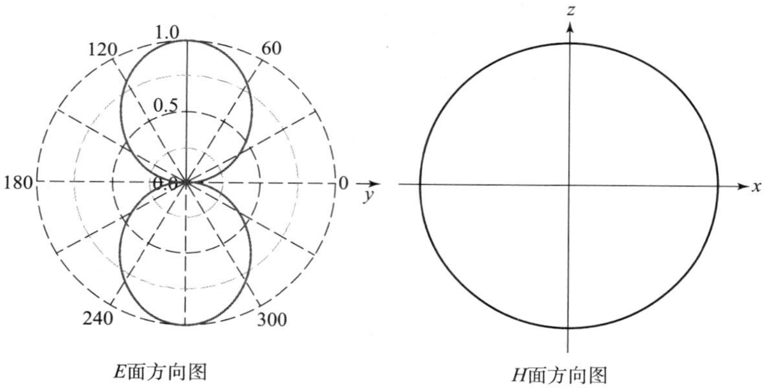

图 8.33　沿 y 轴放置的对称振子天线方向图

【例 8.5】　如图 8.34 所示，有一长度为 $l=\lambda/2$ 的直导线，其上电流分布为 $I(z)=I_0\mathrm{e}^{-\mathrm{j}\beta z}$，试求该天线的方向图函数 $F(\theta,\varphi)$，并画出其极坐标图。

解： 距坐标原点 z 处的元天线的辐射电场为

$$\mathrm{d}E_\theta=\mathrm{j}\eta\frac{I(z)\,\mathrm{d}z}{2\lambda R}\sin\theta\mathrm{e}^{-\mathrm{j}\beta R}$$

作远区场近似后并带入行波电流分布得：

$$\mathrm{d}E_\theta=\mathrm{j}\eta\frac{\mathrm{e}^{-\mathrm{j}\beta r}}{2\lambda r}\sin\theta I(z)\mathrm{e}^{\mathrm{j}\beta z\cos\theta}\mathrm{d}z=\mathrm{j}\eta\frac{\mathrm{e}^{-\mathrm{j}\beta r}}{2\lambda r}\sin\theta I_0\mathrm{e}^{\mathrm{j}\beta z(\cos\theta-1)}\mathrm{d}z$$

远区总场为：

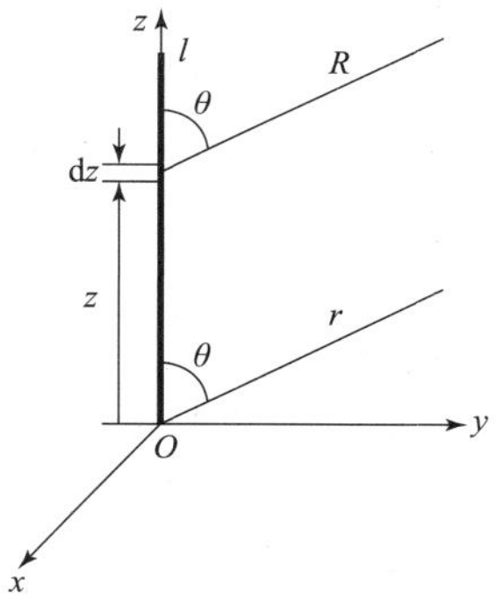

图 8.34　单行波天线

$$E_\theta = \mathrm{j}\eta \frac{\mathrm{e}^{-\mathrm{j}\beta r}}{2\lambda r} I_0 \sin\theta \int_0^l \mathrm{e}^{\mathrm{j}\beta(\cos\theta-1)z}\mathrm{d}z = \mathrm{j}\eta \frac{\mathrm{e}^{-\mathrm{j}\beta r}}{2\lambda r} I_0 \sin\theta \frac{\mathrm{e}^{\mathrm{j}\beta(\cos\theta-1)l}-1}{\mathrm{j}\beta(\cos\theta-1)}$$

$$= \mathrm{j}\eta \frac{\mathrm{e}^{-\mathrm{j}\beta r}}{\lambda r} I_0 \sin\theta \mathrm{e}^{\mathrm{j}\frac{\beta l}{2}(\cos\theta-1)} \frac{\sin[\beta l(\cos\theta-1)/2]}{\beta(\cos\theta-1)}$$

取模值

$$|E_\theta| = \frac{\eta_0 I_0}{\lambda\beta r}\left|\sin\theta \frac{\sin[\beta l(\cos\theta-1)/2]}{\cos\theta-1}\right|$$

$$= \frac{60I_0}{r}\left|\sin\theta \frac{\sin[\beta l(1-\cos\theta)/2]}{1-\cos\theta}\right| = \frac{60I_0}{r}|f(\theta)|$$

得方向图函数为：

$$f(\theta) = \frac{\sin\theta}{1-\cos\theta}\sin[\beta l(1-\cos\theta)/2] = \tan\left(\frac{\theta}{2}\right)\sin\left[\frac{\beta l}{2}(1-\cos\theta)\right]$$

其 E 面方向图函数由上式表示。长度为 $l=\lambda/2$、λ、2λ 时的方向图如图 8.35 所示。

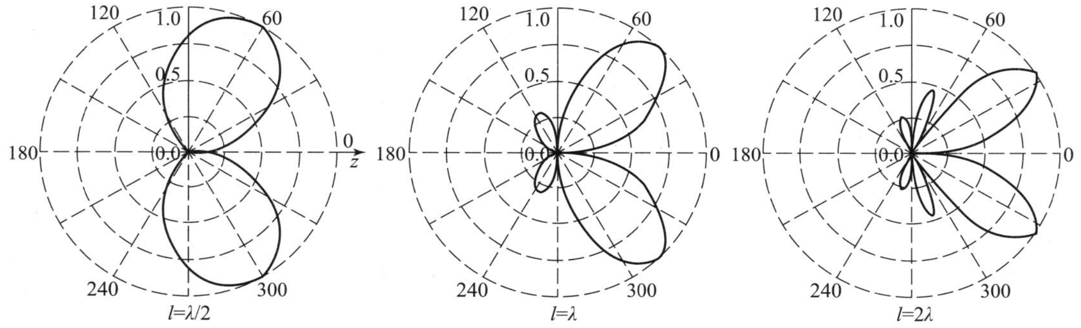

图 8.35　方向图（$l=\lambda/2$、λ、2λ）

【例 8.6】　利用方向性系数的计算公式：

$$D = \frac{4\pi}{\int_0^{2\pi}\int_0^{\pi} F^2(\theta,\varphi)\sin\theta\mathrm{d}\theta\mathrm{d}\varphi}$$

计算：(1) 元天线的方向性系数；(2) 归一化方向图函数为 $F(\theta,\varphi)=\begin{cases}\csc\theta, \theta_0\leqslant\theta\leqslant\pi/2, 0\leqslant\varphi\leqslant\varphi_0 \\ 0,\ \text{其他}\end{cases}$ 的天

线方向性系数；(3) 归一化方向图函数为 $F(\theta,\varphi)=\begin{cases}\cos^n\theta, 0\leqslant\theta\leqslant\pi/2, 0\leqslant\varphi\leqslant 2\pi,\\ 0\quad ,\text{其他},\end{cases}$ $n=1$ 和 2 时的天线方向性系数。

解：

(1) 元天线 $F(\theta)=\sin\theta$，则 $D=1.5$，$D=10\lg D=1.76$ dB。

$$(2)\ D=\frac{4\pi}{\int_0^{2\pi}\int_0^{\pi}F^2(\theta,\varphi)\sin\theta\mathrm{d}\theta\mathrm{d}\varphi}=\frac{4\pi}{\int_0^{\varphi_0}\int_{\theta_0}^{\pi/2}\csc^2\theta\cdot\sin\theta\mathrm{d}\theta\mathrm{d}\varphi}=\frac{4\pi}{\phi_0\ln\left|\dfrac{\sin\theta_0}{1-\cos\theta_0}\right|}$$

或 $D=\dfrac{4\pi}{\phi_0\ln\left|\dfrac{1+\cos\theta_0}{1-\cos\theta_0}\right|}$，或 $D=\dfrac{4\pi}{\phi_0\ln\left|\dfrac{1+\cos\theta_0}{\sin\theta_0}\right|}$

$$(3)\ D=\frac{4\pi}{\int_0^{2\pi}\int_0^{\frac{\pi}{2}}\cos^{2n}\theta\cdot\sin\theta\mathrm{d}\theta\mathrm{d}\varphi}=\frac{4\pi}{2\pi\int_0^{\pi/2}\cos^{2n}\theta\cdot\mathrm{d}\cos\theta}$$

$$=\frac{2}{\dfrac{1}{2n+1}[\cos\theta]^{2n+1}\Big|_0^{\frac{\pi}{2}}}=2(2n+1)$$

所以，$n=1$ 时，$D=6$；$n=2$ 时，$D=10$。

【例 8.7】 如图 8.36 所示为二元半波振子阵，两单元的馈电电流关系为 $I_1=I_2\mathrm{e}^{\mathrm{j}\pi/2}$，要求导出二元阵的方向图函数 $f_T(\theta,\varphi)$，并画出 E 面（yOz 平面）和 H 面（xOy 平面）方向图。

解： 此时图 8.36 所示二元阵的阵因子方向图为心脏形，I_2 相位滞后于 I_1，最大值方向为正 y 轴方向。

二元阵的总场方向图函数为：

$$f_T(\theta,\varphi)=f_0(\theta)f_a(\theta,\varphi)$$

式中，单元方向图函数为：

$$f_0(\theta)=\frac{\cos\left(\dfrac{\pi}{2}\cos\theta\right)}{\sin\theta}$$

二元阵的阵因子为：

$$f_a(\theta,\varphi)=2\cos\left(\frac{\beta d}{2}\cos\theta_y-\frac{\alpha}{2}\right),$$

$$\cos\theta_y=\hat{\boldsymbol{r}}\cdot\hat{\boldsymbol{y}}=\sin\theta\sin\varphi, \alpha=\pi/2$$

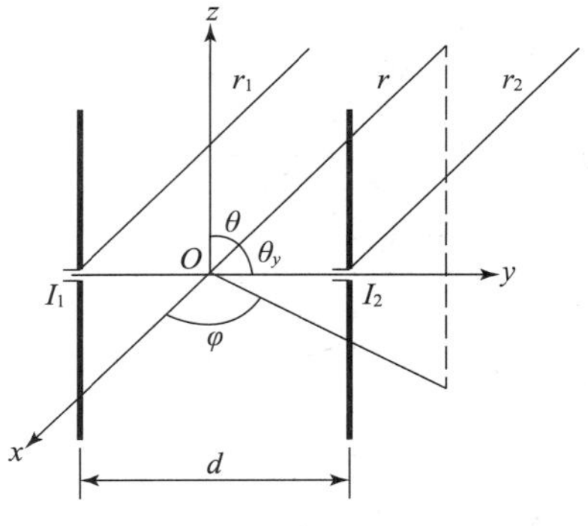

图 8.36 半波振子二元阵（$d=\lambda/4$）

(1) 画出 E 面（yz 面，$\varphi=\pi/2$）方向图。

单元方向图函数为：

$$f_0(\theta)=\frac{\cos\left(\dfrac{\pi}{2}\cos\theta\right)}{\sin\theta}$$

阵因子为：

$$f_a(\theta)=2\cos\left[\frac{\pi}{4}(\sin\theta-1)\right]$$

由方向图相乘原理可绘出其 E 面方向图如图 8.37 所示。

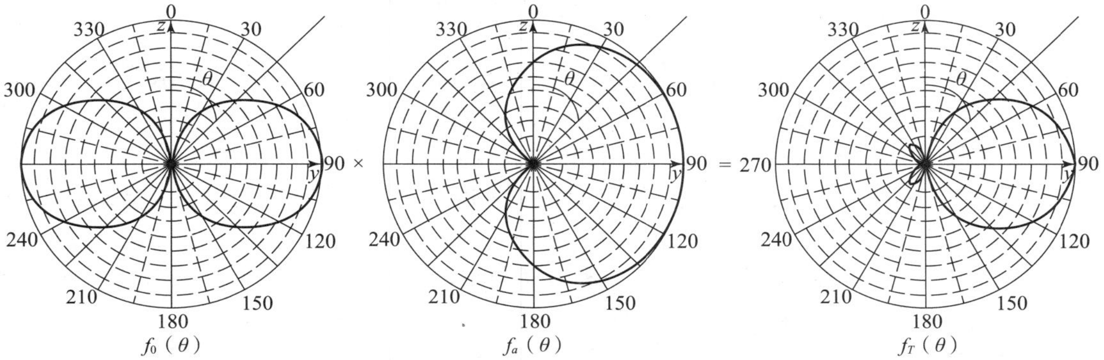

图 8.37　$d=\lambda/4$，$\alpha=\pi/2$ 时的等幅激励半波振子二元阵 E 面方向图

（2）画出 H 面（xOy 面，$\theta=\pi/2$）方向图。

单元方向图函数为：

$$f_0(\varphi)=1$$

阵因子为：

$$f_a(\varphi)=2\cos\left[\frac{\pi}{4}(\sin\varphi-1)\right]$$

由方向图相乘原理可绘出其 H 面方向图如图 8.38 所示。

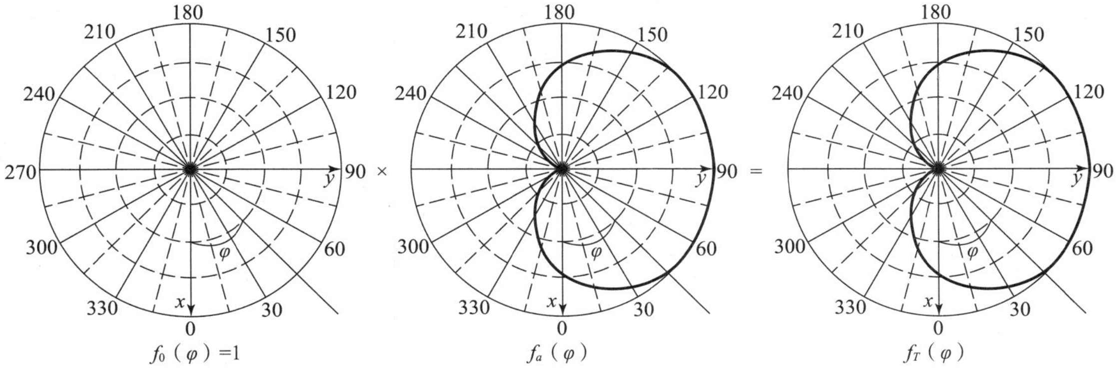

图 8.38　$d=\lambda/4$，$\alpha=\pi/2$ 时的等幅激励半波振子二元阵 H 面方向图

习题和实训

1. 由以波腹电流为参考的辐射电阻公式 $R_r=\dfrac{30}{\pi}\int_0^{2\pi}\mathrm{d}\varphi\int_0^{\pi}f^2(\theta,\varphi)\sin\theta\mathrm{d}\theta\mathrm{d}\varphi$ 计算对称半波

天线的辐射电阻。（提示：利用积分 $\int_0^{2\pi}\frac{1-\cos x}{x}\mathrm{d}x=C+\ln(2\pi)-Ci(2\pi)$。式中，$C=0.577$，$Ci(2\pi)=-0.023$）

2. 利用下式求全波振子的方向性系数

$$D(\theta,\varphi)=\frac{120f^2(\theta,\varphi)}{R_r},\ f(\theta,\varphi)=\frac{\cos(\beta l\cos\theta)-\cos\beta l}{\sin\theta}$$

若全波振子的效率为 $\eta_a=0.5$，求其最大增益的分贝数和 $\theta=\pi/3$ 时的方向性系数。

3. 某天线以输入端电流为参考的辐射电阻和损耗电阻分别为 $R_\mathrm{r}=4\ \Omega$ 和 $R_\mathrm{L}=1\ \Omega$，天线方向性系数 $D=3$，求天线的输入电阻 R_in 和增益 G。

4. 有一长为 $2l$ 的全波振子天线（$2l=\lambda$），试采用二元阵的方法进行分析。要求：

（1）导出其方向图函数；

（2）采用方向图相乘原理画出其 E 面和 H 面方向图；

（3）查表计算其辐射阻抗并计算方向性系数。

5. 有一对称振子天线，全长 $2l=40$ m，振子截面半径 $\rho=1$ m，工作波长 $\lambda=50$ m，求该天线的平均特性阻抗和输入阻抗。

6. 试用 CST HFSS/COMSOL 软件之一种求解上述各题。

7. 试用 MATLAB 编程求解上述各题。

8. 试用 EMC STUDIO 求解上述各题。

9. 试用 COMSOL 求解上述各题。

第 9 章

微波技术基础

电磁波的频率极其宽广，覆盖直流到 THz 及其以上频段。本章主要讨论其中一个频段，即微波。主要包括微波及传输线基础理论知识及其应用，以及相关软件，如史密斯圆图和 Polar Si9000b 等。此外，还简介了麦克斯韦电路理论，这是分析射频微波电路的新理论。

9.1 微波基础知识

9.1.1 电磁波谱及微波频段划分

1. 微波定义

微波一般是指频率范围为 0.3 ~ 3 000 GHz、相应的波长从 1 m 到 0.1 mm 的电磁波。在早期一般将微波高端频率定为 300 GHz、相应的波长范围为 1 mm，但是随着应用的需要，很多国家、地区的诸多标准，比如我国都已经把微波高端频率提高到了 3 000 GHz。这里要注意微波与两个相关概念的联系与区别：

（1）无线电波或赫兹波：频率规定在 3 000 GHz 以下，不用人造波导而在空间传播的电磁波。

（2）射频：一般规定频率范围在 9 kHz ~ 3 000 GHz 的电磁波。

无线电频谱可分为如表 9.1 所示的 14 个频段。

表 9.1　无线电频段和波段命名（中华人民共和国无线电频率划分规定 2014）

带号	频段名称	频率范围	波段名称	波长范围
-1	至低频（TLF）	0.03 ~ 0.3 Hz	至长波或千兆米波	10 000 ~ 1 000 Mm
0	至低频（TLF）	0.3 ~ 3 Hz	至长波或百兆米波	1 000 ~ 100 Mm
1	极低频（ELF）	3 ~ 30 Hz	极长波	100 ~ 10 Mm
2	超低频（SLF）	30 ~ 300 Hz	超长波	10 ~ 1 Mm
3	特低频（ULF）	300 ~ 3 000 Hz	特长波	1 000 ~ 100 km
4	甚低频（VLF）	3 ~ 30 kHz	甚长波	100 ~ 10 km
5	低频（LF）	30 ~ 300 kHz	长波	10 ~ 1 km
6	中频（MF）	300 ~ 3 000 kHz	中波	1 000 ~ 100 m
7	高频（HF）	3 ~ 30 MHz	短波	100 ~ 10 m
8	甚高频（VHF）	30 ~ 300 MHz	米波	10 ~ 1 m
9	特高频（UHF）	300 ~ 3 000 MHz	分米波	10 ~ 1 dm

续表

带号	频段名称	频率范围	波段名称	波长范围
10	超高频（SHF）	3 ~ 30 GHz	厘米波	10 ~ 1 cm
11	极高频（EHF）	30 ~ 300 GHz	毫米波	10 ~ 1 mm
12	至高频（THF）	300 ~ 3 000 GHz	丝米波或亚毫米波	10 ~ 1 dmm

注：频率范围（波长范围亦类似）均含上限、不含下限；相应名词为非正式标准，仅作简化称呼参考之用。

无线电波整个频谱划分如图 9. 1、图 9. 2 所示。

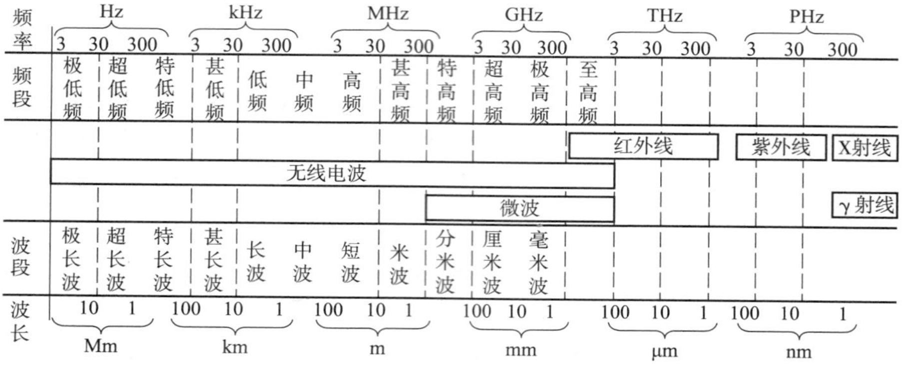

图 9. 1　电磁频谱分布图（1）

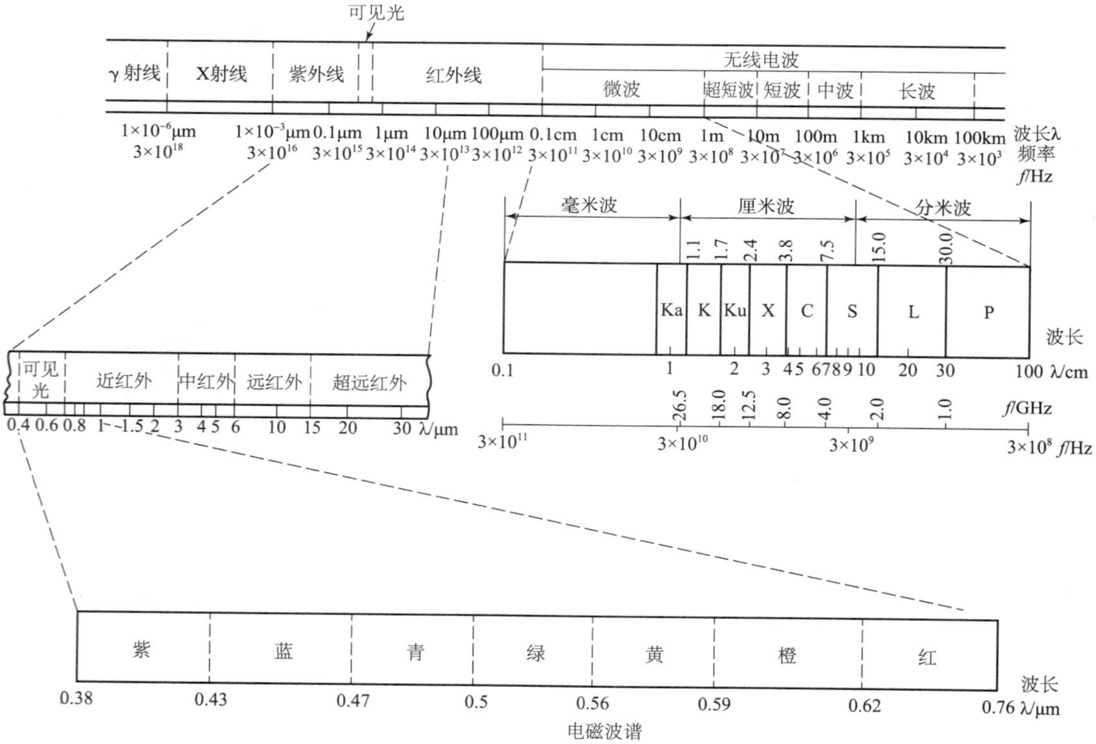

图 9. 2　电磁频谱分布图（2）

2. 微波波段划分

通常把微波中常用波段分别以拉丁字母作代号，并且每一个波段都有主要业务，这种划分最早基于军用雷达工作频率（波长）保密的需要而制定，应用中只论及某雷达的工作频率所处的工作频段，而不指明其具体的工作频率；后来这种划分又与微波元器件的工作频率范围进行了某种形式的挂钩，表 9.2 是《中华人民共和国无线电频率划分规定 2014》给出的常用字母代码和业务频段对应表。

表 9.2　常用字母代码和业务频段对应表

字母代码	雷达		空间无线电通信	
	频率范围/GHz	举例/GHz	标称频段	举例/GHz
L	1 ~ 2	1.215 ~ 1.4	1.5 GHz 频段	1.525 ~ 1.710
S	2 ~ 4	2.3 ~ 2.5 2.7 ~ 3.4	2.5 GHz 频段	2.5 ~ 2.690
C	4 ~ 8	5.25 ~ 5.85	4/6 GHz 频段	3.4 ~ 4.2 4.5 ~ 4.8 5.85 ~ 7.075
X	8 ~ 12	8.5 ~ 10.5	—	
Ku	12 ~ 18	13.4 ~ 14.0 15.7 ~ 17.3	11/14 GHz 频段 12/14 GHz 频段	10.7 ~ 13.25 14.0 ~ 14.5
K（注）	18 ~ 27	24.05 ~ 24.25	20 GHz 频段	17.7 ~ 20.2
Ka（注）	27 ~ 40	33.4 ~ 36.0	30 GHz 频段	27.5 ~ 30.0
V	40 ~ 75	46 ~ 56	40 GHz 频段	37.5 ~ 42.5 47.2 ~ 50.2

注：对于空间无线电通信，K 和 Ka 频段一般只用字母代码 Ka 表示；相应代码及频段范围为非正式标准，仅作简化称呼参考之用。

9.1.2　微波的主要特性

微波和普通的无线电波、可见的和不可见的光波、X 射线、γ 射线一样，本质上都是随时间和空间变化的、呈波动状态的电磁场或电磁波。尽管它们的表现各不相同，例如可见光可以被人眼所感觉而其他波段则不能；X 射线、γ 射线具有穿透导体的能力而其他波段则不具有这种能力；无线电波可以穿透浓而厚的云雾而光波则不能等，但它们都是电磁波。之所以出现这么多不同的表现，归根结底是因为它们的频率不同，即波长不同。

从电子学和物理学的观点看，微波电磁谱具有不同于其他波段的如下重要特点。

1. 似光性和似声性

与较低频率波段相比，微波的频率高且波长很短，比一般物体（如飞机、舰船、汽车、坦克、火箭、导弹、建筑物等）的尺寸相对要小得多，或在同一量级。这使微波的特点与几何光学相似，即似光性。因此，用微波工作，能使电路元件尺寸减小；使系统更加紧凑；可以设计制成体积小、波束很窄、方向性很强、增益很高的天线系统，接收来自地面或宇宙空间各种物体反射回来的微弱信号，从而确定物体的方位和距离，分析目标的特征。

由于微波的波长与物体的尺寸具有相同的量级，使得微波的特点又与声波相近，即似声性。例如微波波导类似于声学中的传声筒；喇叭天线和缝隙天线类似于声学喇叭、萧和笛；微波谐振腔类似于声学共鸣箱等。

2. 穿透性

微波照射于一般物体（介质体）时，能深入物质内部。微波能穿透电离层，成为人类探测外层空间的"宇宙窗口"；微波能穿透云、雨、植被、积雪和地表层，具有全天候和全天时的工作能力，成为遥感技术的重要波段；微波能穿透生物体，成为医学透热疗法的重要手段；毫米波还能穿透等离子体，是远程导弹和航天器重返大气层时实现通信和导弹末制导的重要手段。这些特性是红外与毫米波频段的电磁波所不具有的。

3. 非电离性

微波的量子能量还不够大，不会改变物质分子的内部结构或破坏分子间的化学键，所以微波和物质的作用是非电离的。由物理学可知，分子、原子和原子核在外加电磁场的周期力作用下所呈现的许多共振现象都发生在微波范围，因而微波为探索物质的内部结构和基本特性提供了有效的研究手段。另一方面，利用这一特性和原理，可研制许多适用于微波波段的器件。

4. 信息性和载波性

由于微波的频率很高，所以在不太大的相对带宽下，其可用的频带很宽，可达数百甚至上千兆赫。这是低频无线电波无法比拟的。这意味着微波的信息容量大，即使很小的相对带宽，可用的频谱也非常宽，可以达到数百甚至上千兆赫。所以现代多路通信系统，包括卫星通信和移动通信，几乎无例外地都是工作在微波波段。另外，微波信号还可提供相位、极化、多普勒频率等信息，这在目标探测、遥感、目标特征分析等应用中十分重要。

5. 传播特性

1）大气传播特性

微波在大气层中传播时将受到一定程度的影响，其主要原因是氧气和水蒸气对微波频率会产生选择性的吸收和散射，在毫米波频段尤为突出。图 9.3 表示微波高端频段在大气中水平传播时平均大气吸收的实验结果。由氧气分子谐振引起的吸收峰出现在 60 GHz 和 120 GHz 附近，而由水蒸气谐振引起的吸收峰在 22 GHz 和 183 GHz附近。同时看到有 4 个传播衰减相对较小的"窗口"，其中心频率分别在 35 GHz、94 GHz、140 GHz 和 220 GHz，相应波长分别为 8.6 mm、3.2 mm、2.1 mm 和 1.4 mm。在大气层中传播电磁波随工作频率升高，总衰减呈上升趋势。

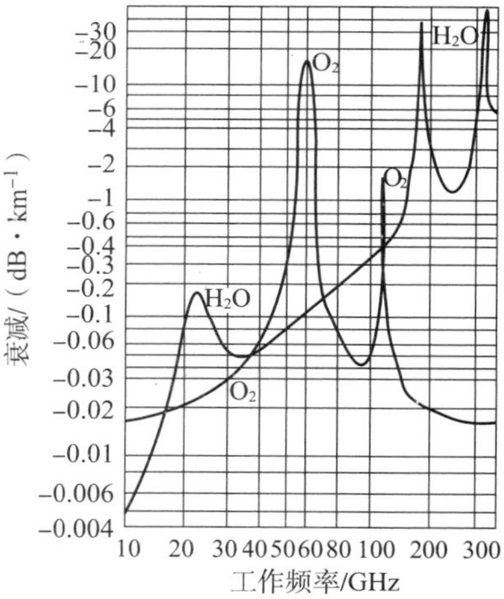

图 9.3　传播时的大气吸收特性

2）散射特性

散射是当入射波遇到一个粗糙表面、一群障碍物或大量随机分布的不均匀体时，产生不能用几何光学解释的波的过程。注：散射将入射波的能量连续不断地散布到所有方向，而这些波间的相位关系是随机的。微波作用于媒质就具有散射特性，它可以用于对不同媒质和物体进行检测，以提取其时域信息、频域信息、幅度信息、相位信息、极化信息等，从而获得被测目标特征，进行目标识别。这是微波遥测遥感、雷达成像等的技术基础；特别地，微波生物医学成像技术中的微波成像是指以微波作为信息载体的一种成像手段，实质属于电磁逆散射问题：它既用被成像目标散射的幅度信息，也用它的相位信息，所以也称为微波全息成像；其原理是用微波辐射被测对象，再通过对目标外部散射场的测量数据来重构目标的形状或电磁参数（如复介电常数、电导率、磁导率等）的分布。此外，还可以利用微波对大气对流层的散射作用实现远距离散射通信。

3）视距传播特性

微波传播是直线方式，即具有视距传播特性。因此由于地球曲率的影响，微波传输距离不可能很远，在当今复杂电磁环境中一般越来越近，所以需要使用接力（中继）设备，比如微波通信用的接力机，以增加传输距离。

6. 多种效应特性

除了趋肤效应、邻近效应、涡流效应外，微波还会与媒质相互作用，产生热效应、非热效应、累积效应和综合效应等。

1）热效应

微波照射热效应的产生是由分子内部激烈运动所致。极性物质（如水）的分子两端分别带有正负电，形成偶极矩，此种分子称为偶极子。当置于电场中时，偶极子即沿外加电场的方向排列，在高频电场中，物质内偶极子的高速运动引起分子相互摩擦，从而使温度迅速升高。因此微波加热与其他加热方式不同，不是使热从外到内传热，微波加热时产热均匀，微波能达到的地方，吸收介质均能吸收微波并很快将微波转化为热能，使微生物死亡。

2）非热效应

微波的振荡改变了细胞胶体的电动势，改变细胞膜的通透性，因而影响细胞及组织器官的某些功能；微波照射后，由于细胞核内物质吸收微波能量的系数不同，致使细胞核内物质受热不均匀，影响细胞的遗传与生殖；谐振吸收，微波中的频率较接近于有机分子的固有振荡频率，当细胞受到微波照射时，细胞中的蛋白质特别是氨基酸、肽等成分可选择性地吸收微波的能量，改变了分子结构或个别部分的结构，破坏生物酶的活性，因而影响细胞的生化反应，影响微生物的生长代谢。

3）综合效应和累积效应

微波综合效应是各种热效应和非热效应、累积效应和量子效应等综合作用的结果。比如经过分析研究结果发现，单纯热效应或非热效应都不能解释微波的消毒特性，微波快速广谱的消毒作用是复杂的综合因素作用的结果。认为只存在热效应或非热效应观点的差异主要是各自实验方法都存在一定的不足。

累积效应是指微波作用在时域上的叠加特性，瞬态作用可能没有什么结果，但是长期、长时、常期作用就一定会产生某种结果。

4）场效应

特别是生物体处于微波场中时，细胞受到冲击和振荡，破坏细胞外层结构，使细胞通透性增加，破坏了细胞内外物质平衡。电镜下可见到细胞肿胀，进而出现细胞质崩解融合致细胞死亡。

7. 量子效应特性

在微波波段，电磁波每个量子的能量范围为 $10^{-6} \sim 10^{-3}$ eV。许多原子和分子发射和吸收的电磁波能量正好处于微波波段内，人们正是利用这个宽带特性分布参数不确定性的特点研究分子和原子的结构，发展了微波波谱学、量子电子学等新兴学科，并研制了量子放大器、分子钟和原子钟。

8. 共渡性

电子真空管的渡越时间与微波振荡周期相当的这一特点称为共渡性。共渡性是给予微波电子学巨大影响的非常重要的物理因素。利用这种共渡性可以做成各种微波电子真空器件，得到微波振荡源。而这种渡越效应在静电控制的电子管中是忽略不计的。

9. 分析方法独特性

由于微波具有许多特性，造成微波及其应用分析方法的独特性，特别是由于微波频率高，已成为一种电磁辐射，趋肤效应、邻近效应、涡流效应和辐射损耗相当严重。因此在研究微波问题时要采用场和波的概念与方法。在微波工程实际中，低频电路常用的集总参数元件电阻、电感、电容已不再适用，电压、电流在微波波段甚至失去了唯一性意义；因此用它们已经无法对微波传输系统进行完全描述，对微波电子电路分析不能采用集中参数模型，而需要采用分布参数模型，如传输线和波导等。

10. 抗低频干扰特性

宇宙和大气在传输信道上产生的噪声，以及绝大部分电器设备的噪声，一般均处于中低频段，它们的频率与微波的频率范围差别较大，对微波传输如微波通信基本不造成实质性影响。

11. 电子烟雾特性

微波虽然具有一定抵抗低频干扰的特性，但是微波自身却难免成为电子污染源的一个主要构成部分，这种污染也称为电子烟雾，是人类社会环境的第四大公害。在信息时代，电磁环境日益复杂化，其中包括各领域、各种微波电子电器设备的作用和贡献，具有以下特征。

（1）空域：表现为设备种类多，在给定空间内组成分布式异构网络；辐射源多、分布密度大。

（2）时域：信号交叠严重，工作方式多样，波形变换复杂；持续时间、延时多变，信号非平稳。

（3）频域：频率覆盖范围宽，频谱使用方式多样化。

（4）功率和能量：功率越来越大，能量由弱变强，效应从干扰到毁伤；对电磁环境综合威胁程度高。

（5）信号结构：微波信号调制复杂、参数多变而且变化速度快；传输体制、协议多样，数据格式多变。

所以，微波辐射及其防护已经成为电磁兼容性理论和技术研究的主要内容。

9.1.3　微波的应用

微波具有上述重要特性，决定了它在实际应用中的广泛性。微波的应用包括作为信息载体和微波能的应用两个方面。在当今日益复杂的电磁环境，特别是陆海空天电（还包括心理）等一体化信息战场环境中，制信息权和制电磁权已经是一个中心（网络中心）的两个基本支撑点。而微波的应用在这一个中心和两个基本点上都处于主导地位。它支撑着各层次、各种通信战、电子战、信息对抗、网络对抗、平台对抗、体系对抗。

1. 微波作为信息载体

1）微波通信

通信是微波技术的传统应用领域，是微波最重要的应用之一。最为典型的就是多路通信。由于微波的频率很高，频带很宽，比短波频带宽好几十倍甚至数百倍，能够承载的信息量很大，因而用微波作为载波应用于多路通信、微波中波通信、散射通信、卫星通信、移动通信等领域。

利用微波各波段的特点可作特殊用途的通信，比如从 P 到 Ku 波段的微波，适宜于以地面为基地的通信，毫米波适用于空间与空间的通信，毫米波段的 60 GHz 频段其电波大气衰减较大，适合作近距离保密通信，而 90 GHz 频段的电波在大气中衰减却很小，是一个窗口频段，宜用于地空和远距离通信；对超长距离的通信，则 L 波段更适宜，因为在此波段容易获得较大的功率。

2）雷达

微波最早应用于军用雷达，而正是由于第一次世界大战人们把微波应用于雷达中，才促使微波技术的迅猛发展。雷达用于军事领域，有预警雷达、舰载雷达、机载雷达、星载雷达等。民用雷达发展也较快，如导航、气象、防盗、遥感雷达等。现代雷达大多数是微波雷达，因为工作微波波段的雷达可以使用尺寸较小的天线，以获得很窄的波束宽度，辅之以微波诸多有益特性，从而获取关于被测目标更多的特性和信息。

3）科学研究

在科学研究中，微波技术也有着重要应用。如原子钟的研制，就是微波技术的应用和发展的结果。微波应用在物理学、天文学、化学、医学、气象学等各个学科领域，如射电天文学、微波波谱学、量子电子学、微波生物学、微波化学、微波医学等，以探索物质内部结构以及自然、生命的奥秘。此外，如许多电子仪器设备，如电子直线加速器、等离子体参量测量、频谱分析以及诸多传感器等都要用到微波。

4）微波检测和测量

本质上，微波应用于雷达也是一种检测和监测。除雷达外，微波监测、检测和测量还应用于诸多领域，如天文观察、导航、气象探测、大地测量、遥感遥测、工业检测和交通管制（包括海、陆、空）、智能小区（社区、城市、医疗）等。此外，微波还可以应用于医学测量，如微波成像等。微波应用于医学测量，还可以给医学研究提供手段、方法和大量有用数据。

微波测量属于微波的弱功率应用，包括各种电量和非电量的测量，其显著特点是不需要与被测量对象接触，因而是非接触式的无损测量，特别适宜于生产线测量或进行生产的自动控制。现在应用最多的是测量温度，即测量物质（如煤、纸、原油等）中的含水量。各种微波测量仪器的研发和应用日益广泛，而且深入人类社会生活的各个领域。

微波测量不同于低频无线测量。低频无线测量的基本量是电压、电流、频率以及电路元器件（电阻、电容、电感）以及电路本身的参数；而这些参数在微波频率下，已经没有确切的物理意义了，微波测量的基本量是功率、阻抗、波长以及相位移、衰减。

5）微波电子线路

随着科学技术的飞速发展，学科之间的相互渗透不断加剧，在其他学科中应用微波理论和技术进一步深入研究的案例不断增多。例如，在数字集成电路中，随着芯片制程工艺技术的进步以及电路运算速度的提高，其时钟频率已进入微波频段，采用传统的集总参数而不用分布参数方法进行研究和设计已经难以为继了，很难保证高速数字集成电路的设计、工程实现以及系统和设备的正常工作，因为难以保障信号完整性问题、电源完整性问题以及电磁兼容性问题。

2. 微波能及其传输

微波也被作为一种能源加以利用。微波作为能源的应用始于 20 世纪 50 年代后期，至 60 年代末，微波能应用随着微波炉的商品进入家庭而得到大力发展。

微波能应用包括微波的强功率应用和弱功率应用两个方面。强功率应用有微波加热等；弱功率应用是结合微波的信息性和载波性质，用于各种电量和非电量（包括长度、速度、湿度、温度等）的测量。

微波能的应用主要包括：

1）微波加热

利用微波加热物体，就是利用物体吸收微波产生的热效应进行加热的。微波加热可以深入物体内部，使热量产生于物体内部，不依靠热传导，里外同时加热，具有热效率高、节省能源、加热速度快、加热均匀等优势，便于自动化批量生产。微波加热现已被广泛应用于工业、农业等领域，如食品、橡胶、塑料、化学、木材加工、造纸、印刷、卷烟等工业应用。用于食品加工时，不破坏食品的营养成分。在农业领域，可以利用微波加热进行育种、育蚕、干燥谷物等。

微波加热的特点有：

（1）被加热的物体内外一起加热，瞬时可以达到高温。热损耗小、热能利用率高、节约热能。

（2）对媒质、材料的穿透深度远比红外加热的穿透深度大，可达几十厘米。

（3）微波加热的预热时间短，微波管预热 15 秒就能正常工作。

（4）加热均匀。常规加热为提高加热速度，就需要升高加热温度，使被加热物品容易产生受热不均现象。微波加热时，物体各部位通常都能均匀渗透电磁波，产生热量，因此大大改善了均匀性。

（5）一般来说安全无害。在微波加热、干燥中，无废水、废气、废物产生，也无辐射遗留物存在，在确保符合相关标准限值的前提下，其微波辐射和泄漏也确保环境、生命安全以及其他设备的正常使用，是一种十分安全无害的高新加热技术。

2）微波杀菌和消毒

利用微波对细菌的热效应使其蛋白质产生变化，使细菌失去营养、繁殖和生存的条件而死亡，这是微波杀菌的基本思路。其原理是由于微波对细菌有生物效应，利用微波电场改变细胞膜的电位分布，影响细胞膜周围电子和离子浓度、改变细胞膜的通透性能，造成细菌营养不良、不能正常新陈代谢、细胞结构功能紊乱、生长发育受到抑制而死亡。

微波用于食品加工，除了加热外，还有消毒作用，其清洁卫生，也不造成有形的环境污染。利用加热功能，在农业中还可以杀虫。

3）微波治疗和保健

微波的生物医学应用，除了诊断和测量外，也可以利用微波能的加热应用进行一些疾病的治疗，比如对人体内炎症、溃疡、肿瘤和其他病变产生抑制或治疗作用，以及应用于人体保健。利用微波对生物体的热效应，选择性局部加热，是一种有效的治疗方法，临床上可用来治疗人体的各种疾病，尤其对肿瘤胞块。微波的医学应用包括微波诊断、微波治疗、微波解冻、微波解毒和微波杀菌等。用微波对生物体作局部辐射，可提高局部组织的新陈代谢，并诱导产生一系列的物理化学变化，从而达到解痉镇痛、抗炎脱敏、促进生长等作用，广泛用于治疗骨折、创伤、小儿肺部疾病、胰腺、癌症疾病等。国际电信联盟《无线电规则》2012 年版、ITU－R SM. 2180 及 ITU－R SM. 1056 规定，目前广泛应用于工业、科学和医学（ISM）的微波加热专用频率有（915 ±25）MHz、（2 450 ±50）MHz、（5 800 ±75）MHz 等几种。

需要注意的是，微波的生物医学效应不仅有对生物体的热效应，而且有非热效应，以及累积效应和综合效应。在某些情况下，非热效应比热效应更为主要。微波的生物医学应用主要利用微波有益的生物效应。因为微波的生物效应还存在有害一面，表现为超剂量、超限值的微波辐射有三致作用：致癌、致畸和致突变，即微波的致热作用既能治病又能致患，关键在于处理好微波的功率、频率、辐射时间和作用条件这三者之间的关系。一般微波的三致作用按其机理可分为热效应和非热效应两种。热效应或称致热效应，是指由于微波辐射生物体对组织器官加热所产生的生理影响；非热效应或称热外效应，是微波对生物体组织和器官的其他特殊生理影响，不包括热效应；且这些影响是别的加热手段不会产生的。微波对人体的伤害作用主要是热效应：微波大（超）剂量或长时间辐射人体时，可以使人体温度升高，产生高温生理反应，导致人体组织和器官受到损伤，其中最容易受损的是眼睛和睾丸。因此，应该采取适当的防护措施，并应对微波源的辐射功率及其泄漏规定安全标准。比如我国在 2014 年修订并且颁布了《GB 8702 电磁环境控制》，详见第 10 章生物医学电磁学基础以及第 11 章电磁兼容相关内容。

此外，正常人体本身是一种自治的电磁生态系统，利用微波与人体的相互作用，可以维持和修复这种生态平衡，起到保健作用。这是具有极大研究意义和市场前景的理论技术。

4）微波武器和电磁武器

微波武器的高能微波束不仅能够对敌方各种电磁设备造成各种不同程度的干扰乃至物理损毁，比如可以引爆敌方的炮弹、导弹甚至核武器等，可以干扰甚至摧毁敌人的各种电子设备等。而且还可以干扰敌方人员的神经系统和大脑思维，可以灼伤人的眼睛和人体组织，造成生理系统和心理系统的紊乱，使士兵和部队的战斗力急剧下降。典型的微波武器有电磁炮、电磁脉冲弹、电子战飞机等，这些武器已经在各个不同的局部战争中得到成功应用，比如海湾战争等。

5）微波输电

微波输电就是利用微波进行无线输电的技术和装备。微波输能是指在真空中或大气中不借助其他任何传输线或波导来达到能量传递目的的一种手段。微波输电系统主要由三部分组成：一是将包括来自太阳能、风能、海洋能、核能等的电能转换成能在自由空间传播的微波；二是微波的定向发射和传输；三是将接收到的微波功率直接由整流天线变换为直流电能。由微波输能的独特机理可知，电磁波无线输能具有下列特点：

（1）源到负载之间的能量传递可以不借助任何导波系统。

（2）能量的传递速度为光速，能量的传递方向可以迅速改变，电磁波在真空中传输没有损耗，在大气中的损耗也可做到很小。

（3）由于工作在微波频段，收发端的设备比较小。

（4）能量在两点之间的传输与两点之间引力势的差别无关。

9.2 导波、导波系统及其一般特性

9.2.1 导波和导波系统

1. 导波的定义

区别于辐射电磁波，导行电磁波（简称为导波）是设置好特定边界条件的电磁波，它是电磁波借助特定传输系统进行传播的方式。参见《GB/T 14733.2—2008 电信术语 传输线和波导》（IEC60050 726）和《GB/T 14733.9—2008 电信术语 无线电波传播》（IEC60050 705）的定义。

导行波能量的全部或绝大部分受导行系统的导体或介质的边界约束，在有限横截面内沿确定方向（一般为轴向）传输的电磁波，简单说就是沿导体系统定向传输的电磁波，简称为导波。

导波的类型是指满足无限长匀直导波系统横截面边界条件，能独立存在的导波形式。按导波有无纵向场分量来分类，有以下两大类。

1）无纵向场分量

无纵向场分量，即 $E_z = H_z = 0$ 的电磁波，这种波只有横电磁场，故称为横电磁波（TEM 波），电磁力线位于导波系统的横截面内。横电磁波只能存在于多导体导波系统中，如双线、同轴线等这类导波系统中。

2）有纵向场分量

有纵向场分量的电磁波，又细分为以下三种类型：

（1）$E_z = 0$，$H_z \neq 0$ 的波称为横电波（TE 波）或磁波（H 波）。这种波的电力线全在导波系统的横截面内，磁力线为空间曲线。

（2）$E_z \neq 0$，$H_z = 0$ 的波称为横磁波（TM 波）或电波（E 波）。这种波的磁力线全在导波系统的横截面内，电力线为空间曲线。

（3）$E_z \neq 0$，$H_z \neq 0$ 的波称为混合波（EH 波或 HE 波）这种波可视为 TE 波和 TM 波的线性叠加。

2. 导波系统

导波系统是用以约束或引导电磁波能量定向传输的结构。由此又引出以下几个重要概念。

1）传输线

《GB/T 14733.11—2008 电信术语　传输》（IEC60050 704）的定义是：传输线，即两点间经加工制成的并以最小辐射量传送电磁能量的传输媒质。而《GB/T 14733.2 电信术语　传输线和波导》（IEC6000650 726）的定义是：传输线，即在两点之间以最小辐射传送电磁能量的一种（传输）手段。（作者注：这种手段不是方法，而是一种有形的物质）。

2）波导

《GB/T 14733.11—2008 电信术语　传输》（IEC60050 704）的定义是：波导，即由引导电磁波的一组物质边界或构件制成的一种传输线。（原文注：最普通的波导形式包括金属管子、介质棒和由导电材料和电介质材料组成的混合构件）。而《GB/T 14733.2 电信术语　传输线和波导》（IEC6000650 726）的定义是：波导，即由引导电磁波沿一定方向传输的系统性物质边界或结构组成的一种传输线。（原文注：最常见的波导形状是一根金属管；其他形式还有（电）介质棒，或者是导体和介质材料的混合结构）。

从上述两个标准的定义中可看出，波导是传输线的一个子集，传输线是导波系统的等价定义，而波导则不是。有的文献将波导与传输线等同，从而将导波系统也等价于传输线，因为一般而言，波导指用来引导电磁波的传输线或器件，包括双导线以及各种微波器件等。但是工程中波导一般指由单个导体组成，特指空心或填充有介质的封闭腔体，支持 TE/TM 波，不支持 TEM 波；而传输线一般指由两个或多个导体组成的传输媒质，支持 TEM 波。即：传输线是由平行双导体构成的引导电磁波的线状结构设备或结构，用以传输电磁能和电磁波。各种传输线使电磁波能量约束或限制在导体形成的空间并且沿其轴向传播。传输线是射频微波系统的重要组成部分，用来把载有信息的电磁波沿着传输线规定的路径自一点（端）传输到另一点（端）。

电磁波可分为自由空间波和导波。自由空间波是指在无界空间传递信息和能量的电磁波。导波是在含有不同媒质边界的空间传递的电磁波。一般而言，自由空间中的电磁波传递称为传播，而导波中的传递则是传输。构成导波传输边界的装置就是导波系统，它的作用是束缚并引导电磁信息、电磁波和电磁能量的传输。

3）相关概念

行波：传输线中单向传播的一种电磁波，其沿传播方向的任何正弦分量的相位随距离呈现变化而幅度因损耗呈指数衰减。

驻波：沿均匀传输线同模、同频率、传播方向相反的两个电磁波干涉而形成的场型。

导波系统的具体结构随着不同频段和实际需要而有所不同。在低频段，导波系统的形式很简单，两根导线就可以引导电磁波。这是由于导线之间的距离相对电磁波的波长来说小得可以忽略，两导线的电流反相，在空间同一点建立的场也相互反相并抵消，即低频电磁波沿导线传输几乎没有辐射损耗。由于频率低，导线的电阻损耗也可忽略。因此，低频应用对导波系统没有特殊要求。当频率增高致使波长与导线间的距离可比拟时，情况就大不相同了，两导线的电流在空间建立的场不会反相抵消而存在辐射。频率增高，导线电阻损耗也增大，因此任意的两根导线不能有效引导微波。

在微波波段，为减小双导线的辐射和电阻损耗，采用改进型双导线即平行双导体线作为导波系统。这种双导体线用线径较大、线间距较小的平行双导体构成，可用于微波低端即米波频段。随着频率的升高，平行双导体线辐射损耗严重。为避免辐射并进一步减少电阻损耗，研制了封闭式双导体导波系统即同轴线，可用于分米波甚至厘米波。但频率增高到厘米波和毫米波波段时，由于同轴线横向尺寸变小，内导体的损耗很大，功率容量也下降。为了克服这些缺点，去掉同轴线内导体而作成空心单导体导波系统，这就是柱面金属波导，主要用于厘米波和毫米波。在毫米波、亚毫米波波段时，金属损耗已经非常大，而在这些波段介质损耗却不算高，特别是低耗介质的出现，为发展用于毫米波、亚毫米波乃至光波新型导波系统即介质波导创造了条件。

为适应微波集成电路的需要，又出现了各种金属和介质的平面导波系统——带状线、微带线、介质带线等。

3. 导波系统的主要功能

（1）无辐射损耗地引导电磁波沿其轴向行进而将能量从一处传输至另一处，称之为馈线。

（2）构成各种微波电路元件，如滤波器、阻抗变换器、定向耦合器等。

4. 导波系统的分类

导波系统可按传输的导行波分为以下 3 类。

（1）横电磁 TEM 或准 TEM 传输线。

（2）封闭金属波导：指各种形状的空心金属波导管，将被传输的电磁波完全限制在金属管内，又称封闭波导。封闭金属波导使电磁波能量完全限制在金属管内沿轴向传播，其导行波是横电（TE）波和横磁（TM）波。

（3）表面波波导（或称开波导）：将导行的电磁波约束在波导结构的周围（波导内和波导表面附近），其导行波是表面波。特征是在边界外有电磁场存在。主要形式有：介质线、介质镜像线、H－波导和镜像凹波导、单根表面波传输线等。开波导使电磁波能量约束在波导结构的周围沿轴向传播。

导行系统（传输线）的种类如图 9.4 所示。

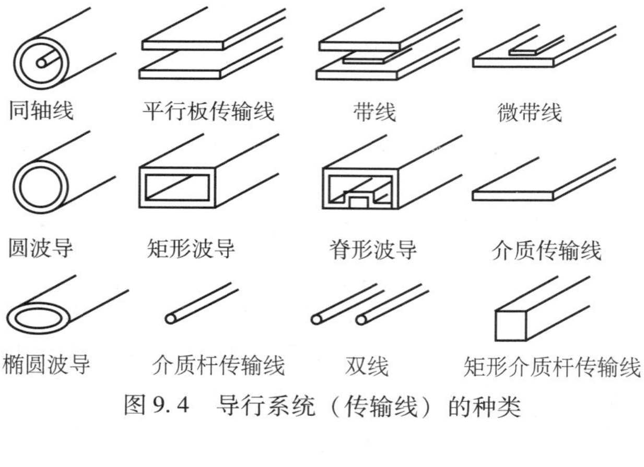

图 9.4　导行系统（传输线）的种类

传输线根据导波类型的分类如图 9.5 所示。

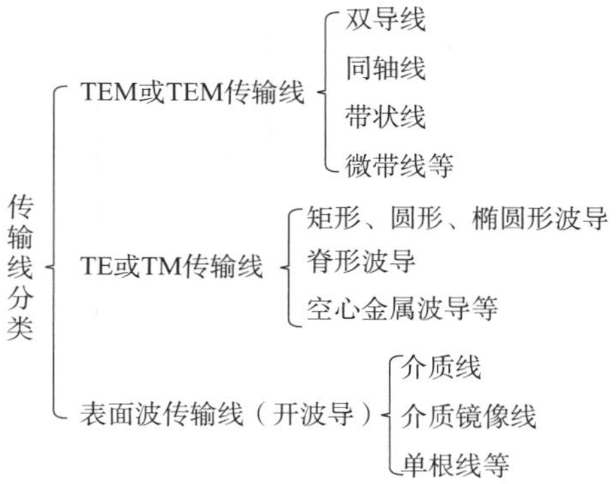

图 9.5　传输线分类（根据导波类型）

均匀传输线：在整个长度上，其物理和电气特性保持不变的传输线。

均匀波导：在整个长度上，其物理和电气特性保持不变的波导。

规则导行系统无限长的笔直导行系统，其截面形状和尺寸、媒质分布情况、结构材料及边界条件沿轴向均不变化。

传输线根据不同频段的分类如图 9.6 所示。

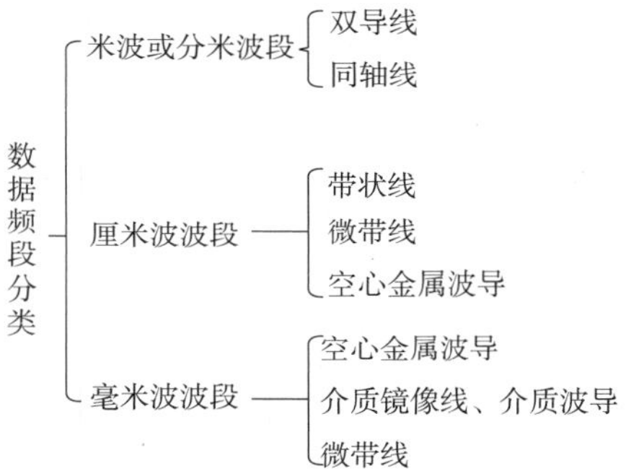

图 9.6　传输线根据不同频段的分类

规则金属波导：截面尺寸、形状、材料及边界条件不变的均匀填充介质的金属波导管称为规则金属波导。根据其结构波导可分为矩形波导（rectangle waveguide）、圆形波导（circular waveguide）和脊形波导（ridge waveguide）等。

规则金属波导的特点：损耗小（导体损耗、介质损耗小，无辐射），结构简单、功率容量大。

矩形波导：横截面是矩形的波导。

圆形波导：横截面是圆形的波导。

有三类均匀传输系统，它们所能传输的波型如下：

（1）传输线：可以传播 TEM 波，但也可以传播 TE 波或 TM 波。

（2）波导管：只能传播 TE 波或 TM 波，即快波。

（3）慢波系统：可以传播慢波，但在有些情况下也可以传输快波或 TEM 波。

TE 波和 TM 波可以独立地在金属柱面波导、圆柱介质波导和无限宽的平板介质波导中存在。EH 波或 HE 波则可以存在于一般开波导和非均匀波导（如波导横截面尺寸变化、波导填充的介质不均匀等）中，这是因为单独的 TE 波或 TM 波不能满足复杂的边界条件，必须二者线性叠加才能有合适解。

5. 模及相关概念

《GB/T 14733. 9—2008 电信术语》定义：波导模，即波导中存在的模。

《GB/T 14733. 9—2008 电信术语　无线电波传播》（IEC60050 705）定义：模（电磁的），即麦克斯韦方程组的一个解，表示某一给定空间区域的电磁场并属于特定边界条件确定的独立的解族。而《GB/T 14733. 11—2008 电信术语　传输》（IEC60050 704）定义：模（电磁），即在具有特定电磁特性的给定空间域中，电磁场的每一种可能结构。

简而言之，模即导行波的模式，又称传输模、正规模，是能够沿导行系统独立存在的场型，又称为导模。导模可根据沿导行系统轴向（Z 方向）是否存在电磁场分量分成四类：

（1）横电磁模（TEM 模）或传输线模；

（2）横电模（TE 模）；

（3）横磁模（TM 模）；

（4）混合模（HE 模和 EH 模）。

TE 模：电场强度矢量的纵向分量为零而磁场矢量的纵向分量不为零的简正模。

TM 模：磁场强度矢量的纵向分量为零而电场矢量的纵向分量不为零的简正模。

TEM 模：电场与磁场矢量的纵向分量处处均为零的简正模。

主模：在给定均匀波导中具有最低临界频率的传播模。

传播模：描述传输线中的行波电磁场的任何模。

简正模：在无损波导内的无穷组导模中其电场或磁场的纵向分量为零的任何模。

混合模：电磁波传播方向上既有电场分量又有磁场分量的波型，又称混杂模或孪生模。一般用 HE 模或 EH 模来表示。

通常，需要使用模标志来表示实际的场结构。模标志是通过缩写词 TE 或 TM 加上数字下标，以识别某个简正模或谐振模的约定。注：这种表示方法严格限制仅适用于可以用简单的方法在适当的坐标系统中表示的模结构。比如，mn 阶横磁模表示为 TM_{mn}，是通过观察横磁场矢量的横截面给缩写词 TM 加上下角标 m 和 n 的简正模。

在矩形波导中，规定下角标 m、n 分别表示路径平行于宽和窄边主横场矢量的半周期变化数。在圆形波导中，下角标 m 表示与管壁同心的圆路径横向场矢量的整周期变化数，而下角标 n 表示沿路径同一矢径的反转次数加一。

模的特点是：

（1）在导行系统横截面上的电磁场呈驻波分布，且是完全确定的。这一分布与频率无关，并与横截面在导行系统上的位置无关。

（2）模是离散的，具有离散谱，当工作频率一定时，每个导模具有唯一的传播常数。

（3）模之间相互正交，彼此独立，互不耦合。

（4）具有截止特性，截止条件和截止波长因导行系统和模式而异。

9.2.2 各类导模的特性

导波系统所传播电磁波的场型，会因导波系统的不同而不同，形成不同类型的导波。每一种导波系统又可以有多种形式的场结构或称导波的模，每一个导模就是满足导波系统所给定边界条件下电磁场方程的一个解。因此，描述波导对电磁波传输特性的主要参数有：相移常数、截止波数、相速、波导波长、群速、波阻抗及传输功率。

（一）横电磁（TEM）模

横电磁模是电场和磁场均分布在与电磁波传播方向垂直的横截面内，没有传播方向的电场和磁场分量的波型，记作 TEM 模。TEM 模的特点如下：

（1）截止波数 $k_c=0$，截止波长 $\lambda_c\to\infty$，截止频率 $f_c=0$，即理论上任何频率的电磁波都能以 TEM 模在双线传输线上传输。

（2）传播常数 β_c

$$\beta_c=k_c=\frac{2\pi}{\lambda_c} \tag{9-1}$$

式（9-1）表明导波中 TEM 波的传播常数与无界均匀媒质中电磁波的传播常数相同，事实上电磁波在无界空间传播时其电场和磁场也处于与传播方向相垂直的横截面内。

（3）无色散现象，其相速不随频率变化，只与所填充媒质的特性有关：

$$v_p=\frac{1}{\sqrt{\mu\varepsilon}} \tag{9-2}$$

（4）具有似稳性，电场和磁场满足二维空间拉普拉斯方程：

$$\begin{aligned}\nabla^2\boldsymbol{E}&=0\\ \nabla^2\boldsymbol{H}&=0\end{aligned} \tag{9-3}$$

同静态场所满足的方程一样，式（9-3）说明 TEM 模的场结构与静态场二维空间的结构一样。因此求解 TEM 传输线上电磁波传播所涉及的基本问题是求解二维的静电场问题，即 TEM 传输线的特性参数可以用二维静态场方法来求解。

（5）只能存在于两个或多个导体构成的传输线中，故又称为传输线模。

（6）波阻抗

$$Z_{\text{TEM}}=\frac{\omega\mu}{k}=\sqrt{\frac{\mu}{\varepsilon}} \tag{9-4}$$

（二）横电（TE）模

横电模是电场完全分布在与电磁波传播方向垂直的横截面内，磁场具有传播方向分量的波型，记作 TE 模或 H 模。TE 模的特点如下：

（1）电场只有横向分量，纵向电场分量等于零，但纵向磁场分量不等于零，即

$$\begin{aligned}\boldsymbol{E}_z&=0\\ \boldsymbol{H}_z&\neq0\end{aligned} \tag{9-5}$$

（2）截止波数 $k_c\neq0$，截止波长 $k_c=\omega_c\sqrt{\mu\varepsilon}=2\pi/\lambda_c$，只有波长小于截止波长（即$\lambda_c>\lambda$）的横电模才能在波导中传播。截止频率为 $f_c=\dfrac{k_c}{2\pi\sqrt{\mu\varepsilon}}$。

（3）根据相速定义，可得 TE 波的相速为

$$v_p=\frac{\omega}{\beta}=\frac{v}{\sqrt{1-(f_c/f)^2}}=\frac{v}{\sqrt{1-(\lambda/\lambda_c)^2}} \tag{9-6}$$

式中，$v=1/\sqrt{\mu\varepsilon_0}$。由此可见，$v_p>v$，即导波系统中 TE 波和 TM 波的相速可能大于波在无界均匀媒质中的传播速度。如果导波系统中填充的是空气，则 $v=1/\sqrt{\mu_0\varepsilon_0}=c=3\times10^8$ m/s。所以在空气填充的导波系统中 TE 波（包括 TM 波）的相速 v_p 大于光速 c。此结论似乎违背了相对论中能量或信号的传播速度不可能超过光速的原理，实际上，因为 TE 波（包括 TM 波）的相速不代表能量或信号的传播，它是波前或波的形状沿导波系统的纵向所表现的速度。而代表能量或信号的传播速度是下面讨论的波的群。

（4）群速。

群时延：在传输系统两点之间工作于给定频率的电磁波的给定分量的总相移对角频率的变化率。

群速度：路径长度与该路径长度的群时延的比，又称为群速。群速即信号传播速度，用 v_g 表示。它是指 ω 略有不同的两个或两个以上的正弦平面波，在传播中叠加所产生的拍频传播速度，即波群的传播速度。拍频是指频率相近的两个波叠加后产生的波的频率，其值等于原来两个信号的频率之差。

TE 波模的群速表示式为：

$$v_g=\frac{dz}{dt}=\frac{\Delta\omega}{\Delta\beta} \tag{9-7}$$

在 $\Delta\omega\to0$，$\Delta\beta\to0$ 的极限情况下，上式变为：

$$v_g=\frac{d\omega}{d\beta}=1/\left(\frac{d\beta}{d\omega}\right) \tag{9-8}$$

由式（9-8）可得 TE 波（包括 TM 波）的群速度为：

$$v_g=1/\left(\frac{d\beta}{d\omega}\right)=v\sqrt{1-\left(\frac{f_c}{f}\right)^2}=v\sqrt{1-\left(\frac{\lambda}{\lambda_c}\right)^2} \tag{9-9}$$

可以证明群速度在数值上等于导波的能量传播速度。

导波的能量传播速度可通过能量与功率求出：导波系统的功率是单位时间内通过其横截面的能量。假定导波系统每单位长度上电磁能对时间的平均值为 W_e+W_m，能量传播的速度为 v_{en}，则（W_e+W_m）v_{en} 代表单位时间流过导波系统某横截面的能量，即功率。

$$P=(W_e+W_m)v_{en} \tag{9-10}$$

得

$$v_{en}=\frac{P}{W_e+W_m} \tag{9-11}$$

计算可得能量传播速度与群速度相等。

（5）具有离散谱。

（6）是色散型模，其相速随频率而变。

（三）横磁（TM）模

横磁模是磁场完全分布在与电磁波传播方向垂直的横截面内，电场具有传播方向分量的波型，记作 TM 模或 E 模。TM 模的特点如下：

（1）磁场只有横向分量，纵向磁场分量等于零，但纵向电场分量不等于零，即

$$\begin{aligned}\boldsymbol{H}&=0\\ \boldsymbol{E}&\neq0\end{aligned} \tag{9-12}$$

（2）横磁（TM）模的其余特点同TE模。

（四）混合模

混合模是指在电磁波传播方向上既有电场分量又有磁场分量的波型，又称混杂模或孪生模。一般用HE模或EH模来表示。混合模的特点如下：

（1）电磁波传播方向既有电场分量又有磁场分量。

（2）混合模是管壁非完全导电规则波导或有关导行系统的简正模（单独适合麦克斯韦方程组并满足波导边界条件的解），具有离散谱。

（3）结构理想的波导中混合模互相正交，彼此独立，互不耦合，但波导中的任何不规则性都会使混合模发生耦合。

（五）根据 k_c^2 的不同对导行波进行分类

根据 k_c^2 不同情况，将导行波分为 $k_c^2=0, k_c^2>0$ 和 $k_c^2<0$ 三类。

1. $k_c^2=0$

此时 $\beta=k, v_p=v_g=c, \lambda_g=\lambda$。

这种导行波的传播特性与均匀平面波相同；在真空或大气充填的传输系统中其相速与群速都等于空间光速，且与频率无关；导波波长等于空间波长，与频率成反比。当传输系统中传播的导行波时，必然有 $E_z=0$，$H_z=0$，否则 E_t、H_t将出现无穷大，这在物理上是不可能的。因此，这种导行波中既没有纵向电场也没有纵向磁场，它是横电磁波或简写成TEM波。

2. $k_c^2>0$

当传输系统中存在 $k_c^2>0$ 的波或场时，E_z 与 H_z 不可能同时为零，否则 E_t 与 H_t 必然都为零，系统中将不存在任何场。一般情况下，只有 E_z 与 H_z 中有一个不为零即可满足边界条件，据此可以把这种导行波分成三类：

（1）$E_z=0$，$H_z\neq0$。这时电场没有纵向分量，只有横向分量，称为横电波，简写为TE波；或称磁波，简写为H波，因为具有纵向分量的只是磁场。

（2）$E_z\neq0$，$H_z=0$。这时磁场没有纵向分量，只有横向分量，称为横磁波，简写为TM波；或称电波，简写为E波，因为具有纵向分量的只是电场。

（3）$E_z\neq0$，$H_z\neq0$。这时电场既有纵向分量，又有横向分量，称为混合波，简写为EH波或HE波，这种波可视为TE和TM波的线性叠加。

混合波一般存在于开波导或者非均匀波导中，这是由于单独的TE波或者TM波不能满足复杂的边界条件，必须二者叠加才能满足边界。

3. $k_c^2<0$

有 $\beta=\sqrt{k^2-k_c^2}>k, v_p=\dfrac{\omega}{\beta}<\dfrac{c}{\sqrt{\varepsilon_r\mu_r}}, \lambda_g=\dfrac{2\pi}{\beta}<\dfrac{\lambda_0}{\sqrt{\varepsilon_r\mu_r}}$。

这种导行波的相速小于无界媒质中的波速，而波长小于无界媒质中的波长，这是一种慢波。能传输慢波的结构称为慢波结构或慢波系统或慢波线。当需要让电子与场相互作用时常用到慢波系统，如行波管。

由本征值问题的定理可知，具有齐次边界条件的导波系统不可能存在，因此，光滑导体壁构成的导波系统中不可能存在慢波。存在慢波的传输系统必然是由某些阻抗壁构成的。

还需指出，在慢波线中 β 不再是常数，不会出现慢波的群速大于光速这个结论。

（六）关于 TE 波和 TM 波相速和群速的讨论

从 TE 波和 TM 波相速和群速的表示式可以看出：

（1）$v_p > v, v_g < v$ 且 $v_g \cdot v_p = v^2$。

（2）v_p、v_g 都是 f 的函数，波速随 f 而变化。故 TE 波、TM 波为色散波。TEM 波因 $\lambda_c \to \infty$，可以求得 $v_p = v_g = v$，波速与 f 无关，再次说明 TEM 波为非色散波。TE 波、TM 波的各种速度与频率的关系曲线如图 9.7 所示。色散关系还可以用 β 和 k（实质即 f）的关系表示，由关系式 $k_c{}^2 = k^2 + \gamma^2 = k^2 - \beta^2$ 得：

$$k^2 = k_c^2 + \beta^2 \tag{9-13}$$

或

$$k = \sqrt{k_c^2 + \beta^2} \tag{9-14}$$

根据式（9－13）作出 $k-\beta$ 的关系曲线，如图 9.8 所示。由图可以看出，当频率很高（k 很大）时，$k \approx \beta$，说明工作频率远高于截止频率时色散非常小。低于截止频率时则不能传播。从此图可以求出色散波的相速和群速，例如工作频率落在曲线上 A 点，则 AO 切线的斜率是 $k/\beta = v_p/v$，而 A 点本身的斜率为 $dk/d\beta = v_p/v$。

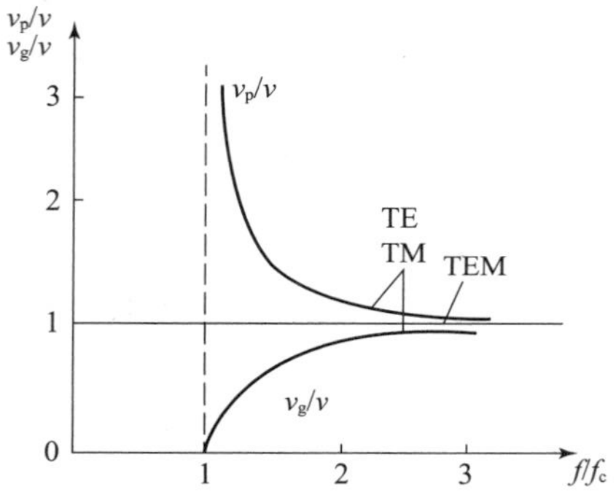

图 9.7　波速与频率的变化

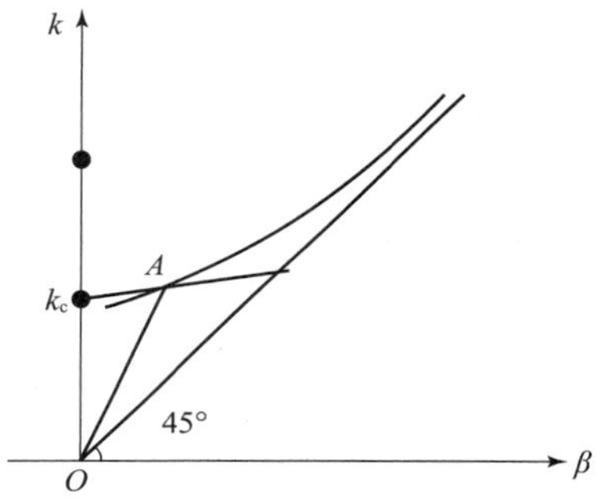

图 9.8　$k-\beta$ 的关系曲线

（3）关于波长的讨论。

由于 TE 波、TM 波存在截止频率和截止波长，因此，它们的波导波长由定义可得：

$$\lambda_g = \frac{v_p}{f} = \frac{\lambda}{\sqrt{1-(\lambda/\lambda_c)^2}} = \frac{\lambda}{\sqrt{1-(f_c/f)^2}} \tag{9-15}$$

该式含有三个不同的波长，需注意它们的区别。其中 λ 称为工作波长。它与速度和频率的关系为：

$$\lambda = \frac{v}{f} \tag{9-16}$$

此 λ 是导波系统工作频率所对应的平面电磁波在无界均匀媒质中传播的波长。它决定于工作频率和媒质参数。

λ_c 为截止波长，它与波速和频率的关系为：

$$\lambda_c = \frac{v}{f_c} \tag{9-17}$$

式（9－17）表明，截止波长是截止频率所对应的平面波在无界均匀媒质中传播的波长。截止波长决定于 k_c，k_c 是导波场横向分布矢量函数的本征值，它决定于工作模式和导波系统的结构尺寸，因此在这里，截止波长是一个和媒质无关的量。而截止频率是一个与参数有关的量，这是根据确定的 k_c 求 λ_c 和 f_c 所得的结果。但应注意，有时为了方便，也将截止波长取为 $\lambda_c = 2\pi\sqrt{\varepsilon_r}/k_c$。采用这种取法时，截止频率与截止波长的关系由下式计算

$$f_c = \frac{c}{\lambda_c} \tag{9-18}$$

λ_g 为波导波长，它与群速和频率的关系为：

$$\lambda_g = \frac{v_g}{f} \tag{9-19}$$

它是工作频率所对应的导波沿导波系统纵向传播的波长，它与 λ、λ_c 有关，其关系式为式(9-15)，也可表示为：

$$\frac{1}{\lambda_g^2} + \frac{1}{\lambda_c^2} = \frac{1}{\lambda^2} \tag{9-20}$$

TEM、TE、TM 波参数比较如表 9.3 所示。

表 9.3 TEM、TE、TM 波参数比较

波型	TEM 波	TE 波	TM 波
波长/波导波长	$\lambda = \frac{2\pi}{\beta}$（理想媒质） $\lambda = \frac{2\pi}{\sqrt{\beta}} = \frac{1}{\sqrt{\frac{\mu\varepsilon}{2}\left[\sqrt{1+\left(\frac{\sigma}{\omega\varepsilon}\right)^2}+1\right]}}$	$\lambda_g = \frac{2\pi}{\beta} = \frac{\lambda}{\sqrt{1-\left(\frac{\lambda}{\lambda_c}\right)^2}}$	$\lambda_g = \frac{2\pi}{\beta} = \frac{\lambda}{\sqrt{1-\left(\frac{\lambda}{\lambda_c}\right)^2}}$
相速度	$v = \frac{\omega}{\beta}$（理想媒质） $v = \frac{\omega}{\beta} = \frac{2\pi}{\omega\sqrt{\frac{\mu\varepsilon}{2}\left[\sqrt{1+\left(\frac{\sigma}{\omega\varepsilon}\right)^2}+1\right]}}$	$v_p = \frac{\omega}{\beta} = \frac{v}{\sqrt{1-\left(\frac{\lambda}{\lambda_c}\right)^2}}$	$v_p = \frac{\omega}{\beta} = \frac{v}{\sqrt{1-\left(\frac{\lambda}{\lambda_c}\right)^2}}$
波阻抗	$Z_W = \frac{k}{\omega\varepsilon} = \frac{\omega\mu}{k} = \sqrt{\frac{\mu}{\varepsilon}}$（理想媒质） $\dot{Z}_W = \sqrt{\frac{\mu}{\dot{\varepsilon}}} = \sqrt{\frac{\mu}{\varepsilon\left(1-j\frac{\sigma}{\omega\varepsilon}\right)}}$	$Z_{TE} = \frac{\lvert\dot{E}_t\rvert}{\lvert\dot{H}_t\rvert} = \frac{Z_W}{\sqrt{1-\left(\frac{\lambda}{\lambda_c}\right)^2}}$	$Z_{TM} = \frac{\lvert\dot{E}_t\rvert}{\lvert\dot{H}_t\rvert} = Z_W\sqrt{1-\left(\frac{\lambda}{\lambda_c}\right)^2}$
衰减常数 α	$\alpha = \omega\sqrt{\frac{\mu\varepsilon}{2}\left[\sqrt{1+\left(\frac{\sigma}{\omega\varepsilon}\right)^2}-1\right]}$	$\alpha = \sqrt{k_c^2-k^2}$（$k_c$ 为截止波数）	$\alpha = \sqrt{k_c^2-k^2}$（$k_c$ 为截止波数）
衰减常数 β	$\beta = \omega\sqrt{\frac{\mu\varepsilon}{2}\left[\sqrt{1+\left(\frac{\sigma}{\omega\varepsilon}\right)^2}+1\right]}$ $\lambda_c = \frac{2\pi}{k_c}$（截止波长） $f_c = \frac{k_c v}{2\pi} = \frac{v}{\lambda_c}$（截止频率）	$j\beta = \sqrt{k^2-k_c^2}\beta = \frac{2\pi}{\lambda}\sqrt{1-\left(\frac{\lambda}{\lambda_c}\right)^2}$ $\beta = \frac{2\pi f}{v}\sqrt{1-\left(\frac{f_c}{f}\right)}$	$j\beta = \sqrt{k^2-k_c^2}\beta = \frac{2\pi}{\lambda}\sqrt{1-\left(\frac{\lambda}{\lambda_c}\right)^2}$ $\beta = \frac{2\pi f}{v}\sqrt{1-\left(\frac{f_c}{f}\right)}$

（七）模标志及相关概念简介

（1）模标志：通过给缩略词 TE 和 TM 加上数字下角标，以识别某个简正模或谐振模的约定。模标志也叫波型指数。

（2）mn 阶横电模 TE_{mn}：通过观察横电场矢量的横截面变化给缩写词 TE 加下标 m 和 n 的简正模。在矩形波导中，规定下角标 m 和 n 分别表示路径平行于宽和窄边的主横场矢量的半周期变化数。在圆形波导中，下角标 m 表示与管壁同心的圆路径横向场矢量的整周期变化数，而下角标 n 表示沿径向路径同一矢量的反转次数再加一。

（3）mn 阶横磁模 TM_{mn}：通过观察横磁场矢量的横截面变化给缩写词 TM 加下标 m 和 n 的简正模。其中 mn 的含义和用法与 TE_{mn} 相同。

矩形波导中可以存在无限多个 TM_{mn} 模，波型指数 m、n 分别表示电磁场沿波导宽边 a 和窄边 b 的驻波最大值的个数，m，$n=1$，2，…，最简单的是 TM_{11} 模。同样，还可以存在无限多个 TE_{mn} 模，m，$n=0$，1，2，…，但不能同时为零。矩形波导中的最低模式是 TE_{10} 模，其截止波长最长 $\lambda_c=2a$，因此，就有可能在波导中实现单模传输。TE_{10} 模又称为矩形波导中的主波，是矩形波导中最重要的波型。实际应用中矩形波导都工作在 TE_{10} 模。

（4）简并模（空腔谐振器中的）：具有相同的固有频率的一组谐振模中的一个模。而均匀传输线中的简并模则是沿纵轴具有相同的场分量指数变化，但是在任意横轴截面上均具有不同场结构的一组传播模中的一个模。不同模式具有相同的特性（传输）参量叫作模式简并。因此简并模是传播常数相同或截止波长相同的传输模。矩形波导中，TE_{mn} 与 TM_{mn}（m、n 均不为零）互为模式简并。圆形波导的简并有两种：一是极化简并；二是模式简并。极化简并是指同一个波形中有极化面互相垂直的两种场分布形式。实际上，有了简并模，波导中的电磁波可以是各种 TM_{mn} 模和 TE_{mn} 模的各种线性组合。但是，导行波传输时一般应避免简并模，原因是：

①会造成能量的转换。如圆形金属波导 TE_{01} 模传输时，由不连续性产生的简并模耦合可将 TE_{01} 模的能量全部转换成 TM_{11} 模的能量。

②会造成导行系统中模式不确定性。

（5）模变换：指电磁波从一种传播模变换为另一种或多种其他模。说明电磁波是可以进行模变换的。

9.3 传输线方程

9.3.1 几个基本概念

1. 电长度

电长度：以波导波长表示的传输线（波导）长度，在感兴趣的频率下它能提供给定的波导段或元件（所呈现）系统的总相移。电长度 $=l/\lambda$，无量纲，l 为实际线长。电长度为 1 表示一个波长（360°），故：$\lambda/4$ 为 90°，$\lambda/2$ 为 180°。

2. 长线和短线

在微波技术中，波长以 m 或 cm 计，故若 1 m 长度的传输线已长于波长，应视为长线；在电力工程中，即使长度为 1 000 m 的传输线，对频率为 50 Hz（波长 6 000 km）的工频交流电而言，仍远小于波长，应视为短线。传输线这个术语均指长线。

3．集总参数

集总参数概念有点类似于力学中的质点概念。在电路理论中，所涉及的网络和元件的所有参数，如阻抗、容抗、感抗都集中于空间的各个点上，这就是集总参数。集总参数元件构成集总参数系统，其中各元件之间的信号是瞬间传递的。集总参数系统是一种理想化的模型，其基本特征可归纳为：

（1）电参数都集中在电路元件上。

（2）元件之间连线的长短对信号本身的特性没有影响，即信号在传输过程中无畸变，信号传输不需要时间。

（3）系统中各点的电压或电流均是时间且只是时间的函数。

4．分布参数

集总参数系统是一种理想化近似结果。实际情况是各种参数分布于电路所在空间的各点，当这种分散性造成的信号延迟时间与信号本身的变化时间相比已不能忽略时，必须考虑信号连接线等媒质的特性及其影响时，集总参数就不再适用了。因为信号是以电磁波的速度在传输线上传输，传输线是有等效电阻、电容、电感、电导的复杂网络，构成一个典型的分布参数系统。

长线和短线的根本区别在于：长线为分布参数电路，而短线是集中（总）参数电路。在低频电路中常常忽略元件连接线的分布参数效应，认为电场能量全部集中在电容器中，而磁场能量全部集中在电感器中，电阻元件是消耗电磁能量的。由这些集中参数元件组成的电路称为集中参数电路。随着频率的提高，电路元件的辐射损耗、导体损耗和介质损耗增加，电路元件的参数也随之变化。当频率提高到其波长和电路的几何尺寸可相比拟时，电场能量和磁场能量的分布空间很难分开，而且连接元件的导线的分布参数已不可忽略，这种电路称为分布参数电路。

传输线就是一种典型的分布参数系统。传输线的基本特征是信号在其上传输需要时间，所以也称之为延迟线。传输线的基本特征可以归纳为：

（1）电参数分布在其占据的所有空间位置上。

（2）信号传输需要时间：传输线的长度直接影响着信号的特性，或者说可能使信号在传输过程中产生畸变。

（3）信号不仅仅是时间（t）的函数，同时也与信号所处位置（x）有关，即传输线上的电流、电压同时是时间（t）和空间位置（x）的函数。

9.3.2　传输线方程

为了保证信号在传输线中不失真地传输，必须建立传输线的物理模型，找出信号随时间和空间位置变化的规律，即 $U(z, t)$、$i(z, t)$ 的数学表达式，即要得到传输线方程。然后求解这个方程，以分析和掌握传输线上信号的变化规律。

1．基本假定

传输线方程是表征均匀传输线上的电压、电流本身以及它们之间相互关系的方程。传输线方程的推导过程中有两个基本假设：

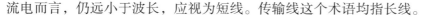

（1）传输线是均匀传输线，即传输线上的分布参数均匀，不随位置变化；即几何尺寸、相对位置、导体材料以及周围媒质特性沿电磁波传输方向不改变的传输线。

（2）传输线无限长。

2. 处理方法

有些传输线宜用场的方法处理，而有些传输线在满足一定条件下可以归结为路的问题来处理，这样就可以借用熟知的电路理论和现成方法，使问题的处理大为简化。

场的分析方法，是从麦克斯韦方程出发，求出满足边界条件下的电磁场波动方程的解，得出传输线上电场和磁场的表达式，即求得场量（$\boldsymbol{E}$ 和 $\boldsymbol{H}$）随时间和空间的变化规律，由此来分析电磁波的传输特性。场的方法较为严格，但数学推导比较烦琐。场的方法又分为两类，一是横向问题：研究所传输波型的电磁波在传输线横截面内电场和磁场的分布规律（场结构、模、波型）；二是纵向问题：研究电磁波沿传输线轴向的传播特性和场的分布规律，称为纵向分量法，其基本流程为：由无源麦克斯韦方程组得到支配方程：

$$\nabla^2\boldsymbol{E}+k^2\boldsymbol{E}=0$$

$$\nabla^2\boldsymbol{H}+k^2\boldsymbol{H}=0$$

然后分解为纵向和横向分量两组方程：

$$\nabla^2 E_z+k^2E_z=0$$

$$\nabla^2 H_z+k^2H_z=0$$

在直角坐标系中，有关系

$$E_x=-\mathrm{j}\frac{1}{k_c^2}\left[k_z\frac{\partial E_z}{\partial x}+k\eta\frac{\partial H_z}{\partial y}\right]$$

$$E_y=-\mathrm{j}\frac{1}{k_c^2}\left[k_z\frac{\partial E_z}{\partial y}+k\eta\frac{\partial H_z}{\partial x}\right]$$

$$H_x=-\mathrm{j}\frac{1}{k_c^2}\left[k_z\frac{\partial H_z}{\partial y}-\frac{k}{\eta}\frac{\partial E_z}{\partial y}\right]$$

$$H_y=-\mathrm{j}\frac{1}{k_c^2}\left[k_z\frac{\partial H_z}{\partial x}+\frac{k}{\eta}\frac{\partial E_z}{\partial x}\right]$$

由此可见，只要求解纵向场分量满足的波动方程，即可得到全部场分量。具体求解过程略。本书重点介绍路的方法。

路的分析方法，是等效电路法。它将传输线作为分布参数电路来处理，化场为路，得到传输线的等效电路，然后根据克希霍夫定律导出传输线方程，并且求解此方程，得到传输线上电压和电流随时间和空间的变化规律，最后由此规律来分析电压和电流的传输特性。路的分析方法又称为长线理论。路的方法实质类似于数学的微分法，是在一定条件下通过等效电路（参数）化场为路，借用熟知的电路理论和现成分析求解方法，简化问题的处理，所以被广泛采用。

3. 建立模型

当工作频率足够高，传输线中所流过的高频电流会产生趋肤效应，使导线的有效面积减小，高频电阻加大，而且沿线各处都存在损耗，这就是分布电阻效应；通高频电流的传输线周围存在高频磁场，这就是分布电感效应；又由于两线间有电压，故两线间存在高频电场，这就是传输线的分布电容效应；再由于两线间的介质并非理想介质而存在漏电流，这相当于双线间并联了一个电导，这就是传输线的分布电导效应。

建立传输线模型，就是利用类似于数学的微分方法将传输线的线元等效为各种必要参数如分布电阻、分布电容、分布电感和分布电导的过程。

在均匀传输线中，只取一无限小线元 Δz（$\Delta z \ll \lambda$），则传输线上电参量可以分别表示为：$R\Delta z$、$C\Delta z$、$L\Delta z$ 和 $G\Delta z$，由于线元 Δz 远小于波长，可以认为电压、电流沿线元 Δz 不发生空间变化，此时可以利用克希霍夫定律进行分析；整个传输线可以表示各线元的级联叠加（这类似于数学的积分）。这样，传输线的分析就归结为用克希霍夫定律分析各个线元上的电流和电压关系，使问题得到了最终解决。均匀传输线求解模型如图 9.9 所示。

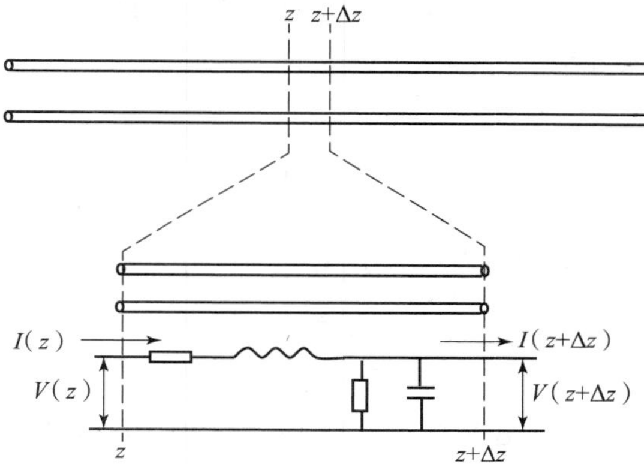

图 9.9　均匀传输线求解模型

4. 传输线方程推导

由图 9.9 的模型，利用克希霍夫电压定律得：

$$V(z+\Delta z,t)-V(z,t)=-R\Delta z\cdot I(z,t)-L\Delta z\cdot\frac{\partial I(z,t)}{\partial t}$$

$$\frac{V(z+\Delta z,t)-V(z,t)}{\Delta z}=-RI(z,t)-L\frac{\partial I(z,t)}{\partial t}$$

令 $\Delta z\to 0$ 得：

$$\frac{\partial V(z,t)}{\partial z}=-RI(z,t)-L\frac{\partial I(z,t)}{\partial t}\tag{9-21}$$

同理利用克希霍夫电流定律得：

$$I(z+\Delta z,t)-I(z,t)=-G\Delta z\cdot V(z,t)-C\Delta z\cdot\frac{\partial V(z,t)}{\partial t}$$

$$\frac{I(z+\Delta z,t)-I(z,t)}{\Delta z}=-GV(z,t)-C\frac{\partial V(z,t)}{\partial t}$$

令 $\Delta z\to 0$ 有：

$$\frac{\partial I(z,t)}{\partial z}=-GV(z,t)-C\frac{\partial V(z,t)}{\partial t}\tag{9-22}$$

式（9－21）和式（9－22）即为传输线中电流和电压满足的关系，即传输线方程。由于最早是在电报业中推导得到的，所以也叫作电报方程。

在外加时谐信号时，对单位电阻、电容、电感、电导不随传输线位置变化的均匀传输线，其电报方程可以简化。均匀传输线上的电压和电流可以表示为时谐的形式：

$$\left.\begin{aligned} v(z,t) &= \mathrm{Re}\{V(z)\mathrm{e}^{\mathrm{j}\omega t}\} \\ i(z,t) &= \mathrm{Re}\{I(z)\mathrm{e}^{\mathrm{j}\omega t}\} \end{aligned}\right\} \tag{9-23}$$

$$\left.\begin{aligned} \frac{\partial V(z)}{\partial z} &= -(R+\mathrm{j}\omega L)I(z) \\ \frac{\partial I(z)}{\partial z} &= -(G+\mathrm{j}\omega C)V(z) \end{aligned}\right\} \tag{9-24}$$

式中 R、C、G、L 是传输线的一次参数，ω 是信号的角频率，∂z 是传输线的一个微分长度。式（9－24）中的第一个方程表示信号电压沿传输方向的增长率是负的；第二个方程表示电流沿传输方向也是不断减小的。物理意义是：传输线上的电压是由于串联阻抗降压作用造成的，而电流变化则是由于并联导纳的分流作用造成的。

式（9－24）式又可变形为：

$$\left.\begin{aligned} \frac{\partial^2 V}{\partial z} - \gamma^2 V = 0 \\ \frac{\partial^2 I}{\partial z} - \gamma^2 I = 0 \end{aligned}\right\} \tag{9-25}$$

式中，$\gamma^2 = (R+\mathrm{j}\omega L)(G+\mathrm{j}\omega C)$，即

$$\gamma = \sqrt{(R+\mathrm{j}\omega L)(G+\mathrm{j}\omega C)} = \alpha + \beta\mathrm{j} \tag{9-26}$$

其中 γ 称为传输线的传输系数，α 称为衰减系数，β 称为相移系数。

5. 电报方程的行波解

$$V(z) = V_0^+ \mathrm{e}^{-\gamma z} + V_0^- \mathrm{e}^{\gamma z} \tag{9-27}$$

$$I(z) = I_0^+ \mathrm{e}^{-\gamma z} + I_0^- \mathrm{e}^{\gamma z} \tag{9-28}$$

电报方程解的意义：均匀传输线上电压、电流都呈现为朝 $+z$ 方向和朝 $-z$ 方向传播的两个行波，可以分别称为入射波和反射波；在无损传输线上，它们是等幅行波；电压行波与同方向的电流行波的振幅之比为特性阻抗，其正负号取决于 z 坐标正方向的选定。

传输线上电压和电流的定解可以通过电压和电流的通解以及端接条件来确定。端接条件可以分为：终端条件、始端条件、信号源和负载条件。具体参见其他文献。

传输线上的电流为：

$$I(z) = \frac{\gamma}{R+\mathrm{j}\omega L}[V_0^+ \mathrm{e}^{-\gamma z} - V_0^- \mathrm{e}^{\gamma z}] \tag{9-29}$$

传输线上瞬时电压波形为：

$$v(z,t) = |V_0^+|\cos(\omega t - \beta z + \phi^+)\mathrm{e}^{-\alpha z} + |V_0^-|\cos(\omega t + \beta z + \phi^-)\mathrm{e}^{\alpha z} \tag{9-30}$$

式中，$\phi^{\pm}$ 是复数电压 $V_0^{\pm}$ 的相位角。

传输线的特征阻抗为：

$$Z_0 = \frac{R+\mathrm{j}\omega L}{\gamma} = \sqrt{\frac{R+\mathrm{j}\omega L}{G+\mathrm{j}\omega C}} = \sqrt{\frac{Z}{Y}} = Z_{\mathrm{C}} \tag{9-31}$$

例如同轴线的特征阻抗为：

$$Z_C=\sqrt{\frac{L}{C}}=\frac{60}{\sqrt{\varepsilon_r}}\ln\frac{b}{a}\approx\frac{138}{\sqrt{\varepsilon_r}}\lg\frac{b}{a} \tag{9-32}$$

式中，ε_r为相对介电常数；a 为内径；b 为外径。常见的特征阻抗有 50 Ω、75 Ω 两种。

特性阻抗与传输线上电压、电流的关系为：

$$\frac{V_0^+}{I_0^+}=Z_0=-\frac{V_0^-}{I_0^-} \tag{9-33}$$

波长 $\lambda=\dfrac{2\pi}{\beta}$，相速 $v_p=\dfrac{\omega}{\beta}=\lambda f$。

6. 一些常用传输线的参量

一些常用传输线的参量见表 9.4。

表 9.4　一些常用传输线的参量

传输线参量	同轴线 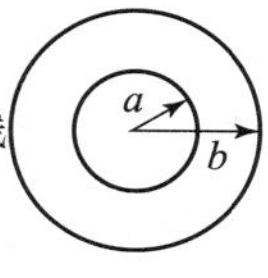	双线 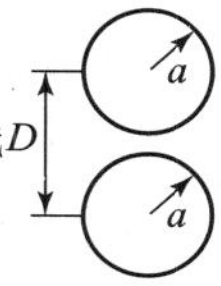	平板传输线 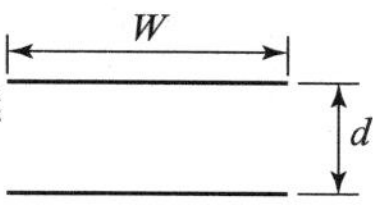
L	$\frac{\mu}{2\pi}\ln\frac{b}{a}$	$\frac{\mu}{\pi}\mathrm{arcch}\left(\frac{D}{2a}\right)$	$\frac{\mu d}{W}$
C	$\frac{2\pi\varepsilon'}{\ln(b/a)}$	$\frac{\pi\varepsilon'}{\mathrm{arcch}\ (D/2a)}$	$\frac{\varepsilon' W}{d}$
R	$\frac{R_s}{2\pi}\left(\frac{1}{a}+\frac{1}{b}\right)$	$\frac{R_s}{\pi a}$	$\frac{2R_s}{W}$
G	$\frac{2\pi\omega\varepsilon''}{\ln(b/a)}$	$\frac{\pi\omega\varepsilon''}{\mathrm{arcch}\ (D/2a)}$	$\frac{\omega\varepsilon'' W}{d}$
注：$R_s=\sqrt{\frac{\pi f\mu_1}{\sigma_1}}$。			

9.4　史密斯阻抗圆图

在微波工程中，经常会遇到阻抗的计算和匹配问题。工程中常用阻抗圆图来进行计算，既方便，又能满足工程要求。本节介绍圆图的构造、原理及其应用。

为了使阻抗圆图适用于任意特性阻抗的传输线的计算，故圆图上的阻抗均采用归一化值。归一化阻抗与该点反射系数的关系为：

$$\overline{Z}(z')=\frac{Z(z')}{Z_0}=\frac{1+\Gamma(z')}{1-\Gamma(z')} \tag{9-34}$$

$$\overline{Z}_L=\frac{Z_L}{Z_0}=\frac{1+\Gamma_2}{1-\Gamma_2}$$

或

$$\Gamma(z') = \frac{\overline{Z}(z') - 1}{\overline{Z}(z') + 1} \tag{9-35}$$

$$\Gamma_2 = \frac{\overline{Z}_L - 1}{\overline{Z}_L + 1}$$

$$\Gamma(z') = \Gamma_2 e^{-j2\beta z'} \tag{9-36}$$

式中，$\overline{Z}(z')$ 和$\overline{Z}_L$ 分别为任意点和负载的归一化阻抗；$\Gamma(z')$ 和 Γ_2分别为任意点和负载的反射系数。

由上述基本公式，在直角坐标系中绘出的几组曲线称为直角坐标圆图；而在极坐标中绘出的曲线图称为极坐标圆图，又称为史密斯（Smith）圆图。Smith 圆图应用最广，故只介绍 Smith 圆图的构造和应用。

9.4.1 等反射系数圆

阻抗圆图是由等反射系数圆族、等电阻圆族、等电抗圆族及等相位线族组成。

无耗传输线上离终端距离为 z'处的反射系数为（需利用欧拉公式）：

$$\begin{aligned}\Gamma(z') &= |\Gamma_2| e^{j\varphi} = |\Gamma_2| e^{j(\varphi_2 - 2\beta z')} \\ &= |\Gamma_2| \cos(\phi_2 - 2\beta z') + j|\Gamma_2| \sin(\varphi_2 - 2\beta z') \\ &= \Gamma_a + j\Gamma_b\end{aligned} \tag{9-37}$$

故有：

$$|\Gamma|^2 = \Gamma_a^2 + \Gamma_b^2 \tag{9-38}$$

式（9-38）表明，在 $\Gamma = \Gamma_a + j\Gamma_b$复平面等反射系数模的轨迹是以坐标原点为圆心、$|\Gamma_2|$为半径的圆。不同的反射系数模对应不同大小的圆；由于$|\Gamma| \leqslant 1$，因此所有的反射系数圆都位于单位圆内，称为等反射系数圆族。又因为反射系数模和驻波系数有一一对应的关系$\rho = \frac{1+|\Gamma|}{1-|\Gamma|}$，故称它们为等驻波系数圆族。若半径为零，则表示以坐标原点为匹配点；若半径为 1，则表示最外面的单位圆为全反射圆。

9.4.2 等相位线

离终端距离为 z′处反射系数的相位为：

$$\varphi = \varphi_2 - 2\beta z' = \arctan \frac{\Gamma_a}{\Gamma_b} \tag{9-39}$$

式（9-39）为直线方程，表明在 Γ 复平面上等相位线是由原点发出的一系列的射线。如果已知终端的反射系数为 $\Gamma_2 = |\Gamma_2| e^{j\varphi_2}$，则离开终端处的反射系数为：

$$\Gamma(z') = |\Gamma_2| e^{j(\varphi_2 - 2\beta z')} \tag{9-40}$$

式（9-40）表明，$\Gamma(z')$ 的相位比终端处的相位滞后 $2\beta z' = 4\pi z'/\lambda$ 弧度，即由 Γ_2处沿$|\Gamma_2|$圆顺时针转过 $2\beta z'$弧度；反之如果已知 z'处的反射系数 $\Gamma(z')$，那么终端的反射系数 Γ_2为：

$$\Gamma_2 = \Gamma(z') e^{j2\beta z'} \tag{9-41}$$

表示终端的反射系数 Γ_2的相位超前 $\Gamma(z')$ 处 $2\beta z'$弧度，即由 $\Gamma(z')$ 处沿等反射系数圆逆时针方向转过 $2\beta z'$弧度。

由此可见，如果在传输线上由 z'处向电源方向移动一段 Δl 距离，则 $\Gamma(z'+\Delta l)$ 的相位由 $\Gamma(z')$ 处顺时针方向转过 $\Delta\phi=2\beta\Delta l$ 弧度；反之在传输线上由 z'处向负载方向移动一段 Δl 距离，则 $\Gamma(z'-\Delta l)$ 的相位由 $\Gamma(z')$ 处逆时针方向转过 $\Delta\phi=2\beta\Delta l$ 弧度。传输线上移动距离与圆图上转动角度的关系为：

$$\Delta\varphi=2\beta\Delta l=\frac{4\pi}{\lambda}\Delta l=4\pi\frac{\Delta l}{\lambda}=4\pi\Delta\theta \tag{9-42}$$

式中，$\Delta\theta=\Delta l/\lambda$ 为电长度的增量，当 $\Delta\theta=0.5$ 时，则 $\Delta\phi=360°$。表明在传输线上移动 $\lambda/2$，则在圆图上反射系数转过一圈，重复到原来的位置。反射系数的相角既可以用角度来表示，也可以用电长度来表示。在圆图的最外面两圈分别表示了电长度和角度的读数。图 9.10 表示反射系数圆及电长度和角度的标度值。

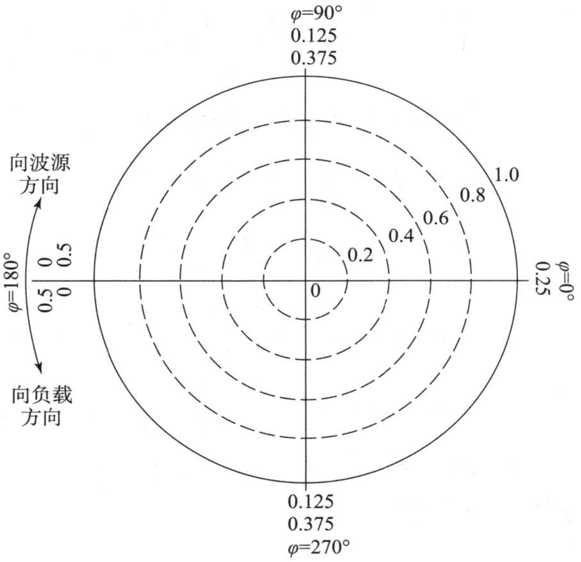

图 9.10 反射系数圆及电长度和角度的标度值

9.4.3 等阻抗圆

将 $\Gamma=\Gamma_a+\mathrm{j}\Gamma_b$代入式（9－34），并将实部和虚部分开，得到

$$\overline{Z}(z')=\frac{1+\Gamma_a+\mathrm{j}\Gamma_b}{1-\Gamma_a-\mathrm{j}\Gamma_b}=\frac{1-(\Gamma_a^2+\Gamma_b^2)}{(1-\Gamma_a)^2+\Gamma_b^2}+\mathrm{j}\frac{2\Gamma_b}{(1-\Gamma_b)^2+\Gamma_b^2}=\overline{R}+\mathrm{j}\,\overline{X} \tag{9-43}$$

式中

$$\overline{R}=\frac{1-(\Gamma_a^2+\Gamma_b^2)}{(1-\Gamma_a)^2+\Gamma_b^2} \tag{9-44}$$

$$\overline{X}=\frac{2\Gamma_b}{(1-\Gamma_a)^2+\Gamma_b^2} \tag{9-45}$$

$\overline{R}$为归一化电阻，$\overline{X}$为归一化电抗。

将式（9－44）和式（9－45）分别做如下整理。

由式（9－44）得：

$$\overline{R}+\overline{R}\Gamma_a^2-2\overline{R}\Gamma_a+\overline{R}\Gamma_b^2=1-\Gamma_a^2-\Gamma_b^2$$

$$\Gamma_a^2+\overline{R}\Gamma_a^2-2\overline{R}\Gamma_a+\overline{R}\Gamma_b^2+\Gamma_b^2=1-\overline{R}$$

$$(1+\overline{R})\Gamma_a^2-2\overline{R}\Gamma_a+(1+\overline{R})\Gamma_b^2=1-\overline{R}$$

$$\Gamma_a^2-\frac{2\overline{R}}{1+\overline{R}}\Gamma_a+\Gamma_b^2=\frac{1-\overline{R}}{1+\overline{R}}$$

$$\Gamma_a^2-\frac{2\overline{R}}{1+\overline{R}}\Gamma_a+\frac{\overline{R}^2}{(1+\overline{R})^2}+\Gamma_b^2-\frac{\overline{R}^2}{(1+\overline{R})^2}=\frac{1-\overline{R}}{1+\overline{R}}$$

$$\left(\Gamma_a-\frac{\overline{R}}{1+\overline{R}}\right)^2+\Gamma_b{}^2=\frac{1-\overline{R}}{1+\overline{R}}+\frac{\overline{R}^2}{(1+\overline{R})^2}=\frac{1}{(1+\overline{R})^2}$$

$$\left(\Gamma_a-\frac{\overline{R}}{1+\overline{R}}\right)^2+\Gamma_b{}^2=\left(\frac{1}{1+\overline{R}}\right)^2 \tag{9-46}$$

由式（9－45）得：

$$\overline{X}+\overline{X}\Gamma_a{}^2-2\overline{X}\Gamma_a+\overline{X}\Gamma_b{}^2=2\Gamma_b$$

$$1+\Gamma_a{}^2-2\Gamma_a+\Gamma_b{}^2=\frac{2}{\overline{X}}\Gamma_b$$

$$\Gamma_a{}^2-2\Gamma_a+1+\Gamma_b{}^2-\frac{2}{\overline{X}}\Gamma_b=0$$

$$\Gamma_a{}^2-2\Gamma_a+1+\Gamma_b{}^2-\frac{2}{\overline{X}}\Gamma_b+\frac{1}{\overline{X}^2}-\frac{1}{\overline{X}^2}=0$$

$$(\Gamma_a-1)^2+\left(\Gamma_b-\frac{1}{\overline{X}}\right)^2=\frac{1}{\overline{X}^2} \tag{9-47}$$

显然，式（9－46）和式（9－47）两个方程在 $\Gamma_a+\mathrm{j}\Gamma_b$ 复平面分别是以 $\overline{R}$ 和 $\overline{X}$ 为参数的圆方程。

式（9－46）是以归一化电阻 $\overline{R}$ 为参量的圆族，这个圆族称为等电阻圆族。其圆心为 $\Gamma_a=\overline{R}/(\overline{R}+1)$，$\Gamma_b=0$，半径为 $1/(\overline{R}+1)$。当 $\overline{R}$ 由零增加到无限大时，则电阻圆由单位圆缩小到 D 点。电阻圆的大小随 R 的变化如图 9.11 所示。由图可见，所有的等电阻圆都相切于（$\Gamma_a=1$、$\Gamma_b=0$）点；$\overline{R}=0$ 的圆为单位圆，表明单位圆为纯电抗圆。不同 $\overline{R}$ 值对应的圆心和半径如表 9.5 所示。

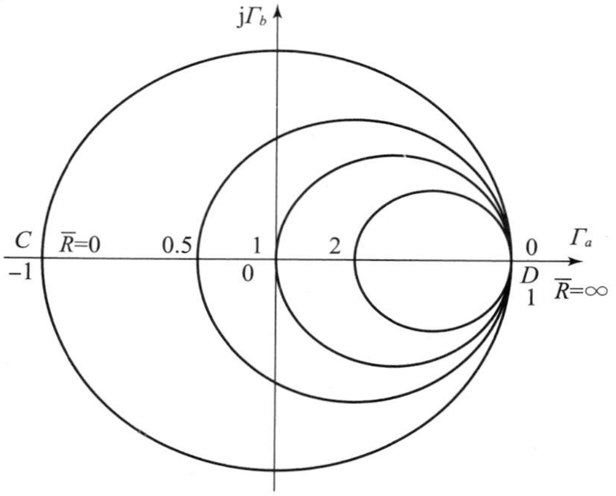

图 9.11 电阻圆的大小随 $\overline{R}$ 的变化

表 9.5　不同 $\overline{R}$ 值对应的圆心和半径

$\overline{R}$	圆心$\left(\frac{\overline{R}}{1+\overline{R}},\ 0\right)$	半径$=\frac{1}{\overline{R}+1}$
0	(0，0)	1
1/2	$\left(\frac{1}{3},\ 0\right)$	$\frac{2}{3}$
1	$\left(\frac{1}{2},\ 0\right)$	$\frac{1}{2}$
2	$\left(\frac{2}{3},\ 0\right)$	$\frac{1}{3}$
∞	(1，0)	0

式（9－47）是以归一化电抗$\overline{X}$为参变量的圆族，称为等电抗圆族。其圆心为（$\Gamma_a=1$、$\Gamma_b=1/\overline{X}$）、半径为$1/\overline{X}$。由于$|\Gamma|<1$，因此只有在单位圆内的圆才有意义。当$|\overline{X}|$由零增大到无限大时，则圆的半径由无限大减小到零，等电抗圆由直线缩为一点。圆的半径随$\overline{X}$值的变化如图 9.12 所示。表 9.6 所示为不同$\overline{X}$值对应的圆心和半径。

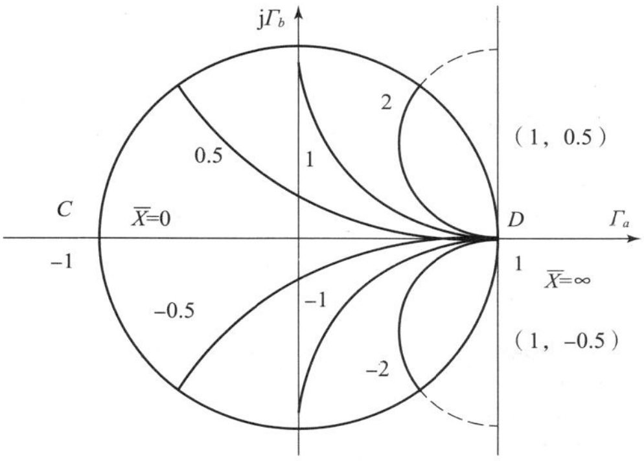

图 9.12　圆的半径随$\overline{X}$值的变化

由图可见，所有的圆相切于（$\Gamma_a=1$、$\Gamma_b=0$）点，$\overline{X}$为正值（即感性）的电抗圆均在上半平面上，$\overline{X}$为负值（即容性）的电抗圆均在下半平面上；$|\overline{X}|$愈大，则圆的半径愈小。当$\overline{X}=\infty$时，则圆缩为一个点（D 点）；当$\overline{X}=0$ 时，则圆的半径为无限大，圆变成$\overrightarrow{CD}$一条直线，因此$\overrightarrow{CD}$直线是纯电阻的轨迹，即为电压波腹点或电压波节点的轨迹。

表 9.6　不同 $\overline{X}$ 值对应的圆心和半径

$\overline{X}$	圆心$\left(1,\ \frac{1}{\overline{X}}\right)$	半径$\frac{1}{\overline{X}}$
0	(1，±∞)	∞
1/2	(1，±2)	2
1	(1，±1)	1
2	(1，±0.5)	0.5
∞	(1，0)	0

将等反射系数圆族、等相位线族、等电阻圆族和等电抗圆族画在同一个复平面上，即得如图 9.13 所示的阻抗圆图（电脑计算用图）。工程上的等相位线不画出来，仅在外圆标上电长度和相角的读数。等驻波系数也不画出来，因为实轴$\overrightarrow{CD}$为$|\overline{X}|=0$ 的轨迹，即是波腹点或波节点的轨迹。波腹点的归一化电阻值为驻波系数，波节点的归一化电阻值为行波系数，因此一个以坐标原点为圆心、$R_{max}=\rho$ 为半径的圆即为等驻波系数圆。

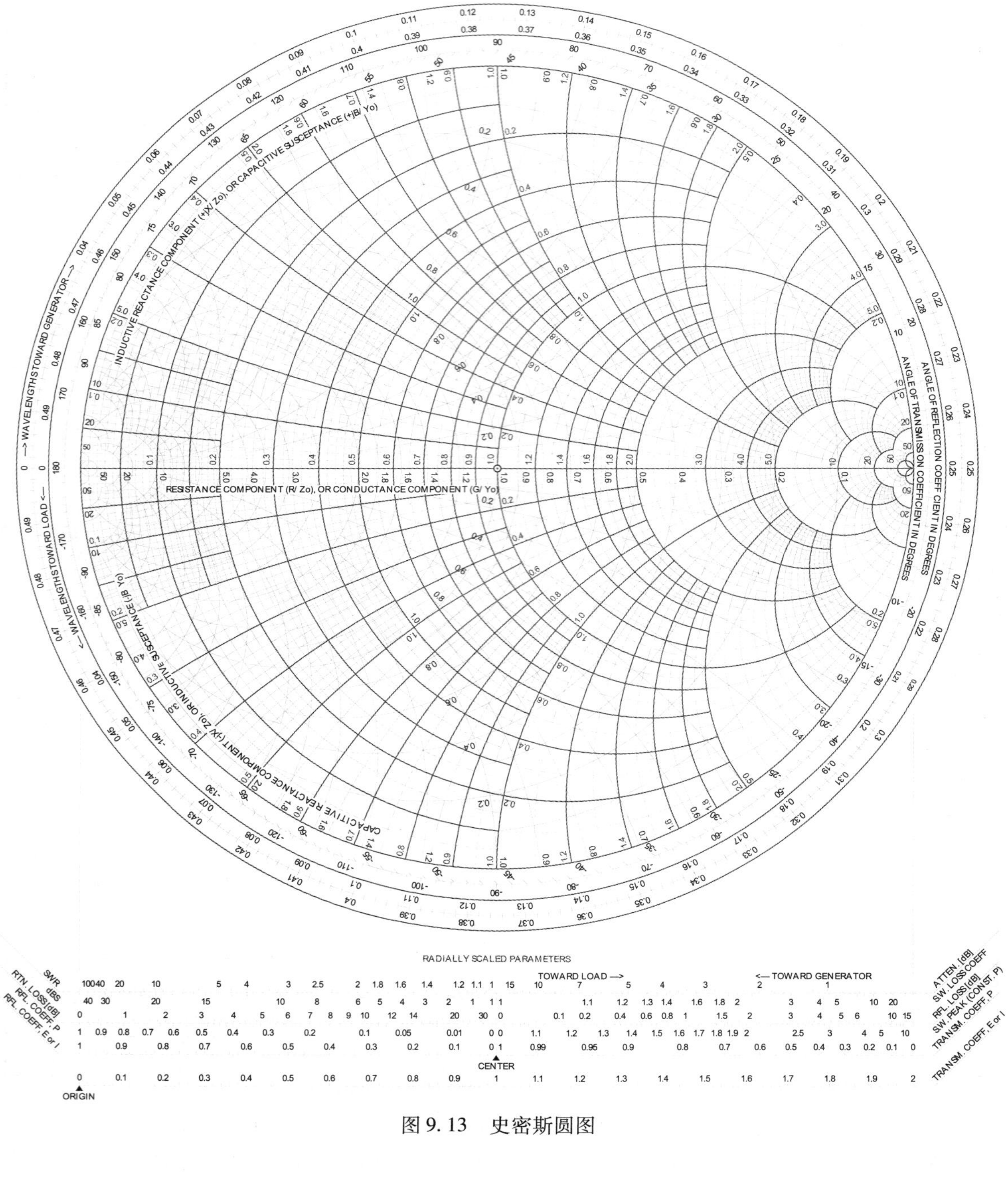
INDUCTIVE REACTANCE COMPONENT (+jX/ Zo), OR CAPACITIVE SUSCEPTANCE (+jB/ Yo)
CAPACITIVE REACTANCE COMPONENT (-jX/ Zo), OR INDUCTIVE SUSCEPTANCE (-jB/ Yo)
RESISTANCE COMPONENT (R/ Zo), OR CONDUCTANCE COMPONENT (G/ Yo)
—> WAVELENGTHS TOWARD GENERATOR —>
<— WAVELENGTHS TOWARD LOAD <—
ANGLE OF REFLECTION COEFF CIENT IN DEGREES
ANGLE OF TRANSMISSION COEFFICIENT IN DEGREES
RADIALLY SCALED PARAMETERS
TOWARD LOAD —>
<— TOWARD GENERATOR
SWR
dBS
RTN. LOSS [dB]
RFL. COEFF, P
RFL. COEFF, E or I
ATTEN. [dB]
S.W. LOSS COEFF
RFL. LOSS [dB]
S.W. PEAK (CONST. P)
TRANSM. COEFF, P
TRANSM. COEFF, E or I
CENTER
ORIGIN

图 9.13　史密斯圆图

由上面的分析可知，阻抗圆图有以下几个特点。

（1）圆图上有 3 个特殊的点。

开路点（D 点）：坐标为（1，0），此时对应于$\overline{R}=\infty$，$|\overline{X}|=\infty, \Gamma=1, \rho=\infty, \phi=0$。

短路点（C 点）：坐标为（-1，0），此时对应于$\overline{R}=0$，$|\overline{X}|=0, \Gamma=1, \rho=\infty, \phi=\pi$。

匹配点（O 点）：坐标为（0，0），此时对应于$\overline{R}=1$，$|\overline{X}|=0$，$\Gamma=0$，$\rho=1$。

（2）圆图上有 3 条特殊的线。圆图上实轴$\overrightarrow{CD}$是$|\overline{X}|=0$ 的轨迹，其中$\overrightarrow{OD}$直线为电压波腹点的轨迹，线上$\overline{R}$的读数即为驻波系数ρ 的读数；$\overrightarrow{CD}$直线为电压波节点的轨迹，线上$\overline{R}$的读数即为行波系数的读数；最外面的单位圆为$\overline{R}=0$ 的纯电抗轨迹，即为 $\Gamma=1$ 的全反射系数的轨迹。

（3）圆图上有 2 个特殊的面。圆图实轴以上的上半平面（即$\overline{X}>0$）是感性阻抗的轨迹；实轴以下的下半平面（即$\overline{X}<0$）是容性阻抗的轨迹。

（4）圆图上有 2 个旋转方向。在传输线上由 A 点向负载方向移动时，则在圆图上由 A 点沿等反射系数圆逆时针方向旋转；反之在传输线上由 A 点向电源方向移动时，则在圆图上由 A 点沿等反射系数圆顺时针方向旋转。

（5）在圆图上任意点可以用 4 个参量即$\overline{R}$、$\overline{X}$、$|\Gamma|$及 ϕ 来表示。注意$\overline{R}$和$\overline{X}$为归一化值，如果要求它的实际值须分别乘以传输线的特性阻抗 Z_0。

9.4.4　导纳圆图

导纳是阻抗的倒数，故归一化导纳为：

$$\overline{Y}(z')=\frac{1}{\overline{Z}(z')}=\frac{1-\Gamma(z')}{1+\Gamma(z')}$$

注意式中的 $\Gamma(z')$ 是电压反射系数，如果上式用电流反射系数 $\Gamma_I(z')$ 来表示，因

$$\Gamma_V(z')=-\Gamma_I(z')$$

故有

$$\overline{Y}(z')=\frac{1+\Gamma_I(z')}{1-\Gamma_I(z')} \tag{9-48}$$

而

$$\overline{Z}(z')=\frac{1+\Gamma_V(z')}{1-\Gamma_V(z')} \tag{9-49}$$

式（9-48）和式（9-49）形式完全相同，表明$\overline{Z}(z')$ 与 $\Gamma_V(z')$ 组成的阻抗圆图和$\overline{Y}(z')$ 和 $\Gamma_I(z')$ 组成的导纳圆图完全相同，因此阻抗圆图就可以作为导纳圆图。两个圆上参量的对应关系如表 9.7 所示，导纳圆图如图 9.14 所示。

表 9.7　两个圆上参量的对应关系

阻抗圆图	$\overline{R}$	$+\mathrm{j}\overline{X}$	$-\mathrm{j}\overline{X}$	$\|\Gamma_V\|$	φ_V
导纳圆图	$\overline{G}$	$+\mathrm{j}\overline{B}$	$-\mathrm{j}\overline{B}$	$\|\Gamma_I\|$	$\varphi_I=\varphi_V+\pi$

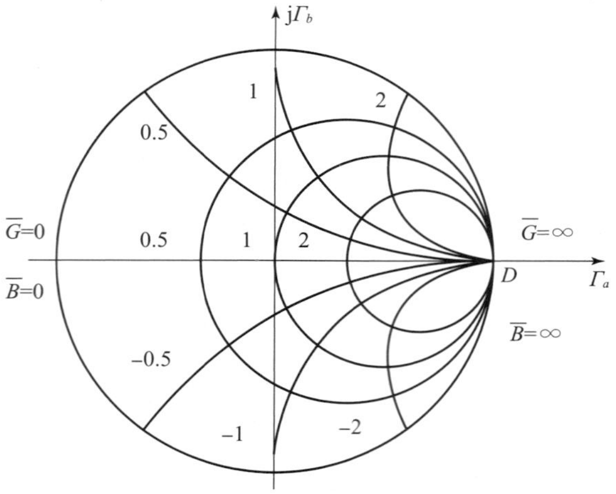

图 9.14　导纳圆图

但把阻抗圆图作为导纳圆图用时必须注意下列几点：

（1）阻抗圆图的上半面为 $+\mathrm{j}\overline{X}$平面（X 为正值），故为感性平面，下半平面为 $-\mathrm{j}\overline{X}$平面，故为容性平面；而导纳圆图的上半平面为 $+\mathrm{j}\overline{B}$平面（$\overline{B}$为正值），故为容性平面，下半平面为 $+\mathrm{j}\overline{B}$平面，故为感性平面。

（2）在阻抗圆图上，$\overrightarrow{OD}$直线为电压波腹点的轨迹，$\overrightarrow{OC}$直线为电压波节点的轨迹；而导纳圆图上$\overrightarrow{OD}$直线为电流波腹点（即电压波节点）的轨迹，$\overrightarrow{OC}$直线为电流波节点（即电压波腹点）的轨迹。

（3）在阻抗圆图上，D 点为$\overline{R}=\infty$，$\overline{X}=\infty$的开路点，C 点为$\overline{R}=0$、$\overline{X}=0$ 的短路点；而导纳圆图上，D 点为$\overline{G}=\infty$、$\overline{B}=\infty$的短路点，C 点为$\overline{G}=0$、$\overline{B}=0$ 的开路点。

9.4.5　阻抗圆图的应用举例

阻抗圆图是微波工程设计中的重要工具。利用圆图可以解决下面的问题：

（1）根据终接负载阻抗计算传输线上的驻波比。

（2）根据负载阻抗及线长计算输入端的输入导纳、输入阻抗及输入端的反射系数。

（3）根据线上的驻波系数及电压波节点的位置确定负载阻抗。

（4）阻抗和导纳的互算等。

下面举例来说明圆图的使用方法。

【例 9.1】　已知双线传输线的特性阻抗 $Z_0=300\ \Omega$，终接负载阻抗 $Z_L=180+\mathrm{j}240\ \Omega$，求终端反射系数 Γ_2及离终端第一个电压波腹点至终端的距离 $l_{\max 1}$。

解：（1）计算归一化负载阻抗：

$$Z=\frac{Z_L}{Z_0}=\frac{180+\mathrm{j}240}{300}=0.6+\mathrm{j}0.8$$

在阻抗圆图上找到$\overline{R}=0.6$、$\overline{X}=0.8$ 两圆的交点 A 点即为$\overline{Z_L}$在圆图上的位置，如图 9.15 所示。

（2）确定反射系数的模 $|\Gamma_2|$。以 O 点为圆心、$\overrightarrow{OA}$为半径画一个等反射系数圆，交实

轴于 B 点，B 点所对应的归一化电阻 $\overline{R}=3$，即为驻波系数 $\rho=3$，则

$$|\Gamma_2|=\frac{\rho-1}{\rho+1}=\frac{3-1}{3+1}=0.5$$

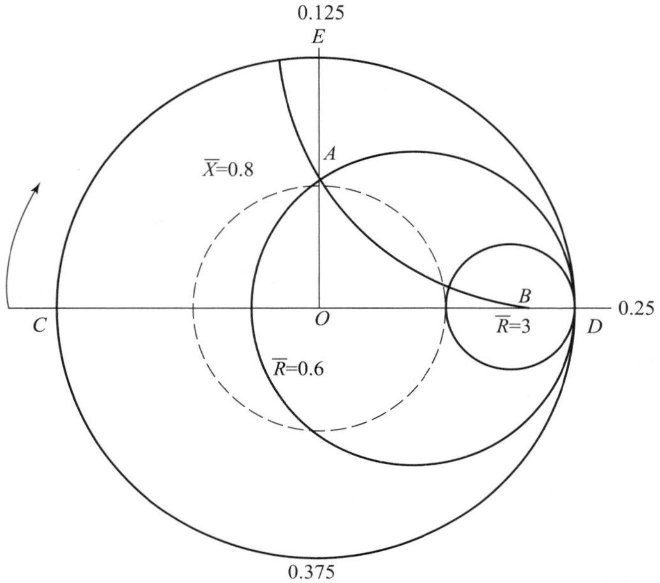

图 9.15　例 9.1 用图

（3）计算 Γ_2 的相角 ϕ_2。圆图上 $\overrightarrow{OA}$ 和实轴 $\overrightarrow{OD}$ 的夹角即为反射系数的相角 ϕ_2，可直接读得 $\phi_2=90°$，也可以用电长度来计算，延长 $\overrightarrow{OA}$ 至 E 点，读得波源方向的电长度为 0.125，实轴 $\overrightarrow{OD}$ 的电长度读数为 0.25，故 ϕ_2 对应的电长度为

$$\Delta\theta=0.25-0.125=0.125$$

由式（9－42）得：

$$\varphi_2=\Delta\theta\times4\pi=90°$$

因此，终端的电压反射系数 $\Gamma_2=0.5\mathrm{e}^{\mathrm{j}90°}$。

（4）确定第一个电压波腹点离终端的距离 $l_{\max1}$。由 A 点沿 $\rho=3$ 的圆顺时针方向转到与实轴 $\overrightarrow{OD}$ 相交于 B 点，即为波腹点的位置，故 B 点的电长度与 A 点电长度的差值乘以 λ，即为 $l_{\max1}$，故 $l_{\max1}=0.125\lambda$。

9.4.6　史密斯圆图软件的使用

史密斯圆图软件已经发布 V3.10。该软件界面友好，操作简便，功能强大，特别是其阻抗匹配计算过程简单、结果精确，并且将电路图形和数据统一起来，具有直观、方便、易懂等特点，是一种计算阻抗匹配的好方法。如图 9.16 是利用该软件设计一个阻抗匹配电路的演示。

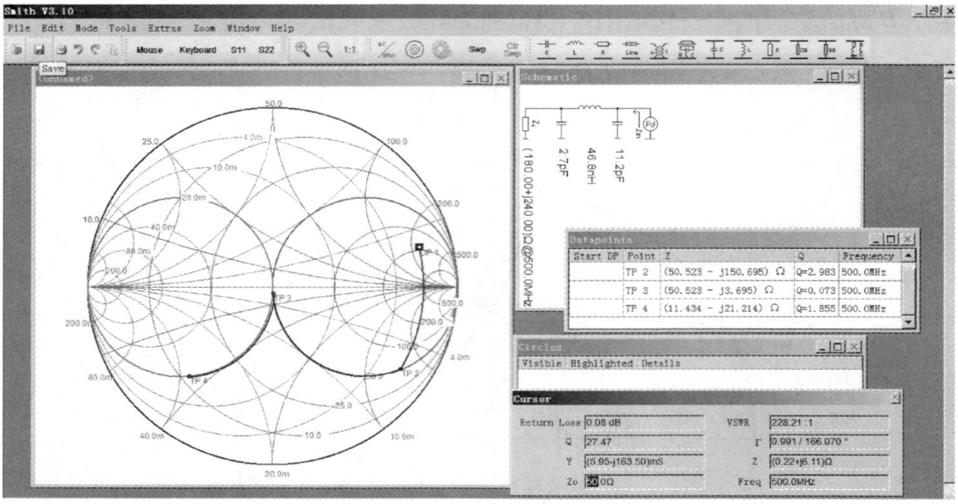

图 9.16 史密斯圆图软件演示

9.5 传输线阻抗匹配

9.5.1 阻抗匹配的概念

阻抗匹配是传输线理论中的重要概念。在由信号源、传输线及负载组成的微波系统中，如果传输线与负载不匹配，传输线上将形成驻波。驻波一方面会使传输线功率容量降低，另一方面会增加传输线的衰减。如果信号源和传输线不匹配，既会影响信号源的频率和输出功率的稳定性，又使信号源不能给出最大功率、负载又不能得到全部的入射功率。因此传输线一定要匹配。匹配有两种：一种是阻抗匹配，使传输线两端所接的阻抗等于传输线的特性阻抗，从而使线上没有反射波；另一种匹配是功耗匹配，使信号源给出最大功率。

设信号源的内阻抗为 $Z_g = R_g + jX_g$，传输线的输入阻抗为 $Z_{in} = R_{in} + jX_{in}$，如图 9.17 所示，则信号源给出功率为：

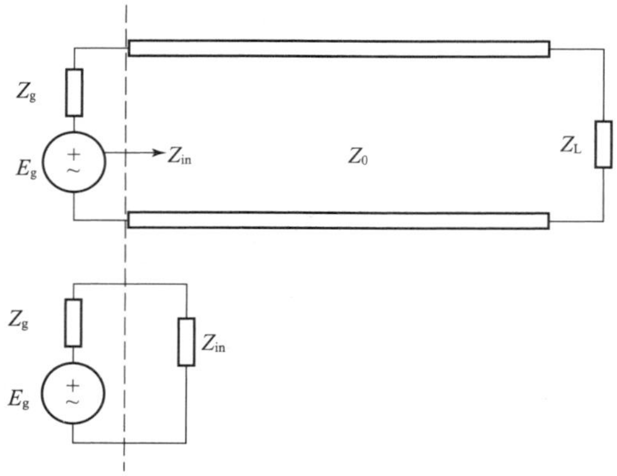

图 9.17 阻抗匹配电路图

$$P=\frac{1}{2}\text{Re}[U_{in}I^{*}_{in}]=\frac{1}{2}|U_{in}|^{2}\text{Re}\left[\frac{1}{Z_{in}}\right] \tag{9-50}$$

因为

$$U_{in}=\frac{Z_{in}}{Z_{in}+Z_{g}}E_{g} \tag{9-51}$$

$$P=\frac{1}{2}\left|\frac{Z_{in}}{Z_{in}+Z_{g}}\right|^{2}|E_{g}|^{2}\text{Re}\left[\frac{1}{Z_{in}}\right]=\frac{1}{2}|E_{g}|^{2}\frac{R_{in}^{2}+X_{in}^{2}}{(R_{g}+R_{in})^{2}+(X_{g}+X_{in})^{2}}\text{Re}\left[\frac{R_{in}-jX_{in}}{R_{in}^{2}+X_{in}^{2}}\right]$$

$$P=\frac{1}{2}\frac{|E_{g}|^{2}R_{in}}{(R_{g}+R_{in})^{2}+(X_{g}+X_{in})^{2}} \tag{9-52}$$

下面分别就两种匹配加以讨论。

9.5.2 共轭匹配

要使信号源给出最大功率，达到共轭匹配，必须要求传输线的输入阻抗和信号源的内阻抗互为共轭值。即：

$$Z_{g}=Z_{in}^{*}$$

即

$$R_{g}=R_{in}, X_{g}=-X_{in}$$

在满足以上共轭匹配条件下，信号源给出的最大功率为

$$P_{max}=\frac{1}{2}|E_{g}|^{2}\frac{1}{4R_{g}} \tag{9-53}$$

9.5.3 阻抗匹配

阻抗匹配是指传输线的两端阻抗与传输线的特性阻抗相等，使线上电压与电流为行波。

为了使传输线的始端与信号源阻抗匹配，由于传输线的特性阻抗为实数，故要求信号源的内阻抗也为实数，即 $R_{s}=Z_{0}$，$X_{s}=0$，此时传输线的始端无反射波，这种信号源称为匹配信号源。当始端接了这种信号源，即使终端负载不等于特性阻抗，负载产生的反射波也会被匹配信号源吸收，不会再产生新的反射。

实际上始端很难满足 $Z_{s}=R_{s}$的条件。一般在信号源与传输线之间用阻抗匹配网络来抵消反射波。

同理，终端也不可能满足 $Z_{L}=Z_{0}$的条件，必须用阻抗匹配网络使传输线和负载阻抗匹配。下面讨论阻抗匹配的方法。

9.5.4 阻抗匹配方法

阻抗匹配方法是在传输线和终端之间加一匹配网络，如图 9.18 所示。要求这个匹配网络由电抗元件构成：损耗尽可能的小，而且通过调节可以对各种终端负载匹配。匹配的原理是产生一种新的反射波来抵消原来的反射波。

最常用的匹配网络有 $\lambda/4$ 变换器、支节匹配器、阶梯阻抗变换和渐变线变换器。这里只介绍前面两种。

1. 阻抗变换器

阻抗变换器是由一段长度为 $\lambda/4$ 的传输线组成，如图 9.19 所示为特性阻抗为 Z_{01}、长度

为 $\lambda/4$ 的传输线终端接纯电阻 R_L 时，该传输线的输入阻抗为

$$Z_{in}=Z_{01}\frac{Z_L+jZ_{01}\tan\beta l}{Z_{01}+jZ_L\tan\beta l} \tag{9-54}$$

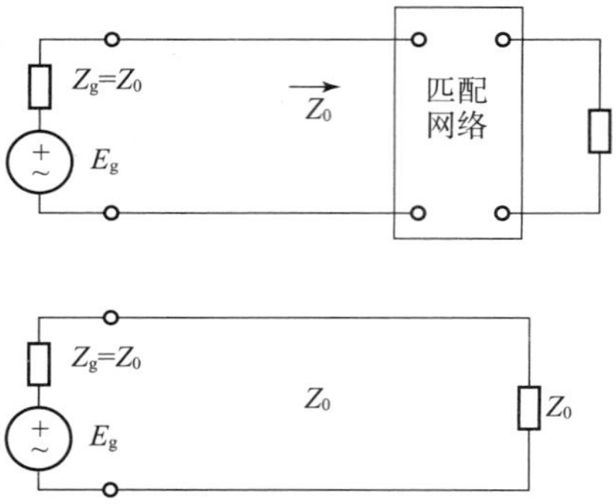

图 9.18　阻抗匹配的方法

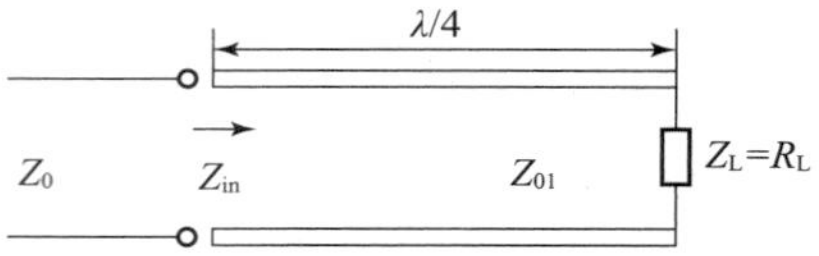

图 9.19　阻抗变换器

因

$$\beta l=\frac{2\pi}{\lambda}\cdot\frac{\lambda}{4}=\frac{\pi}{2}$$

则

$$Z_{in}=\frac{Z_{01}^2}{R_L} \tag{9-55}$$

为了使 $Z_{in}=Z_0$ 实现匹配，必须使

$$Z_{01}=\sqrt{Z_0R_L} \tag{9-56}$$

式（9-56）表明，如果 Z_0 和 R_L 已给定，只要中间加一段长度为 $\lambda/4$，特性阻抗为 $Z_{01}=\sqrt{Z_0R_L}$ 的传输线，就能使特性阻抗为 Z_0 的传输线和负载电阻 R_L 匹配。

由于无耗线的特性阻抗是个实数，故原则上 $\lambda/4$ 阻抗变换器只能对纯电阻负载进行匹配。如负载阻抗不是纯电阻，仍然可以采用 $\lambda/4$ 传输线实现匹配，但 $\lambda/4$ 传输线必须接在电压波腹或波节处，因为此处的阻抗为纯电阻。

若 $\lambda/4$ 传输线在电压波腹点接入，由

$$\overline{R}_{max}=\frac{\overline{U}_{max}}{\overline{I}_{min}}=\frac{1+|\Gamma|}{1-|\Gamma|}=\rho$$

得 $\lambda/4$ 传输线的特性阻抗为：

$$Z_{01}=\sqrt{Z_0\rho Z_0}=\sqrt{\rho}Z_0 \tag{9-57}$$

若 $\lambda/4$ 传输线在电压波节点接入，由 $\overline{R}_{max}=\frac{\overline{U}_{min}}{\overline{I}_{max}}=\frac{1-|\Gamma|}{1+|\Gamma|}=\frac{1}{\rho}$ 得 $\lambda/4$ 传输线的特性阻抗为：

$$Z_{01}=\sqrt{Z_0\frac{Z_0}{\rho}}=\frac{Z_0}{\sqrt{\rho}} \tag{9-58}$$

单节 $\lambda/4$ 传输线的主要缺点是频带窄，原则上只能对一个频率匹配。为了加宽频带可采用多级 $\lambda/4$ 阻抗变换器或渐变式阻抗变换器。

2. 支节匹配器

支节匹配器的原理是利用在传输线上并接或串接终端短路的支节线，产生新的反射波抵消原来的反射波，从而达到匹配。

支节匹配可分单字节、双字节和三字节匹配，但由于它们的匹配原理相同，这里只介绍单支节匹配。

单支节匹配原理如图 9.20 所示。当归一化导纳 $Y_L \neq 1$ 时，在离负载导纳适当的距离 d 处，并接一个长度为 l、终端短路（或开路）的短截线，构成支节匹配器，从而使主传输线达到匹配。它的匹配原理可用导纳圆图来说明。

为了使传输匹配，必有

$$\overline{Y}_{in} = 1 \tag{9-59}$$

由图 9.20 看出

$$\overline{Y}_{in} = \overline{Y}_1 + \overline{Y}_2 \tag{9-60}$$

其中 $\overline{Y}_2$ 是短路（或开路）短截线的归一化输入导纳，它只能提供一个纯电纳，即：

$$\overline{Y}_2 = \mathrm{j}\,\overline{B} \tag{9-61}$$

将式（9-59）和式（9-61）代入式（9-60），得到：

$$\overline{Y}_1 = 1 - \overline{Y}_2 = 1 - \mathrm{j}\,\overline{B}$$

因此，要使 $\overline{Y}_{in} = 1$，必有

$$\overline{Y}_1 = 1 - \overline{Y}_2 = 1 - \mathrm{j}\,\overline{B} \tag{9-62}$$

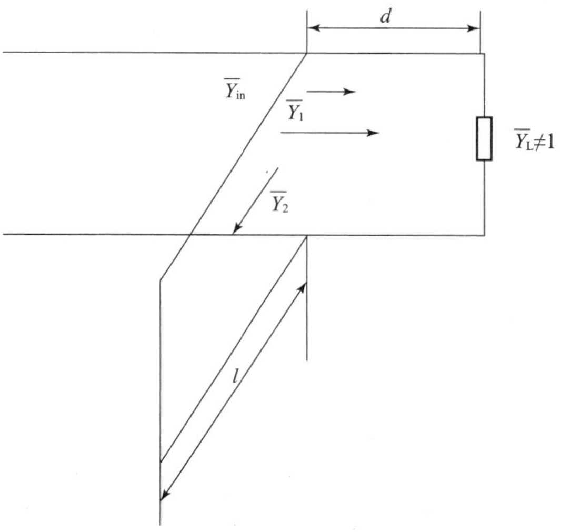

图 9.20　单支节匹配原理

即 $\overline{Y_1}$ 的轨迹一定位于 $G = 1$ 的圆上。利用导纳圆图很易求得 $\overline{Y_1}$ 的值，只要将导纳圆图上的 $\overline{Y}_L$ 位置沿等驻波系数圆顺时针转到和 $\overline{G} = 1$ 的圆相交，其交点即为 $\overline{Y}_1 = 1 - \mathrm{j}\,\overline{B}$。当 $\overline{Y}_L$ 转到 $\overline{Y_1}$ 时，所转过的电长度即为 d/λ。为了抵消电纳 $-\mathrm{j}\,\overline{B}$，只要调节并接短截线的长度 l，使它能提供一个 $+\mathrm{j}\overline{B}$ 的输入电纳，从而满足 $\overline{Y}_{in} = 1$，达到匹配。因此调节离负载的距离 d 的目的是使 $\overline{Y_1}$ 落在 $\overline{G} = 1$ 的圆上，调节短截线的长度 l 的目的是提供一个电纳，抵消 $\overline{Y_1}$ 中的电纳。由此可见接入位置距离 d 和短截线长度 l 可由导纳圆图求得。

这种单支节匹配器，一组 d 和 l 只能对一个 $\overline{Y}_L$ 值进行匹配，当 $\overline{Y}_L$ 值改变时，必须重新改变 d 和 l。对于双线传输线调配很方便，但对于同轴线的 d 调配则不太容易实现。解决的办法是采用双支节匹配，这样离负载的距离 d_1 和短截线的距离 d 可以固定，只要改变两短截线的长度就可实现对各种负载导纳的调配。但双支节匹配器存在不能匹配的死区，克服这个缺点可以采用三支节或四支节进行匹配。

【例 9.2】　已知双导线的特性阻抗 $Z_0 = 200\ \Omega$，负载阻抗 $Z_L = 660\ \Omega$，用单支节匹配器进行匹配，求接入支节的位置 d 和支节长度 l。

解： 解题过程如图 9.21 所示。

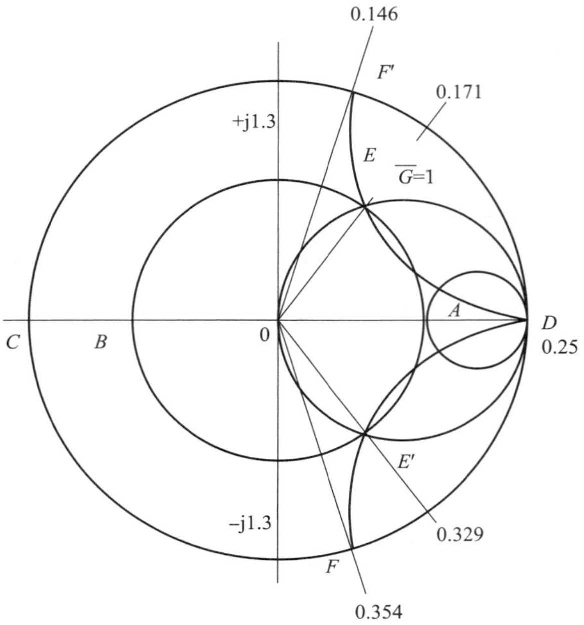

图 9.21　例 9.2 用图

（1）计算归一化负载阻抗和归一化负载导纳：

$$\overline{Z}_L = \frac{Z_L}{Z_0} = \frac{660}{200} = 3.3 + j0$$

在圆图上找到 $\overline{Z}_L \approx 3.3$ 的位置 A 点，由 A 点转过 180°得 B 点，B 点即为归一化负载导纳的位置，读得 $\overline{Y}_L = 0.3 + j0$。

（2）求 $\overline{Y_1}$ 及 d。由 B 点沿 $\rho = 3.3$ 等驻波系数圆顺时针方向转到与 $\overline{G} = 1$ 的圆相交于 E 和 E' 点，该两点即为 $\overline{Y_1}$ 位置，读得 $\overline{Y_1} = 1 \pm j1.3$。$B$、$E$ 和 E' 点对应的电长度分别为 0、0.171 和 0.329。因此，支节线接入位置 $d = 0.171\lambda$ 和 0.329λ。

（3）求支节线长度 l。为了抵消 $\overline{Y_1}$ 中 $\pm j1.3$ 电纳，短截线的输入归一化电纳应为 $\overline{Y_2} = \pm j1.3$。若采用终端短路的短截线，由导纳圆图上的短路点 D 沿 $\rho = \infty$ 圆顺时针转到 $\overline{Y_2} = \mp j1.3$ 的 F 和 F' 点。D、F 和 F' 点相应电长度分别为 0.25、0.354 和 0.146。故支节线的长度为：

$$\begin{aligned} l &= (0.354 - 0.25)\lambda \\ &= 0.104\lambda \end{aligned}$$

或

$$\begin{aligned} l &= (0.25 + 0.146)\lambda \\ &= 0.396\lambda \end{aligned}$$

9.5.5　阻抗匹配计算软件

在处理射频微波实际工程应用问题时，总会遇到一些非常困难的工作，对各部分级联电路的不同阻抗进行匹配就是其中之一。一般情况下，需要进行匹配的电路包括天线与低噪声放大器

（LNA）之间的匹配、功率放大器输出（RFOUT）与天线之间的匹配、LNA/VCO 输出与混频器输入之间的匹配。匹配的目的是为了保证信号或能量有效地从“信号源”传送到“负载”。

在高频端，寄生元件（比如连线上的电感、板层之间的电容和导体的电阻）对匹配网络具有明显的、不可预知的影响。频率在数十兆赫兹以上时，理论计算和仿真已经远远不能满足要求，为了得到适当的最终结果，还必须考虑在实验室中进行的 RF 测试，并进行适当调谐。需要用计算值确定电路的结构类型和相应的目标元件值，除了利用史密斯圆图，还有很多种阻抗控制设计软件。

1. Si9000b

Si9000b 是目前广泛使用的阻抗计算软件，功能强大，不仅能正向计算阻抗和延迟，还能根据目标阻抗逆向计算其他参数，支持平面型的传输线和波导。其设置界面如图 9.22 所示。

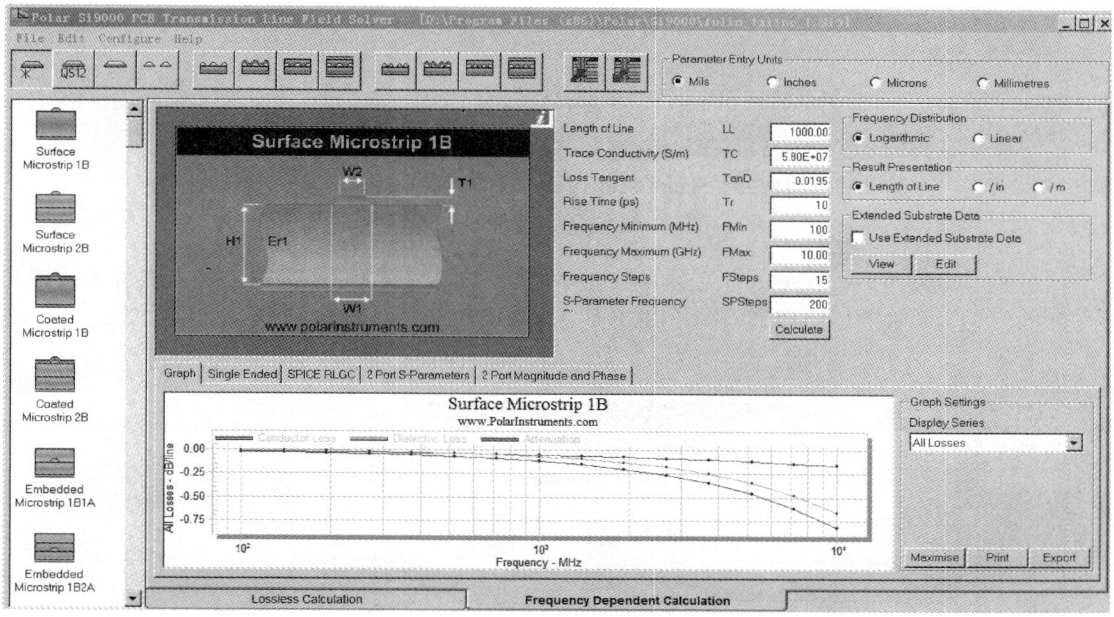

图 9.22　Si9000b 设置界面

2. Saturn PCB Design Toolkit

Saturn PCB Design Toolkit 能计算大部分常用的 PCB 相关的参数数据。

进行 PCB 设计，特别是高频高速设计时，难免会涉及 PCB 相关参数的计算及设置，如：VIA 的过流能力，VIA 的寄生电容、阻抗等，导线的载流能力，两相互耦合信号线间的串扰，波长等参数。随着 PCB 信号切换速度不断增长，当今的 PCB 设计厂商需要理解和控制 PCB 迹线的阻抗。相应于现代数字电路较短的信号传输时间和较高的时钟速率，PCB 迹线不再是简单的连接，而是传输线。如图 9.23 所示，就是利用该软件进行过孔计算的演示。

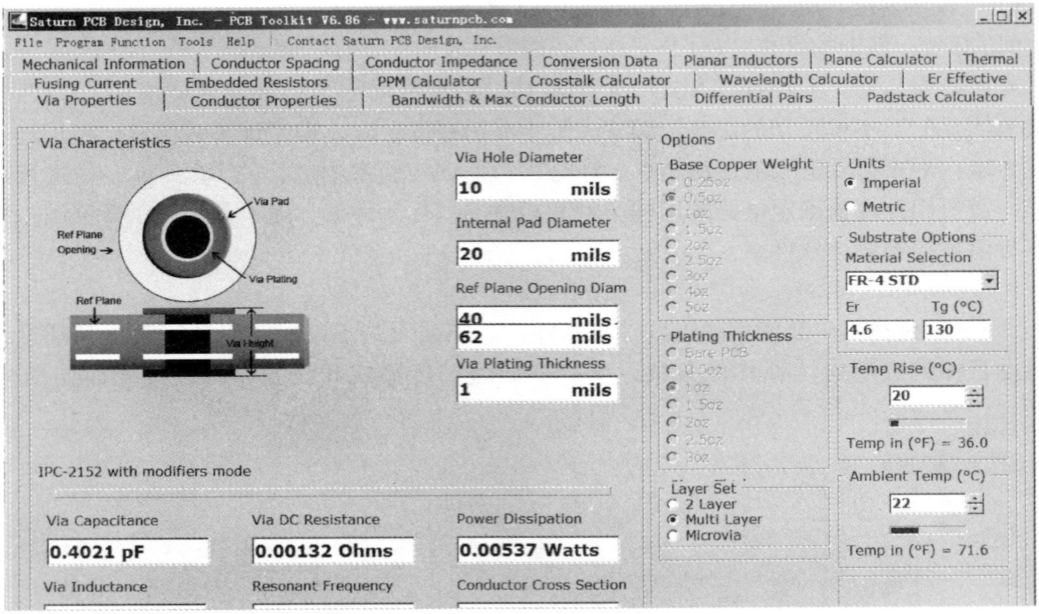

图 9.23　Saturn PCB Design Toolkit 软件设置界面

3. TXLINE

这是 Applied Wave Research 免费的阻抗计算软件，支持微带、带状、共面波导等，既可分析也可综合。在 MICROWAVE OFFICE \ ADS2015 等中都集成了最新版的 TXLINE。图 9.24 所示为 TXLINE 软件设置界面。

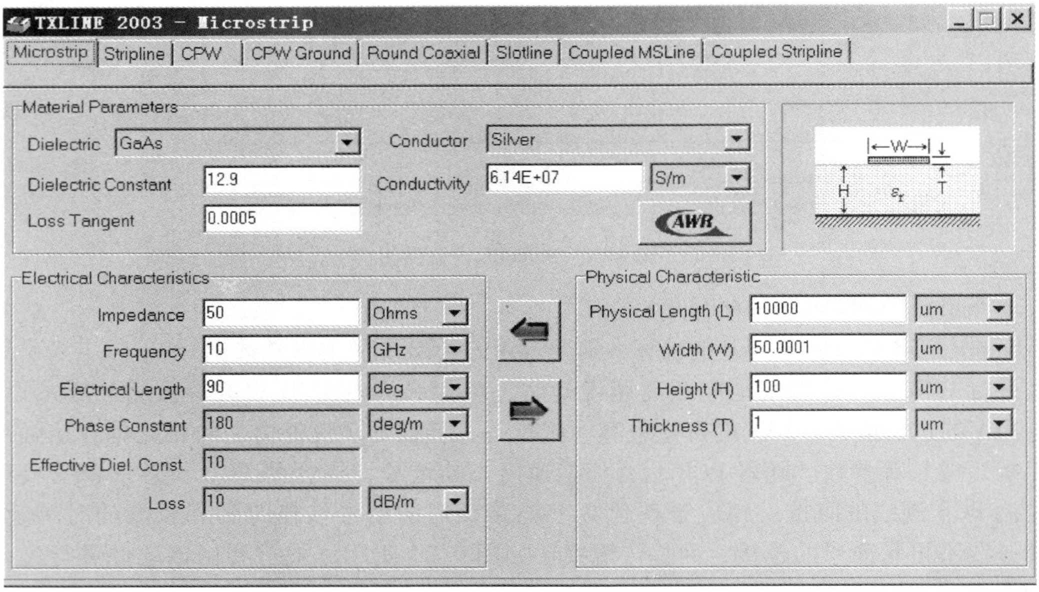

图 9.24　TXLINE 软件设置界面

此外，还有诸多软件，如 CAD Design Software、Zcalc（差分微带线、带状线阻抗计算免费个人软件）、UltraCAD、AppCAD（很好的免费软件）、Transmission Line Design。

9.6 麦克斯韦电路理论简介

传输线方程有以下几个特点：

（1）传输线方程非常适合于解决“路”的问题。在分析低频电路和直流电路时，方程不仅具有良好的准确性，而且计算速度很快。

（2）忽略传输线上线段之间的耦合效应，大大简化了计算。在低频领域这样的简化十分必要，因为在这种状况下电路的耦合效应非常微弱。

（3）没有考虑导线布线形状对电路性能的影响。比如做电路实验给电路接线时，导线的摆放和导线的长短并不会对实验结果产生任何明显的影响。

（4）当两个不同种类的传输线系统互连时，只要两者的特性阻抗匹配，就可以简单连接而不会对系统产生太大的影响。

（5）传输线方程不适合高频电路的计算问题。传输线计算高频电路，所得到的解缺乏精确性，甚至完全不可信。

传输线是电磁场和电磁波理论与电路结合最为紧密的电磁媒质。因此，研究传输线特性的方法必然要归结为场的方法和路的方法的结合。场的方法是从麦克斯韦方程组出发，求解给定边界条件下的电磁场波动方程，得到场量（$\boldsymbol{E}$ 和 $\boldsymbol{H}$）随时间和空间的变化规律，由此来分析传输线上电磁波的传输特性。路的分析方法类似于数学上的微分，它将传输线作为分布参数来处理，其基本思想是把整体的非线性、非均匀变为局部的线性、均匀，把全局的场微分为具体集中参数元件的路，将传输线整体分解得到传输线线元的等效电路，由线元等效电路根据克希霍夫定律导出传输线方程，继而解此方程，以求得传输线上电压和电流随时间和空间的变化规律，最后利用叠加原理（类似于数学的积分）来获得整个传输线上电压和电流的传输特性。场的方法称为短线理论，路的分析方法称为长线理论。路的方法与场的方法不是截然分开的，因为电路理论最终根源还是电磁场与电磁波理论。电路的基本量电流、电压、磁通、电荷与电磁场的基本量 $\boldsymbol{H}$、$\boldsymbol{B}$、$\boldsymbol{E}$、$\boldsymbol{D}$ 一一对应，而电路的基本规律也与电磁场的基本规律一一对应，并且电路的基本规律（所有规律）可以由电磁场的基本规律即麦克斯韦方程组、电荷守恒定律、洛伦兹力定律以及坡印廷定理推导出来。比如电路中著名的克希霍夫定律就可以直接从麦克斯韦方程中导出。电路和电磁场的基本关系是：路是场的集中表现、场是路的前提；电路是特殊性问题，电磁场是一般性问题；路与场互相关联、互相类同；二者在性质、规律、计算方法、基本原理上有共性与个性。电磁场理论与电路理论、场的方法与路的方法浑然一体是麦克斯韦电路理论的基石，是最近半个世纪研究的热点理论和方法。分布参数电路理论是麦克斯韦场路理论的过渡，在传输线理论中场与路的概念是统一的。

随着芯片集成规模加大而体积减小、集成度和工作频率的巨大提高，电路中各个元器件之间、电路模块之间的耦合效应非常严重，导线上、介质基板上的任何一点微小变化都会对整个电路系统产生较大的影响。建立在低频条件下的传统传输线方程已经不能适应工程实际需要。虽然先后提出对传输线方程的诸多改进方法，但是本质上未能有效突破其只适宜于低频的瓶颈效应，而且计算复杂，求解效率很低。麦克斯韦电路理论应运而生。

微分方程对应的等效电路含有相关源，不是传统的克希霍夫电路类型，这样的电路称为麦克斯韦电路。研究这种电路的理论就是麦克斯韦电路理论。

麦克斯韦电路理论研究通过求解等效微分方程来获得问题的解，它把电路基本规律与电磁场基本规律（比如克希霍夫定律和麦克斯韦方程）紧密联系起来，统一了电磁场理论和电路理论，使二者合二为一。麦克斯韦电路理论的立足点是它推导出的不同于传统的传输线方程的广义传输线方程：

$$\frac{dV}{dz} = -j\omega LI + \alpha V$$

$$\frac{dI}{dz} = -j\omega CV + \beta I$$

这个方程包含相关源因子，是传输线方程的完备形式。方程中的相关源因子 αV、βI 计及导线几何形状对系统的影响、耦合效应，以及介质参数等媒质和环境因素对系统的影响。麦克斯韦电路理论的基石是电路等效微分方程的存在性定理和唯一性定理。麦克斯韦电路理论有两个非常鲜明的特点：一是精确性，它能以求解电路的速度得到微波问题的解，且其精度可与矩量法、有限元法等全波方法比拟。二是它的快速性，计算简单、效率高。

习题和实训

1. 若正向传输的导波场为 $\boldsymbol{E} = (\boldsymbol{E}_{0t} + \boldsymbol{E}_{0z})e^{-\gamma z}$ 和 $\boldsymbol{H} = (\boldsymbol{H}_{0t} + \boldsymbol{H}_{0z})e^{-\gamma z}$，证明反向传输的导波场可取为：

$$\boldsymbol{E} = (\boldsymbol{E}_{0t} - \boldsymbol{E}_{0z})e^{-\gamma z}$$

$$\boldsymbol{H} = (-\boldsymbol{H}_{0t} + \boldsymbol{H}_{0z})e^{-\gamma z}$$

或

$$\boldsymbol{E} = (-\boldsymbol{E}_{0t} + \boldsymbol{E}_{0z})e^{-\gamma z}$$

$$\boldsymbol{H} = (\boldsymbol{H}_{0t} - \boldsymbol{H}_{0z})e^{-\gamma z}$$

2. 证明：导波场的横向磁场与纵向电场、磁场的关系为

$$\boldsymbol{H}_{0t} = -\frac{\gamma}{k_c^2}\nabla_t H_{0z} + \frac{j\omega\varepsilon}{k_c^2}\nabla_t E_{0z} \times \boldsymbol{a}_z$$

3. 证明：色散波的能速 $\boldsymbol{v}_{en}$ 与群速 $\boldsymbol{v}_g$ 的数值相等。

4. 试分别导出单位长度导波系统中 TEM 波、TE 波、TM 波的电能时均值等于其磁能时均值。

5. 证明：

$$\alpha c_{TE} = \frac{R_m \oint_l (\beta^2 \mid \nabla_t H_{0z} \mid^2 + k_c^4 \mid \boldsymbol{H}_{0z} \mid^2) dl}{2Z_{TE}\beta^2 k_c^2 \int_S \mid \boldsymbol{H}_{0t} \mid^2 dS}$$

$$\alpha c_{TM} = \frac{R_m \oint_l \mid \nabla_n E_{0z} \mid^2 dl}{2Z_{TM} k_c^2 \int_S \mid \boldsymbol{E}_{0z} \mid^2 dS}$$

6. 列表总结 TEM、TE、TM 传播波的主要特性及 TE、TM 截止场的性质。

7. 用 MATLAB 编程实现史密斯圆图。

8. 用史密斯圆图实现给定（自行给定几种）传输线的计算。

9. 用 Saturn PCB Design Toolkit 计算一个 PCB 过孔（内外径、层数等自行给定）以及一条蛇形走线（自行绘制）的阻抗特性。

第 10 章

生物医学电磁学基础

本章简要介绍生物医学电磁学的基本概念和主要内容，重点介绍生物医学电磁学涉及的两个主要内容：生物医学电磁逆问题；对电磁逆问题的应用，即医学成像设备。以目前理论技术还不成熟，仍在研究中的电阻抗成像、磁感应成像、磁声成像、光声成像为主要讲解内容。

10.1　生物医学电磁学概念及其发展动因

生物组织是导体，这无须证明，已经是常识。工频电压和电流（在某些特殊场合，如易燃易爆、潮湿、粉尘环境，36 V 乃至 24 V 交直流都会是安全限值）会对人体产生电击，造成危害甚至死亡；当然，如果人体作为生物组织的典型不是导体而是绝缘体（理想介质），那么电击事故永远不会发生。因此生物组织作为导电媒质，与电磁场和电磁波必然相互作用，产生生物电磁效应。另外，生物组织尤其是人体自身作为一种物质，必然具有磁性，而且必然要产生电磁辐射（依据公理：任何物质都有磁性且产生电磁辐射），这种电磁辐射会产生各种效应，比如静电作用的一种经典模型就是人体模型；而且最为主要和重要的是，人体自身就是一个自洽的电磁生态系统，外部电磁场与电磁波必然与人体电磁生态系统交互作用，产生各种复杂的生物医学电磁现象和电磁效应。

研究上述生物医学电磁现象、效应及其合理运用，是生物医学电磁学的主要任务，这是人类社会发展主客观的必然要求。

第一，定量探究生物组织的微观物理过程，以及与自然环境电磁（特别是地磁）效应的作用关系，掌握生命规律，探究人类自身的奥秘以及未来的趋势、归宿。

第二，为生物医学的疾病诊断、治疗、健康监护和护理提供理论基础和数据，包括为运动医学提供理论基础和量化数据。

第三，研制各种生物医学材料或器具（比如提取 DNA 基因组的生物磁珠），作为生物医学工程用品，以及工农业、科学研究等领域的应用，并且研究这种材料的理论技术、制备工艺方法。

第四，研究鸟类、鱼类等生命体的生物电磁现象及其应用规律，以及与环境电磁现象和效应（如地磁）的作用，借以研制各种仿生材料，制造仿生机器人等工具和器材，用于各行业，包括军事应用和战争；并且研究这种材料的理论技术、制备工艺方法。

第五，探究整个大自然中生命体以及整个大自然的内在规律及奥秘，以及进行物种等资源保护、新物种培育等。此外，为食品安全等领域提供检测手段、方法和技术。

第六，为环境保护、污水处理中提供生物电磁学理论技术基础和数据。

第七，研究生物电磁剂量学，特别是电磁场暴露与人体健康、绿色无公害环境的定量关系与限值，为电磁防护技术及其相关标准的制定提供理论基础和定量依据。

第八，研究生物电磁学的等效电路模型，特别是人体等效电路模型及其参数定量求解，为人体通信打下坚实的理论技术基础。

10.1.1　生物电学

生物电学研究生物和人体的电学特征，即生物电活动规律，它是一门边缘科学。生物电学的研究成果是深入认识人体生理活动规律和病理、药理机制的基础之一，同时也不断为医学临床诊断与治疗提供新的方法和技术开发的理论基础和定量数据。目前，在各种学科协作、交叉和融合基础上，该学科一方面对生物电产生机制和活动规律的研究已深入到生物大分子水平；另一方面，该学科在临床医学应用上正日益深入指导和引导着更多的新技术和新仪器的开发。生物电学的应用十分广泛。

10.1.2　生物磁学

生物磁学（Biomagnetism）作为生物学和磁学相互渗透的边缘学科，研究生命物质的磁性、生物磁现象和生命活动过程中的结构功能关系，以及外磁场对生物体磁的影响，是生物物理学的分支。研究生物磁学，可以获得有关生物大分子、细胞、组织和器官结构与功能关系的信息，了解生命活动中物质输运、能量转换和信息传递过程中生物磁性的表现、作用和应用。生物磁学研究与物理学、生物学、心理学、生理学和医学等有密切关系，且在工农业生产、医学诊断和治疗、健康监护、环境保护、生物工程以及军事等方面有广阔应用前景。

10.1.3　生物电磁学

生物电磁学是研究非电离辐射电磁波（场）与生物系统不同层次的相互作用规律及其应用的边缘学科，主要涉及电磁场与微波技术和生物学。其意义在于开发电磁能在医学、生物学方面的应用以及对电磁环境进行评价和防护。

生物电磁学的研究内容主要包括以下 6 个方面：

（1）电磁场（波）的生物学效应：研究在电磁场（波）作用下生物系统产生了什么。

（2）生物学效应机理：研究在电磁场（波）作用下会产生什么。

（3）生物电磁剂量学：研究在不同条件下会产生什么。

（4）生物组织的电磁特性：研究在电磁场（波）作用下产生什么的生物学本质。

（5）生物学效应的作用：研究产生的效应做什么和如何做。

（6）生物电磁效应的应用：如何合理利用生物电磁学效应，为人类生产、生活服务。

生物电磁学与工程电磁场与微波技术的不同主要体现为：

（1）工程电磁场与微波技术的作用对象是具有个体差异的生命物质。

（2）工程电磁场与微波技术作用的对象是根据人为需要而选取的，进而进行加工的电磁媒质或单元；而生物电磁学的作用要让测量系统服从于作用对象。

10.1.4 生物医学电磁学

本书给出生物医学电磁学的定义如下：

生物医学电磁学是一门边缘科学，它综合和融合生物电学、生物磁学、生物电磁学等多门学科，用电磁学理论和方法研究生物体及其与外加电磁场的相互作用，其主要内容包括两个方面：生物体自发电磁现象的性质（产生机制、理化性质和时空变化规律）；电磁场的生物效应及其规律和应用。也即是说，生物医学电磁学是利用电磁学的理论和技术、工程方法，研究生物体自发电磁现象产生的内部机制，以及外加电场、磁场和电磁场、电磁波与生物体相互作用的机理、特性、规律、效应，以及对这些效应和规律合理地利用、应用的边缘学科。它与生理学、心理学、生物物理学、生物学、医学各学科等均有不同程度的交叉与结合。

10.1.5 生物医学电子学

生物医学电磁学是生物医学工程学科的一个分支，属于生物医学电子学的范畴。生物医学电子学（Biomedical Electronics），是应用电子学科各门理论技术和工程方法解决生物医学中的问题，以生命体本身的特殊性为出发点来研究生物医学各个方面具体问题的科学。生物医学电子学作为一门独立学科是20世纪50年代起，通过生物医学工作者与工程师及物理学家密切合作逐步发展和建立起来的。生物医学电子学综合应用电子学和有关工程技术的理论和方法，以整个生态环境为视野，从涵盖电子科学技术等的工程科学的角度研究生物、人体的结构和功能以及功能与结构之间的相互关系，在底层是实现人类医学理论技术的进步，在顶层是通过不断研究从而找到人类更加健康、舒适、环保、生态、绿色的生活方式、状态和环境，实现更高的完善。生物医学电子学是典型的交叉学科、边缘学科，具有双向性质：一方面将电子学用于生物和医学领域，使这些领域的研究方式从定性升华到定量；另一方面利用所揭示出的生命过程中诸多规律，特别是生物体经过亿万万年进化而形成的优异信息处理性能给电子学科以重要的启迪，不仅推动以电子学为中心的工程学科自身的发展，催生新的学科，如仿生学、仿生计算、计算智能（如遗传算法、粒子群算法、蚁群算法……）等，而且必然会导致信息科学及其产业发生革命性的变革。人工智能、仿生技术的广泛应用，推动机器人对人类某些活动领域的替代，反过来促进人类在一定程度上的进化，包括智力的、生理的、心理的，都有可能；Alpha go 的成功，就可能是这个革命的一个新的开端。

生物医学电子学有相近或相似的名称，如生物电子学（Bioelectronics）、生物工程（Bioengineering）、生物医学工程（Biomedical Engineering）等。它们互相包含，相互交叉，很多时候、很多文献和作者几乎把它们混为一谈，不严加区分。因为它们的主要研究内容都涉及电子信息科学技术和生物医学科学的交叉领域，其基础和应用研究主要在以下几个方面集中涉及生物医学电磁学内容。

1. 生物医学信息检测

生物医学信息检测是对携带有生物结构和特性信息的化学量、物理量（电磁量、机械量等）进行检测的方法，以及所需传感器件和系统的研究。特别是对生理电信号（心电信号、肌电信号、脑电信号和胃肠电信号）、磁信号、光信号和声波振动等的检测和提取。生物医学测量是对生物体中包含的生命现象、状态、性质、变量和成分等信息进行检测和量化的技术；

是一种最基础性的重要技术，其应用领域包括：生命科学研究、医学研究及临床诊断、病人监护、治疗控制、人工器官及其测评等。在生物医学的所有领域，包括生物力学、生物材料、生物医学电磁学、生理系统的建模与仿真等，必须直接或间接应用生物医学测量技术。

生物医学测量具有多种显著特点：生命系统的多变量特性；强噪声背景中微弱（往往还是同频）信号的检测与提取；被测对象具有闭环特性（生命体具有精确的自动调节能力），测量结果会受被测对象的生理和心理因素的影响（活动、运动对测量的影响，多种原因导致血糖浓度降低从而影响生理和心理等）；测量过程受测量本身影响比较严重，有时候不可忽略；被测对象的安全性问题；新方法建立与评估的困难（建模困难）；适用性问题以及重复性必须仔细考虑和处理的问题等。

2. 生物医学信号和信息的处理

生物医学信号和信息的处理是指应用并发展信息处理的基本理论，根据生物医学信号的特点，对所采集的生物医学信号、信息进行分析、分辨、识别、提取、解释、分类、显示、存储和传输。其目的一是对生物体系结构与功能的研究；二是对疾病进行辅助诊断和治疗，或进行健康监护。

这方面除了涉及微弱信号的动态提取及自适应处理、高阶统计信号处理等现代信号处理方法外，还涉及电磁场的一个重要研究领域——电磁逆问题，比如生理（多道）电磁信号反演及其同步表述，如心电和心磁（脑电、脑磁）信号、计算机断层成像、核磁共振等。

3. 生物系统的建模与仿真

建模和仿真是事物之间相似性的运用。建模根据一些先验知识和实验数据、工程技术方法及手段构造相应生物系统的数学模型。仿真是指利用计算机对所构建的数学模型，在给定初始条件、边界关系及其他约束条件的情况下，求出解答并显示其结果。包括人机功能学、人工智能、机器视觉和人工神经网络的研究等都是如此。研究生物系统，对生物医学的建模、电磁仿真软件的研究、开发和运用成为必然的途径和手段。

4. 电磁场与生物物质的相互作用及影响

这方面研究包括从辐射源（声、光、电磁）沿介质到生物目标的传播、散射、能量转换和相互作用的微观过程和机理，以及辐射场和生物物质作用以后所产生的生物物理、生物化学，以及动物心理、遗传特性的变化。主要包括：对场在生物媒质中传播特性的理论计算，细胞和生物组织介质电特性的测量，生物效应的研究，电磁场（包括射频微波、强电磁脉冲、高空核电磁脉冲等）对生理和心理的影响，如对中枢神经系统、癌变和遗传变异的影响等，磁生物效应的研究，电磁波治疗机理和波谱特性的研究等。

5. 生物医学仪器

现代生物医学的进步越来越依赖于生物医学仪器，也在多方面体现为医学仪器的进步。无论从社会和经济效益考虑，医学治疗、诊断、监护、模拟仿真研究和医疗系统管理仪器、设备的研究和发展都非常重要。包括影像诊断仪，如核磁共振仪等；监护仪器，其发展趋势是高性能传感器和信号处理器在系统层次的结合，构成智能传感器，包括植入式机器人、介入式电极、可穿戴传感器等，以实现小型化、集成化、可视化、网络化、自动化、智能化和长时期实时监护；康复和保健器械，如心脏起搏器、电子耳蜗等。

6. 生物医学传感器及材料

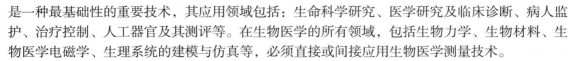

生物医学信号检测、成像等，都离不开传感器。传感器的地位不言而喻，此处不赘述，

重点强调：新型生物医学传感器在很大程度上依赖于新型生物医学材料的研究成功及运用，而对这些具有特定用途和性能的功能材料的研究，无不涉及其电磁特性，包括对人体功能材料、仿生功能材料的研究、开发和应用。材料电磁特性的研究成果用于人体器官、组织代换，对救死扶伤具有极大的现实意义和广阔的前景。

从以上几个方面看出，生物医学电子学的主要组成部分，以及其主要研究内容，是与生物医学电磁学相关的。生物医学电子学研究的内容更加广泛，涵盖领域更多，学科门类更复杂；生物医学电磁学研究的内容则更加微观：主要是生物医学电磁现象、生物医学电磁效应以及它们的应用。

10.1.6 生物医学电磁学的发展动因

生物医学电磁学的发展有 8 个方面的动因：

（1）对生物体生命活动过程及其进化本质的深入探索的需要。生物电磁学是揭示人类生命活动过程不可缺少的一门学科，对掌握人类以及生物体生命活动、进化的本质，进一步揭示和掌握人类的生理、心理活动深层的、本质的规律，对人类自身发展、人工智能、仿生学均有重大科学和实践意义。

（2）生物医学自身发展完善的需要。生物体特别是人类疾病谱的变化对生物电磁学研究提出了新的要求。研究生物医学电磁学，提供定量的医学诊断和治疗数据，不仅具有深远的社会和经济效益，也极具科学价值。

（3）电磁环境复杂化对生物电磁学提出了挑战。平时的射频微波辐射、战时的电磁脉冲防护都需要生物电磁学给出定量的实验数据以及其他研究结论、结果作为制定标准的依据，或者攻防武器的基准。脑控与反脑控技术、利用电磁效应进行的生理摧残与防护等，都需要生物医学电磁学的研究成果。

（4）人体通信及体域网的发展要求对生物医学电磁现象和电磁效应给予基础理论支撑。

（5）人机医学、人工智能开发和利用需要生物医学电磁学的突破性进展及支撑，特别是新的医学成像诊断、治疗、健康护理技术以及仪器设备的研发，需要生物电磁效应等的研究结果作为基础数据。

（6）人类活动空间的拓展、走向太空的梦想要求生物电磁学解决未知问题。

（7）磁辐射剂量、限值的确定，相关标准的制定，需要生物医学电磁学的研究成果作为支撑。

（8）新的生物医学测量手段、方法和仪器的研发，需要对生物医学电磁现象、外部电磁场与生物体的相互作用、生物医学电磁效应进行深入的基础研究，包括自然灾害以及事故现场生命搜救仪器和设备的研发。

10.2 生物电磁现象及其产生机理

10.2.1 生物电现象及其本质

（一）定义

生物电，指生物的器官、组织和细胞在生命活动过程中发生的电位及其变化。生物电的本质是由于生物体内部的带电粒子数量、极性、所处位置发生变化引起的电磁场变化。它是生物活组织的一个基本特征，体现生命活动过程中的一类物理、物理 - 化学变化过程和结果。生物电包括生物体内产生的各种电位或电流，如细胞膜电位、静息电位、动作电位，以及心电、脑电、肌电等。简言之，生物电是生物体所呈现的电现象。人体生命过程中的新陈代谢及一切活动都产生电，心电是心脏跳动产生的电波，脑电是大脑活动产生的电波。电生理学发现人体横膈肌及其动作神经能产生较大的肌电，形成人体内的发电机；仿生学研究发现，最小的细菌消耗葡萄糖而产生电。

人体任何一个细微的活动都与生物电有关。人体某一部位受到刺激后，感觉器官就会产生兴奋，就是生物电。感官和大脑之间的刺激 - 反应主要通过生物电传导来实现。心脏跳动时产生 1 ~2 mV 的电压，眼睛开闭产生 5 ~6 mV 电压，读书或思考问题时大脑产生 0.2 ~1 mV电压。正常人的心脏、肌肉、视网膜、大脑等的生物电变化都是很有规律的。这是心电图、肌电图、视网膜电图、脑电图等医学仪器的物理基础。

自然界其他动物也有生物电现象，有的生物电流、电压还相当大。在一些大洋沿岸，一种体形较大叫作军舰鸟的海鸟，它有着高超的飞行技术，能在飞鱼落水前的一刹那叼住它，从不失手。经过 10 多年研究，科学家发现军舰鸟的电细胞非常发达：视网膜与脑细胞组织构成了一套功能齐全的生物电路，是一种比人类现有的任何雷达都要先进百倍的生物雷达，它的脑细胞组织则是一部无与伦比的生物电脑，因此有上述绝技。

还有一些鱼类有专门的发电器官，如广布于热带和亚热带近海的电鳐，能产生 100 V 电压，足可以把一些小鱼击死。非洲尼罗河中的电缩，产生的电压有 400 ~500 V。南美洲亚马孙河及奥里诺科河中形似泥鳅、黄绍的电鳗，身长 2 m，能产生瞬间电压 800 V、2 A 电流，足可以把牛马甚至人击毙在水中，是江河里的魔王。

植物体内同样有电。人手指触及含羞草时它便弯腰低头，害羞起来；向日葵金黄色的脸庞总是朝着太阳微笑；捕蝇草会像机灵的青蛙一样捕捉叶子上的昆虫；这些都是生物电的作用。研究表明，含羞草的叶片受到刺激后，立即产生电流，电流沿着叶柄以每秒 14 mm 的速度传到叶片底座上的小球状器官，引起球状器官的活动，而它的活动又带动叶片活动，使得叶片闭合；而后不久，电流消失，叶片恢复原状。在北美洲，有一种电竹，人畜都不敢靠近，一旦不小心碰到它，就会全身麻木，甚至被击倒。

此外，还有一些生物包括细菌、植物、动物都能把化学能转化为电能，发光而不发热。特别是海洋生物，据统计，生活在中等深度的虾类中有 70% 的品种和个体、鱼类中 70% 的品种和 95% 的个体，都能发光。一到夜晚，在海洋的一些区域，一盏盏生物灯大放光彩，汇合起来形成极为壮观的海洋奇景。

所以，生物电现象是指生物机体在进行生理活动时所显示出的电现象，这种现象是普遍存在的。

生物电的来源是由于生物体内充满了电荷，绝大部分电荷以离子、离子基团和电偶极子的形式存在。主要有：

（1）组成蛋白质的 20 种氨基酸中有 13 种在水中能离解产生离子基团或表现电偶极子特性。

（2）DNA 大分子中的碱基和磷酸酯也存在离子基团和偶极子。

（3）生物水本身就有强烈的电偶极作用。

（4）生物体本身还存在 Na^{+}、K^{+}、Ca^{2+}、Fe^{2+}、Mg^{2+}、Cl^{-}等无机离子。

（5）生物体中含有大量的水（水分子）。

人体生物电现象形成和产生的主要基础是细胞膜内外有电位差，即膜电位。细胞膜内外带电荷的状态被称为极化状态：细胞未受刺激时膜电位的值通常为数十毫伏，内负外正，称为静息电位。当细胞受刺激时，其膜电位发生急剧变化，变为内正外负，称为动作电位。现代生理学研究发现，人体所有器官都有生物电现象，并且以动作电位的形式通过相应的神经纤维把兴奋传导到大脑中枢，继而驱动相应的神经纤维传到生物体各相应的部位，导致器官或组织的相应功能活动。脑和心脏等器官所表现的复杂电特性变化，是组成它们的细胞的电特性变化的总和。脑电图和心电图等可以反映这些器官的功能状态，并且已经在临床诊断上被广泛地应用。

（二）生物电与一般电的区别和联系

生物电与一般意义上电的不同特点是：

第一，形成生物电的最基本单元的带电粒子分布在生物体中的不同坐标位置，从而导致生物电有三维空间概念，通常是各向异性的。

第二，生物体内的导电特性因随生物体内的生物化学和物理变化而变化，而这些变化都是跟时间有关的，从而导致生物体内电（磁）特性以及电（磁）场的复杂时变特性。

第三，采用通常的测量电的方法测量生物电，具有可重复性差，甚至不可重复性。同时，测量系统、测量方法对被测体参数的影响必须考虑，一般不可忽略。对测量数据、结果需要进行适当的必要修正。

但是，从电的本质及其作用规律上来说，生物电与普通电二者没有区别。因此，电（磁）学、电磁场和电磁波理论的基本原理、定理、法则和规律等，宏观上对生物电同样适用。这是生物医学电磁学研究的前提条件。

（三）生物组织的介电特性

生物体是一种复杂电介质。其结构组成呈多元化，有体液、脂肪、肌肉、骨骼、气腔等；形态上是一种非平衡态介质，其电磁参数随时间、温度、血流等生理因素变化，甚至随心理因素变化，因此从物理角度看，生物体是一种具有各向异性的有耗非均匀时变、同时具有旋波性的复合介质。

因此除了导电特性，生物组织还具有介电性质，这是由于生物组织中含有大量带电荷的离子及各种极性分子，外电场会导致这些电荷离子和极性分子的某种运动，表现出生物组织的极化现象。对于生物体，因新陈代谢作用，介质处于一种非平衡态，因此电磁波（特别是微波）与生物体的作用远比与普通介质的作用复杂，影响因素也多。

生物组织介电特性是指生物分子中的束缚电荷（只能在分子线度范围内运动的电荷）对外加电场的响应特性。电介质在电场中的一个重要特征是介质的极化现象。与普通介质一样，表征生物组织介质极化程度的参量是生物组织的介电常数；介电常数是电介质固有的一种物理属性，可表示电介质存储电场能量的能力，反映该电介质提高电容器电容量的能力。

与生物组织电导率一样，生物组织的介电常数和外场频率相关，即具有色散性质，有时候也叫作频散现象。

10.2.2　生物磁和生物磁现象

任何物质都有或强或弱的磁性，生物体也不例外。同时，生物体也有电磁辐射。对生物大分子的广泛研究得知，大多数生物大分子是各向异性反磁性的，少数为顺磁性，极少数呈铁磁性。正常人体组织是非磁性的，磁化率小，没有剩余的磁矩。

人体磁场的来源主要有：

（1）生物电流产生的磁场。由于人体在生理活动中，体内带电离子发生流动，因而形成了生物电流，如脑电流、心电流、肌电流等；因此人体神经器官和组织的活动往往伴随着微弱的生物电流，这些电流产生磁场。电活动导致新陈代谢、能量与物质交换、信息传递、电子离子转运、大脑调控、肌肉运动、心脏活动、动作电位等，生物电导致磁场产生。

（2）由生物磁性材料产生的感应磁场。组成人活体的物质具有一定磁性，称为生物磁性材料，在地磁场或外界磁场的作用下就会产生出微弱的磁矩，产生感应磁场。这些由过渡元素（Fe、V、Mn、Co、Mo）构成的生物材料包括：

①Fe、血红蛋白、肌蛋白和铁蛋白；

②含 Co 的维生素 B12；

③含 Cu 的血蓝蛋白和肝红蛋白等。

（3）侵入人体内的强磁性物质产生的剩余磁场。体内强磁物质（主要是四氧化三铁、肺部和胃肠吸入的粉尘等）磁化能使生物体对磁场有敏锐的反应，在外加磁场作用下被磁化，外加磁场去掉后也有剩余磁场产生。

（4）人体本身产生的磁场。生化反应过程形成的自由基，以及生物组织的旋波性，产生顺磁性物质；实验表明，普通人的经络及穴位点也可测出磁性，但一般人体自身磁性活动所表现出来的磁场强度都很微弱。

10.3　生物医学电磁效应

生物组织的电磁现象以及生物组织、生物体电磁生态系统与外部电磁场和电磁波的相互作用，会产生多种复杂的效应。电磁波与生物系统相互作用，导致不同生物层次上诸如形态、结构、功能等方面变化的现象称为电磁波的生物学效应。此外，还有力学效应和化学效应等。因为生物电磁效应的刺激，会引起各种反应，如肌肉收缩等，必然还会引起力学效应如压电效应等，对这方面的研究可能会形成生物电磁力学这样一门新兴学科。与此同时，由于生物体的水分子、粒子和离子的存在，会产生电化学效应，这方面的研究可能会形成生物电磁化学这门新兴边缘学科。本节主要简介生物医学电磁效应。

10.3.1　非线性效应

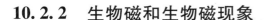

一个微弱的电磁场作用于生物体后，可激发出较强大的响应，体现出非线性特点。与普通无生命的导体、绝缘体及半导体不同，生命体系是个开放的耗散结构，而且正常情况下是一个自治的系统，新陈代谢的能量不仅使生命维持在非平衡态，也赋予了系统中有序结构的相干性和协同性。电磁辐射起初始触发作用，触发生物体系自身的特定活动结构和运动机

制，使生命体有序而协作地引起非线性的响应。人体中的神经系统、内分泌系统及免疫系统中都有这类非线性响应。非线性效应的几个重要表现如下。

（1）场型效应：不同场型引起的生物医学效应不同，比如恒定磁场生效慢，同样强度交变磁场则生效快等。

（2）矢量效应：电磁场强度及其梯度都是具有大小和方向的矢量，矢量不同，生物效应亦不同。

（3）滞后效应：电磁场作用于生命体后，需要经过一定时间才能产生效应，而去掉外场后，在生命体中产生的效应则能滞留一定时间。

（4）积累效应：一定的电磁场强度及其梯度，当作用时间、次数达到一定的标准值时，才能产生效应。这个由量变到质变的过程，即是积累效应。对于磁场，积累效应的剂量 Ht 是磁场强度 H 或磁场梯度 $\mathrm{d}H/\mathrm{d}x$ 与时间 t 的乘积。

（5）层次效应：从生物大分子、细胞、组织、器官、系统以及整体，每一层次的人体组织与体表的距离不同，比如各内脏组织与体表有不同距离，造成人体组织结构具有明显的层次特点，因而外场作用具有层次性。

10.3.2 热效应和非热效应

电磁波辐射生物系统，会引起生物系统结构、功能等方面的改变，称为电磁波的生物学效应。如果该效应与生物系统吸收电磁波能量后产生的温度升高有关，就称为热效应；否则，产生的效应与这种温度升高无关，就称为非热效应。

电磁辐射被吸收后，强度和方向快速变化的电磁场使生物体内分子的偶极子振动甚至重新取向，并与周围介质分子（粒子）碰撞摩擦而产生热。电磁辐射的热效应的特点是线性特性，系统产热量正比于场强的平方，这种热效应与其他的加热方式等效。

非热效应的特点是相干性、窗特性、协同性、非线性和阈值性。

（1）相干性：即只有电磁波参数与生物系统内的某些固有参数间满足一定的确定性关系时才能产生。

（2）窗特性：即只有某些特定频率与特定强度恰当组合的电磁波才能产生电磁生物效应。

（3）协同性：弱的电磁场与由它触发的生物系统的新陈代谢能协同激发出极强的生物学效应。

（4）非线性：即当电磁波强度大于阈值时，生物学效应的大小与刺激强度无关。

（5）阈值性：引起非热效应的电磁场刺激起触发作用，所以外场强度必须达到一定强度，才能引发生物系统中的协同作用。然而大于阈值的场强并不会带来额外的响应。不同生物的临界磁场强度不同；尤其人体很复杂，健康与病患有不同的阈值，且病种不同，阈值也往往不同。如直径 5 mm、100 Gs 磁片，作用于耳穴，可使不少失眠者入睡，但作用于类风湿关节炎的膝眼穴，则无效。

生物医学电磁热效应和非热效应，是对电磁场与生物体相互作用研究的两个主要不同方向。生物热效应主要研究电磁波与生物体的热相互作用，即一定频率和功率的电磁波辐射在生物体上时，引起局部体温上升。当温升超过组织调温能力，受辐射组织内吸收的能量远大于生物体的新陈代谢能力时，会使组织的传热机能产生混乱，最终可能导致组织的破坏和死亡。生物非热效应主要研究各种频率电磁场所产生的生物效应，特别着重研究电磁能量密度不是很强、在人体内产生的热量和温度很不明显的情况下，电磁场和电磁波对生物体造成的影响。电磁场在生物体中的热效应和非热效应均由电磁场和生物体相互作用所引起，因此，电磁场在生物体中的这两种效应同时存在。有研究表明，高频辐射场电磁波的热效应占主导地位；在长时间低频电磁辐射时，电磁场的非热效应占主导地位。

电磁场通过使生物体温度升高的热作用以外的方式改变生理生化过程的效应，即非热效应有几种理论和假说：Frohlich 的相干电振荡理论、离子回旋共振理论、粒子对膜的通透理论、自由基效应机制等。感兴趣的读者可以阅读相关文献。

10.3.3　窗效应

生物学非热效应的能源是生物系统自身的新陈代谢能，外界的电磁波仅起触发作用。窗效应是电磁波生物学非热效应的典型代表，窗效应又分为频率窗和强度（或功率密度）窗效应，此外还有作用时间窗特性。

频率窗效应指在某一频段内，只有某些离散的、频率区间极窄的电磁波才能产生的生物学效应。频率窗较容易理解：这是周期振幅的电磁场的频率，跟生物电介质中电荷的本征频率耦合而产生的共振吸收。而强度窗效应指在某一功率密度范围内，只有某些离散的、功率密度区间极窄的电磁波才能产生的生物学效应。

在由正弦振幅调制的高频电磁载波产生的窗效应中，频率窗只体现在调制波的频率上，而不体现在载波频率上。而且这种情况下的窗频率与单一的极低频电磁波的窗频率是相同的，这就是人们从早期采用正弦振幅调制的高频电磁波研究转为只采用单一的极低频电磁波研究的原因。研究资料初步表明，频率窗的分布规律为 $f_n=(2n+1)f_c$，式中，$n=0$，1，2，…，f_n 为第 n 个窗频率，f_c 为基频，即频率窗按基频的奇数倍分布。这一分布规律和递推关系至少在 0 ~ 135 Hz 范围内是正确的，基频 $f_c\approx15$ Hz。窗效应是电磁波频率和强度的二元函数，即使在某个频率（强度）上产生了生物学频率（强度）窗效应，但只要强度（频率）偏离原来的值，频率（强度）窗效应将随之消失。由于生物学窗效应多在低强度电磁波照射条件下发生，窗效应（非热效应）的能量不是直接来源于电磁波，而是来源于电磁波触发的生物系统的新陈代谢能，这种情况下生物系统利用的是电磁波携带的信息，而不像热效应那样利用的是电磁波携带的能量。

10.3.4　极低频生物电磁效应

近年来，除对微波效应的探索外，相当多研究工作聚焦在 0 ~ 100 Hz（包括调制频率）极低频电磁场的生物效应方面。极低频电磁场之所以能够产生显著的生物效应，有其客观的生理和物理基础。

（1）心电、脑电和肌电及产生的磁，其节律都落在此范围内，容易产生相干的和协同的频率效应。

（2）大气层中电离层和导电的大地之间形成了电磁辐射的谐振腔，此谐振腔两壁间距为 800 km，尺度巨大，只对极低频长波辐射产生共振，像地球上随时随地出现的雷电所形成的 Schumann 场，还有来源于太阳的极低频辐射场等，都在此谐振腔内强烈共振，构成了地球上极低频电磁场的大环境。

（3）大多数电力设备的电磁场都处于这个频率范围内，比如 50 ~ 60 Hz 的工频。而且随着社会发展，其强度急剧增长，远超过生物变异适应的速度。在相当一段时期内，生命体如果长期处于这类强发射源附近，恐怕会以应激的甚至病态的反应做出应答，这是我们应当警惕的。即便是极低频调制的辐射，也不应忽视。

有研究表明，在生命起源、形成、发展过程中，地磁环境起了重要作用。地球周围低频电磁场有两个主要的源泉：一个是雷电活动产生的 Schumann 场（0.01 V/m），另一个是太阳产生的极低频（ELF）辐射场，经大量太阳黑子多年的活动，其场强已达 0.001 V/m。

此外，还有其他效应，如发育效应和遗传效应、力学效应和化学效应等。

10.3.5 天线效应

有研究指出，而且也可以非常直观地理解到：人体肢体端，尤其细长的手指，可作为辐射或接收电磁波的生物天线。而插入人体的银针，在与电磁波的耦合中要比手指更为敏感。虽然已有通过银针天线的作用进行治疗的例子，但是能收集到的这种案例太少，有待于进一步认真、深入地研究。

10.4 生物医学电磁信号的特点

从生物医学电磁信号来源来分可分为主动信号（直接信号）和被动信号（间接信号）。直接信号由生命体自身产生，如心电、脑电等。间接信号是对生命系统施加特定的输入，再接收或测量其响应而得到的信号，根据响应信号可以计算出生命体系统的静态或动态参数。间接信号又分为遥测型和遥感型两种。遥测型发射源在体外，如 B 超、X 射线摄影装置；诱发响应信号等也是一种被动信号。遥感型的发射源在体内，如单光子发射 CT。无论直接信号还是间接信号检测器都在体外。

由于生物医学电磁效应复杂，因此生物医学电磁信号具有许多特点。

1. *微弱性*

生物医学电磁信号一般极其微弱，通常为 μV、mV、nA、pA 量级，如从母体腹部取到的胎儿心电信号仅为 10 ~ 50 μV，脑干听觉诱发响应信号小于 1 μV，自发脑电信号为 5 ~ 150 μV，体表心电信号相对较大，最大可达 5 mV。具体见表 10.1 和表 10.2。

除了自身很微弱外，生物医学电磁信号的微弱性一个典型表现是淹没在强大的同频背景噪声中。背景噪声源多，干扰信号幅度和能量较大，且干扰信号与有用信号频带重复、交叠；人体目标很大，结构不规则，而且要活动，很容易受到干扰；加之人体自身各种生物电磁信号相互干扰，所以难以屏蔽。这些干扰按照场的性质主要有电场干扰、磁场干扰、电磁场干扰等。电场干扰最常见的是 50 Hz 工频干扰；磁场干扰如变压器、电动机和荧光灯的镇流器周围产生的交流磁场等；电磁场干扰主要是空中的电磁波，通过测量系统与人体连接的导线引入的高频电磁场干扰。干扰从来源分，主要有生命体自身电、磁场的干扰，测量系统的内部噪声，外界干扰，其他电子电器、电气设备的干扰，静电、雷电干扰，空间电波辐射干扰等。生物医学电磁信号总是淹没在这些背景噪声中。如电生理信号总是伴随着由于肢体动作、精神紧张等带来的干扰而产生假象，而且常混有较强的工频干扰；诱发脑电信号中总是伴随着较强的自发脑电等伪迹；从母腹取到的胎儿心电信号常被较强的母亲心电所淹没；超声回波信号中往往伴随其他反射杂波。此外，由于某些环境条件变化如意外机械振动而引起生物体电磁信号突然变化，亦造成干扰。

2. 低频性

生物医学电磁信号的低频性是指其频率较低，而且频带较窄。生物医学电磁直接信号除心音、肌电、神经电位信号频谱成分稍高、频带较宽外，其他电生理信号频率一般较低，且频带较窄，如胃电信号频率一般为 0.05 ~1 Hz，心电的频谱为 0.01 ~35 Hz，脑电的频谱分布在 1 ~30 Hz。生物电磁信号的频率普遍较低，见表 10.1 和表 10.2。

但是，生物医学电磁间接信号的频率一般处于兆赫兹范围甚至更高，比如微波成像设备的工作频率最低也为 300 MHz。

表 10.1 典型生物医学电磁信号的微弱性和低频性

生理信号	幅度范围	频率范围
心电	0.01 ~5 mV	0.05 ~100 Hz
脑电	2 ~200 μV	0.1 ~100 Hz
肌电	0.02 ~5 mV	5 ~2 000 Hz
胃电	0.01 ~1 mV	DC ~1 Hz
心音	0.01 ~4 mV	0.05 ~2 000 Hz
电图	50 ~3 500 μV	0 ~50 Hz
神经电位	0.01 ~3 mV	0 ~10 000 Hz
血流（主动脉）	1 ~300 mL/s	DC ~60 Hz
皮肤电反射	1 k ~500 kΩ	DC ~20 Hz
心阻抗	15 ~500 Ω	DC ~60 Hz
心磁	10^{-10} T 量级	0.05 ~200 Hz
脑磁	10^{-12} T 量级	0.5 ~30 Hz
眼磁	10^{-11} T 量级	DC
肺磁	10^{-8} T 量级	DC
诱发磁场	10^{-10} T 量级	DC ~60 Hz
肌磁	10^{-11} T 量级	DC ~2 000 Hz
视网膜磁场	10^{-13} T 量级	0.1 ~30 Hz

表 10.2 人体器官磁场及地磁场

项目	磁场来源	磁场强度/Gs	磁场频率/Hz
人体磁场	正常心脏	$\leqslant 10^{-6}$	0.1～40
	受伤心脏	$\leqslant 5\times10^{-7}$	—
	正常脑（α 节律）	$\leqslant 5\times10^{-9}$	交变
	正常脑（睡眠时）	$\leqslant 5\times10^{-8}$	交变
	腹部	$\leqslant 5\times10^{-8}$	—
	石棉矿、工肺部	$\leqslant 5\times10^{-4}$	—
	骨骼肌	$\leqslant 10^{-8}$	1～100
地磁场	地磁场	约 8×10^{-1}	—
	磁暴等引起的波动	$8\times10^{-5}\sim10^{-3}$	—
	城市电磁干扰	约 5×10^{-3}	—

3. 随机性

生物医学电磁信号随机性很强，而且是非线性、非高斯、非平稳的。具有多变性，同一个人在不同时刻、不同环境条件、不同状态（姿态、心态、情绪等）其信号均可能很不相同；有着高度的动态性或不可重复性，以及不稳定性，如由于精神紧张，心电畸变，血压升高。绝大多数电磁信号无法只用几个参数就可完全描述，具有很大的变化性。如果产生信号的生理过程处于动态，描述该信号的参数也会不断变化。

4. 调制特性

多种不同幅度、频率和相位的信号交织在一起，产生乘法作用，使解调困难，相对于加性噪声中的有用信号提取而言，生物医学电磁信号的这种调制特性使得有用信号的提取更加复杂。

5. 分形性和混沌性

分形性是指生物医学电磁信号具有相似性；而混沌性指不能准确预测其未来值的确定性信号。典型的分形信号有心率信号、血管分支信号等；生物化学的调控过程、脑电活动等具有混沌特性。

6. 分层特性和各向异性特点

任何一种生物组织，从生物大分子、细胞、组织、器官、系统以及整体，具有明显的层次性，且每一层次的电磁场分布都是不均匀、不连续的，并且具有各向异性特点，因而其电磁效应和电磁信号随层次不同而不同，且随方向不同而不同。即使是同一生物组织，其不同部位也有不同的宏观结构以及不同的微观构造，所以在结构上往往有内外层次之分，通常均表现出层状分布的结构特点。在这些不同层次的组织中，其力学性能、电磁参数、电化学特性均不相同。正是由于不同生物组织有着不同的力学特性，有着不同的层次结构，所以通过高应力、高应变速率或高温下的热应力，可使不同组织按其自然尺度实现分割、剥离；也正因为存在着层状结构的不同组织，才使得力学、电磁学和电化学作用（信息）可能有不同的传递方式。

7. 色散特性

生物组织具有色散特性。生物组织作为电介质，在外场作用下要发生极化；极化意味着物质的移动，由于这种移动并不总能瞬时地跟随电场变化，因此表现出损耗。随交变电场频率的增加，束缚偶极子的产生越来越少，固有偶极子也更难及时取向，从而表现出介质色散特性。色散指与电偶极子或偶电层松弛有关的以介电损耗表征的电磁特性。例如，一般情况下作为色散媒质的（人体）胸部组织，其介电特性可由德拜（Debye）方程来描述：

$$\varepsilon_r = \varepsilon_\infty + \frac{\varepsilon_s - \varepsilon_\infty}{1 + (f/f_c)^2} \tag{10-1}$$

$$\sigma = \sigma_s + \frac{2\pi\varepsilon_0(\varepsilon_s - \varepsilon_\infty)f^2}{[1 + (f/f_c)^2]f_c} \tag{10-2}$$

式中，ε_r 是组织的相对介电常数；σ 是胸部组织的电导率（mS/cm）；f 为工作频率（GHz）；f_c 为生物组织的平均弛豫频率；ε_∞ 为工作频率远高于 f_c 时的相对介电常数；ε_s 为工作频率远低于 f_c 时的相对介电常数；ε_0 表征自由空间的介电常数；σ_s 表示除介质色散以外的其他过程对总电导率的贡献。

从式（10－1）、式（10－2）可以看出，生物组织的介电常数和电导率与频率密切相关。一般，生物组织介电常数的频率特性有 3 个主要色散区，随频率增加（从 1 Hz ~ 10 GHz），介电常数 ε' 的变化有 3 个拐点，分别称之为 α（$<10^3$ Hz）、β（$10^3 \sim 10^7$ Hz）和 γ（$<10^9$ Hz）色散。如图 10.1 所示。一般认为 α 频散与离子扩散有关，β 频散与细胞膜介电特性和细胞内外电解液的交感相关，而 γ 频散通常是由生物含水物质和小分子引起。细胞是生命的基本单位，它的基本结构决定了生物组织具有电导率和阻抗，电导率和阻抗也有频散特性，如图 10.2 所示。介电常数与电导率的频散特性合成图如图 10.3 所示。

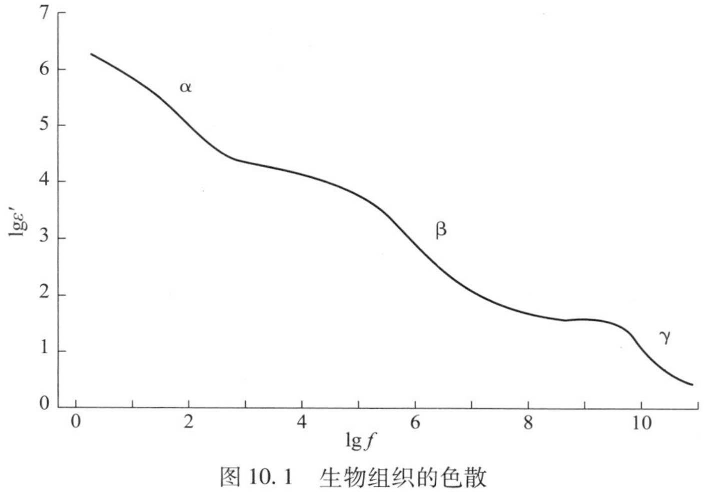

图 10.1　生物组织的色散

除了一般色散特性外，生物组织的色散特性还表现为：组织在健康情况与具有病灶情况下其色散不同，在组织层次不同以及含水量大小不同时其色散特点也各异。由于生物组织具有色散特性，所以通常采用多频激励检测生物组织疾病、成分的方法时必须考虑色散的影响，但是目前的研究还鲜见相关报道与成果。

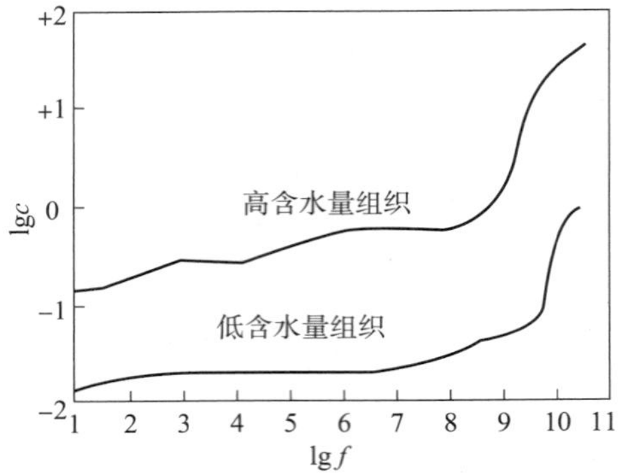

图 10.2　生物组织的电导率和阻抗的频散特性

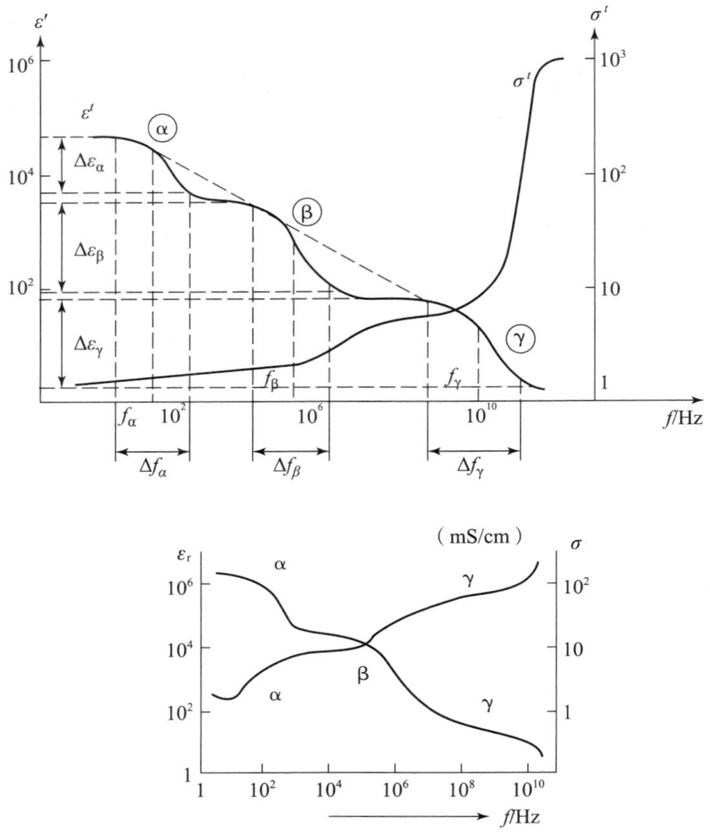

图 10.3　介电常数与电导率的频散特性合成图

8．生物医学电信号与磁信号不同

生物医学电信号和磁信号产生机制不同，表现形式不同。因而测量方法和手段、结果也不尽相同。

（1）生物磁场的探测可以不与生物体直接接触，这可以避免与被测对象接触而引起的电磁干扰。

（2）生物电测量的电位变化，基本为大范围电活动的综合表现，而生物磁场的测量在探头尺寸允许的精度内，可以分辨到mm尺度的电磁变化。

（3）生物电测量只能得到相对的电位变化信号，生物磁场测量则可以得到交变和恒定的磁场数值。

（4）生物系统的生理特点决定了其电参数如电导率会随温度变化而变化。生物大分子的电导率服从Arrhenius规律：

$$\sigma = \sigma_0 \exp\left[-\Delta E/(2KT)\right]$$

式中，ΔE为活化能，相当于导带与满带之间的能隙值（禁带宽度）；K为玻尔兹曼常数；T为绝对温度；σ_0为常数。

9. 测量的不确定性

（1）遵循海森堡测不准原理。

（2）被测对象生理、心理变化造成的变异。

生物体内的电磁特性会随生物体内的生物化学和物理变化而变化，具有时变性；由于形成生物电磁现象的最基本单元与构成测量回路的导体和仪器处于同一空间，因此测量生物电磁信号与通常的测量电磁方法具有不同特点，即生物体任意空间中两点间电位差、电流不同，且随生物体内因生理、心理变化带来的生物化学和物理变化而变化；而通常所说的电磁测量，一般与空间位置和测量回路无关，且被测对象的时变特性没有及时性和实时性。

（3）测量本身的刺激－反应特性需要有充分考虑而实际上很难兼顾，通常现有的测量方法、手段和仪器都是忽略了这一点的。

（4）各种复杂生物电磁效应，尤其是滞后效应、累积效应等，需要有充分考虑，但是技术上实现较为困难，理论研究也有待深入。

（5）测量方法的局限性。每种测量方法都有其各自的适用性和局限性。

（6）测量结果评估困难。这是由于生命体和生命现象的复杂性以及目前生物医学工程各学科的局限性使然。先验理论、知识远远不足，技术手段和方法远未完备。生物组织电磁特性和参数及其分布与生物体的生理、病理关系有待进一步深入研究。

10. 测量的安全性和限值特性

生物医学测量的对象是生命体，尤其是人体，安全性首当其冲。测量过程中需要防止各种电击的危害，尤其是进行在体直接测量时，极微小的电流（μA级）也有可能导致医疗事故。其次，电流通过人体时，会产生许多物理变化，例如热效应和化学变化，且要引起多种复杂的生理效应。另外，要求测量装置不能产生超过相关标准规定的电磁辐射（以及其他辐射）限值，满足电磁兼容性要求。此外，严禁排放有毒的物质，测量装置应与人体组织与血液有较好的生物相容性。对地磁场与电磁波辐射的安全限值及相关标准的制定，以及生物医学电磁效应的研究已经成为电磁兼容学科的一个重要内容。

生物医学信号的这些特点使得生物医学信号处理成为当代信号检测和处理技术最能够发挥其巨大作用的一个重要领域，也是亟待攻克的理论技术难关之一。

10.5 生物医学电磁逆问题

10.5.1 生物医学中的电磁逆问题

1. 生物医学电磁逆问题简介

生物医学电磁信号检测的目的，不是单纯得到一个、一组信号，而是要通过这些信号，反演生物组织内部的结构和成分等信息，以便于探索生命的本质，掌握组织活动的规律，了解生理健康状况，推断病变情况等。这是所有医学测量设备尤其是成像设备与仪器的存在基础。比如人体生物电（心电、脑电、胃电、肌电）是体现人类生命活动的重要生理现象，测量和分析它们包含的各种信息，是现代心脏以及其他疾病诊断技术的重要内容。人体是一个自治的封闭电磁生态平衡体，其心电等生物电活动是源于深植人体内部的电源体如心肌纤维产生的；从体表测量的心电等生物电信号是由众多的电源体在一个三维容积导体内形成的电流场，由人体组织传导至表面的一种综合信号。由这些信号反演生物组织内部特性，从电磁场理论的角度来说，就是电磁逆问题。

从问题求解方法角度而言，现代生物电磁学理论研究通常可分为正向问题（Forward Problem）和逆问题（Inverse Problem）两大类。正向问题本质就是已知原因求结果，逆问题则是已知结果反推原因。如果 $\alpha+\beta=\chi$，已知 α、β，求 χ 为正问题；而已知 β、χ，由 $\chi-\beta=\alpha$ 求得 α 就是逆问题。在电磁理论中，正逆问题描述如下：

（1）正向问题：已知场源分布，求解电场或磁场。即已知电荷、电流分布，求 $\boldsymbol{E}$、φ、$\boldsymbol{H}$、$\boldsymbol{A}$ 等。

（2）逆问题：已知电场（或电位）、磁场分布，反求场源。即已知 $\boldsymbol{E}$、φ、$\boldsymbol{H}$、$\boldsymbol{A}$ 等，求电荷、电流分布。

落实到生物医学电磁场问题，其正向问题是指给出与心兴奋传导有关的电磁特性和组织内部生物电源（电荷、电流）分布特性，测得组织体表面形成的生物电磁信号波形。生物电磁逆问题，就是从生物电磁场在体表面所产生的电磁信号（电位等）分布来推断组织内部生物电磁现象和规律。以计算机断层扫描仪为例，希望获得某个被测对象身体内部的横向切片，并把这些细节用图像显示出来。由于X射线可以部分穿过人体，不同的内部结构对X射线的吸收不同，因此由体内吸收状况的变化图可以得出很好的图像。对身体不造成物理机械损害的唯一方法就是向病人发射X射线，以便于测量身体沿着传播方向的射线全部吸收量。由测量得到的数据，恢复出人体特定位置的吸收量函数，即成像结果，就是生物医学电磁学逆问题。

电磁逆问题一开始就是计算电磁学领域的研究热点和重点，从应用的角度可以分为两大类：参数辨识问题和优化设计问题。前者的本质是根据给定的测量结果和试验参数，反演或重建出现这一结果的源参数及其电磁和物理特性；后者的本质是给定某电磁系统期望的性能指标，然后通过参数的寻优来实现这一指标。对于生物医学电磁学，前者用于研究和诊断、健康监护；后者则用于治疗。

2. 生物医学电磁逆问题的求解方法

1）建模

求解生物医学电磁逆问题，首先应建立正确、准确的物理和数学模型，然后再对该物理及数学模型进行分析、求解。物理模型的典型就是阻抗模型，已经成为阻抗测量和成像的依据；此外，还有层次模型等结构模型。从数学角度而言，生物医学电磁逆问题与一般电磁场逆问题一样，可归结为非线性数学规划问题，具体表述为：

$$\begin{cases} \min \quad f(x), \boldsymbol{x} = [x_1, x_2, ..., x_n]^{\mathrm{T}} \\ \text{subject to} \quad g_j(x) \geqslant 0 (j = 1, 2, ..., n) \\ \qquad h_k(x) = 0 (k = 1, 2, ..., m; m < n) \end{cases} \tag{10-3}$$

式中，n 为设计变量个数；x_i 为第 i 个设计变量；$f(x)$ 为目标函数，$h_k(x)=0$ 为约束条件。

2）满足适定条件

与一般数学物理逆问题一样，生物医学电磁逆问题也是不适定问题。要使得求解结果适定，需要满足3个条件：①有解；②解唯一；③解连续依赖数据（稳定）。这就需要进行正则化处理。

3）正交变换

在生物医学电磁逆问题求解过程中，一般要根据不同的情况进行不同的正交变换，比如傅里叶变换、离散余弦变换、Walsh-Hadamard 变换、Hough 变换、Radon 变换、Fan-Beam 变换和小波变换等。比如 CT 技术就使用了 Radon 变换。已知微分方程：

$$F = \int_a^b f(x)\mathrm{d}x \tag{10-4}$$

在式（10-4）中，由 F 求 $f(x)$ 是无解的。

$$F(l) = \int_l f(x, y)\mathrm{d}l \tag{10-5}$$

由图 10.4 所示，在给定区域内，当 λ 任意时，由 $F \to f(x, y)$ 是可行的，即式（10-5）有解。1917 年，Radon 解出了这个问题，CT 的理论基础就是 Radon 变换。

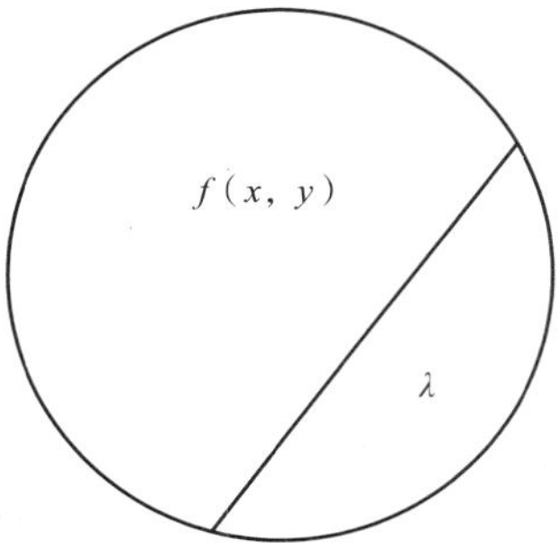

图 10.4　施加约束条件以实现 Radon 变换

关于 Radon 变换以及其他正交变换的详细内容请参阅相关文献，这里不再赘述。

4）现代统计方法

研究表明，用于生物医学电磁逆问题求解的现代统计方法很多，比如贝叶斯方法、蒙特卡罗方法等。然而绝大多数方法都有局限性，其中一个共性就是缺乏普适性。这些方法中，蒙特卡罗方法较为普遍使用。

在求解生物医学电磁逆问题的任何一个阶段通过随机（或伪随机）生成元，这种方法称为蒙特卡罗反演方法。使用蒙特卡罗方法能够求解相当大规模的、多参数、任意复杂形式的完全非线性反演问题，且不做任何线性化近似。蒙特卡罗方法既能解决线性反演问题，也能用来解决非线性反演问题，既可以用来解决单参数反演问题，还可用以解决多参数反演问题；既能够用于一种数据的反演，也可以用于多种数据的联合反演。该方法的适应能力相当强，而且计算方便、灵活，概念清楚、简单。

5）计算智能方法

在当今，计算智能已经成为一门新兴的学科，获得广泛而深入的应用。它包括进化（演化）算法（如遗传算法等）、种群算法（如蚁群算法、粒子群算法、蜂群算法、人群算法等）、神经网络算法、基因算法、量子算法等。

6）重建算法

生物医学电磁逆问题的本质就是根据测量数据重构生物组织内部结构、功能等信息，而且一般用图像显示出来。这个过程需要重建算法，这些算法有很多种，而且一般都具有特异性，只针对具体问题和技术有其适应性，而没有普适性。

上述方法不仅限于其自身功能，同时还兼顾解决适定性问题，由此产生诸多正则化方法。

10.5.2 生物医学电磁学中的等效电路法

生物电磁现象的物质基础是生物组织，生物组织同时具有导电和介电特性（参见生物组织频散特性），具有电导率、电阻率、介电常数等电参数。表 10.3 给出不同生物组织的电阻率和电导率。表 10.4 给出了人体几种组织的生物电参数。

表 10.3 不同生物组织的电阻率和电导率

组织名称	电阻率/（Ω·cm）	电导率/$\left(\frac{1}{10^4\Omega\cdot\text{cm}}\right)$	组织名称	电阻率/（Ω·cm）	电导率/$\left(\frac{1}{10^4\Omega\cdot\text{cm}}\right)$
0.9% 氯化钠溶液	50	140	脾	630	—
血清	70 ~ 78	105	乳房（正常）	430	—
全血	160 ~ 230	56 ~ 85	乳癌	170	—
骨骼肌	470 ~ 711	58 ~ 90	肾髓质	400	—
心脏（无血）	—	—	肾皮质	610	—
心脏（灌满血）	207 ~ 224	50 ~ 107	肾脂肪	1 808 ~ 2 205	—
肝	500 ~ 672	6 ~ 90	脑灰质	480	—
肺（呼气）	401	5 ~ 55	脑白质	750	—
肺（充气）	744 ~ 766	—			

表 10.4 人体几种组织的生物电参数

组织	动作电位幅值	电阻	频率
心脏	10 ~ 30 mV（直接导出） 0.1 ~ 2 mV（体表导出）	5 ~ 50 kΩ	0 ~ 200 Hz
大脑皮质	1 mV（α 波，直接导出） 20 ~ 100 μV（α 波，头皮导出）	10 kΩ 10 ~ 100 kΩ	0.3 ~ 100 Hz
肌肉	0.1 ~ 1 mV	10 ~ 50 kΩ	10 ~ 2 000 Hz
细胞	>1 mV	20 MΩ	0 ~ 3 000 Hz

生物组织的基本单元是细胞。研究表明，细胞膜是由脂类物质构成的，生物细胞均具有细胞膜结构，膜上脂类物质在电学上近乎绝缘，其电阻率高达 $10^{13} \sim 10^{14}\ \Omega \cdot \mathrm{cm}$。但膜两侧的糖和蛋白质也往往有许多带电的离子基团，并且与细胞内液和外液中的各种离子相互作用，形成一定厚度的电荷层，相当于一个电容器。因此膜同时兼有电阻和电容的复合特性，在宏观上造成膜两侧某种特定的导电状态。在直流或极低频率下，细胞膜阻抗较内外液电阻高得多，电流几乎不能进入胞内空间；而高频电流时，膜阻抗相对很低，细胞内外空间电流的分布简单地取决于内外液间的电阻大小。膜的导电性质常用膜电阻 R_m 描述：$R_m = \rho_m \cdot \Delta x$，$\rho_m$ 为膜内外方向本征电阻率，R_m 称为膜的比横向电阻（单位为 $\Omega \cdot \mathrm{cm}^2$）。细胞膜也具有电容性质，单位面积膜电容的大小可由下式确定：

$$C_m = \frac{\varepsilon_m}{4\pi \cdot \Delta x}(\mu\mathrm{F} \cdot \mathrm{cm}^{-2}) \tag{10-6}$$

式中，ε_m 为膜的介电常数；C_m 为单位面积膜电容。

因此细胞膜的电磁特性和参量可以等效为电路模型。最为著名的模型是生物组织的电阻抗模型，如图 10.5 所示。即生物组织复阻抗 Cole - Cole 理论，并且建立了生物组织的 RC 三元件模型，如图 10.6 所示，并且给出了如下的生物组织阻抗计算公式：

$$Z = R_\infty + \frac{R_0 - R_\infty}{1 + (jf/f_c)^\alpha} \tag{10-7}$$

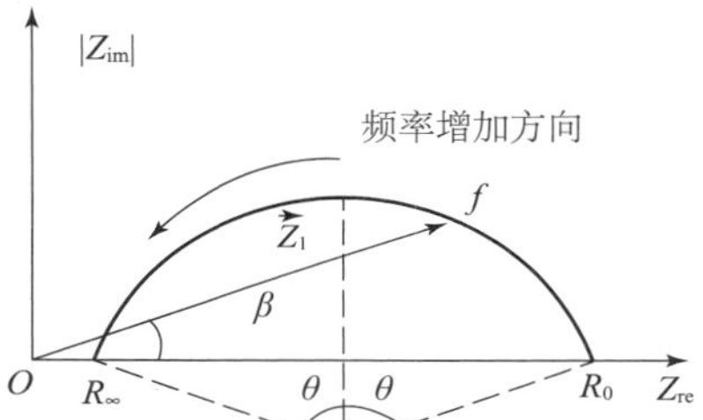

图 10.5　生物组织阻抗圆图

式中，Z 表示复电阻抗；R_0 表示直流电阻；R_∞ 表示频率无穷大时的电阻；α 表示散射系数；f 表示工作频率；f_c 表示复电阻抗虚部最大时所对应的频率。$R_0 = R_e$，$R_\infty = R_i // R_e$。

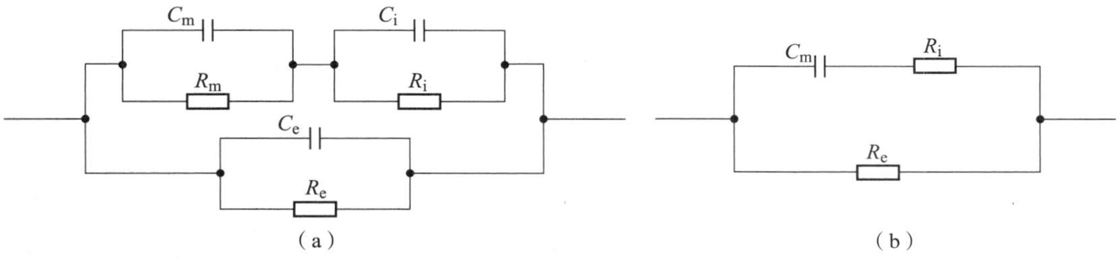

图 10.6　生物组织等效电路三元件模型

（a）单个细胞等效电路模型；（b）简化的生物组织等效电路模型

图中 R_i、R_e 和 C_m 分别为细胞内液电阻、血浆电阻和细胞膜电容。

值得注意的是，在生物电阻抗的研究中，多数人认为生物组织仅由电阻和电容组成，没有电感性质。但有实验表明，神经细胞在改变细胞外液的离子成分，尤其是改变钙离子浓度时，有正性电抗成分，表明有电感特性元件存在。有些研究也表明，在 DNA 分子和枪乌贼突中确实存在电感性生物效应。为此，有人提出了生物组织的扩展三元件模型，如图 10.7 所示。

扩展模型能够很好地解释测量中经常出现的电阻－频率曲线上的峰值现象，但这个模型具体的生物物理意义还不甚明确。但人体电感 L 是如何产生的尚不清楚。理论上成功探求电感在生物细胞和人体组织中的作用，必将对生物医学应用产生重大影响。目前，在一般情况下，通常不考虑电感元件的作用。

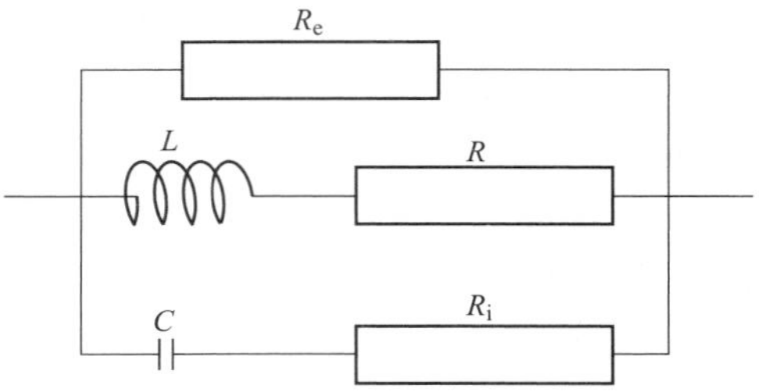

图 10.7　生物组织扩展三元件模型

将各种组织和细胞的电阻抗模拟成某种线路，并通过各种电学参量的测定值来解释生物体的结构和功能，这种方法是生物电测技术的基础。

等效电路模型将生物电看作一个由众多提供不同电压和频率的电源（电荷、电流），由众多复杂的负载及连接导线所形成的一个异常复杂的电路网络。这样就将场转换为路了。但是与普通的电路网络不同，在生物组织等效电路网络中，电源的数量是变化的，供电的极性、电压、频率是变化的，负载单元的数量和方式（如电阻、电容、电感等）以及网络连接方式也是变化的。因此需要结合传输线模型、麦克斯韦电路理论来进行研究和分析。如图 10.8 所示的长柱形细胞等效电路模型，如神经轴突和肌纤维细胞，其长度远大于细胞直径，可用电缆模型描述，就需要利用传输线方程来求解和分析。

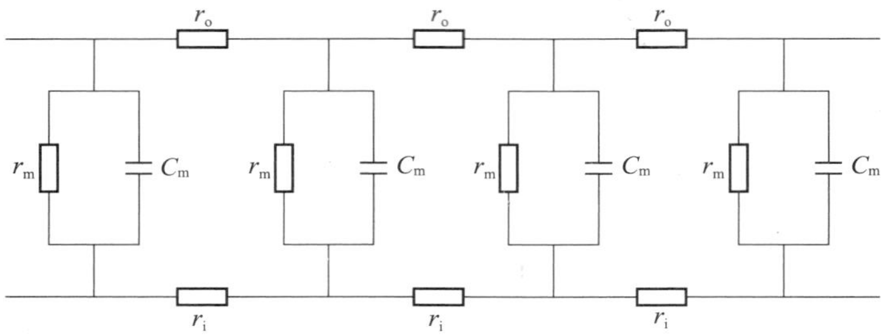

图 10.8　长柱形细胞等效电路模型

在生物医学电磁学的应用研究中，还包括电磁兼容性以及安规的研究。其中诸多安规标准，如 IEC60990，IEC61010－1 等，针对电击、灼伤、接触电流（早期有些标准采用漏电流）等不同情形，给出不同的人体等效电路模型，以便于测试。

如图 10.9 所示，人体的阻抗一般可分为两种：皮肤阻抗（Skin Impedance）和人体内部阻抗（Internal Impedance）。人体总阻抗（Z_T）定义为皮肤阻抗（Z_p）与人体内部阻抗（Z_i）的向量和。其中 Z_{p1} 及 Z_{p2} 代表人体任何两处皮肤阻抗，Z_i 代表人体内部的阻抗。人体阻抗分为皮肤阻抗和人体内部阻抗的原因，乃是因为这两种阻抗无论是阻抗值或特性均有很大的差异。

1）皮肤阻抗 Z_p

人体的皮肤阻抗近似于一个电阻和一个电容并联的等效阻抗，影响皮肤阻抗的因素很多，如电压、频率、触电时间、接触面积、接触力度、皮肤湿度，甚至与呼吸的状况以及外部环境都有关系。

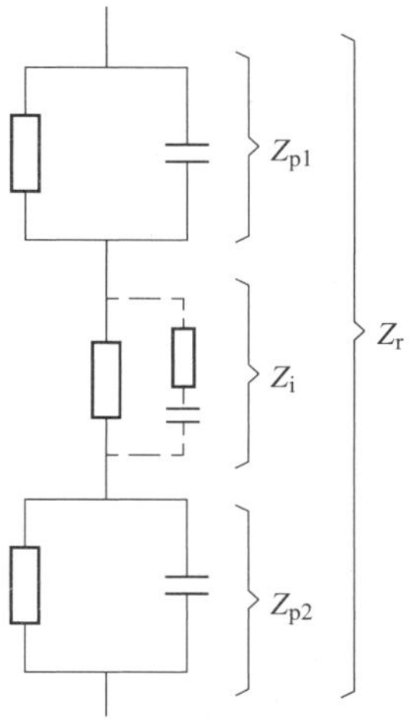

图 10.9　人体阻抗的等效电路

2）人体内部阻抗 Z_i

人体内部阻抗在接触频率不高（约 1 000 Hz 以下）的电源情况下，几乎是一个纯阻的阻抗，而其中电阻的大小与电流路径有着极大关系，一般安规标准将体内阻抗以 500 Ω 作为合理的参考值。接触面积是影响体内阻抗的另一个重要因素，当接触面积小于几个平方毫米时，体内阻抗即会明显地增加，而且与环境有极大关系：人体在干燥与潮湿情况下的阻抗相差有 3 倍以上，皮肤在潮湿时几乎是没有阻抗的。整体而言，当人体处于高压高湿的状况下，等效电路中的皮肤阻抗将不起任何效用，人体仅存体内阻抗，在 500 ~ 1 000 Ω 范围内。

生物医学阻抗测量方法很多，有单频率测量方法和多频率测量方法以及复阻抗方法。其中多频率测量法也称频谱分析法，它可以得到模拟电路中的 R_i、R_e 和 C，能完整反映人体阻抗信息，从而提高测量结果的再现能力。多频率测量法较多应用于人体成分分析，因为人体水分（细胞内液体和细胞外液体）和 R_i、R_e 相关性较高。此外，多频率测量方法还可以向 K、Ca、Na 离子等测量方向发展。由电子技术相关理论，采用合适的测量频率，采用相敏检测方法，可同时提取复数阻抗的模量和相角，或者实部与虚部，以复阻抗的形式描述被测组织与器官的电特性。从而获得包括三元件影响在内的相关生理和病理学信息。但是根据频散理论，需要定量研究生物组织阻抗与变化频率间的关系。

三种生物阻抗测量方法均有较好的应用效果，都在不断地完善中。根据不同的研究目的可以选择不同的研究方法综合运用不同方法。

生物阻抗测量技术的应用：细胞测量、血球容积测量、体积测量、阻抗体积描记图、人体组织结构分析、组织监测、缺血监测、器官移植能力评估、生物阻抗成像。其中人体成分分析可以依据不同的组织、器官具有不同的构成特点和组成成分，表现出相应的阻抗特性。人体成分分析通常使用两种方法：生物阻抗分析（BIA）和生物阻抗频谱分析（BIS）。BIA 使用单一频率测量阻抗，通常选择低于和高于预期的 β 频散范围的频率来测量阻抗，并从中提取信息。低频值反映了细胞外物质的阻抗而高频值则包括了细胞内外全部物质的阻抗。但不同人体之间的差异性会导致所得结果有较大波动。而 BIS 测量方法较好地减少了这种波动。BIS 测量包含了更为丰富的阻抗和人体成分信息，有望从中得到人体成分分析更为全面和准确的结构。

10.5.3 生物医学电磁成像理论和技术简介

目前，生物医学电磁成像理论和技术种类繁多，纵观其创新研究，呈现两个突出的趋势：

（1）寻找新的成像参数和方法，尤其是在原有的结构和形态成像技术之外，深入开展功能成像、分子成像技术的研究，比如可资利用的成像参数有电阻抗、电导率、电阻率、电容、光子、分子等。成像方法在动态成像和准静态成像的基础上，大力研究静态成像。新的成像系统有电阻抗成像、电磁成像、光学相干层析成像、近红外光谱成像、磁声成像、磁感应光谱成像、霍尔效应成像等。其中最为典型的是电阻抗成像和磁感应成像。

（2）研究多模混合成像，即在结构成像技术基础上，扩展成像功能，集成两种及以上成像模态，取长补短，实现结构、功能乃至分子成像相结合的多模态成像系统，提升系统性能。如提高系统成像分辨率和灵敏度，缩短成像时间、增强实时性，提升成像准确度等。

生物医学电磁测量及成像理论技术的研究具有极大研究价值和广阔的市场前景，希望读者可以抓住切入点，找准努力方向，作出自己应有的贡献。建议的一个方向是，利用电磁仿真软件，比如 COMSOL 等，进行建模和仿真分析，在仿真分析过程中深入理解和掌握生物医学电磁学的理论技术，从而进一步深入学习和理解电磁场与电磁波理论技术。这将在本章习题和课程实验、实训实验中有更高的要求、更多内容。

习题和实训

1. 通过互联网等媒体，搜索电阻抗成像相关理论技术知识，并且撰写一篇简介性论文。

2. 在习题 1 的基础上，利用 MATLAB 或者专业电磁仿真软件如 COMSOL、HFSS 等，进行一个简单的 EIT 系统仿真，并且撰写仿真实验报告。

3. 通过互联网等媒体，搜索磁声电阻抗成像相关理论技术知识，并且撰写一篇综述性论文。

4. 在习题 1 的基础上，利用 MATLAB 或者专业电磁仿真软件如 COMSOL、HFSS 等，仿真完成一个磁声成像系统，并且撰写仿真实验报告。

5. 自行设计一个生物医学电磁成像相关系统的项目，并且利用 MATLAB 或者专业电磁仿真软件进行仿真，给出实验结果和数据以及报告内容。

第 11 章

电磁兼容初步

本章主要介绍电磁兼容的基本概念、电磁兼容标准与测试、通信基站电磁兼容措施与测试、电磁暴露标准及限值测试等。特别强调测试的重要性，因为普通本科培养目标之一，就是输送合格的应用型工程技术人才，其中一个主要和重要的方面就是工程测试人才。而电磁兼容的相关测试是非常重要的研究、学习及实践内容。

11.1 电磁兼容基本概念

11.1.1 电磁兼容的定义

国家标准 GB/T 4365—2003《电磁兼容术语》对电磁兼容的定义：设备或系统在其电磁环境中能正常工作且不对该环境中任何事物构成不能承受的电磁骚扰的能力。

国家军用标准 GJB 72—2002《电磁干扰与电磁兼容性名词术语》对电磁兼容的定义：设备、分系统、系统在共同的电磁环境中能一起执行各自功能的共存状态。包括以下两个方面：

（1）设备、分系统、系统在预定的电磁环境中运行时，可按规定的安全裕度实现设计的工作性能，切不因电磁干扰而受损或产生不可接受的降级。

（2）设备、分系统、系统在预定的电磁环境中正常地工作绝不会给环境（或其他设备）带来不可接受的电磁干扰。

以下定义在阐明电磁兼容方面有特色：电磁兼容是研究在有限的空间、有限的时间、有限的频谱资源条件下，各种用电设备（分系统、系统；广义还包括生物体）可以共存并不致引起降级的一门科学。

在以上的各定义中，都涉及电磁环境这一概念。电磁环境有空间、时间、频谱 3 个要素。在频谱方面，国际电联（ITU）已经规划的可用无线电频谱在 10 kHz ~ 400 GHz。频率再低则进入声频，若再高则进入光波。

上述的电磁兼容定义，无论文字如何表述，都提出了这样一个基本要求：在共同的电磁环境中，任何设备、分系统、系统都应该不受干扰并且不干扰其他设备。

事实上，电磁兼容性的内涵远不止上述定义中的射频干扰和电磁效应范畴。也不仅仅局限于设备、系统、分系统。还包括系统之间、系统与环境之间、系统与人体以及其他生物体之间的电磁兼容性。为此，作者提出了军事电磁兼容概念。

军事电磁兼容，就是无论战场内外，都要保障己方设备内部、设备之间、设备与系统间、平台间、设备与环境和人员的电磁相容性，不受复杂电磁环境及其效应的影响而充分发挥其效能，同时不因自身的电磁效应而成为敌方侦测和打击的目标。

引入军事电磁兼容性概念的目的，一是全面覆盖电磁兼容的内涵，二是强调其战略性地位。电磁兼容性已经不仅仅是一门普通的学科，而是在当今复杂电磁环境下具有重要战略和战术意义的军事对抗手段。

现代社会电子化导致电磁干扰和污染社会化，日益复杂的电磁环境构成极为复杂的电磁丛林，电磁污染已经形成人类第四大公害，也称为电子烟雾。电磁干扰源增多、能量增强、频谱加宽、有效作用时间长。军事上，大量电子信息系统嵌入各种军事装备，使战场电磁信号出现爆炸性增长；作战平台狭小而平台密集，使得设备间、系统间和设备及系统与环境间的电磁兼容问题日益突出。战场上，各种电磁干扰和电磁进攻手段无所不用其极，并且制电磁权的争夺贯穿于战争始终。上述电磁现象的总和及其交互作用，在战场上构成了多层次、全方位、多样性、突然性的电磁威胁，形成复杂电磁环境，主要表现在以下 6 个方面。

（1）异构性：类型众多，影响各异；

（2）多维性：空间上无形无影，无处不在；

（3）连续性：时间上变幻莫测，密集交叠；

（4）宽带性：频谱无限宽广，重叠交错；

（5）参差性：能量密度不均，跌宕起伏；

（6）多样性：信号形式繁多，波形复杂。

在这样的复杂电磁环境中，期望再像当年那样用 15 W 电台就能够从上海发送情报到延安，已经是天方夜谭了；要实现同样目标，必须加大功率，并且还需要中继，诸如此类事例逐步增加，这样又反过来造成电磁环境恶化，形成恶性循环。战场复杂电磁环境的构成如图 11.1 所示。

- 战场电磁环境
  - 自然干扰
    - 雷电电磁脉冲干扰和破坏
    - 静电电磁脉冲干扰和破坏
    - 太阳黑子等宇宙和天电干扰
    - 地球和大气层电磁干扰等
  - 人为干扰
    - 无意干扰
      - 系统内部干扰
      - 系统间干扰
        - 各种军用民用电磁发射设施
        - 电力系统工频电磁传导和发射干扰
        - 工业、科学、医疗、商业和家用电磁干扰
        - 汽车等交通工具电火花干扰
      - 系统和环境、人员间干扰
    - 有意干扰
      - 核电磁脉冲干扰和破坏
      - 电磁脉冲
        - 电磁脉冲弹等电磁攻击
        - 定向能武器
          - 高功率微波
          - 中功率微波
          - 超宽带
          - 电磁导弹
      - 传统电子战（电子支援、电子攻击和防御）
      - 气象武器
        - 人工雷电干扰和破坏
        - 人工云雾（影响电波传播特性）
        - 人工雨雪（影响电波传播特性）
        - 人工风暴（影响电波传播特性）

图 11.1　战场复杂电磁环境的构成

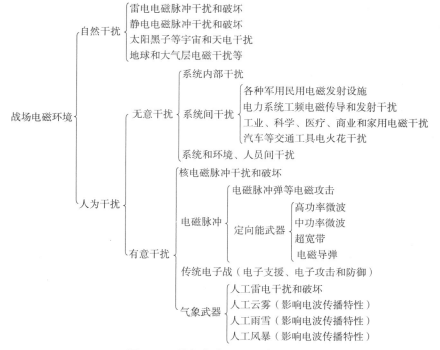

在现代战争环境下，更加突出的矛盾，一方面是电磁空间劣化，另一方面则随着超大规模集成电路的广泛应用，电子设备和系统抗毁能力下降。因此电子设施面临日益严重的各种电磁效应及其危害问题。电磁兼容性问题造成的重大危害事件不胜枚举，典型的如 1982 年英阿马岛之战中谢菲尔德被廉价的飞鱼导弹击沉，因静电放电干扰卫星电子系统，导致发射失败等。在一体化信息社会有气质战场环境和态势中，制电磁权成为制信息权的基础，然而复杂电磁环境带来信息网络安全、设施物理安全极大的挑战，制约了指挥控制的效率，增加了作战保障的难度，影响了作战效能的发挥。为实现电磁兼容性，美军在 1997 年制定 MIL－STD－464 标准时正式提出了电磁环境效应（E3）概念，它强调从系统的角度考察电子设备与环境的关系，考察在特定的电磁环境下各种电子设备或系统之间、系统与环境和生命体之间如何协调共存而不至于引起设备性能显著降低、电磁环境恶化、人员健康危害或者生命危险。其本质就是我们所说的军事电磁兼容，是对传统电磁兼容概念的扩展。军事电磁兼容除了关注上述危害外，还特别关注以下威胁和危害：

（1）电磁泄密。TEMPEST 能够借助高灵敏度的仪器和设备捕获电子系统如计算机的电磁泄漏信号，对其中所携带的敏感信息经过测试、接收、还原，经过分析处理后加以利用，加上对电磁泄漏的防护等一系列技术，构成了信息安全保密的一个专门研究领域。20 世纪末提出的 NONSTOP、HIJACK、Soft－TEMPEST、光泄漏等概念，更使 TEMPEST 的研究领域进一步扩大而不再仅局限于电磁领域，已经成为军事电磁兼容面临的一个重大课题。

（2）电磁暴露。电磁泄漏和干扰是主要的电磁暴露途径，这在战场上将成为敌方 C^4KISR 系统侦测监视定位、干扰和打击的目标，实现其“发现即摧毁”的目的。

（3）生物电磁效应以及自然环境的影响。电磁环境中生物电磁效应包括电磁环境对参战人员的精神和生理状态的影响与危害，以及在复杂电磁环境中人体电磁效应（如人体静电）对设备的危害等；自然环境的电磁现象和效应对设备以及人、人类的影响。

（4）不仅要考虑射频干扰危害，还要考虑静电、浪涌、雷电、电磁脉冲、生物电磁效应、环境电磁效应等。在频谱方面，除了射频的 9 kHz～3 000 GHz 外，下扩展到极低频，上延至太赫兹波和光波及射线频率的危害。

（5）频谱资源管理。对频谱进行高效、合理分配与管理；无线电频谱是一种有限的非消耗性资源，需要科学地管理和充分、高效地利用。

（6）电磁兼容测量、测试和预测试等的理论技术、手段和方法。

军事电磁兼容的重要性体现在以下几个方面：

（1）军事电磁兼容是保证电子设备工作可靠性的能力和前提条件。

（2）军事电磁兼容是我国电子设备和产品占领国际市场的通行证。

（3）军事电磁兼容是保证人身和某些特殊材料以及设备和环境安全的手段。

（4）军事电磁兼容是当今和未来战争的需要。

（5）军事电磁兼容是科学研究的需要。客观上存在的诸多自然、人为的电磁现象和效应造成的种种威胁、危害，迫切需要一门专门的学科进行深入研究。

（6）军事电磁兼容是制定相关测试、测量和试验标准的依据，也是拥有国际话语权的基础。

11.1.2 电磁兼容学科

电磁兼容作为一门学科，是新兴的边缘学科，它以电磁场理论为核心，与多学科互相渗透、结合。涉及电磁理论、电路理论、电子技术、材料科学、计算机科学、控制理论、生物医学、机械结构等知识，其示意图如图 11.2 所示。

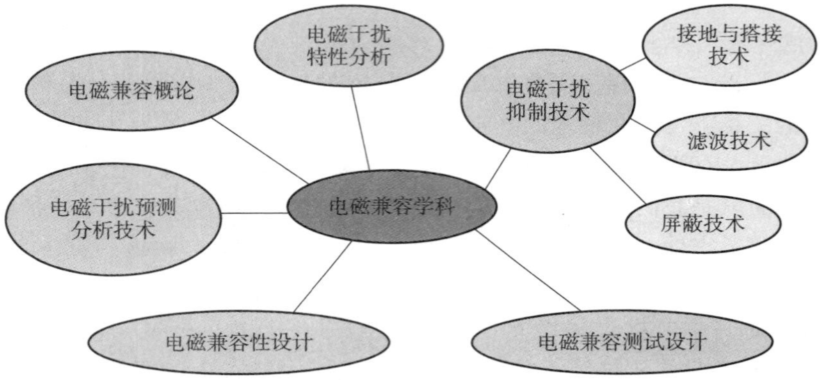

图 11.2 电磁兼容学科构成示意图

1. 电磁兼容学科发展的必要性

(1) 主客观需求。人类社会生活质量不断提高，对生活环境要求也越来越高，追求绿色、环保、健康、安全的生活环境。我们希望将空气污染、噪声污染、水污染、电磁污染等，尽可能降到最低。

(2) 高科技技术的推动。高科技的日益进步对电磁兼容提出了严峻的要求，尤其是信息安全、军事斗争等领域。如在反侦察反盗取机密信息时，就要谨防不法分子利用比较高端的技术，读取保密、工商业、金融业、政府、军事等核心、要害部门电脑的信息。要做到这一点，就不得不研究电磁兼容技术。

(3) 国际市场竞争的驱动。电子设备出售国外，也需要满足发达国家严格的电磁兼容技术条例。为了突破国外技术壁垒，必须大力研究电磁兼容技术。

(4) 科学研究的需要。各种电磁现象和效应，需要电磁兼容本这门新兴边缘学科来研究、解释和处理。特别是环境电磁学、生物医学电磁兼容等。

(5) 标准制定的需要。各项电磁兼容性标准的制定，需要大量电磁兼容性测量数据、试验、实验作为支撑。

(6) 安规和可靠性、完整性等的要求。电磁兼容还涉及安规、可靠性、热设计等，需要大力研究。完整性要求包括信号完整性、电源（地）完整性、（信息）安全完整性、热完整性等。

2. 电磁兼容学科的特点

(1) 理论基础是电磁场与电磁波，核心是麦克斯韦方程组。

(2) 它是由点及面，横向和纵向全面覆盖，深入发展的边缘学科。

(3) 实用性和实践性强。

(4) 极其依赖于测量、测试和试验。

（5）计量单位很特殊。与控制领域有一些类似，电磁兼容领域广泛使用分贝为单位，而分贝本身是一个无量纲比值。在电磁兼容领域，对不同物理量，如规定其基准参考，就赋予其分贝值。如电流、电压采用 A 和 V 作为标准单位，电磁兼容中则广泛使用 dBA、dBV 作为单位。表 11.1 给出了电磁兼容的基本计量单位。

表 11.1 电磁兼容的基本计量单位

物理量	参考量	相应的分贝量	分贝量的名称	测量值分贝数的计算公式
电压	1 μV	0 dBμV	微伏分贝	dBμV = 20 lg（测量值/1 μV）
电流	1 μA	0 dBμA	微安分贝	dBμA = 20 lg（测量值/1 μA）
电场强度	1 μV/m	0 dBμV/m	微伏/米分贝	dBμV/m = 20 lg（测量值/(1 μV/m)）
磁场强度	1 μA/m	0 dBμA/m	微安/米分贝	dBμA = 20 lg（测量值/(1 μA/m)）
辐射功率	1 pW	0 dBpW	皮瓦分贝	dBpW = 10 lg（测量值/1 pW）

（6）分析、学习的方法是场与路的紧密结合。

3. 电磁兼容的发展已经呈现的特点

（1）EMC 标准国际化、EMC 要求规范化。

（2）EMC 设计智能化。

（3）EMC 测试自动化。

（4）EMC 评价综合化。

11.1.3 电磁兼容的三字经

电磁兼容的内涵和外延范畴极为广泛，以下是作者归纳的电磁兼容三字经。

（1）三要素：干扰源、耦合途径、敏感设施（接收器），如图 11.3 所示。

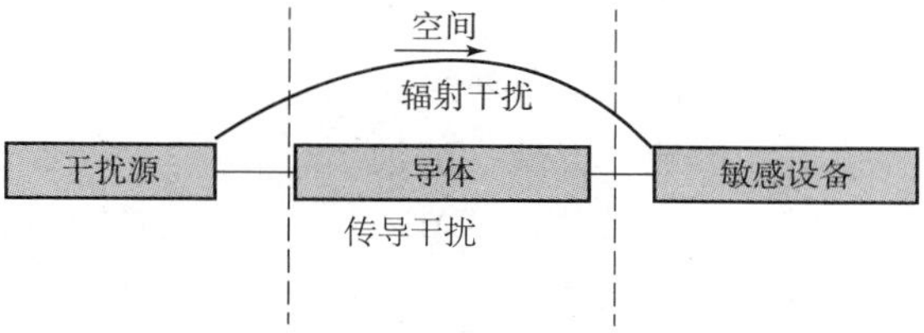

图 11.3 电磁兼容三要素

（2）三规律。

①规律一：EMC 费效比关系规律。EMC 问题越早考虑、越早解决，费用越少、效果越好。在新产品研发阶段就进行 EMC 设计，比等到产品 EMC 测试不合格时才进行改进，费用可以大大节省，效率可以大大提高；反之，效率就会大大降低，费用就会大大增加。如图 11.4 所示为 EMC 费效比规律示意图。

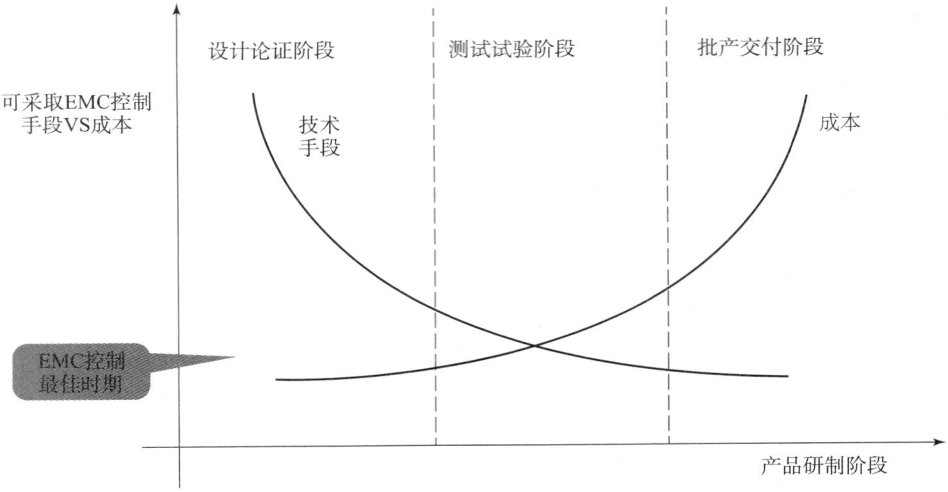

图 11.4 EMC 费效比规律示意图

①规律二：高频电流环路面积 S 越大，EMI 辐射越严重。要求高频信号电流流经电感最小路径。减少辐射骚扰或提高射频辐射抗干扰能力的最重要任务之一，就是想方设法减小高频电流环路面积 S。

③规律三：环路电流频率 f 越高，引起的 EMI 辐射越严重，电磁辐射场强随电流频率 f 的平方成正比增大。减少辐射骚扰或提高射频辐射抗干扰能力的最重要途径之二，就是想方设法减小骚扰源高频电流频率 f，即减小骚扰电磁波的频率 f。

（3）电磁兼容三主题：安全、健康、环保。

（4）电磁兼容三主要概念：电磁骚扰、电磁干扰、电磁兼容。

（5）电磁兼容问题三措施：组织措施、技术措施、标准约束措施。

（6）电磁兼容问题三大领域：生物医学效应、射频微波干扰、电磁脉冲防护。

（7）电磁兼容三重要环节：设计、测试整改、认证。

（8）电磁兼容三原则：设计原则、费效比原则、最小开发周期原则。设计原则是指电磁兼容性是设计出来的，而不是测试整改出来的。

（9）电磁兼容三主要技术：接地、屏蔽、滤波。

（10）电磁兼容三重要材料：屏蔽材料、EMI 元器件、电磁密封材料。

（11）电磁兼容三状态：相容状态、临界状态、超标状态。

（12）电磁兼容三主体（源和受体）：设备、环境、人。

（13）电磁兼容三制约要素：设计、生产（制造）、标准。

（14）电磁兼容三效应：生物医学效应、电磁干扰效应、物理毁坏效应。

（15）电磁兼容三思路：设计、防护、测试整改。

（16）电磁兼容控制三不准：设计方案无完善电磁兼容技术措施的不准实施、生产过程无电磁兼容组织及技术措施的不准验收、测试整改没有形成闭环的不准投产。

（17）电磁兼容三对策：减少干扰源、干扰信号幅度、能量，缩短作用时间；切断耦合途径；降低接收灵敏度。

（18）电磁兼容三外延：电磁环境效应及防护、红信号等信息泄露及防护、电磁武器攻击与防护。

（19）电磁兼容设计三层次：顶层设计、过程设计、详细设计。

（20）电磁兼容三境界：测试整改方法、规范法（标准法）、现代系统方法。测试整改方法又称为问题解决法、传统法：出现什么问题，解决什么问题，实质就是头痛医头脚痛医脚的经验方法。在设备或系统设计研制过程中不进行电磁兼容性设计。规范法以设备或系统遵循的标准和规范所规定的极限值为基础。由于各种标准和规范中的极限值是以同类设备或系统中最严重情况制定的，因而可能导致具体设备或系统设计的过分保守。现代系统从电子设备或系统设计开始就进行电磁兼容性设计。它在设备或系统设计的全过程中贯彻始终，全面综合电磁耦合因素，不断进行电磁兼容性分析、预测，对各阶段设计进行评估，提出修改措施。它结合顶层设计思想和理念，综合仿真设计方法、预测分析法等进行。

11.2　电磁兼容标准和规范体系

11.2.1　电磁兼容标准简介

电磁兼容标准规定了相关名词术语、电磁发射和敏感性限值、测试方法、电磁兼容性控制方法或设计方法等。标准规定一般性准则，而规范则是包含详细数据和方法的，必须按标准要求实施按照合同执行的文件。规范服从于标准的各项规定，由标准可导出各种规范。

我国的电磁兼容标准和国际上类似，可以分为四类。

（1）基础标准：涉及 EMC 术语、电磁环境、EMC 测量设备规范和 EMC 测量方法。基础标准不涉及具体的产品，仅给出电磁现象和效应、环境、试验方法、试验仪器和基本试验配置等的定义及详细描述。这类标准不给出指令性的限值，以及对产品性能的直接判据，但它是编制其他各级电磁兼容标准的基础。基础标准有：GB 4365《电磁兼容术语》；GB/T 6113《无线电骚扰和抗扰度测量设备规范》；GB/T 6113.2《无线电骚扰和抗扰度测量设备规范和测量方法　第二部分：骚扰和抗扰度测量方法》；以及 GB/T 17626 有关产品抗扰度测量的系列标准等。

（2）通用标准：给通用环境下的所有产品提出一系列最低的电磁兼容性要求，包括必须进行的测试项目和必须达到的测试要求。通用标准中要求的测试项目及其试验方法可以在相应的基础标准中找到，而无须在通用标准中做任何介绍。通用标准给出的试验环境、试验要求可以成为产品族标准和专用产品标准的编制导则。与此同时，对暂时尚未建立电磁兼容性测试标准的产品，可以参照通用标准来进行其电磁兼容性能的摸底。最典型的通用标准有 GB 8702，主要涉及在强磁场环境下对人体的保护要求；GB/T 14431，主要涉及无线电业务要求的信号/干扰保护比。

（3）产品标准：如 GB 9254、GB 4343、GB 4824 和 GB 13837 等。这类标准根据特定产品类别而制定，是被测试对象电磁兼容性能的测试标准。它们包含产品的电磁骚扰发射和产品的抗扰度要求两方面的内容。产品族标准中所规定的试验内容及限值应与通用标准相一致，但它们根据产品的特殊性，在试验内容的选择、限值及性能的判据等方面有一定特殊性（如增加试验的项目和提高试验的限值）。产品族标准在电磁兼容性标准中占据份额最多，如 GB 4343、GB 17743、GB 9254、GB 4824 和 GB 13836 分别是关于家用电器和电动工具、照明灯具、信息技术设备、工科医射频设备、声音和广播电视接收设备的无线电骚扰特性测量及限值的标准，这些标准分别代表了一个大类产品对电磁骚扰发射限度的要求。

专用产品标准：专用产品标准通常不单独形成电磁兼容标准，而以专门条款包含在产品的通用技术条件中。专用产品标准对电磁兼容的要求与相应的产品标准相一致，在考虑了产品的特殊性之后，也可增加或裁减试验项目以及对电磁兼容性能要求做某些改变。与产品标准相比，专用产品标准对电磁兼容性的要求更加明确，而且增加了对产品性能试验的判据。对试验方法，可以由试验人员参照相应基础标准进行。如 GJB 3947A《军用电子测试设备通用规范》等。

（4）系统间电磁兼容标准：主要规定了经过协调的不同系统之间的 EMC 要求。如 GB 13613 ~ 13622 系列都属于此类标准。其中，GB 13616 是微波接力站电磁环境保护要求。

11.2.2 电磁兼容标准和规范的特点

（1）电磁兼容标准和规范表示的基本观念是如果每个部件或设备符合标准和规范的要求，则设备或系统的电磁兼容性就能得到保证。

（2）由于电磁兼容性问题主要研究与处理设备或系统的非设计性能和非工作性能，例如发射机的非预期发射、接收机的非预期响应、天线在非预期方向的辐射以及非指定的传播路径等。显然，电磁兼容标准和规范仍主要是强调设备和系统的非预期特性方面，并采用相应的术语和词条来描述。

（3）在使用标准和规范时，需注意的一个重要参数是电磁干扰安全裕度。此外，考虑到不同的测试方法会得到不同的电磁发射和敏感度极限值，因此在制定标准和规范时，必须对测试方法和极限值同时做出规定。

电磁兼容相关标准和规范是电磁兼容测量、测试和试验的依据。由于 EMC 测量结果可能决定一种产品是否可以推向市场，它起着类似执照的作用，人们称之具有法律效力。可见，确保测量结果的公正性是非常重要的。EMC 测量标准正是根据这种需要制定的。也正因为 EMC 测量标准是进行 EMC 测量的技术依据，所以必须认真学习和研究标准，理解其各项规定的物理意义，严格按照标准规定的限值进行设计，才能够保证产品的合规性；严格按照规定的方法和步骤进行测量和试验操作，才能够保证测量结果的正确性。这就要求人们必须解决测量过程中许多人为因素影响的技术问题。

使用电磁兼容标准应注意以下几点：

（1）EMC 测量标准很多。实验室现有测试设备的测试能力很强，如目前按军标配备的实验室，也能完成某些民用产品的某些 EMC 指标测量。同样按民标配备的 EMC 实验室也能执行某些军标的测试。

（2）作为测试技术人员要弄清被测产品（EUT）类别，测试应执行哪个（些）标准，测试前应该了解这个（些）测量标准的技术内涵。

（3）作为产品设计师应该了解自己开发的产品应该按着哪个（些）标准进行检测。

11.3　电磁兼容测量、测试和试验

11.3.1　电磁兼容测量、测试和试验的重要性

电磁兼容涉及数学、电磁场理论、电路基础、信号分析、故障诊断、专家系统、分析软件、自动测试系统等专业领域；其应用范围涉及所有电磁领域；电磁兼容的研究对象无论时域还是频域都十分复杂，频谱范围也很宽，电路集中参数与分布参数并存，近场与远场交互，传导与辐射共在。所以电磁兼容技术理论基础宽、工程实践综合性强、物理现象复杂，所以在观测与解决实际问题时，实验与测量具有重要的意义，EMC 强烈地依赖于测量。电磁兼容测量的内容包括测量设备、测量方法、数据处理方法以及测量结果的评价等。由于上述电磁兼容问题的复杂性，理论上的结果往往与实际相距较远，因而使得电磁兼容测量显得更为重要。美国肯塔基大学的帕尔博士曾说过：在判定最后结果方面，可能没有任何其他学科像电磁兼容那样更依赖于测量。而且，由于电磁骚扰源在频域与时域特性的复杂性，为了各个国家、各个实验室测量结果之间的可比性，必须详细规定测量仪器的各种技术指标和性能参数。当前标准中采用的表征电磁噪声电平的参数有峰值、准峰值、有效值、平均值等；这些参数有各自不同的定义和测量方法，用来描述电磁噪声的不同方面的时域或频域特性。

电磁兼容测量、测试和试验贯穿于产品的设计、开发生产、使用和维护的整个周期，对设备达到电磁兼容起到至关重要的作用。电磁兼容测试与试验是优化电磁环境、改善电磁兼容性的必要手段。由于电磁兼容问题的复杂性，因而在理论研究的同时，测量占有突出的重要位置。而贯彻执行有关标准，进行产品的电磁兼容认证，唯一的衡量标准就是测试数据。由于相关标准和规范要求的测量项目及内容越来越多，测量仪表及其配套的软件自动化是其方向。自动化测量不仅可以大大提高测量速度，而且可以避免人为差错。比如天线是电磁兼容测量的重要部件，所以对其特性，无论是理论研究还是产品设计都有许多工作要做。在测量工作中，对于测量场地（或者提供被测设备放置的试验环境）应给以足够的重视，比如对场地问题注意不够，测量数据的准确性将无从谈起。

EMC 试验包容所有的 EMC 测试、测量活动。由于被测系统受复杂工作状态等多种因素影响，一般很难得到准确的量值关系，或者说测试目的不追求严格的定量关系，注重的是兼容与否的技术状态。在一般意义下，本书的测量、测试，其更准确的含义是试验。EMC 试验有不同于一般的电性能试验的特点：

（1）EMC 设计远没有电性能设计那样成熟。

（2）新的学科及自身的复杂性。

（3）电磁干扰是随机的、多变的，时域波形不太规则，电磁干扰的频谱比较复杂。

（4）电路分析中的许多分布参数不容忽视。电磁干扰是与结构、工艺、布局等众多因素相关的电磁现象。

（5）电磁干扰频率可以从几赫兹到几十吉赫兹，幅度可能是从几微伏到几伏、几十伏，甚至上百伏。

（6）EMC 测试设备要求具有稳定性好、灵敏度高、频谱宽、动态范围大等特点。对大型电子系统，即使有了好的测试设备，也不是一次测试结果就能说明问题，有时要靠多次测试或多种状态的测试，并运用统计概率借用大量试验数据作为分析判断的依据。

综上所述，EMC 测试技术在 EMC 领域有着无法替代的地位。

电磁兼容测量的特点：

（1）测量系统、测量方法、测试配置严格按照标准规定。

（2）不是只完成测量、给出测量结果，而是要看测量结果是否满足相关标准的规定和要求，因此测量结果要反馈给设计。

（3）必须要严格编制测量规范，以规范测量程序和步骤。

（4）被测参数具有综合性和复杂性。

（5）电磁兼容测量环境很重要，要求有暗室、开阔场地等。

（6）电磁兼容测量的不确定性评估较为复杂和困难。

11.3.2 电磁兼容测量、测试和试验的内容

按照 MIL-STD—461E/F 标准（我国对应标准是 GJB 151B—2013），EMC 测试可分为四大类，对应于 EMC 系统模型的四个主体部分，如图 11.5 所示。

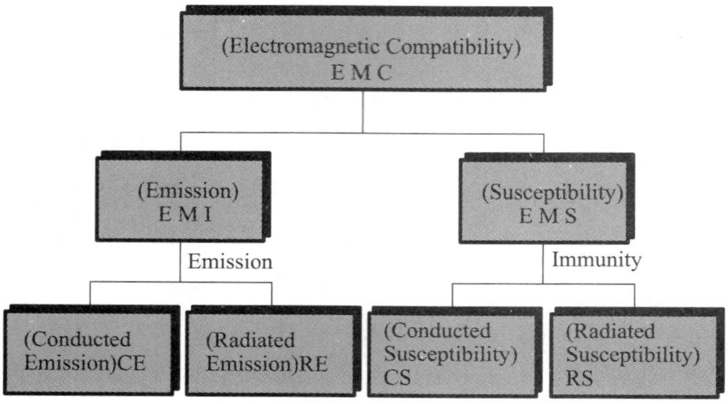

图 11.5 电磁兼容测试内容

图中，EMI：电磁干扰；EMS：电磁敏感度；CE：传导发射；RE：辐射发射；CS：传导敏感度；RS：辐射敏感度。敏感度也称为耐受性、抗扰度或抗扰性。

较为详细的电磁兼容测量内容如图 11.6 所示。

电磁发射与电磁抗扰性测量常常带有较大的不确定性，主要原因在于：

（1）用少数的测量方法不能适应各种使用情况。

（2）产品本身的离散性。

（3）在某一电磁环境下其他骚扰的影响，应在最后的测量结果中叠加。

（4）往往数据不够充分。

一般而言，不确定因素（1）~（3）项可以用合理的测量方案与严格的操作过程加以控制，但由于产品本身的离散性和抽样性，所以测试、测量的数量往往是不充分的。

电磁兼容（EMC）测试按其目的可分为诊断测试、达标测试和预测试三类。诊断测试定性和定量确定产生电磁兼容问题的原因，定位产生噪声的源和被干扰设备、模块等，从而

为采取电磁兼容措施提供依据。达标测试是根据有关电磁兼容标准规定的方法对设备进行测试，评估被测对象是否达到标准规定的要求。产品在定型和量产之前必须进行达标测试。

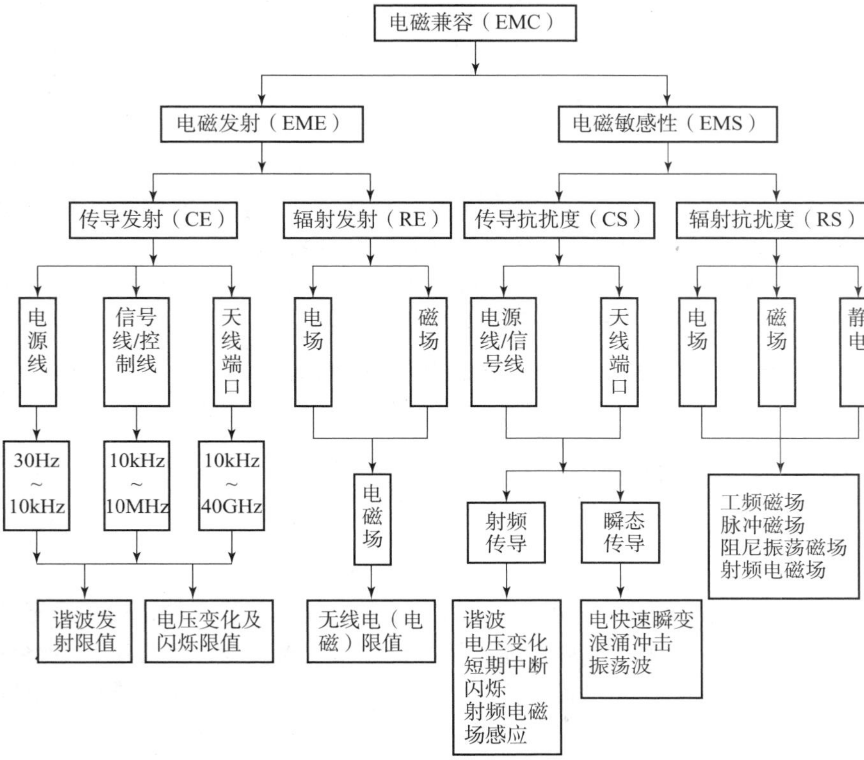

图 11.6　较为详细的电磁兼容测量内容

11.3.3　电磁兼容分析、预测

解决电磁兼容性问题，应该从产品的开发阶段开始，并贯穿于产品（或系统）的生产、开发的整个过程和全寿命周期。电磁兼容分析与预测是电磁兼容设计的依据。不论对于系统内或系统间的电磁兼容性都是如此。

分析与预测的关键在于数学模型的建立和对系统内、系统间电磁干扰的计算、分析程序的编制。

（1）数学模型包括根据实际电路、布线和参数建立起来的所有骚扰源、传播途径与干扰接收器模型。

（2）分析程序应能计算所有干扰源通过各种可能传播途径对每个干扰接收器的影响，并判断这些综合影响的危害是否符合相应的标准与设计要求。

（3）程序的优劣，不仅仅取决于能够处理多少个骚扰源与多少个干扰接收器，还在于其预测的精确性。

（4）近年来提出将建立于分析基础之上的电磁兼容设计改变为建立在综合的基础之上。也就是说，不再是根据骚扰源与干扰接收器的参数去确定整体的电磁兼容性，而是根据整体的电磁兼容性指标，去分配给各个骚扰源与干扰接收器，从而提出源的发射要求与接收器的抗扰度要求。这样，电磁兼容分析预测就更为重要。此处强调一点，就是对结构、连接线缆线束、连接器、PCB 布线等构成的无意天线的预测和分析十分重要和突出。

电磁兼容测试的研究目标与发展趋势主要有：

（1）电磁兼容测试的基本模型，包括数学、物理、仿真和实物模型等，如干扰源模型、耦合途径模型和敏感设备模型等。

（2）电磁兼容测试的基本试验设备和仪器以及配件，如高性能测量接收机、测试探头等。

（3）电磁兼容测试的基本方法和手段以及支撑环境与条件，如测试系统的校准、测试误差分析与不确定度评定，微波暗室、开阔试验场地 OTAS 等。

（4）电磁兼容测试相关标准的研究、制定和试验，如根据需求增加新的测试和试验项目、提出新的方法等。

（5）设备、分析、系统预测试的理论技术和工程方法。

（6）电磁兼容自动化、智能化、网络化测试平台、环境和软件。

11.3.4 电磁兼容预测试

1. 电磁兼容预测的定义和意义

1）定义

电磁兼容预测是指在设计阶段通过计算的方法对电气、电子元件、设备乃至整个系统的电磁兼容特性进行分析。预测的发展伴随着计算机技术、电磁场计算方法、电路分析方法的发展而发展。主要手段除了物理设备和仪器，还包括计算机和电磁仿真软件。电磁兼容预测已经受到电磁兼容科研、工程技术人员越来越多的重视。

一个产品 EMC 的评价最终要根据测试结果来判定是否满足相应 EMC 标准，这就是 EMC 鉴定测试（Compliance Measurement）。它是在一个产品投放市场前的最后阶段完成的。相比于一个产品研发、生产全过程中所需要的 EMC 测试量，鉴定测试工作量只占了不到 10%，其余 90% 的测试工作量是在鉴定前完成的，包括元器件、电路模块、板卡、原理样机、初样到正样研制过程中的各种 EMC 测试，总称为 EMC 预测试。设计过程正是通过预测试逐步实现产品良好的电磁兼容性。预测试可以比鉴定测试精确度低些、粗略些，以便迅速找出问题且不使测试设施费用过高。

预测试仪表在保证必需的精度的同时，缩短测量时间是一个不可忽视的因素。如采用频谱分析仪既可以保证与 EMI 接收机有相似的精度，又可显著提高测量速度，而且价格不足 EMI 接收机的一半。因此，预测试常采用频谱分析仪代替 EMI 接收机。预测试系统可以使组织具有全程的 EMC 检测手段，并全面提高产品的 EMC 特性。

2）电磁兼容预测的意义

改变传统测试整改法主要采用解析法或经验公式进行粗略的估计，进而判断电磁兼容分析的局限性，提高电磁兼容分析的合理性、设计的可靠性和生产的可行性，缩短产品研制时间、降低研发费用。

电磁兼容的基本问题之一是各个电子电气设备在同一空间中同时工作时，总会在它周围产生一定强度的电磁场，这些电磁场通过各种可能的途径（辐射、传导）把能量耦合给其他的设备，使其他设备不能正常工作；反之，这些设备也会从其他电子设备产生的电磁场中吸收能量，造成自己不能正常工作。事实上，这种相互影响不仅存在于设备之间，同时也存在集成电路内部、元件、模块、分系统、系统之间乃至平台之间。如果一个设备或系统在制造之前就能对它的工作状态进行预测，改进不合理的设计并且进行优化，远比把设备生产出来之后发现了问题再加以改进经济得多，可靠得多。因此，一个复杂设备、系统的研制必须进行电磁兼容预测。

3）电磁兼容预测的分类

按预测对象，可分为印制板级预测、部件级预测、分系统级预测及系统级预测、平台级预测。从预测所用方法上可分为经验法、解析法、数值法；或分为场的方法、路的方法、场路结合的方法等。

电磁兼容预测一般在三个级别上进行：

（1）芯片的电磁兼容设计预测。传统的芯片设计一般不考虑电磁兼容问题，因为芯片工作在低速或低频时一般不会出现显著的电磁兼容问题。但当芯片工作在高频时，电磁兼容问题十分突出，它直接影响到芯片的质量，因此必须在设计芯片时就考虑电磁兼容问题。

（2）部件的电磁兼容预测。例如印制电路板、多芯线缆以及连接器、驱动器等部件本身的电磁兼容预测，以及部件与部件之间的电磁兼容预测。

（3）系统乃至平台的电磁兼容预测。这是对一个例如飞机、舰船、导弹、飞船等载有多种复杂电子电气设备的系统进行的电磁兼容预测。

2. 电磁兼容预测流程

电磁兼容预测的流程主要包括预测要素建模、建立预测方程、分级预测、系统预测。预测模型和方程的建立是预测的基础，而分级预测则是按先粗后细、由表及里、层层深入的原则进行。

3. 如何建立EMC预测试系统

所谓预测试系统，实际上也是严格按照国家各种EMC标准进行的，包括设备、方法等。但是，预测试系统具有区别于鉴定测试的主要特点是：

（1）对环境要求较低。EMC标准对于环境的要求比较严格，一般必须在屏蔽室或暗室中进行，但预测试的主要目的在于初步摸底，只要找到问题所在即可，所以对环境要求可以低一些，屏蔽室和暗室的尺寸、指标可以低于认证测试。

（2）核心测量仪器不必采用昂贵的专用EMC测量接收机，可以利用高性能频谱分析仪替代。

（3）专用的预测试软件。EMC预测试系统的灵魂是测试软件。

（4）测试附件（传感器/天线、LISN、衰减器、测试夹具、测试探头等）。

4. 预测试系统的基本组成

预测试系统主要分为硬件和软件两部分。

（1）硬件部分。包括三个分系统：前端子系统（主要有传感器，如电流探头、环形天线、杆天线、双锥天线、双脊喇叭天线、电源阻抗稳定网络、衰减器等）、接收机子系统（主要有频谱仪、射频预选器和EMI分辨带宽选件等）和主控计算机子系统（主要有计算机、接口卡如PC－GPIB卡、GPIB线缆）等。

（2）软件部分。从功能上预测试软件系统一般应该包括6个概念模块：系统管理模块、扫描控制模块、数据采集和信号提取模块、数据分析和处理模块、测试结果输出模块、网络控制及其接口模块。

电磁兼容预测试系统不仅涉及射频微波领域，还涉及电子信息工程、计算机、软件工程等领域，为我们今后的职业规划提供了广阔的前景。

11.4　电磁兼容设计与仿真简介

电磁兼容设计内容极其广泛。本节简单强调三点：第一，结构电磁兼容设计优先；第二，电源 EMC 设计的重要性；第三，（电磁软件等）仿真必不可少。学习本节，一定要牢固树立这样一个观念：设备、系统、产品的电磁兼容性是设计出来的。

11.4.1　结构电磁兼容设计优先

1. 结构 EMC 及其设计的重要性

所有的电子电气和电器设备与系统，一般最终总是要安装在一个金属或者涂敷了金属材料的机壳、机箱、机架或者机柜里面（上）。而这些机壳、机箱、机架、机柜对于射频微波而言，本身就是一个带有挡板的矩形（或者其他形状）的波导、谐振器、谐振腔。因此对其内外电波的传播、耦合特性必须仔细分析，确切掌握。

进一步，在这些机壳、机箱、机架和机柜中，电路元器件、模块、板卡的布局，严格受到外部结构和尺寸的限制，形状和尺寸的变化必将影响结构以及结构中电路的电磁特性。因此，结构 EMC 设计的本质是：在给定的形状和有限的空间中实现电磁兼容。如果先设计好电路板、模块，再考虑结构，这种本末倒置的办法，极有可能造成很多恶果：

（1）安装不进去。

（2）安装进去了，但是完全不满足电磁兼容性以及其他要求，如可靠性试验要求、安规等。

工程实际中此类例子很多，最终以失败告终，不得不推倒重来。所以，结构电磁兼容设计师必须要进行顶层设计，从项目立项、方案论证就要做起，明确技术指标和性能参数，并且掌握相关标准的规定和要求矩阵，在产品全寿命周期逐环节、逐过程落实分析和预测，评审方案及途径，合理分配和规定结构中所有电磁单元的电磁兼容指标，重点是干扰源（辐射源）、耦合途径和敏感器件及电路、模块、板卡、组件等。虽然结构设计得好，但不一定能够解决好电磁兼容问题，但是结构设计得不好，一定会造成电磁兼容性隐患、威胁和危害。

典型的机箱结构如图 11.7 所示。

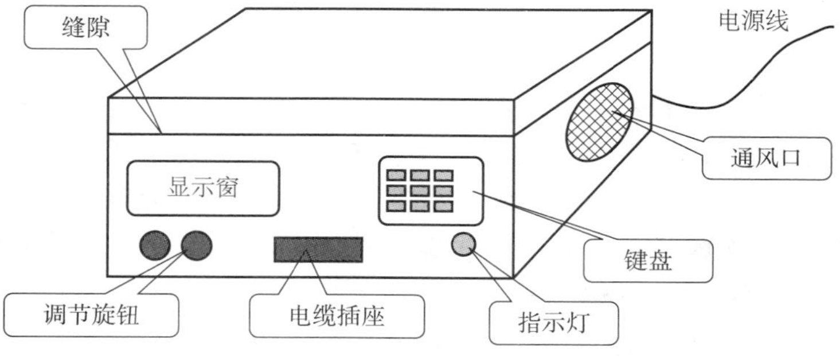

图 11.7　典型的机箱结构

2．结构 EMC 设计考虑的主要问题

（1）形状和尺寸：二者影响结构的电磁特性，如其中导波传播特性。

（2）孔、窗、槽和缝隙：直接影响屏蔽效能和密封特性；影响散热特性，从而间接影响电磁兼容性。因为热会使结构内部电路元件等参数变化导致电磁兼容以及其他性能下降。

（3）安规要求，如爬电距离等。

（4）防护电路，如浪涌保护电路等的安装位置。

3．结构 EMC 设计的主要技术方法

1）接地

地是指信号电流流回信号源的低阻抗路径，而不再是传统概念中的等电位（0 V）点。接地在电磁兼容性设计中是一个极其重要的问题，正确的接地方法可减少或避免电路、模块、板卡、设备间的互相干扰。根据不同的电路可用不同的接地方法。接地，单纯从电路结构形式来分，有单点接地、多点接地、串联接地和并联接地以及其组合。从功能分，有电源地、信号地、功率地、保护地等。从信号性质分，有数字地和模拟地等。必须根据设计目标和结构布局合理设计接地方式。

2）屏蔽

利用金属板、网、盖、罩、盒等屏蔽体阻止或减小电磁能量传播的一种结构措施。具体有静电屏蔽、磁屏蔽和电磁屏蔽等。电子设备结构设计人员在着手电磁兼容性设计时，必须根据产品所提出的辐射限值以及抗干扰要求进行有针对性的电磁屏蔽设计。其中磁屏蔽主要是针对一些低阻抗源进行设计，如变压器、线圈及一些示波器、显示器，可考虑用磁屏蔽。良好的低频屏蔽基本方法是用高磁导率材料，如铁镍合金、镍铅合金、纯铁、铜作屏蔽材料，做成屏蔽罩。电磁屏蔽是对高频电磁辐射的屏蔽，其主要方法是用金属材料做成屏蔽壳体。金属材料可以是铁磁性材料和非铁磁性材料，通过对电磁场的反射和吸收损耗起到屏蔽作用，选取材料的依据是工作频率（f），其临界值计算公式为：

$$f_0 = \frac{5\ 760}{t^2}\ \text{Hz}$$

式中，t 为材料厚度（mm）。当 $f > f_0$ 时，铁磁性材料比非铁磁性材料屏蔽效果好；当 $f < f_0$ 时，非铁磁材料比铁磁性材料屏蔽效果好。然后，根据相应的公式计算屏蔽效能。如远场屏蔽效能的计算公式为：

$$SE = 0.131t\ \sqrt{f\sigma_r\mu_r} + 168r - 10\lg\left(f\frac{\mu_r}{\sigma_r}\right)\ \text{dB}$$

其中，SE 为屏蔽效果（dB）；r 为屏蔽体到干扰源的距离（m）；远场 $r > \frac{\lambda}{2\pi}$；近场 $r < \frac{\lambda}{2\pi}$；f 为干扰频率（Hz）；σ_r 为相对电导率；μ_r 为相对磁导率；t 为材料厚度。

3）滤波

外部干扰信号常常通过电源线、信号线、控制线等进入结构中的电路造成干扰，所以对公用电源线及通过干扰环境的导线一般均要设置滤波电路。滤波方式可以分为有源滤波和无源滤波，滤波特性可根据需要设计成带通、高通、低通滤波器。但是，由于有些标准对滤波电容或其他滤波措施有特别要求，比如 GJB 151B 明确规定（适用于海军装备）尽量少用线－地之间的滤波器，因为这类滤波器通过接地平面为结构（共模）电流提供低阻抗通路，使这种电流可能耦合到同一接地平面的其他设备中，因而可能成为系统、平台间电磁干扰的一个主要原因。如果必须使用这类滤波器，应对各相电源线对地的电容量进行限制：对于50 Hz 的设备，应小于0.1 μF；对于400 Hz 的设备，应小于0.02 μF。对于潜艇和飞机上直流电源供电的设备，在用户接口处，各极性电源线对地的电容应不超过所连接负载的0.075 μF/kW；对于小于0.5 kW 的直流负载，滤波器电容量应不超过0.03 μF。除此之外，滤波用电容器还有一些致命缺陷：漏电流，可能造成接触电流等安规限值超标；占空间，滤波电容器及其安装固件（如电路板等）体积很大，很容易迫使结构设计成畸形或异形，给结构设计带来极大不便，而且给加工工艺造成负担，增加成本和工期。因此，本书作者不提倡结构设计中使用滤波技术。

4. 结构 EMC 设计原则

结构 EMC 设计总原则：系统设计人员在进行产品总体设计时首先必须根据产品的工作频率、电路特点确认接地系统；结构设计人员根据产品特点确认重点屏蔽部位（机架或插箱），需重点解决和处理接地系统处理、结构材料选择、缝隙处理、穿孔处理和搭接处理等问题，以保证实现所要求的屏蔽性能；对于没有屏蔽性能要求的部位也必须注重搭接处理以提高产品的静电抗扰性。具体要求有：

（1）顶层设计，从项目立项开始就要考虑，并且明确技术指标和性能参数，如屏蔽效能等，然后进行逐级分解；必须提交详细设计方案并且进行过程评审；编制结构设计规范并且遵照执行。

（2）研究相关电磁兼容标准及其测试测量方法。

（3）优选接地和屏蔽两种技术措施，慎用滤波；对屏蔽效能进行合理分级和分配。对于接地：所有的接地都必须避免公共阻抗传导耦合、高阻抗的地回路和危险的工作条件；接地线应尽可能粗、短，并直接搭接到接地板，尽量减少地回路的阻抗，避免因频率增高造成感抗增大；低频设备中避免形成接地环路尤其重要，因为地环路中有信号电流时，接地线路阻抗使基准电位变化；机壳或机架上应有接地螺栓和明显的接地标志，并且应合理设计接地螺栓尺寸（有接地螺栓时）；不能靠滑轨、铰链等部件去接地；合理采用接地方式，如单点接地、并联接地和复合接地等。综合考虑和优化使用密封圈、衬垫等。

（4）使敏感设备和干扰源尽可能远离，输出区与输入区应妥善分隔开，高频、高速电路与低速电路分隔，且高速电路尽可能就近（与机壳近）放置，数字设备和模拟设备隔离。

（5）仿真、预测和评估随设计过程和环节进行，尤其是电磁仿真软件、三维结构软件建模等的应用。

（6）设计入库形成闭环。

关于结构电磁兼容设计的具体技术，涵盖内容十分广泛，建议读者自行查阅相关文献。在校生可以作为练习、实验、实训内容进行阅读和掌握。要强调的一点是，许多成功企业，都有自己的工程设计规范，诸如硬件设计规范、PCB 设计规范、软件工程规范等，包括结构设计 EMC 规范。这些规范都是经过理论分析和工程实践总结出来的设计条例，我们可以先不懂高深的电磁兼容理论知识，但是必须严格遵照规范来做，并且逐步深入理解其中的原因及理论知识，循序渐进，一定会取得螺旋式上升的效果，最终获得成功。

11.4.2　信号和电源（地）完整性设计

电磁兼容和信号完整性、电源完整性、地完整性通常是几位一体的，必须同时考虑，综合兼顾。电磁兼容与信号完整性（包括电源、地完整性）的关系如图 11.8 所示。

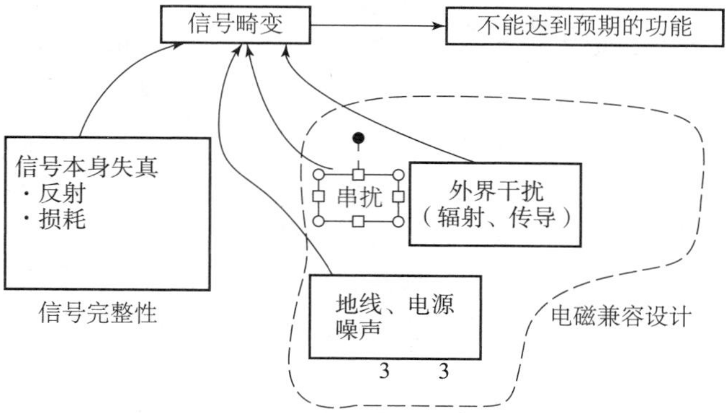

图 11.8　电磁兼容与信号完整性的关系

由图 11.8 可知，电磁兼容与信号完整性是同一个事物的两个不同方面。

1. 信号完整性设计

信号完整性指的是在高速产品中由互连线引起的所有问题，它主要研究互连线与数字信号的电压电流波形相互作用时其电气特性参数如何影响产品的性能。随着电子、通信技术的飞速发展，高速系统设计（HSSD）在以下几个主要方面的挑战越来越突出：

（1）集成规模越来越大，I/O 数越来越多，单板互连密度不断加大。

（2）时钟速率越来越高，信号边缘速率越来越快，导致系统和单板信号完整性（SI）问题更加突出。

（3）产品研发以及推向市场的时间不断减少，一次性设计的成功显得非常重要。

上述因素导致高速电路中的信号完整性问题变得越来越突出。反射、串扰、传输时延、地/电层噪声等，可以严重影响设计的功能正确性。如果在电路板设计时不考虑其影响，逻辑功能正确的电路在调试时往往会无法正常工作。信号完整性分析的重要作用这时就越发清晰地呈现出来，比如有以下几个方面：

①优化硬件原理设计——包括负载拓扑的分析、信号匹配的选型、连接器信号的分布等。

②解决高速 PCB 设计难题——不同频率和速率的信号的质量前期分析及设计指导；针对阻抗、反射、串扰等传输线效应的控制和设计方案；信号时序的分析和设计指导等；

③提供信号质量问题的定位分析和诊断——产品出现的信号质量问题的分析和解决、SI 测试验证等。

目前 PCB 板设计的时间要求越来越短，空间要求越来越小，器件密度要求越来越高，极其苛刻的布局规则和大尺寸的元件使得设计师的工作更加困难。采用 SI 分析方法及相关技术的应用，可在 PCB 设计前期进行信号规则的分析（如时序和关键信号的分析），然后将分析所得的电气规则输入布线工具进行具体布线设计，这样既可在设计过程中保证信号质量，又可解放人力、提高设计效率，满足市场要求。而这也正是现今国际领先的PCB设计方法和流程，脱离了SI分析技术就无法做到这点。

将SI深入地融入产品开发尤其是高速PCB设计当中，最终为产品设计提供优化的解决方案，已经成了产品成功的关键一环。

传统的设计方法在设计和制作的过程中没有采用仿真软件来研究信号完整性问题，产品首次设计成功是很难的，降低了生产效率。只有在设计过程中融入信号完整性分析，才能做到产品在上市时间和性能方面占优势。对于高速PCB设计者来说，熟悉信号完整性问题机理理论知识、熟练掌握信号完整性分析方法、灵活设计信号完整性问题的解决方案是很重要的，因为只有这样才能成为21世纪信息高速化的成功硬件工程师。信号完整性的研究还是一个不成熟的领域，很多问题只能做定性分析，为此，在设计过程中首先要尽量应用已经成熟的工程经验；其次要对产品的性能做出预测和评估以及仿真。在设计过程中可以不断积累分析能力，不断创新解决信号完整性的方法，利用仿真工具可以得到检验。

2. 电源完整性概念及其重要性

电源完整性（PI）：当大量芯片内的电路输出级同时动作时，会产生较大的瞬态电流，这时由于供电线路上的电阻、电感的影响，电源线上和地线上的电压就会波动和变化，良好的电源分配网络设计是电源完整性的保证。电源完整性的核心是指为各信号线提供一个最短的最小阻抗回流路径。与电源完整性对应的是信号完整性、地完整性，一般统一称为信号完整性。信号完整性、电磁兼容性问题同时存在，相互影响，有信号完整性问题一定有电磁兼容性问题，反之亦然。解决了电磁兼容性问题，一定就同时解决好了信号完整性问题，但是解决好了信号完整性问题不一定解决好了电磁兼容性问题，因为电磁兼容关注的对象除了有用信号外，还有更多内涵。

3. 电源完整性研究的内容

电源完整性研究的内容很多，但主要有以下几个方面：

（1）板级电源通道阻抗分析。

（2）板级直流压降分析。

（3）板级谐振分析，避免板级谐振对电源质量及EMI的致命影响等。

（4）板级完整性仿真。在充分利用平面电容的基础上，通过仿真分析确定旁路电容的数量、种类、位置等，以确保板级电源通道阻抗满足器件稳定工作要求；确保板级电源通道满足器件的压降限制要求。

电源完整性的作用是为系统所有的信号线提供完整的回流路径。破坏电源完整性的主要因素有以下几种：地弹噪声太大，去耦电容设计不合理，回流影响严重，多电源、地平面的分割不当，地层设计不合理，电流分配不均匀，高频的趋肤效应导致系统阻抗变化等。电源完整性设计就是通过合理的平面电容、分立电容、平面分割应用确保板级电源通道阻抗满足要求，确保板级电源质量符合器件及产品要求，确保信号质量及器件、产品稳定工作。

4. 电源完整性仿真分析

当今的高速PCB设计领域，由于芯片的高集成度使PCB的布局布线密度变大，同时信号的工作频率不断提高，信号边沿（Tr）的不断变陡，由此而引发的信号完整性和电源完整性问题给 EDA 设计人员和硬件开发人员带来前所未有的挑战，而且信号/电源完整性问题处理不当还会带来一系列的 EMC 问题，给产品的可靠性造成危害。

电源完整性仿真是极为重要的电磁兼容设计、分析和预测手段。随着系统主频的提高、布线密度的增加以及大量数模混合电路的应用，对 PCB 设计的要求越来越高。高速数字和模拟电路的设计需要特别重视信号失真。各种噪声的存在使产品原理设计往往与实际测试结果有着不同程度的差异，带来信号完整性、电磁兼容性等冲突。典型的噪声有：串扰、振铃、过冲、辐射、反射、传输时延、地/电层噪声等。只有在设计仿真阶段尽可能全面地考虑这些因素，才可以保证设计的正确性和产品概念的实现。

Apsim 软件（其界面如图 11.9 所示）针对上述 PCB 及系统设计特点，推出了全套的 SI（信号完整性）、EMC/EMI（电磁兼容性）、PI（电源完整性）仿真工具，并与常用 CAD 系统紧密结合，适用于数字、模拟、数模混合电路的仿真。它可以在 PCB 板布局布线完成后，PCB 板被加工前对 PCB 板进行信号完整性、电源完整性及电磁兼容性分析，发现问题可以及时修改，避免重复制板所造成的时间和费用的浪费，从而可以缩短产品研制周期，节省研制经费。

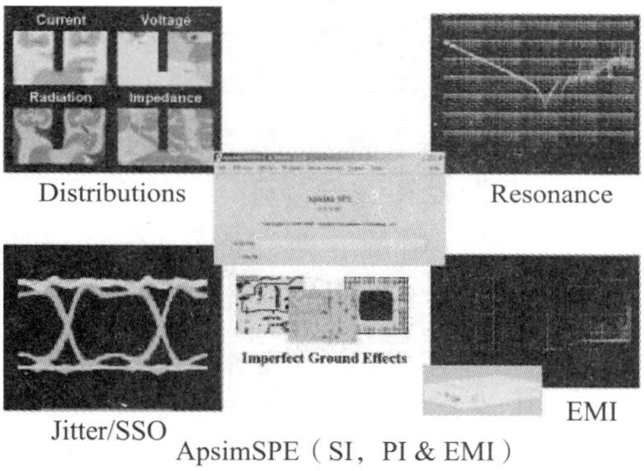

图 11.9 Spsim 软件界面

电源完整性、地完整性是连接在一起的。因为有电源，必有地。电源线和地线，电源平面和地平面，总是成对出现。因此，电源完整性、地完整性是连接在一起的。必须同时考虑，二者兼顾，缺一不可。电源、地平面相当于一个极好的高频电容，对噪声的高频成分滤波非常有效，同时也有其独特的谐振、串扰特性。对电源、地平面的仿真分析，其中有一种有效的手段是采用目标阻抗控制来实现对电源分配系统电源噪声的控制，也即将每个芯片的电源、地管脚附近作为观测端口，控制端口的输入阻抗在一定的频率范围内，达到芯片可以接受的容限值，从而控制 Δi 噪声。但是对电源、地平面的分析，涉及物理结构、物理位置、叠板、滤波、各个器件的动态工作特性等，非常复杂，详细准确的分析需要采用 2.5 维电磁场法进行有限元计算，并结合电路仿真的手段，将二者融合。具体融合的方法有：

（1）将电路仿真融入电磁场分析环境。

（2）通过电磁场分析得出电路仿真模型，再融入电路仿真环境。

第一种方法的优点是直观，第二种方法的优点是精确。两种方法应根据实际问题合理选择。

电源完整性和信号完整性对 EMI 的性能有着直接的影响，从 PCB 设计阶段控制 EMI，能起到事半功倍的作用。在仿真过程中通常采用下列几种方法来分析并改进信号完整性和电源完整性，从而减小 EMI 辐射。

（1）减少电源、地平面间的噪声（电源完整性分析）。

（2）优化电源地系统阻抗（电源完整性分析）。

（3）降低串扰和反射（信号完整性分析）。

（4）改善同步开关噪声（信号完整性分析）。

（5）减少边缘辐射（信号完整性/电源完整性分析）。

11.4.3 电磁兼容仿真

电磁兼容仿真的意义和重要性不言而喻，它可以借助射频微波以及电子 EDA 平台和软件进行电磁兼容早期设计，缩短开发周期，降低研发和测试成本，预测和分析可能出现的电磁兼容性问题，并且提出有针对性的解决方案。而要进行电磁兼容仿真，仿真平台和软件则是必需的。电磁兼容仿真软件能够提供一个非常高效的应用工具，用仿真代替实验，可以快速地帮助工程师完成电磁兼容设计应用。

目前，国际上商业的 EMC 仿真软件有许多种，主要应用于高频率电路板电路应用、所有类别的高频滤波电路应用、高频天线和波导应用、LTCC 应用、传输线应用（包括微带、带状线和同轴电缆等）、信号完整性（电源、地完整性）应用和电磁分析等。大多数 EDA 软件都采用模块化应用，不同的模块实现不同的性能，用户可以根据必须选择的模块自己进行软件配置。前面章节介绍的电磁 EDA 软件都可以用以进行电磁兼容仿真。最为著名的软件就有 Apsim、HFSS、DESIGNER、3D EXTRACTOR、SIwave、Maxwell 2D 和 3D、PEXPRT、SimLab EMC Simulation Software、SONNET High Frequency Electromagnetic Software、FLO/EMC Design Class Electromagnetic Analysis Software for Electronics、EMCSTUDIO 等几十种。其中 Ansoft 公司的仿真工具能够从三维场求解的角度出发，对 PCB 设计的信号完整性问题进行动态仿真。Ansoft 的信号完整性工具 SIwave，尤其适于解决现在高速 PCB 和复杂 IC 封装中普遍存在的电源输送和信号完整性问题。该工具采用基于混合、全波及有限元技术的新颖方法，它允许工程师们特性化同步开关噪声、电源散射和地散射、谐振、反射以及引线条和电源/地平面之间的耦合；它采用一个仿真方案解决整个设计问题，缩短了设计时间；它可分析复杂的线路设计，该设计由多重、任意形状的电源和接地层，以及任何数量的过孔和信号引线条构成。仿真结果采用先进的 3D 图形方式显示，它还可产生等效电路模型，使商业用户能够长期采用全波技术，而不必一定使用专有仿真器。

在电子 EDA 软件自带的信号完整性分析仿真模块中，Cadence 的工具 SPECCTRAQuest PCB 信号完整性套件中的电源完整性模块据称能让工程师在高速 PCB 设计中更好地控制电源层分析和共模 EMI。而 Cadence PCB PDN analysis 电源平面分析主要可以解决以下几个问题：

（1）板级电源通道阻抗仿真分析，在充分利用平面电容的基础上，通过仿真分析确定旁路电容的数量、种类、位置等，以确保板级电源通道阻抗满足器件稳定工作的要求。

（2）板级直流压降仿真分析，确保板级电源通道满足器件的压降限制要求。

（3）板级谐振分析，避免板级谐振对电源质量及 EMI 的致命影响等。

电源完整性问题就其根本原理而言是一个较为复杂的电路与电磁场互动的问题。电源模块自身、带分布参数的滤波电容、集成电路的输入/输出等都属于电路问题，在原理图上显示表现；电源系统相关元件的物理位置和 PCB 叠层结构等则属于物理问题，也即电磁场分布问题，隐含在原理图中。孤立地分析电路或电磁场均不能解决电源完整性问题，而需要将场和路的方法结合起来，统一起来，将原理图中显现电路和隐含场问题进行统一、综合分析。电路问题由电路分析方法解决，而隐含场问题由电磁场方法求解。譬如研究什么电路激励会产生什么电磁场分布，而所产生的电磁场和电磁波又怎样传播并影响敏感电路。研究电源完整性问题能够解决这些问题：最佳的叠板结构与分割、最佳的滤波电容参数和放置位置、含回流及平面波动特性的信号完整性、最佳接地和最低 EMI 辐射等。信号完整性和电源完整性的统一和结合是设计高速、高密度、高可靠性通信领域硬件系统的必由之路，具有很重要的实用价值。

此外，还有诸多小软件，比如阻抗分析、匹配软件（POLAR Si9000 等）也可以应用于电磁兼容、信号完整性和电源完整性辅助仿真和分析。

11.5　电磁辐射暴露控制及其测量

11.5.1　电磁污染及其危害简介

电磁污染对人体健康的影响已日益引起人们的重视。在国际上，把电气、电子产品或系统使用的电磁环境分为 A、B 两类，分别规定了电磁发射的限值电平。A 类环境即工业环境，包括工、科、医射频设备的环境；频繁切断大感性负载、大容性负载的环境；大电流并有强磁场的环境等。而 B 类环境即居民区、商业区及轻工业环境，指居民群楼、商业零售网点、商业大楼、公共娱乐场所、户外场所（如加油站、停车场、游乐场、公园、体育场）。电磁辐射对人体健康方面的危害分为躯体效应和种群效应，而躯体效应又分为热效应和非热效应。非热效应指吸收的辐射能不足以引起体温升高，却使人出现生理方面的变化或反应，如神经衰弱症等疾病。种群效应不是短时间可以观察到的，也许会使人类变得更加聪明，相反也许会使人类的发展受到影响。电磁场对人体的影响与频率有关，长期以来关于工频电磁场对中枢神经系统有无影响的问题，各国学者一直有不同看法。国内外许多关于高压、超高压输电线和变电站的调查报告指出，神经衰弱和记忆力减退是工频电磁场作业人员最常见的症状。工频电磁场对中枢神经的作用主要由电场引起，这一观点在动物实验中得到了验证。研究发现，电磁场的职业暴露虽然可能增加肿瘤的发生风险，尤其是白血病、淋巴系统肿瘤和神经系统肿瘤，但这种风险程度并不高，没有统计学意义。如果在生产环境中同时存在着其他较强的致癌因素时，工频电磁场的这个作用就不容忽视了，它可能成为导火索。射频电磁场对人体的影响包括：

（1）对神经系统的影响。接触高频电磁场辐射后，开始会出现嗅阈值增高及暗适应时间延长的情况。据报道长时间接触较高强度的射频电磁辐射后，可能引起脑电图的某些改变。

（2）对心血管系统的影响。在长期接触高频电磁场后，人的低血压或血压偏低的发生率会增高。

（3）对内分泌系统的影响。上海市对某塑料厂160名常接触较高场强的（从事高频介质加热作业）女工进行了卫生学调查，发现这些女工非哺乳性泌乳症状显著增加，月经周期异常现象明显增多，主要是由于神经-体液的混乱引起的。

微波电磁场对人体会产生急性微波辐射损伤，当受到过量微波辐射后，可能造成人体的若干种组织和器官的急性损伤。急性微波损伤大致有头痛、恶心、目眩、彻夜失眠、辐射局部烧灼感等。但一般经过一段时间休息后，人的这些症状均会消失。较长时间接触低强度的微波辐射，可引发人的某些生理功能混乱，也会引起人的生化指标波动。

11.5.2 两种标准

从对人体健康潜在影响的角度来看，国际上对电磁辐射的测量标准有两种，分别是功率密度标准和比吸收率标准，前者属电磁学领域，后者仍与电磁学相关，但已扩展到生物学领域了。

1. 功率密度标准

功率密度指的是单位面积所接收到的辐射功率，它所测量的是信号强度，可以用电场强度和磁场强度来表示，但更普遍采用的是功率密度。

2. 比吸收率标准

比吸收率（*SAR*）的定义是：给定密度的体积微元内质量微元所吸收的能量微元对时间的微分值，也就是指单位时间和单位生物体质量所吸收的电磁能量，单位是W/kg。

相对前面功率密度标准，比吸收率标准更多地考虑了人体情况，应该是更值得参考的标准，但测量却难以操作。功率密度标准的检验很简单，用场强仪或频谱分析仪就可以测量；但比吸收率标准的检验却需要人体模型的配合，而且后续的数据算法也非常复杂。

美国辐射保护与测量委员会（NCRP）和美国电气电子工程师协会（IEEE）所制定的美标为$SAR \leq 1.6$ W/kg，国际非电离辐射防护委员会（ICNIRP）制定的欧标为$SAR \leq 2.0$ W/kg，其中欧标是世界卫生组织（WHO）推荐的标准。我国的《移动电话电磁辐射局部暴露限值》（GB 21288—2007），遵从世界卫生组织推荐的欧标2.0 W/kg标准。

11.5.3 相关基本概念（GB 8702—2014）

（1）基本限值：直接依据设定的健康效应而制定的暴露于时变的电场、磁场和电磁场的限值。通常难于直接测量。根据场的频率，基本限值的物理量分为电流密度（J）、比吸收率（*SAR*）、功率密度（S），其中功率密度能在空气中测量。

（2）导出限值：用以决定在实际暴露条件下基本限值是否被超出。导出限值是便于直接测量的量，它由基本限值经测量和计算得出，或按一定比例和暴露时间危害作用导出。其物理量为：电场强度（E）、磁场强度（H）、磁通量密度（B）、功率密度（S）和肢体电流（I_L）。按比例和暴露时间危害作用导出的物理量为接触电流（I_C），脉冲场为比吸收能（*SA*）。

（3）职业暴露：对处于控制条件下的成人和受过训练能意识到潜在危险并采取了相应措施的人的暴露。职业暴露的持续时间限定为工作时间（8小时/天），并延续至整个工作阶段。

（4）公众暴露：对处于非控制条件下的各种年龄阶段及不同健康状况，并且不会意识到暴露的发生和对其身体造成的危害，不能有效地采取防护措施的个人的暴露。公众暴露的持续时间为全天 24 h。

（5）全身暴露：人体整体暴露于电磁场的暴露。

（6）局部暴露：人体表面的局部暴露于电磁场的暴露。

（7）接触（感觉）电流：人体在电磁场中接触导电物体时产生的通过人体到地的电流。

（8）电磁辐射：

①能量以电磁波的形式由源发射到空间的现象；

②能量以电磁波形式在空间传播。

注："电磁辐射"一词的含义有时也可引申，将电磁感应现象也包括在内。

（9）功率密度：穿过与电磁波的能量传播方向垂直的面元的功率除以该面元的面积，单位为 W/m^2。

（10）比吸收能（*SA*）：生物体单位质量所吸收的电磁辐射能量，单位为 J/kg。

（11）比吸收率（*SAR*）：比吸收率为生物体单位时间、单位质量所吸收的电磁辐射能量，其单位是 W/kg。

11.5.4　暴露限值

GB 8702—2014 规定了公众暴露控制限值，如表 11.2 所示。

表 11.2　公众暴露控制限值

频率范围	电场强度 E /（$V \cdot m^{-1}$）	磁场强度 H /（$A \cdot m^{-1}$）	磁感应强度 B /μT	等效平面波功率密度 S_{eq}/（$W \cdot m^{-2}$）
1 ~ 8 Hz	8 000	$32\ 000/f^2$	$40\ 000/f^2$	—
8 ~ 25 Hz	8 000	$4\ 000/f$	$5\ 000/f$	—
0.025 ~ 1.2 kHz	$200/f$	$4/f$	$5/f$	—
1.2 ~ 2.9 kHz	$200/f$	3.3	4.1	—
2.9 ~ 57 kHz	70	$10/f$	$12/f$	—
57 ~ 100 kHz	$4\ 000/f$	$10/f$	$12/f$	—
0.1 ~ 3 MHz	40	0.1	0.12	4
3 ~ 30 MHz	$67/f^{1/2}$	$0.17/f^{1/2}$	$0.21/f^{1/2}$	$12/f$
30 ~ 3 000 MHz	12	0.032	0.04	0.4
3 000 ~ 15 000 MHz	$0.22f^{1/2}$	$0.000\ 59f^{1/2}$	$0.000\ 74f^{1/2}$	$f/7\ 500$
15 ~ 300 GHz	27	0.073	0.092	2

注：（1）f 的单位为各行中第一栏的单位；公众暴露电场强度限值与频率的关系见图 11.10；公众暴露磁感应强度限值与频率的关系见图 11.11。

（2）0.1 MHz ~ 300 GHz 频率，场量参数是连续 6 min 内的均方根值。

（3）100 kHz 以下频率，需同时限制电场强度和磁感应强度；100 kHz 以上频率，在远区场，可以限制电场强度或磁场强度，或等效平面波功率密度；在近区场，需同时限制电场强度和磁场强度。

（4）架空输电线路线下的耕地、园地、牧草地、畜禽饲养地、养殖水面、道路等场所，其频率 50 Hz 的电场强度限值为 10 kV/m，且应给出警示和防护指示标志。

对脉冲电磁波，除了满足上述要求外，其功率密度的瞬时峰值应不超过表 11.2 所列限值的 1 000 倍，或场强的瞬时值不得超过表 11.2 所列限值的 32 倍。

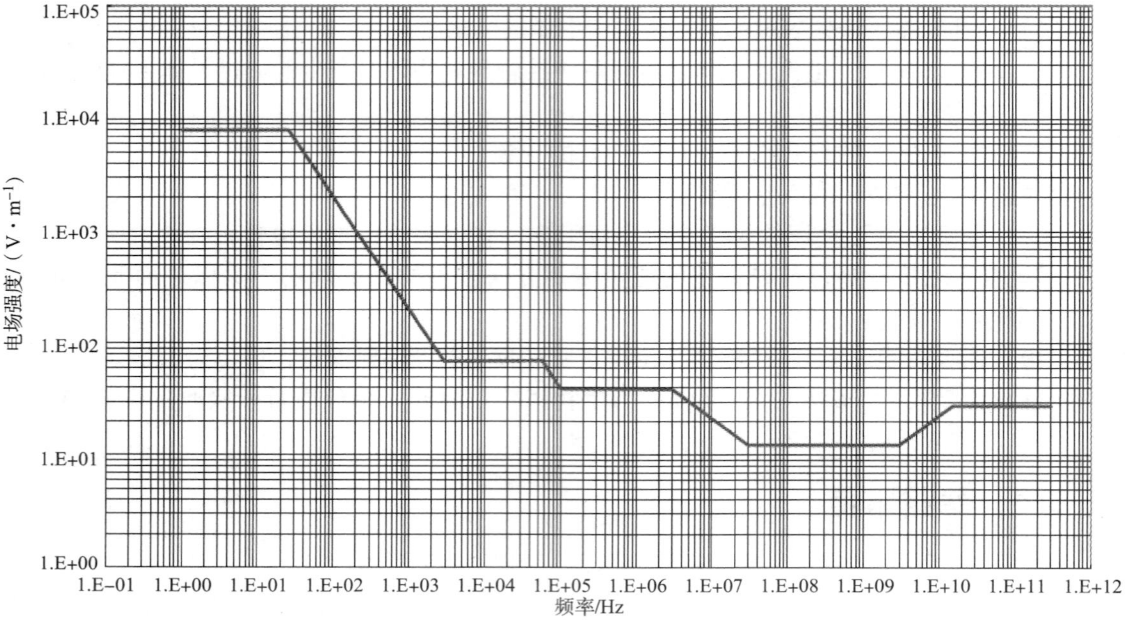

图 11.10　公众暴露电场强度限值与频率的关系

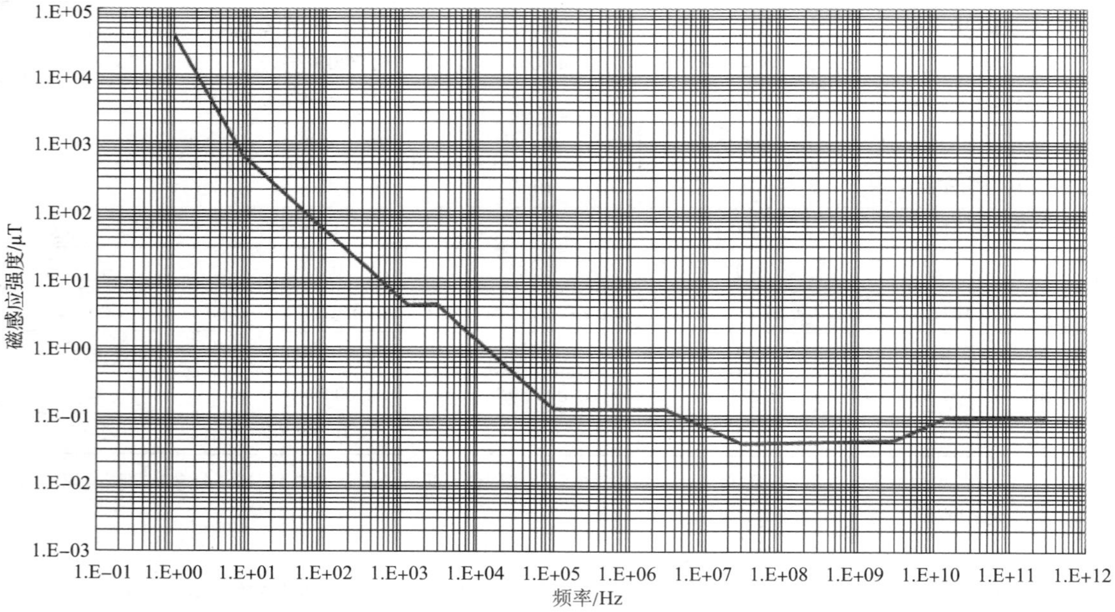

图 11.11　公众暴露磁感应强度限值与频率的关系

11.5.5　测量方法（参考）

1. 电磁辐射测量的一般要求

（1）测量时的环境条件应符合仪器的使用环境条件，测量记录应注明环境条件。

（2）测量点位置的选取应考虑使测量结果具有代表性。不同的测量目的应采取不同的测量方案。

（3）测量前应估计最大场强值，以便选择测量设备。测量设备应与所测对象在频率、量程、响应时间等方面相符合，以保证测量的准确。

（4）测量时必须获得足够的数据量，以保证测量结果准确可靠。

（5）测量中异常数据的取舍以及测量结果的数据处理应按统计学原则处理。

（6）电磁辐射测量应建立完整的文件资料以备复查，文件资料包括测量设备的校准证书、测量方案、测量布点图、原始测量数据、统计处理方法等。

（7）场参数测量时，若用宽带测量设备进行测量，测量值没有超出限值的，则不需用其他设备进行测量，否则应使用窄带测量设备进行测量，找出影响测量结果的主要辐射源。

（8）对固定辐射源（如电视发射塔）进行场参数测量时，应设法避免或尽量减少周边偶发的其他辐射源的干扰，对不可避免的干扰估计其对测量结果可能产生的最大误差。

（9）测量设备应定期校准。

2. SAR 测量方法

（1）测试系统。

SAR 测试系统包括电场探头、导线、导线包绕物、指示器、控制装置、人体模型和吸波室，它们应具备以下特性：

①电场探头应能满足全向测量的要求，不受电场极化方向的影响。探头的几何尺寸应足够小，以减少对测量结果的影响。

②导线应为屏蔽的高阻抗电缆或光纤。

③导线包绕物应具有较低的介电常数，并且不与模拟物发生化学反应。

④控制装置可为机械的或电子的，其作用是移动探头。

⑤人体模型可为全部人体模型或部分人体模型，模型中填充物的物理特性应与人体组织的物理特性等效。

⑥吸波室应六面挂吸波材料，所用吸波材料的频率特性应与所测频率相适应。

（2）测量方法。

①被测试设备、人体模型和探头应放置于吸波室中，其余设备或操作者应在吸波室以外。

②将被测设备放置在人体模型的适当位置，并开始对模型进行暴露。

③控制探头，使探头在人体模型的纵截面和横截面上以一定的距离步长移动，每移动一次位置，读取一次数值。

④应用以下公式计算 SAR 值：

$$SAR = \frac{\sigma}{\rho}E^2 \tag{11-1}$$

式中 SAR——比吸收率；

σ——组织电导率；

ρ——组织密度；

E——测量组织中的电场强度。

⑤测量结果取单位质量的 SAR 平均值。

（3）场参数测量方法。

（4）测试前评估。

在对电磁场辐射测量前，应尽可能了解发射源的特性以及可能的传播特性。这有利于更好地评估辐射场强并能适当地选择测量仪表和测量程序。以下是发射源的主要特性以及需了解的传播特性。

①发射源的类型和发射功率。

②调制特性，即相关的时域和频域特性。

③载波频率。

④相关因子，如脉冲宽度、脉冲重复频率等。

⑤极化方向。

⑥发射源数目。如果不止一个发射源存在，则应确定这些发射源是否属于一类，其功率是否可进行叠加。

⑦发射源到测量点的距离。

⑧天线的类型以及性能，例如增益、辐射角、方向、波束宽度和物理尺寸等。

⑨存在的吸收或反射物，这些会影响发射源到测量点的传播。

3. 测量设备

（1）宽带测量设备。

具有各向同性或有方向性响应的带宽足以接收和处理特定发射的所有频谱分量的场强测量设备，如场强计、微波辐射与泄漏测量仪等。宽带测量设备应用于宽频段电磁辐射的测量，用有方向性的探头时，应调整探头方向以测出最大辐射电平。

测量设备的频率范围和量程应满足测量需要，测量设备的准确度应不超过 ±3 dB。

（2）窄带辐射测量设备。

能够对带宽内某一特定发射的部分频谱分量进行接收和处理的场强测量设备，如符合《GBT 6113. 101—2016 无线电骚扰和抗扰度测量设备和测量方法规范 第 1 - 1 部分：无线电骚扰和抗扰度测量设备 测量设备》以及 GBT 6113. 10X（X = 2，3，4，5）等要求的测量接收机、频谱仪和天线组合的场强测量装置等。窄带测量设备应用于单个频率或某种已知频率的电磁辐射的测量。

4. 场参数的测量原则

根据不同的电磁辐射频率，分别测量不同的场参数。

（1）30 MHz 以下频段，对于作业场所应分别测量其电场参数和磁场参数，对于其他场所测量电场参数或磁场参数。

（2）30 ~ 300 MHz 频段，对于作业场所测量其电场参数或磁场参数，对于其他场所仅测量电场参数。

（3）300 ~ 300 GHz 频段，对于所有场所测量其电场参数。

5. 作业场所的电磁辐射测量方法

（1）测量时间。

在辐射源正常工作时间内进行测量。每个测量点连续测量 5 次，每次测量时间不应小于 15 s，并读取稳定状态的最大值。若测量读数起伏较大，则应适当延长测量时间直至 6 min。

（2）测量位置。

测量位置实际指的是测量部位，包括以下三种情况：

测量位置取作业人员操作位置，距地面 0.5 m、1 m、1.7 m 三个部位；

辐射体各辅助设施（计算机房、供电室等）作业人员经常操作的位置，测量部位距地面 0.5 m、1 m、1.7 m 处。

辐射体附近的固定哨位、值班位置等。

6. 一般环境电磁辐射测量方法

（1）测量时间。

根据测量目的在相应的电磁辐射高峰期确定测量时间；对于 24 h 昼夜测量，昼夜测量的次数不小于 10 次，测量间隔不小于 1 h。

每次测量时间不应小于 15 s，若测量读数起伏较大，则应适当延长测量时间直至 6 min。

（2）测量高度。

一般取离地面 1.5 ~ 2 m 高度，也可根据不同目的选择测量高度。

（3）窄带测量时的测量频率。

典型辐射体取其发射频率为测量频率；一般环境测量取电场强度大于 60 dBμV/m 的频率作为测量频率。

（4）布点方法。

①典型辐射体环境测量布点。

对典型辐射体周围环境进行辐射测量时，以辐射体为中心，在一定间隔方位的延长线上，选取距辐射体中心不同距离的点作为测量点，起始点的距离和测量点的距离间隔根据实际情况确定。

通常，电视发射塔的起始点距离为 30 m，移动通信基站的起始点距离为 15 m，其他典型辐射体的起始点距离根据本条原则确定。对于环境敏感建筑物应在阳台或窗口处选点测量。

②一般环境测量布点。

对整个城市电磁辐射测量时，根据城市测绘地图，将全区划分为1 km × 1 km 或 2 km × 2 km小方格，取方格中心为测量位置。

按上述方法在地图上布点后，应对实际测量点进行考察。考虑地形地物的影响，实际测量点应避开高层建筑物、树木、高压线以及金属结构等，尽量选择空旷地方进行测试。

（5）数据处理。

如果测量仪器读出的场强测量值的单位为 dBμV/m，则先按下列公式换算成以 V/m 为单位的场强测量值：

$$E = 10^{\left(\frac{X}{20}-6\right)} \quad (11-2)$$

式中，X 为测量仪器的读数；E 为以伏每米（V/m）为单位的场强测量值。测量数据按下列公式处理：

$$\overline{E_i} = \frac{1}{n}\sum_{j=1}^{n} E_{ij} \quad (11-3)$$

$$E_s = \sqrt{\sum_{i=1}^{m} \overline{E_i}^{\,2}} \quad (11-4)$$

$$E_G = \frac{1}{k}\sum_{s=1}^{k} E_s \quad (11-5)$$

式中，E_{ij}为某测量位某频段中频率 i 点的第 j 次场强测量值；$\overline{E_i}$为某测量位某频段中频率 i 点的场强测量值的平均值；n 为某测量位某频段中频率 i 点的场强测量次数；E_s为某测量位某频段中的综合场强值；m 为某测量位某频段中被测频率点的个数；E_G为某测量位 24 h（或一定时间内）内测量的某频段的综合场强的平均值；k 为 24 小时（或一定时间内）内测量某频段电磁辐射的测量频次。

如果测量设备是宽带设备，可由公式（11-3）和式（11-5）直接计算，公式中的带入量作相应的变动即可。根据需要可分别统计每次测量中的最大值 $E_{\max}$、最小值 $E_{\min}$，50%、80%和95%时间内不超过的场强值 $E_{(50\%)}$、$E_{(80\%)}$和 $E_{(95\%)}$。

11.5.6 评估方法

当公众暴露在多个不同频率的电场、磁场、电磁场中时，应综合考虑多个频率的电场、磁场、电磁场所致暴露，以满足以下要求：

在 1 Hz ~ 100 kHz 之间，应满足以下关系：

$$\sum_{i=1\text{Hz}}^{100\text{kHz}} \frac{E_i}{E_{L,i}} \leqslant 1 \quad (11-6)$$

式中 E_i——频率 i 的电场强度；

$E_{L,i}$——表 11.2 中频率 i 的电场强度的基本限值。

在 0.1 MHz ~ 300 GHz，应满足以下关系式：

$$\sum_{i=0.1\text{MHz}}^{300\text{GHz}} \frac{E_j^{\,2}}{E_{L,j}^{\,2}} \leqslant 1 \quad (11-7)$$

式中 E_j——频率 j 的电场强度；

$E_{L,j}$——表 11.2 中频率 j 的电场强度的基本限值。

习题和实训

1. 查阅资料，简述电磁兼容学科的历史发展。
2. 设计一款开关电源，并且选用本章介绍的仿真软件对其进行电磁兼容仿真，并且评估其合规性。

3．广泛查阅和研读相关参考文献，提出自己的电磁兼容智能化、自动化和网络化测试平台架构及其实现途径。

4．掌握信号完整性概念，并且结合电磁兼容仿真软件分析一个具体电路，比如智能交通检测系统的信号完整性和电磁兼容性。

参 考 文 献

［1］葛德彪，魏兵．电磁波理论［M］．北京：科学出版社，2011.
［2］徐立勤，曹伟．电磁场与电磁波理论［M］．第二版．北京：科学出版社，2010.
［3］彭沛夫，张桂芳．微波与射频技术［M］．北京：清华大学出版社，2013.
［4］谢处方，饶克谨．电磁场与电磁波［M］．第四版．北京：高等教育出版社，2006.
［5］雷银照．电磁场［M］．第二版．北京：高等教育出版社，2010.
［6］杨显清，王园，赵家升．电磁场与电磁波教学指导书［M］．北京：高等教育出版社，2006.
［7］吕芳，辛莉，侯婷，李秀娟．电磁场与微波技术学习指导［M］．北京：东南大学出版社，2014.
［8］全泽松．电磁场理论［M］．成都：电子科技大学出版社，1995.
［9］牛中奇，朱满座，卢智远，路宏敏．电磁场理论基础［M］．北京：电子工业出版社，2001.
［10］王蔷，李国定，龚克．电磁场理论基础［M］．北京：清华大学出版社，2001.
［11］马信山，张济世，王平．电磁场基础［M］．北京：清华大学出版社，1995.
［12］［美］Nannapaneni Narayana Rao．电磁场基础［M］．邵小桃，郭勇，王国栋，译．北京：电子工业出版社，2010.
［13］王保华．生物医学测量与仪器［M］．第二版．上海：复旦大学出版社，2009.
［14］单家元，孟秀云，丁艳．半实物仿真［M］．北京：国防工业出版社，2008.
［15］中仿科技公司．有限元法多物理场建模与分析［M］．北京：人民交通出版社，2007.
［16］宋涛，霍小林，吴石增．生物电磁特性及其应用［M］．北京：北京工业大学出版社，2008.
［17］曾兴雯，刘乃安，陈健，付卫红．高频电子线路［M］．第二版．北京：高等教育出版社，2009.
［18］王新稳，李延平，李萍．微波技术与天线［M］．第四版．北京：电子工业出版社，2016.
［19］雷振亚．电磁场与微波技术实验教程［M］．西安：西安电子科技大学出版社，2012.
［20］李芳，李超．微波异向介质——平面电路实现及应用［M］．北京：电子工业出版社，2011.
［21］陈燊年，洪清泉，王建成．介质为各向异性的电磁场［M］．北京：科学出版社，2012.
［22］［美］Bhag Singh Guru and Huseyin R. Hiziroglu．电磁场与电磁波［M］．周克定，张肃文，董天临，辜承林，译．北京：机械工业出版社，2000.
［23］李凯．分层介质中的电磁场和电磁波［M］．杭州：浙江大学出版社，2010.

[24] 付君眉，冯恩信．高等电磁理论［M］．西安：西安交通大学出版社，2000.
[25] 杨儒贵．电磁场与电磁波［M］．第二版．北京：高等教育出版社，2007.
[26] ［美］William H. Hayt，Jr. and John A. Buck．工程电磁学［M］．第六版．徐安士，周乐柱，译．北京：电子工业出版社，2004.
[27] 成都工业学院电气与电子工程系．电磁理论［M］．成都：成都工业学院出版社，2014.
[28] ［美］Bhag Singh Guru and Huseyin R. Hiziroglu．电磁场与电磁波［M］．第二版．周克定，译．北京：机械工业出版社，2013.
[29] 杨儒贵．高等电磁理论［M］．北京：高等教育出版社，2008.
[30] 赵凯华，陈熙谋．电磁学（上）［M］．第二版．北京：高等教育出版社，1999.
[31] 赵凯华，陈熙谋．电磁学（下）［M］．第二版．北京：高等教育出版社，1999.
[32] 王秉中．计算电磁学［M］．北京：科学出版社，2002.
[33] 盛新庆．计算电磁学要论［M］．北京：科技出版社，2004.
[34] 张三慧．电磁学［M］．第二版．北京：清华大学出版社，1999.
[35] 文舸一．电磁理论的新进展［M］．北京：国防大学出版社，1999.
[36] ［美］MICHAEL S. ZHDANOVZ．电磁理论与方法［M］．李貅，底青云，薛国强，译．北京：科学出版社，2015.
[37] 张木水，李玉山．信号完整性分析与设计［M］．北京：电子工业出版社，2010.
[38] 顾宝良．通信电子线路［M］．第三版．北京：电子工业出版社，2013.
[39] 刘培国，覃宇建，卢中昊，王晖．电磁兼容现场测量与分析技术［M］．北京：国防工业出版社，2013.
[40] 金明涛．CST 天线仿真与工程设计［M］．北京：电子工业出版社，2014.
[41] 冯恩信．电磁场与电磁波［M］．第四版．西安：西安交通大学出版社，2016.
[42] 严国萍．通信电子线路［M］．第二版．北京：科学出版社，2015.
[43] 黄玉兰．物联网射频识别（RFID）技术与应用［M］．北京：人民邮电出版社，2013.
[44] 何红雨．电磁场数值计算法与 MATLAB 实现［M］．武汉：华中科技大学出版社，2004.
[45] ［美］Robert J. Weber．微波电路引论——射频与应用设计［M］．朱建清，田立松，柴舜连，刘荧，译．北京：电子工业出版社，2005.
[46] ［美］Devendra K. Misra．射频与微波通信电路——分析与设计［M］．第二版．张肇仪，徐承和，祝西里，译．北京：电子工业出版社，2005.
[47] 苏东林．系统级电磁兼容性量化设计理论与方法［M］．北京：国防工业出版社，2015.
[48] ［加拿大］大卫·A·韦斯顿．电磁兼容原理与应用［M］．第二版．杨自佑，王守三，译．北京：机械工业出版社，2015.
[49] 中国人民解放军总装备部．军用设备和分系统电磁发射和敏感度要求与测量［M］．北京：总装备部军标出版社，2013.
[50] 齐晓慧，田庆民，甄红涛．无人飞行器系统的感知与规避——研究与应用［M］．北

京：国防工业出版社，2014.
[51] [美] Joel P. Dunsmore. 微波器件测量手册 [M]. 陈新，程宁，译. 北京：电子工业出版社，2014.
[52] 周希朗. 微波技术与天线 [M]. 第三版. 南京：东南大学出版社，2015.
[53] [美] Jon B. Hagen. 射频电子学——电路与应用 [M]. 第二版. 鲍景富，麦文，牟飞燕，译. 北京：电子工业出版社，2013.
[54] 刘亚宁. 电磁生物效应 [M]. 北京：北京邮电大学出版社，2002.
[55] 王家礼，朱满座，路宏敏，王新稳. 电磁场与电磁波学习指导 [M]. 西安：西安电子科技大学出版社，2002.
[56] 符果行. 电磁场与电磁波基础教程 [M]. 第二版. 北京：电子工业出版社，2012.
[57] 谢处方，吴先良. 电磁散射理论与计算 [M]. 合肥：安徽大学出版社，2002.
[58] [新加坡] Zhi Ning Chen and Michael Y. W. Chia. 宽带平面天线的设计和应用 [M]. 胡来招，译. 北京：国防工业出版社，2015.
[59] 庞小峰. 生物电磁学 [M]. 北京：国防工业出版社，2008.
[60] 陈其昌. MATLAB 在射频电路设计中的应用 [M]. 北京：电子工业出版社，2013.
[61] [瑞典] Lars Josefsson and Patrik Persson. 共形阵列天线理论与应用 [M]. 肖绍球，刘元柱，宋银锁，译. 北京：电子工业出版社，2012.
[62] 张君，钱枫. 电磁兼容（EMC）[M]. 北京：中国工信出版集团，2015.
[63] 马慧，王刚. COMSOL Multiphsics 基本操作指南和常见问题解答 [M]. 北京：人民交通出版社，2009.
[64] 徐兴福. HFSS 射频仿真设计实例大全 [M]. 北京：中国工信出版集团，2015.
[65] 徐兴福. ADS2011 射频电路设计与仿真实例 [M]. 北京：电子工业出版社，2014.
[66] 李明洋，刘敏. HFSS 天线设计 [M]. 第二版. 北京：电子工业出版社，2014.
[67] 徐兴福. ADS2008 射频电路设计与仿真实例 [M]. 第二版. 北京：电子工业出版社，2013.
[68] 赵同刚，李莉，张洪欣. 电磁场与微波技术测量及仿真 [M]. 北京：清华大学出版社，2014.
[69] [美] 李缉熙. 射频电路工程设计 [M]. 鲍景富，唐宗熙，张彪，译. 北京：电子工业出版社，2014.
[70] [意大利] Roberto Sorrentino and Giovanni Bianchi. 微波与射频电路工程设计 [M]. 鲍景富，译. 北京：电子工业出版社，2015.
[71] 梁昌洪，陈曦. 电磁理论前沿探索札记 [M]. 北京：电子工业出版社，2013.
[72] 王长清，祝西里. 瞬变电磁场——理论和计算 [M]. 北京：北京大学出版社，2011.
[73] [美] Richard Shiavi. 信号统计分析方法——生物医学和电气工程应用指南 [M]. 封洲燕，译. 第三版. 北京：机械工业出版社，2012.
[74] [美] Dikshitulu K. Kalluri. 电磁场与波 [M]. 马西奎，沈瑶，邹建龙，译. 北京：机械工业出版社，2014.
[75] 夏明耀，王均宏. 电磁场理论与计算方法要论 [M]. 北京：北京大学出版社，2013.

[76] 姜堪政，袁心洲. 生物电磁波揭密——场导发现 [M]. 第二版. 北京：中国医药科技出版社，2011.
[77] 颜威利，徐桂芝. 生物医学电磁场数值分析 [M]. 北京：机械工业出版社，2007.
[78] 黄玉兰. 电磁场与微波技术 [M]. 第二版. 北京：人民邮电出版社，2012.
[79] 孙俊卿，李强，许明妍. 电磁场与微波技术 [M]. 北京：中国民航出版社，2013.
[80] [美] Robert R. G. Yang and Thomas T. Y. Wong. ELECTROMAGNETIC FIELDS AND WAVES [M]. 第二版. 北京：高等教育出版社，2013.
[81] 卢春兰，杨涛，余同彬，朱卫刚. 电波与光波传输技术 [M]. 北京：人民邮电出版社，2013.
[82] [美] Thomas H. Lee. 平面微波工程：理论、测量与电路 [M]. 余志平，孙玲玲，王皇，译. 北京：清华大学出版社，2014.
[83] [英] David K. Cheng. 电磁场与电磁波 [M]. 第二版. 何业军，桂良启，译. 北京：清华大学出版社，2013.
[84] 刘学观，郭辉萍. 微波技术与天线 [M]. 第三版. 西安：西安电子科技大学出版社，2012.
[85] 董金明，林萍实，邓晖. 微波技术 [M]. 第二版. 北京：机械工业出版社，2016.
[86] 顾继慧. 微波技术 [M]. 第二版. 北京：科学出版社，2014.
[87] 张厚，唐宏. 高等微波网络 [M]. 西安：西安电子科技大学出版社，2013.
[88] [加拿大] Fadhel M. Ghannouchi and Abbas Mohammadi. 微博及无线应用中的六端口技术 [M]. 张旭春，刘刚，鞠智芹，谢军伟，译. 北京：国防工业出版社，2015.
[89] [美] Daniel Fleisch. 麦克斯韦方程直观 [M]. 唐璐，刘波峰，译. 北京：机械工业出版社，2016.
[90] [美] H · M · 斯彻. 散度、旋度、梯度释义（图解版）[M]. 李维伟，夏爱生，段志坚，刘俊峰，王文照，李改灵，译. 北京：机械工业出版社，2015.
[91] Jianqing Wang and Qiong Wang. 人体区域通信——信道建模、通信系统及EMC [M]. 刘凯明，余春东，译. 北京：机械工业出版社，2015.
[92] 周希朗. 电磁场理论与微波技术基础 [M]. 第二版. 南京：东南大学出版社，2010.
[93] 徐锐敏，等. 微波网络及其应用 [M]. 北京：科学出版社，2010.
[94] [美] Atef Elsherbeni and Veysel Demir. MATLAB 模拟的电磁学时域有限差分法 [M]. 喻志远，译. 北京：国防工业出版社，2013.
[95] 万柏坤，明东. 波动理论及其在生物医学工程的应用 [M]. 北京：机械工业出版社，2010.
[96] 环境保护部，国家质量监督检验检疫总局. GB8702 电磁环境控制限值 [M]. 北京：中国环境科学出版社，2014.